中、高等职业技术院校
数控类一体化教材

CAXA 2008
数控造型与加工实训

张忠华　沈建峰　主编
孙文霞　孙春花　黄俊刚　陆齐炜　副主编
吴军　主审

国防工业出版社
·北京·

内容简介

本书是根据中、高等职业院校数控和模具专业大纲要求而编写的一本数控造型与加工实训的专业教材，使用的软件为 CAXA 2008，其内容涵盖了 CAXA 数控造型与加工实训的大部分知识点和技能点，力求实用、够用。

本书共分 6 个模块，分别为 CAXA 2008 入门、线架造型、曲面造型、实体特征造型、实体加工及 CAXA 数控车加工。本书按照任务驱动的形式编写，包含 39 个课题，每个课题包含任务描述、任务实施、知识拓展和任务拓展 4 个部分，实用性强。

本书既可作为技工学校、职业学校数控专业的专业教材和工人技术培训教材，也可作为有志于成为数控专业造型技术人员的自学教材。

图书在版编目(CIP)数据

CAXA 2008 数控造型与加工实训 / 张忠华，沈建峰主编.
北京：国防工业出版社，2013.8 重印
中、高等职业技术院校数控类一体化教材
ISBN 978 - 7 - 118 - 06762 - 0

Ⅰ. ①C… Ⅱ. ①张…②沈… Ⅲ. ①数控机床 - 加工 - 计算机辅助设计 - 应用软件，CAXA 2008 - 专业学校 - 教材
Ⅳ. ①TG659 - 39

中国版本图书馆 CIP 数据核字(2010)第 079176 号

※

国防工業出版社 出版发行
(北京市海淀区紫竹院南路 23 号 邮政编码 100048)
北京嘉恒彩色印刷有限责任公司
新华书店经售

*

开本 710 × 960 1/16 **印张** 21¾ **字数** 395 千字
2013 年 8 月第 1 版第 2 次印刷 **印数** 4001—5500 册 **定价** 38.00 元

国防书店：(010)88540777 发行邮购：(010)88540776
发行传真：(010)88540755 发行业务：(010)88540717

《中、高等职业技术院校数控类一体化教材》编委会

（排名不分先后）

前 言

为了适应中、高级数控技术人员学习和培训的需要，满足技工学校、职业学校和高职院校的数控教学之用，国防工业出版社组织编写了《中、高等职业技术院校数控类一体化教材》，包括《CAXA 2008 数控造型与加工实训》、《Mastercam X 数控造型与加工实训》。

《CAXA 2008 数控造型与加工实训》是在《CAXA 2004 数控造型与加工实训》基础上，应用 CAXA 2008 最新软件，从而使该书与软件的更新相一致，并在 CAXA 2004 版的基础上增加了 CAXA 数控车的内容，进一步丰富了各知识点的加工实例，特别是增加了数控加工的实例。

本书是根据中、高等职业院校数控和模具专业大纲要求而编写的一本数控造型与加工实训的专业教材，使用的软件为 CAXA 2008，其内容涵盖了 CAXA 数控造型与加工实训的大部分知识点和技能点，力求实用、够用。

本书共分 6 个模块，分别为 CAXA 2008 入门、线架造型、曲面造型、实体特征造型、实体加工及 CAXA 数控车加工。本书按照任务驱动的形式编写，包含 39 个课题，每个课题包含任务描述、任务实施、知识拓展和任务拓展 4 个部分，实用性强。

本书既可作为技工学校、职业学校数控专业的专业教材和工人技术培训教材，也可作为有志于成为数控专业造型技术人员的自学教材。

本书由常州技师学院张忠华、沈建峰、孙文霞、孙春花、黄俊刚、陆齐炜编写，张忠华、沈建峰主编；常州技师学院吴军审稿。本书在编写过程中借鉴了国内外同行的最新资料与文献，并得到了编委会成员单位的大力支持，在此一并致以衷心的感谢。

由于我们水平有限，在书中难免存在疏漏之处，敬请读者给予批评指正。

编　者

2010 年 1 月

目 录

模块1 CAXA 2008 入门

课题1 认识 CAXA 2008 软件界面

一、任务描述

认识图1-1所示的CAXA 2008软件窗口界面,并对软件系统进行参数设置。

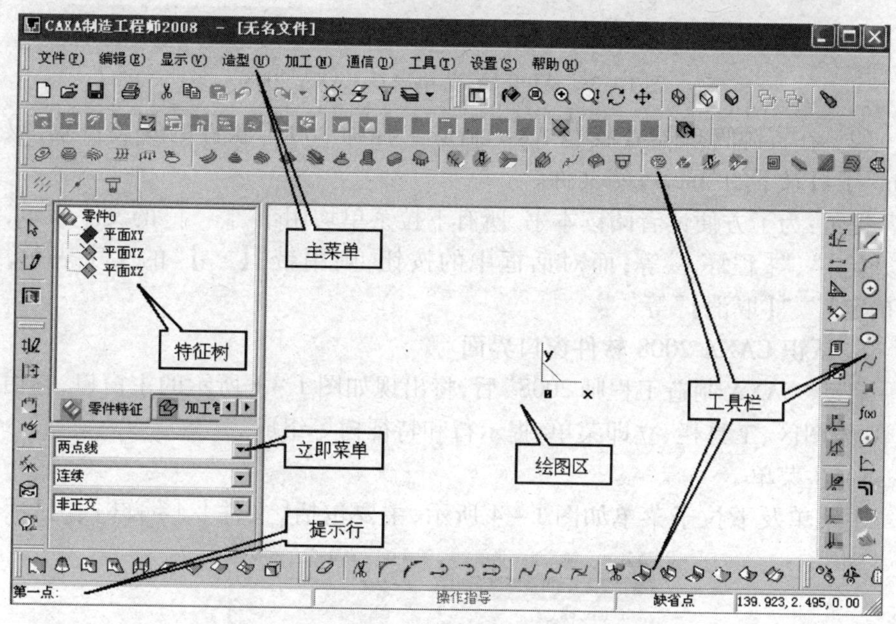

图1-1 “CAXA制造工程师2008”操作界面

知识点与技能点:启动 CAXA 2008 软件;
认识 CAXA 2008 软件窗口界面;
设置 CAXA 2008 软件系统参数。

二、任务实施

1. 启动 CAXA 2008

双击计算机桌面上如图1-2所示的“CAXA 制造工程师 2008”快捷方式图标,即可启动CAXA 2008,进入如图1-1所示的工作界面。

图 1 – 2 CAXA 2008 快捷方式图标

启动 CAXA 2008 有 3 种方法，除上述方法外，另外两种方法如下。

(1) 单击桌面左下角[开始]→[所有程序]→[CAXA]→[CAXA 制造工程师]→[CAXA 制造工程师 2008]命令打开软件，完成后如图 1 – 3 所示。

图 1 – 3 从[开始]菜单启动 CAXA 2008

(2) 在资源管理器查找“CAXA 制造工程师 2008”软件的安装目录，双击“bin”子目录下的“me. exe”文件。

提示：为了方便读者阅读本书，所有下拉菜单均用带“[ ]”的文字表示，如“[开始]”、“[程序]”等；而对话框中的按钮，则用带“【 】”的文字表示，如“【确定】”、“【取消】”等。

2. 认识 CAXA 2008 软件窗口界面

启动“CAXA 制造工程师 2008”后，将出现如图 1 – 1 所示的主窗口，它由主菜单、绘图区、工具栏、立即菜单、提示行和特征树等组成。

1) 主菜单

主菜单及下拉子菜单如图 1 – 4 所示，主要包括[文件]、[编辑]、[显示]、

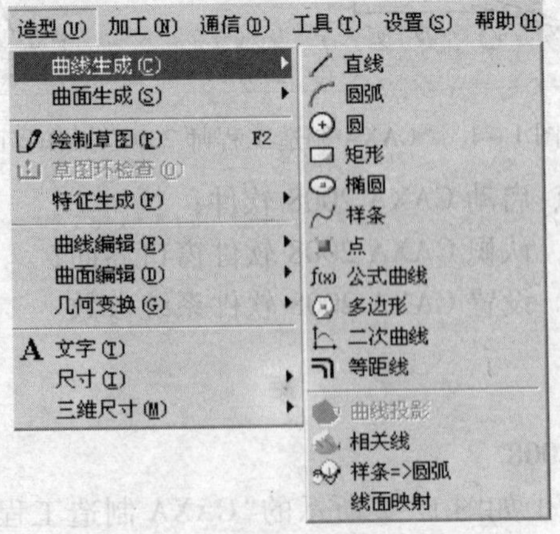

图 1 – 4 主菜单及下拉子菜单

[造型]、[加工]、[通信]、[工具]、[设置]和[帮助]。单击其中的任意一个菜单,都会弹出一个下拉菜单,将光标移到某一个菜单项上又会弹出其子菜单。

2）工具栏

工具栏是一组图标型按钮的组合,如图1－5所示,单击任一图标可以启动相应的命令,以方便用户快速操作。

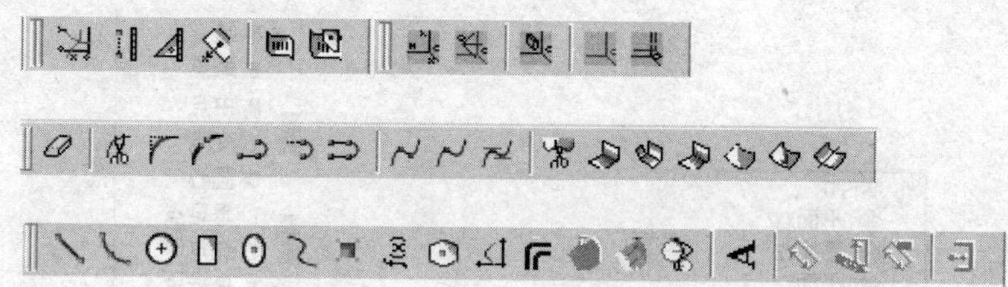

图1－5 CAXA 2008 的部分工具栏

3）立即菜单

CAXA 制造工程师在执行某些命令时,会在特征树下方弹出一个选项窗口,称为立即菜单。立即菜单描述了该项命令的各种使用情况和使用条件。用户根据作图要求,正确选择某一选项,即可得到准确的响应。图1－6显示了画直线的立即菜单。

4）快捷菜单

快捷菜单是一种光标菜单。当光标处在不同位置时单击鼠标右键会弹出不同的快捷菜单。图1－7为右击"平面 XY"所显示的快捷菜单。熟练使用快捷菜单,可以提高绘图速度。

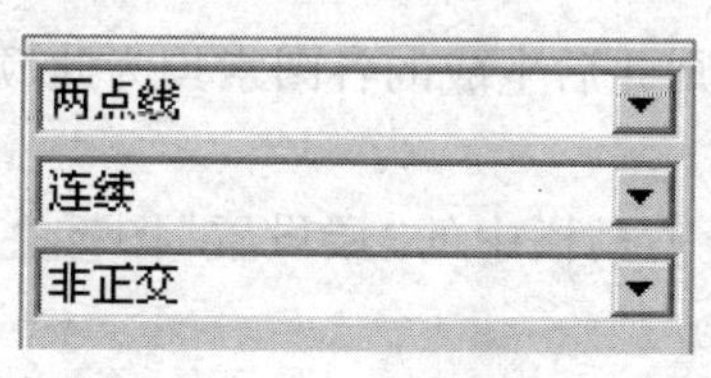

图1－6 立即菜单

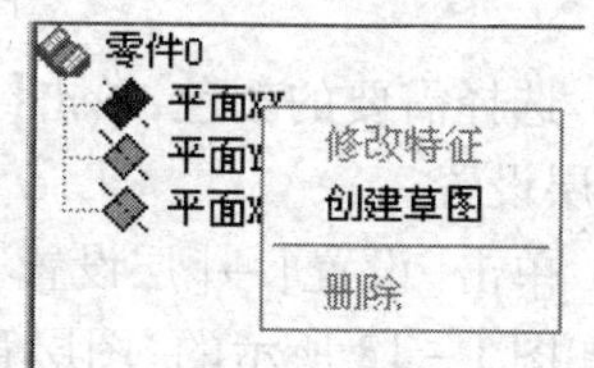

图1－7 快捷菜单

5）提示行

提示行提示读者进行操作并提示当前状态和所处位置,一般位于主窗口的左下方。

6）特征树

特征树如图1－8所示,它记录了零件生成的操作步骤和相互关系,用户可以直接在特征树中对零件特征进行编辑。

7）点工具菜单

在操作过程中会遇到一系列具有特征的点，如圆心点、切点、中点等，这些点称为工具点。点工具菜单就是用来捕捉工具点的菜单。用户进入操作命令，按空格键，即在屏幕上弹出如图 1－9 所示的点工具菜单。其中的字母对应键盘上的字母，如果不希望每次都按空格键弹出点工具菜单，可以通过按键盘上对应的字母对应切换到需要的点状态。

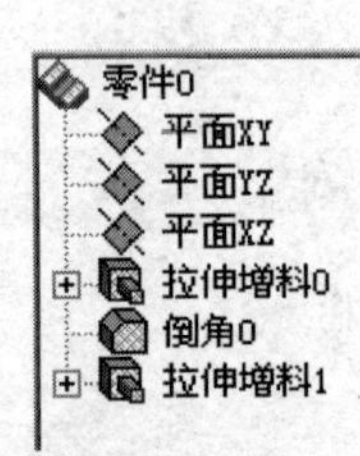

图 1－8　特征树

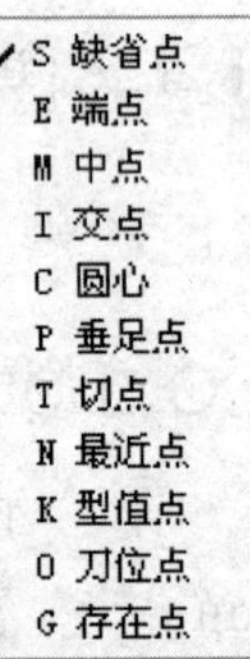

图 1－9　点工具菜单

3. 系统设置

1）设置颜色

（1）单击如图 1－10 所示的［设置］→［当前颜色］命令或单击工具栏中的“当前颜色”图标，系统弹出如图 1－11 所示的“颜色管理”对话框。

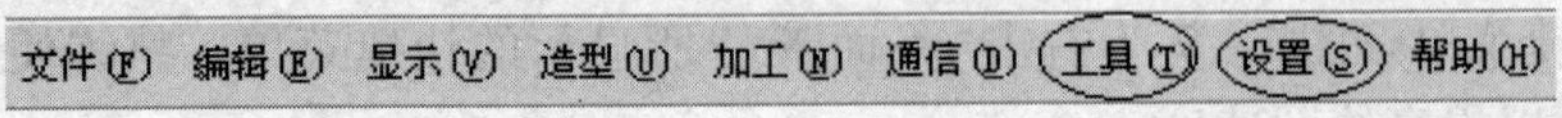

文件(F)　编辑(E)　显示(V)　造型(U)　加工(N)　通信(D)　工具(T)　设置(S)　帮助(H)

图 1－10　主菜单

（2）选择需要的颜色，单击【确定】按钮，则此后生成的各图素均为此颜色。

2）层设置

（1）单击［设置］→［层设置］命令或单击工具栏中的“层设置”图标，系统弹出如图 1－12 所示的“图层管理”对话框。

（2）单击图 1－12 中【新建图层】按钮，单击【确定】按钮，出现如图 1－13 所示的“新图层”。

（3）选定某图层，双击名称，将其改为“粗加工轨迹层”，单击【确定】按钮，如图 1－14 所示，完成新建图层“粗加工轨迹层”的操作。

在“图层管理”对话框中，可以执行新建图层、删除图层及设置当前图层等操作。同时也可修改图层的名称、颜色、状态等属性，以便对图形进行有效的管理。

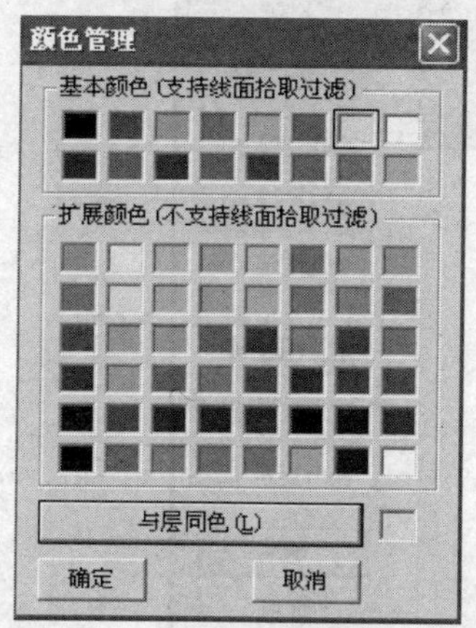

图 1-11　“颜色管理”对话框

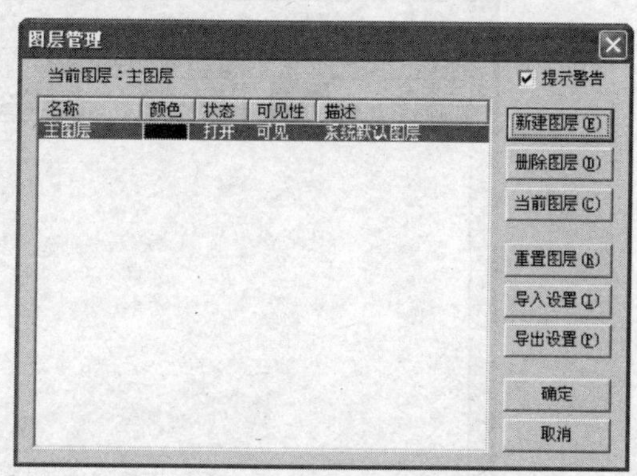

图 1-12　“图层管理”对话框

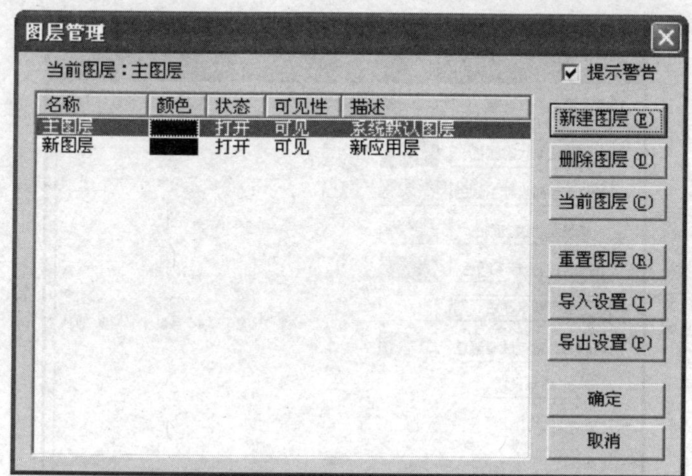

图 1-13　新图层

3）改变绘图区底色

在初始状态下，系统绘图区底色为黑色，可通过以下方法将绘图区底色改变为白色。

(1) 单击[设置]→[系统设置]→[颜色设置]命令，弹出如图 1-15 所示的“系统设置”对话框。

(2) 单击对话框中的【修改背景颜色】按钮，弹出如图 1-11 所示的“颜色管理”对话框，选中白色，单击【确定】按钮即可使绘图区底色改变为白色。

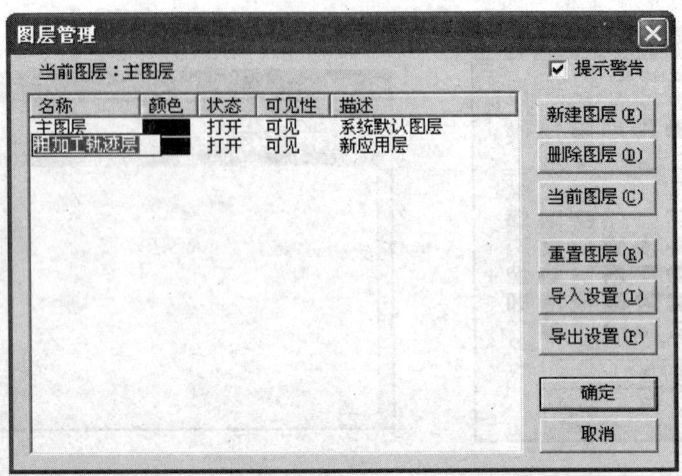

图 1－14　新建图层“粗加工轨迹层”

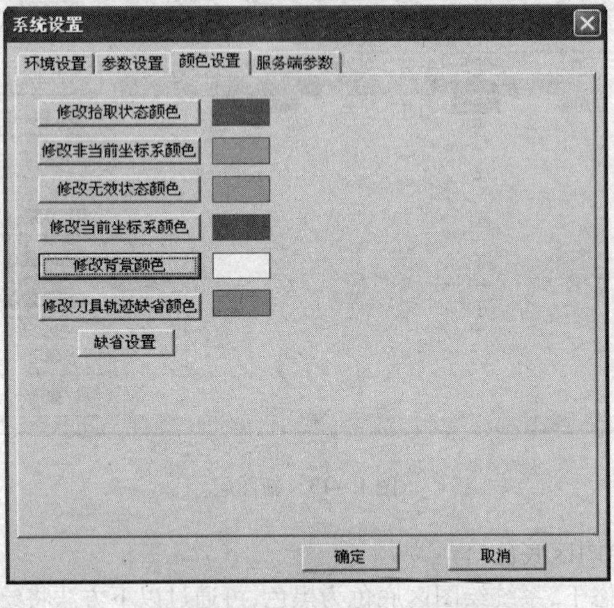

图 1－15　“系统设置”对话框

三、知识拓展

前面介绍了 CAXA 制造工程师 2008 软件的启动方法、窗口界面以及系统的设置。同时，CAXA 2008 为用户提供了常用键和功能热键操作及查询功能等，熟练地使用它们将有效地提高工作效率。

1. 常用键的含义

（1）鼠标左键：可以激活菜单、确定位置点、拾取元素等。

（2）鼠标右键：用来确认拾取、结束操作、终止命令、打开快捷菜单等。

（3）回车键与数值键：回车键与数值键在系统要求输入坐标、长度等数值时，可以激活一个输入框，在输入框中输入数值。

（4）空格键：当系统要求输入点、输入矢量方向和选择拾取方式时，按空格键可以弹出快捷菜单以便于查找选择。

2. 功能热键

常用功能热键如表 1－1 所列。

表 1－1 常用功能热键

键 名	功 用
F1 键	按 F1 键，打开系统帮助
F2 键	按 F2 键，转换草图状态与非草图状态
F3 键	按 F3 键，显示全部图形
F4 键	按 F4 键，重画当前屏幕
F5 键	按 F5 键，选择 *XY* 平面作为绘图平面，如图 1－16(a)所示
F6 键	按 F6 键，选择 *YZ* 平面作为绘图平面，如图 1－16(b)所示
F7 键	按 F7 键，选择 *XZ* 平面作为绘图平面，如图 1－16(c)所示
F8 键	按 F8 键，可使绘图区呈轴测图显示，如图 1－16(d)所示
F9 键	按 F9 键，可在轴测图方式下循环选择绘图平面，如图 1－16(e)所示

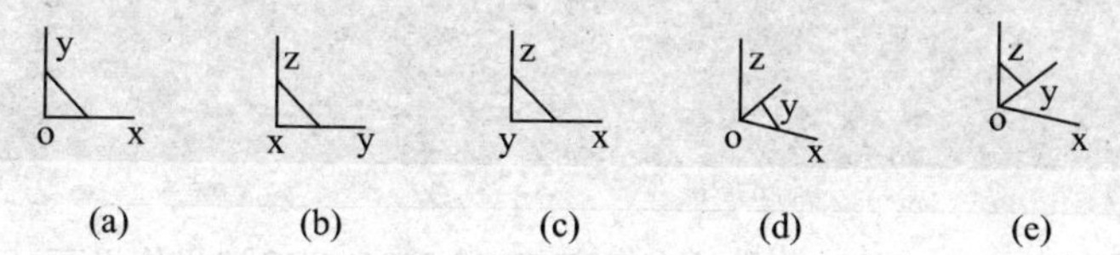

图 1－16 绘图平面

3. 查询功能

使用查询功能，用户可以方便地查询点的坐标、两点间的距离、角度以及零件的体积、质量等内容。例如：查询某点的坐标。

（1）单击如图 1－10 所示的[工具]→[查询]→[坐标]命令。

（2）在绘图区拾取所需查询的点，系统弹出如图 1－17 所示的“查询结果”对话框，对话框内依次列出被查询点的坐标值。

名称	数值
⊟查询坐标	
观察坐标系	.sys.
X 坐标	35.3834
Y 坐标	39.6647
Z 坐标	0.0000

图 1-17 查询点的坐标值

四、任务拓展

打开“Caxa 数控车 FOR WGC 3306[CZG]”窗口，如图 1-18 所示，找出其界面与“CAXA 制造工程师 2008”界面的区别与联系。

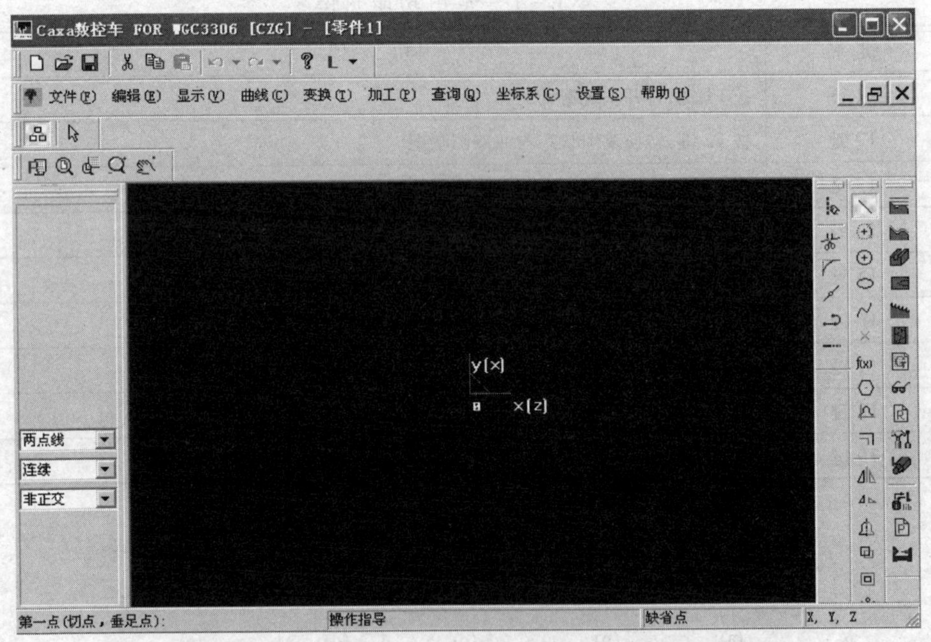

图 1-18 “Caxa 数控车 FOR WGC 3306[CZG]”操作界面

课题 2 学做 CAXA 2008 造型与加工

一、任务描述

应用 CAXA 制造工程师 2008 软件完成如图 1-19 所示的工件建模、生成刀具轨迹、生成 G 代码和加工工艺清单。

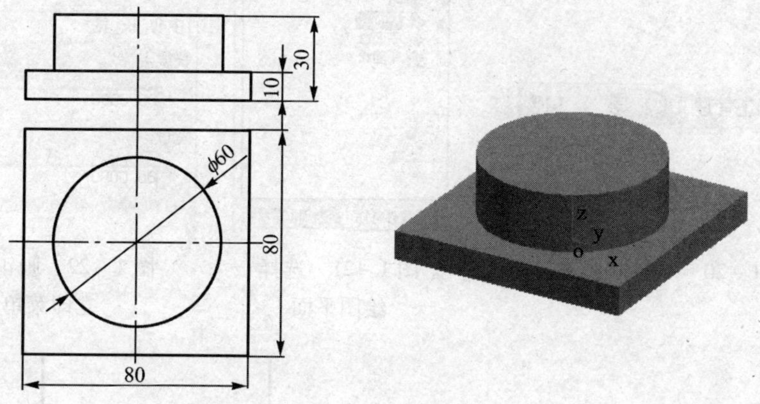

图 1－19　工件图

知识点与技能点：CAXA 2008 建模；
生成刀具轨迹并进行实体仿真；
后置处理生成 G 代码；
生成加工工艺清单；
保存文件与打开文件。

二、任务实施

1. 启动 CAXA 2008

双击计算机桌面上"CAXA 制造工程师 2008"快捷方式图标，进入其工作界面。

2. 实体造型

1）绘制曲线

（1）单击主窗口左下方如图 1－20 所示的"选项"按钮，当出现零件特征按钮时对其单击，然后单击特征树中平面XY图标选择绘图平面 XY，如图 1－21 所示。

（2）单击工具栏中的"矩形"图标，弹出如图 1－22 所示的立即菜单，单击"两点矩形"右侧按钮，切换到"中心_长_宽"方式，在"长度"输入框内单击，通过键盘输入"80"后，按回车键确认。用同样的方法，输入"宽度"为"80"，此时，提示行提示"输入矩形中心"。

（3）移动鼠标光标到绘图区 XOY 坐标原点后单击或按回车键，在出现的输入框中输入"0，0"后，按回车键，完成正方形的绘制，如图 1－23 所示。单击鼠标右键，退出矩形绘制命令。

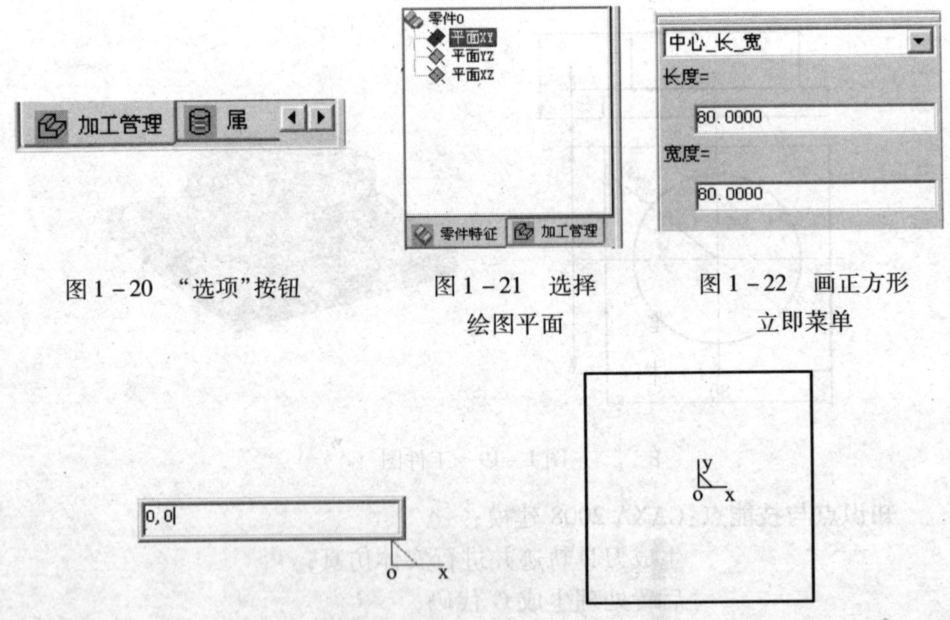

图 1-20 “选项”按钮

图 1-21 选择绘图平面

图 1-22 画正方形立即菜单

图 1-23 正方形的绘制

(4) 单击工具栏中的“整圆”图标，弹出如图 1-24 所示的立即菜单，此时，提示行提示“输入圆心点”。

(5) 按回车键，在出现的输入框中输入“0,0”后，按回车键，提示行提示“输入圆半径”。

(6) 按回车键，在出现的输入框中输入“30”后，按回车键，单击鼠标右键，退出圆绘制命令。完成后的曲线如图 1-25 所示。

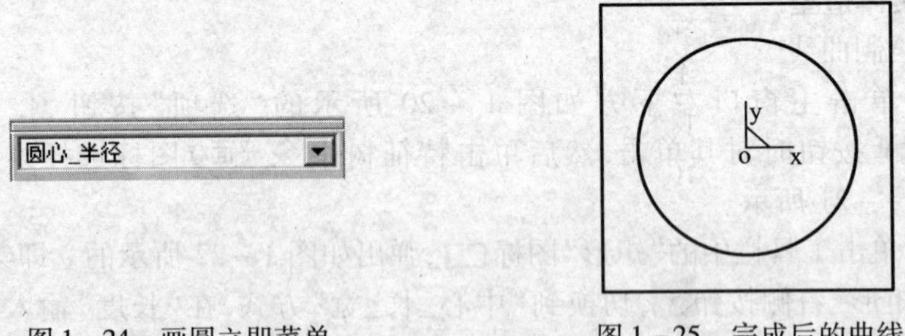

图 1-24 画圆立即菜单

图 1-25 完成后的曲线

2) 生成草图

(1) 单击特征树中的“平面 XY”，单击工具栏中的“绘制草图”图标。此时，屏幕左侧特征树中出现“草图 0”标记，如图 1-26 所示。

(2) 单击工具栏中的“曲线投影”图标，分别单击正方形的四条边，使其选中,结果如图1-27所示。

图1-26 创建草图

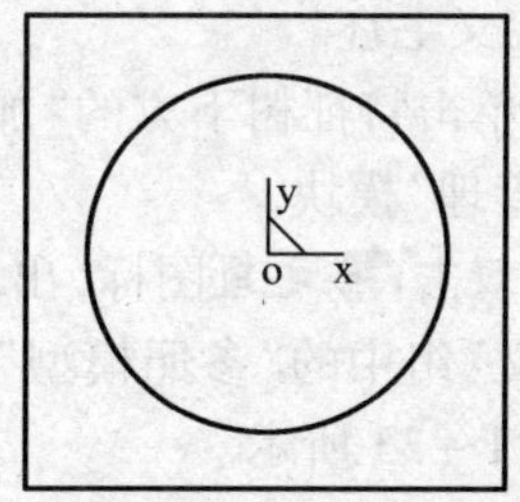

图1-27 选中正方形

(3) 再次单击工具栏中的"绘制草图"图标,退出草图状态。

3) 产生实体

(1) 单击工具栏中的"拉伸增料"图标,系统弹出如图1-28所示的"拉伸增料"对话框。

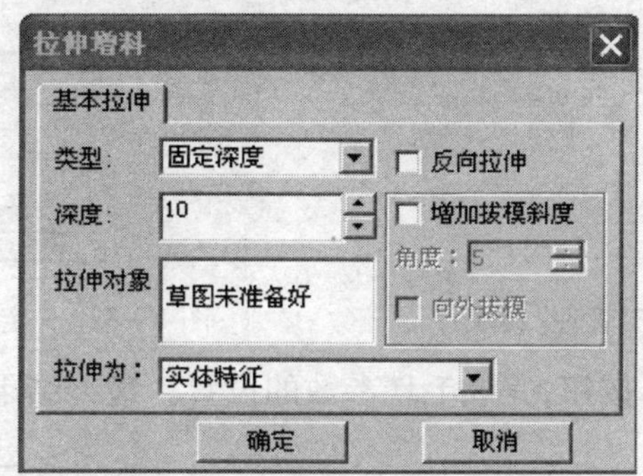

图1-28 "拉伸增料"对话框

(2) 在特征树中单击"草图0"标记,将"拉伸增料"对话框中的"深度"修改为"10",单击【确定】按钮,按F8键,结果如图1-29所示。

(3) 重复生成草图和产生实体的步骤,用同样的方法完成圆柱体的造型,最终结果如图1-30所示(圆柱体的"深度"修改为"30")。

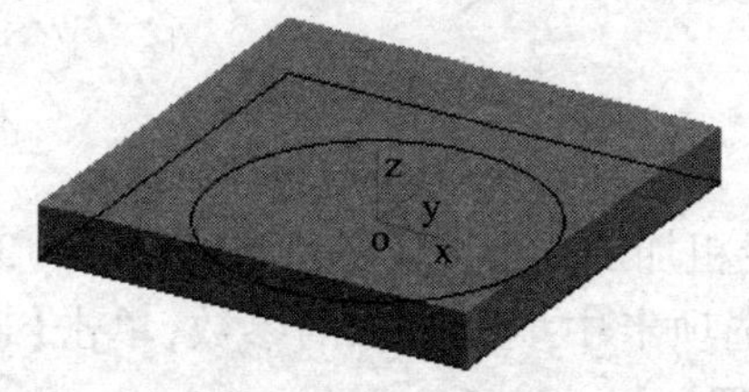

图1-29 拉伸实体

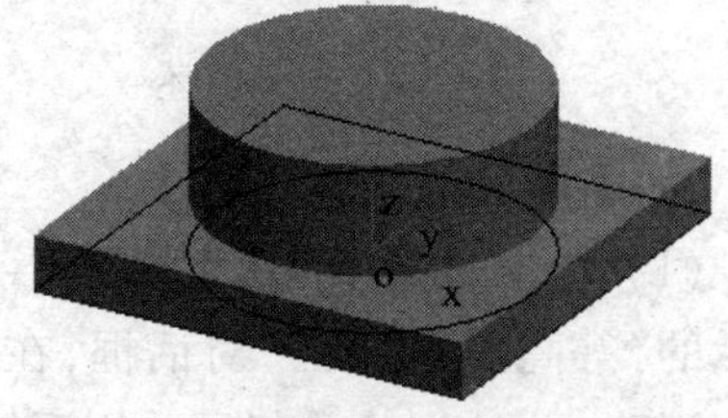

图1-30 完成后的实体造型

3. 生成加工轨迹

1）定义毛坯

（1）单击特征树下方的"加工管理"按钮 加工管理，进入如图 1－31 所示的"加工管理"模块。

（2）双击 毛坯图标，出现如图 1－32 所示的"定义毛坯"对话框，选中"毛坯定义"组中的"参照模型"单选按钮 参照模型，单击【参照模型】按钮，结果如图 1－33 所示。

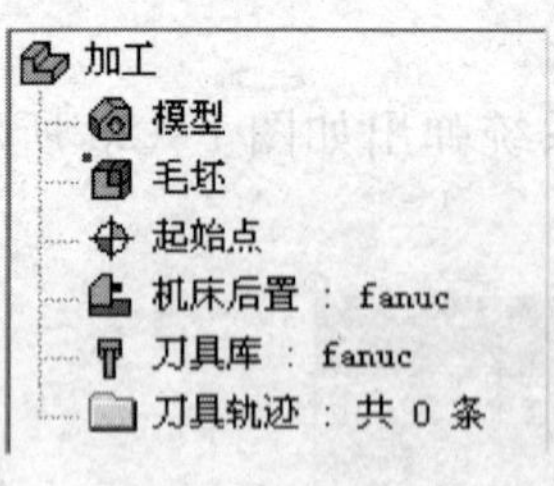

图 1－31 "加工管理"模块

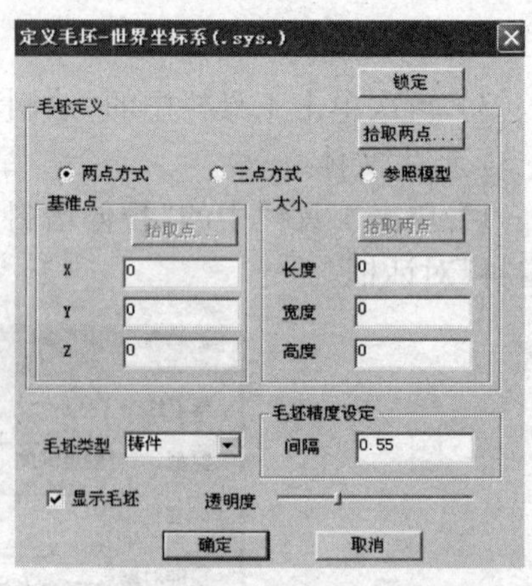

图 1－32 "定义毛坯"对话框

（3）单击【确定】按钮，完成毛坯参数的设置。最终结果如图 1－34 所示。

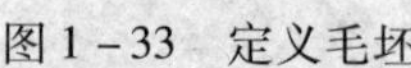

图 1－33 定义毛坯

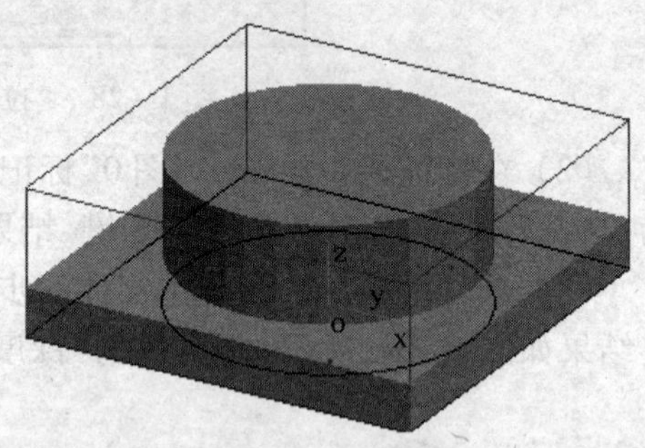

图 1－34 毛坯

2）确定加工方法

（1）单击[加工]→[粗加工]→[等高线粗加工]命令，系统弹出如图 1－35 所示的"等高线粗加工"对话框，在相应的选项卡中填写适合的参数，单击【确定】按钮。此处为简单起见采用系统默认设置。

（2）根据提示行提示"拾取加工对象..."，单击鼠标左键拾取加工对象，单

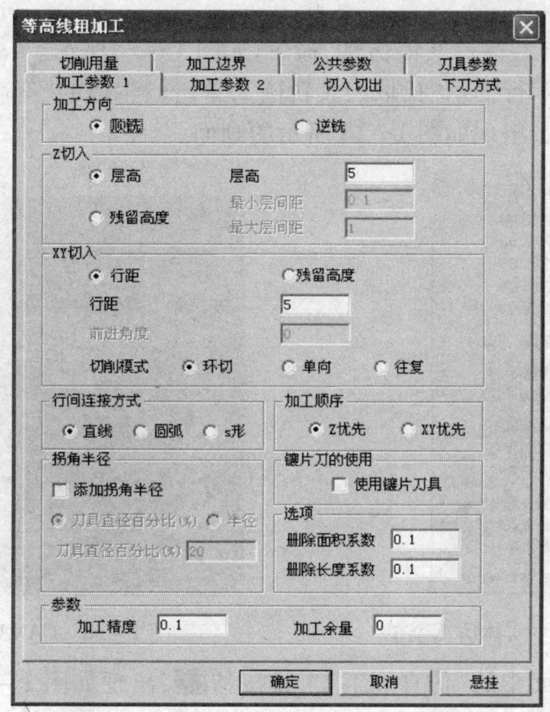

图1-35 “等高线粗加工”对话框

击鼠标右键确定。

(3) 根据提示行提示“拾取加工边界...”,单击鼠标右键确定。

(4) 提示行提示“正在计算轨迹,请稍候...”,完成后的加工轨迹如图1-36所示。

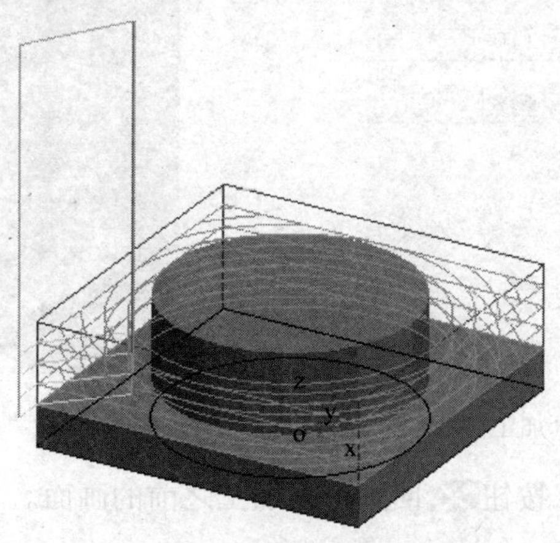

图1-36 “等高线粗加工”轨迹

4. 实体仿真

(1) 单击[加工]→[实体仿真]命令,如图 1 – 37 所示。

(2) 根据提示行提示“拾取刀具轨迹”,单击已生成的“等高线粗加工”轨迹线,单击右键确认,出现如图 1 – 38 所示的画面。

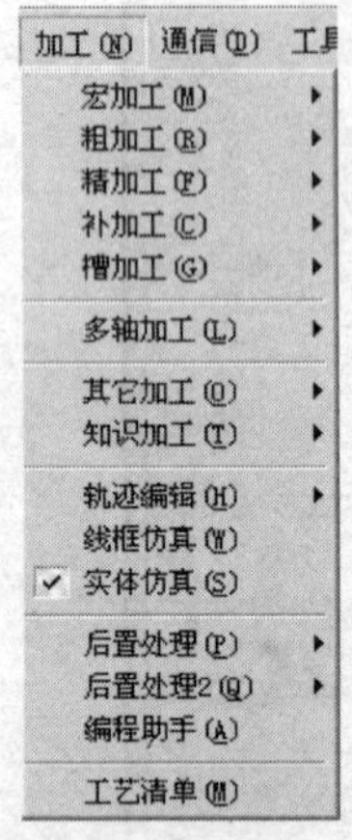

图 1 – 37　实体仿真菜单

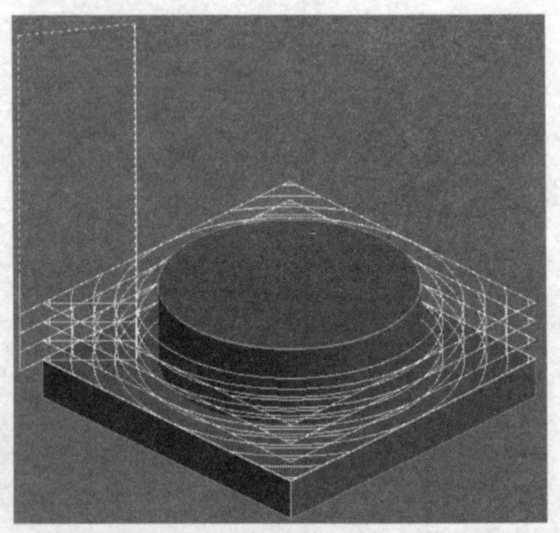

图 1 – 38　CAXA 实体仿真

(3) 单击画面中的“仿真加工”工具按钮,出现如图 1 – 39 所示的“仿真加工”对话框。

(4) 单击“播放”按钮,屏幕上开始模拟加工过程,最终结果如图 1 – 40 所示。

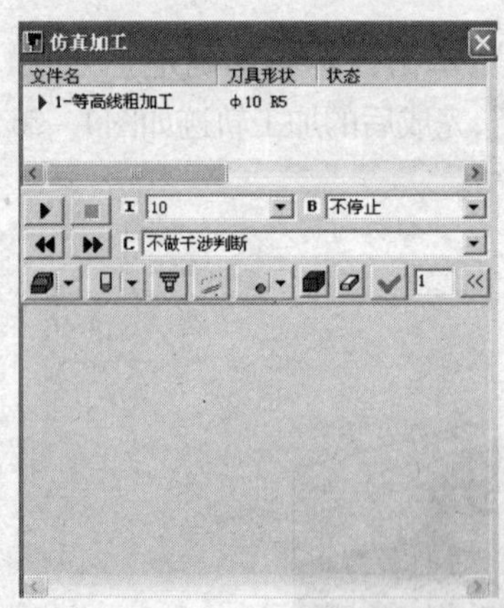

图 1 – 39　“仿真加工”对话框

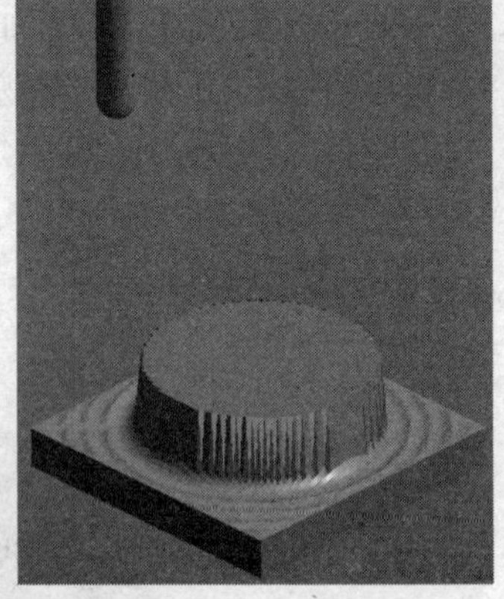

图 1 – 40　“仿真加工”结果

(5) 单击“关闭”按钮,回到仿真加工之前的画面。

5. 生成 G 代码

(1) 单击如图 1 – 41(a)所示的[加工]→[后置处理]→[生成 G 代码]命

令，系统弹出如图 1－41（b）所示的“选择后置文件”对话框。

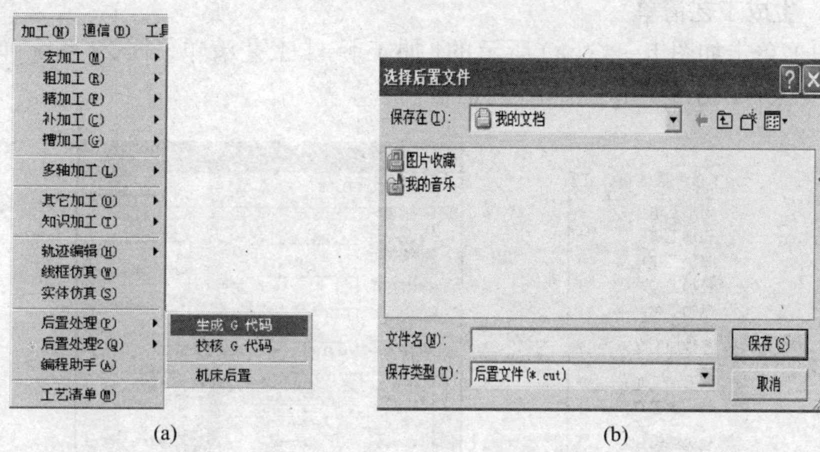

(a)　　　　(b)

图 1－41　生成 G 代码

（2）选择文件的放置目录，例如“我的文档”，输入文件名，例如“铣削实例”，单击【保存】按钮。

（3）根据提示行提示“拾取刀具轨迹”，拾取相应的轨迹后，单击右键确定。系统将根据后置设置参数，生成加工 G 代码如图 1－42 所示。

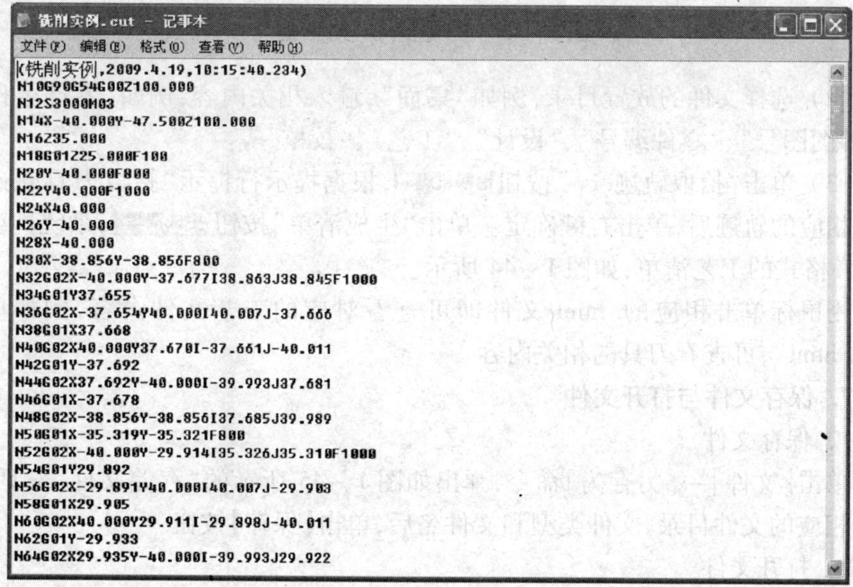
铣削实例.cut － 记事本

文件(F)　编辑(E)　格式(O)　查看(V)　帮助(H)

```
(铣削实例,2009.4.19,10:15:40.234)
N10G90G54G00Z100.000
N12S3000M03
N14X-40.000Y-47.500Z100.000
N16Z35.000
N18G01Z25.000F100
N20Y-40.000F800
N22Y40.000F1000
N24X40.000
N26Y-40.000
N28X-40.000
N30X-38.856Y-38.856F800
N32G02X-40.000Y-37.677I38.863J38.845F1000
N34G01Y37.655
N36G02X-37.654Y40.000I40.007J-37.666
N38G01X37.668
N40G02X40.000Y37.670I-37.661J-40.011
N42G01Y-37.692
N44G02X37.692Y-40.000I-39.993J37.681
N46G01X-37.678
N48G02X-38.856Y-38.856I37.685J39.989
N50G01X-35.319Y-35.321F800
N52G02X-40.000Y-29.914I35.326J35.310F1000
N54G01Y29.892
N56G02X-29.891Y40.000I40.007J-29.903
N58G01X29.905
N60G02X40.000Y29.911I-29.898J-40.011
N62G01Y-29.933
N64G02X29.935Y-40.000I-39.993J29.922
```

图 1－42　加工 G 代码

(4) 单击"关闭"按钮，关闭"记事本"。

6. 生成工艺清单

(1) 单击如图 1－43(a)所示的[加工]→[工艺清单]命令，系统弹出如图 1－43(b)所示的"工艺清单"对话框。

(a)

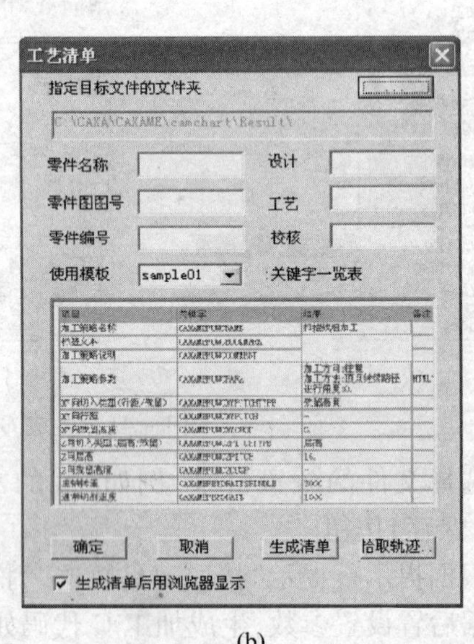

(b)

图 1－43　"工艺清单"对话框

(2) 选择文件的放置目录，例如"桌面"，输入相关内容，例如"零件名称"、"零件图图号"、"零件编号"、"设计"、"工艺"、"校核"等。

(3) 单击"拾取轨迹..."按钮，根据提示行提示"拾取刀具轨迹"，拾取相应的轨迹后，单击右键确定。单击"生成清单"按钮，系统即生成 HTML 格式的工艺清单，如图 1－44 所示。

用鼠标单击相应的. html 文件即可查看对应的工艺文件内容，例如单击"tool. html"，可查看刀具的相关内容。

7. 保存文件与打开文件

1) 保存文件

单击[文件]→[另存为]命令，弹出如图 1－45 所示的"存储文件"对话框，选择相应的文件目录、文件类型和文件名后，单击【保存】按钮。

2) 打开文件

单击[文件]→[打开]命令或直接单击按钮，在弹出的对话框中找到相应的文件，单击【打开】按钮，完成打开文件操作。

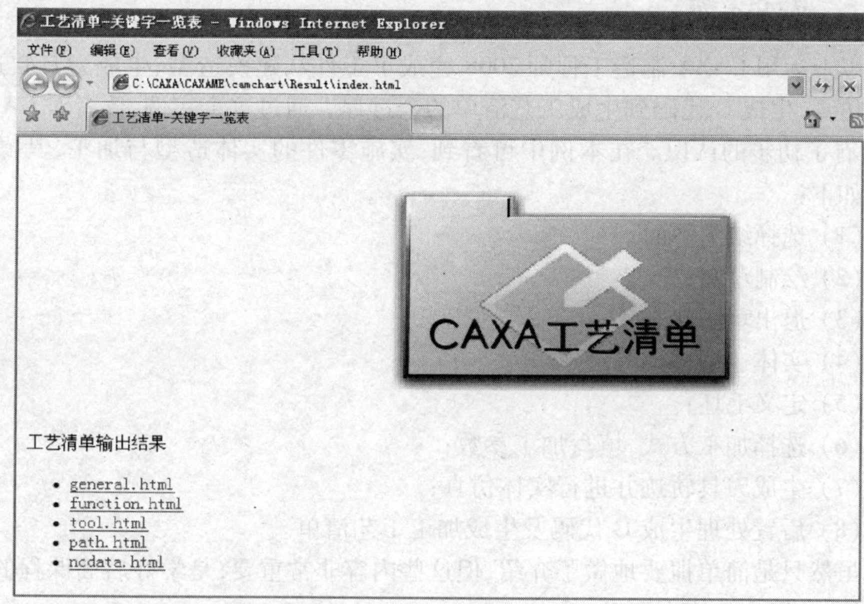

图 1-44　CAXA 工艺清单

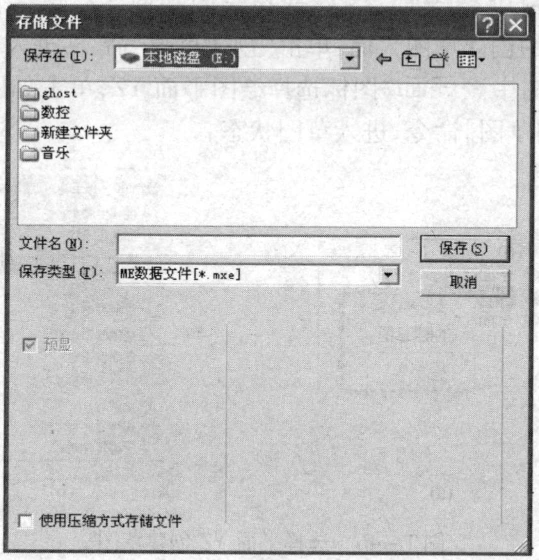

图 1-45　“存储文件”对话框

三、知识拓展

以上运用CAXA制造工程师2008完成了工件从建模造型、生成刀具轨迹、加工仿真、生成G代码到生成工艺清单的全过程。通过这个实例,读者对CAXA 2008有了初步的认识。在本例中可看到,实施零件的实体造型与加工,其操作步骤如下:

(1) 选择绘图平面;

(2) 绘制草图;

(3) 退出草图状态;

(4) 实体造型;

(5) 定义毛坯;

(6) 选择加工方式,填写加工参数;

(7) 生成刀具轨迹并进行实体仿真;

(8) 后置处理生成G代码及生成加工工艺清单。

虽然只是简单扼要地做了介绍,但这些内容非常重要,是学好后面课程的基础。同时,还应注意以下几点。

(1) 绘制草图是实体造型的基础,除了上述用"曲线投影"的方法外,还可以用以下两种方法创建草图,实际操作时应灵活运用。

① 单击特征树中 平面YZ 图标选择绘图平面YZ,单击鼠标右键出现如图1-46(a)所示的创建草图界面,单击"创建草图"命令,进入草图状态。

② 单击特征树中 平面YZ 图标选择绘图平面YZ,单击如图1-46(b)所示的[造型]→[绘制草图]命令,进入草图状态。

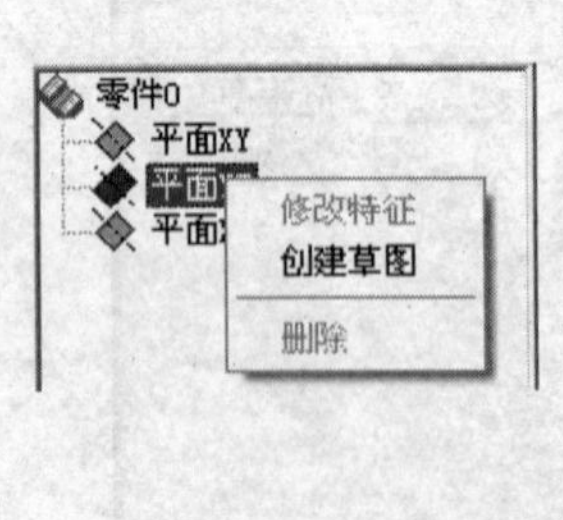

(a)

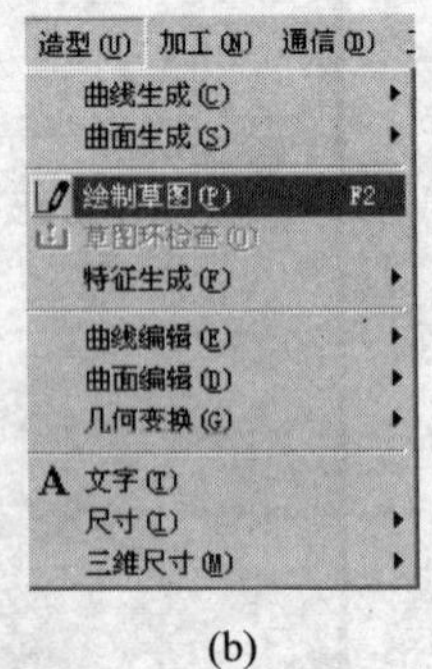

(b)

图1-46 选择平面YZ创建草图

(2) 必须退出草图状态,才能进行实体造型。

(3) 为了方便观察造型结果,可以单击如图1-47所示的工具栏中的相应按钮，对图形进行放大、缩小、重画、旋转及平移等。如果配置的是三键鼠标，则滚动中间的滚轮可起到放大或缩小图形的作用。

（4）为了增强生成实体的显示效果，可以采用以下方法。

① 单击如图 1－48 所示的[显示]→[显示变换]→[线架显示]命令或单击工具栏中的“线架显示”图标，系统以线架方式显示零件的所有边线，如图 1－49 所示。

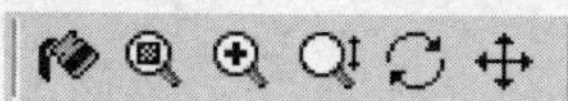

图 1－47 工具栏

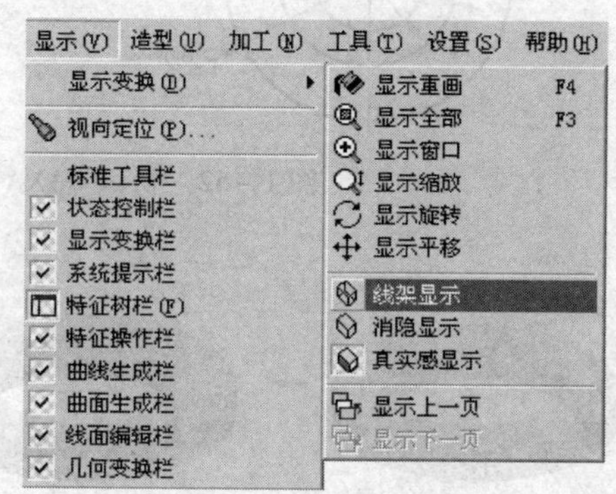

图 1－48 显示菜单

② 单击[显示]→[显示变换]→[消隐显示]命令或单击工具栏中的“消隐显示”图标，系统以线架方式显示零件边线，但不显示当前视角下的不可见边线，如图 1－50 所示。

③ 单击[显示]→[显示变换]→[真实感显示]命令或单击工具栏中的“真实感显示”图标，系统以着色方式显示零件的真实感视图，如图 1－51 所示。

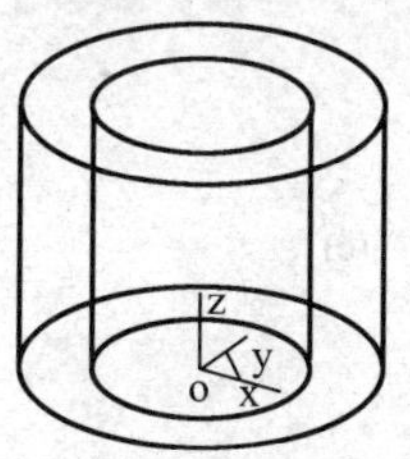

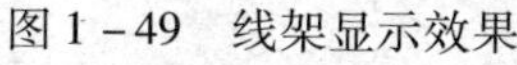

图 1－49 线架显示效果

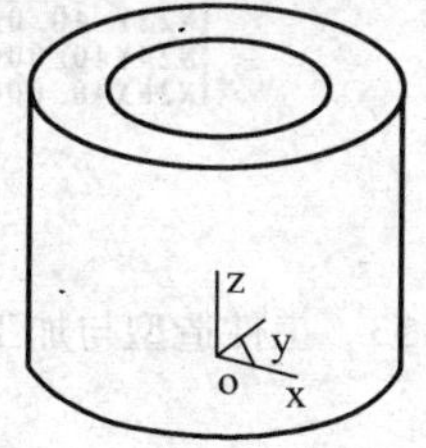

图 1－50 消隐显示效果

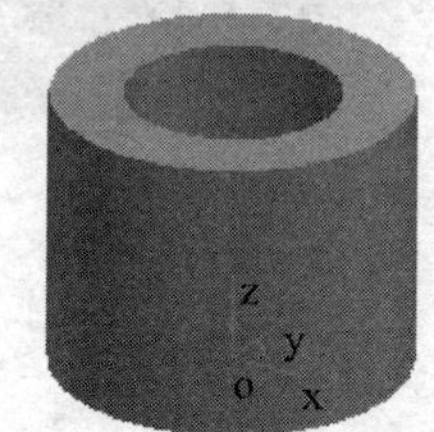

图 1－51 真实感显示效果

四、任务拓展

练习：完成如图 1－52 所示工件的造型，生成刀具轨迹并后置处理生成 G 代码。

建模思路：本课题采用整圆方式画二维图；采用拉伸增料方式建模；采用等高线粗加工生成刀具轨迹。工件造型与加工过程如图 1－53 所示。

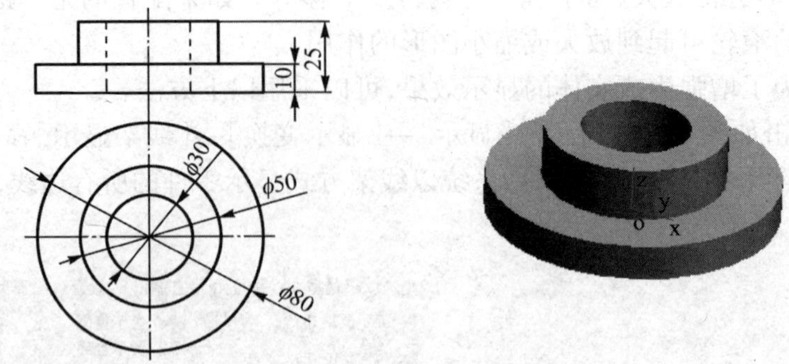

图 1-52　初识 CAXA 2008 任务拓展

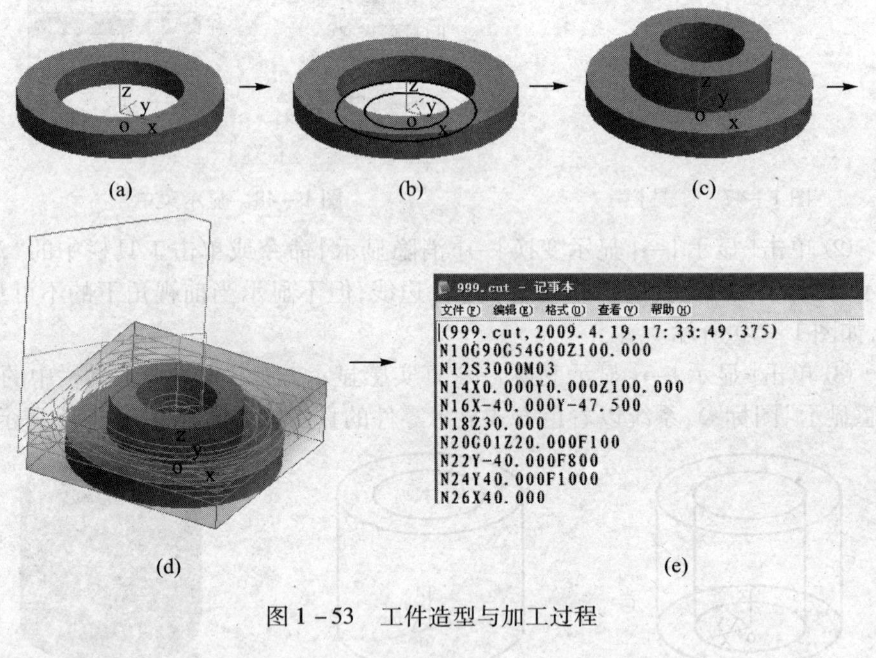

图 1-53　工件造型与加工过程

模块 2　线 架 造 型

课题 1　基本曲线的绘制

一、任务描述

绘制如图 2－1 所示的二维图形中粗实线部分的轮廓。

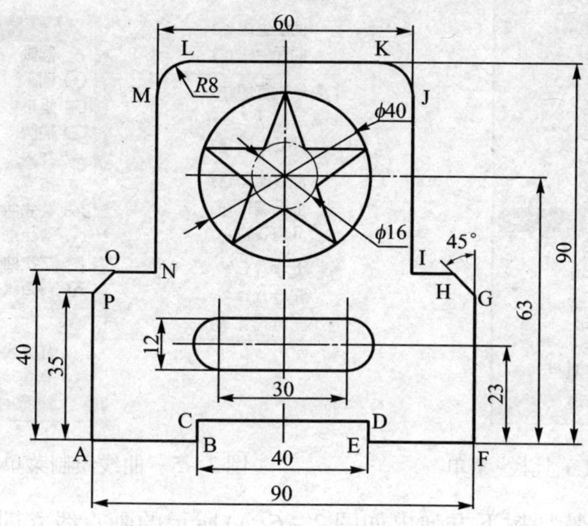

图 2－1　绘制基本曲线

知识点与技能点：直线、圆弧、圆、多边形、点、等距线的绘制。

二、任务实施

1. 选择绘图平面

启动 CAXA 2008，按 F5 键，选择 XY 平面作为绘图平面，此时 CAXA 的绘图区显示如图 2－2 所示的坐标，同时在绘图区右侧出现如图 2－3 所示的“曲线生成栏”工具栏。如果没有“曲线生成栏”，可在工具栏空白处的任意位置单击鼠标右键，出现如图 2－4 所示的“定义工具栏”快捷菜单，单击“曲线生成栏”命令，即可出现“曲线生成栏”。

图 2－2 选择绘图平面 XY

图 2－3 曲线生成栏

2. 绘制外轮廓曲线

1）绘制 A～G 直线段

（1）单击如图 2－5 所示的［造型］→［曲线生成］→［直线］命令或单击图 2－3 中的“直线”图标。

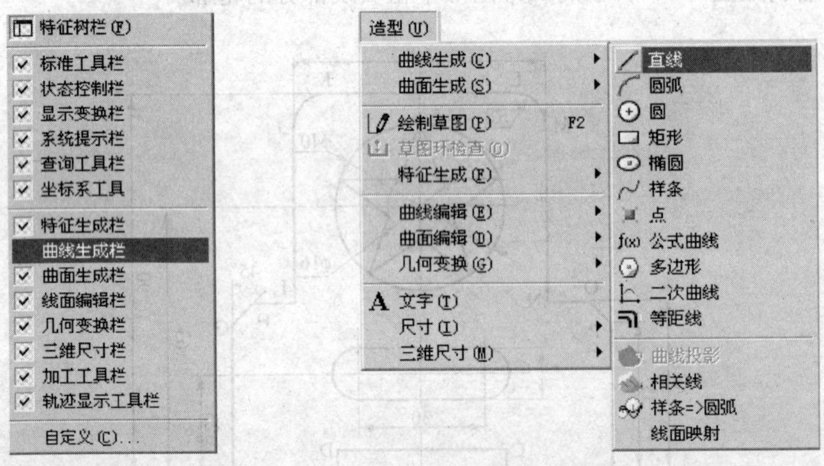

图 2－4 “定义工具栏”菜单 图 2－5 曲线绘制菜单栏

（2）在基准特征树下方弹出如图 2－6(a)所示的画直线立即菜单，单击“两点线”右侧按钮，弹出如图 2－6(b)所示的展开菜单，此处选择“两点线”命令。

图 2－6 绘制直线立即菜单

（3）单击图 2－6(a)的“连续”右侧按钮，则循环显示“单个”或“连续”，此处选择“连续”方式。

(4) 单击图 2-6(a)的“非正交”右侧按钮,则循环显示“正交”或“非正交”,此处选择“正交”方式,如图 2-7 所示。

(5) 提示行提示“第一点”,用键盘直接输入 A 点坐标“-45,0”,如图 2-8 所示,按回车键确认;此时提示行提示“第二点”,用键盘直接输入 B 点坐标“-20,0”,按回车键确认,绘出如图 2-9 所示的“AB”直线。

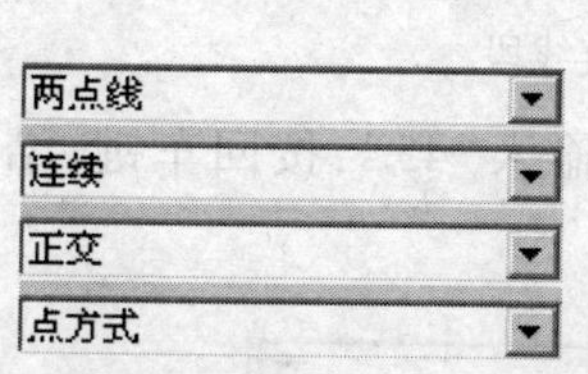

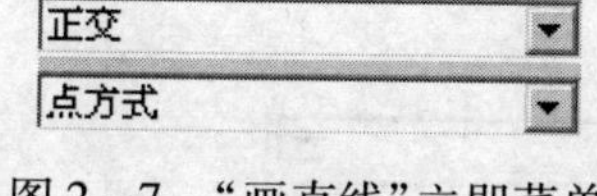

图 2-7 “画直线”立即菜单

-45, 0

图 2-8 输入坐标点

A B
y
o x

图 2-9 绘制“AB”线段

注意:在输入框中输入数值后,必须按回车键或单击右键确认,否则光标将不能正确显示,导致无法继续操作。输入坐标时,应切换到数值输入状态下,否则将无法正确输入坐标值。

(6) 提示行继续提示“第二点”(AB 直线的 B 点默认为 BC 直线的第一点),单击如图 2-7 所示的“画直线”立即菜单中的“点方式”右侧按钮,切换到“长度方式”方式,单击长度栏并输入“5”,如图 2-10 所示,单击鼠标右键或按回车键确认,再向上拖动光标,在 AB 直线的上方单击,画出直线“BC”,如图 2-11 所示。

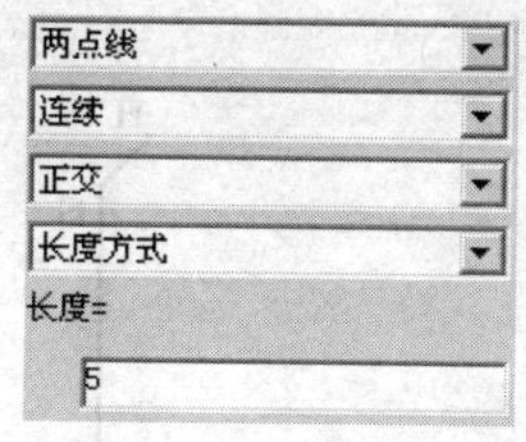

图 2-10 输入长度文本框

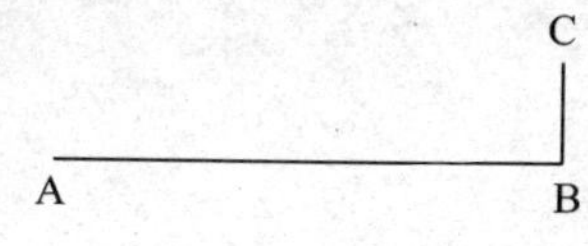

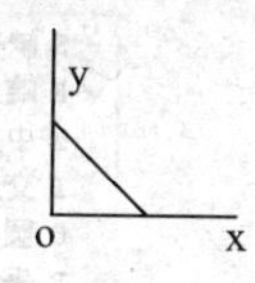

图 2-11 绘制“BC”线段

注意:如果需删除某曲线,可单击线面编辑工具栏中的“删除”图标,再单击或框选所要删除的曲线,最后单击右键确定。

(7) 用同样的方法绘制直线“CD”、“DE”、“EF”、“FG”,单击鼠标右键两次退出直线命令,结果如图 2-12 所示。

2) 绘制角度线 GH

(1) 单击工具栏中的“直线”图标,在弹出的立即菜单中单击“两点线”右侧按钮,在展开菜单中单击“角度线”命令。

(2) 单击“X 轴夹角”右侧按钮,出现如图 2-13(a)所示 3 种方式的下拉

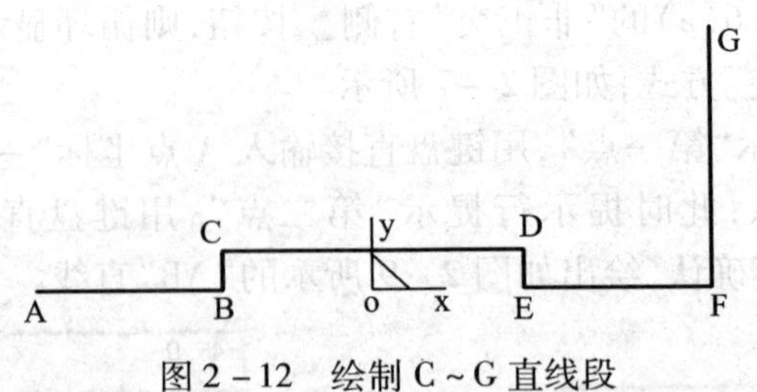

图 2－12　绘制 C～G 直线段

菜单，此处选择“Y 轴夹角”方式，在角度栏中输入“45”，按回车键，结果如图 2－13(b)所示。

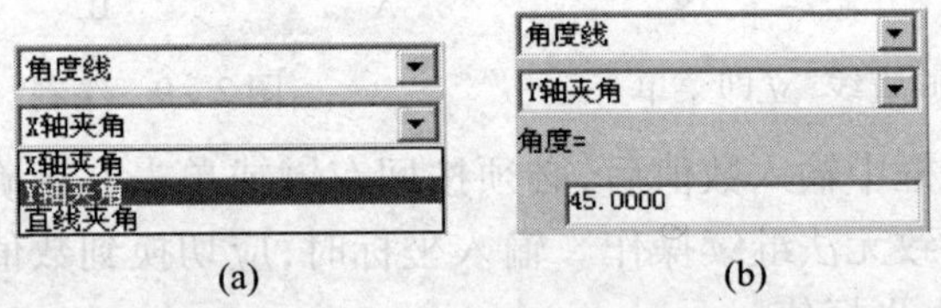

(a)　　(b)

图 2－13　“角度线”立即菜单

(3) 提示行提示“第一点”，按空格键，弹出如图 2－14 所示的点工具菜单来选择具有几何特征的点，单击“E 端点”命令（也可在键盘上直接按下端点捕捉方式对应的英文字母“E”），单击点 G；此时提示行提示“第二点或长度”，按空格键，将“E 端点”方式切换到“S 缺省点”方式，用键盘直接输入 H 点坐标“40，40”，按回车键，绘出角度线“GH”，如图 2－15 所示。

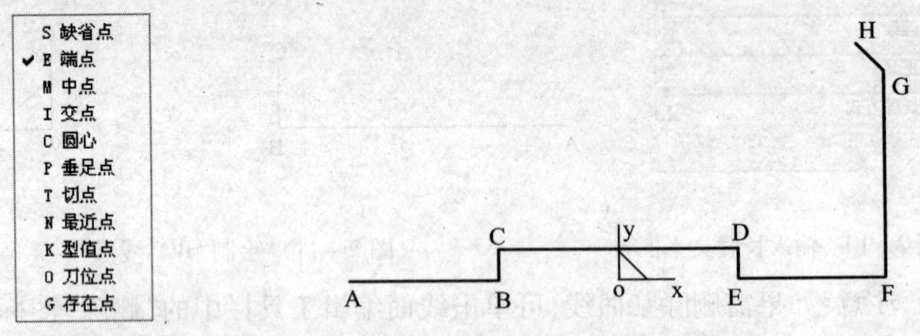

图 2－14　点捕捉方式　　图 2－15　绘制角度线“GH”

注意：一定要正确选择点捕捉方式，否则不能完成曲线的绘制。

3）绘制 H～J、KL 直线段

用已介绍的方法绘制“H～J”、“KL”直线。完成后的图形如图 2－16 所示。

4）绘制两个圆弧段 JK、LM

(1) 单击[造型]→[曲线生成]→[圆弧]命令或直接单击曲线生成栏中的“圆弧”图标，在弹出的立即菜单中单击“三点圆弧”右侧按钮，在展开菜单中选择“两点_半径”方式,如图2－17所示。

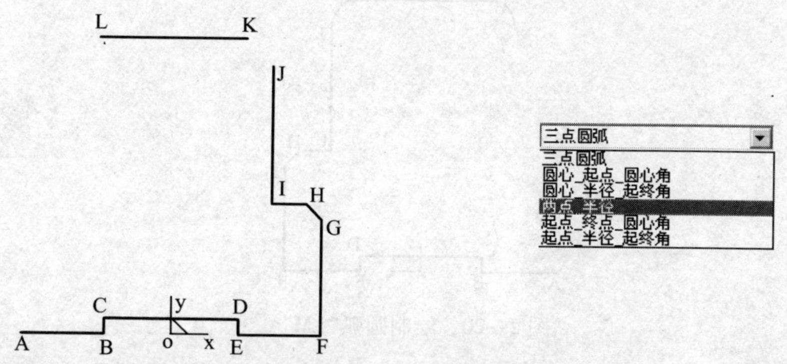

图2－16　绘制“H～J、KL”直线段　　图2－17　“绘制圆弧”立即菜单

（2）提示行提示“第一点”,单击IJ线段的J点;提示行提示“第二点”,单击KL线段的K点;此时提示行提示“第三点或半径”,移动鼠标可出现不同形状的圆弧,当形成一段与所要求圆弧线形状相似的圆弧线时如图2－18所示,用键盘直接输入半径“8”,按回车键确认,绘制圆弧“JK”,如图2－19所示。

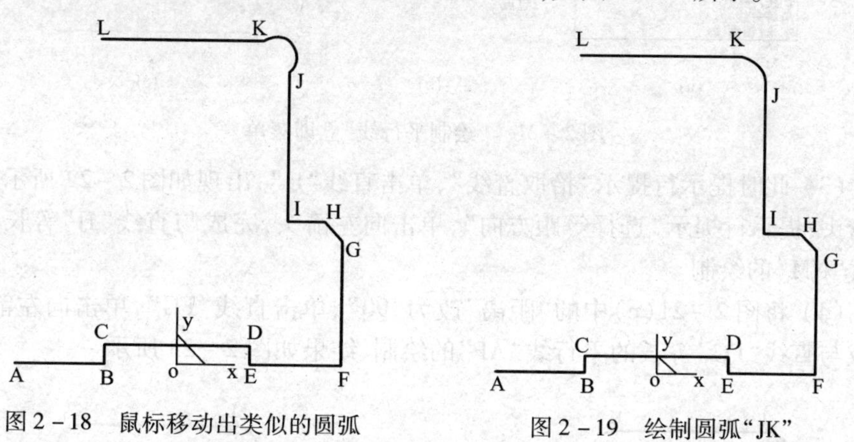

图2－18　鼠标移动出类似的圆弧　　图2－19　绘制圆弧“JK”

（3）不退出画圆弧立即菜单,仍采用“两点_半径”画圆弧方法,此时,提示行提示“第一点”,单击KL线段的L点,提示行提示“第二点”,用键盘直接输入M点坐标“－30,82”,按回车键确认,此时提示行提示“第三点或半径”,移动鼠标出现相似圆弧后,用键盘直接输入半径“8”,按回车键确认,画出圆弧“LM”,如图2－20所示。

5）绘制平行线MN、PA

（1）单击“直线”图标,在弹出的立即菜单中单击“两点线”右侧按钮,展开菜单如图2－21(a)所示,单击“平行线”命令,结果如图2－21(b)所示。

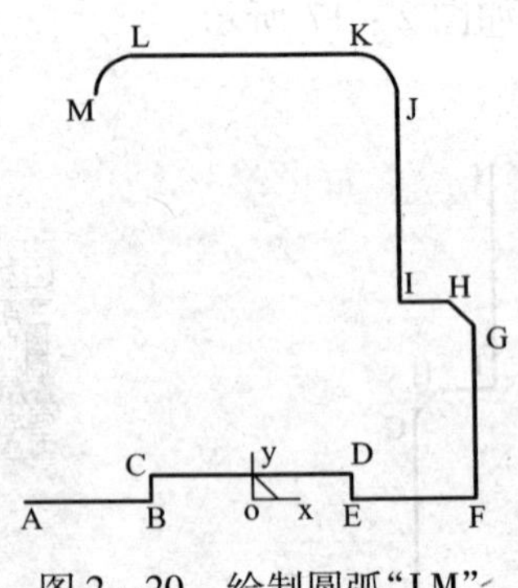

图 2-20　绘制圆弧“LM”

(2) 单击如图 2-21(b)所示的“过点”右侧▼按钮,则循环显示“过点”或“距离”,此处选择“距离”方式,在距离栏中输入“60”,如图 2-21(c)所示。

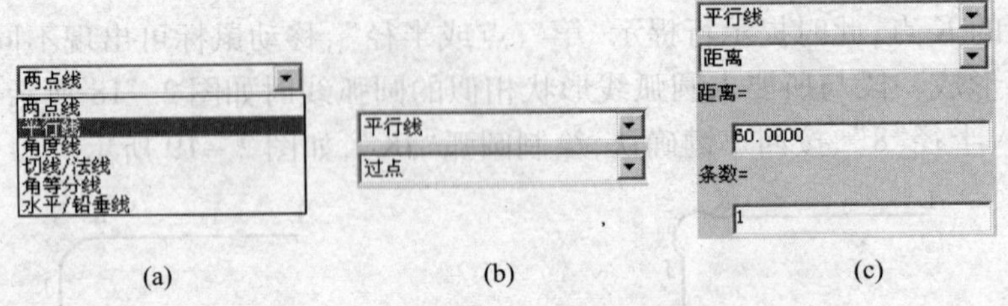

图 2-21　“绘制平行线”立即菜单

(3) 此时提示行提示“拾取直线”,单击直线“IJ”,出现如图 2-22 所示的方向箭头;提示行提示“选择等距方向”,单击向左箭头,完成与直线“IJ”等长的平行线“NM”的绘制。

(4) 将图 2-21(c)中的“距离”改为“90”,单击直线“FG”,单击向左箭头,完成与直线“FG”等长的平行线“AP”的绘制,结果如图 2-23 所示。

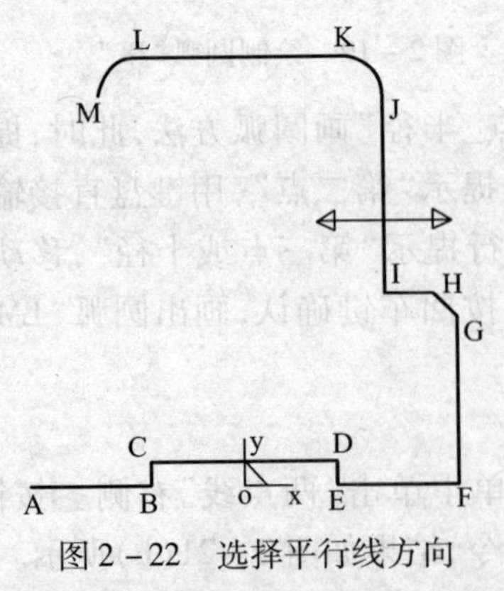

图 2-22　选择平行线方向

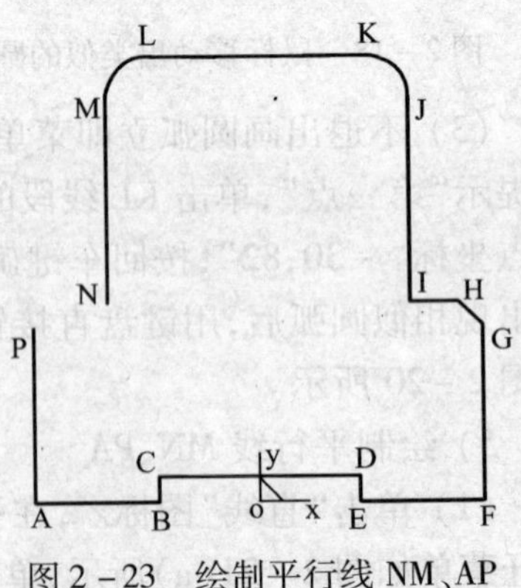

图 2-23　绘制平行线 NM、AP

6）绘制N～P曲线段,完成外轮廓曲线的绘制

（1）单击“直线”图标,在弹出的立即菜单中单击“两点线”右侧按钮,在展开菜单中选择“角度线”方式,单击“X轴夹角”命令,在角度栏中输入“45”,如图2－24所示;提示行提示“第一点”,单击点P,提示行提示“第二点或长度”,输入O点坐标“－35,35”,按回车键确认,完成角度线“PO”的绘制。

（2）在画直线的立即菜单中选择“两点线”、“单个”、“非正交”方式,如图2－25所示,提示行提示“第一点”,单击O点;提示行提示“第二点”,单击N点,绘制出直线“ON”,完成后的外轮廓曲线如图2－26所示。

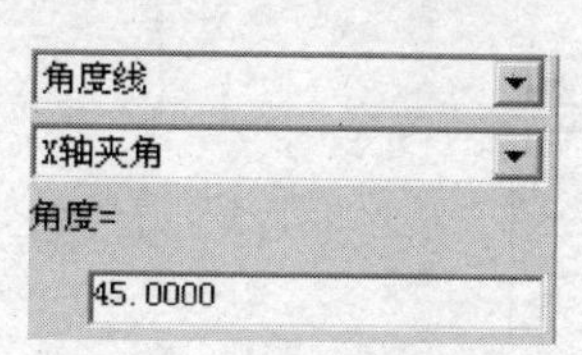

图2－24　绘制角度线立即菜单

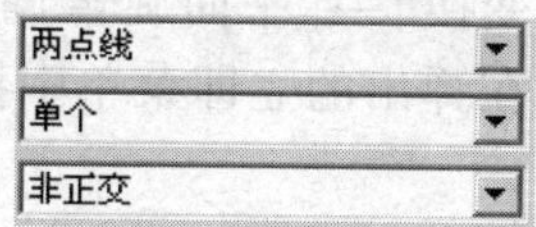

图2－25　画单个两点线立即菜单

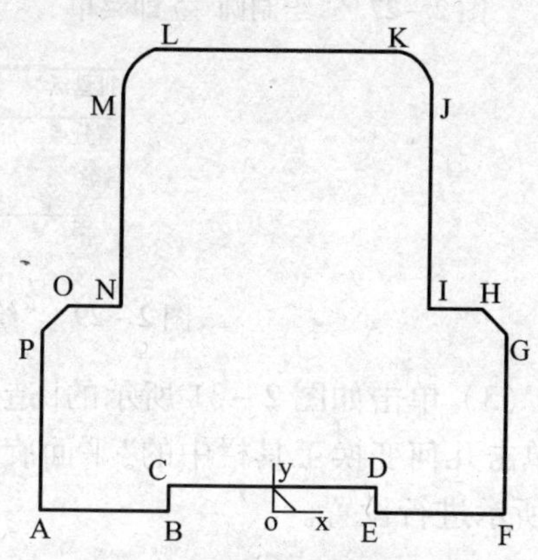

图2－26　外轮廓曲线

3. 绘制轮廓内部曲线

1）绘制整圆

（1）单击[造型]→[曲线生成]→[圆]命令或直接单击曲线生成栏中的“整圆”图标,在弹出的立即菜单中选择“圆心_半径”方式,如图2－27所示。

（2）提示行提示“圆心点”,用键盘直接输入圆心坐标“0,63”,按回车键确认;提示行继续提示“输入圆上一点或半径”,用键盘直接输入半径“20”,按回车键确认,绘制整圆C1;提示行提示“输入圆上一点或半径”(默认前一圆心为该圆圆心),用键盘直接输入半径“8”,按回车键确认,绘制整圆C2,结果如图2－28所示。

2）绘制五角星

（1）单击[造型]→[曲线生成]→[点]命令或直接单击曲线生成栏中的“点”图标,在弹出的立即菜单中按图2－29所示进行设置。

（2）提示行提示“拾取曲线”,单击整圆C1,生成如图2－30所示的5个等分点。

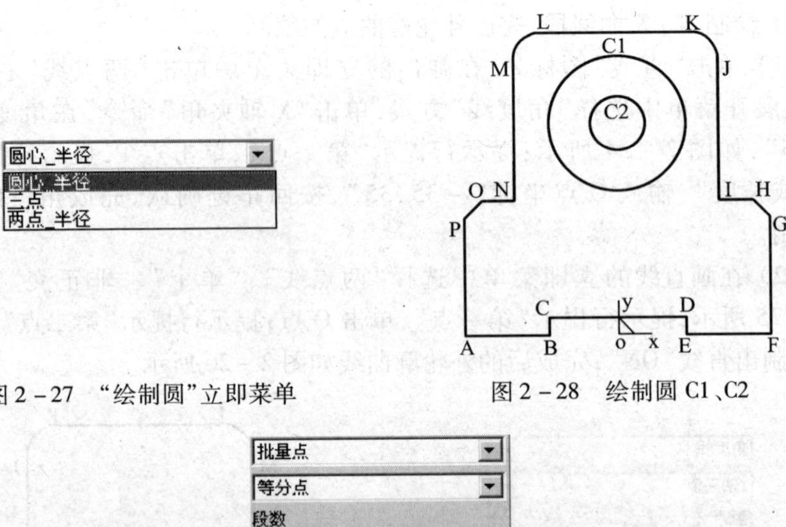

图 2－27　“绘制圆”立即菜单　　　　图 2－28　绘制圆 C1、C2

图 2－29　“绘制等分点”立即菜单

(3) 单击如图 2－31 所示的[造型]→[几何变换]→[平面旋转]命令或直接单击几何变换工具栏中的“平面旋转”图标，在弹出的立即菜单中按图 2－32 所示进行设置。

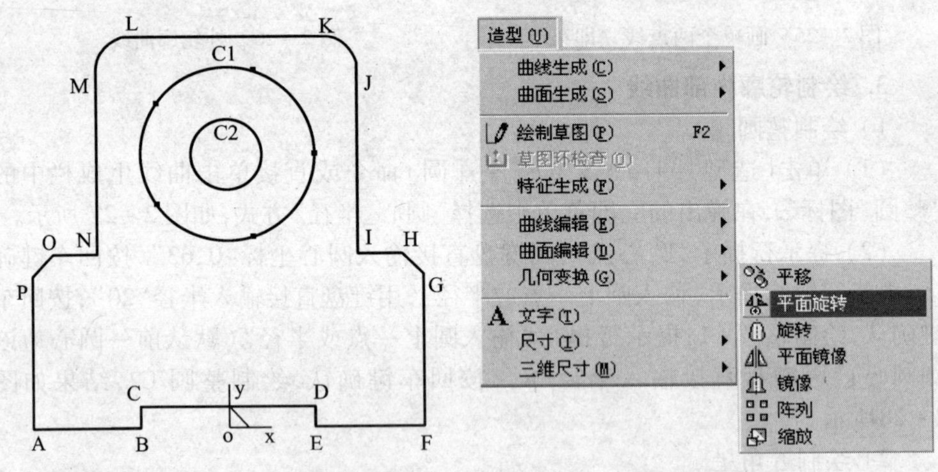

图 2－30　绘制圆 C1 的等分点　　　　图 2－31　几何变换菜单栏

(4) 提示行提示“旋转中心点”，按空格键，在弹出的点工具菜单中选择“C 圆心”方式，如图 2－33 所示。

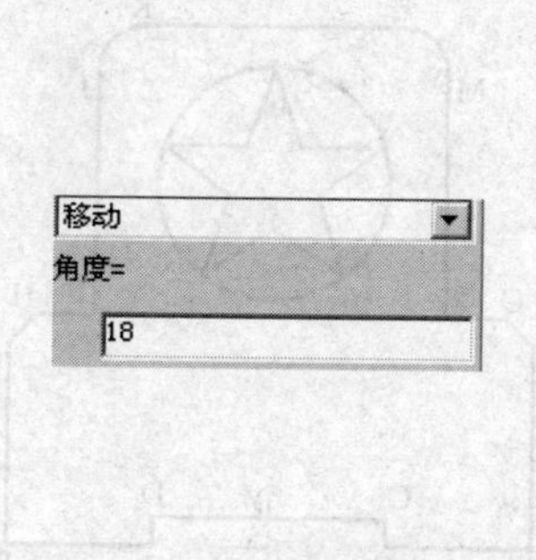

图 2 – 32 “几何变换”立即菜单

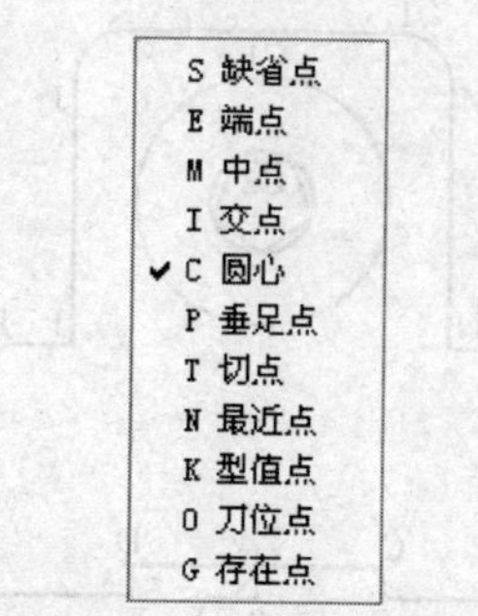

图 2 – 33 点工具菜单

(5) 单击圆 C1,捕捉到其圆心为旋转中心,此时提示行提示“拾取元素”,单击拾取 5 个点,单击鼠标右键确认,完成 5 个点的旋转,如图 2 – 34 所示,单击鼠标右键退出几何变换命令。

(6) 单击[造型]→[曲线生成]→[多边形]或直接单击曲线生成栏中的“正多边形”图标,在弹出的立即菜单中按图 2 – 35 所示进行设置。

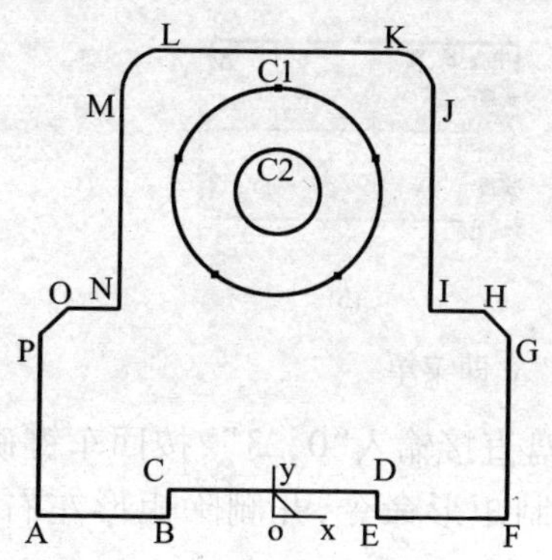

图 2 – 34 旋转圆 C1 的等分点

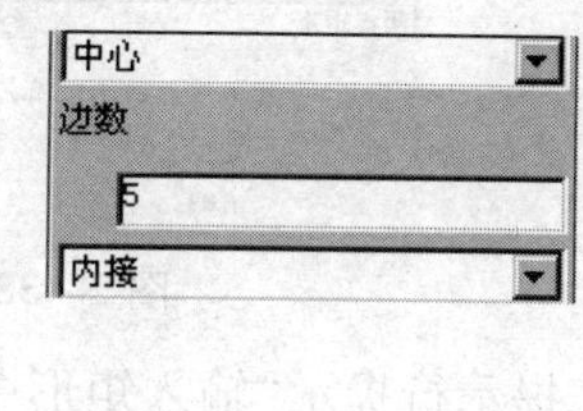

图 2 – 35 “绘制多边形”立即菜单

(7) 提示行提示“输入中心”,单击圆 C2,捕捉到其圆心,提示行继续提示“输入边起点”,用键盘直接输入“0,55”,按回车键确认,绘制出五边形,如图 2 – 36 所示。单击鼠标右键退出正多边形命令。

(8) 单击工具栏中的“直线”图标,在弹出的立即菜单中选择“两点线”、“连续”、“非正交”方式,并按空格键选择“S 缺省点”捕捉方式,将整圆 C1 上的 5 个点和 5 边形的 5 个顶点依次连接。单击线面编辑工具栏中的“删除”图标,删除辅助用的点和线,单击右键完成如图 2 – 37 所示的五角星的绘制。

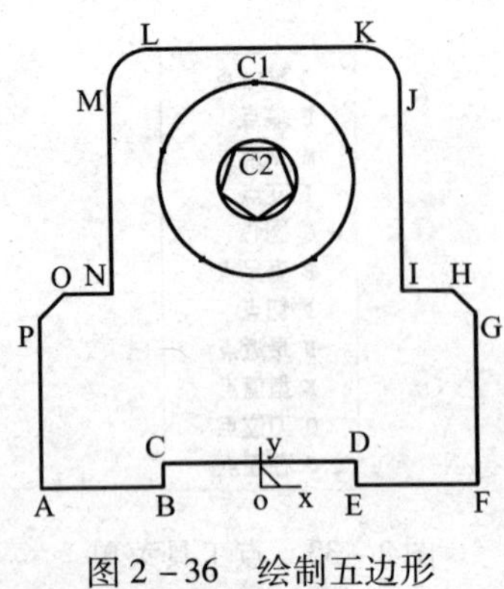

图 2-36 绘制五边形

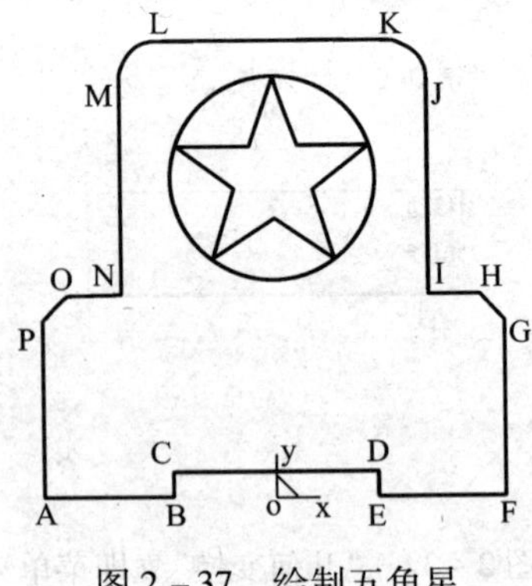

图 2-37 绘制五角星

3）绘制键槽形轮廓

（1）单击[造型]→[曲线生成]→[矩形]命令或直接单击曲线生成栏中的“矩形”图标，弹出如图 2-38(a)所示的立即菜单，单击“两点矩形”右侧按钮，则循环显示“两点矩形”或“中心_长_宽”，此处选择“中心_长_宽”方式，按图 2-38(b)所示设置参数。

图 2-38 “绘制矩形”立即菜单

（2）提示行提示“输入矩形中心”，用键盘直接输入“0,23”，按回车键确认，结果如图 2-39 所示，单击鼠标右键退出绘制矩形命令，并删除矩形左右直线段，结果如图 2-40 所示。

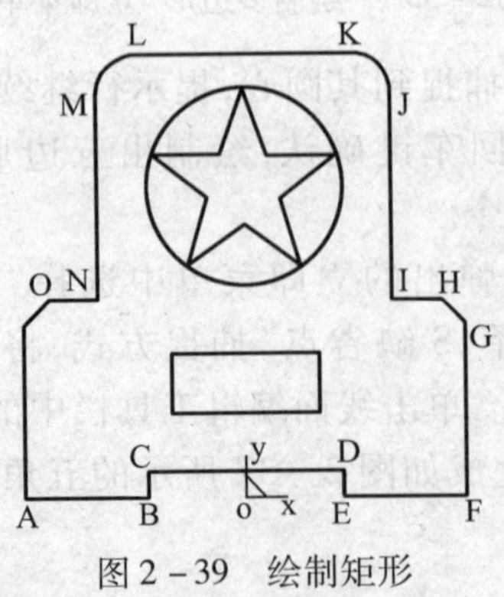

图 2-39 绘制矩形

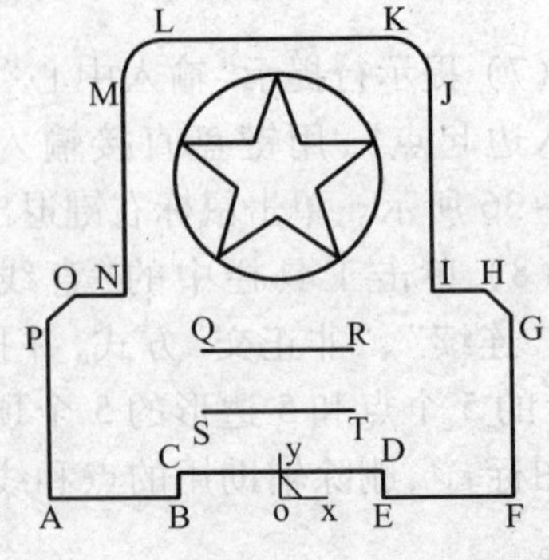

图 2-40 擦除矩形 QS、RT 直线段

(3) 单击工具栏中的"圆弧"图标，在弹出的立即菜单中选择"三点圆弧"方式，提示行提示"第一点"，单击点 Q；提示行提示"第二点"，用键盘直接输入"-21,23"，按回车键确认，此时提示行提示"第三点"，单击 S 点，完成圆弧"QS"的绘制，如图 2-41 所示。

(4) 用同样的方法，绘制圆弧"RT"，完成后的所有轮廓曲线如图 2-42 所示。

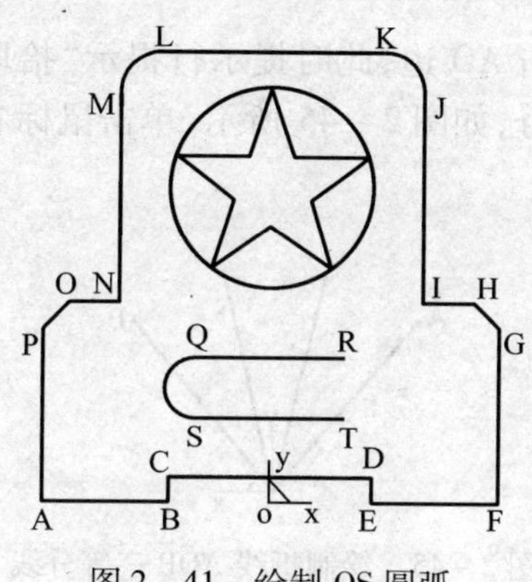

图 2-41 绘制 QS 圆弧

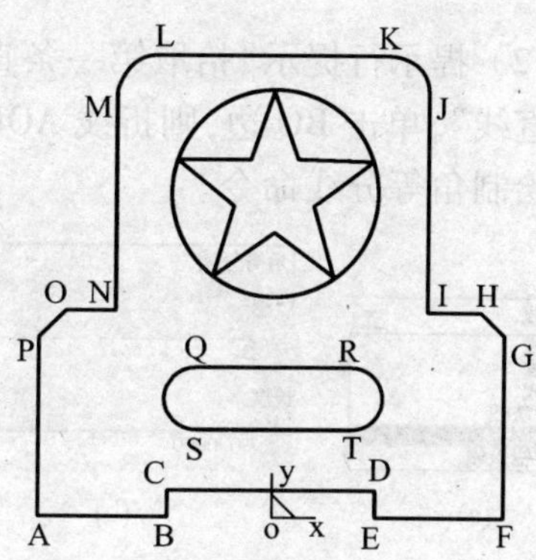

图 2-42 完成后的轮廓曲线

三、知识拓展

本课题介绍了直线、圆弧、整圆、矩形和多边形的绘制，它们是线架造型中最基本的绘图方法。应熟悉它们各自的特点，灵活运用不同的绘图方法，快速、有效地绘制出所要求的平面图形。

1) 直线

直线的绘制方式有两点线、平行线、角度线、切线/法线、角等分线、水平/铅垂线。"两点线"方式可绘制两点间的线段，可通过捕捉功能捕捉一些特殊点，如端点、中点、交点、圆心等，也可通过键盘直接输入点的坐标等；"平行线"方式可通过给定点绘制已知直线的平行线，也可绘制与已知直线相距给定距离的一条或数条平行线；"角度线"方式可绘制与 X 轴、Y 轴或已知直线成一定角度的直线；"切线/法线"方式可过给定点作已知曲线的切线、法线；"角等分线"方式可绘制两条有交点直线的角等分线；"水平/铅垂线"方式可通过给定点在当前平面坐标系绘制水平线或铅垂线。

下面运用"角等分线"方式，三等分如图 2-43 所示的折线 AOB。

操作过程如下。

(1) 单击"直线"图标，在弹出的立即菜单中选择"角等分线"命令，如图 2-44(a)所示，按图 2-44(b)所示设置参数。

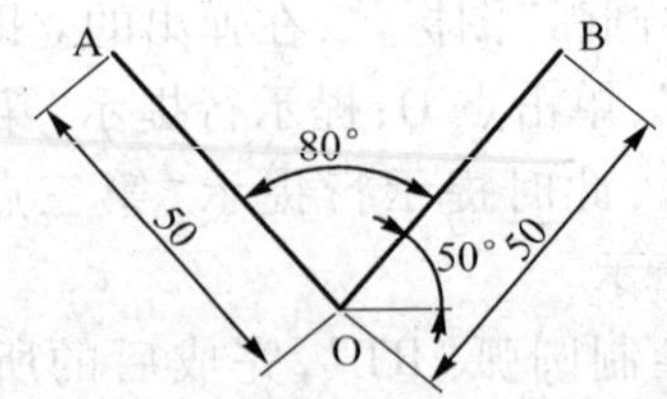

图 2－43 绘制基本曲线知识拓展图例

(2) 提示行提示“拾取第一条直线”，单击 AO 边，此时提示行提示“拾取第二条直线”，单击 BO 边，则折线 AOB 被三等分，如图 2－45 所示，单击鼠标右键退出绘制角等分线命令。

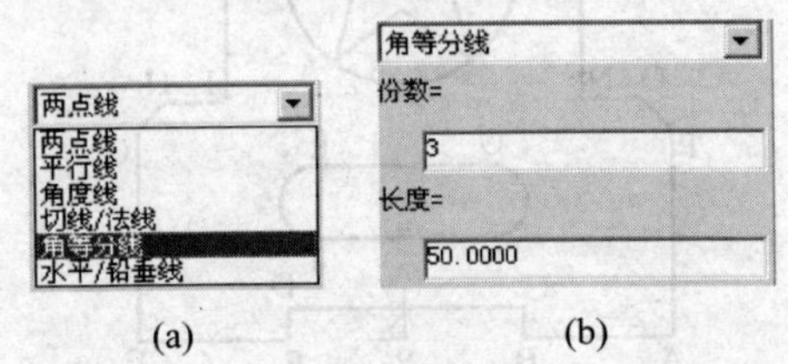

图 2－44 “绘制角等分线”立即菜单

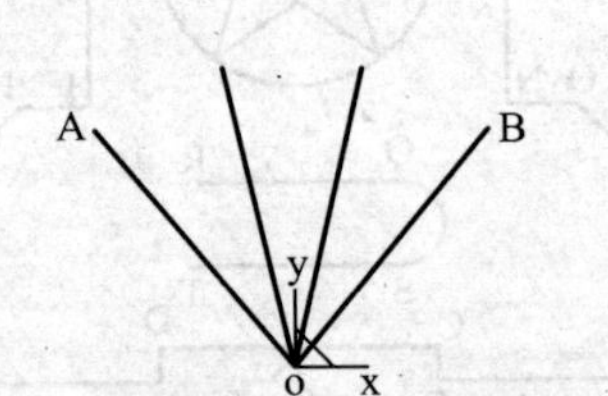

图 2－45 绘制折线 AOB 三等分线

2) 圆弧

圆弧的绘制方式有三点圆弧、圆心_起点_圆心角、圆心_半径_起终角、两点_半径、起点_终点_圆心角、起点_半径_起终角 6 种。“三点圆弧”方式可绘制通过已知三点的圆弧；“圆心_起点_圆心角”方式可根据所给圆心点、弧起点以及圆心与弧终点所确定直线上的点绘制圆弧；“圆心_半径_起终角”方式可根据给定的圆心点、起始角、终止角以及圆上一点或半径绘制圆弧；“两点_半径”方式可根据给定的弧起点、弧终点以及第三点或半径绘制圆弧；“起点_终点_圆心角”方式可根据给定的弧起点、弧终点和圆心角绘制圆弧；“起点_半径_起终角”方式可根据给定的起始角、终止角、起点、半径绘制圆弧。

下面运用“圆心_半径_起终角”方式，在图 2－43 中绘制圆弧 AB(所对应的圆心角为 80°)。

操作过程如下。

(1) 单击“圆弧”图标，在弹出的立即菜单中单击“圆心_半径_起终角”命令，如图 2－46(a)所示，按图 2－46(b)所示设置参数。

(2) 提示行提示“圆心点”，单击 O 点；提示行提示“输入圆上一点(切点)或半径”，用键盘直接输入半径值“50”，按回车键确认，绘制出圆弧“AB”，如图 2－47 所示。

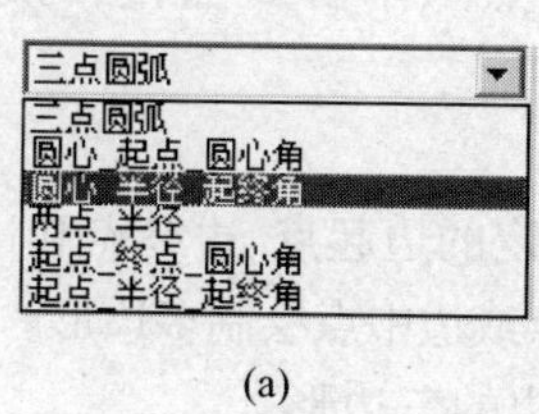

(a)

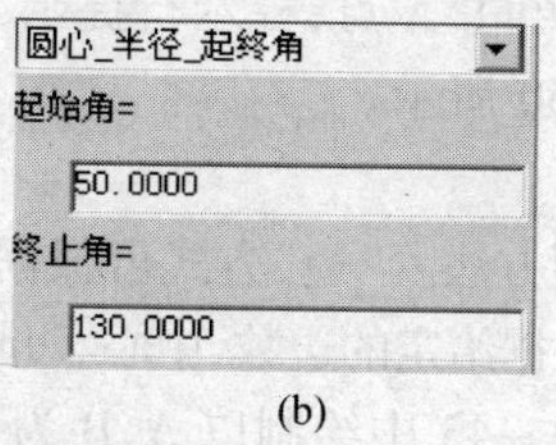

(b)

图2－46 “绘制圆弧”立即菜单（“圆心_半径_起终角”方式）

图2－47 绘制圆弧“AB”

3）整圆

整圆的绘制方式有圆心_半径、三点、两点_半径。“圆心_半径”方式可根据给定的圆心、圆上一点或半径绘制整圆；“三点”方式可绘制通过三点的整圆；“两点_半径”方式可根据给定的两点和半径绘制整圆。

下面运用“三点”方式，在图2－43中绘制通过O、A、B三点的整圆。

操作过程如下。

（1）单击“整圆”图标⊕，在弹出的立即菜单中选择“三点”方式，如图2－48所示。

（2）提示行提示“第一点”，单击点O；提示行提示“第二点”，单击点A；提示行继续提示“第三点”，单击点B，绘制出通过O、A、B三点的整圆，如图2－49所示。

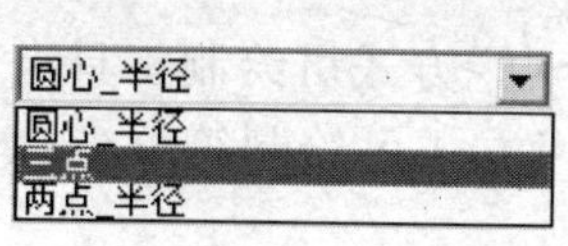

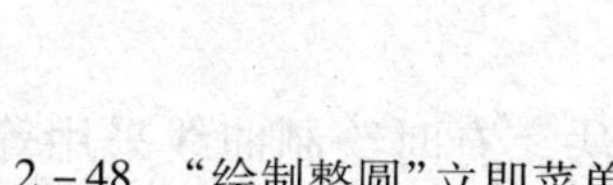

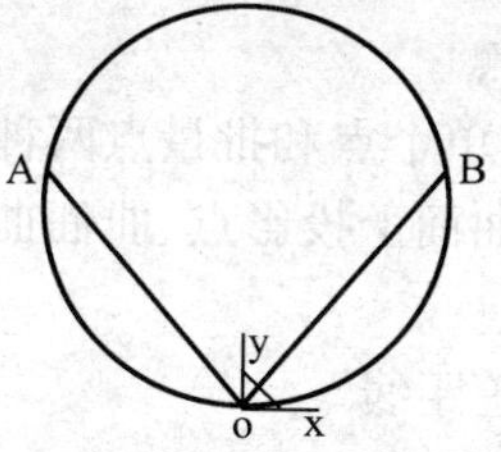

图2－48 “绘制整圆”立即菜单（“三点”方式）

图2－49 绘制通过O、A、B三点的整圆

4）矩形

矩形的绘制方式有两点矩形、中心_长_宽。“两点矩形”方式可根据给定矩形的起点和终点绘制矩形；“中心_长_宽”方式可根据给定矩形的中心坐标、长度、宽度绘制矩形。

下面运用“两点矩形”方式，在图2－43中绘制通过O、A两点的矩形。

操作过程如下。

（1）单击“矩形”图标▭，在弹出的立即菜单中选择“两点矩形”方式。

(2) 提示行提示“起点”，单击 A 点；提示行提示“终点”，单击 O 点，绘出通过 A、O 两点的矩形，如图 2－50 所示。

5) 多边形

多边形有边、中心两种绘制方法。“边”方式可根据给定的边起点、边终点和边数绘制多边形；“中心”方式可根据给定的边数、中心、边起点或边中点绘制多边形。

下面运用“边”方式在图 2－43 中绘制以 A、B 为一边的三边形。

操作过程如下。

(1) 单击“多边形”图标，在弹出的立即菜单中选择“边”方式，按图 2－51 所示设置参数。

(2) 提示行提示“输入边起点”，单击 A 点；提示行提示“输入边终点”，单击 B 点，绘出以 A、B 为一边的三边形，如图 2－52 所示。

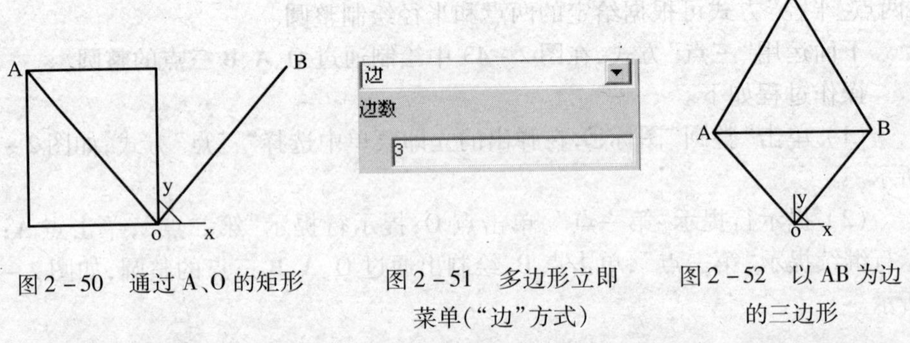

图 2－50　通过 A、O 的矩形　　图 2－51　多边形立即菜单(“边”方式)　　图 2－52　以 AB 为边的三边形

6) 点

点有单个点和批量点两种绘制方法。“单个点”方式可绘制工具点、曲线投影交点、曲面上投影点、曲面曲线交点；“批量点”方式可绘制等分点、等距点和等角度点。

7) 等距线

等距线有单根曲线、组合曲线两种绘制方法。有时绘制曲线采用等距线的方法会更简便。如在图 2－43 中绘制与直线 AO、BO 平行且等长的距离为 10 的两条直线，如图 2－53 所示。

操作过程如下。

(1) 单击“等距线”图标，弹出立即菜单如图 2－54(a) 所示，单击“单根曲线”右侧按钮，则循环显示“单根曲线”或“组合曲线”，此处选择“组合曲线”方式；单击“尖角”右侧按钮，则循环显示“尖角”或“圆弧”，此处选择“尖角”方式；单击“裁剪”右侧按钮，则循环显示“裁剪”或“不裁剪”，此处选择“裁剪”方式；按图 2－54(b) 所示设置参数。

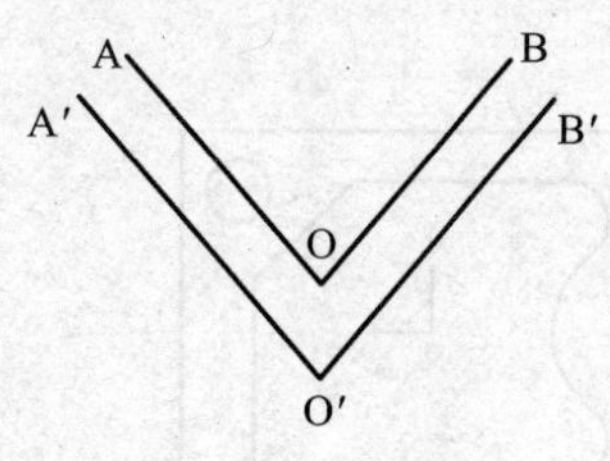

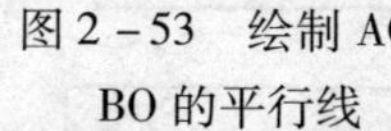

图2-53　绘制AO、BO的平行线

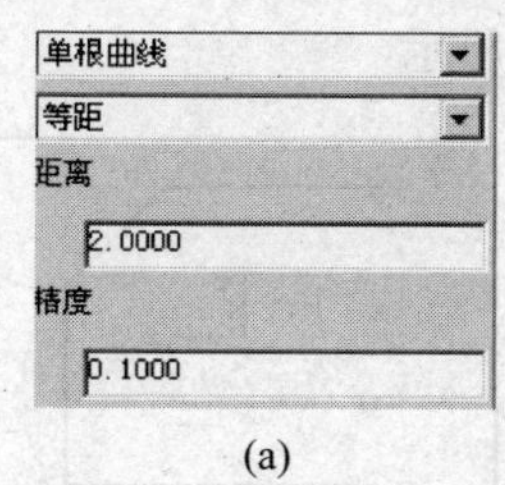

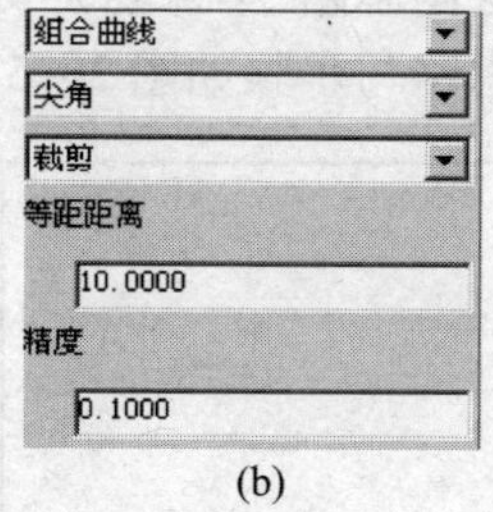

(a)　(b)

图2-54　绘制等距线立即菜单

(2) 提示行提示"拾取曲线"，单击AO直线，出现如图2-55(a)所示画面，此时提示行提示"确定链搜索方向"，单击向下箭头，直线AO、BO均被拾取，如图2-55(b)所示，单击鼠标右键，出现如图2-55(c)所示的画面，提示行提示"选择等距方向"，单击向下箭头，绘制出如图2-53所示的等距线。

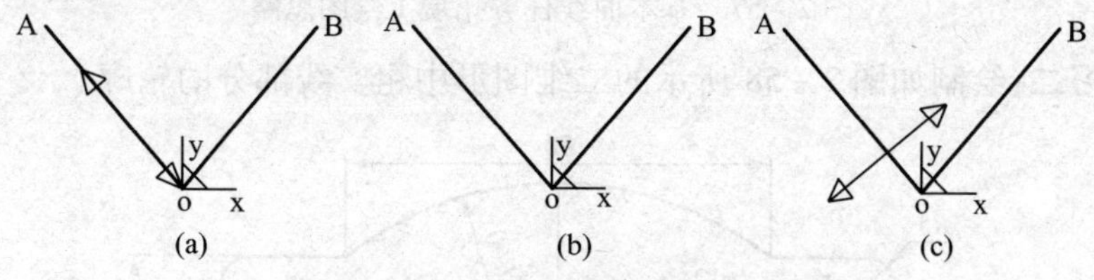

图2-55　绘制等距线

四、任务拓展

练习一：绘制如图2-56所示的二维图形中粗实线部分的轮廓。

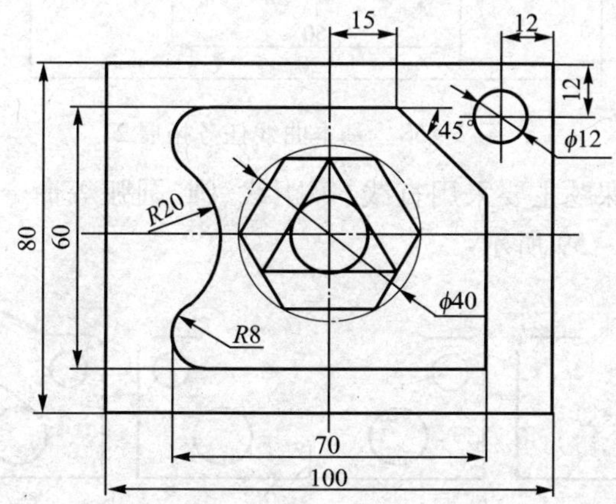

图2-56　基本曲线任务拓展1

绘图思路：本课题主要采用矩形、直线、圆、圆弧、多边形等命令进行绘图，其绘图思路与步骤如图 2－57 所示。

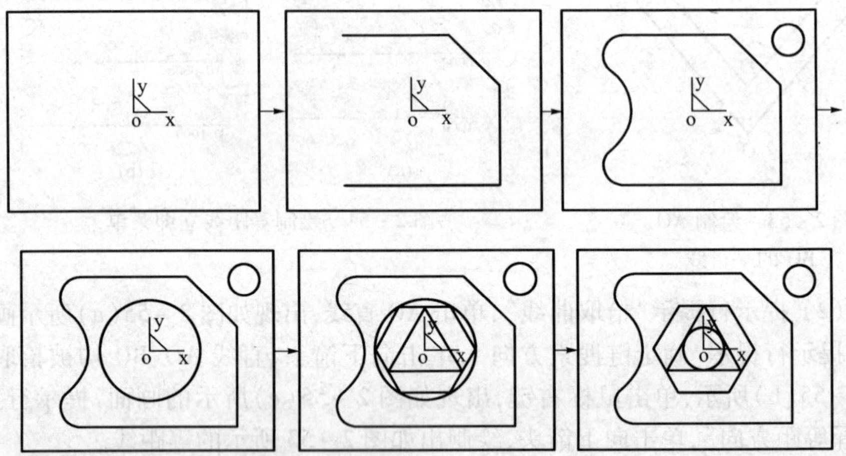

图 2－57　基本曲线任务拓展 1 绘图思路

练习二：绘制如图 2－58 所示的二维图形中粗实线部分的轮廓。

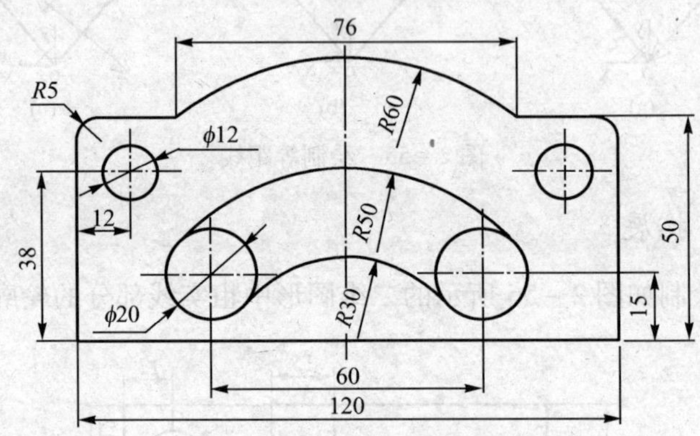

图 2－58　基本曲线任务拓展 2

绘图思路：本课题主要采用直线、等距线、圆、圆弧等命令进行绘图，其绘图思路与步骤如图 2－59 所示。

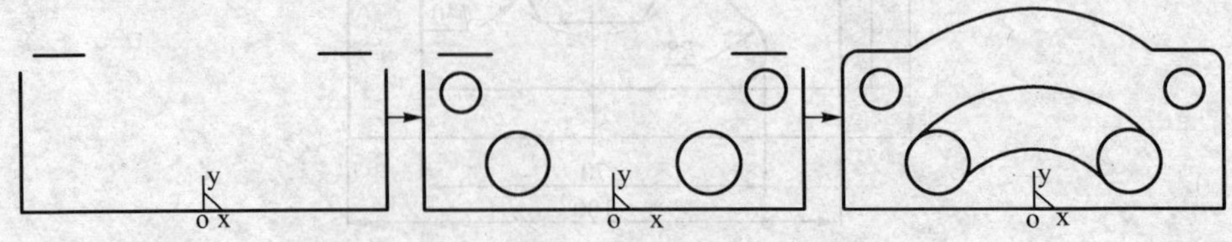

图 2－59　基本曲线任务拓展 2 绘图思路

课题2 公式曲线和样条线的绘制

一、任务描述

绘制如图2－60所示的二维图形中粗实线部分的轮廓及相关文字。

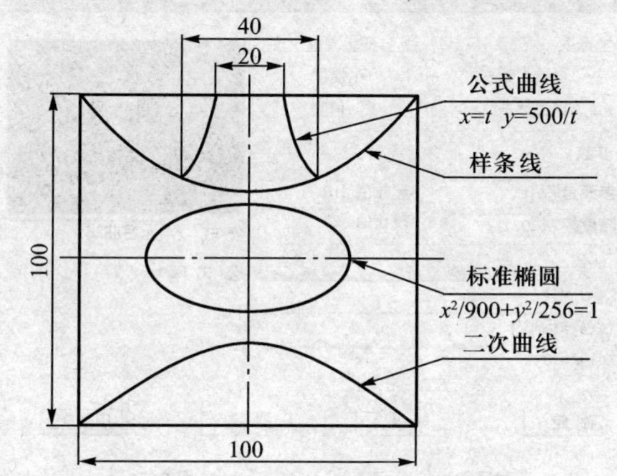

图2－60 绘制公式曲线和样条线

知识点与技能点：矩形、椭圆、公式曲线、二次曲线、样条线的绘制。

二、任务实施

1. 绘制矩形

(1) 按F5键，选择XY平面作为绘图平面。单击曲线生成栏中的“矩形”图标，在弹出的立即菜单中选择“中心_长_宽”方式，按图2－61所示设置参数。

(2) 提示行提示“输入矩形中心”，单击原点O，绘制矩形如图2－62所示，单击鼠标右键退出绘制矩形命令。

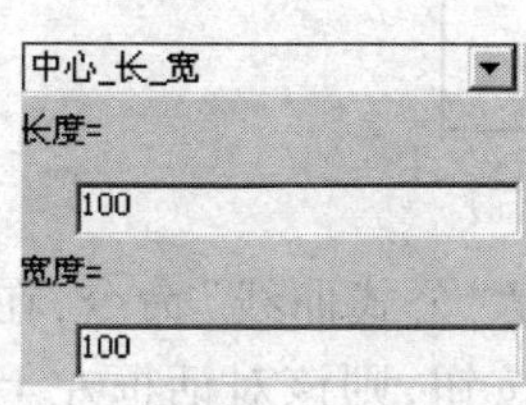

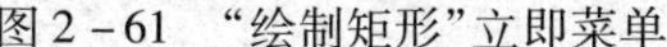

图2－61 “绘制矩形”立即菜单

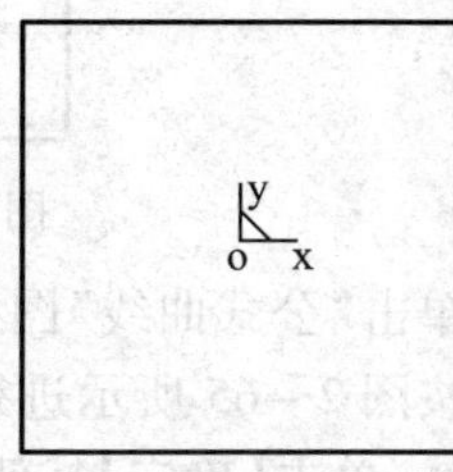

图2－62 绘制矩形

2. 绘制公式曲线($x=t$,$y=500/t$)

(1) 单击[造型]→[曲线生成]→[公式曲线]命令或直接单击曲线生成栏中的“公式曲线”图标f(x),在弹出的对话框中按图 2-63 所示进行参数设置;单击【预显】按钮,则该对话框右上角预显该公式曲线,单击【确定】按钮关闭对话框。

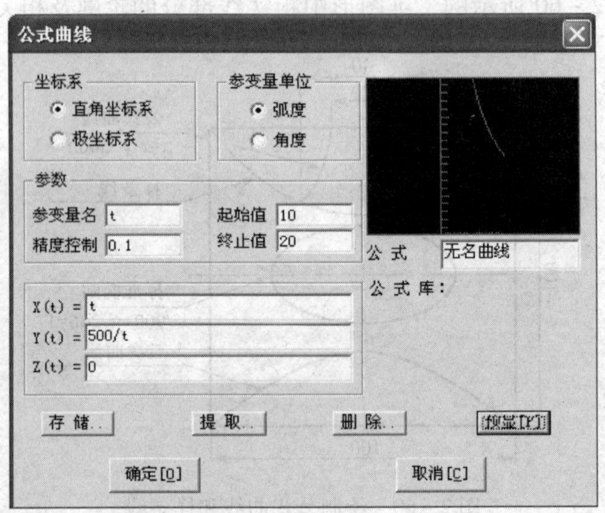

图 2-63 “公式曲线”对话框(右)

(2) 提示行提示“曲线定位点”,单击坐标原点 O,生成第一条公式曲线(右),如图 2-64 所示。

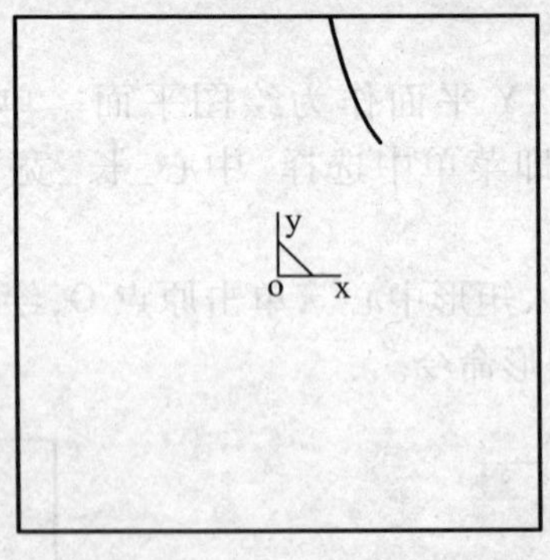

图 2-64 绘制公式曲线(右)

(3) 单击“公式曲线”图标f(x)或单击右键重复“公式曲线”命令,在弹出的对话框中按图 2-65 所示进行设置;单击【预显】按钮,则该对话框左上角预显该公式曲线,单击【确定】按钮关闭对话框。

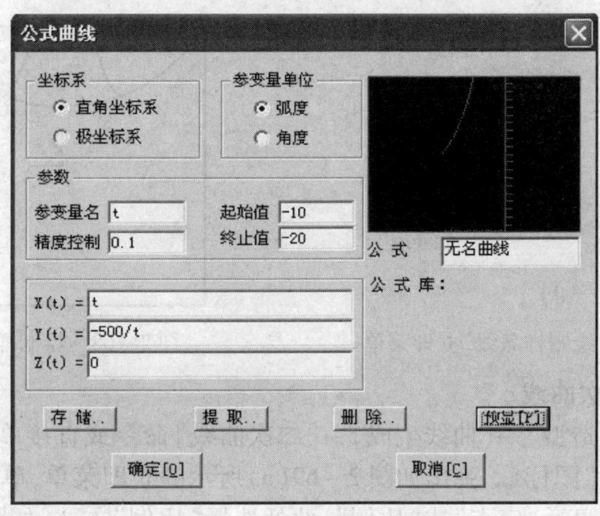

图 2－65　公式曲线对话框(左)

(4) 提示行提示“曲线定位点”,单击坐标原点 O,生成第二条公式曲线(左),如图 2－66 所示。

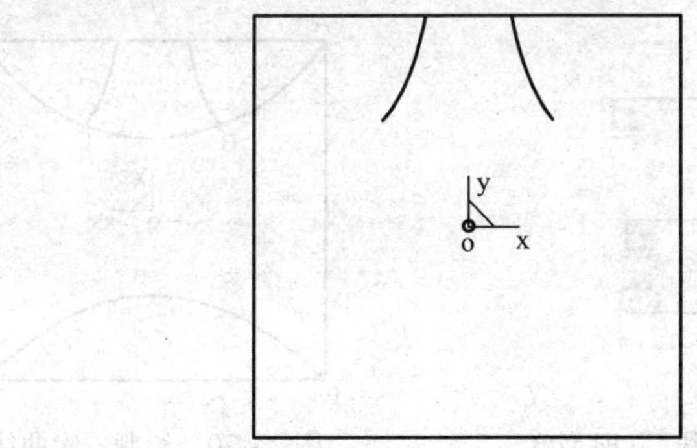

图 2－66　绘制公式曲线(左)

3. 绘制样条线

(1)单击[造型]→[曲线生成]→[样条]命令或直接单击曲线生成栏中的“样条线”图标,弹出如图 2－67(a)所示的立即菜单,单击“插值”右侧按钮,则循环显示“插值”或“逼近”,此处选择“逼近”方式,如图 2－67(b)所示,“逼近精度”取默认值。

(2) 提示行提示“拾取点”,依次拾取点 A、B、C、D,单击鼠标右键两次,退出绘制样条线命令,生成样条线如图 2－68 所示。

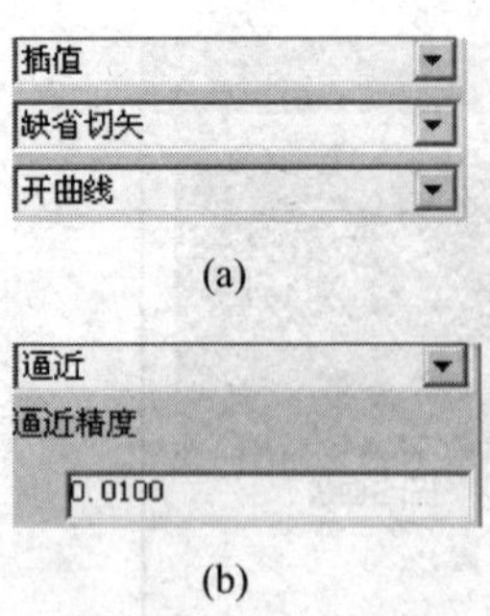

图 2-67 “绘制样条线”立即菜单

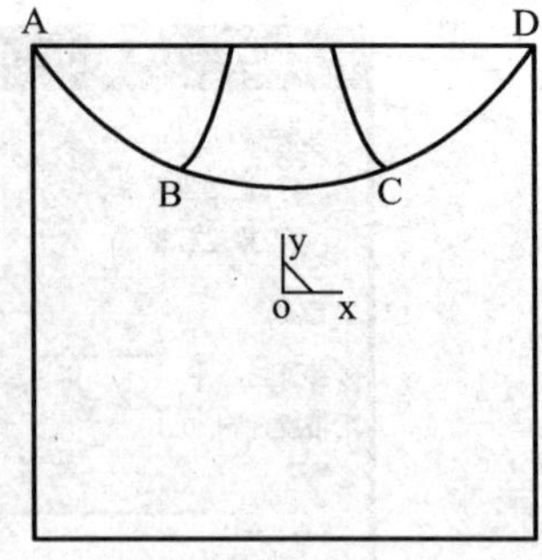

图 2-68 绘制样条线

4. 绘制二次曲线

(1) 单击[造型]→[曲线生成]→[二次曲线]命令或直接单击曲线生成栏中的“二次曲线”图标,弹出如图 2-69(a)所示的立即菜单,单击“定点”右侧按钮,则循环显示“定点”或“比例”,此处选择“比例”方式,如图 2-69(b)所示,“比例因子”取默认值。

(2) 提示行提示“起点”,单击点 E;提示行提示“终点”,单击点 F;提示行继续提示“输入方向点”,单击原点 O,生成的二次曲线如图 2-70 所示。

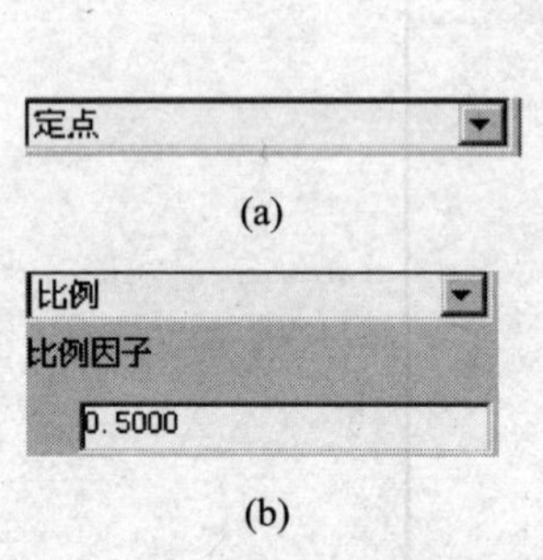

图 2-69 “绘制二次曲线”立即菜单

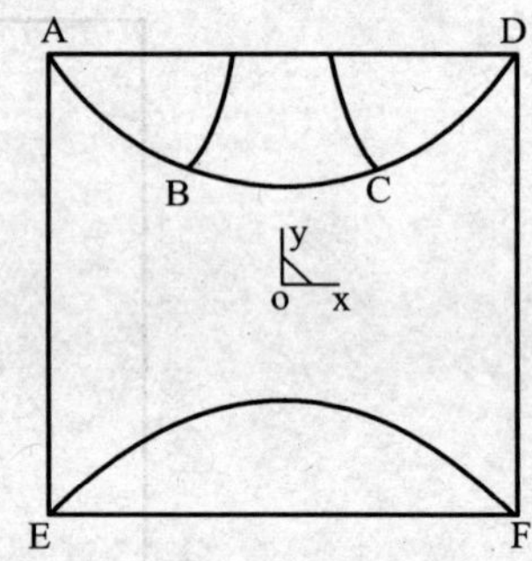

图 2-70 绘制二次曲线

5. 绘制标准椭圆

(1) 单击[造型]→[曲线生成]→[椭圆]命令或直接单击曲线生成栏中的“椭圆”图标,在弹出的立即菜单中按如图 2-71 所示进行设置。

(2) 提示行提示“输入中心”,单击原点 O,生成标准椭圆如图 2-72 所示。

6. 绘制文字

(1) 单击[造型]→[文字]命令或直接单击曲线生成栏中的“文字”图标 **A**,弹出如图 2-73(a)所示的立即菜单,单击“左下角”右侧按钮,弹出如图 2-73(b)所示的展开菜单,有 7 种文字插入点可供选择,此处选择文字“左上角”为插入点。

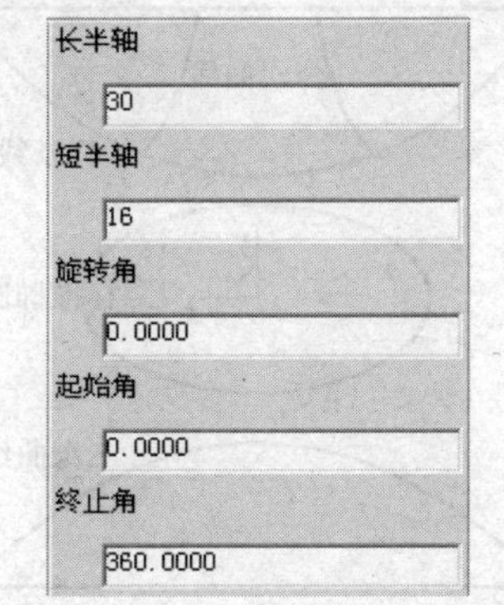

图2-71　“绘制标准椭圆”立即菜单

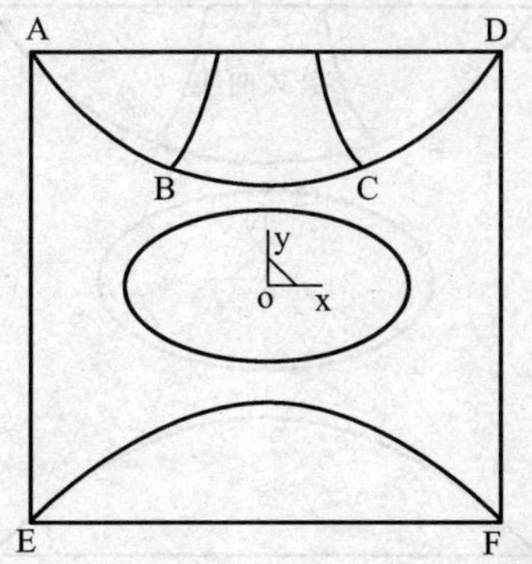

图2-72　绘制标准椭圆

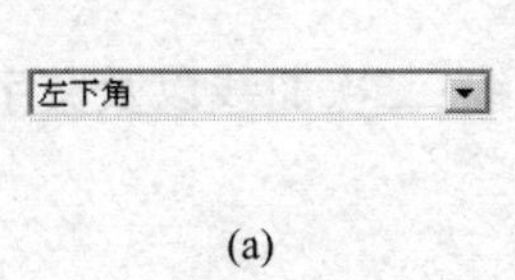

(a)

左下角
左下角
左上角
中心
顶边中心
底边中心
右上角
右下角

(b)

图2-73　“绘制文字”立即菜单

（2）提示行提示“请指定文字插入点”，在适当位置单击鼠标左键指定文字插入点，弹出文字输入对话框如图2-74所示。单击【设置(S)...】按钮，在弹出的“字体设置”对话框中按图2-75所示进行设置，单击【确定】按钮返回“文字输入”对话框，在文字输入框中输入“公式曲线”，单击【确定】按钮，结果如图2-76所示。

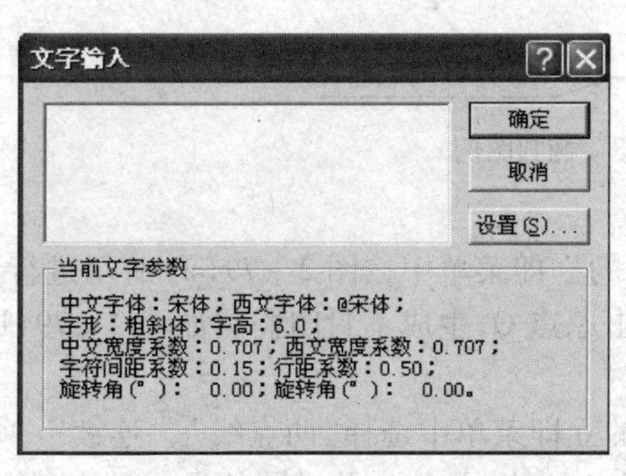

图2-74　“文字输入”对话框

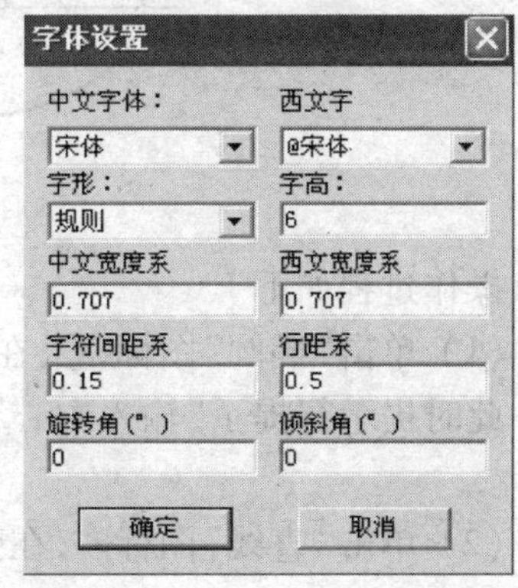

图2-75　“字体设置”对话框

（3）用同样的方式绘制其他文字，完成后的所有轮廓和文字如图2-77所示。

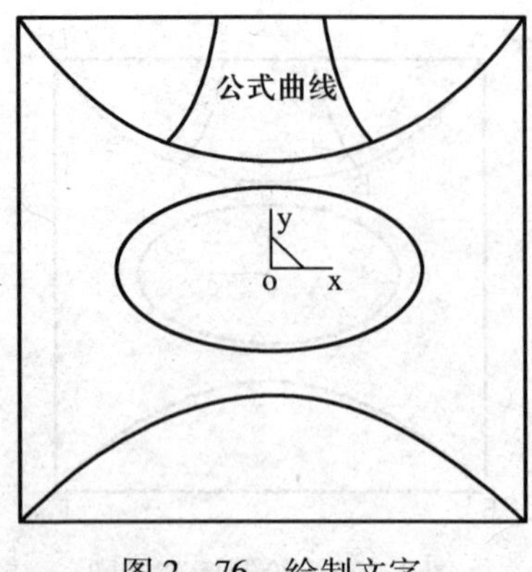

图 2-76 绘制文字

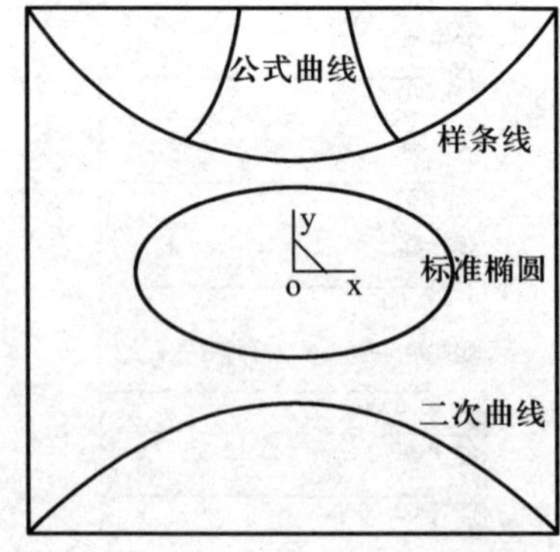

图 2-77 完成后的轮廓曲线和文字

三、知识拓展

本课题主要介绍了椭圆、样条线、公式曲线、二次曲线以及文字的绘制方法，其中以椭圆、公式曲线的应用最为广泛。

1）椭圆

在椭圆绘制方式下可绘制完整的椭圆，也可通过设置椭圆的“起始角、终止角”绘制不封闭的椭圆，还可以通过设置椭圆的“旋转角”绘制带有一定旋转角度的椭圆。下面绘制如图 2-78 所示粗实线部分的轮廓。

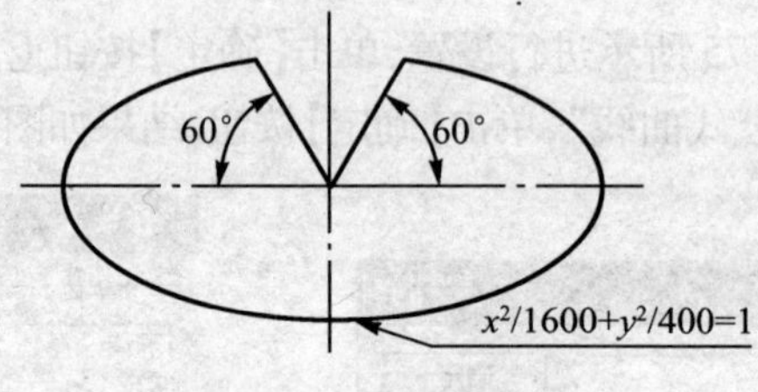

图 2-78 椭圆图例

操作过程如下。

(1) 单击“椭圆”图标，在弹出的立即菜单中按图 2-79(a)所示进行设置。此时提示行提示“输入中心”，单击原点 O，生成不封闭椭圆如图 2-79(b)所示。

(2) 单击“直线”图标，在弹出的立即菜单中选择“两点线”、“连续”、“非正交”方式，然后依次连接椭圆的一端点、坐标原点 O 及椭圆的另一端点，绘出的轮廓如图 2-79(c)所示。

2）公式曲线

公式曲线的绘制可采用“直角坐标系”和“极坐标系”两种坐标系。参变量

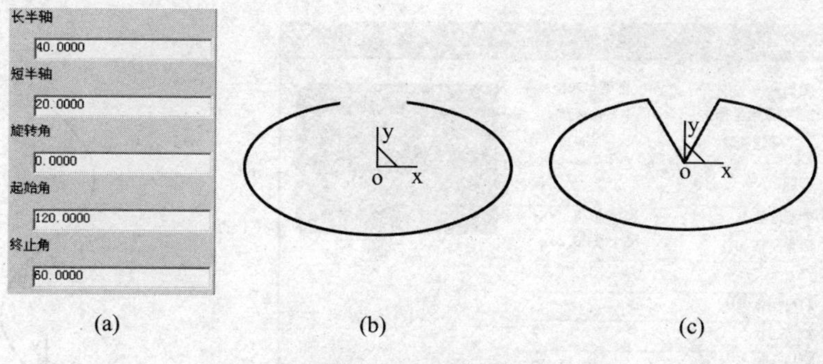

(a) (b) (c)

图 2-79 绘制椭圆图例

单位有“弧度”和“角度”两种。下面绘制如图 2-80 所示的两条公式曲线，注意坐标系、参变量单位以及“起始值”、“终止值”的正确选择。

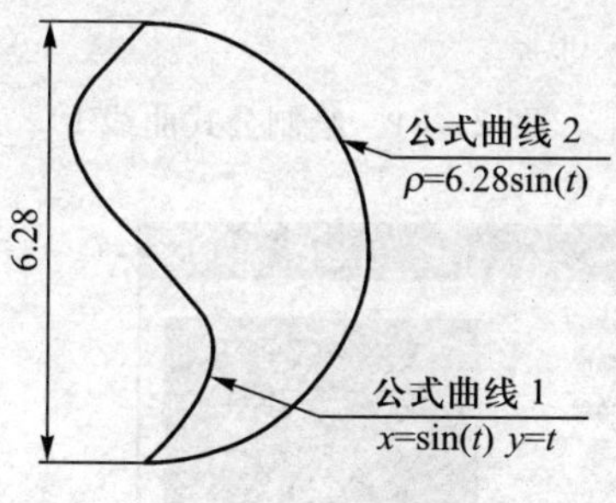

图 2-80 公式曲线图例

操作过程如下。

(1) 单击“公式曲线”图标f(x)，在弹出的对话框中按图 2-81(a)所示进行设置；单击【预显】按钮，则该对话框右上角预显该公式曲线，单击【确定】按钮关闭对话框。

(2) 提示行提示“曲线定位点”，单击原点 O，生成的公式曲线 1 如图 2-81(b)所示。

(3) 单击“公式曲线”图标f(x)，在弹出的对话框中按图 2-82(a)所示进行参数设置；单击【预显】按钮，则该对话框右上角预显该公式曲线，单击【确定】按钮关闭对话框。

(4) 提示行提示“曲线定位点”，单击原点 O，生成的公式曲线 2 如图 2-82(b)所示。

3) 样条线

样条线的绘制有插值、逼近两种方式。“插值”方式是按顺序输入一系列点，系统将按顺序通过这些点生成一条光滑的样条线，包括“缺省切矢”和“给定

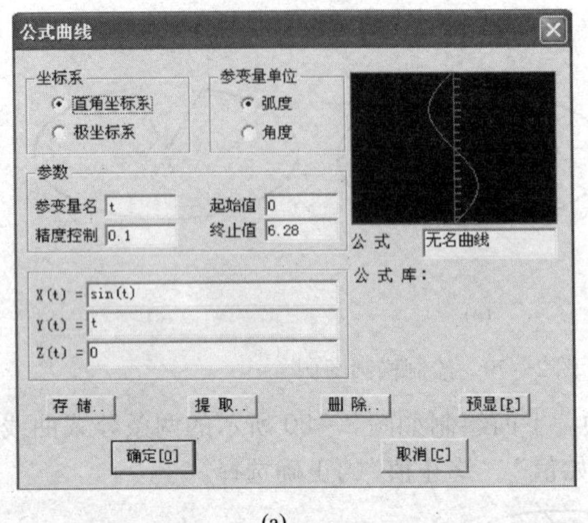

(a) (b)

图 2 – 81 绘制公式曲线 1

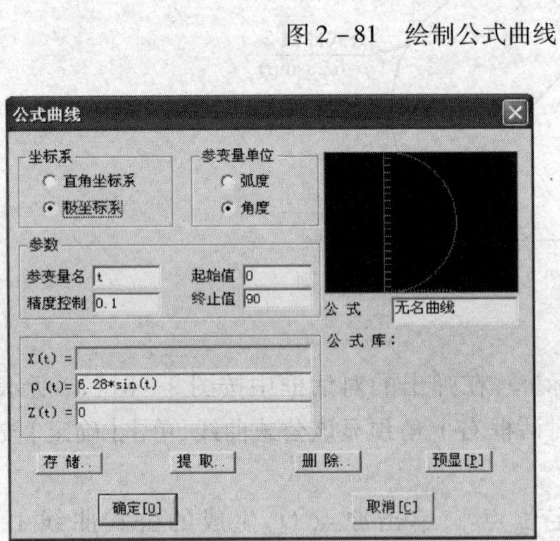

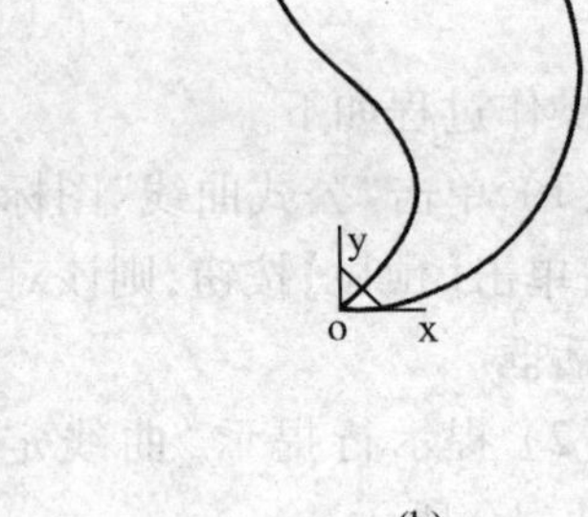

(a) (b)

图 2 – 82 绘制公式曲线 2

切矢”，可绘制“开曲线”或“闭曲线”；“逼近”方式是按先后顺序输入一系列点，系统根据给定的精度，生成拟合这些点的光滑的样条线。

4）二次曲线

二次曲线的绘制方式有定点、比例两种方式。“定点”方式需给定起点、终点、方向点和肩点（肩点是二次曲线上的一点）；“比例”方式在给定“比例因子”后只需指定起点、终点和方向点。

四、任务拓展

练习一:绘制如图 2 - 83 所示的二维图形中粗实线部分的轮廓。

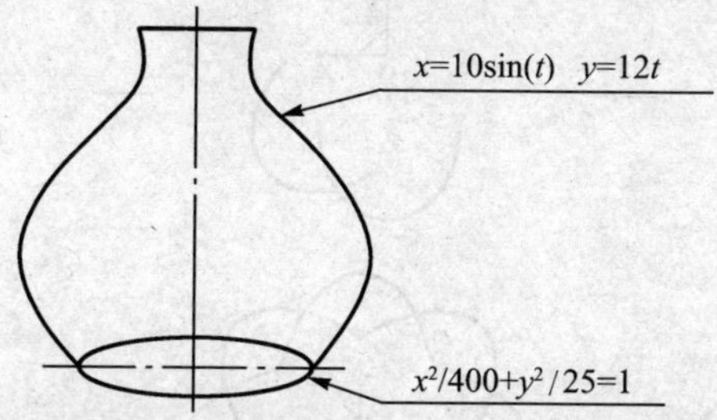

图 2 - 83　公式曲线和样条线任务拓展 1

绘图思路:本课题主要采用椭圆、公式曲线等绘图命令进行绘制,其绘图思路与步骤如图 2 - 84 所示。

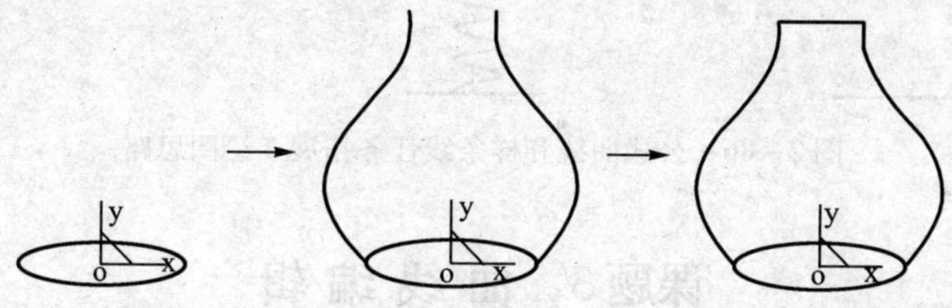

图 2 - 84　公式曲线和样条线任务拓展 1 绘图思路

练习二:绘制如图 2 - 85 所示的二维图形中粗实线部分的轮廓。

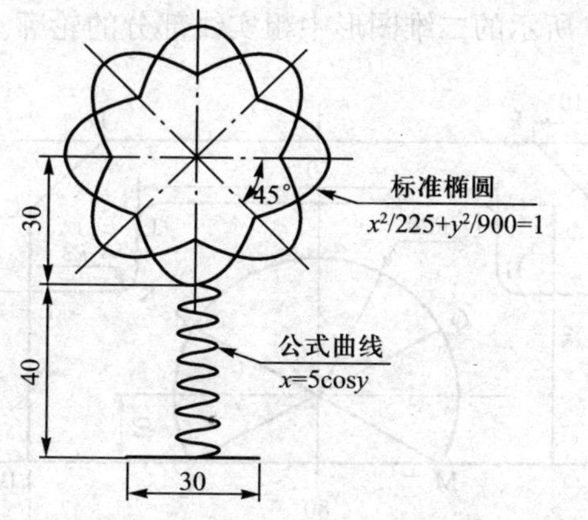

图 2 - 85　公式曲线和样条线任务拓展 2

绘图思路：本课题主要采用椭圆、公式曲线等绘图命令进行绘制，并注意将公式 $x=5\cos y$ 设为 $y=t, x=5\cos t$ ，其绘图思路与步骤如图 2－86 所示。

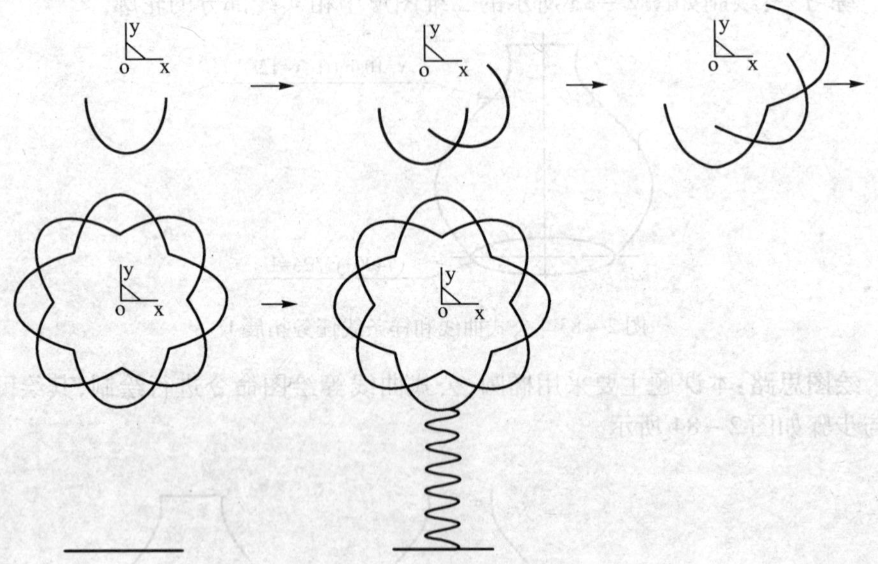

图 2－86 公式曲线和样条线任务拓展 2 绘图思路

课题 3 曲线编辑

一、任务描述

绘制如图 2－87 所示的二维图形中粗实线部分的轮廓。

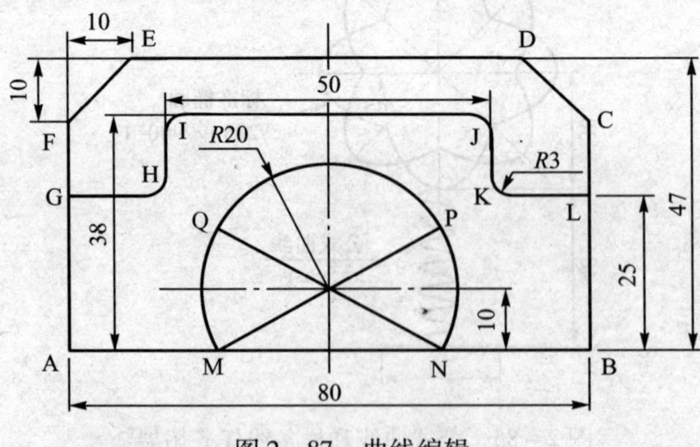

图 2－87 曲线编辑

知识点与技能点:曲线的删除、曲线裁剪、曲线过渡、曲线打断、曲线组合、曲线拉伸、曲线优化。

二、任务实施

1. 绘制外轮廓

1）绘制外框矩形

启动 CAXA 2008,按 F5 键,选择 *XY* 平面作为绘图平面。单击曲线生成栏中的“矩形”图标,在弹出的立即菜单中选择“中心_长_宽”方式,按图 2-88(a)所示设置参数;提示行提示“输入矩形中心”,输入“0,23.5”,按回车键确认,生成矩形 ABB′A′,如图 2-88(b)所示。

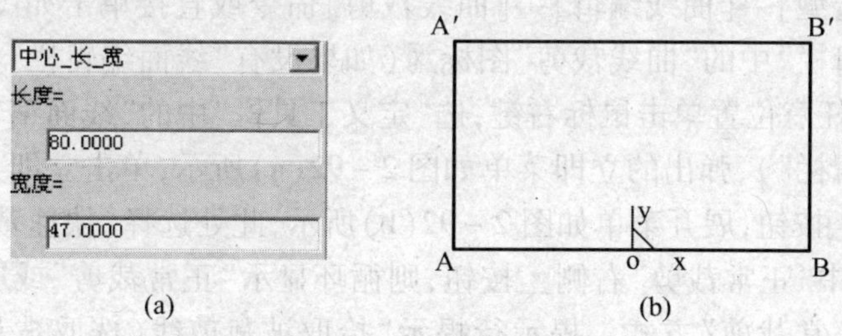

(a)　(b)

图 2-88　绘制矩形 ABB′A′

2）绘制辅助线

(1) 单击“直线”图标,选择“平行线”、“距离”方式,按图 2-89(a)所示设置参数。提示行提示“拾取直线”,单击直线 AA′,出现如图 2-89(b)所示的方向箭头;提示行继续提示“选择等距方向”,单击向右箭头,完成与直线“AA′”等长的平行线“EE′”的绘制;用同样的方法绘制与直线“A′B′”等长的平行线 FC,如图 2-89(c)所示。

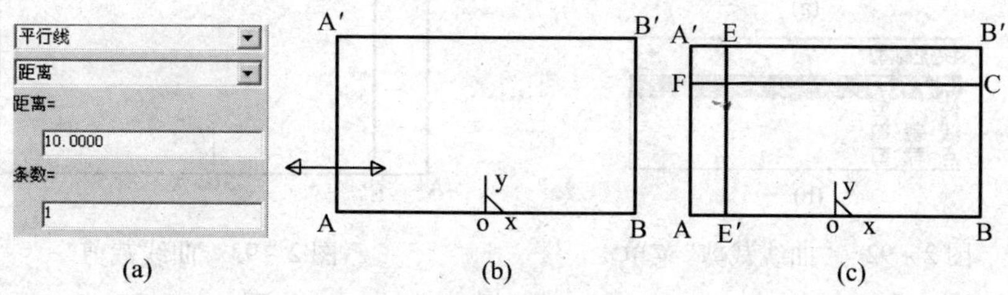

(a)　(b)　(c)

图 2-89　绘制平行线“EE′”、“FC”

注意:利用辅助线帮助图线定位是一个比较好的选择。

(2) 单击“直线”图标,选择“两点线”、“单个”、“非正交”方式,提示行提示“第一点”,单击点 F,提示行提示“第二点”,单击点 E,生成直线“FE”,如图 2－90 所示。

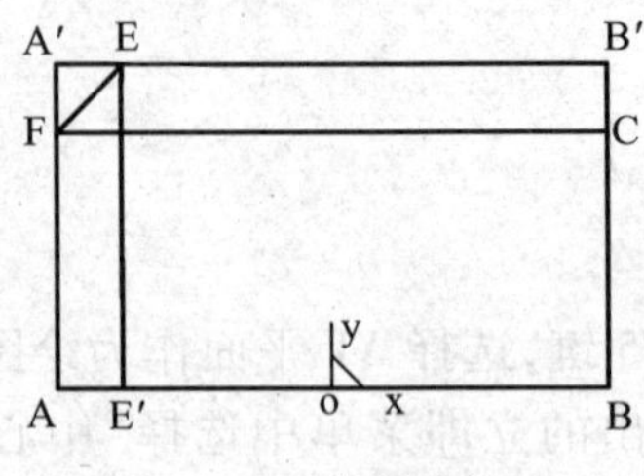

图 2－90　绘制直线 FE

3）曲线裁剪

单击[造型]→[曲线编辑]→[曲线裁剪]命令或直接单击如图 2－91 所示的“线面编辑栏”中的“曲线裁剪”图标(如果没有“线面编辑栏”,则可在工具栏空白处的任意位置单击鼠标右键,选“定义工具栏”中的“线面编辑栏”即可显示“线面编辑栏”),弹出的立即菜单如图 2－92(a)所示,单击立即菜单中“快速裁剪”右侧按钮,展开菜单如图 2－92(b)所示,此处选择“快速裁剪”方式;单击立即菜单中“正常裁剪”右侧按钮,则循环显示“正常裁剪”或“投影裁剪”,此处选择“正常裁剪”方式。提示行提示“拾取被裁剪线(选取被裁掉的段)”,单击需被裁剪的线段 FA′、A′E,结果如图 2－93 所示。

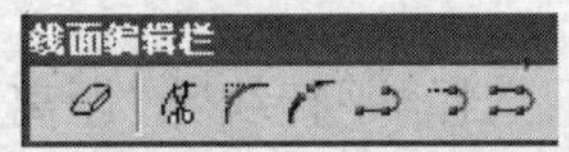

图 2－91　线面编辑栏

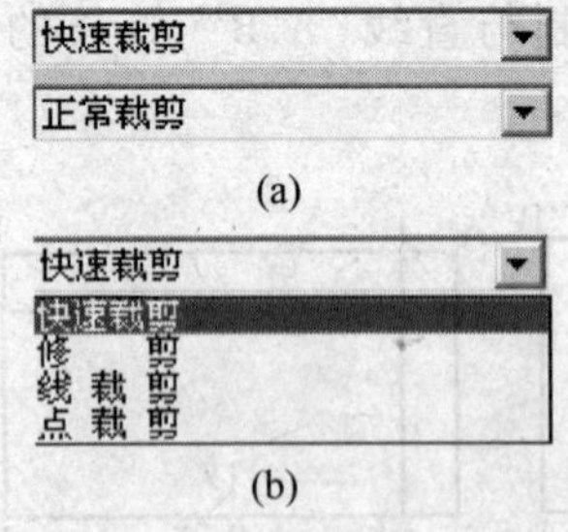

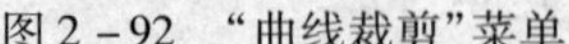

图 2－92　“曲线裁剪”菜单

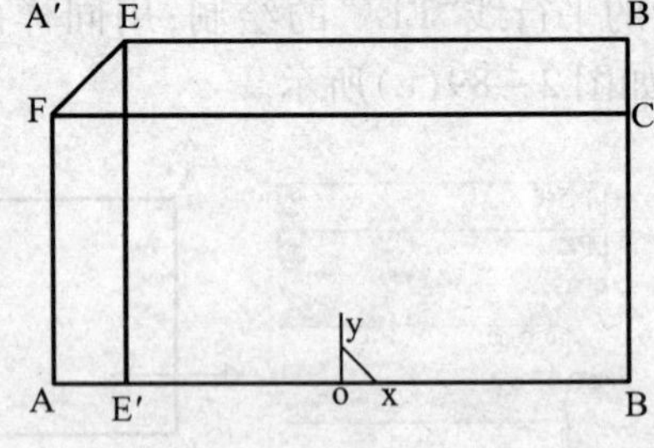

图 2－93　曲线裁剪

4）曲线删除

单击线面编辑栏中的曲线“删除”图标,提示行提示“请拾取要删除的元素”,单击直线 FC、EE′,单击鼠标右键,删除多余线段,结果如图 2－94 所示。

5）完成外轮廓绘制

用同样的方法绘制斜线“CD”，完成后的外轮廓曲线如图2－95所示。

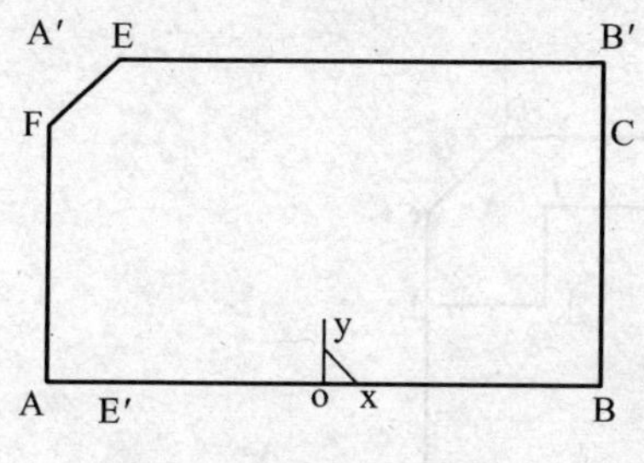

图2－94　修剪后的图形

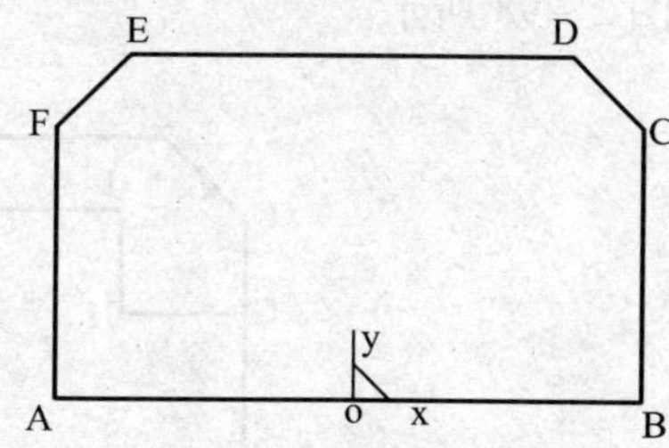

图2－95　完成的外轮廓曲线

2. 绘制内部曲线G～L段

1）绘制G～L段直线

（1）单击“直线”图标，选择“两点线”、“连续”、“正交”、“长度方式”方式，按图2－96（a）所示设置参数；提示行提示“第一点”，输入G点坐标“－40，25”；提示行提示“第二点”，向右移动光标，在G点右侧单击，画出直线“GH”，如图2－96（b）所示。

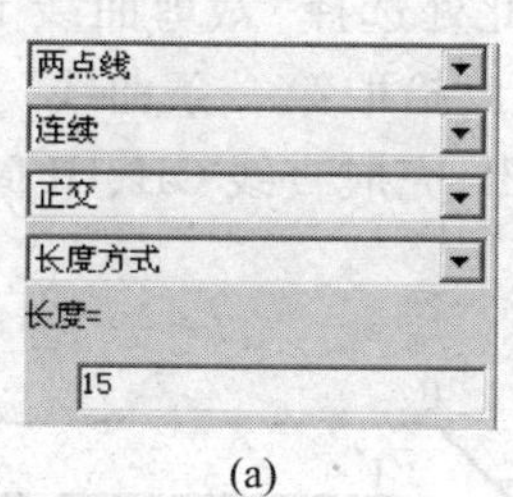

(a)

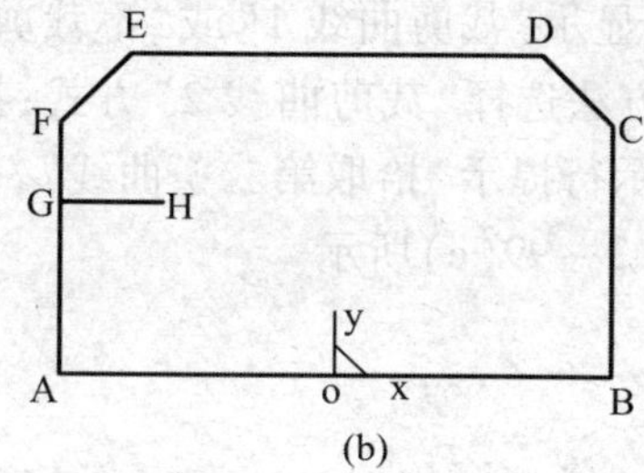

(b)

图2－96　绘制直线“GH”

（2）不退出画直线方式，在长度栏中输入“13”，如图2－97（a）所示；H点默认为“第一点”；提示行提示“第二点”，向上移动光标，在H点上方单击，画出直

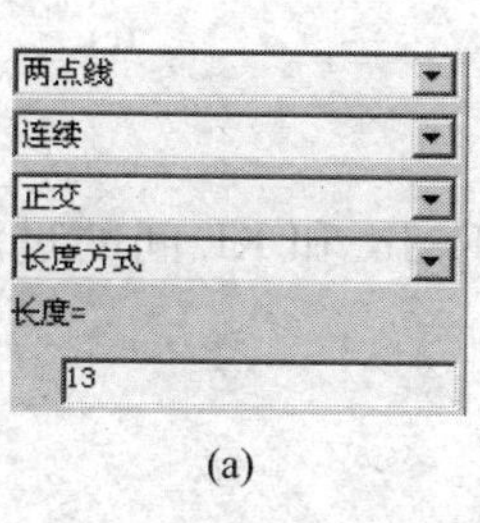

(a)

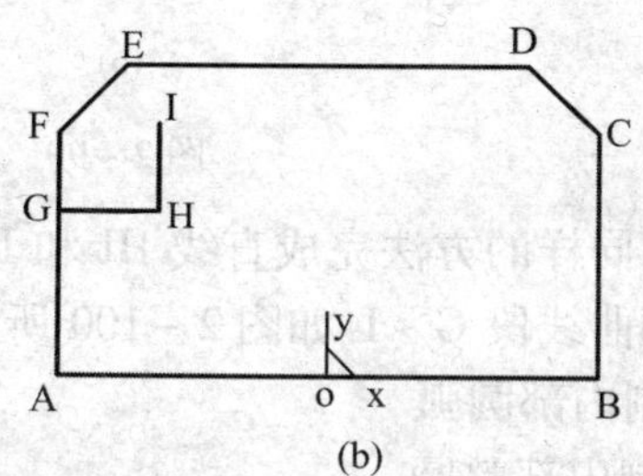

(b)

图2－97　绘制直线“HI”

线“HI”,如图 2－97(b)所示。

(3) 用同样的方法绘制直线“IJ”、“JK”、“KL”,完成后的内部直线段 G～L 段如图 2－98 所示。

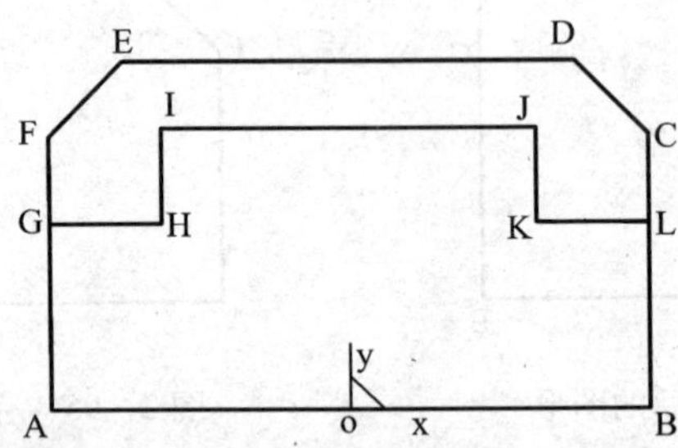

图 2－98 绘制内部直线段“G～L”

2) 曲线过渡

(1) 单击[造型]→[曲线编辑]→[曲线过渡]命令或直接单击线面编辑栏中的“曲线过渡”图标,弹出如图 2－99(a)所示的立即菜单,单击立即菜单中“圆弧过渡”右侧按钮,弹出如图 2－99(b)所示展开菜单,此处选择“圆弧过渡”方式,按图 2－99(b)所示设置参数;单击立即菜单中“裁剪曲线 1”右侧按钮,则循环显示“裁剪曲线 1”或“不裁剪曲线 1”,此处选择“裁剪曲线 1”方式;用同样的方法选择“裁剪曲线 2”方式;提示行提示“拾取第一条曲线”,单击线段 GH,提示行提示“拾取第二条曲线”,单击线段 HI,完成直线 GH、HI 间的圆弧过渡,如图 2－99(c)所示。

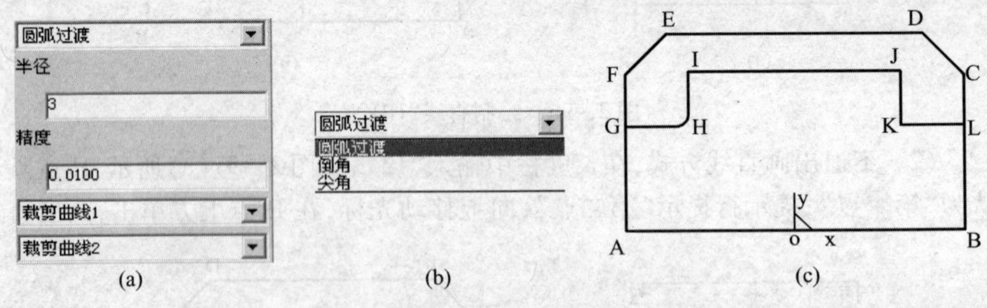

图 2－99 圆弧过渡

(2) 用同样的方法完成直线 HI 和 IJ、IJ 和 JK、JK 和 KL 间的过渡圆弧,完成后的内部曲线段 G～L 如图 2－100 所示。

3. 绘制内部圆弧

1) 绘制内部整圆

单击“整圆”图标,选择“圆心_半径”方式,提示行提示“圆心点”,输入圆

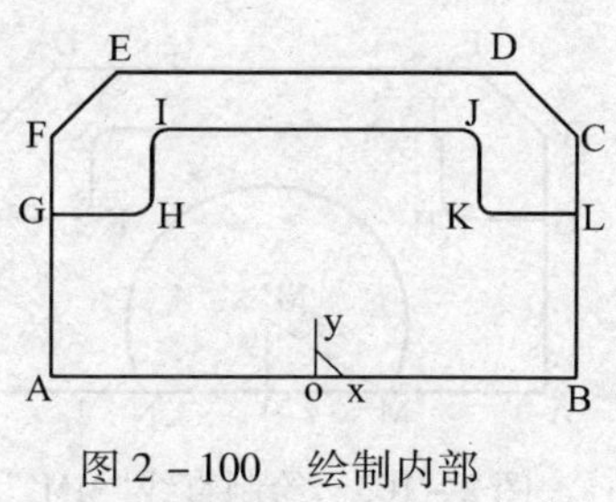

图2-100 绘制内部曲线段“G~L”

心坐标“0,10”;提示行提示“输入圆上一点或半径”,输入半径值“20”,绘成整圆如图2-101所示。

注意:直接绘制圆弧比较繁琐,建议利用整圆经裁剪操作得到圆弧;对于同时与两条直线相切的圆弧,也可使用圆角过渡方法产生圆弧。

2) 曲线打断

单击[造型]→[曲线编辑]→[曲线打断]命令或直接单击线面编辑栏中的“曲线打断”图标,提示行提示“拾取被打断曲线”,拾取整圆,提示行提示“拾取点”,单击点M;此时提示行提示“拾取被打断曲线”,拾取圆弧段MRN,提示行提示“拾取点”,单击点N,整圆在M、N点处已被打断,单击鼠标右键退出曲线打断命令。

3) 删除多余圆弧

单击圆弧段MRN,按Delete键,删除圆弧段MRN,结果如图2-102所示。

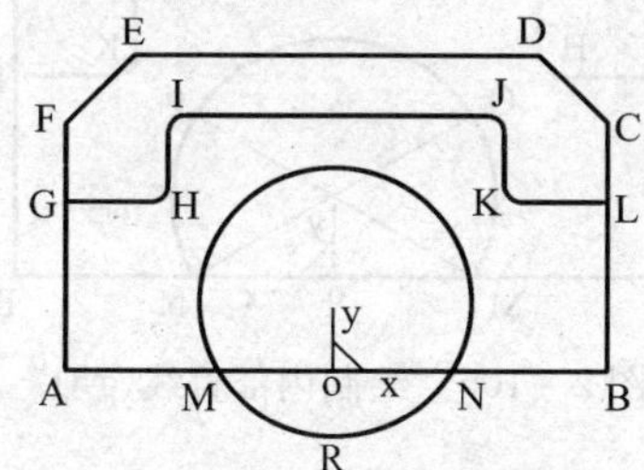

图2-101 绘制内部整圆

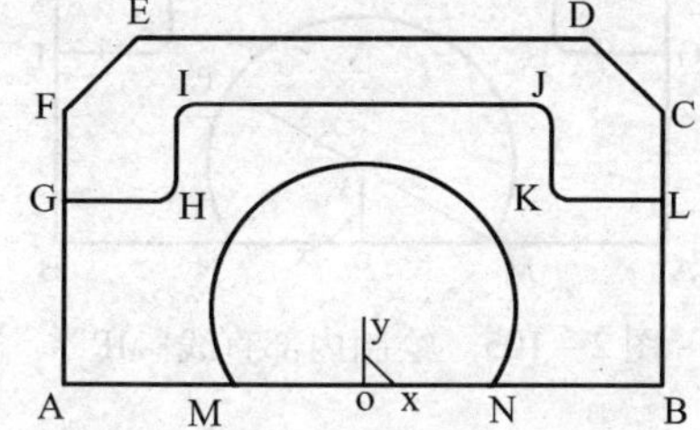

图2-102 完成内部圆弧绘制

4. 绘制内部直线段MP、NQ

1) 连接圆弧端点M与圆心M′

单击“直线”图标,选择“两点线”、“单个”、“非正交”方式,提示行提示“第一点”,单击点M;提示行提示“第二点”,按空格键,在弹出的点捕捉工具菜单中选“C圆心”方式,拾取圆弧,生成直线MM′,如图2-103所示。

2) 对直线MM′进行曲线拉伸

单击[造型]→[曲线编辑]→[曲线拉伸]命令或直接单击线面编辑栏中的“曲线拉伸”图标,提示行提示“拾取曲线”,单击直线MM′,弹出的立即菜单如图2-104(a)所示,单击“伸缩”右侧按钮,则循环显示“伸缩”、“非伸缩”,此处选择“伸缩”方式,提示行提示“拉伸到”,此时应将点捕捉方式改为“S缺省点”方式,移动鼠标将直线MM′拉伸到圆弧外后单击,结果如图2-104(b)所示。

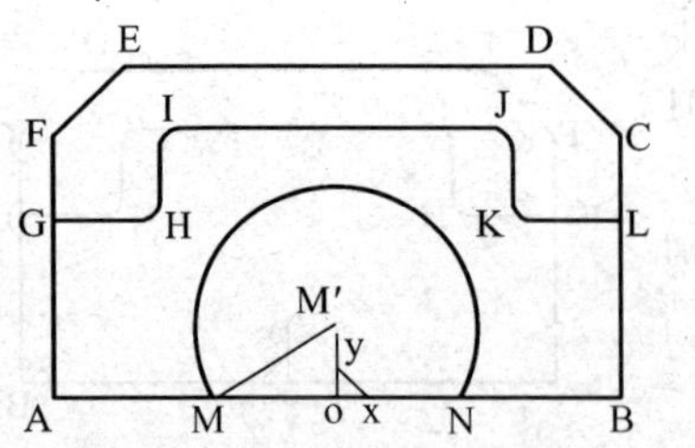

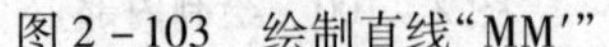

图 2 – 103　绘制直线“MM′”

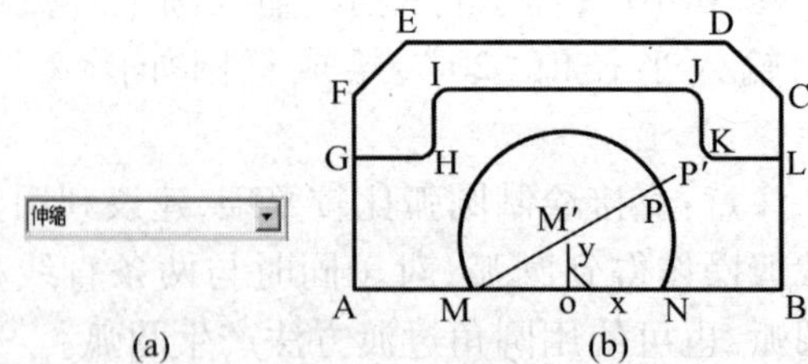

图 2 – 104　拉伸直线“MM′”

3）裁剪多余线段

单击“曲线裁剪”图标，选择“快速裁剪”、“正常裁剪”方式，单击被裁剪的线段 PP′，绘成直线“MP”，如图 2 – 105 所示。

4）绘制直线 NQ

用同样的方法绘制内部直线“NQ”，结果如图 2 – 106 所示。

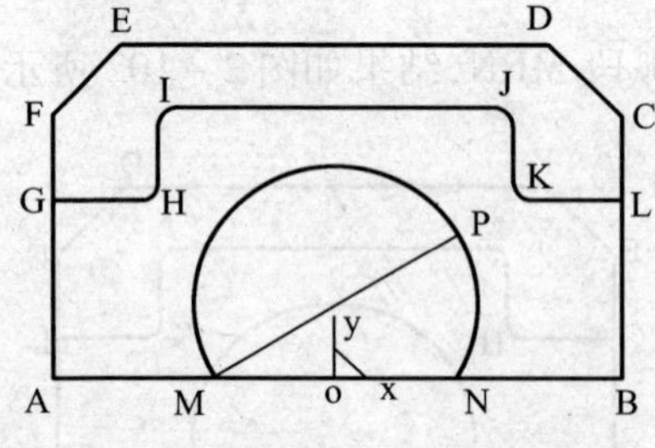

图 2 – 105　绘制内部直线“MP”

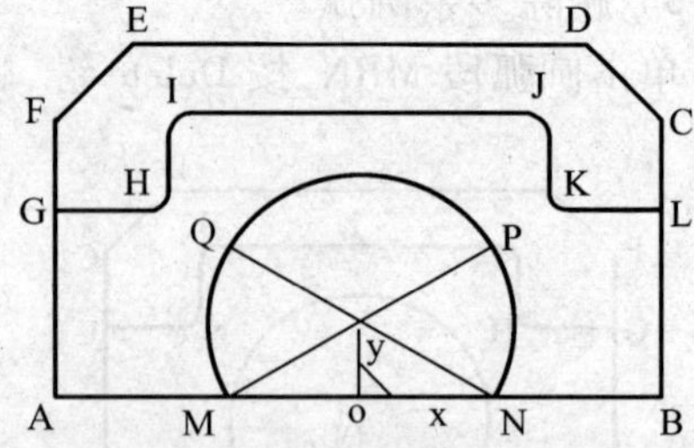

图 2 – 106　绘制内部直线“NQ”

三、知识拓展

本课题介绍了曲线删除、曲线裁剪、曲线过渡、曲线打断、曲线拉伸、曲线组合、曲线优化等曲线编辑方法。曲线编辑是曲线的常用编辑命令及操作方法，它是交互式绘图软件不可缺少的基本功能，对于提高绘图速度及质量都具有至关重要的作用。

1）曲线删除

曲线删除功能用于删除某曲线。需删除某曲线时，可单击线面编辑工具栏中的“删除”图标，再单击或框选所要删除的曲线，单击右键即可。框选时可从左往右拖动选取框（只有被选取框完全框选在内的曲线才被删除），也可从右往左拖动选取框（只要是被选取框接触到的曲线都将被删除）；或者直接单击需删除的曲线，按 Delete 键，同样可删除曲线。

2）曲线裁剪

曲线裁剪有快速裁剪、修剪、线裁剪、点裁剪 4 种方式，前 3 种方式又有正常裁剪和投影裁剪之分。“快速裁剪”方式只需直接拾取被裁剪线（选取被裁掉的段）即可进行裁剪，但剪刀线与被裁剪线必须有实际交点；“修剪”方式需先拾取“剪刀线”，再拾取被裁剪线（选取被裁掉的段），剪刀线与被裁剪线也必须有实际交点；“线裁剪”方式需先拾取“剪刀线”，再拾取被裁剪线（选取保留的段），剪刀线与被裁剪线可无实际交点；“点裁剪”方式需先拾取被裁剪线（选取保留的段），再拾取“剪刀点”，剪刀点与裁剪线可无实际交点。“线裁剪”、“点裁剪”中剪刀线（点）和裁剪线之间若无实际交点，系统将分别延伸剪刀线（点）和裁剪线进行求交后再裁剪，延伸规则是：直线和样条线向端点切线方向延伸，圆弧按整圆处理。下面分别运用4种曲线剪裁方法将图2－107（a）所示的直线“BE”裁剪掉。

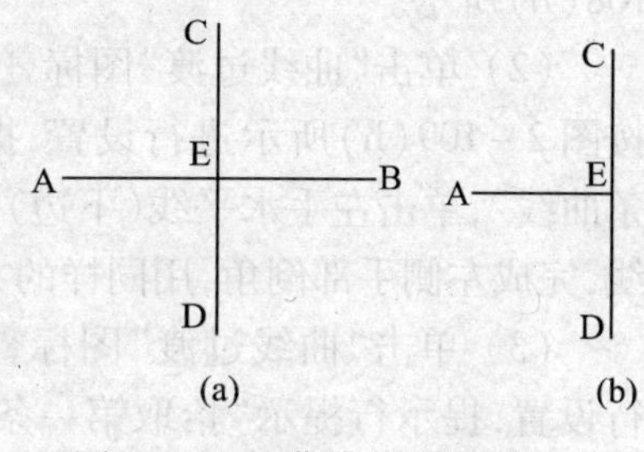

图2－107 曲线裁剪图例

操作过程如下。

（1）单击“曲线裁剪”图标，选择“快速裁剪”、“正常裁剪”方式，提示行提示“拾取被裁剪线（选取被裁掉的段）”，单击被裁剪的线段EB，结果如图2－107（b）所示。

（2）单击“曲线裁剪”图标，选择“修剪”、“正常裁剪”方式，提示行提示“拾取剪刀线”，拾取直线CD，单击鼠标右键；提示行提示“拾取被裁剪线（选取被裁掉的段）”，单击被裁剪的线段EB，结果如图2－107（b）所示。

（3）单击“曲线裁剪”图标，选择“线裁剪”、“正常裁剪”方式，提示行提示“拾取剪刀线”，拾取直线CD；提示行提示“拾取被裁剪线（选取保留的段）”，单击需保留的线段AE，结果如图2－107（b）所示。

（4）单击“曲线裁剪”图标，选择“点裁剪”方式，提示行提示“拾取被裁剪线（选取保留的段）”，单击需保留的线段AE；提示行提示“拾取剪刀点”，拾取C或D或E点，都可得到如图2－107（b）所示结果。

3）曲线过渡

曲线过渡有圆弧过渡、倒角、尖角3种方式。“圆弧过渡”方式可设置两曲线的过渡圆弧半径，可裁剪或不裁剪曲线；“倒角”方式可设置两曲线间倒角的角度和距离（该距离为被拾取的第一条曲线上的倒角距离），可裁剪或不裁剪曲线；“尖角”方式可直接将两条不平行曲线汇交成一尖角，同时多余部分被修剪。下面分别运用3种曲线过渡方式将图2－108（a）中所示小人的颈、手、脚处进行曲线过渡。

操作过程如下。

（1）单击“曲线过渡”图标，选择“圆弧过渡”方式，并按图 2－109（a）所示进行设置，提示行提示“拾取第一条曲线”，单击脸部圆弧；提示行提示“拾取第二条曲线”，单击颈部垂直线，则完成颈部左边的圆弧过渡，用同样的方法，完成颈部右边的圆弧过渡如图 2－108（b）所示。

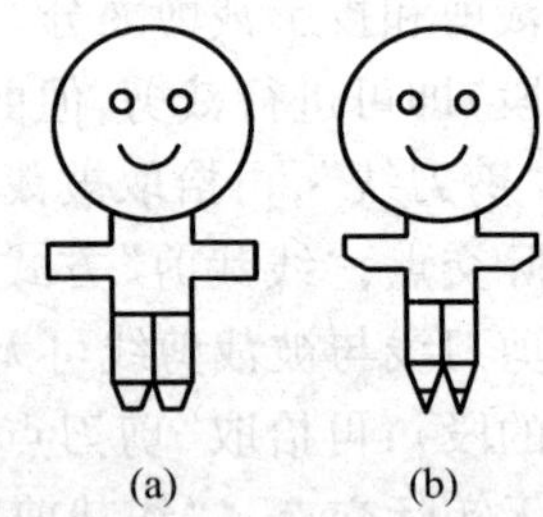

图 2－108　圆弧过渡图例

（2）单击“曲线过渡”图标，选择“倒角”方式，并按图 2－109（b）所示进行设置，提示行提示“拾取第一条曲线”，单击左手水平线（下边）；提示行提示“拾取第二条曲线”，单击左手垂直线，完成左侧手部倒角，用同样的方法，完成右侧手部倒角，如图 2－108（b）所示。

（3）单击“曲线过渡”图标，选择“尖角”方式，并按图 2－109（c）所示进行设置，提示行提示“拾取第一条曲线”，单击左侧脚部左侧斜直线；提示行提示“拾取第二条曲线”，单击该脚右侧斜直线，完成左侧脚部尖角过渡，用同样的方法，完成右侧脚部尖角过渡，如图 2－108（b）所示。

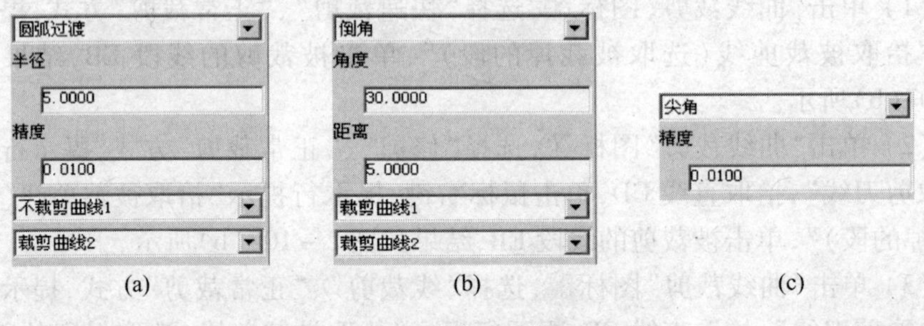

图 2－109　“曲线过渡”立即菜单

4）曲线打断

曲线打断方式通过拾取被打断曲线和点可将曲线打断，该点可不在被打断曲线上。下面运用曲线打断方式将图 2－107（a）所示的直线 BE 删除。

操作过程如下。

（1）单击“曲线打断”图标，提示行提示“拾取被打断曲线”，单击直线 AB，提示行提示“拾取点”，单击点 C 或 D 或 E，则直线 AB 被打断成直线 AE、BE 两段。

（2）单击直线 BE，按 Delete 键，删除该直线，结果如图 2－107（b）所示。

5）曲线拉伸

曲线拉伸有伸缩、不伸缩两种方式。“伸缩”方式是在曲线一端固定的情况下，将曲线沿原方向伸长或缩短，仅仅改变曲线的长度，而曲线的角度、位置等均不变；“非伸缩”方式是在曲线一端固定的情况下，任意改变曲线的长度、角度、位置等。下面分别运用两种曲线拉伸方式将图 2－107（a）所示直线 AB 进行曲线拉伸。

操作过程如下。

(1) 单击“曲线拉伸”图标，提示行提示“拾取曲线”，拾取直线AB右半段(拾取左半段，结果不同)，在立即菜单中选择“伸缩”方式，提示行提示“拉伸到”，拾取点C，结果如图2－110(a)所示。

(2) 单击“曲线拉伸”图标，提示行提示“拾取曲线”，拾取直线AB右半段(拾取左半段，结果不同)，在立即菜单中选择“非伸缩”方式，提示行提示“拉伸到”，拾取点C，结果如图2－110(b)所示。

6) 曲线组合

曲线组合用于把拾取到的多条相连曲线组合成一条样条线，包括删除原曲线、保留原曲线两种方式。按空格键，弹出如图2－111所示的“拾取方式”快捷菜单，可选择拾取曲线的方式。下面运用不同的方法将如图2－106所示的G～L段曲线进行组合。

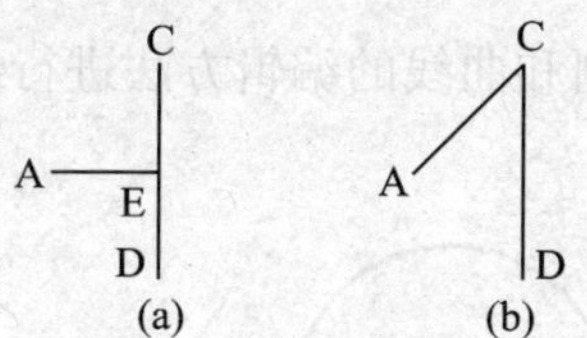

图2－110　曲线拉伸图例

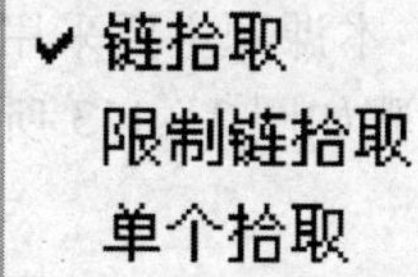

图2－111　拾取方式快捷菜单

操作过程如下。

(1) 单击“曲线组合”图标，选择“删除原曲线”方式，提示行提示“拾取曲线”，按空格键，在弹出的“拾取方式”快捷菜单中选择“链拾取”，单击直线GH后出现方向箭头，提示行提示“确定链搜索方向”，单击向右箭头，则G～L段曲线被组合成一条新曲线，同时原9段曲线被删除。

(2) 单击“曲线组合”图标，选择“保留原曲线”方式，提示行提示“拾取曲线”，按空格键，在弹出的“拾取方式”快捷菜单中选择“单个拾取”，单击直线GH后出现方向箭头，提示行提示“确定链搜索方向”，单击向右箭头，提示行继续提示“拾取曲线”，向右依次拾取其余曲线，则G～L段曲线被组合成一条新曲线，并保留原9段曲线。

7) 曲线优化

曲线优化对控制顶点太密的样条线在给定的精度范围内进行优化处理，减少其控制顶点。包括删除原曲线、保留原曲线两种方式。

四、任务拓展

练习一：绘制如图2－112所示的二维图形中粗实线部分的轮廓。

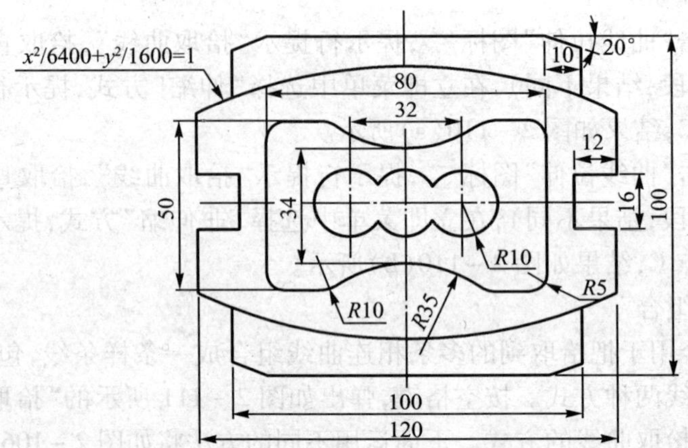

图 2－112　曲线编辑任务拓展 1

绘图思路：本课题主要采用基本曲线的绘制和曲线的编辑方法进行绘制，其绘图思路与步骤如图 2－113 所示。

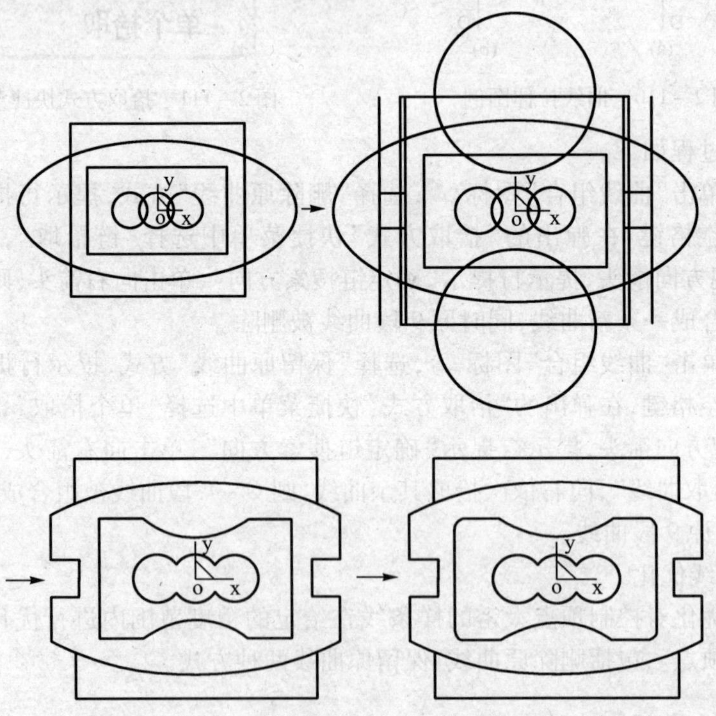

图 2－113　曲线编辑任务拓展 1 绘图思路

练习二:绘制如图 2－114 所示的二维图形中粗实线部分的轮廓。

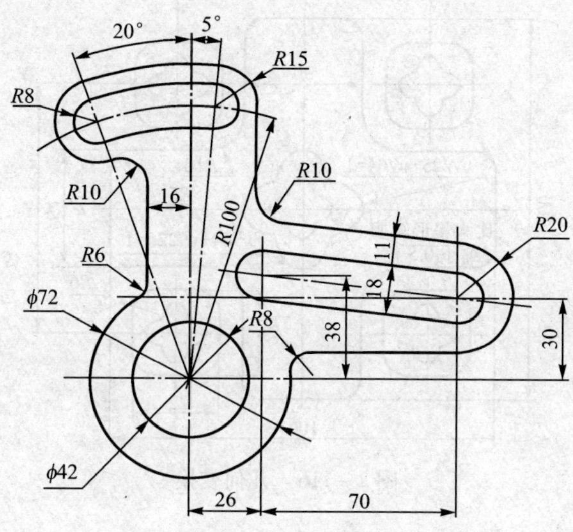

图 2－114　曲线编辑任务拓展 2

绘图思路:本课题主要采用基本曲线的绘制方法和曲线的编辑方法进行绘制,其绘图思路与步骤如图 2－115 所示。

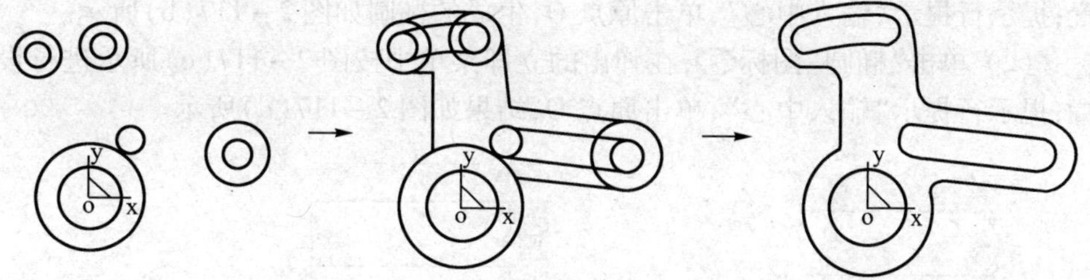

图 2－115　曲线编辑任务拓展 2 绘图思路

课题4　几 何 变 换

一、任务描述

绘制如图 2－116 所示的二维图形中粗实线部分的轮廓。

知识点与技能点:平移、平面旋转、旋转、平面镜像、镜像、阵列、缩放等。

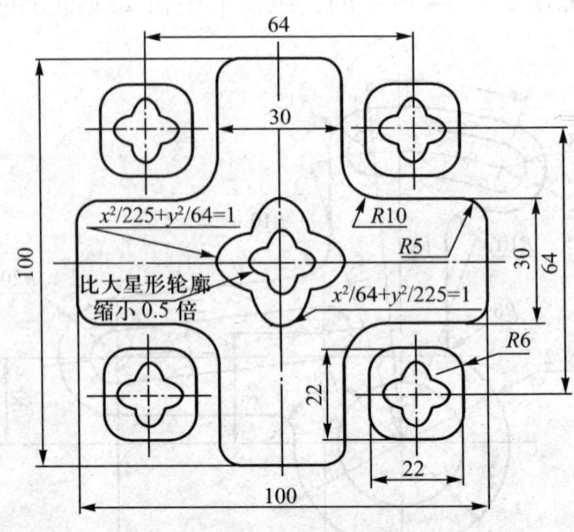

图 2－116　几何变换

二、任务实施

1. 绘制内部星形轮廓

1）绘制椭圆

（1）单击“椭圆”图标，在弹出的立即菜单中按图 2－117(a) 所示进行设置；提示行提示“输入中心”，单击原点 O，生成的椭圆如图 2－117(b) 所示。

（2）单击“椭圆”图标，在弹出的立即菜单中按图 2－117(c) 所示进行设置；提示行提示“输入中心”，单击原点 O，结果如图 2－117(d) 所示。

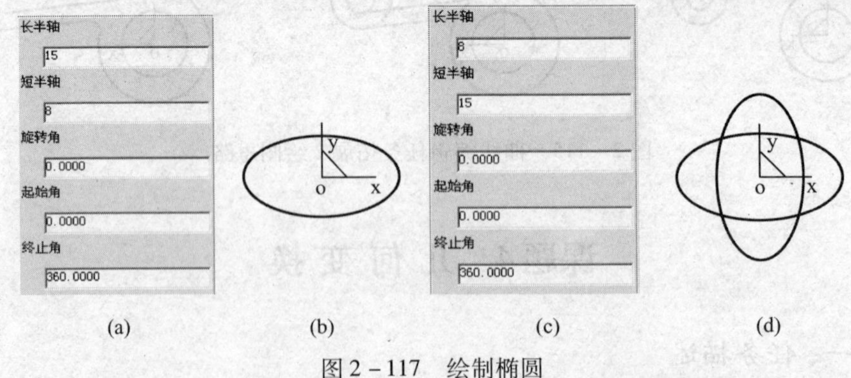

图 2－117　绘制椭圆

2）曲线裁剪

单击“曲线裁剪”图标，选择“快速裁剪”、“正常裁剪”方式，如图 2－118(a) 所示；提示行提示“拾取被裁剪线(选取被裁掉的段)”，单击需裁剪的线段，绘成大星形轮廓如图 2－118(b)所示。

3）缩放图形

单击[造型]→[几何变换]→[缩放]命令或直接单击如图 2－119 所示的几何变换栏中的“缩放”图标，弹出如图 2－120(a)所示的立即菜单，单击立即菜单中“拷贝”右侧按钮，则该立即菜单循环显示“拷贝”或“移动”，此处选择“拷贝”方式；如图设置好参数后，提示行提示“输入基点”，单击原点 O；提示行提示“拾取元素”，框选大星形轮廓，单击鼠标右键，生成小星形轮廓，如图 2－120(b)所示。

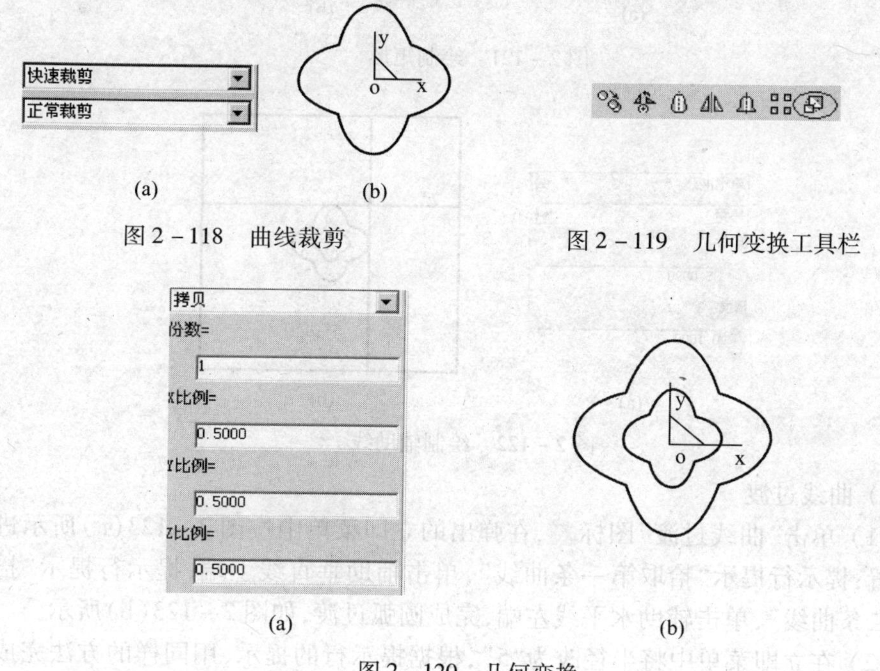

(a)　(b)

图 2－118　曲线裁剪

图 2－119　几何变换工具栏

(a)　(b)

图 2－120　几何变换

2. 绘制“十”字轮廓

1）绘制矩形

单击曲线生成栏中的“矩形”图标，在弹出的立即菜单中选择“中心_长_宽”方式如图 2－121(a)所示，如图设置参数；提示行提示“输入矩形中心”，单击原点 O，生成的正方形如图 2－121(b)所示。

2）绘制辅助线

单击“等距线”图标，在弹出的立即菜单中按图 2－122(a)所示进行设置；提示行提示“拾取曲线”，单击正方形上边，出现双向箭头，提示行提示“选择等距方向”，单击向下箭头；用同样的方法，单击正方形左边，生成的辅助线如图 2－122(b)所示。

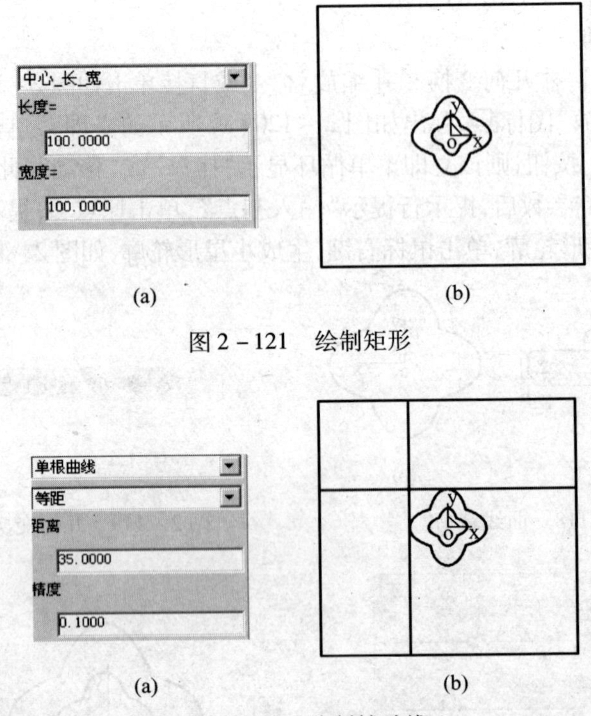

图 2－121 绘制矩形

图 2－122 绘制辅助线

3）曲线过渡

（1）单击“曲线过渡”图标，在弹出的立即菜单中按图 2－123(a)所示进行设置；提示行提示“拾取第一条曲线”，单击辅助垂直线上端；提示行提示“拾取第二条曲线”，单击辅助水平线左端，完成圆弧过渡，如图 2－123(b)所示。

（2）在立即菜单中将半径改为“5”，根据提示行的提示，用同样的方法完成两个 *R*5 的圆弧过渡，如图 2－124 所示。

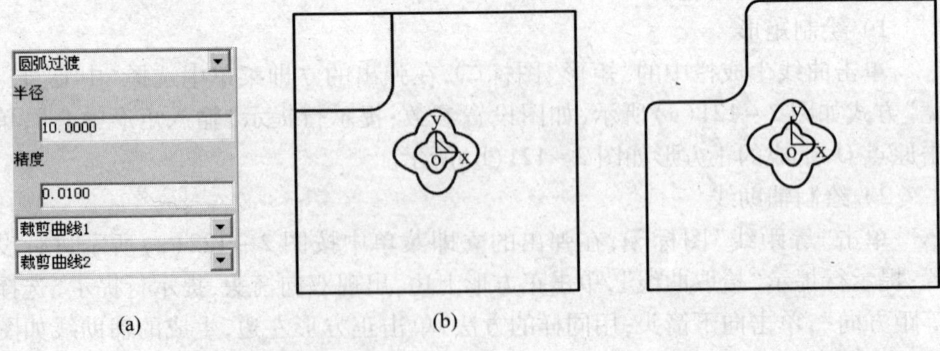

图 2－123 圆弧过渡

图 2－124 完成后的图形

4）平面旋转

单击[造型]→[几何变换]→[平面旋转]命令或直接单击几何变换工具栏中的“平面旋转”图标，在弹出的立即菜单中按图2－125(a)所示进行设置；提示行提示“旋转中心点”，单击原点O；提示行提示“拾取元素”，框选图2－124中左上角图形，单击右键，结果如图2－125(b)所示。

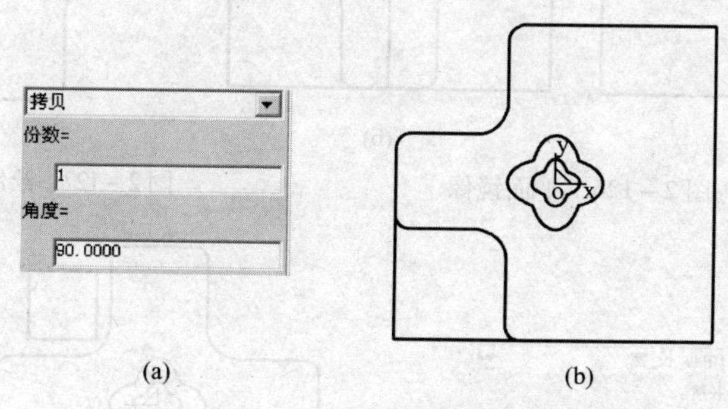

图2－125　平面旋转

注意：旋转角度以逆时针旋向为正，顺时针方向为负（相对于面向当前平面的视向而言）。

5）平面镜像

（1）单击“等距线”图标，选择“单根曲线”、“等距”方式，在距离栏中输入“50”，提示行提示“拾取曲线”，单击正方形右边，出现双向箭头，提示行提示“选择等距方向”，单击向左箭头，生成过Y轴的辅助线如图2－126(a)所示。

（2）单击[造型]→[几何变换]→[平面镜像]命令或直接单击几何变换工具栏中的“平面镜像”图标，在弹出的立即菜单中选择“拷贝”，提示行提示“镜像轴首点”，单击过Y轴辅助线的上端，提示行提示“镜像轴末点”，单击过Y轴辅助线下端，提示行继续提示“拾取元素”，框选图2－126(a)中左边图形，单击右键，结果如图2－126(b)所示。

6）曲线裁剪

单击“曲线裁剪”图标，选择“快速裁剪”、“正常裁剪”方式，裁剪多余线段；单击曲线“删除”图标，删除辅助线段，绘成“十”字外轮廓，如图2－127所示。

3. 绘制4个小正方形轮廓

1）绘制右上角小正方形

单击“矩形”图标，在弹出的立即菜单中选择“中心_长_宽”方式，按图2－128(a)所示设置参数；提示行提示“输入矩形中心”，输入矩形中心坐标“32,32”，按回车键，结果如图2－128(b)所示。

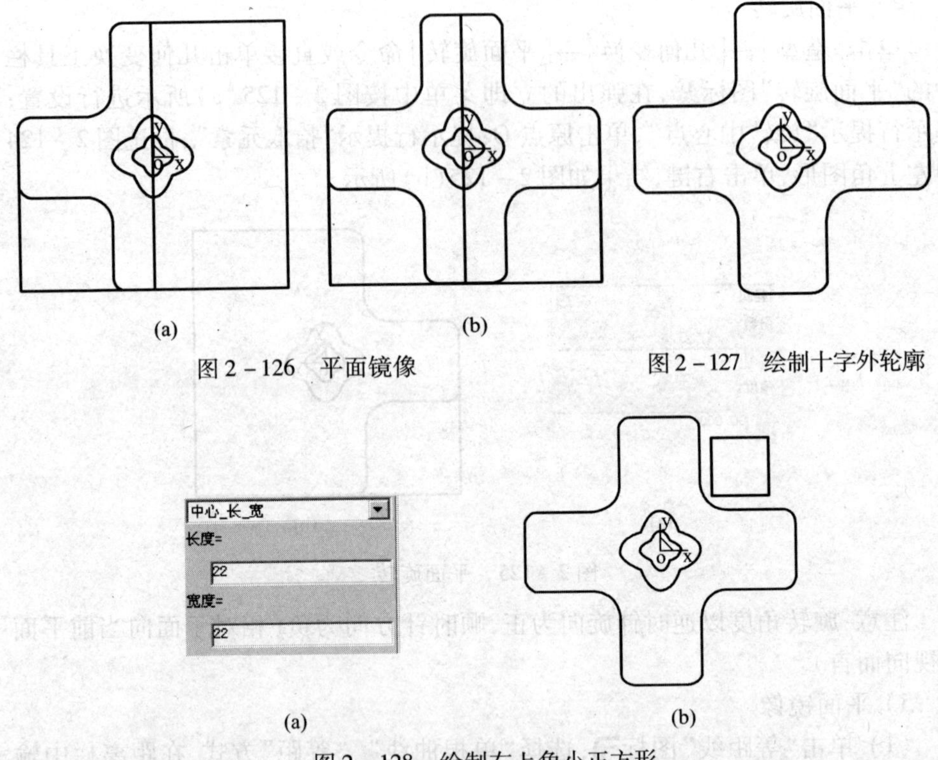

(a) (b)

图 2-126 平面镜像

图 2-127 绘制十字外轮廓

(a) (b)

图 2-128 绘制右上角小正方形

2）曲线过渡小正方形

（1）单击“曲线过渡”图标，在弹出的立即菜单中选择“圆弧过渡”方式，按图 2-129(a)所示设置参数；提示行提示“拾取第一条曲线”，单击上面一条水平线右端，提示行提示“拾取第二条曲线”，单击右侧垂直线上端，完成圆弧过渡，如图 2-129(b)所示。

（2）用同样的方法完成其余 3 个角的圆弧过渡，结果如图 2-129(c)所示。

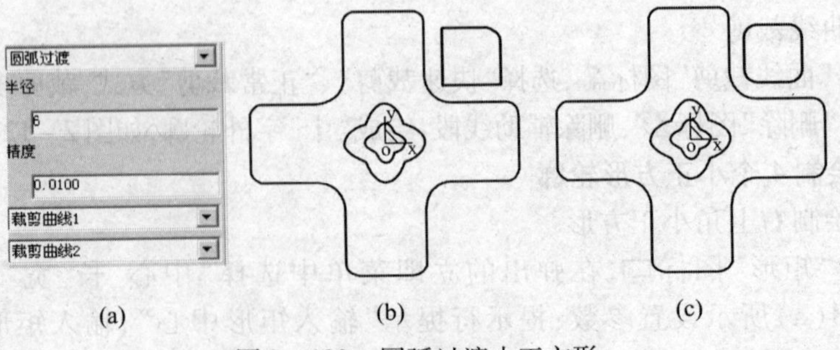

(a) (b) (c)

图 2-129 圆弧过渡小正方形

3）平移

（1）单击［造型］→［几何变换］→［平移］命令或直接单击几何变换工具栏中的“平移”图标，弹出如图2-130(a)所示的立即菜单，单击“两点”右侧按钮，则循环显示“两点”或“偏移量”，此处选择“偏移量”方式，弹出立即菜单如图2-130(b)所示。

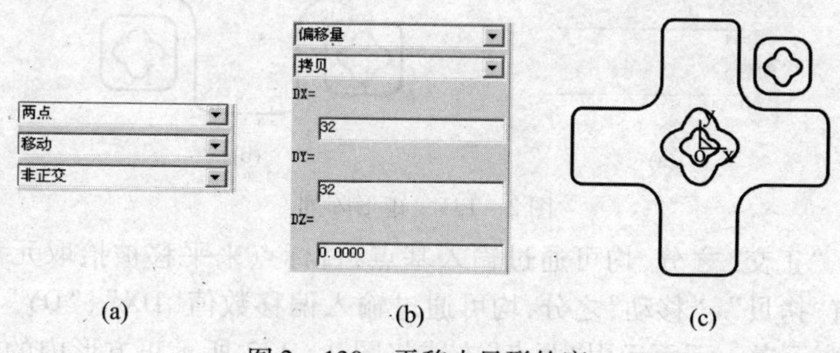

图2-130 平移小星形轮廓

（2）在立即菜单中单击“拷贝”右侧按钮，则循环显示“移动”或“拷贝”，此处选择“拷贝”方式，如图设置参数。

（3）提示行提示“拾取元素”，单击小星形轮廓，再单击右键，完成小星形轮廓的平移，如图2-130(c)所示。

4）矩形阵列

（1）单击［造型］→［几何变换］→［阵列］命令或直接单击几何变换工具栏中的“阵列”图标，弹出如图2-131(a)所示立即菜单，单击“矩形”右侧按钮，则循环显示“矩形”或“圆形”，此处选择“矩形”方式，如图设置立即菜单参数。

（2）提示行提示“拾取元素”，框选右上角轮廓，再单击右键，结果如图2-131(b)所示。

三、知识拓展

本课题介绍了平移、平面旋转、旋转、平面镜像、镜像、阵列、缩放等几何变换的方法。几何变换功能在编辑曲线和曲面方面起着极为重要的作用，可快速生成具有相同或相似属性的图形对象，对提高作图效果、降低作图难度起到了极大的作用，灵活运用该功能进行操作，可以极大地方便用户。几何变换功能只对曲线、曲面的位置、方向等进行几何变换，并不改变其长度、半径、颜色、图层等自身属性（缩放功能除外）。几何变换功能对造型实体无效。

1）平移

平移有“两点”和“偏移量”两种方式。“两点”方式有“拷贝”、“移动”和

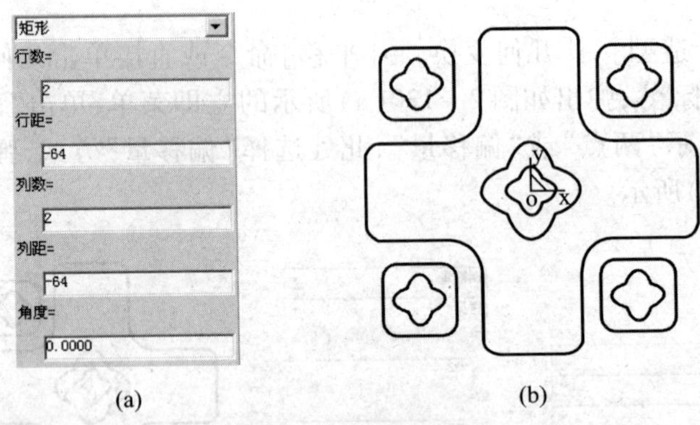

图 2-131　矩形阵列

"非正交"、"正交"之分,均可通过输入基点、目标点来平移被拾取元素;"偏移量"方式有"拷贝"、"移动"之分,均可通过输入偏移数值"DX"、"DY"、"DZ"来平移被拾取元素。下面运用"两点"方式将图 2-132 所示正方形内的图形由圆心 A 平移至圆心 B。

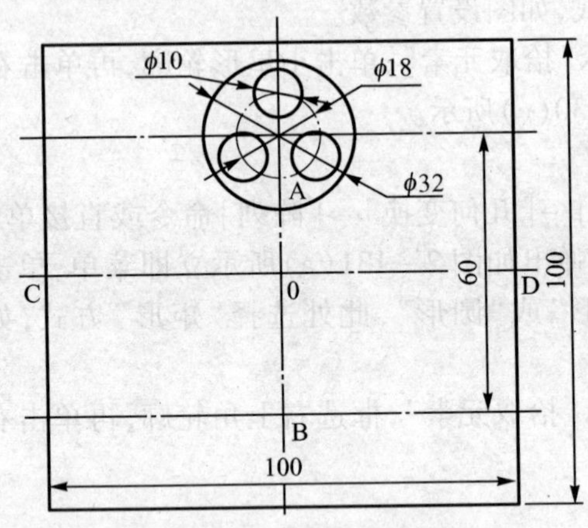

图 2-132　平移知识拓展图例

操作过程如下:

单击"几何变换"工具栏中的"平移"图标,在弹出的立即菜单中选择"两点"、"移动"、"正交"方式,如图 2-133(a)所示;提示行提示"拾取元素",框选正方形内的图形,单击鼠标右键,提示行提示"输入基点",输入 A 点坐标"0,30";提示行提示"输入目标点",输入 B 点坐标"0,-30",完成平移,如图2-133(b)所示。

2）平面旋转

平面旋转有"拷贝"和"移动"两种方式。"拷贝"方式通过输入份数和角度、指定旋转中心来旋转被拾取元素;"移动"方式通过输入角度、指定旋转中心

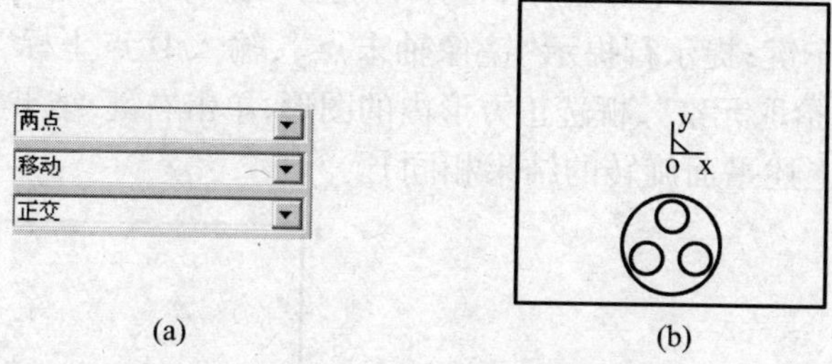

(a) (b)

图 2-133 立即菜单及平移结果

来旋转被拾取元素。平面旋转不仅可将对象在某个平面内旋转,还可通过作图平面转换,将其旋转到其他平面内。下面运用"移动"方式将图 2-132 所示正方形内的图形由圆心 A 平面旋转至圆心 B。

操作过程如下:

单击几何变换工具栏中的"平面旋转"图标,在弹出的立即菜单中选择"移动",按图 2-134(a)所示设置参数;提示行提示"旋转中心点",单击原点 O,提示行提示"拾取元素",框选正方形内的图形,单击右键,结果如图 2-134(b)所示。

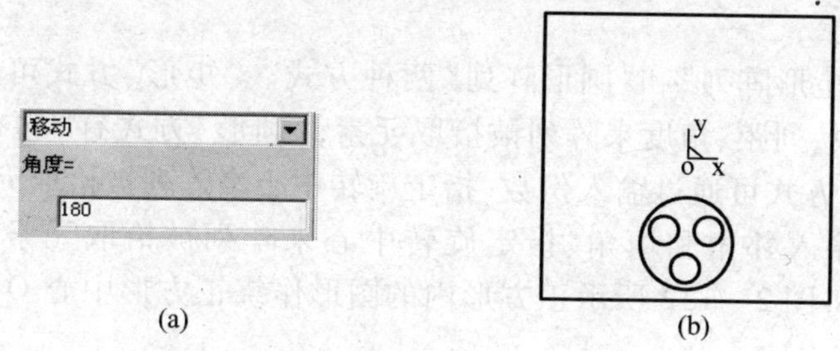

(a) (b)

图 2-134 立即菜单平面旋转结果

3) 旋转

旋转可将拾取到的几何对象绕空间直线进行空间的旋转移动或旋转拷贝。"拷贝"方式通过输入份数和角度、指定旋转轴起点和旋转轴末点来旋转被拾取元素;"移动"方式通过输入角度、指定旋转轴起点和旋转轴末点来旋转被拾取元素。

4) 平面镜像

平面镜像是以直线为对称轴,在当前平面内将拾取到的图形对象进行镜像移动或拷贝。注意对同一对象、同一镜像轴而言,所选的作图平面不同,平面镜像的结果会不同。下面运用"移动"方式将图 2-132 所示正方形内的图形以直线 CD 为镜像轴完成镜像。

操作过程如下:

单击几何变换工具栏中的"平面镜像"图标,在弹出的立即菜单中选择

“移动”方式,如图 2－135(a)所示;提示行提示“镜像轴首点”,输入 C 点坐标“－50,0”,按回车键;提示行提示“镜像轴末点”,输入 D 点坐标“50,0”,按回车键;提示行提示“拾取元素”,框选正方形内的图形,单击右键,结果如图 2－135(b)所示(该结果与上述平面旋转的结果相同)。

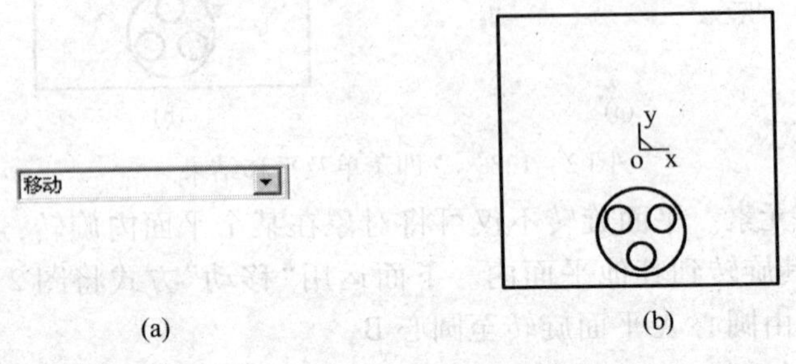

图 2－135　立即菜单及平面镜像结果

5）镜像

镜像是以指定的空间平面为对称平面,将拾取到的图形对象进行镜像移动或拷贝。注意所选的作图平面不同,不影响镜像的结果。这是与平面镜像的不同点。

6）阵列

阵列有“矩形阵列”和“圆形阵列”两种方式。“矩形”方式可通过输入行数、行距、列数、列距、角度来阵列被拾取元素;“圆形”方式有“均布”、“夹角”之分,“均布”方式可通过输入份数、指定旋转中心来阵列被拾取元素;“夹角”方式可通过输入邻角和填角、指定旋转中心来阵列被拾取元素。下面运用“圆形”方式将图 2－132 所示正方形内的图形作绕正方形中心 O 点的五等分均布阵列。

操作过程如下:

单击几何变换工具栏中的“阵列”图标▫▫,在弹出的立即菜单中选择“圆形”、“均布”方式,按图 2－136(a)所示设置参数;提示行提示“拾取元素”,框选正方形内的图形,单击右键;提示行提示“输入中心点”,单击正方形中心 O 点,结果如图 2－136(b)所示。

7）缩放

缩放是将拾取到的图形对象进行按比例放大或缩小。有“拷贝”和“移动”两种方式。“拷贝”方式通过输入份数、X 比例、Y 比例、Z 比例并指定基点来缩放被拾取元素;“移动”方式通过输入 X 比例、Y 比例、Z 比例并指定基点来缩放被拾取元素。下面运用“移动”方式将图 2－132 所示正方形内的图形在其圆心 A 点处缩小一半。

操作过程如下:

(a)　　(b)

图 2-136　圆形阵列结果

单击“几何变换”栏中的“缩放”图标，在弹出的立即菜单中选择“移动”方式，按图 2-137(a) 所示设置参数；提示行提示“输入基点”，输入 A 点坐标“0,30”，提示行提示“拾取元素”，框选正方形内的曲线，单击右键，结果如图 2-137(b) 所示。

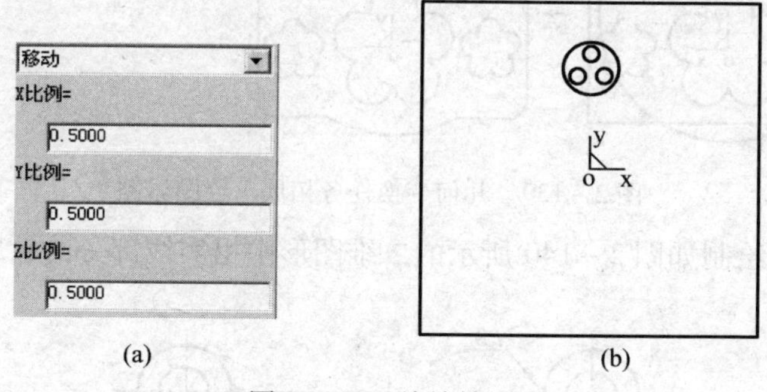

(a)　　(b)

图 2-137　缩放结果

四、任务拓展

练习一：绘制如图 2-138 所示的二维图形中粗实线部分的轮廓。

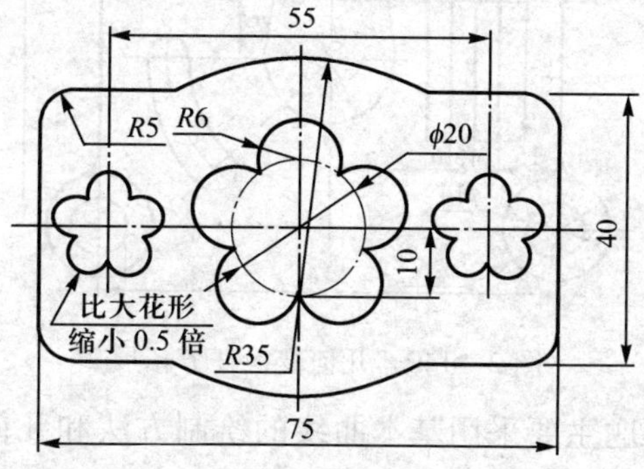

图 2-138　几何变换任务拓展 1

绘图思路:本课题主要采用基本曲线的绘制方法和几何变换的方法进行绘制,绘图思路与步骤如图 2－139 所示。

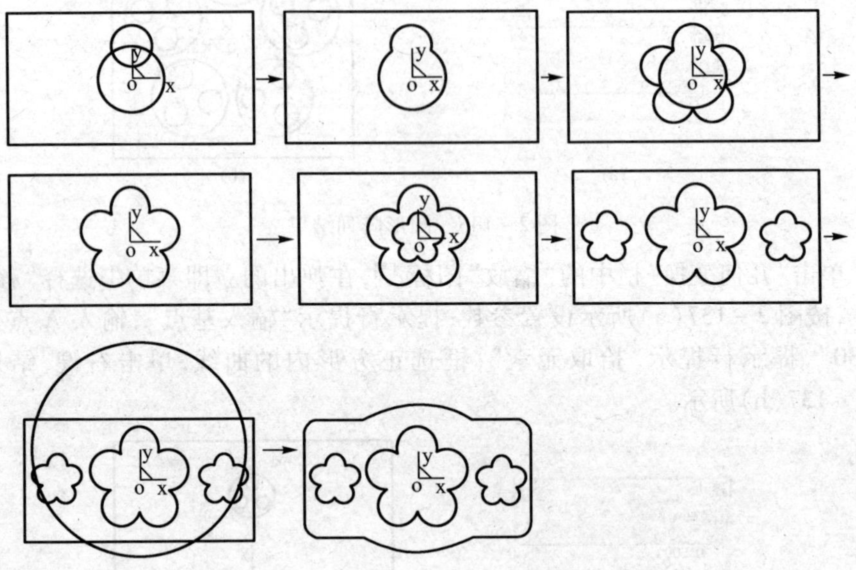

图 2－139　几何变换任务拓展 1 绘图思路

练习二:绘制如图 2－140 所示的二维图形中粗实线部分的轮廓。

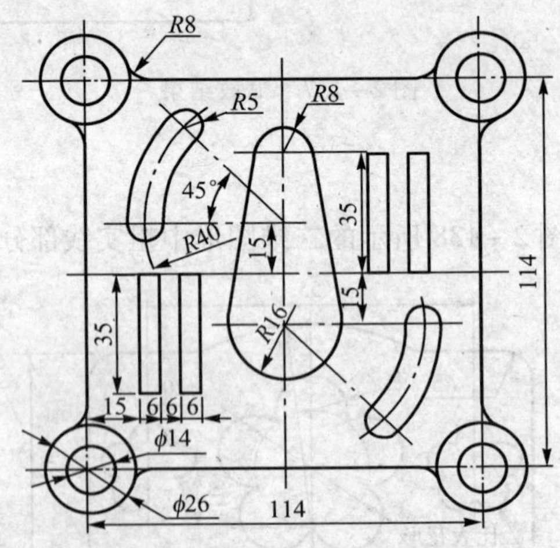

图 2－140　几何变换任务拓展 2

绘图思路:本课题主要采用基本曲线的绘制方法和几何变换的方法进行绘制,其绘图思路与步骤如图 2－141 所示。

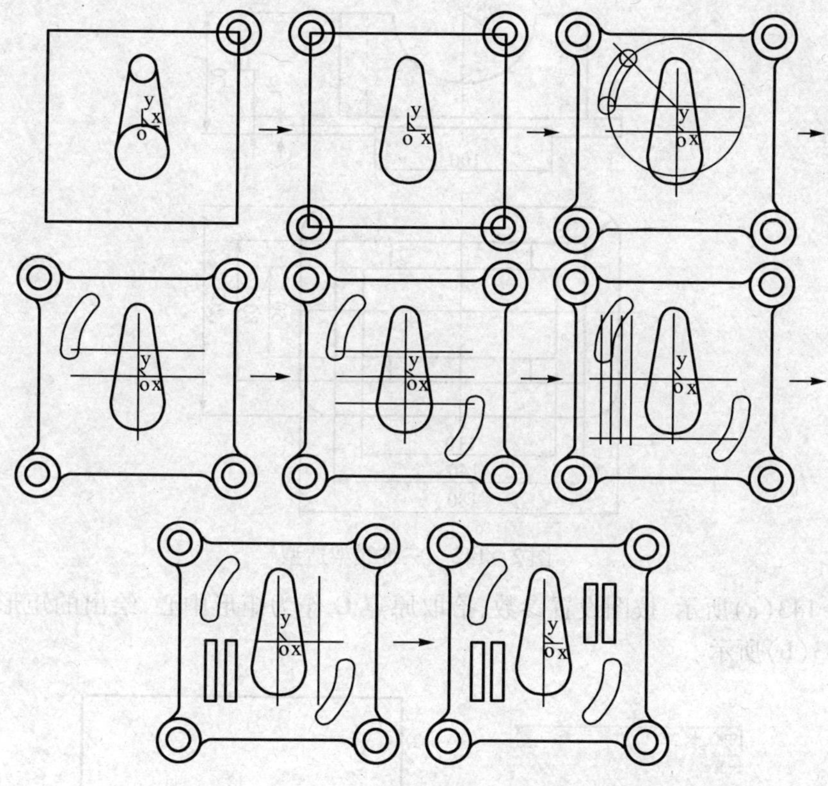

图2-141　几何变换任务拓展2绘图思路

课题5　三维线架造型

一、任务描述

绘制如图2-142所示零件的三维线架造型。

知识点与技能点：三维线架造型、绘图平面的切换、二维线架造型的综合应用。

二、任务实施

1. 绘制底板线架

（1）按F5键，选取XY平面作为空间绘图平面。

（2）单击“矩形”图标□，在弹出的立即菜单中选择“中心_长_宽”方式，如

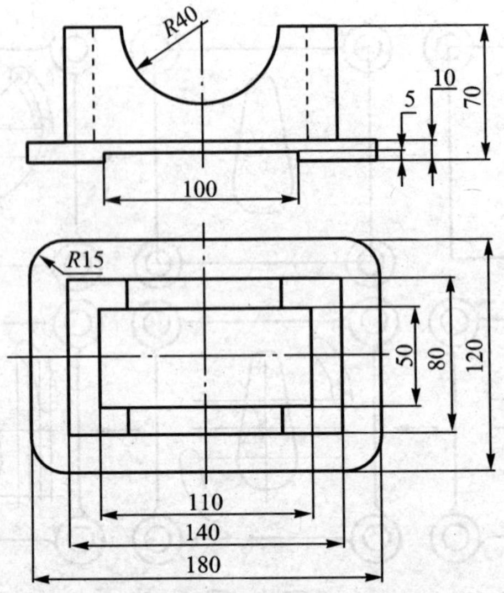

图 2-142 三维线架造型

图 2-143(a)所示,按图设置参数,拾取原点 O 作为矩形中心,绘出的矩形如图 2-143(b)所示。

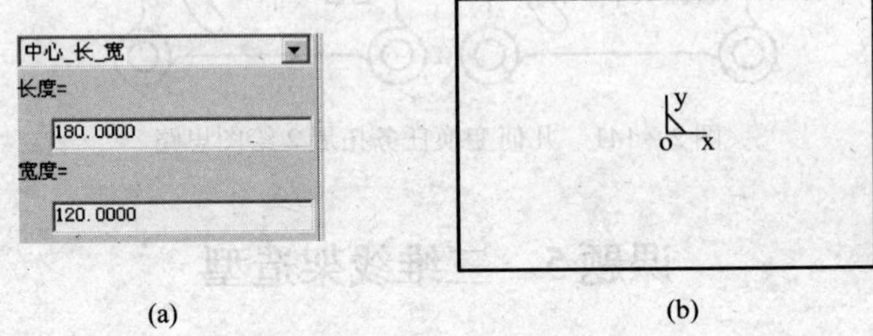

(a) (b)

图 2-143 绘制矩形

(3) 单击"等距线"图标,选择"单根曲线"方式,并按图 2-144(a)所示

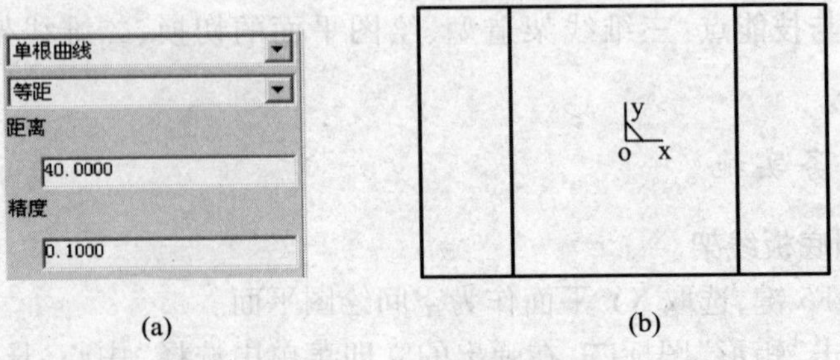

(a) (b)

图 2-144 绘制等距线

进行参数设置，分别使矩形的两条垂直边向坐标系原点方向偏距作等距线，结果如图 2－144(b)所示。

(4) 单击“曲线过渡”图标，在弹出的立即菜单中选择“圆弧过渡”方式，并按图 2－145(a)所示进行参数设置，依次对矩形各个角进行圆角过渡，完成后如图 2－145(b)所示。

(5) 按 F8 键，使图形呈正等测方式显示，如图 2－146 所示。

注意：该步骤不能省略，否则不能显示以下的操作。

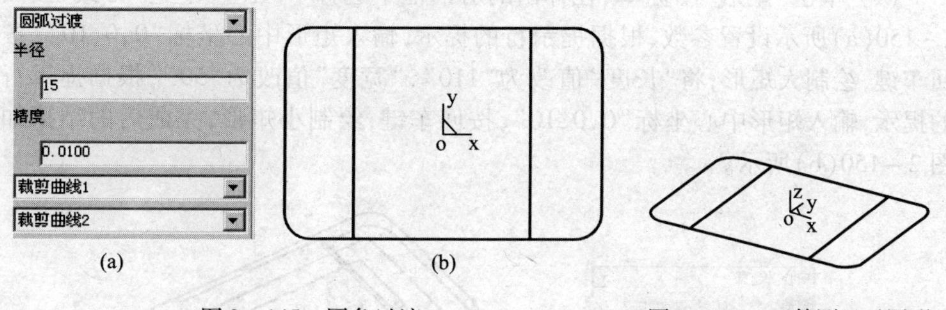

图 2－145　圆角过渡　　图 2－146　正等测显示图形

(6) 单击“平移”图标，在弹出的立即菜单中选择“偏移量”方式，按图 2－147(a)所示进行参数设置，拾取图 2－146 中的周边轮廓，单击鼠标右键确认，完成周边轮廓的 Z 向复制平移，结果如图 2－147(b)所示。

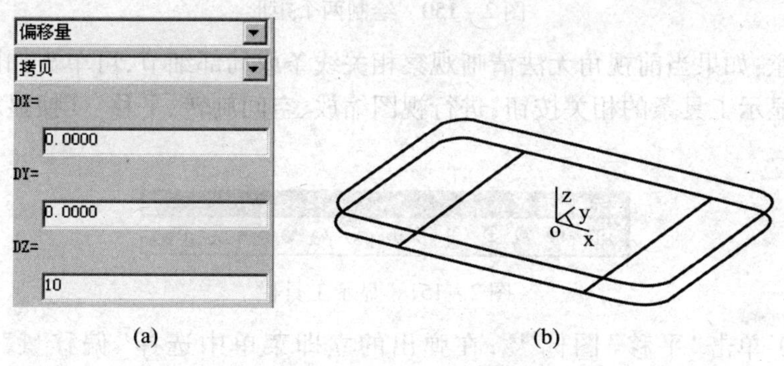

图 2－147　周边轮廓 Z 向复制平移

(7) 将图 2－147(a)中的“DZ”设置为“5”，拾取图 2－147(b)中的中间两条垂直等距线，单击右键确认，结果如图 2－148 所示。

(8) 连接相关端点，修剪多余的线条，完成后的底板线架如图 2－149 所示。

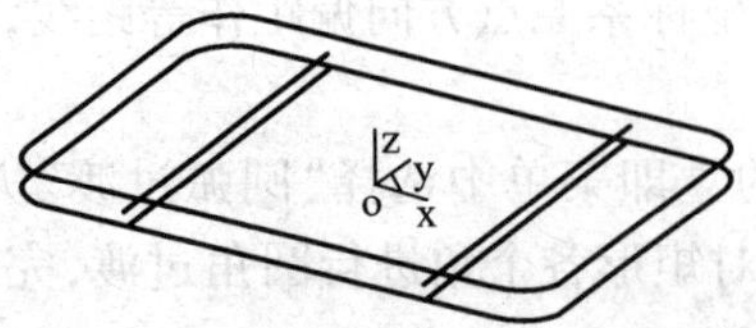

图 2－148　垂直等距线 Z 向复制平移

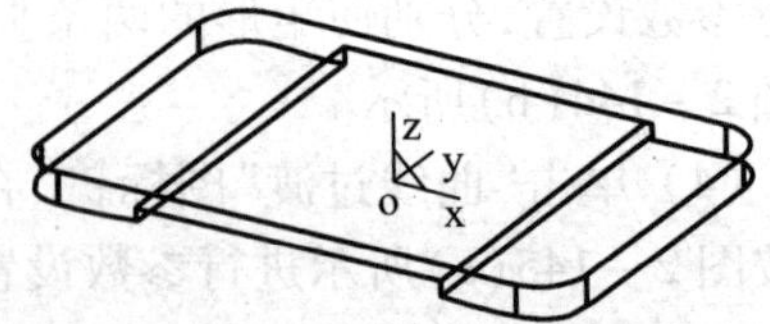

图 2－149　完成后的底板线架

2. 绘制长方体线架

(1) 单击"矩形"图标，在弹出的对话框中选择"中心_长_宽"方式，按图 2－150(a)所示设置参数，根据提示行的提示，输入矩形中心坐标"0,0,10"，按回车键，绘制大矩形；将"长度"值改为"110"，"宽度"值改为"50"，根据提示行的提示，输入矩形中心坐标"0,0,10"，按回车键，绘制小矩形，完成后的结果如图 2－150(b)所示。

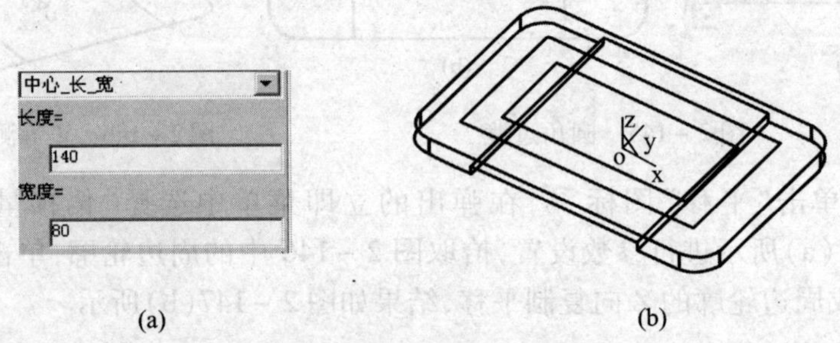

(a)　　(b)

图 2－150　绘制两个矩形

注意：如果当前视角无法清晰观察相关线条或局部细节，可单击如图2－151所示的显示工具条的相关按钮，进行视图缩放、空间旋转、平移、变换显示方式等操作。

图 2－151　显示工具栏

(2) 单击"平移"图标，在弹出的立即菜单中选择"偏移量"方式，按图 2－152(a)所示设置参数，拾取图 2－150(b)中的两个矩形，单击鼠标右键确认，完成两个矩形的 Z 向复制平移，按 F8 键，使图形呈正等测方式显示，结果如图 2－152(b)所示。

(3) 连接相关端点，完成后的长方体线架如图 2－153 所示。

3. 绘制长方体上圆弧槽线架

(1) 重复 F9 键，选择 ZX 平面作为空间绘图平面。

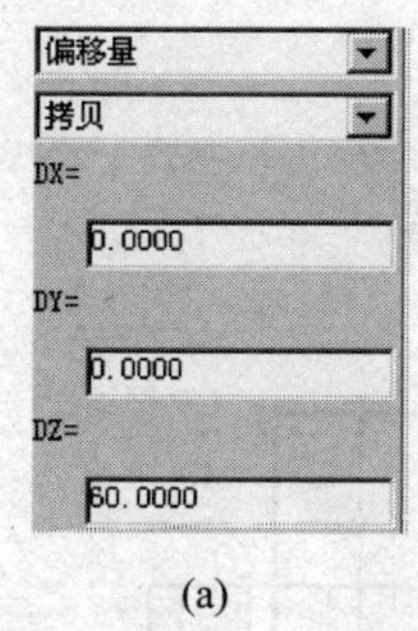

(a)

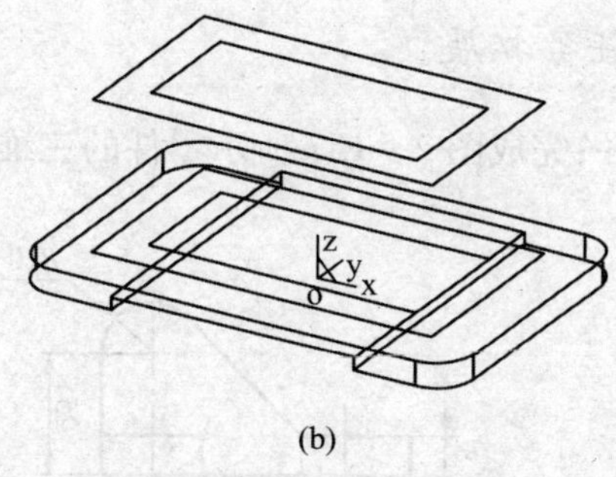

(b)

图 2－152 Z 向复制平移两个矩形

(2) 单击“整圆”图标⊕，选择“圆心_半径”方式，输入圆心坐标“0，－40，70”，按回车键，并输入半径值“40”，绘成第一个整圆，如图 2－154 所示。

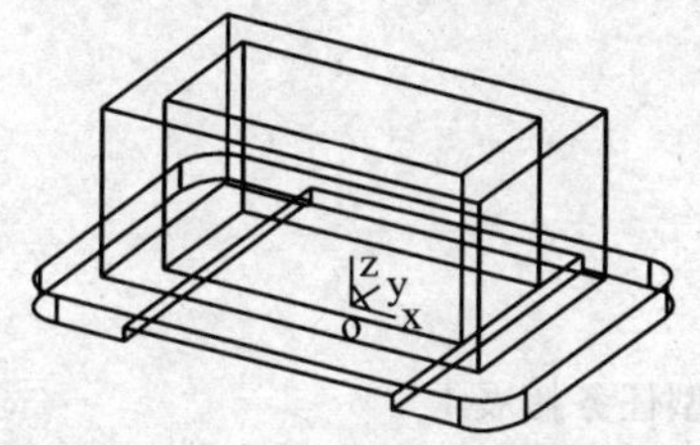

图 2－153 完成后的长方体线架

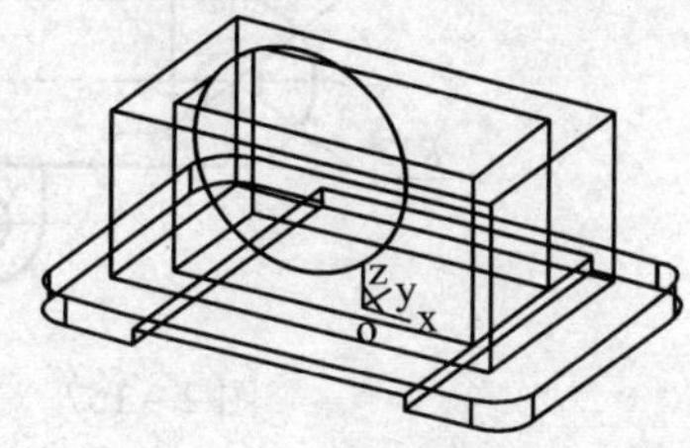

图 2－154 在 ZX 平面内绘制 *R*40 圆

(3) 分别以点“0，－25，70”、“0，25，70”、“0，40，70”为圆心，以“40”为半径，绘制其余 3 个圆，结果如图 2－155 所示。

(4) 连接相关端点，修剪多余的线条，完成后的三维线架如图 2－156 所示。

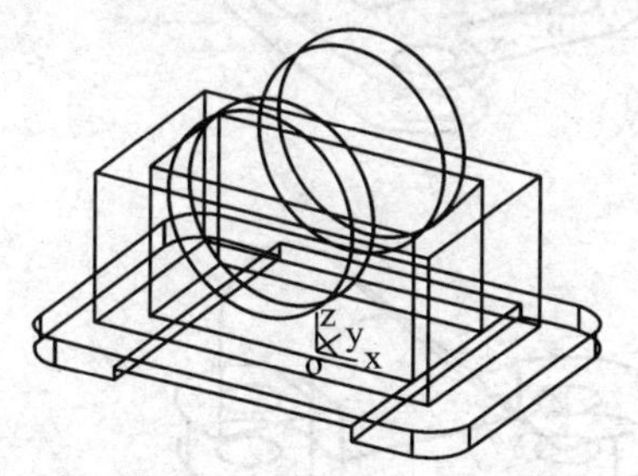

图 2－155 在 ZX 平面内绘制 4 个圆

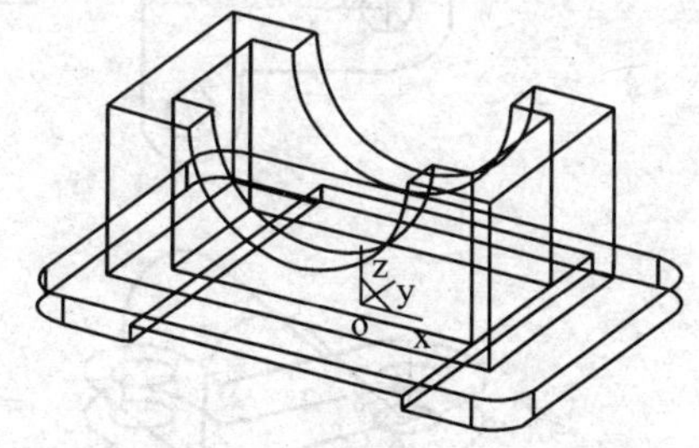

图 2－156 完成后的三维线架

三、知识拓展

三维线架是曲面造型和实体造型的基础，具有运用灵活、可靠的特点，正确并熟练地应用三维线架造型是很重要的。目前空间线架主要作为曲面造型和实体造型的辅助工具。

四、任务拓展

练习一:完成图 2 - 157 所示零件的三维线架造型。

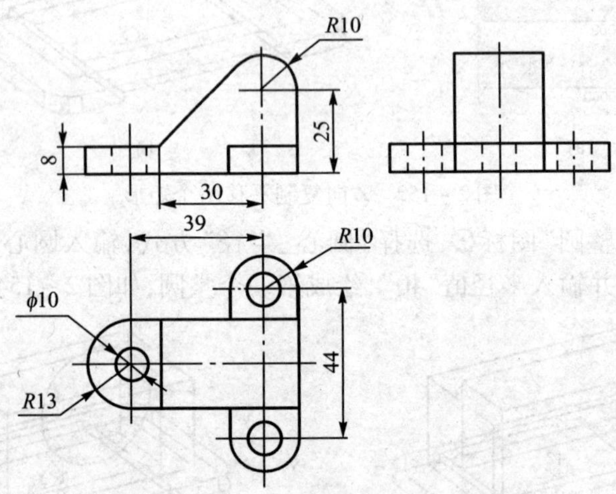

图 2 - 157 三维线架造型任务拓展 1

绘图思路:本课题的绘图思路与步骤如图 2 - 158 所示。

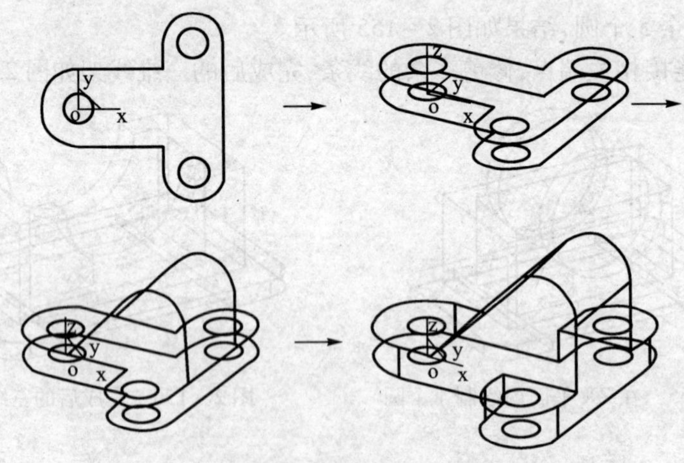

图 2 - 158 三维线架造型任务拓展 1 绘图思路

练习二:完成图 2 - 159 所示零件的三维线架造型。

绘图思路:本课题的绘图思路与步骤如图 2 - 160 所示。

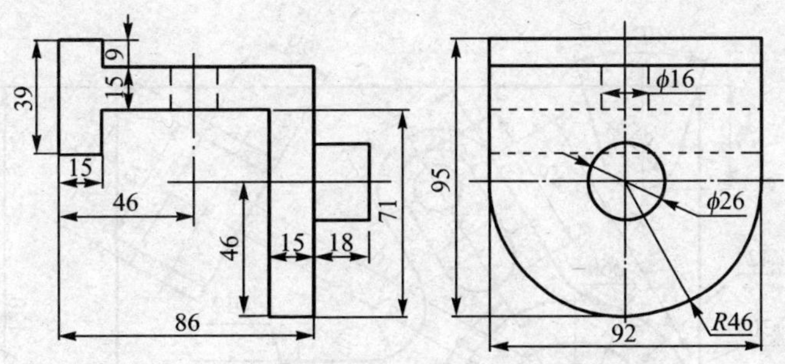

图2－159　三维线架造型任务拓展2

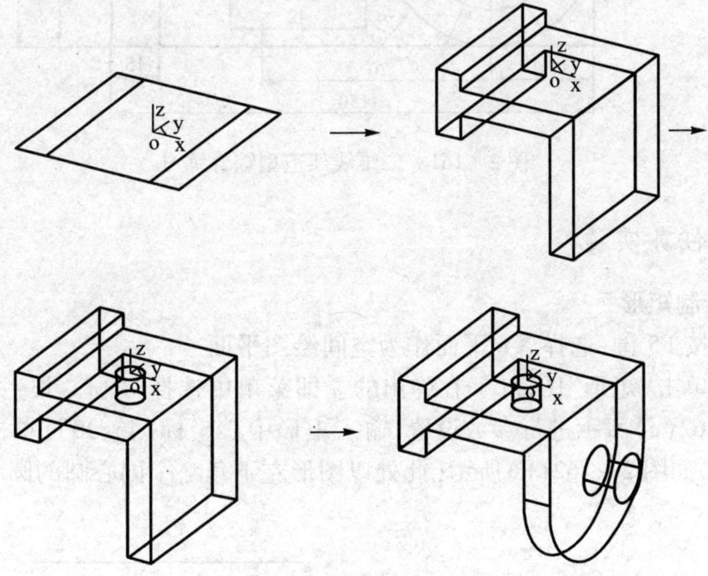

图2－160　三维线架造型任务拓展2绘图思路

课题6　二维线架造型综合练习

一、任务描述

绘制如图2－161所示图形中的粗实线轮廓。

知识点与技能点：二维线架造型基本曲线的绘制、曲线的编辑和几何变换方法的综合运用。

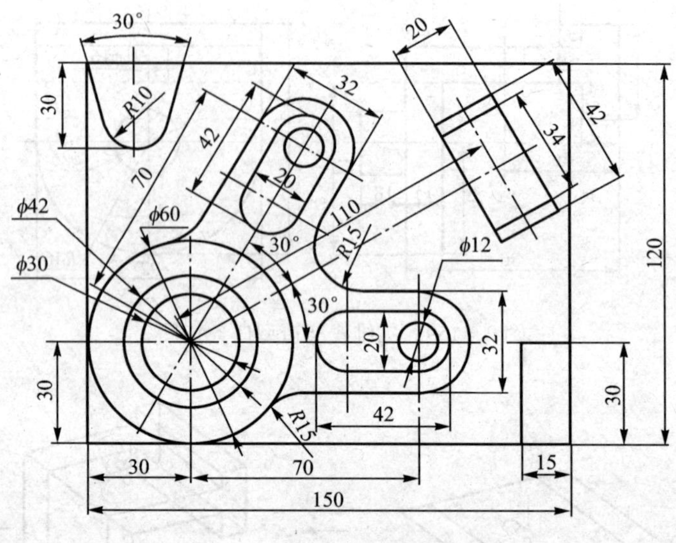

图 2-161 二维线架造型综合练习

二、任务实施

1. 绘制矩形

(1) 按 F5 键,选择 XY 平面作为空间绘图平面。

(2) 单击"矩形"图标,在弹出的立即菜单中选择"中心_长_宽"方式,并按图 2-162(a)所示进行参数设置;输入矩形中心坐标"45,30",单击右键生成矩形外框,如图 2-162(b)所示(此处以图形左下角三个同心圆的圆心作为作图原点)。

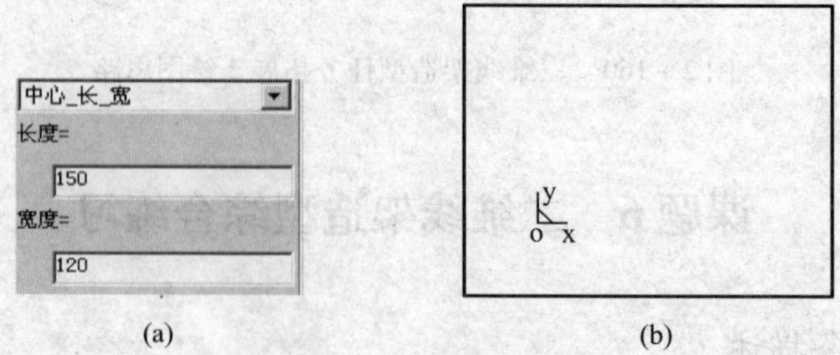

(a) (b)

图 2-162 绘制矩形外框

2. 绘制左上角轮廓

(1) 单击"直线"图标,在弹出的立即菜单中选择"角度线"方式,并按图 2-163(a)所示进行参数设置,过矩形左上角作一角度线,长度足够即可,如

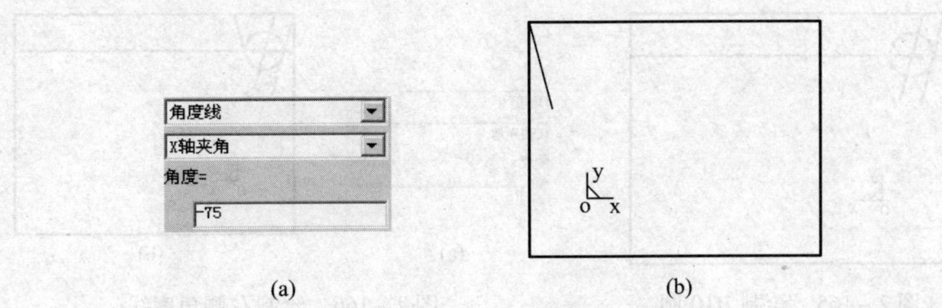

(a) (b)

图 2-163 立即菜单及绘制左侧角度线

图 2-163(b)所示。

(2) 单击“等距线”图标,在弹出的立即菜单中选择“单根曲线”方式,并按图 2-164(a)所示进行参数设置,作上述角度线的等距线,如图 2-164(b)所示;将立即菜单中的“距离”改为“20”,作矩形上边的等距线,如图 2-164(c)所示(此处两条等距线的交点为圆 $R10$ 的圆心)。

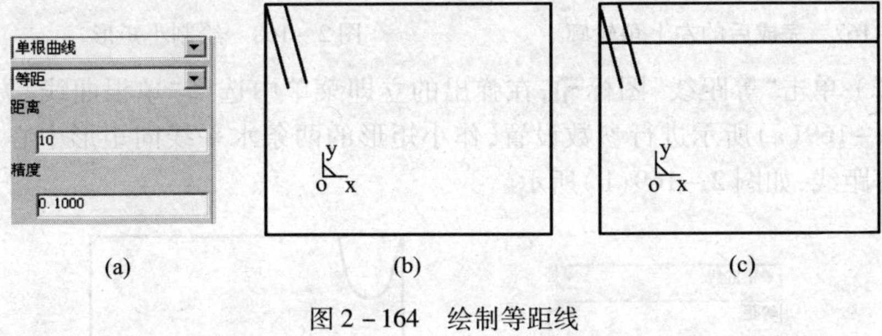

(a) (b) (c)

图 2-164 绘制等距线

(3) 单击“整圆”图标,选择“圆心_半径”方式,以两条等距线的交点为圆心作半径为“10”的圆,如图 2-165 所示。

(4) 单击“直线”图标,在弹出的立即菜单中选择“角度线”方式,并按图 2-166(a)所示进行参数设置,作一条相切于圆 $R10$ 的角度线,如图 2-166(b)所示(此处在提示行提示“第一点”时,应按空格键选点捕捉工具菜单中的“T 切点”方式,在选择第二点时,则应将点捕捉方式切换为“S 缺省点”方式)。

(5) 修剪多余的线条,完成后的左上角轮廓如图 2-167 所示。

3. 绘制右上角轮廓

(1) 单击“矩形”图标,在弹出的立即菜单中选择“中心_长_宽”方式,并按图 2-168(a)所示进行参数设置,输入矩形中心坐标“110,0”,按回车键,生成小矩形如图 2-168(b)所示。

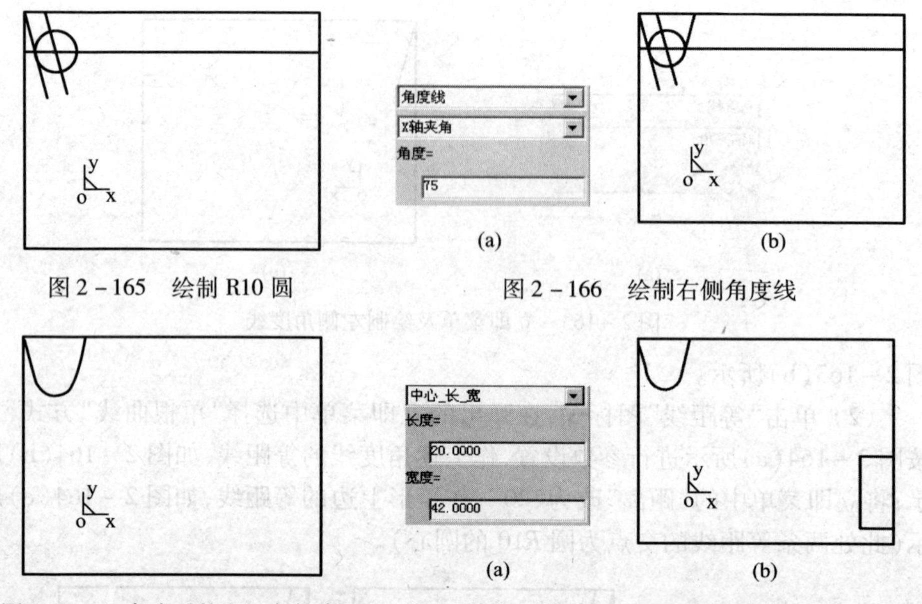

图 2-165 绘制 R10 圆

图 2-166 绘制右侧角度线

图 2-167 完成后的左上角轮廓

图 2-168 绘制小矩形

(2) 单击"等距线"图标,在弹出的立即菜单中选择"单根曲线"方式,并按图 2-169(a)所示进行参数设置,作小矩形的两条水平线向矩形中心方向偏距的等距线,如图 2-169(b)所示。

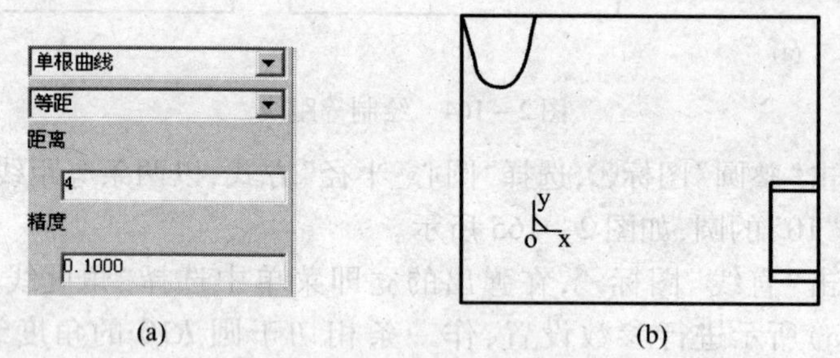

图 2-169 绘制等距线

(3) 单击"平面旋转"图标,选择"移动"方式,并按图 2-170(a)所示进行参数设置,以原点 O 为旋转中心旋转小矩形,完成右上角轮廓的绘制如图 2-170(b)所示。

注意:不是所有图线都能一次绘制成型,此处的矩形绘制采用了先定型后定位的方法,简化了绘图难度。

4. 绘制右下角轮廓

(1) 单击"直线"图标,在弹出的立即菜单中选择"平行线"方式,并按

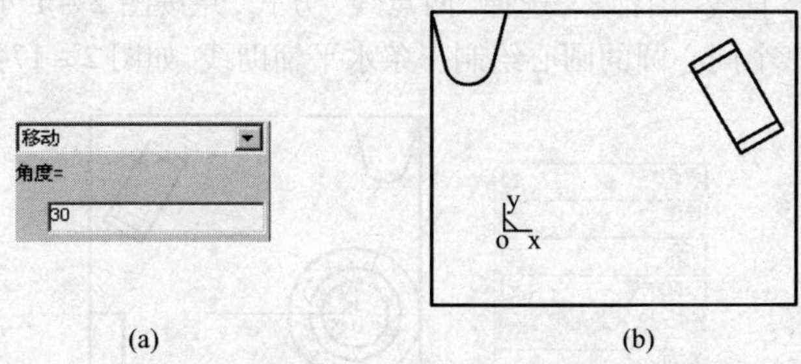

(a)　(b)

图2－170　完成后的右上角轮廓

图2－171(a)所示进行参数设置，作大矩形下边的平行线，如图2－171(b)所示；将立即菜单中"距离"改为"15"，作大矩形右边的平行线，如图2－171(c)所示。

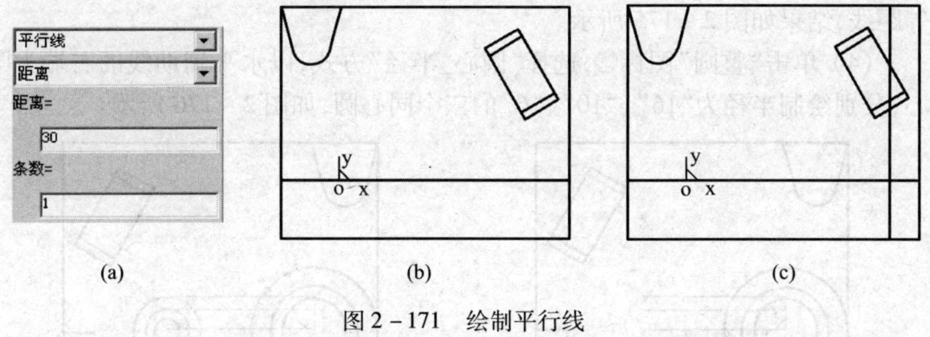

(a)　(b)　(c)

图2－171　绘制平行线

(2) 单击"曲线裁剪"图标，选择"快速裁剪"、"正常裁剪"方式，修剪多余曲线，完成后的右下角轮廓如图2－172所示。

5. 绘制内部主要轮廓

(1) 单击"整圆"图标，选择"圆心_半径"方式，以原点O为圆心，分别绘制半径为"30"、"21"、"15"的三个同心圆，如图2－173所示。

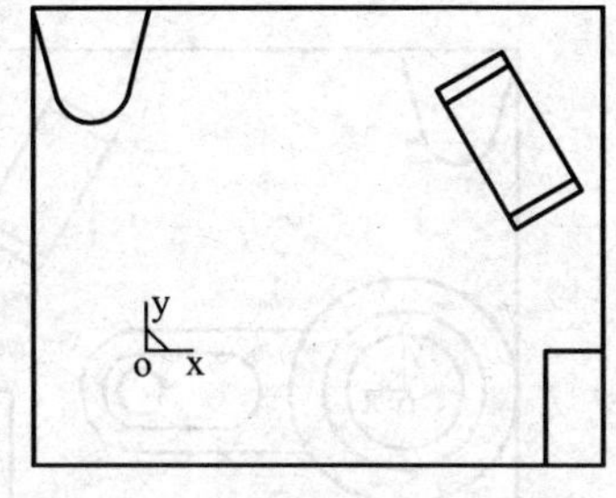

图2－172　完成后的右下角轮廓

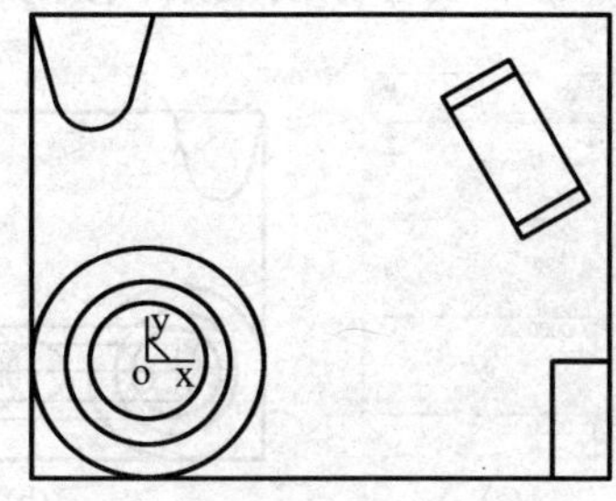

图2－173　绘制三个同心圆

（2）单击“直线”图标，选择“两点线”方式，并按图 2－174（a）所示进行参数设置，过三个同心圆的圆心绘制一条水平辅助线，如图 2－174（b）所示。

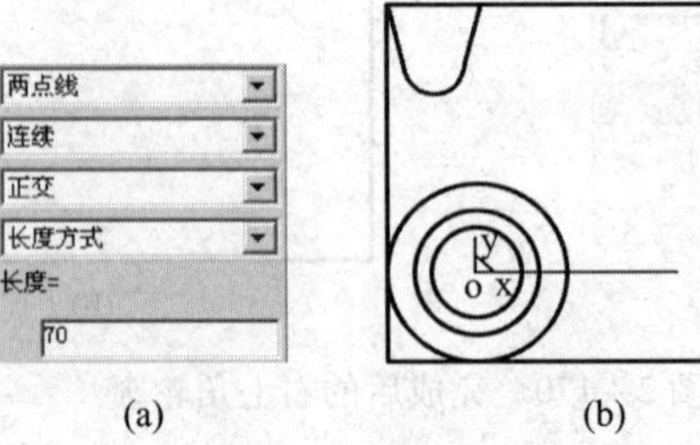

图 2－174　绘制水平辅助线

（3）单击“等距线”图标，在弹出的立即菜单中选择“单根曲线”、“等距”方式，“距离”分别设为“16”、“10”，单击水平辅助线，向上、下方向各画出两根等距线，结果如图 2－175 所示。

（4）单击“整圆”图标，选择“圆心_半径”方式，以水平辅助线的右端为圆心，分别绘制半径为“16”、“10”、“6”的三个同心圆，如图 2－176 所示。

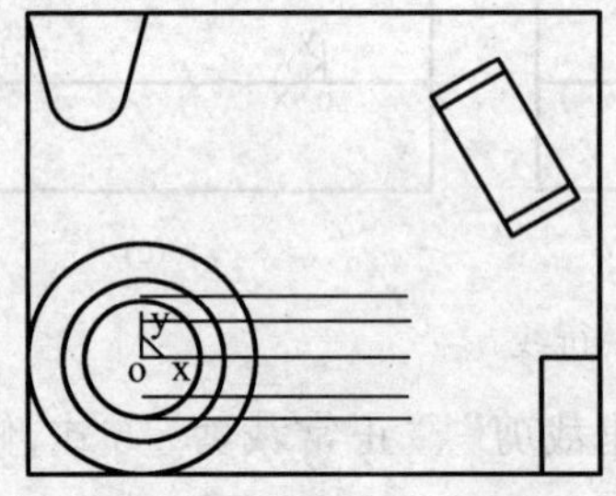

图 2－175　绘制 4 根等距线

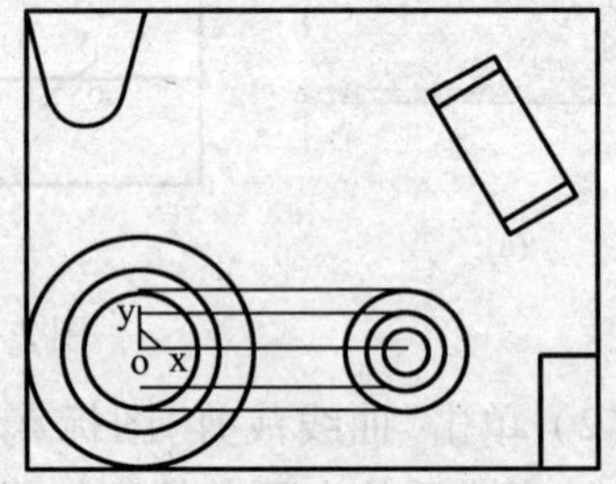

图 2－176　绘制右端 3 个同心圆

（5）单击“平移”图标，在弹出的立即菜单中选择“偏移量”方式，并按图 2－177（a）所示进行参数设置，单击整圆 $R10$，单击右键，结果如图 2－177（b）所示。

（6）修剪多余的线条，结果如图 2－178 所示。

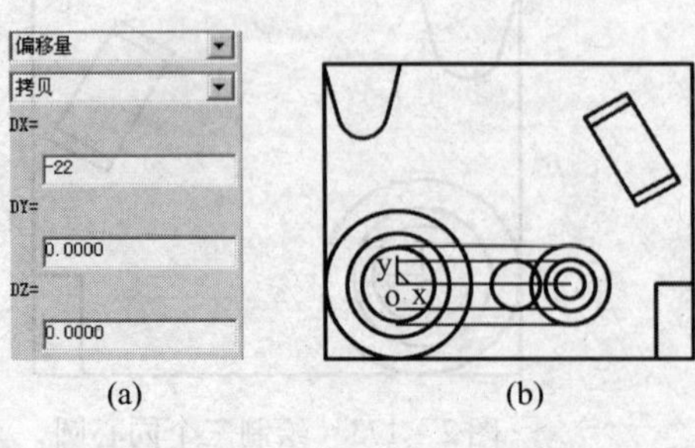

图 2－177　复制平移 $R10$ 圆

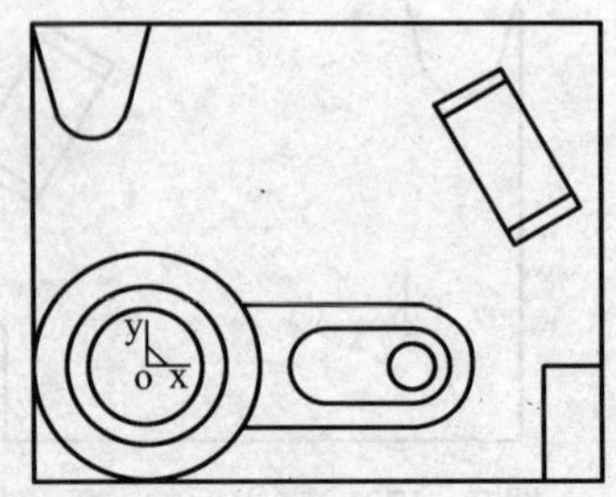

图 2－178　完成修剪后的图形

(7) 单击“平面旋转”图标，选择“拷贝”方式，并按图2－179(a)所示进行设置，以原点O为旋转中心，框选相关曲线进行复制旋转，完成后如图2－179(b)所示。

(8) 单击“曲线过渡”图标，选择“圆弧过渡”方式，在半径栏中输入“15”，依次对三处曲线进行圆弧过渡，完成后如图2－180所示。

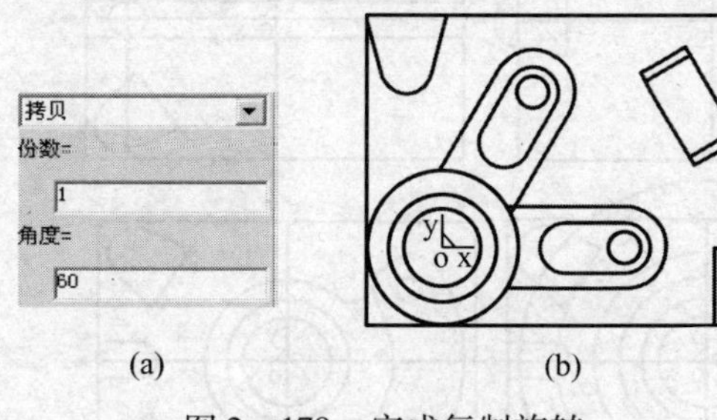

图2－179　完成复制旋转

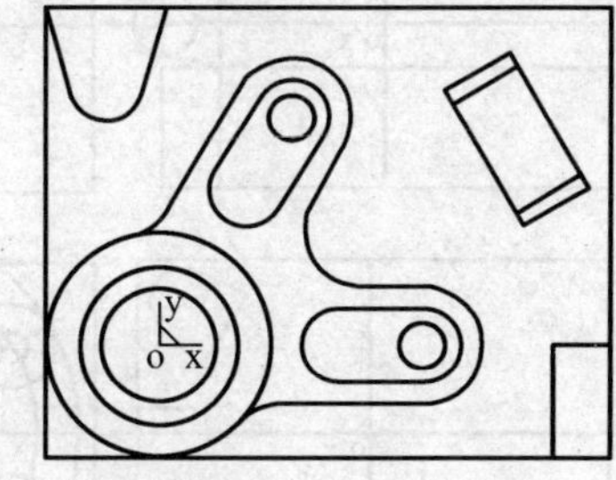

图2－180　完成后的二维图

注意：进行圆角过渡时，应区分哪条线是要修剪的，哪条线不需要修剪。

三、知识拓展

只有综合运用各种绘图基础知识、曲线编辑和几何变换功能，才能快速、精确地画出二维图形。因此，所谓的“画图”，更确切的说法应该是“修图”，而且不同的“修图”方法可以得到相同的“修图”结果。

此外，画图过程中如能适当增加一些辅助线，会达到事半功倍的效果。

四、任务拓展

练习一： 绘制如图2－181所示二维图形的粗实线轮廓。

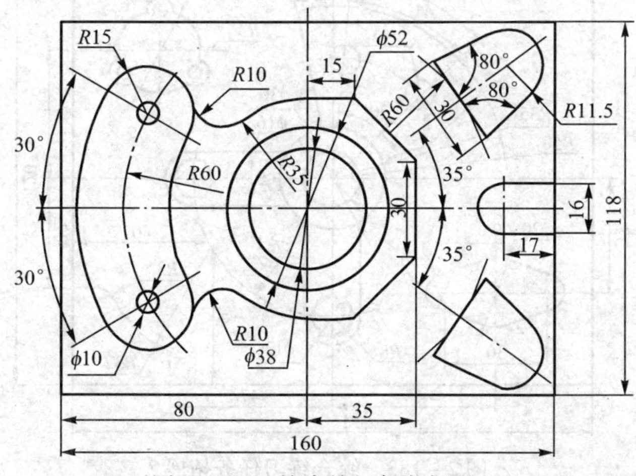

图2－181　综合练习任务拓展1

绘图思路:本课题主要综合运用二维绘图基本曲线的绘制、曲线的编辑和几何变换方法进行绘制,绘图思路与步骤如图 2-182 所示。

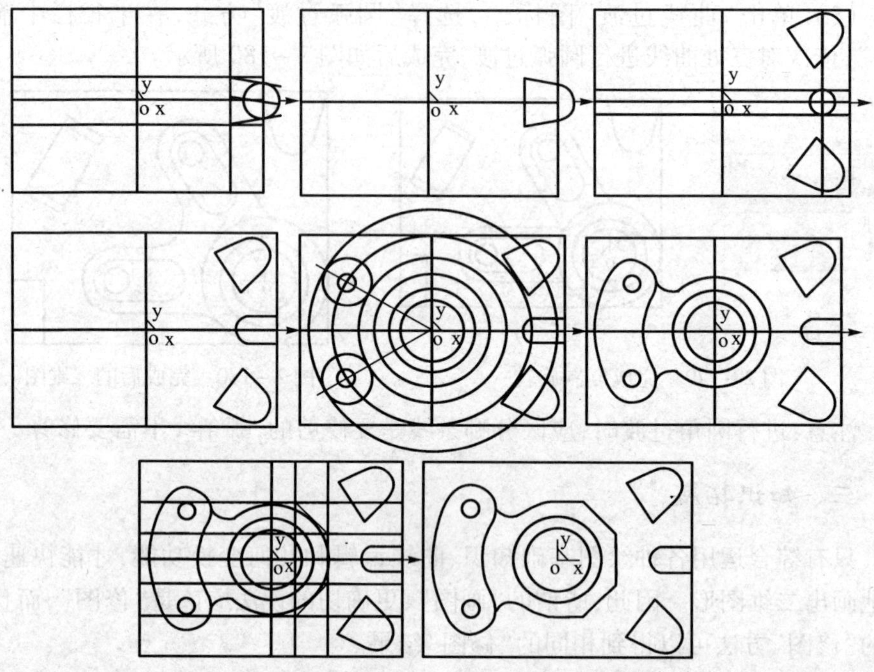

图 2-182 综合练习任务拓展 1 绘图思路

练习二:绘制如图 2-183 所示二维图形的粗实线轮廓。

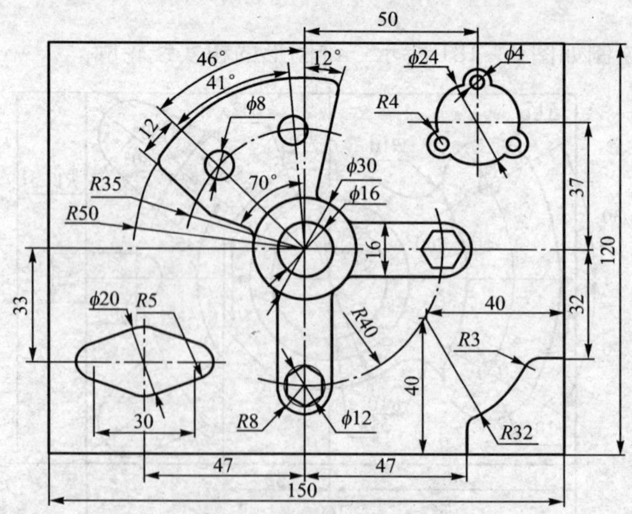

图 2-183 综合练习任务拓展 2

绘图思路:本课题主要采用直线、等距线、圆的绘图命令及曲线的编辑和几何变换方法进行绘制,其绘图思路与步骤如图2-184所示。

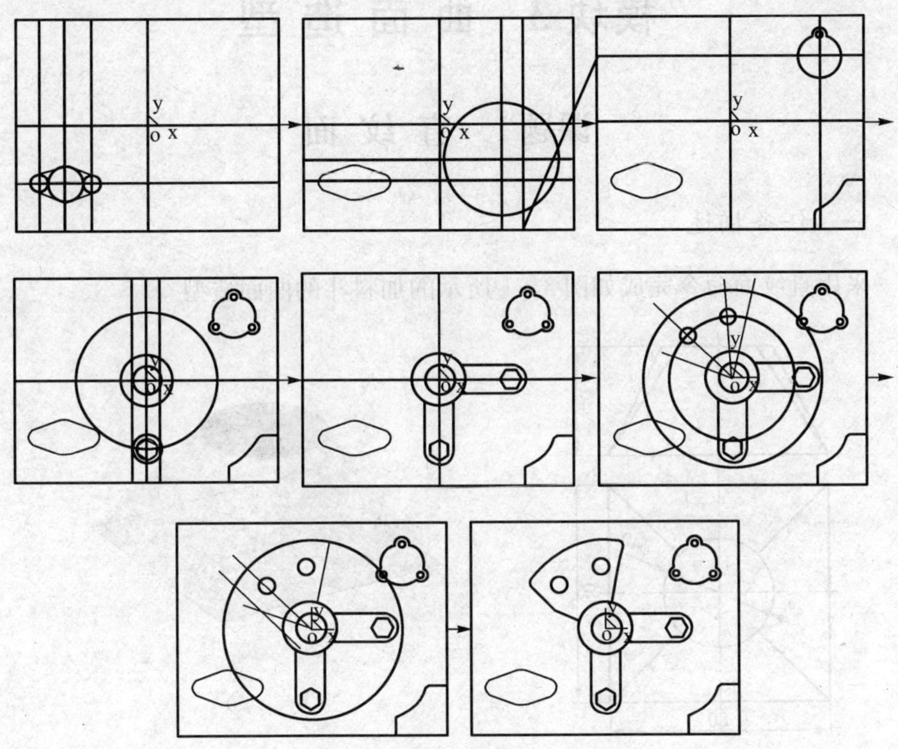

图2-184 综合练习任务拓展2绘图思路

模块3　曲面造型

课题1　直纹面

一、任务描述

采用直纹面命令完成如图3－1所示的加料斗的曲面造型。

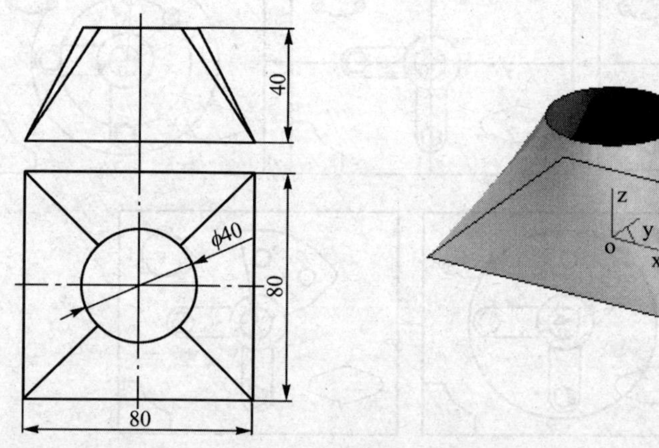

图3－1　加料斗

知识点与技能点：直纹面、曲线打断、曲线组合、平移。

二、任务实施

1. 绘制曲线

(1) 启动CAXA 2008，按F5键，使XY平面呈主视图显示。

(2) 单击[造型]→[曲线生成]→[圆]命令或直接单击曲线工具栏中的“整圆”图标，在弹出的立即菜单中选择“圆心_半径”方式。提示行提示“圆心点”，将鼠标光标移动到XOY坐标原点附近，捕捉到原点后单击鼠标左键，并向外拖动，此时，提示行提示“输入圆上一点或半径”，按回车键，在随即弹出的输入框中输入半径“20”，按回车键，单击右键退出画圆命令。

(3) 单击[造型]→[曲线生成]→[矩形]命令或直接单击曲线工具栏中的“矩形”图标，在弹出的立即菜单中单击“两点矩形”右侧按钮，切换到“中心_长_宽”方式，将“长度”和“宽度”均修改为“80”，如图3-2所示，提示行提示“输入矩形中心”，将鼠标光标移动到XOY坐标原点附近，捕捉到原点后单击，完成矩形的绘制，单击鼠标右键退出画矩形命令。完成后的曲线如图3-3所示。

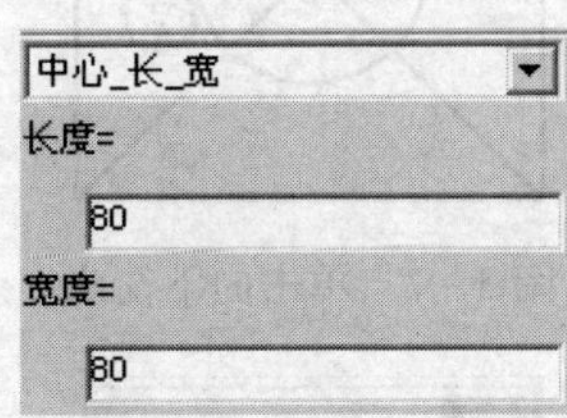

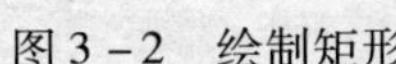
图3-2 绘制矩形

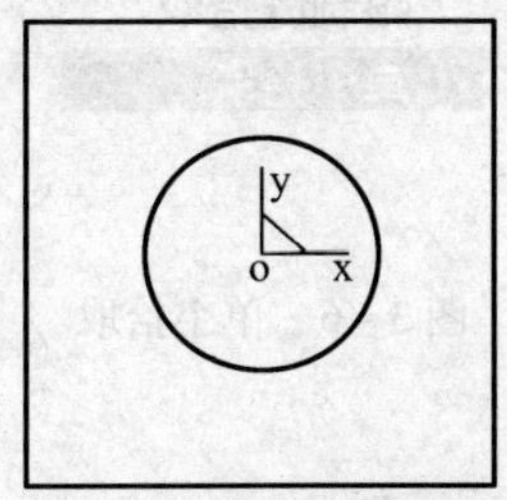

图3-3 完成后的曲线

(4) 单击[造型]→[曲线生成]→[直线]命令或直接单击曲线工具栏中的“直线”图标，根据提示行的提示，绘制矩形的两条对角线，如图3-4所示。

(5) 单击工具栏中的“曲线打断”图标，提示行提示“拾取被打断曲线”，将鼠标光标移动到$\phi40$圆附近，捕捉到圆后单击，此时，提示行提示“拾取点”，将鼠标光标移动到$\phi40$圆与矩形对角线任一交点附近，捕捉到交点后单击；用同样的方法，在另外3个交点处将圆打断。此时，$\phi40$圆由5段圆弧构成，如图3-5所示。

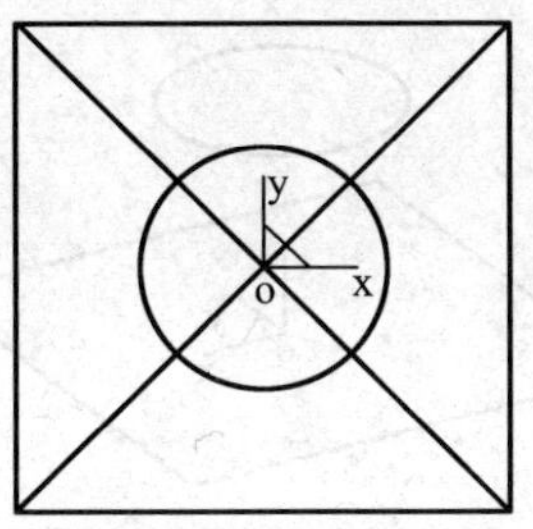

图3-4 绘制对角线

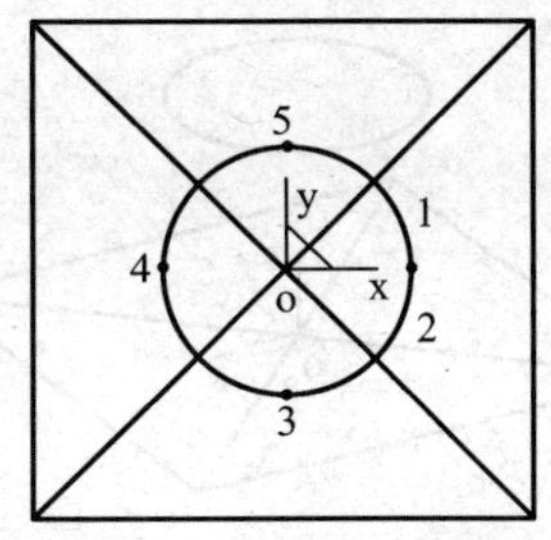

图3-5 打断后的圆

(6) 单击工具栏中的“曲线组合”图标，提示行提示“拾取曲线”，按空格键，在弹出的工具菜单中，选择“单个拾取”，如图3-6所示，单击曲线段1，出现双向箭头，单击向下箭头，如图3-7所示，单击曲线段2，单击右键结束曲线段1和2的组合。

(7) 按F8键，切换到轴测图状态，如图3-8所示。单击工具栏中的“平移”图标，在弹出的立即菜单中将“DZ”的内容修改为“40”，如图3-9所示，根据提示行提示“拾取元素”，分别单击4段圆弧，单击右键结束平移操作，结果如图3-10所示。

图 3-6 单个拾取

图 3-8 轴测图

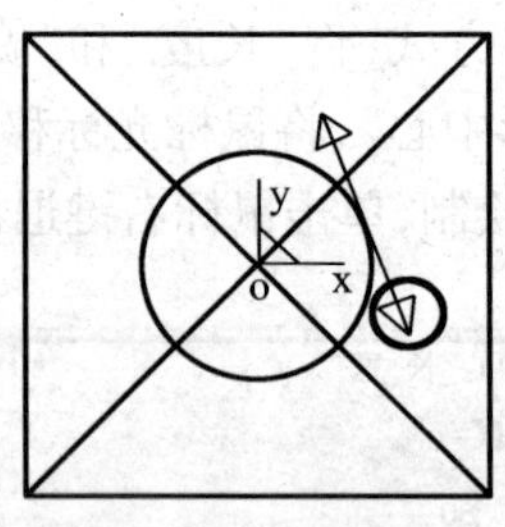

图 3-7 单击向下箭头

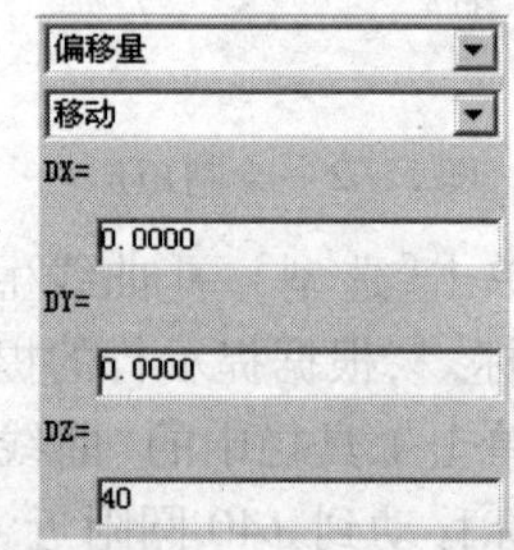

图 3-9 “平移”立即菜单

(8) 单击工具栏中的“删除”图标，提示行提示“请拾取要删除的元素”，分别单击两条对角线，单击右键结束删除操作，结果如图 3-11 所示。

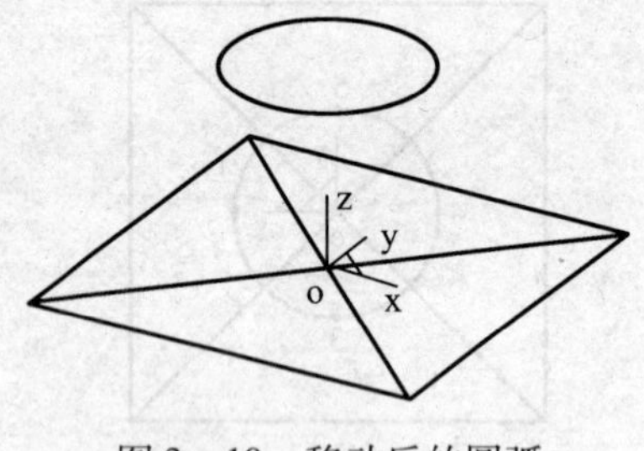

图 3-10 移动后的圆弧

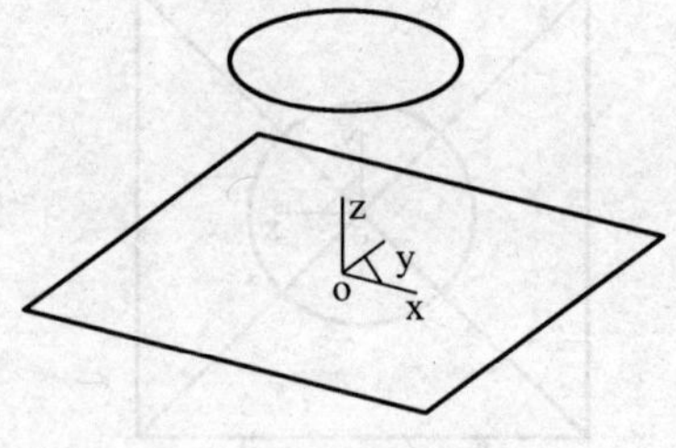

图 3-11 删除对角线

2. 生成曲面

(1) 单击如图 3-12 所示的曲面生成工具栏中的“直纹面”图标，弹出的立即菜单如图 3-13 所示。

图 3-12 曲面生成工具栏

图 3-13 “直纹面”立即菜单

(2) 提示行提示“拾取第一条曲线”，单击第一段圆弧。此时，提示行提示“拾取第二条曲线”，单击与第一段圆弧对应的直线段，生成第一个曲面，如图 3-14 所示。

(3) 根据提示行提示,用同样的方法,依次完成其他 3 个曲面的生成,最终结果如图 3－15 所示。

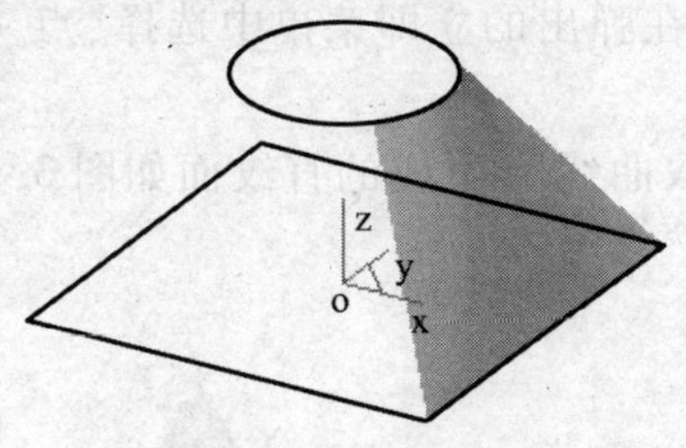

图 3－14 直纹面生成

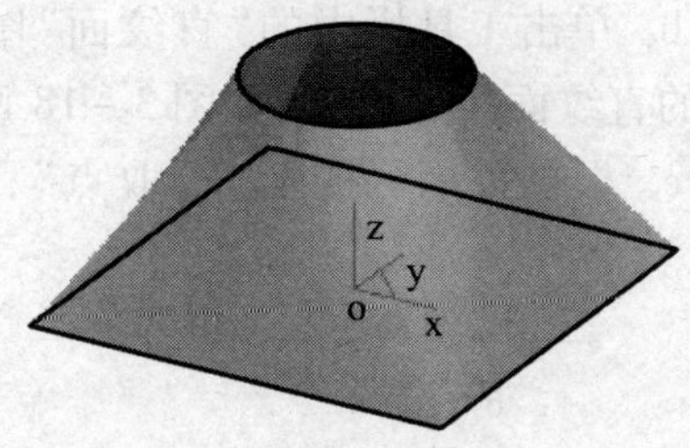

图 3－15 加料斗曲面造型

当不便拾取曲线时,可通过工具栏中的"显示旋转"图标,将图形旋转后进行拾取。

三、知识拓展

利用直纹面进行造型是本课题的重点,直纹面是由一根直线的两端点分别沿两曲线做连续运动而形成的轨迹曲面,其特点是曲面在一个方向上的等参数线为直线。应当注意的事项如下。

(1) 生成曲面的特征线一般是在非草图状态下绘制的,因而需要以线框造型为基础。

(2) 在拾取曲线时,应注意拾取点的位置。一般说来,应拾取曲线的同侧对应位置,如图 3－16(a)所示,否则将使两曲线的方向相反,生成扭曲的直纹面,如图 3－16(b)所示。

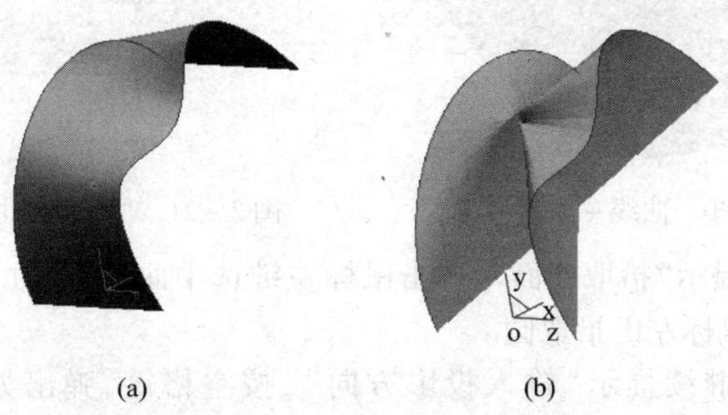

图 3－16 "曲线＋曲线"直纹面

(3) 生成直纹面的方式有 3 种,除了上面介绍的"曲线＋曲线"方式外,还有"点＋曲线"方式和"曲线＋曲面"方式。

① 点 + 曲线。

a. 绘制构建直纹面的两个图形对象，一个圆和一个点，如图 3 – 17 所示。

b. 单击工具栏中的“直纹面”图标，在弹出的立即菜单中选择“点 + 曲线”的直纹面生成方式，如图 3 – 18 所示。

c. 根据提示行提示“拾取点”，再“拾取曲线”，生成的直纹面如图 3 – 19 所示。

图 3 – 17　点 + 曲线　　图 3 – 18　“点 + 曲线”立即菜单　　图 3 – 19　“点 + 曲线”直纹面

② 曲线 + 曲面。

a. 绘制构建直纹面的两个图形对象，一个圆和一个曲面，如图 3 – 20 所示。

b. 单击工具栏中的“直纹面”图标，在弹出的立即菜单中选择“曲线 + 曲面”的直纹面生成方式，如图 3 – 21 所示。

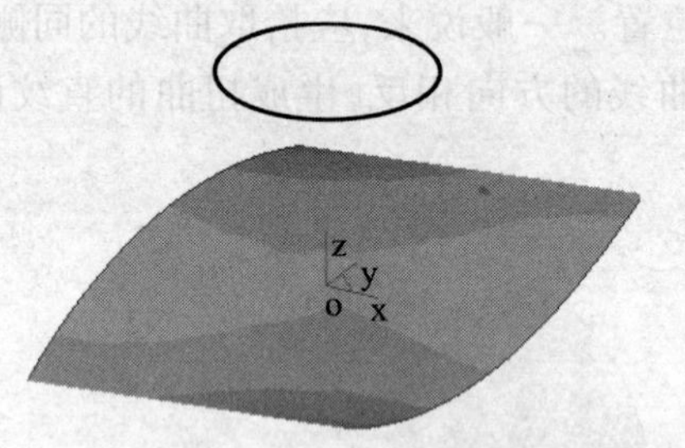

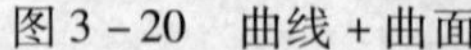

图 3 – 20　曲线 + 曲面

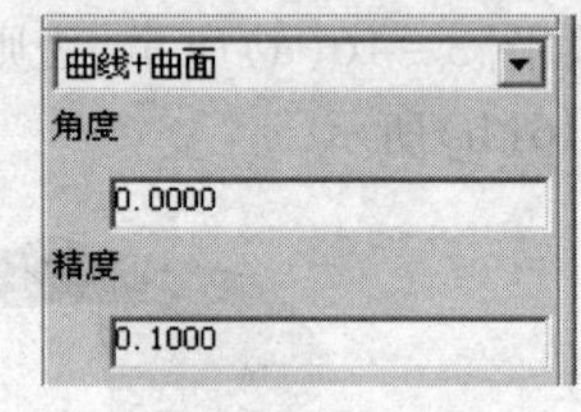

图 3 – 21　“曲线 + 曲面”立即菜单

c. 提示行提示“拾取曲面”，单击鼠标左键选中曲面，此时，提示行提示“拾取曲线”，单击鼠标左键拾取圆。

d. 提示行继续提示“输入投影方向”，按空格键，弹出如图 3 – 22 所示的快捷菜单，选择“Z 轴负方向”，单击鼠标左键，生成的直纹面如图 3 – 23 所示。

注意：当曲线沿指定方向并以一定的锥度向曲面投影作直纹面时，如曲线的投影不能全部落在曲面内时，则直纹面将无法做出。

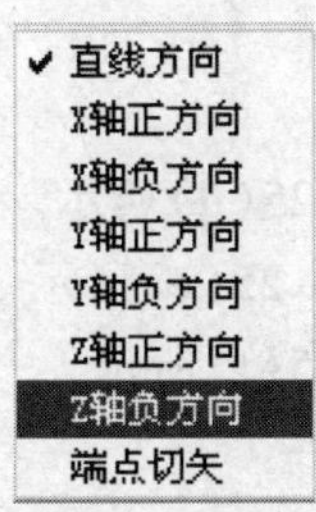

图3－22　快捷菜单

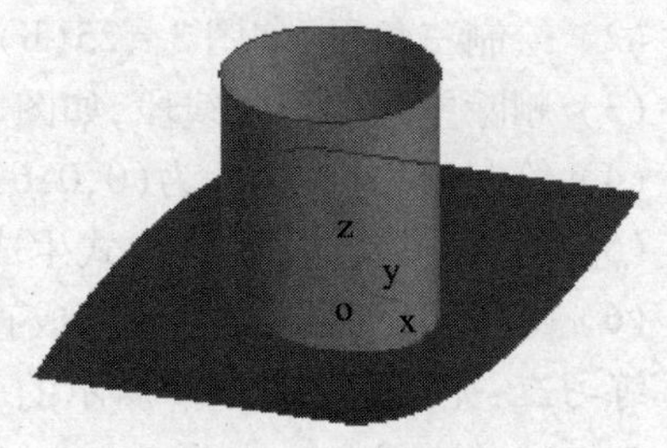

图3－23　“曲线＋曲面”直纹面

四、任务拓展

练习一：完成如图3－24所示的三角星的曲面造型，已知外接圆直径为100mm，高为6mm。

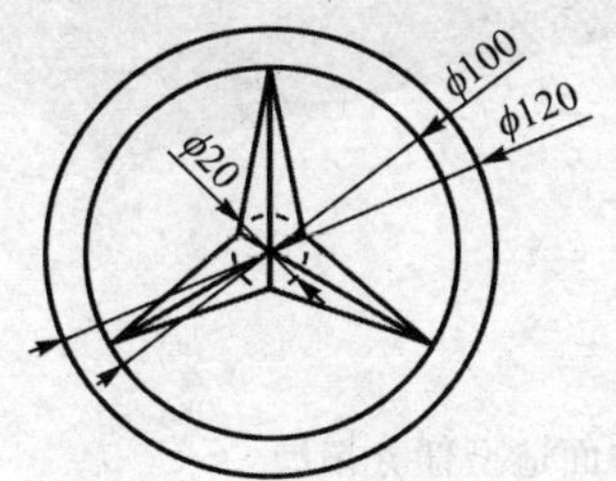

图3－24　三角星的曲面造型任务拓展

建模思路：建模过程如图3－25所示，说明如下。

（1）绘制ϕ100圆及ϕ120圆，如图3－25（a）所示。

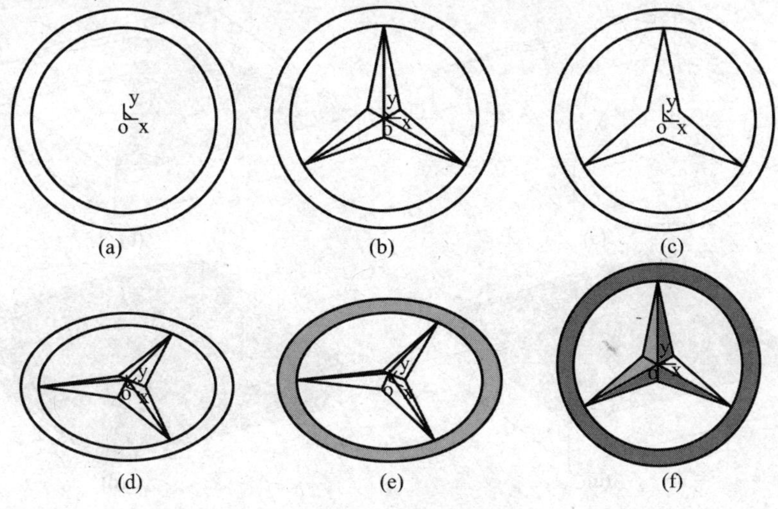

图3－25　建模过程

(2) 绘制三角星,如图 3 - 25(b)所示。

(3) 删除中间的三条线段,如图 3 - 25(c)所示。

(4) 绘制中心点,坐标为(0,0,6);连线,如图 3 - 25(d)所示。

(5) 通过“曲线 + 曲线”方式生成直纹面,如图 3 - 25(e)所示。

(6) 通过“点 + 曲线”方式生成直纹面,如图 3 - 25(f)所示。

练习二:完成如图 3 - 26 所示的工件的曲面造型

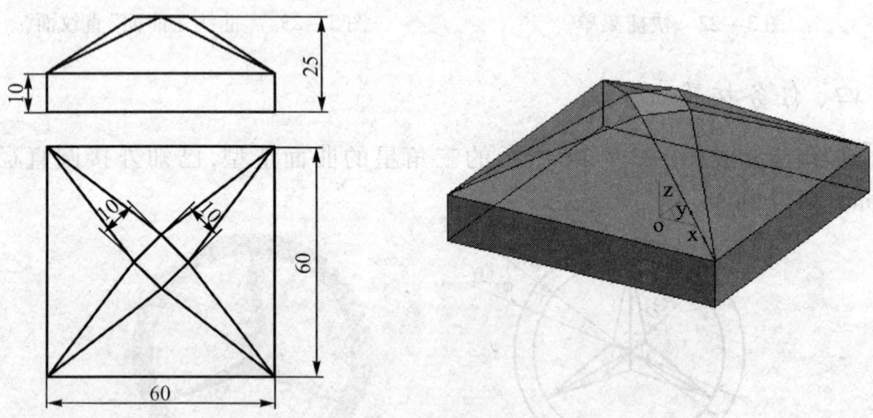

图 3 - 26　直纹面曲面造型任务拓展

建模思路:建模过程如图 3 - 27 所示,说明如下。

(1) 绘制三维线架如图 3 - 27(a)所示。

(2) 通过“点 + 曲线”方式生成直纹面,如图 3 - 27(b)所示。

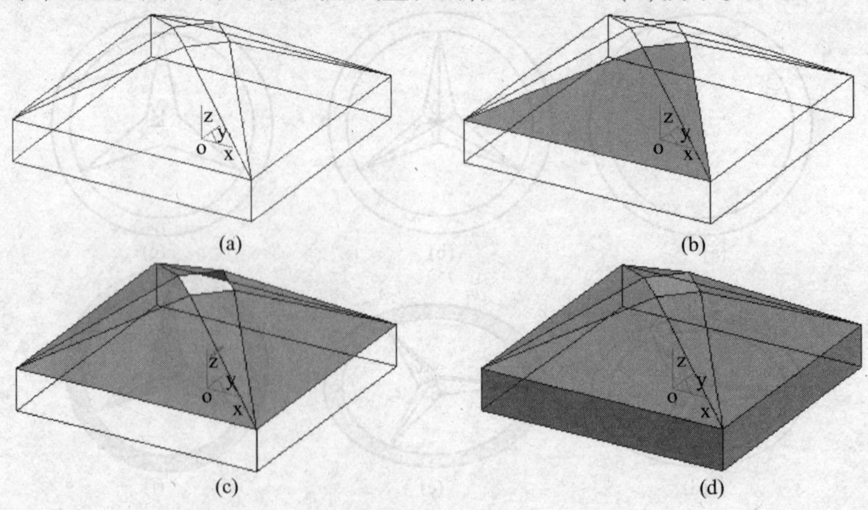

图 3 - 27　建模过程

（3）通过“阵列”生成其他直纹面，如图 3－27（c）所示。

（4）通过“曲线＋曲线”方式生成直纹面，如图 3－27（d）所示。

课题2　旋 转 面

一、任务描述

采用旋转面命令完成如图 3－28 所示的酒杯的曲面造型。

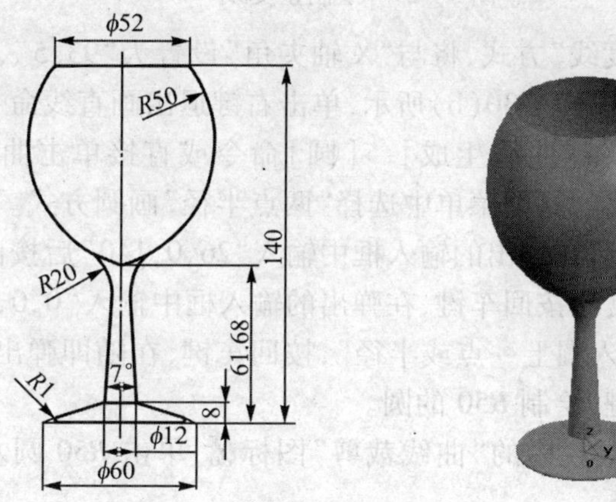

图 3－28　酒杯

知识点与技能点：旋转面、曲线裁剪、曲线过渡

二、任务实施

1. 生成旋转母线

（1）启动 CAXA 2008，按 F7 键，使 XZ 平面呈主视图显示。为了改善视觉效果可将当前颜色设置为紫红色。

（2）单击[造型]→[曲线生成]→[直线]命令或直接单击曲线工具栏中的“直线”图标，在弹出的立即菜单中单击“非正交”命令，切换到“正交”方式，提示行提示“第一点”，按回车键，在弹出的输入框中输入“0，0，0”后按回车键，此时提示行提示“第二点”，按回车键，在弹出的输入框中输入“0，0，145”后按回车键，绘制一条通过 Z 轴的正交线。用同样的方法，输入点“0，0，140”和“26，0，140”，绘制第二条直线，如图 3－29 所示。

（3）单击立即菜单中的“正交”命令，切换到“非正交”方式，依次输入点“0，0，0”、“30，0，0”和“6，0，8”，绘制如图 3－30（a）所示的直线；将立即菜单中的

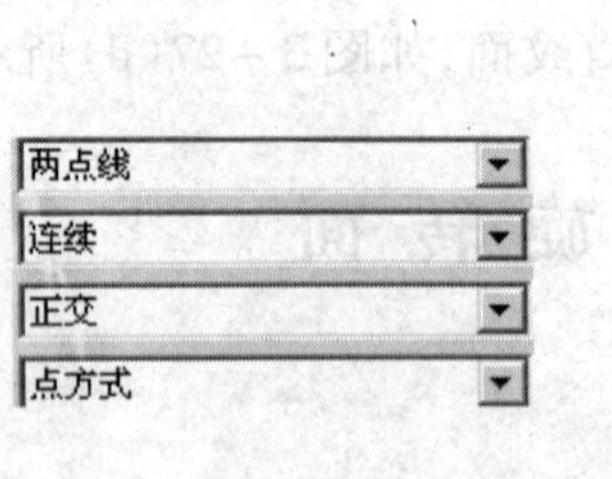

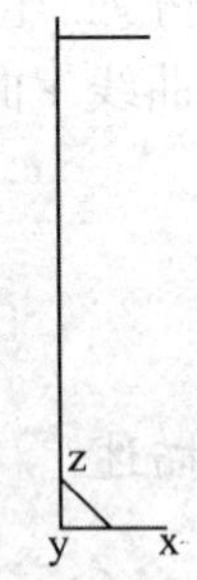

图 3 – 29 绘制正交线

“两点线”切换到“角度线”方式，将与“X 轴夹角”设置为“93.5”，根据提示行的提示，绘制的角度线如图 3 – 30(b)所示，单击右键退出画直线命令。

(4) 单击[造型]→[曲线生成]→[圆]命令或直接单击曲线工具栏中的“整圆”图标，在弹出的立即菜单中选择“两点半径”画圆方式。此时提示行提示“第一点”，按回车键，在弹出的输入框中输入“26,0,140”后按回车键，此时在提示行中提示“第二点”，按回车键，在弹出的输入框中输入“0,0,61.68”后按回车键，提示行提示“输入圆上一点或半径”，按回车键，在随即弹出的输入框中输入半径“50”，按回车键，绘制 *R*50 的圆。

(5) 单击编辑工具栏中的“曲线裁剪”图标，单击 *R*50 圆左边，结果如图 3 – 31 所示。

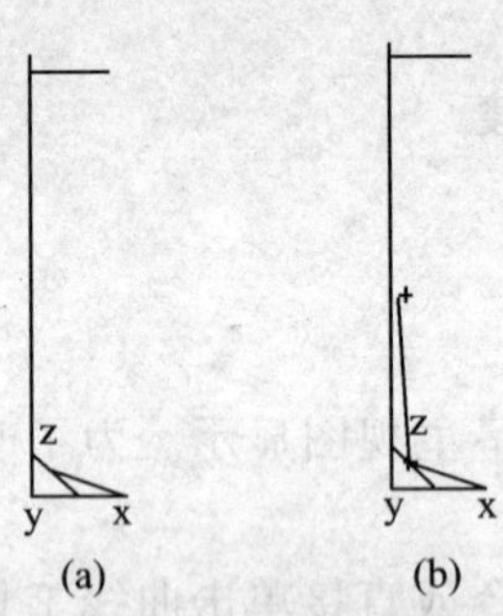

图 3 – 30 绘制直线

图 3 – 31 绘制 *R*50 圆并修剪

(6) 单击编辑工具栏中的“曲线过渡”图标，在弹出的立即菜单中按图 3 – 32 所示进行参数设置。提示行提示“拾取第一条曲线”，单击 *R*50 圆弧，提示行提示“拾取第二条曲线”，单击角度线，完成 *R*20 圆弧过渡如图 3 – 33 所示。

(7) 将立即菜单中的“半径”改为“1”，将“不裁剪曲线 1”改为“裁剪曲线 1”，如图 3 – 34 所示。

(8) 根据提示行的提示，完成 *R*1 圆弧过渡如图 3 – 35 所示。

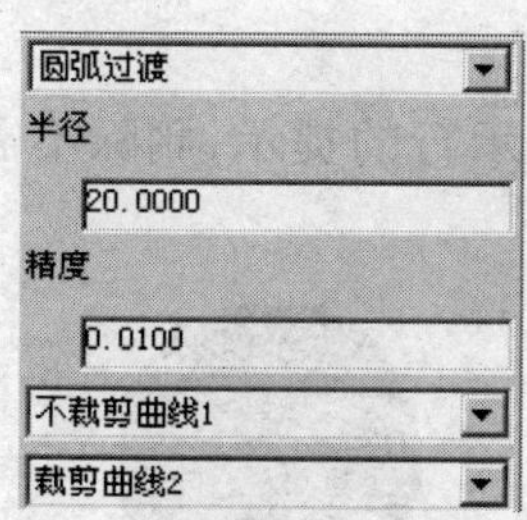

图 3－32　“圆弧过渡”立即菜单

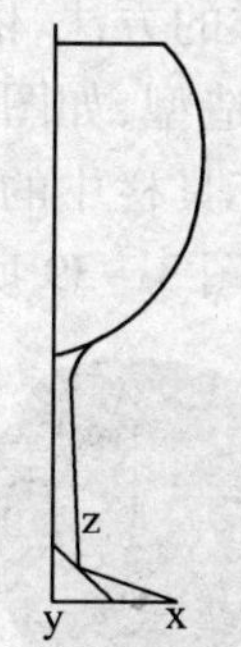

图 3－33　完成 *R*20 圆弧过渡

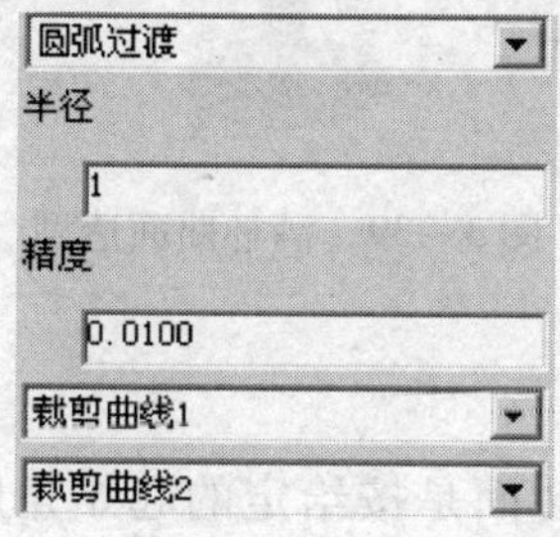

图 3－34　“圆弧过渡”立即菜单

图 3－35　完成后的图形

2. 生成旋转曲面

(1) 单击工具栏中的“旋转面”图标,弹出的立即菜单如图 3－36 所示。根据提示行的提示“拾取旋转轴(直线)”,单击过 Z 轴的正交线,出现双向箭头,此时,提示行提示“选择方向”,单击“向上箭头”,提示行继续提示“拾取母线”,单击 *R*50 圆弧生成旋转面,如图 3－37 所示。

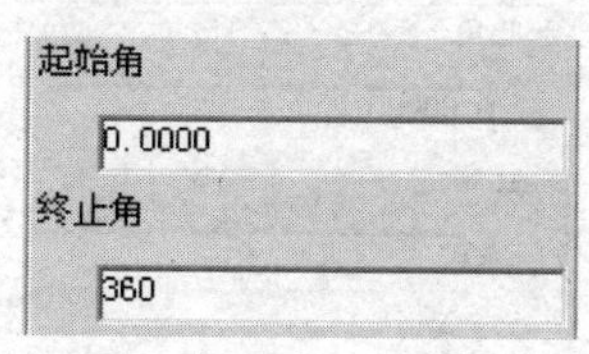

图 3－36　“旋转面”立即菜单

图 3－37　生成旋转面

(2) 用同样的方法,依次生成其他的旋转面。按 F8 键,使绘图区呈轴测图显示,完成酒杯造型,如图 3－38 所示。

(3) 单击工具栏中的“删除”图标,根据提示行的提示,删除不需要的线条,最终结果如图 3－39 所示。

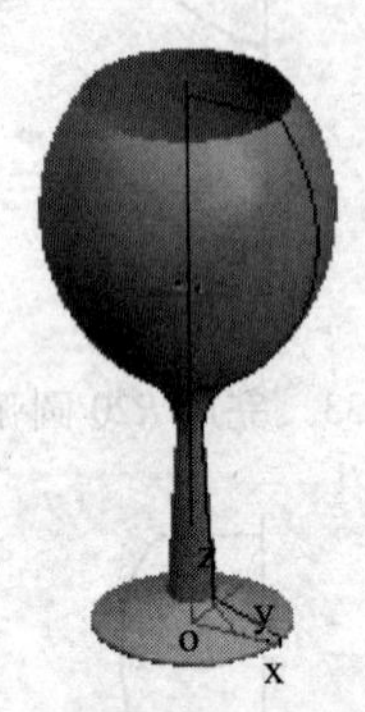

图 3－38　轴测图

图 3－39　酒杯曲面造型

三、知识拓展

通过旋转面进行造型是本课题的重点。旋转面是按给定的起始角度、终止角度,将曲线绕一旋转轴旋转而生成的轨迹曲面。旋转时“起始角”和“终止角”可按实际需要进行改变。生成的旋转面可以封闭也可以开放。

生成旋转面的基本步骤如下。

(1) 绘制构建旋转面的两个图形对象,一条曲线(母线)和一条旋转轴线,如图 3－40 所示。

(2) 单击工具栏中的“旋转面”图标,在弹出的立即菜单的“起始角”中输入“0”,“终止角”中输入“270”,如图 3－41 所示。

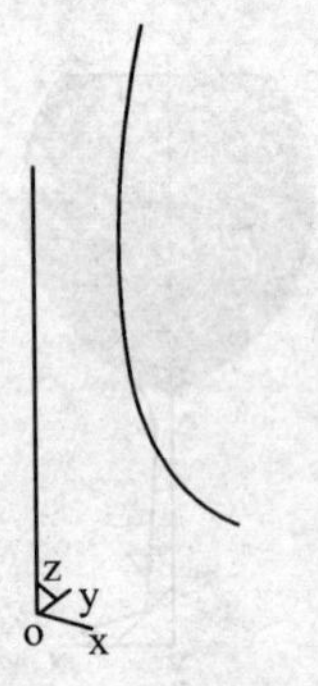

图 3－40　旋转轴线与母线

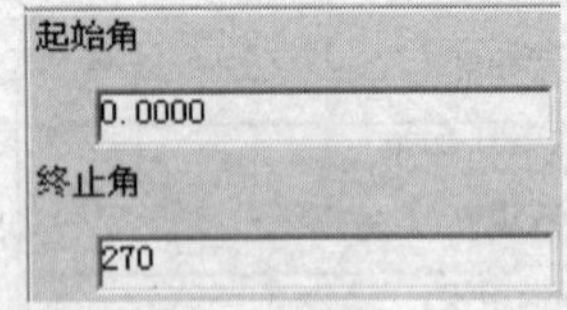

图 3－41　“旋转面”立即菜单

(3) 根据提示行提示"拾取旋转轴(直线)",拾取过Z轴的正交线,此时,提示行提示"选择方向",单击向上箭头,如图3-42所示。提示行继续提示"拾取母线",单击母线,生成旋转面,如图3-43所示。

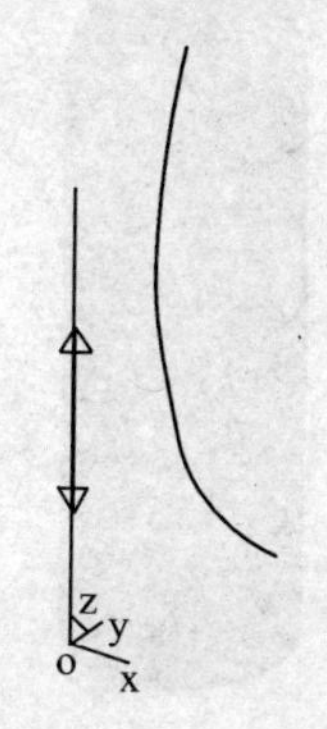

图3-42 选择方向

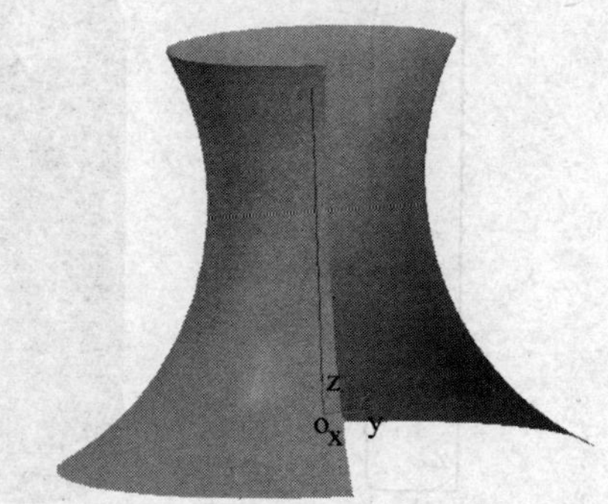

图3-43 生成开放旋转面

注意:

(1) 旋转轴线必须是空间直线。

(2) 曲线的旋转方向遵循右手螺旋法则,旋转时以母线的当前位置为零起始位置。

四、任务拓展

练习一:完成如图3-44所示饮料瓶的曲面造型。

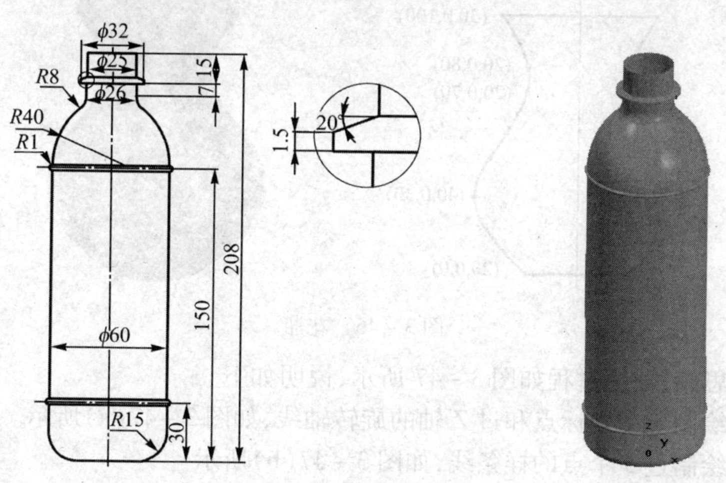

图3-44 饮料瓶

建模思路:建模过程如图3-45所示,说明如下。

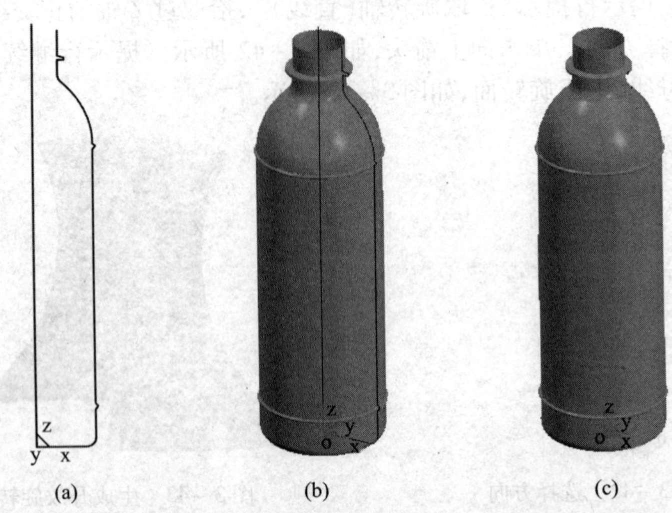

图 3－45　建模过程

(1) 绘制旋转母线和过 Z 轴的旋转轴线，如图 3－45(a)所示。

(2) 将旋转母线进行曲线组合。

(3) 生成旋转面，如图 3－45(b)所示。

(4) 隐藏不需要的线条，如图 3－45(c)所示。

练习二：完成如图 3－46 所示花瓶的曲面造型。

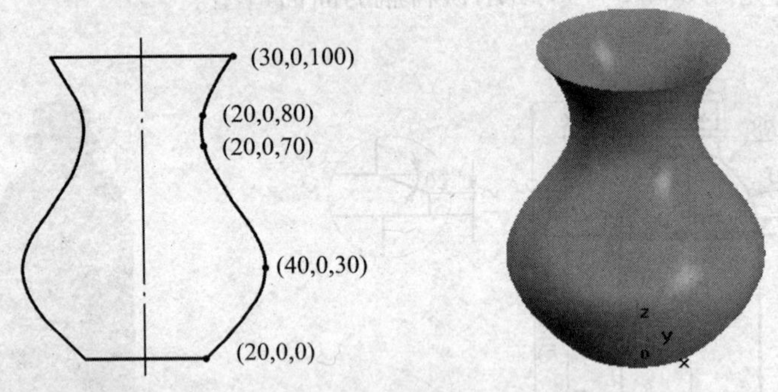

图 3－46　花瓶

建模思路：建模过程如图 3－47 所示，说明如下。

(1) 绘制 5 个坐标点和过 Z 轴的旋转轴线，如图 3－47(a)所示。

(2) 绘制过 5 个点的样条线，如图 3－47(b)所示。

(3) 绘制底部水平线，将样条线和底部水平线进行组合。注意，在组合前将样条线和水平线间进行小半径圆弧过渡(例如 0.5mm)，如图 3－47(c)所示。

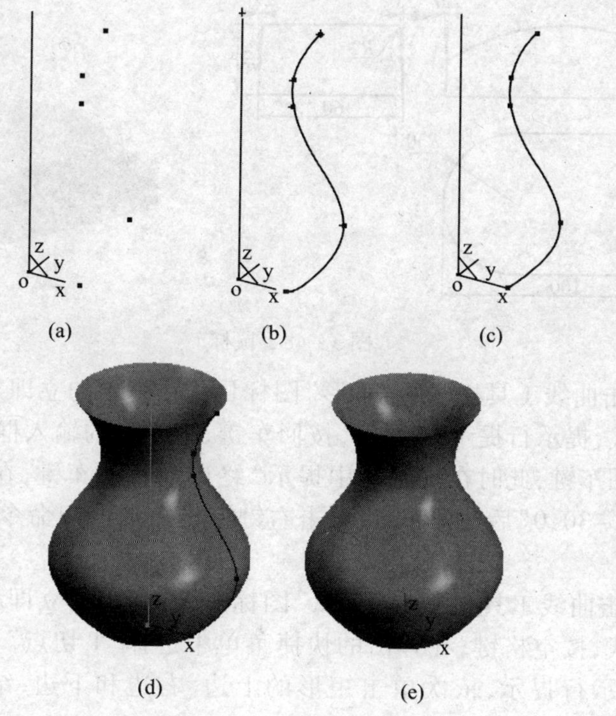

图3-47　建模过程

(4) 生成旋转面,如图3-47(d)所示。

(5) 隐藏不需要的点和线,如图3-47(e)所示。

课题3　扫描面和平面

一、任务描述

试完成如图3-48所示鼠标的曲面造型。已知 *R*30 圆弧的圆心坐标为(10,0,0),鼠标样条线坐标点为(-60,0,15),(-40,0,25),(0,0,30),(20,0,25),(40,0,15)。

知识点与技能点:扫描面、平面、曲面裁剪、曲面过渡。

二、任务实施

1. 生成构造曲线

(1) 启动CAXA 2008,按F5键,使XY平面呈主视图显示。

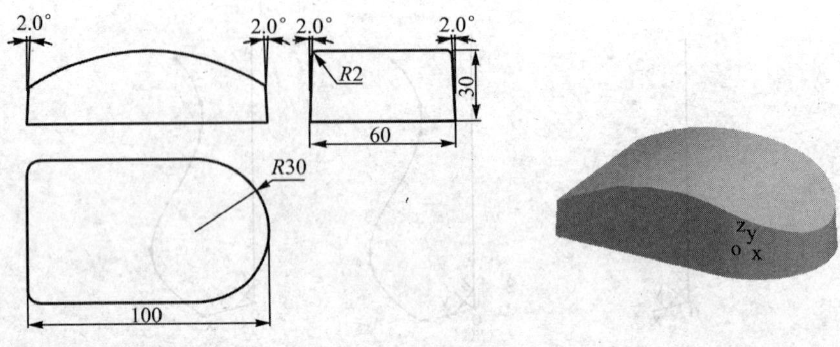

图 3－48　鼠标

(2) 单击曲线工具栏中的“矩形”图标，在弹出的立即菜单中选择“两点矩形”方式，提示行提示“起点”，按回车键，在弹出的输入框中输入“－60，30，0”后按回车键，此时在提示行中提示“终点”，按回车键，在弹出的输入框中输入“40，－30，0”后按回车键，单击右键退出矩形绘制命令，结果如图 3－49 所示。

(3) 单击曲线工具栏中的“圆弧”图标，在弹出的立即菜单中选择“三点圆弧”方式，按空格键，在弹出的快捷菜单中选择“T 切点”，如图 3－50 所示。根据提示行提示，依次单击矩形的上边、右边和下边，结果如图 3－51 所示。

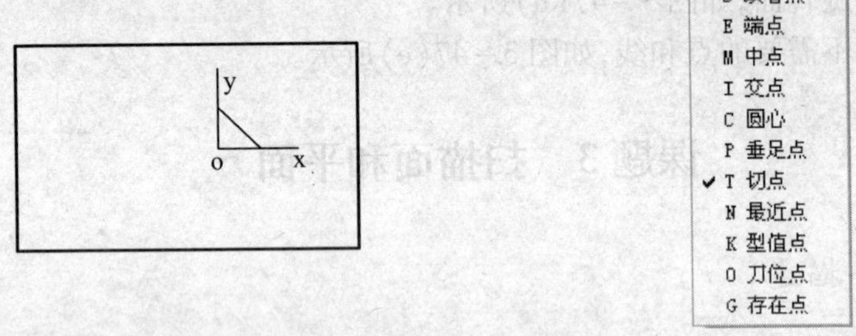

图 3－49　矩形的绘制　　　　图 3－50　快捷菜单

(4) 单击编辑工具栏中的“曲线裁剪”图标，提示行提示“拾取被裁剪线”，单击圆弧右侧上、下线段；单击工具栏中的“删除”图标，提示行提示“请拾取要删除的元素”，单击右侧竖线，单击右键结束删除操作，结果如图 3－52 所示。

(5) 单击工具栏中的“曲线组合”图标，按空格键，在弹出的快捷菜单中选择“单个拾取”，如图 3－53 所示。此时，提示行提示“拾取曲线”，单击矩形上

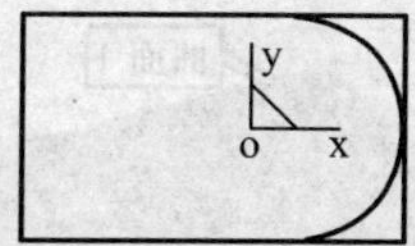

图3-51　曲线过渡

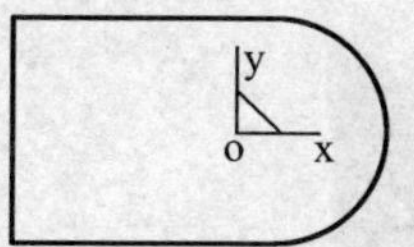

图3-52　完成后的曲线

边，出现如图3-54所示的画面，提示行提示“确定链搜索方向”，单击向右箭头，提示行继续提示“拾取曲线”，依次单击圆弧、矩形下边（注意不能拾取矩形左边垂直线），单击右键完成曲线组合。

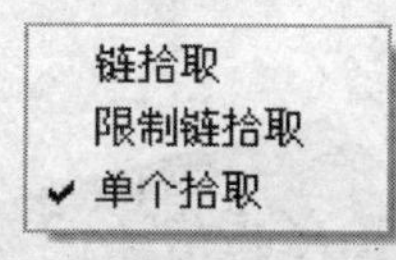

图3-53　快捷菜单

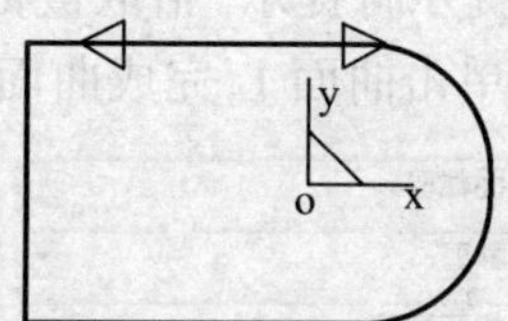

图3-54　曲线组合

2. 生成扫描面

（1）按F8键，使绘图区图形呈轴测图显示。

（2）单击曲面工具栏中“扫描面”图标，在弹出的立即菜单中，将“扫描距离”设置为“40”，“扫描角度”设置为“2”，如图3-55所示。

（3）提示行提示“输入扫描方向”，按空格键，在随即弹出的快捷菜单中单击“Z轴正方向”命令，如图3-56所示；此时，提示行提示“拾取曲线”，单击矩形左边，出现如图3-57所示的双向箭头，提示行继续提示“选择扫描夹角方向”，单击向里箭头，生成第一个扫描面，如图3-58所示。

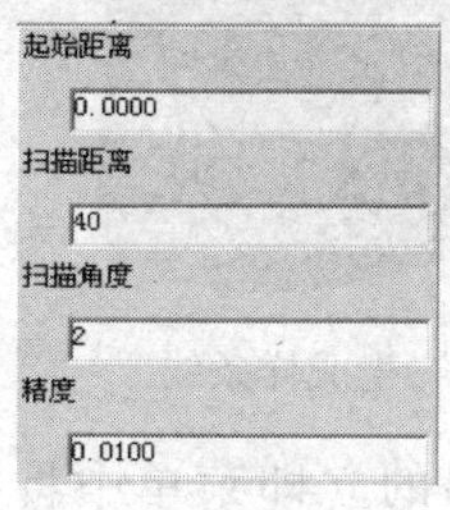

图3-55　距离设置

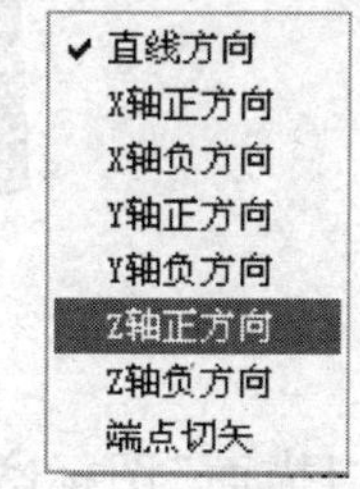

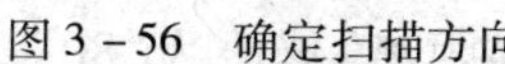

图3-56　确定扫描方向

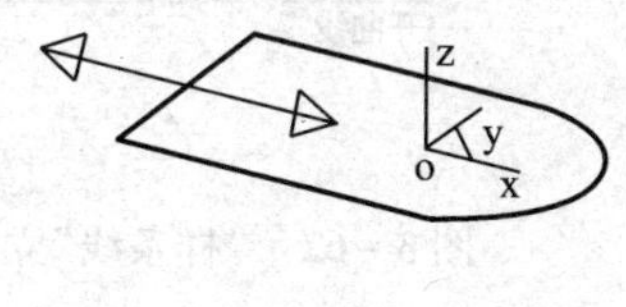

图3-57　选择扫描夹角方向

（4）用同样的方法，生成第二个扫描面，如图3-59所示。

3. 曲面裁剪

（1）单击工具栏中的“曲面裁剪”图标，在弹出的立即菜单中按图3-60所示进行参数设置。

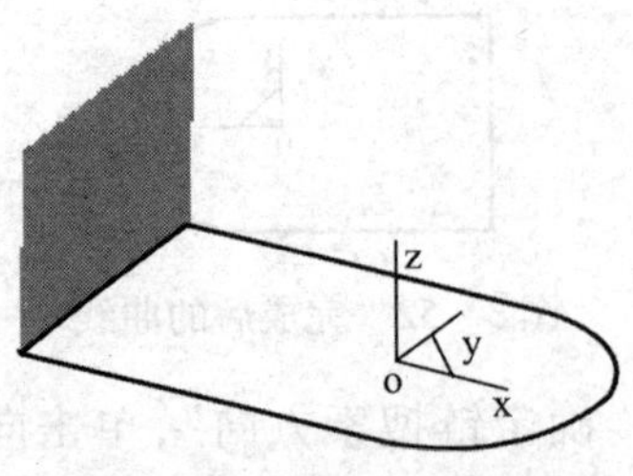

图 3－58　生成第一个扫描面

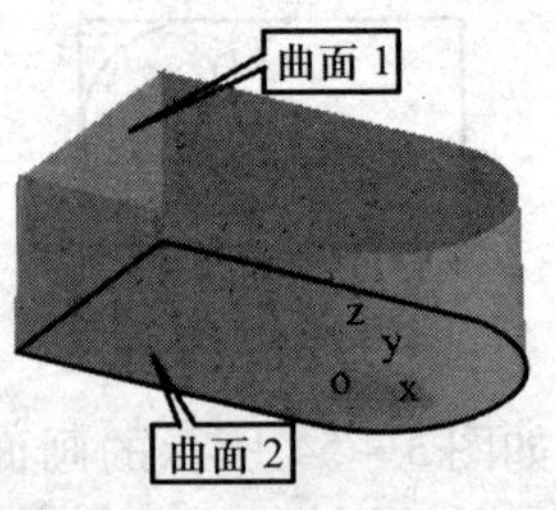

图 3－59　生成第二个扫描面

（2）提示行提示“拾取被裁剪曲面”，单击曲面 2，此时，提示行提示“拾取剪刀曲面”，单击曲面 1，完成曲面裁剪，如图 3－61 所示。

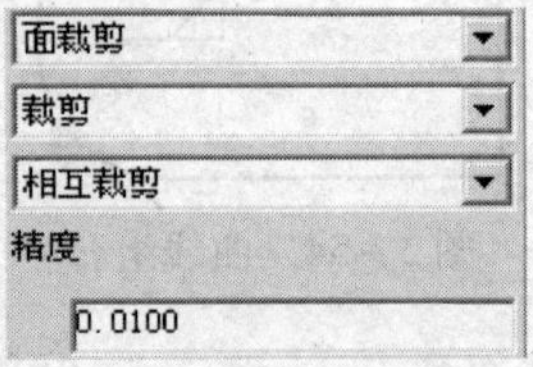

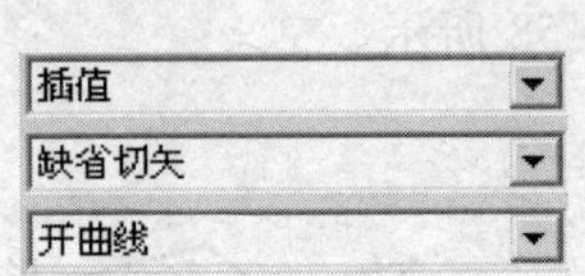

图 3－60　曲面裁剪立即菜单

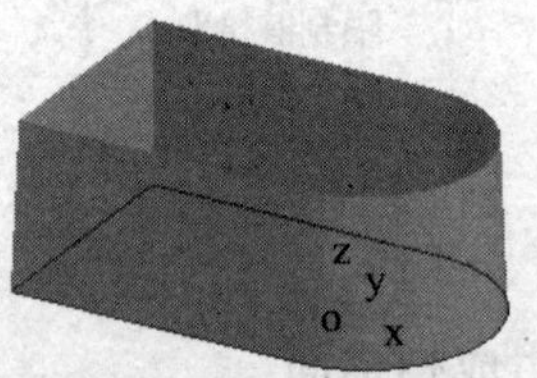

图 3－61　曲面裁剪结果

（3）单击工具栏中的“样条线”图标，在弹出的立即菜单中按图 3－62 所示进行参数设置。提示行提示“拾取点”，按回车键，依次输入坐标点“－60，0，15”、“－40，0，25”、“0，0，30”、“20，0，25”和“40，0，15”，单击鼠标右键生成样条线，如图 3－63 所示。

图 3－62　“样条线”立即菜单

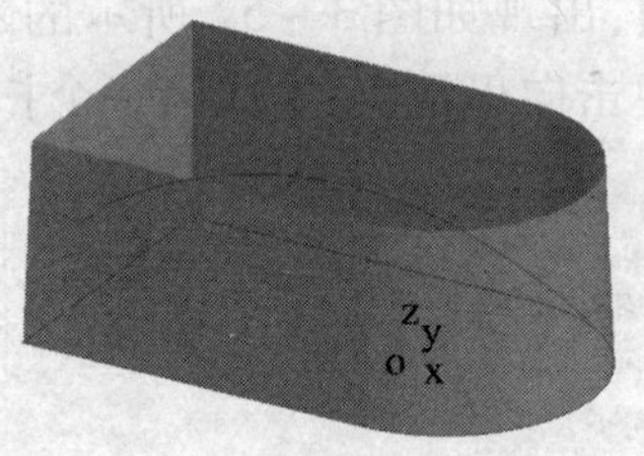

图 3－63　生成样条线

（4）单击曲面工具栏中的“扫描面”图标，在弹出的立即菜单中将“起始距离”修改为“－40”，“扫描距离”修改为“80”，“扫描角度”修改为“0”，此时提示行提示“输入扫描方向”，按空格键，在随即弹出的快捷菜单中单击“Y 轴正方向”命令，提示行提示“拾取曲线”，单击样条线生成扫描面，如图 3－64 所示。

（5）单击工具栏中的“曲面裁剪”图标，在弹出的立即菜单中按图 3－60 所示进行参数设置。根据提示行提示拾取被裁剪曲面 2（选取需保留的部分）和剪刀曲面3(中间部分),结果如图3-65所示。为了方便拾取,可单击工具栏中的“显示旋转”图标,旋转绘图区中图形至合适位置。

(6) 用同样的方法,单击曲面1和曲面3,完成曲面1的裁剪,如图3-66所示。

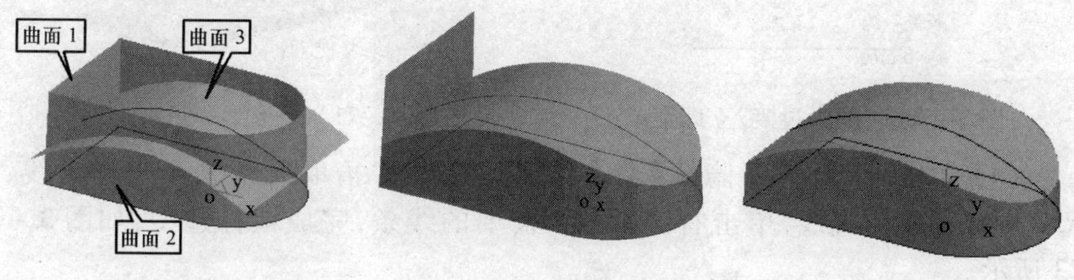

图3-64 生成扫描面　　图3-65 裁剪曲面2　　图3-66 裁剪曲面1

4. 生成平面

(1) 单击工具栏中的“显示旋转”图标,旋转绘图区图形至如图3-67所示位置。

(2) 单击曲面工具栏中的“平面”图标,选择“裁剪平面”方式。提示行提示“拾取平面外轮廓线”,单击矩形上边,结果如图3-68所示,此时提示行提示“确定链搜索方向”,单击向右箭头,右击鼠标两次,完成平面的生成,如图3-69所示。

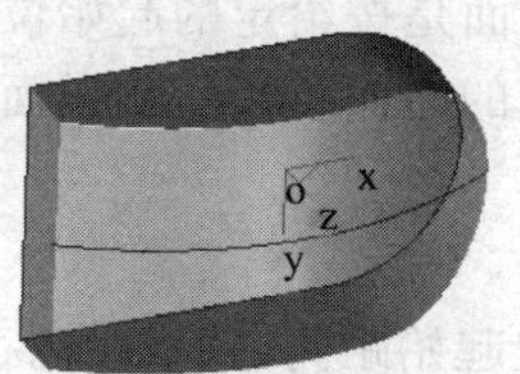

图3-67 旋转显示

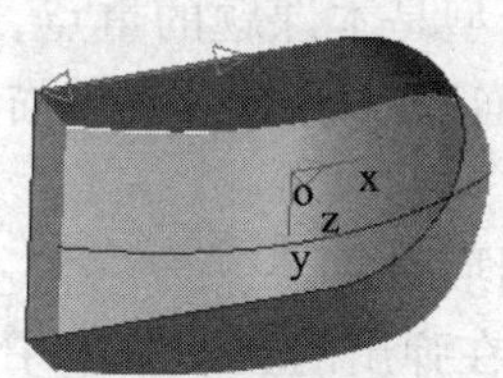

图3-68 拾取平面外轮廓线

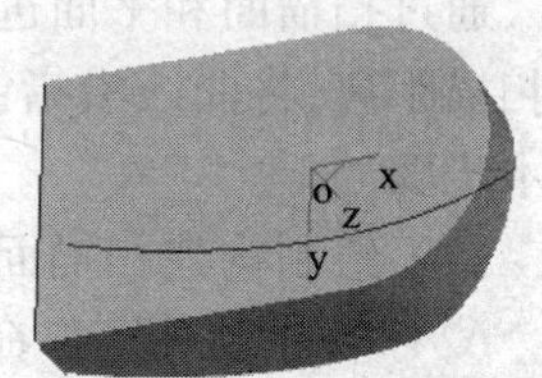

图3-69 生成平面

5. 曲面过渡

(1) 按F8键,使绘图区图形呈轴测图显示。

(2) 单击工具栏中的“曲面过渡”图标,在弹出的立即菜单中按图3-70所示进行参数设置。

(3) 提示行提示“拾取第一张曲面”,单击曲面3,结果如图3-71所示。提示行继续提示“选择方向”,单击向里箭头;用同样的方法,根据提示行提示单击曲面1和曲面2,完成曲面过渡,如图3-72所示。

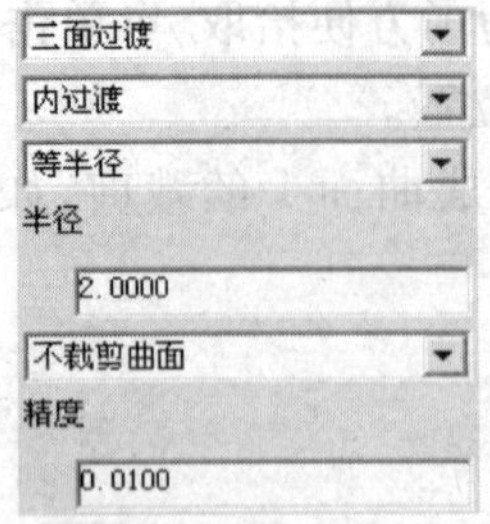

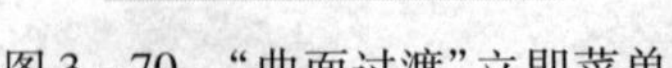
图 3-70 “曲面过渡”立即菜单

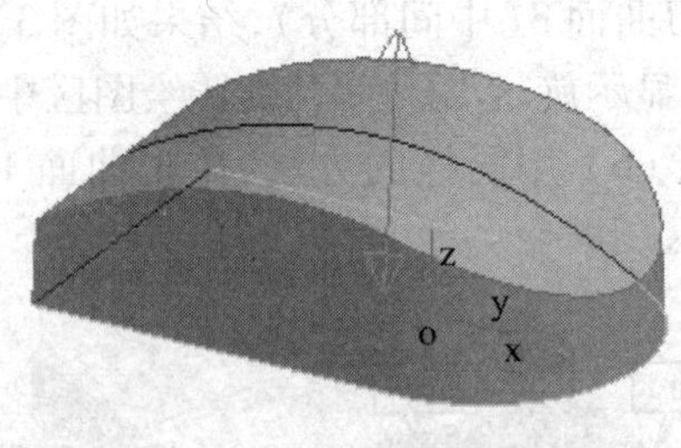

图 3-71 拾取第一张曲面

（4）单击[编辑]→[隐藏]命令，提示行提示“拾取元素”，单击样条线、*R*30 圆弧和左侧直线，单击右键隐藏不需要的线条，完成鼠标造型，如图 3-73 所示。

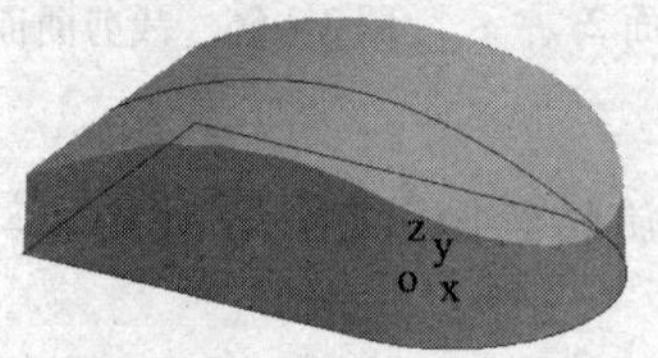

图 3-72 完成曲面过渡

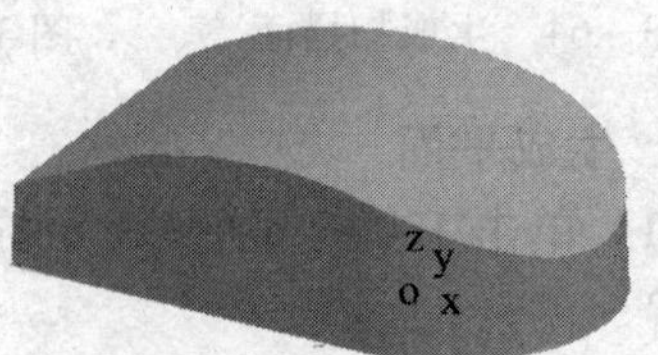

图 3-73 鼠标

三、知识拓展

通过扫描面和平面进行造型是本课题的重点，扫描面是按给定的起始位置和扫描距离，将曲线沿指定方向以一定的锥度扫描生成的曲面。建立扫描面的基本步骤如下。

（1）绘制构建扫描面的图形对象。

（2）单击“扫描面”命令，在弹出的立即菜单中设置起始距离、扫描距离、扫描角度和精度等参数。

（3）根据提示行提示选择扫描方向。

（4）拾取扫描曲线。

（5）生成扫描面。

注意：

（1）输入扫描方向时可利用矢量工具菜单（按空格键），扫描方向不同的选择可以产生不同的效果。

（2）生成扫描面时以扫描线的当前位置为零起始位置，“起始距离”可取正值也可取负值。

（3）扫描夹角的方向按照右手螺旋法则确定。

平面的生成方式有“裁剪平面”和“工具平面”两大类,其中,“裁剪平面”是利用封闭轮廓进行裁剪形成一个或多个边界平面的方法,应用较为方便。

“裁剪平面”方式生成平面的基本步骤如下。

(1) 绘制构成平面的外轮廓线和内轮廓线(有必要时)。

(2) 单击“平面”命令,在立即菜单中选择“裁剪平面”方式。

(3) 根据提示行提示操作,拾取平面外轮廓线并确定链搜索方向;拾取平面内轮廓线并确定链搜索方向(有内轮廓线时)。

(4) 拾取完毕,单击鼠标右键,生成裁剪平面。

“工具平面”包括 *XOY* 平面、*YOZ* 平面、*ZOX* 平面、三点平面、矢量平面、曲线平面和平行平面 7 种方式。

(1) *XOY* 平面:绕 *X* 或 *Y* 轴旋转一定角度生成一个指定长度和宽度的平面。

(2) *YOZ* 平面:绕 *Y* 或 *Z* 轴旋转一定角度生成一个指定长度和宽度的平面。

(3) *ZOX* 平面:绕 *Z* 或 *X* 轴旋转一定角度生成一个指定长度和宽度的平面。

(4) 三点平面:按给定三点生成一个指定长度和宽度的平面,其中第一点为平面中点。

(5) 矢量平面:生成一个指定长度和宽度的平面,其法线的端点为给定的起点和终点。

(6) 曲线平面:在给定曲线的指定点上,生成一个指定长度和宽度的法平面或切平面。有法平面和包络平面两种方式。

(7) 平行平面:按指定距离,移动给定平面或生成一个复制平面(也可以是曲面)。

四、任务拓展

练习一:完成如图 3-74 所示肥皂盒的曲面造型。

建模思路:建模过程如图 3-75 所示,说明如下。

(1) 绘制平面轮廓,并进行曲线组合,如图 3-75(a)所示。

(2) 生成扫描面。扫描距离为“30”、扫描角度为“5”,扫描方向为“Z 轴正方向”,如图 3-75(b)所示。

(3) 生成底平面如图 3-75(c)所示。

(4) 进行曲面过渡,完成肥皂盒的曲面造型,如图 3-75(d)所示。

练习二:完成图 3-76 所示零件的曲面造型。

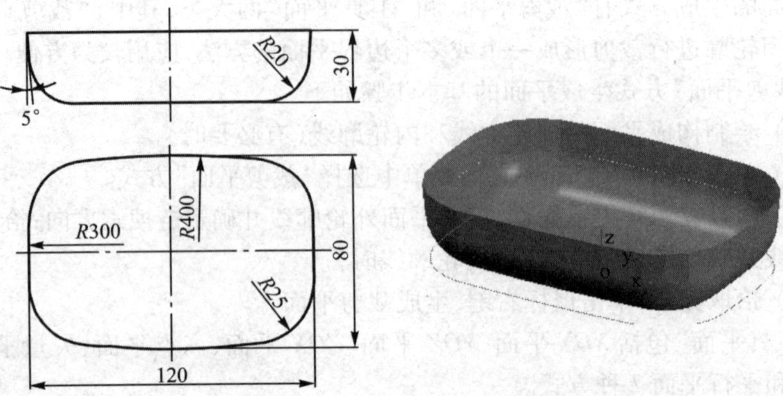

图 3－74　肥皂盒的曲面造型任务拓展

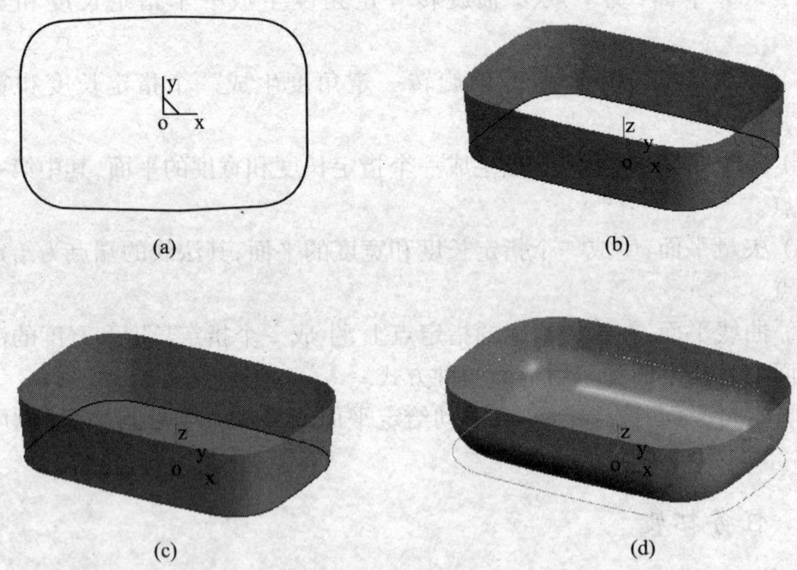

图 3－75　建模过程

建模思路：建模过程如图 3－77 所示，说明如下。

（1）绘制矩形，完成圆弧过渡，并进行曲线组合，如图 3－77(a)所示。

（2）生成扫描面。扫描角度和扫描距离均为“30”，扫描方向为“Z 轴正方向”，如图 3－77(b)所示。

（3）生成扫描面。扫描角度为“0”，扫描距离为“30”，扫描方向为“Z 轴负方向”，如图 3－77(c)所示。

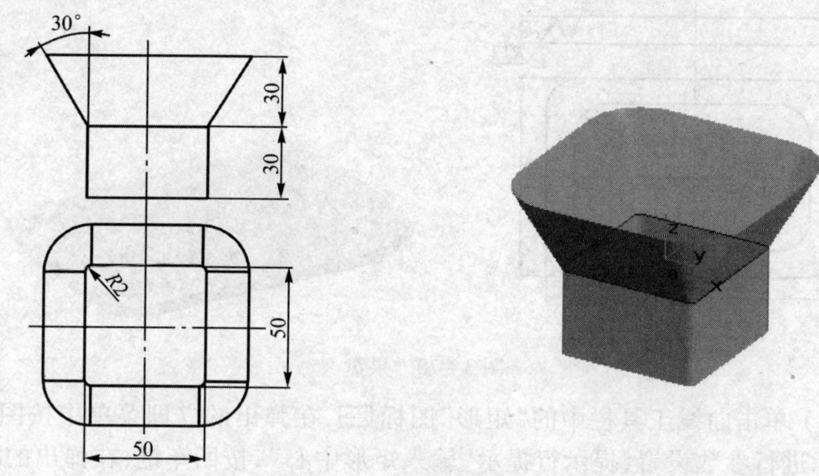

图 3－76　零件的曲面造型任务拓展

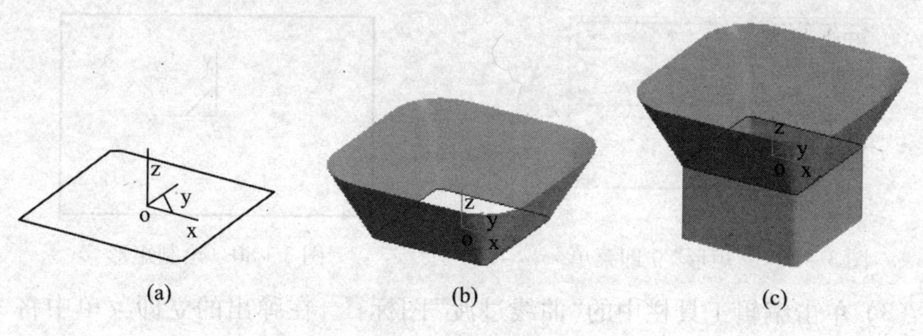

图 3－77　建模过程

课题4　导 动 面

一、任务描述

试完成如图 3－78 所示果盘的曲面造型。

知识点与技能点：导动面、平行导动、固接导动、平面、平移、旋转。

二、任务实施

1. 生成构造曲线

（1）启动 CAXA 2008，按 F5 键，使 XY 平面呈主视图显示。

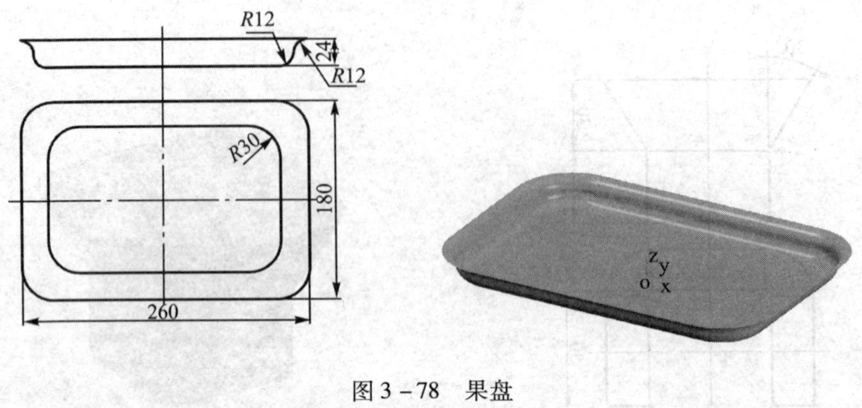

图 3-78 果盘

（2）单击曲线工具栏中的"矩形"图标，在弹出的立即菜单中按图 3-79 所示进行参数设置，提示行提示"输入矩形中心"，按回车键，在弹出的输入框中输入"0，，0，0"后按回车键，单击右键结束矩形绘制命令，结果如图 3-80 所示。

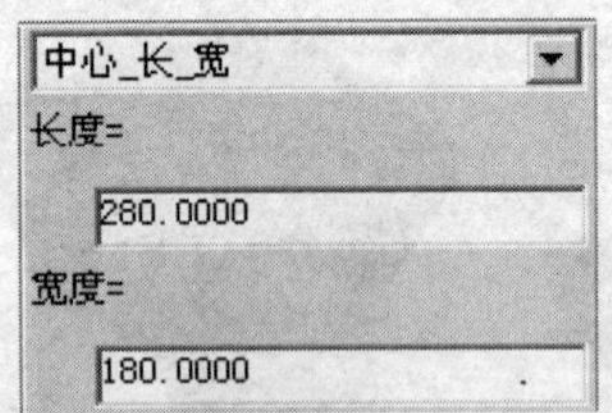

图 3-79 "矩形"立即菜单

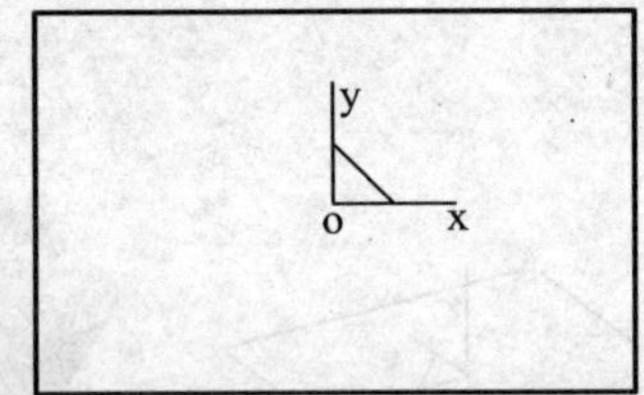

图 3-80 绘制矩形

（3）单击编辑工具栏中的"曲线过渡"图标，在弹出的立即菜单中将"半径"改为"30"，按回车键。根据提示行的提示，单击矩形相邻两边，完成曲线过渡。用同样的方法完成其他的曲线过渡，结果如图 3-81 所示。

（4）按 F7 键，使 XZ 平面呈主视图显示。

（5）单击"整圆"图标，在弹出的立即菜单中选择"圆心半径"方式。提示行提示"圆心点"，按回车键，在弹出的输入框中输入"0，0，12"后按回车键，此时，提示行提示"输入圆上一点或半径"，按回车键，在随即弹出的输入框中输入半径"12"，按回车键，完成 $R12$ 圆的绘制。

（6）同样，按回车键，在弹出的输入框中输入圆心点坐标"24，0，12"后按回车键，在随即弹出的输入框中输入半径"12"，按回车键，绘制出另一 $R12$ 的圆。单击右键结束绘圆命令，结果如图 3-82 所示。

（7）按 F8 键，使绘图区图形呈轴测图显示。单击曲线工具栏中的"直线"图标，在弹出的立即菜单中选择"正交"方式，过坐标原点绘制一条水平线和

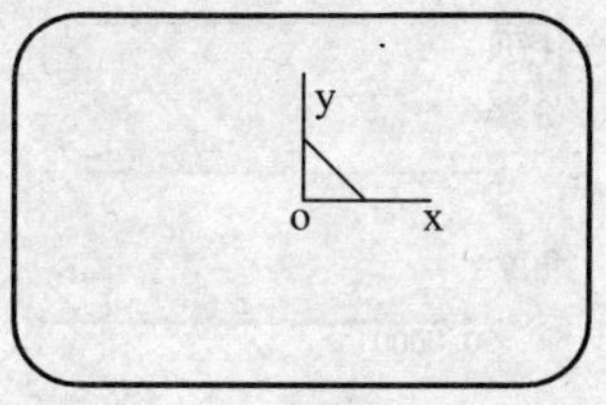

图3－81　完成曲线过渡

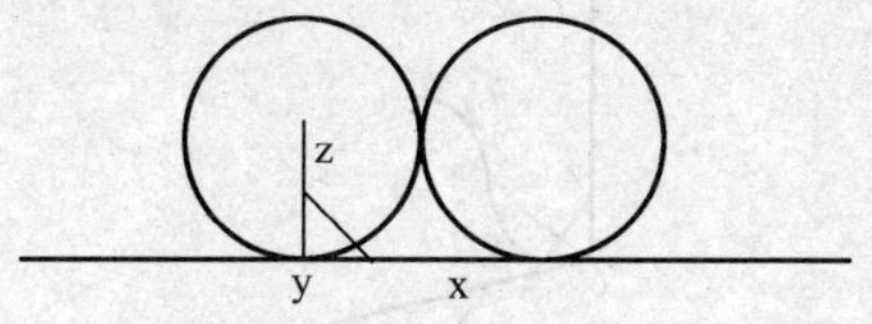

图3－82　绘制 *R*12 圆

一条垂直线，如图3－83所示。

（8）单击工具栏中的“等距线”图标，在弹出的立即菜单中将“距离”改为“24”，提示行提示“拾取曲线”，单击垂直线，提示行提示“选择等距方向”，单击向右箭头，完成等距线的绘制；将立即菜单中的“距离”改为“12”，单击水平线，单击向上箭头，完成另一等距线的绘制，结果如图3－84所示。

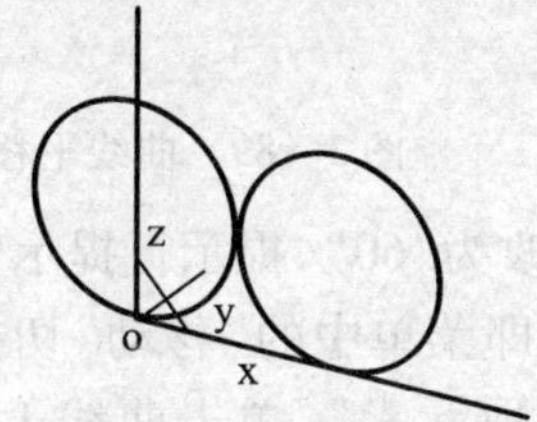

图3－83　绘制正交线

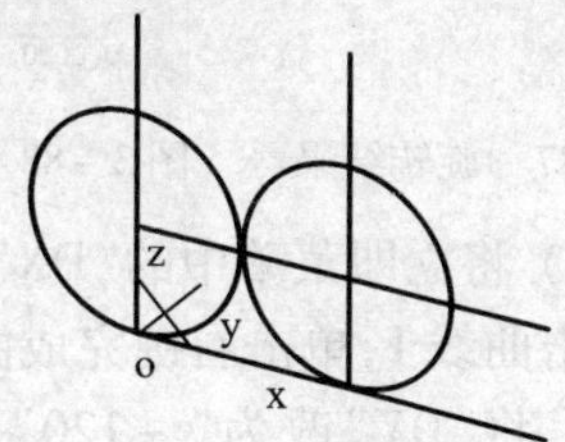

图3－84　绘制等距线

（9）单击工具栏中的“曲线裁剪”图标，此时，提示行提示“拾取被裁剪线（选择被剪掉的段）”，分别拾取被剪对象；单击工具栏中的“删除”图标，此时，提示行提示“请拾取要删除的元素”，单击要删除的对象（保留过Z轴的垂直线），编辑结果如图3－85所示。

（10）单击工具栏中的“曲线组合”图标，此时，提示行提示“拾取曲线”，按空格键，在弹出的菜单中单击“单个拾取”命令，单击下面的 *R*12 圆弧，单击向上箭头，再单击上面的 *R*12 圆弧，使它们组合成为一条曲线。

（11）单击工具栏中的“旋转”图标，在弹出的立即菜单中按图3－86所示进行参数设置。提示行提示“旋转轴起点”，单击坐标原点，提示行继续提示“旋转轴末点”，单击垂直线末点，此时提示行提示“拾取元素”，单击 *R*12 组合曲线，单击右键，结果如图3－87所示。

（12）单击工具栏中的“平移”图标，在弹出的立即菜单中按图3－88所示进行参数设置。提示行提示“拾取元素”，单击曲线1，单击右键，结果如图3－89所示。

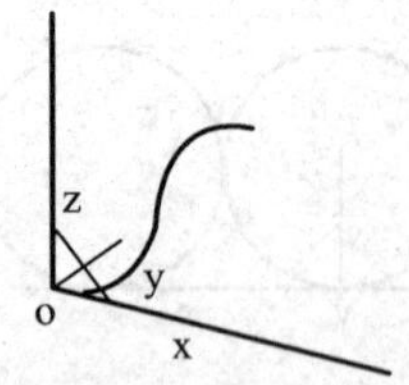

图 3－85　曲线裁剪

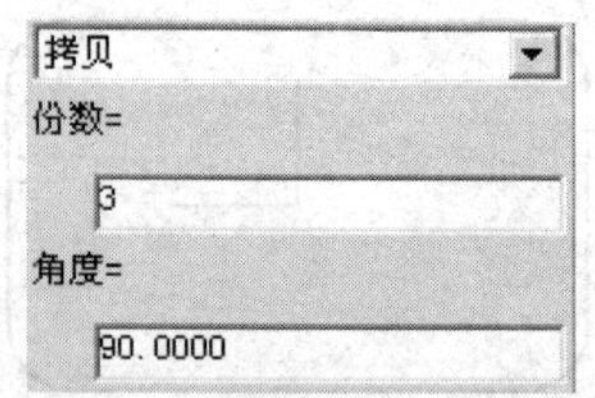

图 3－86　“旋转”立即菜单

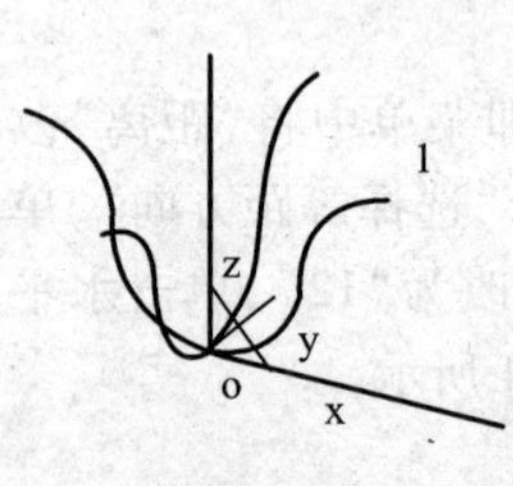

图 3－87　旋转结果

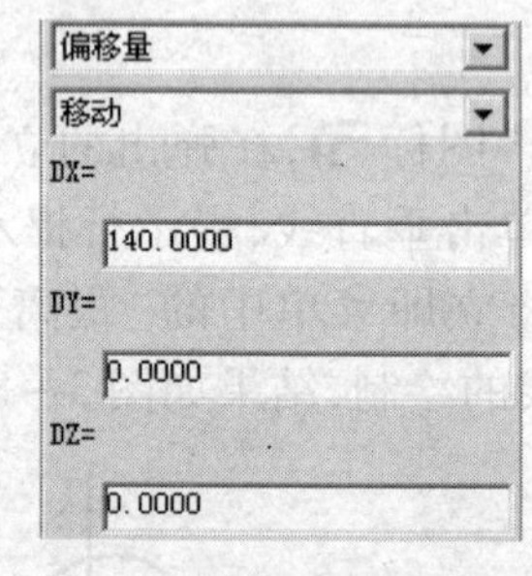

图 3－88　平移立即菜单

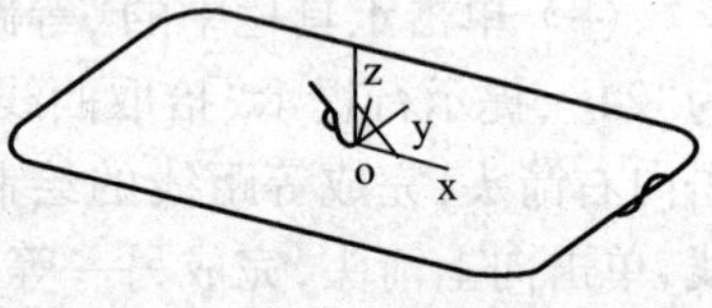

图 3－89　曲线平移

(13) 将立即菜单中的“DX”改为“0”,“DY”改为“60”,提示行提示“拾取元素”,单击曲线 1,单击右键完成曲线平移;单击立即菜单中的“移动”切换到“复制”方式,将“DY”改为“－120”,提示行提示“拾取元素”,单击曲线 1,单击右键,结果如图 3－90 所示。

(14) 用同样的方法,完成其他 3 条曲线的平移,结果如图 3－91 所示。

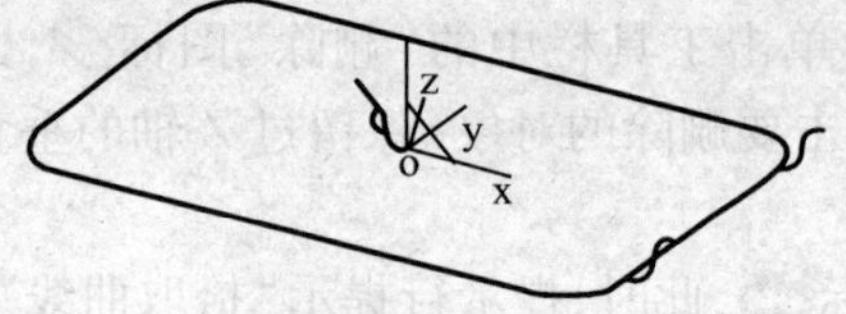

图 3－90　平移结果

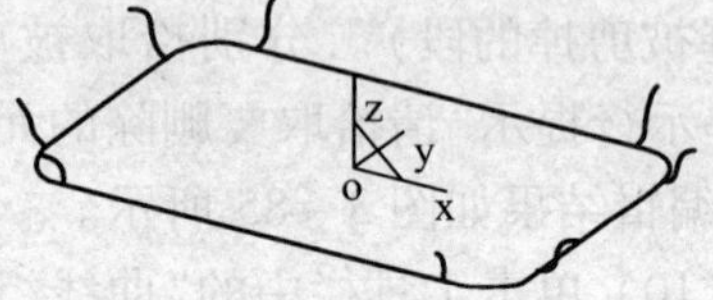

图 3－91　完成后的图形

2. 生成导动面

(1) 单击曲面工具栏中的“导动面”图标,在立即菜单中选择“平行导动”方式。提示行提示“拾取导动线”,单击曲线 2,出现双向箭头如图 3－92 所示。此时提示行提示“选择方向”,单击向左箭头,提示行继续提示“拾取截面曲线”,单击曲线 3,生成平行导动面,如图 3－93 所示。

(2) 用同样的方法,生成其他 3 个平行导动面,如图 3－94 所示。

(3) 将立即菜单中的“平行导动”切换到“固接导动”方式,提示行提示“拾取导动线”,单击曲线 4,结果如图 3－95 所示。此时提示行提示“选择方向”,单击向左箭头,提示行继续提示“拾取截面曲线”,单击曲线 5,结果如图 3－96 所示。

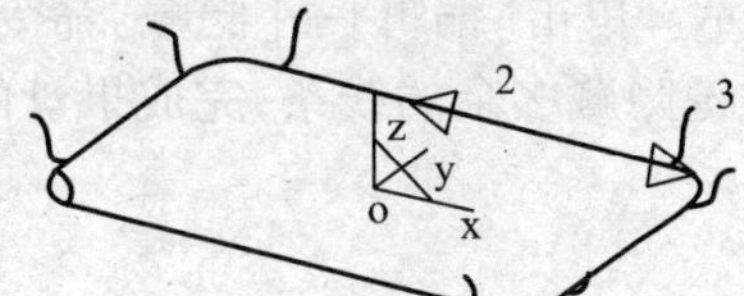

图3－92　单击曲线2

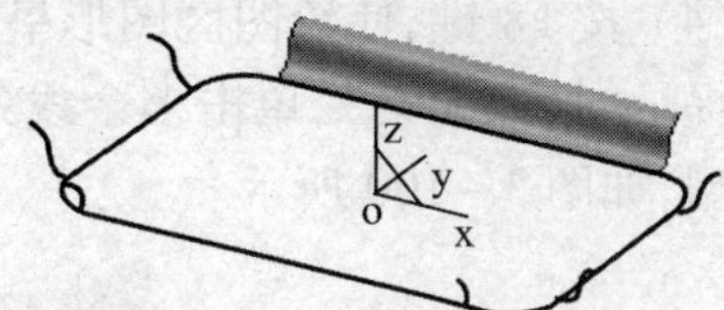

图3－93　生成平行导动面

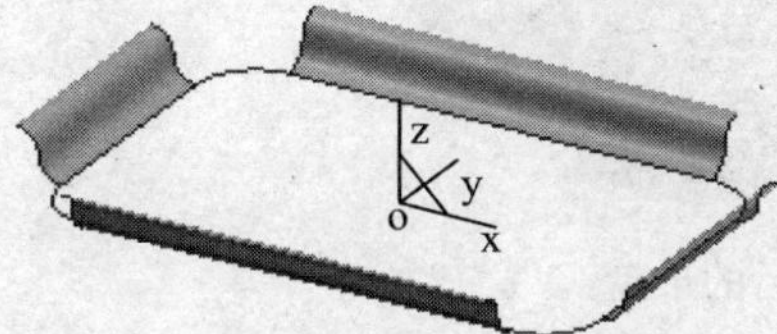

图3－94　完成平行导动面

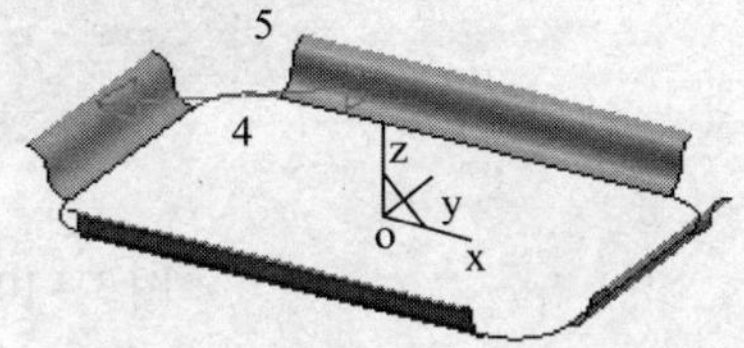

图3－95　单击曲线4

（4）用同样的方法，生成其他3个固接导动面，如图3－97所示。

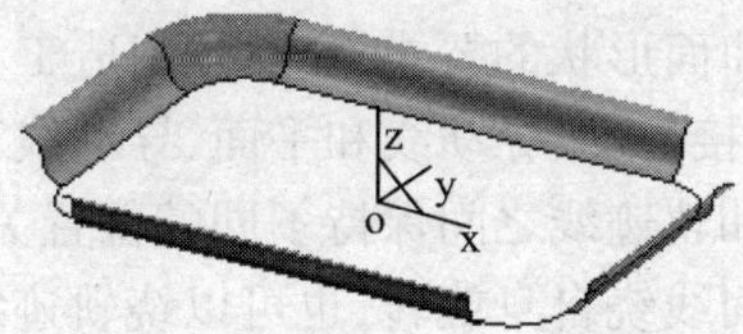

图3－96　生成固接导动面

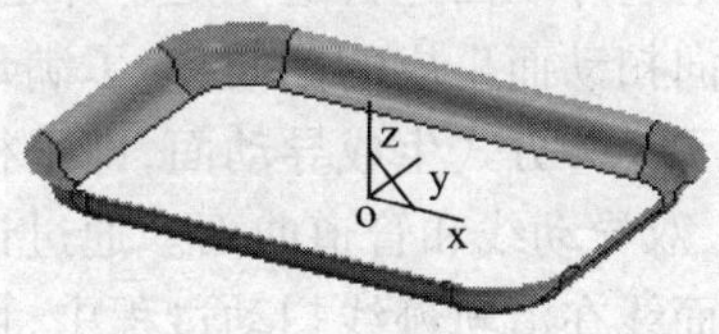

图3－97　完成固接导动面

3. 生成平面

（1）单击工具栏中的"显示旋转"图标，旋转绘图区中图形至如图3－98所示位置。

（2）单击工具栏中的"曲线组合"图标，根据提示行的提示，将底面曲线组合成为一条曲线。

（3）单击曲面工具栏中的"平面"图标，选择"裁剪平面"方式。提示行提示"拾取平面外轮廓线"，单击矩形的任意一条边，此时提示行提示"确定链搜索方向"，单击任意方向箭头，单击右键生成底平面，如图3－99所示。

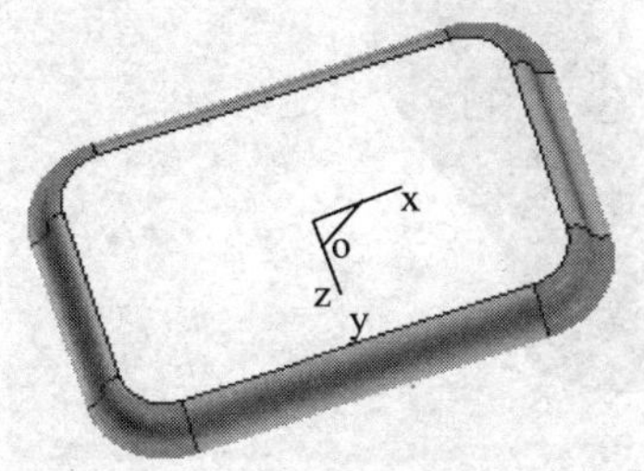

图3－98　显示旋转

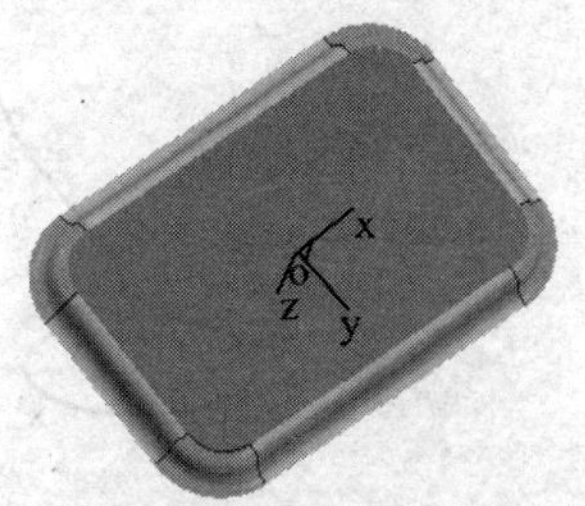

图3－99　生成底平面

(4) 按 F8 键,使绘图区图形呈轴测图显示。单击[编辑]→[隐藏]命令,提示行提示“拾取元素”,单击多余线条,单击右键隐藏多余的线条,完成果盘的曲面造型,如图 3-100 所示。

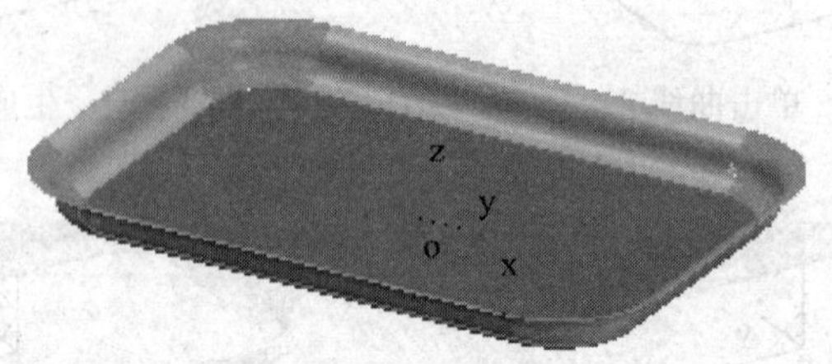

图 3-100 完成后的果盘

三、知识拓展

通过导动面进行造型是本课题的重点,导动面是由截面线沿着轨迹线的某一方向扫动而生成的曲面,为了满足不同的曲面形状的要求,CAXA 制造工程师提供了 6 种方式生成导动面,即平行导动、固接导动、导动线和平面、导动线和边界线、双导动线和管道曲面。通过让截面线和轨迹线之间保持不同的位置关系,如截面线在沿轨迹线扫动过程中,可以让截面线绕自身旋转,也可以绕轨迹线扭转,还可以对截面线进行变形处理,从而生成形状各异的导动曲面。

建立导动面的基本步骤如下。

(1) 绘制构建导动面的图形对象、截面线和轨迹线。

(2) 单击“导动面”命令,在弹出的立即菜单中选择导动方式。

(3) 根据提示行提示进行操作,生成导动面。

1. 平行导动

在截面线沿导动线扫动过程中,保持固定方向,没有任何旋转,始终平行于自身初始方位移动而生成的曲面(如图 3-101 所示)。

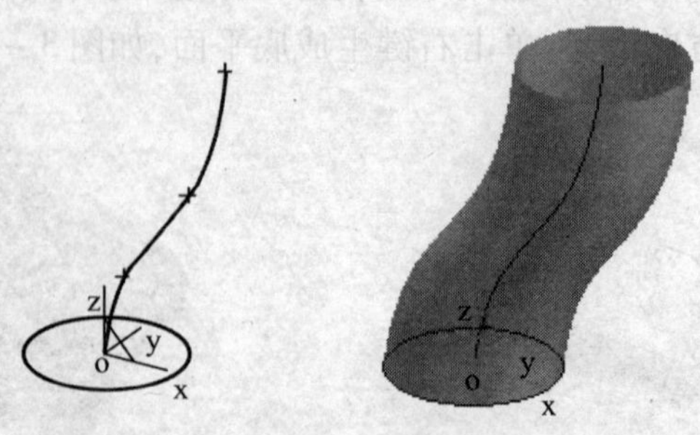

图 3-101 平行导动

2. 固接导动

在截面线沿导动线扫动过程中，截面线和导动线保持固接关系，即让截面线平面与导动线的切矢方向保持相对角度不变，而且截面线在自身相对坐标系中的位置关系保持不变，截面线沿导动线变化的趋势导动生成曲面。

固接导动有单截面线和双截面线两种。单截面线导动时使用一条截面线，图3－102所示为单截面线固接导动。双截面线导动时使用两条截面线，第一条截面线在沿导动线扫动过程中进行缩放和方位调整，以保证在扫动结束时逼近到第二截面线，图3－103所示为双截面线固接导动。

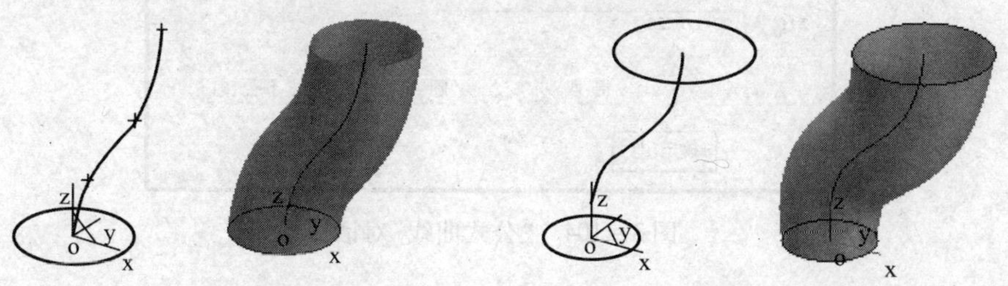

图3－102　单截面线固接导动　　　图3－103　双截面线固接导动

注意：

(1) 除"平行导动"外，其他各种导动方式均可在两条截面线之间导动。双截面线导动时，第一截面在沿导动线的运动过程中，逐渐形成第二截面。

(2) 在双截面线固接导动中，拾取截面线时要注意拾取位置，应在相对导动线的同一侧，否则会产生异变。

3. 导动线和平面

截面线按以下规则沿一条平面或空间导动线扫动生成曲面。

(1) 截面线平面的方向与导动线上每一点的切矢方向之间相对夹角始终保持不变。

(2) 截面线平面的方向与所定义的平面法矢的方向始终保持不变。

实例　利用"导动线和平面"方式完成如图3－105(e)所示螺旋楼梯的曲面造型。

操作步骤如下。

1) 绘制螺旋形导动线

单击工具栏中的"公式曲线"图标f(x)，在弹出的对话框中按图3－104所示进行参数设置。单击【确定】按钮，提示行提示"曲线定位点"，单击坐标原点，结果如图3－105(a)所示。

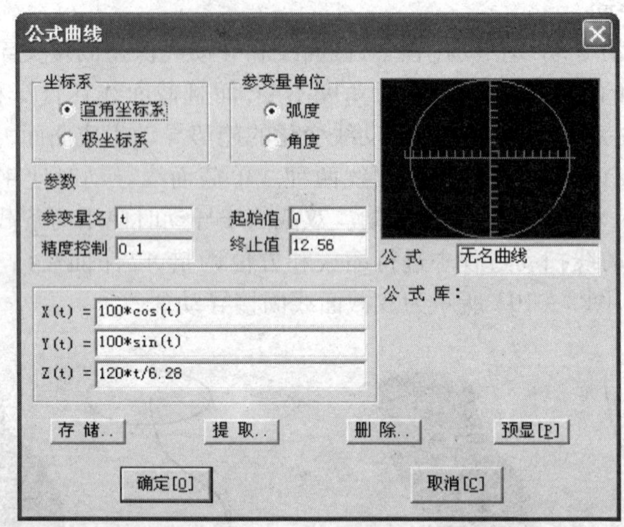

图 3-104 “公式曲线”对话框

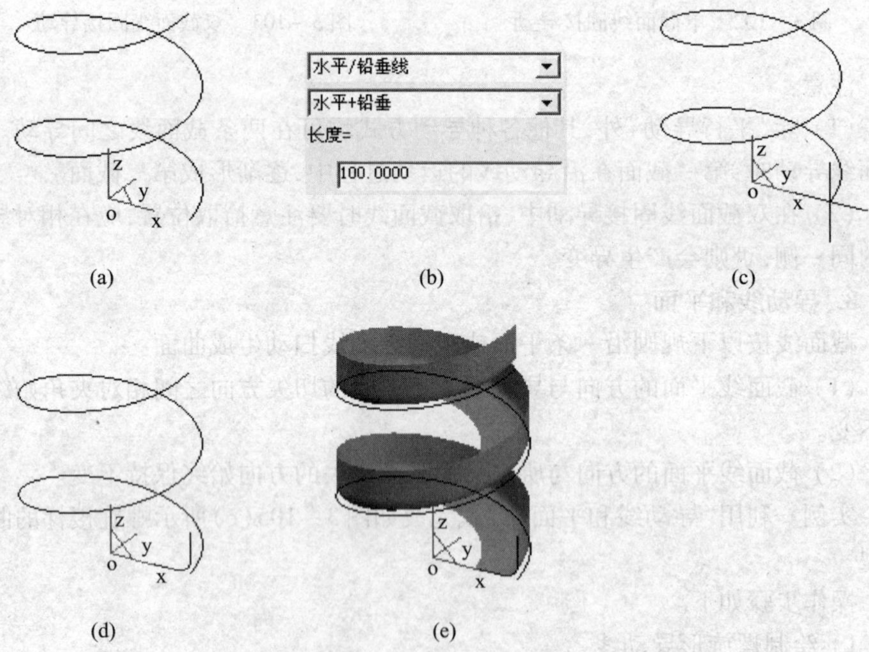

图 3-105 螺旋楼梯的曲面造型

（a）绘制螺旋形导动线；（b）画直线立即菜单；
（c）绘制水平/铅垂线；（d）曲线过渡；（e）生成导动面。

2）绘制截面线

（1）按 F9 键，切换到 XZ 平面。

（2）单击曲线工具栏中的“直线”图标，在弹出的立即菜单中按图 3－105（b）所示进行参数设置。提示行提示“输入直线中点”，单击公式曲线下端点，结果如图 3－105（c）所示。

（3）单击工具栏中的“曲线过渡”图标，在弹出的立即菜单中将“半径”改为“15”，单击水平/铅垂线，结果如图 3－105（d）所示。

（4）单击工具栏中的“曲线组合”图标，将水平/铅垂线和 R15 圆弧组合成一条曲线。

3）生成导动面

单击曲面工具栏中的“导动面”图标，在立即菜单中选择“导动线和平面”方式。提示行提示“输入平面法矢方向”，按空格键，在弹出的快捷菜单中单击“Z 轴正方向”命令，单击导动线（公式曲线），单击向上箭头，再单击组合曲线，生成导动面，如图 3－105（e）所示。

4. 导动线和边界线

截面线按以下规则沿一条导动线扫动生成曲面。

（1）在运动过程中，截面线平面始终与导动线垂直。

（2）在运动过程中，截面线平面与两边界线需要有两个交点。

（3）截面线横跨于两个交点上，以便对截面线进行缩放。截面线沿导动线按此规律运动时，与两条边界线一起扫动生成曲面。

说明：

（1）在“导动线和边界线”模式下的导动过程中，截面线始终在垂直于导动线的平面内，在两边界线之间进行混合变形和缩放变换，导动面的形状受到导动线和边界线的共同控制。

（2）在“导动线和边界线”导动模式下生成的导动面，按截面数的不同可分为单截面线导动（如图 3－106 所示）和双截面线导动；按对截面线进行缩放变换过程中，在变化截面线长度的同时是否保持截面线的高度不变，分为等高导动（如图 3－107 所示）和变高导动。

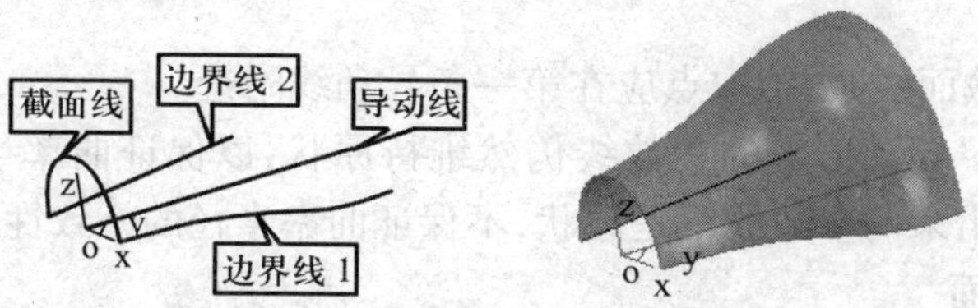

图 3－106　单截面线变高“导动线和边界线”导动面

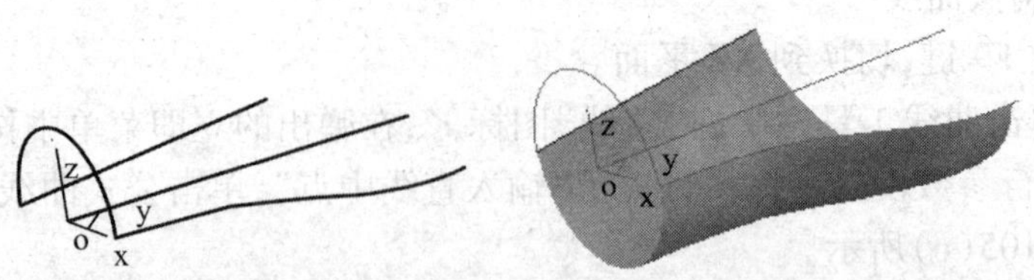

图 3-107 单截面线等高“导动线和边界线”导动面

(3) 生成的导动面相对于边界线的位置与导动方向、边界的次序、截面的拾取点位置等均有密切关系,所以应特别注意,否则生成的导动面可能不是预想的形状。

5. 双导动线

将一条或两条截面线沿两条导动线扫动生成曲面。双导动线导动支持等高导动(图 3-108)和变高导动(图 3-109),生成导动面的形状受两条导动线的控制。

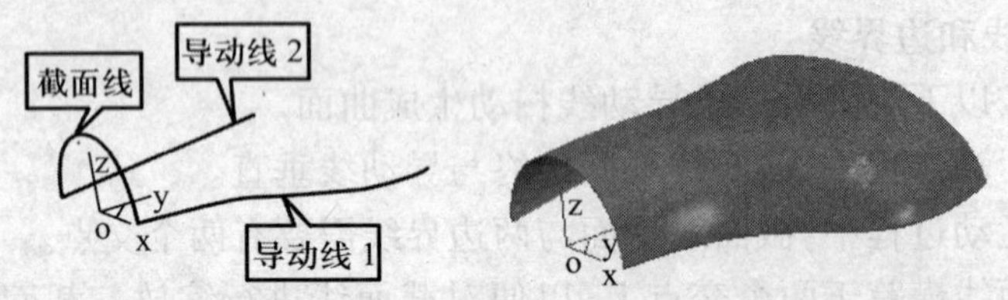

图 3-108 单截面线等高“双导动线”导动面

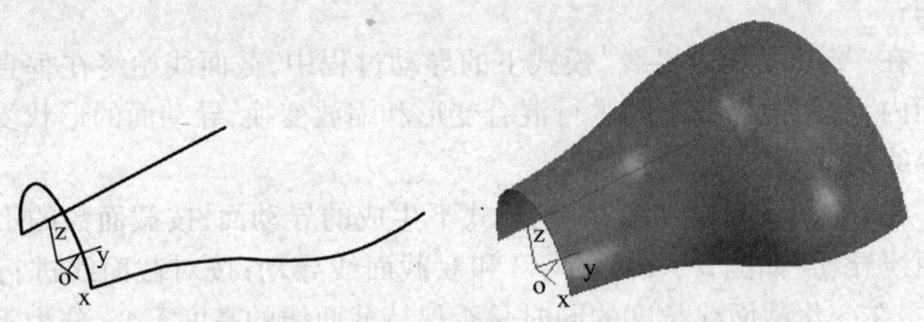

图 3-109 单截面线变高“双导动线”导动面

注意:

(1) 拾取截面线时,拾取点应在第一条导动线附近。

(2) “变高”导动出来的参数线仍然维持原状,以保证曲率半径的一致性;而“等高”导动出来的参数线不是原状,不保证曲率半径的一致性。

6. 管道曲面

给定了起始半径和终止半径的圆形截面沿指定的中心线扫动生成的曲面。

注意:

(1) 管道曲面是截面线为圆的固接导动面,截面线在导动过程中,其圆心总是位于导动线上,且圆所在的平面总是与导动线垂直的;

(2) 导动方向选择时,所选箭头方向应指向管道终止方向。

四、任务拓展

练习一:完成如图3-110所示零件1的曲面造型。

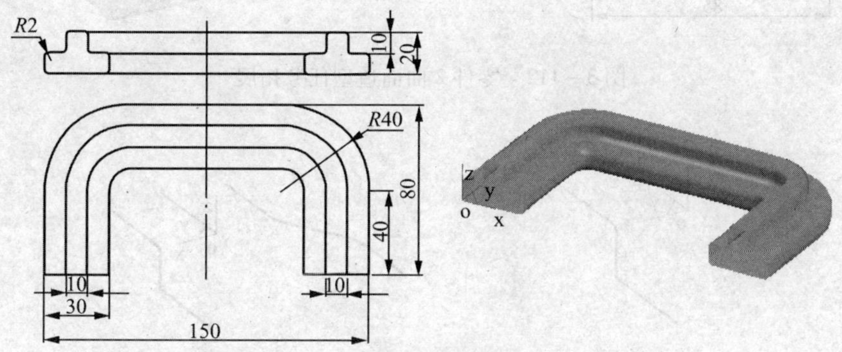

图3-110　零件1曲面造型任务拓展

建模思路:建模过程如图3-111所示,说明如下。

(1) 绘制导动线和截面曲线。注意,分别将导动线和截面曲线进行曲线组合,如图3-111(a)所示。

(2) 生成固接导动面,如图3-111(b)所示。

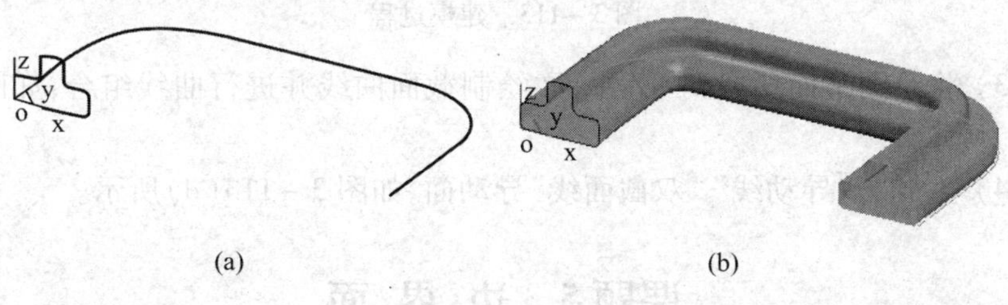

图3-111　建模过程

练习二:完成如图3-112所示零件2的曲面造型。

建模思路:建模过程如图3-113所示,说明如下。

(1) 绘制导动线并将导动线进行曲线组合,如图3-113(a)所示。

(2) 通过“平面镜像”生成第二条导动线,如图3-113(b)所示。

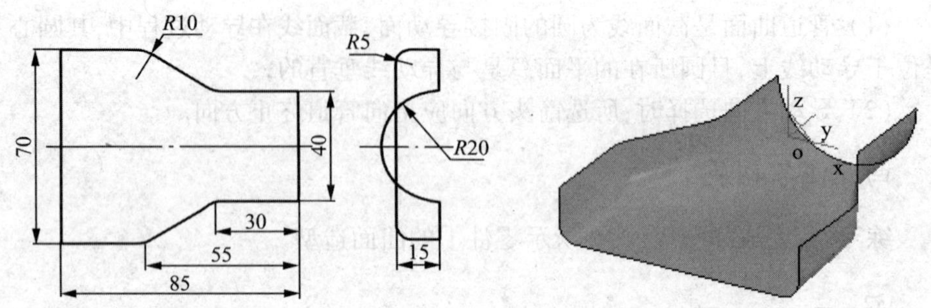

图 3－112　零件 2 曲面造型任务拓展

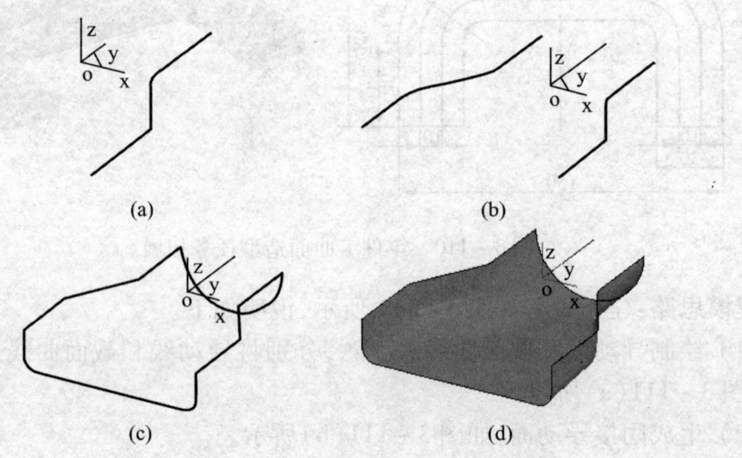

图 3－113　建模过程

(3) 将绘图平面切换到 XZ 平面，绘制截面曲线并进行曲线组合，如图 3－113(c)所示。

(4) 生成“双导动线”“双截面线”导动面，如图 3－113(d)所示。

课题 5　边 界 面

一、任务描述

采用边界面命令完成如图 3－114 所示工件的曲面造型。

知识点与技能点：边界面、曲线过渡、平移、曲线组合、曲线打断。

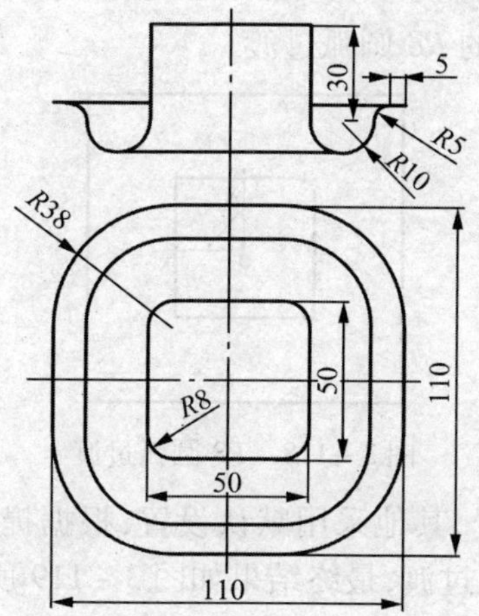

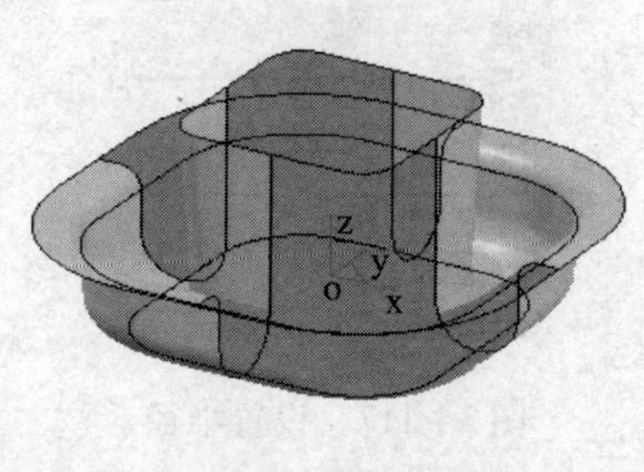

图 3-114　边界面造型实例

二、任务实施

1. 绘制曲线

（1）启动 CAXA 2008，按 F5 键，使 XY 平面呈主视图显示。

（2）单击曲线工具栏中的“矩形”图标，在弹出的立即菜单中单击“两点矩形”命令，切换到“中心_长_宽”方式，将“长度”和“宽度”均修改为“110”，如图 3-115 所示，根据提示行提示“输入矩形中心”，将鼠标光标移动到 XOY 坐标原点附近，捕捉到原点后单击该点，完成正方形 110mm × 110mm 的绘制；将立即菜单中“长度”和“宽度”均修改为“50”，根据提示行提示完成正方形 50mm × 50mm 的绘制，单击鼠标右键，退出矩形绘制命令，绘制结果如图 3-116 所示。

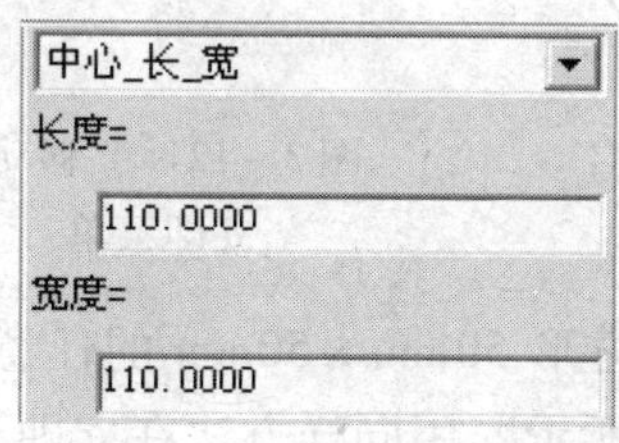

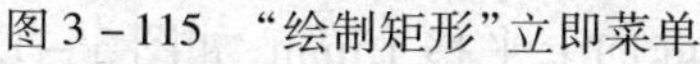
图 3-115　“绘制矩形”立即菜单

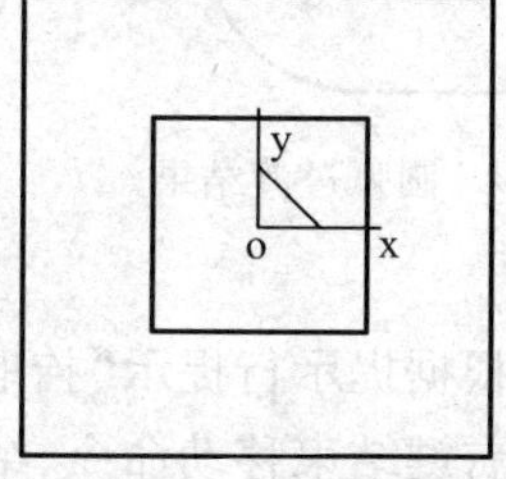

图 3-116　绘制结果

（3）单击工具栏中的“曲线过渡”图标，在弹出的立即菜单中将“半径”修改为“8”，其他采用默认设置，如图 3-117 所示，根据提示行的提示“拾取第一条曲线”，单击正方形 50mm × 50mm 的任意一边，此时，提示行提示“拾取第二条曲线”,单击与上一条边相交的一条边,绘图区显示图形如图 3－118 所示。根据提示行的提示,用同样的方法,完成其他三处的 $R8$ 圆弧过渡。

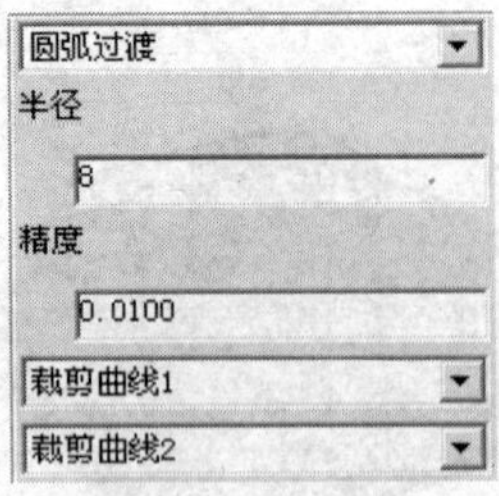

图 3－117 设置半径

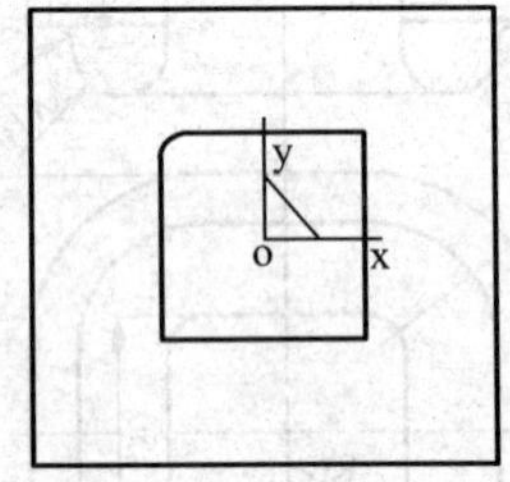

图 3－118 $R8$ 圆弧过渡

（4）在立即菜单中将“半径”修改为“38”,其他采用默认设置,根据提示行提示完成正方形 110mm × 110mm 的 $R38$ 圆弧过渡,最终结果如图 3－119 所示。

（5）单击工具栏中的“曲线组合”图标,提示行提示“拾取曲线”,单击正方形 50mm × 50mm 的任意一边出现双向箭头,如图 3－120 所示,提示行提示“确定链搜索方向”,单击向右箭头,单击右键,完成正方形 50mm × 50mm 的曲线组合。用同样的方法完成正方形 110mm × 110mm 的曲线组合。

（6）按 F8 键,使绘图区中的图形呈轴测图显示。单击几何变换工具栏中的“平移”图标,在弹出的立即菜单中将“DZ”修改为“40”,其他采用默认设置,如图 3－121 所示。

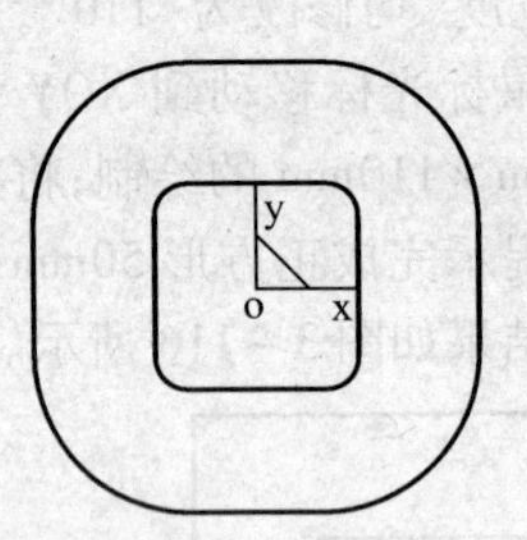

图 3－119 圆弧过渡结果

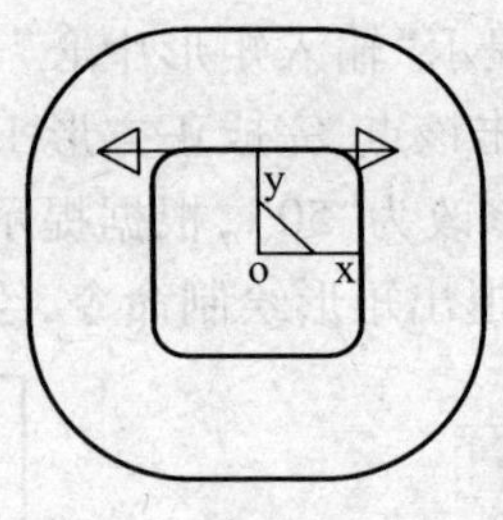

图 3－120 曲线组合

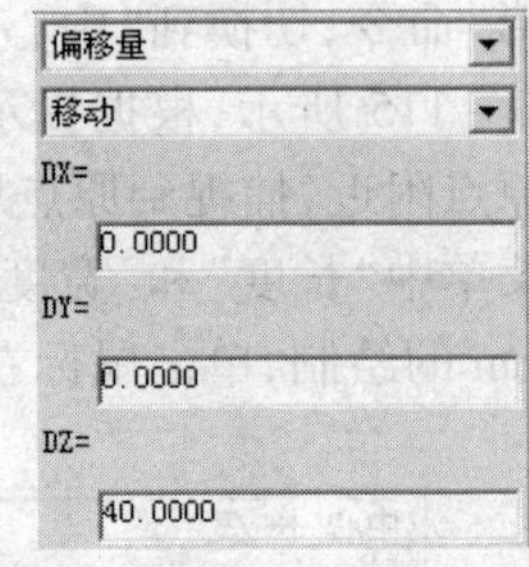

图 3－121 “移动”立即菜单

（7）根据提示行提示“拾取元素”,单击正方形 50mm × 50mm 的任意一边,单击鼠标右键结束移动命令,结果如图 3－122 所示。用同样方法在立即菜单中将“DZ”修改为“15”,将正方形 110mm × 110mm 向上平移 15mm,如图 3－123 所示,单击鼠标右键结束移动命令。

（8）按 F9 键两次,将绘图面切换到 XZ 平面,单击工具栏中的“直线”图标,在弹出的立即菜单中单击“非正交”命令,切换到“正交”状态,提示行提示

“第一点”，按回车键，在弹出的输入框中输入“0,0,0”后按回车键，此时在提示行中提示“第二点”，按回车键，在弹出的输入框中输入“0,0,40”后按回车键，绘制一条通过 Z 轴的正交线如图 3－124 所示。

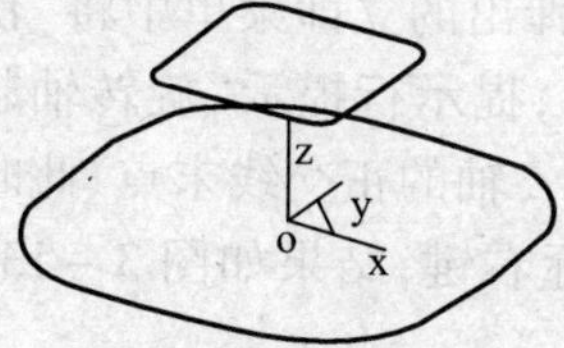

图 3－122 “移动”小正方形

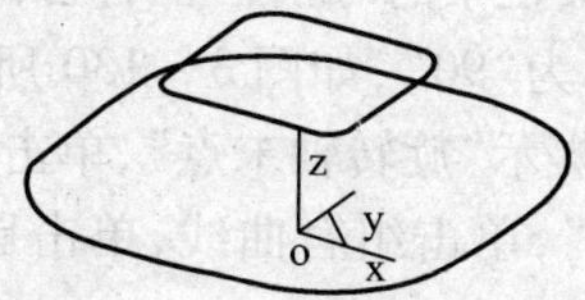

图 3－123　移动后的结果

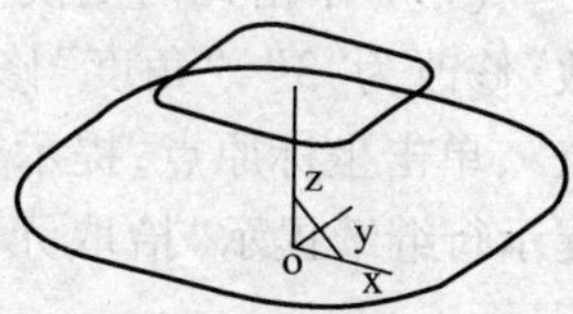

图 3－124　绘制正交线

（9）用同样的方法，依次输入点“25,0,40”、“25,0,10”、“45,0,10”、“45,0,15”和“55,0,15”，绘制直线如图 3－125 所示。

（10）单击曲线工具栏中的“整圆”图标，在弹出的立即菜单中选择“两点_半径”画圆方式。提示行提示“第一点”，将鼠标光标移动到“点 1”附近，捕捉到“点 1”后单击，此时，提示行提示“第二点”，将鼠标光标移动到“点 2”附近，捕捉到“点 2”后单击，提示行继续提示“第三点或半径”，按回车键，在弹出的输入框中输入半径“10”后按回车键，结束 $R10$ 圆的绘制，如图 3－126 所示。

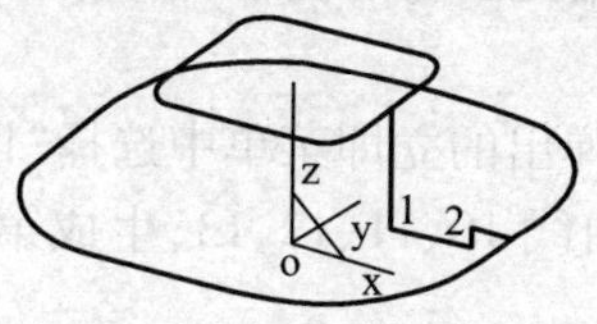

图 3－125　完成直线绘制

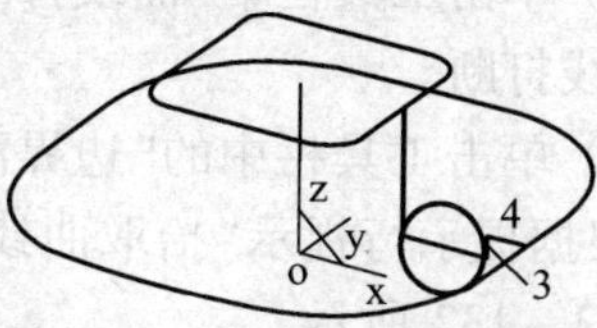

图 3－126　绘制 $R10$ 圆

（11）单击工具栏中的“曲线过渡”图标，在弹出的立即菜单中将“半径”修改为“5”，单击“直线 3”和“直线 4”，完成圆弧过渡，如图 3－127 所示。

（12）单击“曲线裁剪”图标，根据提示行提示“拾取被裁剪线（拾取被裁掉的段）”，单击 $R10$ 圆弧上半部分，单击右键结束“曲线裁剪”命令。单击“删除”图标，提示行提示“请拾取要删除的元素”，单击多余线段，单击右键结束删除操作，结果如图 3－128 所示。

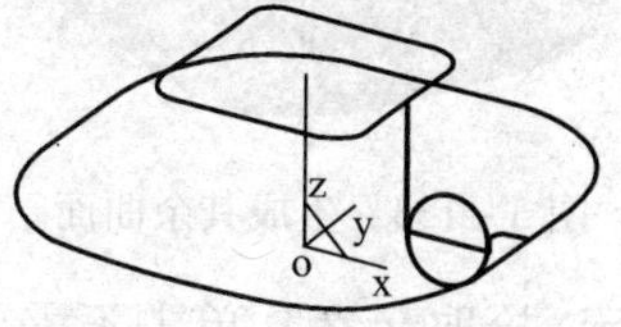

图 3－127　曲线过渡

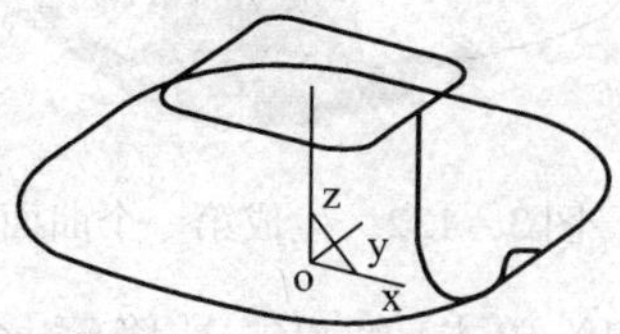

图 3－128　完成后的曲线

(13) 单击"曲线组合"图标，提示行提示"拾取曲线"，单击"直线 5"出现双向箭头，如图 3－129 所示，提示行提示"确定链搜索方向"，单击向下箭头，单击右键完成曲线组合。

(14) 单击几何变换工具栏中的"旋转"图标，在弹出的立即菜单中将"份数"修改为"3"，"角度"修改为"90"，如图 3－130 所示，提示行提示"旋转轴起点"，单击坐标原点，提示行提示"旋转轴末点"，单击过 Z 轴的正交线末点，此时提示行继续提示"拾取元素"，单击组合曲线，单击鼠标右键，结果如图 3－131 所示。

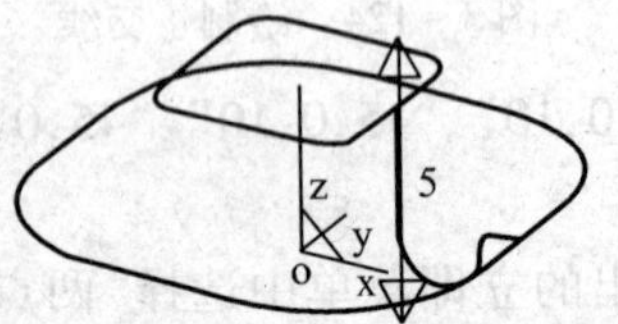

图 3－129　曲线组合

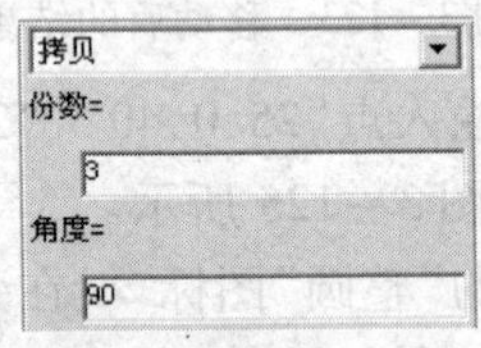

图 3－130　"旋转"立即菜单

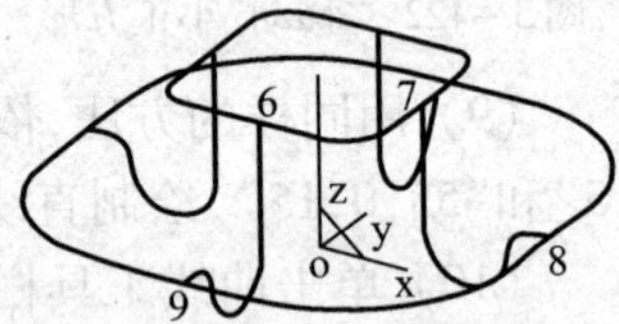

图 3－131　"旋转"结果

2. 生成曲面

(1) 单击工具栏中"曲线打断"图标，根据提示行的提示，在交点 6、7、8、9 处将曲线打断。

(2) 单击工具栏中的"边界面"图标，在弹出的立即菜单中选择"四边面"方式，根据提示行提示"拾取曲线"，依次单击曲线 10、11、12、13，生成第一个曲面如图 3－132 所示。

(3) 单击工具栏中的"旋转"图标，在弹出的立即菜单中将"份数"修改为"3"，"角度"修改为"90"，提示行提示"旋转轴起点"，单击坐标原点，提示行提示"旋转轴末点"，单击过 Z 轴的正交线末点，此时提示行继续提示"拾取元素"，单击第一个曲面，单击鼠标右键，结果如图 3－133 所示。

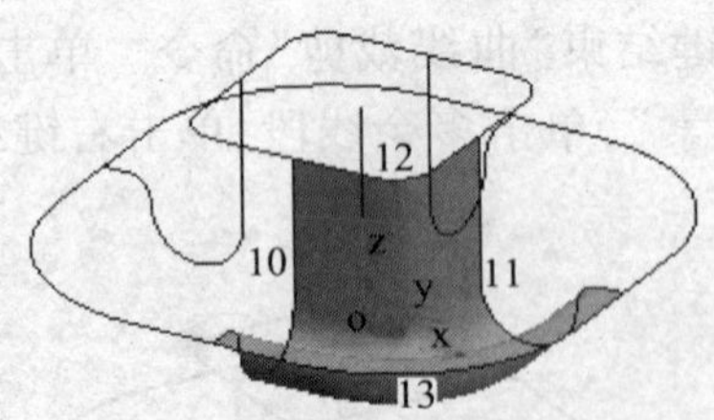

图 3－132　生成第一个曲面

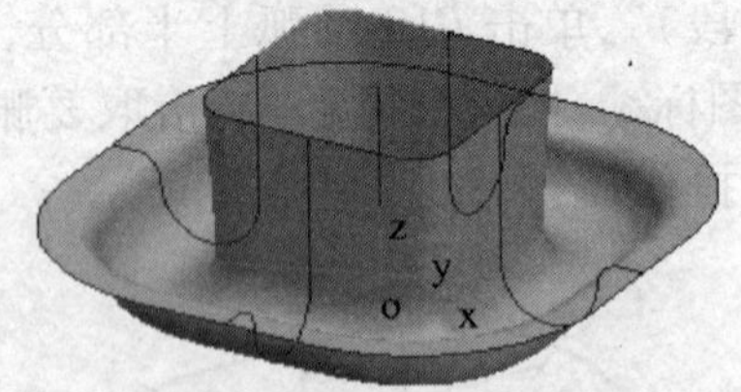

图 3－133　生成其余曲面

(4) 单击[编辑]→[隐藏]命令，提示行提示"拾取元素"，单击不需要的线条，单击右键隐藏不需要的线条，完成后的工件造型如图 3－134 所示。

图 3－134 完成后的工件造型

三、知识拓展

通过边界面进行造型是本课题的重点，边界面是在已知曲线围成的边界区域上生成的曲面。边界面有两种类型，即四边面和三边面。通常通过 4 条或 3 条空间曲线围成的区域来生成边界面，建立边界面的基本步骤如下。

（1）绘制构建边界面的 3 条或 4 条曲线，要注意确保它们首尾相接。

（2）单击“边界面”命令，在出现的立即菜单中选择“三边面”或“四边面”方式。

（3）根据提示行提示进行操作，顺序拾取曲线，生成“三边面”（如图 3－135 所示）或“四边面”（如图 3－136 所示）。

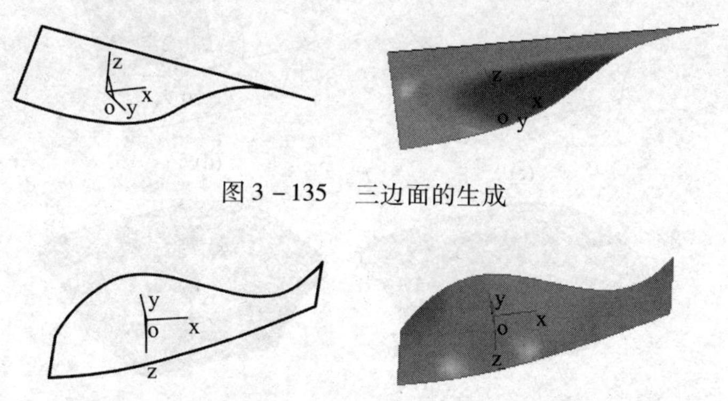

图 3－135 三边面的生成

图 3－136 四边面的生成

四、任务拓展

练习一：利用边界面命令完成如图 3－137 所示工件的曲面造型。

建模思路：造型过程如图 3－138 所示，说明如下。

（1）绘制两矩形并进行曲线过渡。将大矩形上移 25mm，如图 3－138（a）所示。

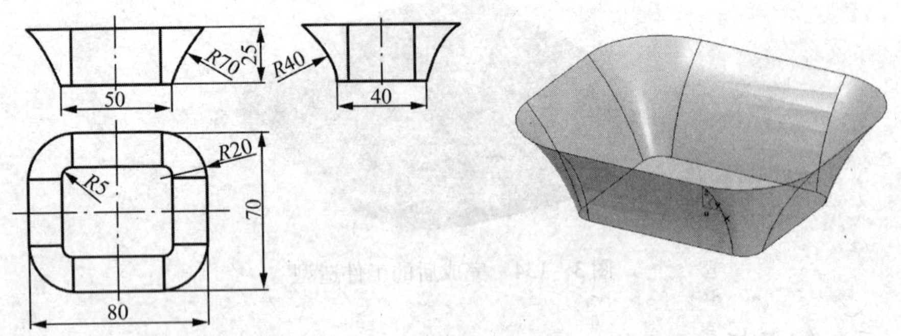

图 3－137　工件的曲面造型任务拓展

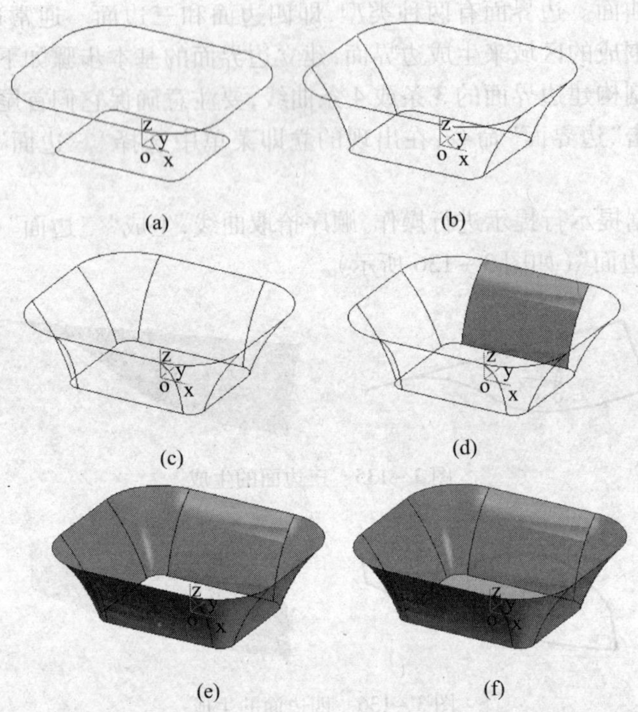

图 3－138　造型过程

（2）绘制 *R*70 轮廓曲线，如图 3－138(b)所示。

（3）绘制 *R*40 轮廓曲线，如图 3－138(c)所示。

（4）利用“四边面”方式生成边界面，如图 3－138(d)所示。

（5）生成另外 7 个边界面，如图 3－138(e)所示。

（6）生成底平面，如图 3－138(f)所示。

练习二：利用边界面功能完成如图 3－139 所示五角星的曲面造型，已知外接圆直径为 100mm，高为 8mm。

图 3－139 五角星

建模思路：造型过程如图 3－140 所示，说明如下。

（1）绘制三维线架，如图 3－140(a)所示。

（2）利用“三边面”方式生成边界面，如图 3－140(b)所示。

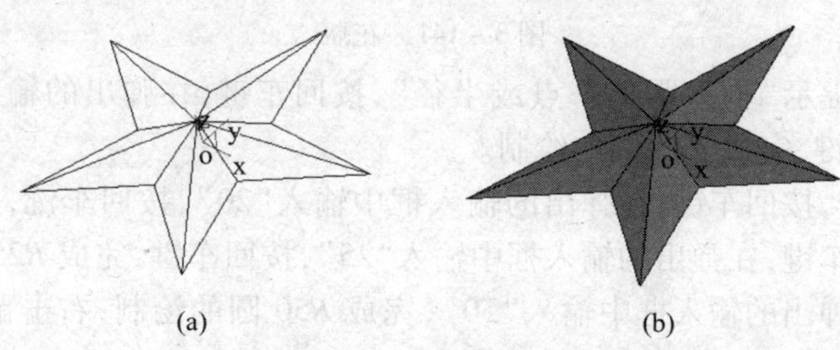

图 3－140 五角星造型过程

课题6 放样面

一、任务描述

试完成如图 3－141 所示花瓶的曲面造型。

知识点与技能点：放样面、平移、平面。

二、任务实施

1. 生成构造曲线

（1）启动 CAXA 2008，按 F5 键，使 XY 平面呈主视图显示。

（2）单击曲线工具栏中的“整圆”图标⊙，在弹出的立即菜单中选择“圆心_半径”方式，此时在提示行中提示“圆心点”，将鼠标光标捕捉到坐标原点后单击

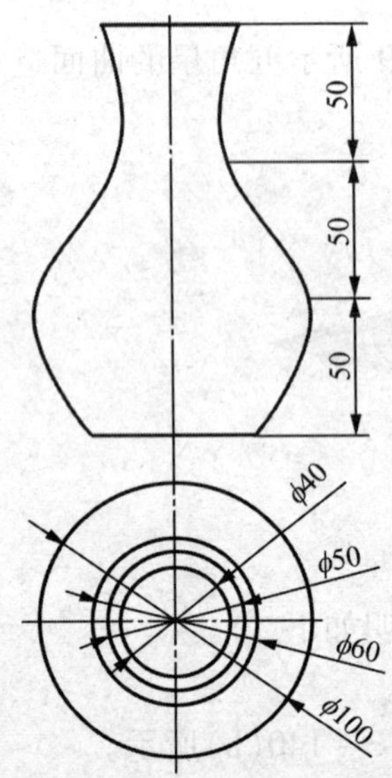

图 3－141　花瓶

该点;提示行提示“输入圆上一点或半径”,按回车键,在弹出的输入框中输入“30”,按回车键,完成 *R*30 圆的绘制。

(3) 同样,按回车键,在弹出的输入框中输入“20”,按回车键,完成 *R*20 圆的绘制;按回车键,在弹出的输入框中输入“25”,按回车键,完成 *R*25 圆的绘制;按回车键,在弹出的输入框中输入“50”,完成 *R*50 圆的绘制;右击鼠标两次,结束整圆绘制命令,结果如图 3－142 所示。

(4) 按 F8 键,使绘图区图形呈轴测图显示。

(5) 单击工具栏中的“平移”图标,将随即弹出的立即菜单按图 3－143 所示进行参数设置;根据提示行提示“拾取元素”,单击 *R*50 圆,右击鼠标,结束 *R*50 圆的移动,结果如图 3－144 所示。

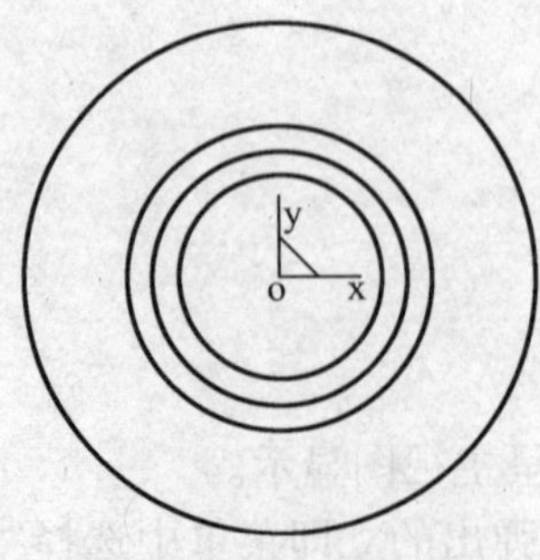

图 3－142　绘制整圆

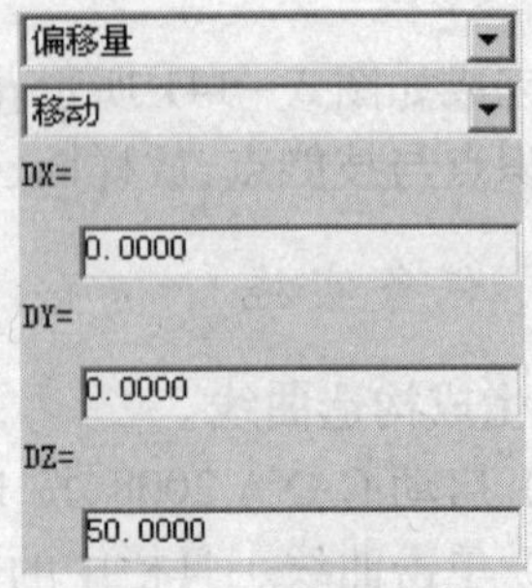

图 3－143　“平移”立即菜单

（6）将立即菜单中的“DZ”修改为“100”，根据提示行提示“拾取元素”，单击 $R20$ 圆，右击鼠标，结束 $R20$ 圆的移动，结果如图3－145所示。

（7）将立即菜单中的“DZ”修改为“150”，根据提示行提示“拾取元素”，单击 $R25$ 圆，右击鼠标，结束 $R25$ 圆的移动，结果如图3－146所示。单击右键，退出平移操作命令。

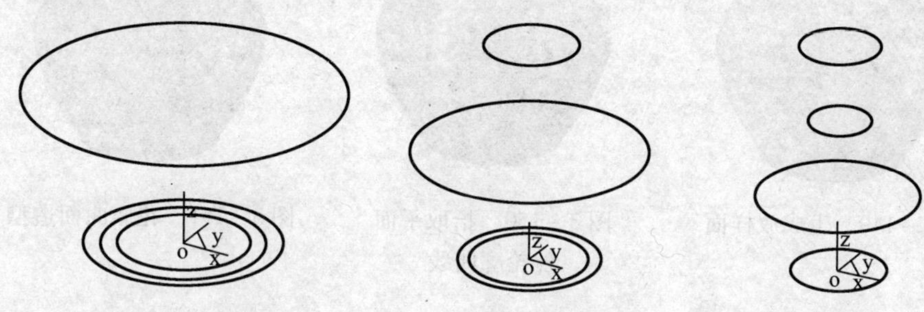

图3－144 移动 $R50$ 圆　　图3－145 移动 $R20$ 圆　　图3－146 移动 $R25$ 圆

2. 生成放样面

（1）单击工具栏中的“放样面”图标，在随即弹出的立即菜单中按图3－147所示进行参数设置。

（2）根据提示行提示“拾取截面曲线”，如图3－148所示，依次拾取4个圆，单击右键，生成的放样面如图3－149所示。为防止生成的放样面发生扭曲现象，拾取点应选择在截面曲线的相同侧。

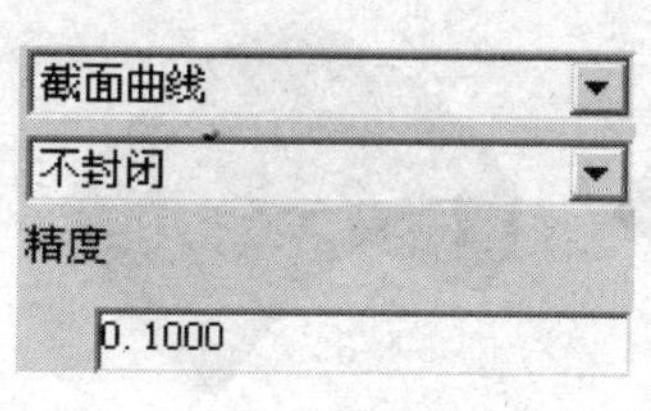

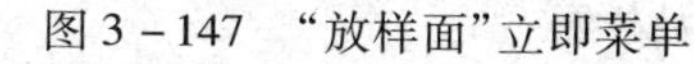
图3－147 “放样面”立即菜单

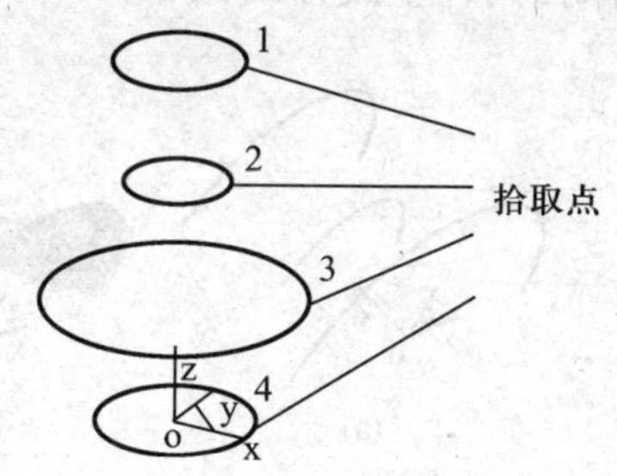

图3－148 拾取截面曲线

3. 生成平面

（1）单击工具栏中的“平面”图标，在随即弹出的立即菜单中接受默认设置。

（2）根据提示行提示“拾取平面外轮廓线”，单击 $R30$ 圆，如图3－150所示，此时，提示行提示“确定链搜索方向”，单击向右箭头；提示行提示“拾取第1个内轮廓线”，右击鼠标两次，结束底平面的生成。至此，完成花瓶的曲面造型，如图3－151所示。

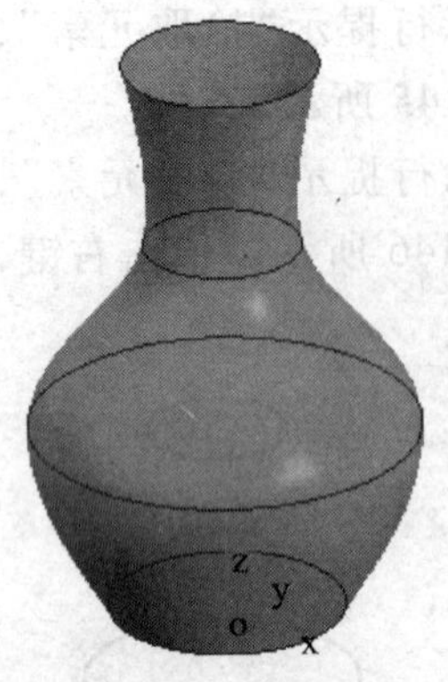

图 3 – 149　生成放样面

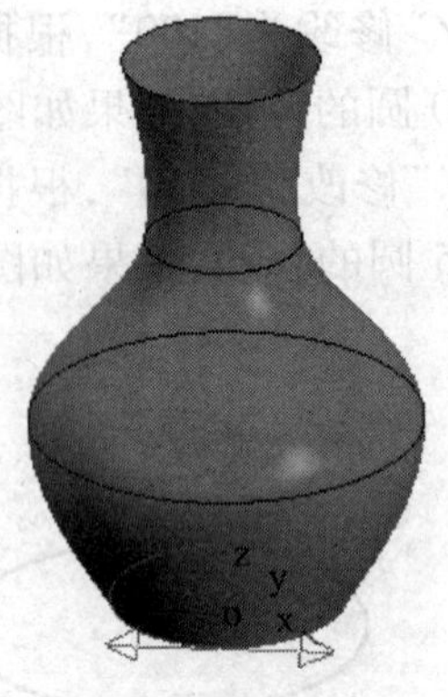

图 3 – 150　拾取平面外轮廓曲线

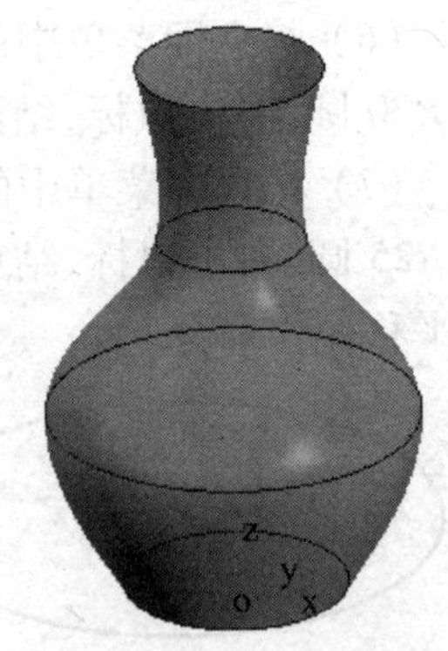

图 3 – 151　花瓶曲面造型

三、知识拓展

通过放样面进行造型是本课题的重点，放样面是以一组互不相交、方向相同、形状相似的特征线或截面线为骨架进行形状控制，通过在这些曲线上蒙面生成的曲面。放样面包括“截面曲线”和“曲面边界”两种类型。

1. 截面曲线放样面

截面曲线放样面通过一组空间曲线作为截面来生成曲面，包括“封闭”和“不封闭”两种生成方式，如图 3 – 152 所示。

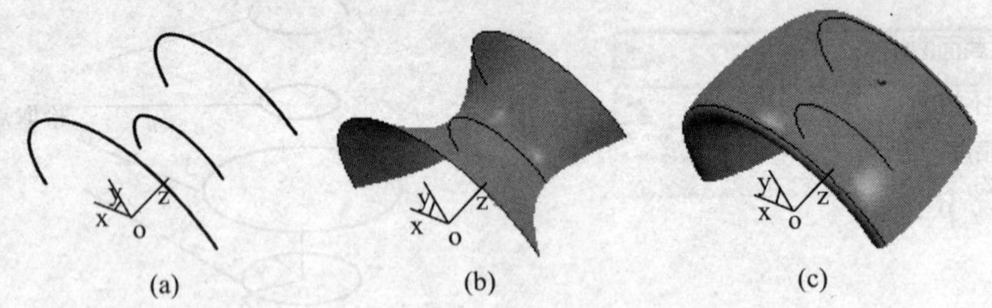

图 3 – 152　截面曲线放样面

（a）截面线；（b）不封闭放样面；（c）封闭放样面。

2. 曲面边界放样面

曲面边界放样面是通过已知曲面的边界线和空间曲线，并且与已知曲面相切的曲面，如图 3 – 153 所示。

建立曲面边界放样面的基本步骤如下。

（1）绘制一组空间曲线作为截面曲线。

（2）单击“放样面”命令。

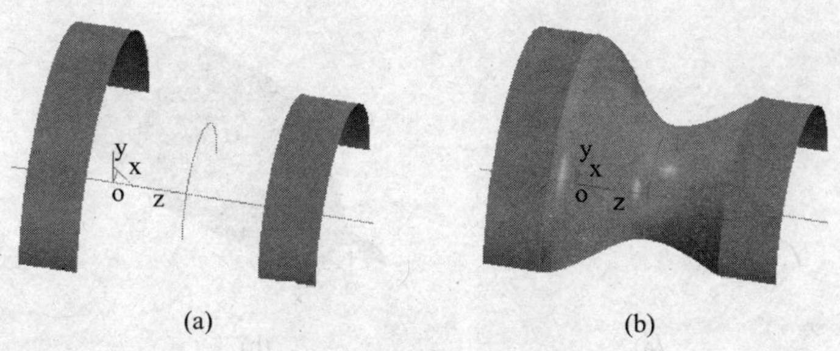

图 3－153　曲面边界放样面

(3) 根据提示行提示依次把拾取的空间曲线作为截面曲线,拾取结束后单击右键确认。

(4) 生成放样面。

注意:

(1) 拾取的一组特征曲线应互不相交,方向一致,形状相似,否则曲面将发生扭曲,形状不可预料;

(2) 截面曲线应保证光滑;

(3) 拾取曲线时,需按截面线摆放的方位顺序拾取,并保证截面曲线方向的一致性。

四、任务拓展

练习一:完成如图 3－154 所示零件的曲面造型。

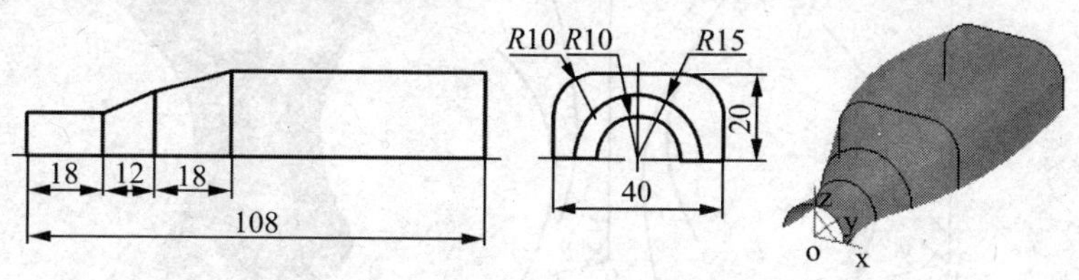

图 3－154　零件的曲面造型任务拓展

建模思路:建模过程如图 3－155 所示,说明如下。

(1) 绘制轮廓线,如图 3－155(a)所示。

(2) 通过"截面曲线"方式生成放样面,如图 3－155(b)所示。

练习二:完成如图 3－156 所示零件的曲面造型。已知样条线坐标点为(40,0,80),(20,0,40),(30,0,0)。

建模思路:建模过程如图 3－157 所示,说明如下。

(1) 绘制样条曲线,如图 3－157(a)所示。

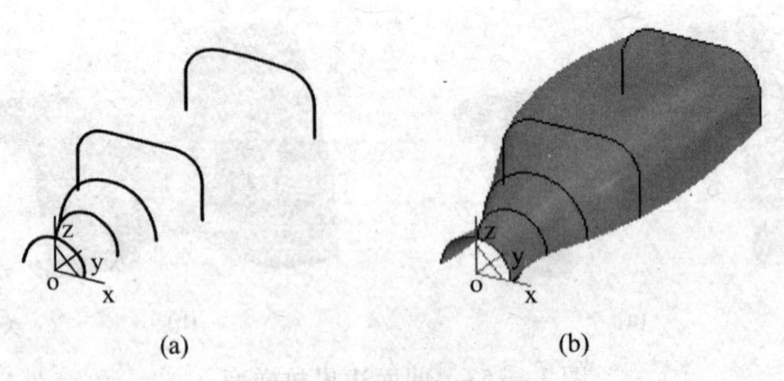

图 3－155　建模过程

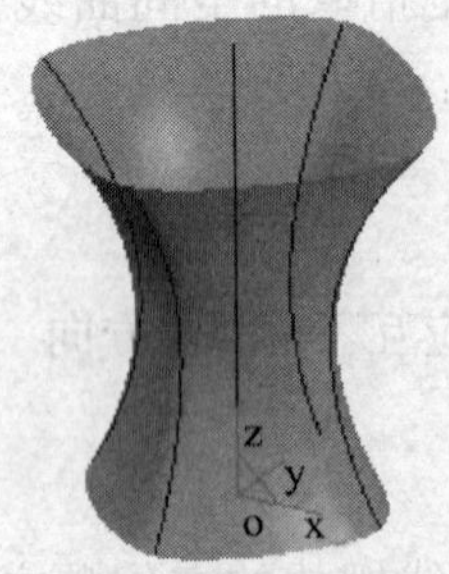

图 3－156　放样面曲面造型任务拓展

（2）利用“旋转”命令生成其余 3 条样条曲线，如图 3－157（b）所示。

（3）利用“截面曲线—封闭”方式生成放样面，如图 3－157（c）所示。

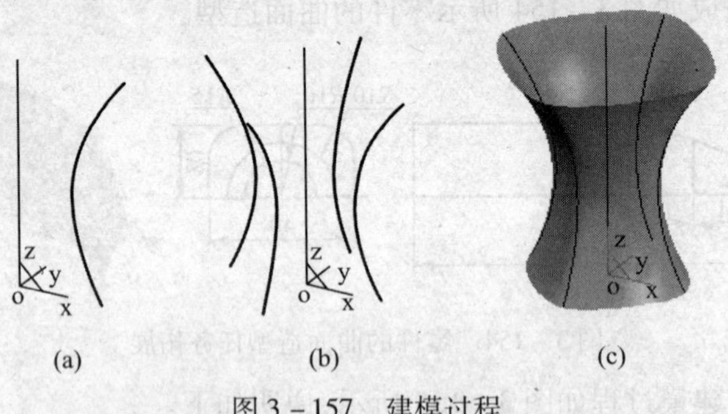

图 3－157　建模过程

课题 7　网 格 面

一、任务描述

试完成如图 3－158 所示可乐瓶底的曲面造型。

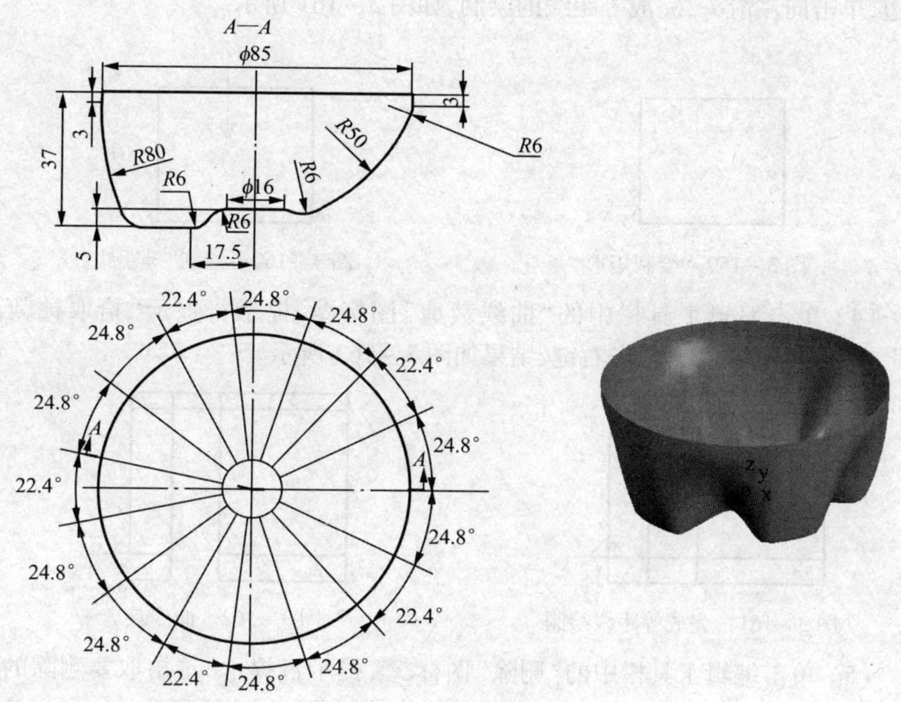

图3-158　可乐瓶底

知识点与技能点:网格面,等距线,圆弧过渡,曲线组合。

二、任务实施

1. 生成构造曲线

（1）启动CAXA 2008,按F7键,使XZ平面呈主视图显示。

（2）单击曲线工具栏中的"矩形"图标,在弹出的立即菜单中选择"两点矩形"方式,提示行提示"起点",按回车键,在随即弹出的输入框中输入"-42.5,0,32"后按回车键,此时提示行提示"终点",按回车键,在弹出的输入框中输入"0,0,-5"后按回车键,单击右键退出矩形绘制命令,结果如图3-159所示。

（3）单击工具栏中的"等距线"图标,在随即弹出的立即菜单中将"距离"改为"3",提示行提示"拾取曲线",单击矩形上边,出现双向箭头,如图3-160所示。提示行提示"选择等距方向",单击向下箭头;同样,将立即菜单中的"距离"改为"5",单击矩形下边,单击向上箭头;将立即菜单中的"距离"改为"8",单击矩形右边,单击向左箭头;再将立即菜单中的"距离"改为"17.5",单击矩形右边,单击向左箭头,完成等距线的绘制,如图 3 – 161 所示。

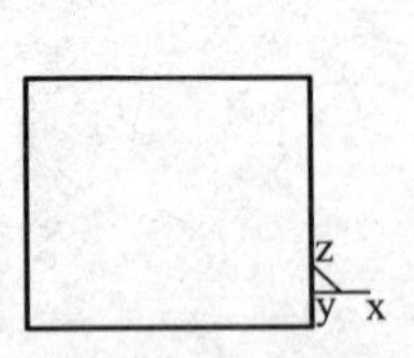

图 3 – 159　绘制矩形

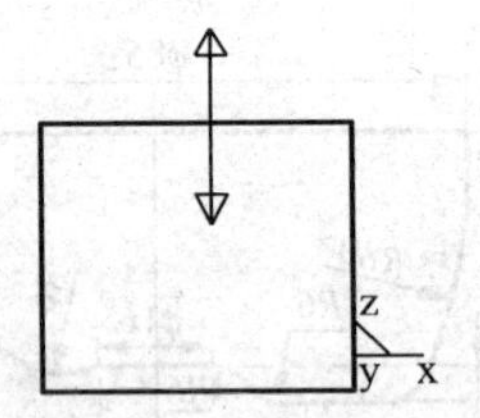

图 3 – 160　绘制“等距线”

(4) 单击编辑工具栏中的“曲线裁剪”图标,提示行提示“拾取被裁剪线”,单击多余的线条,单击右键,结果如图 3 – 162 所示。

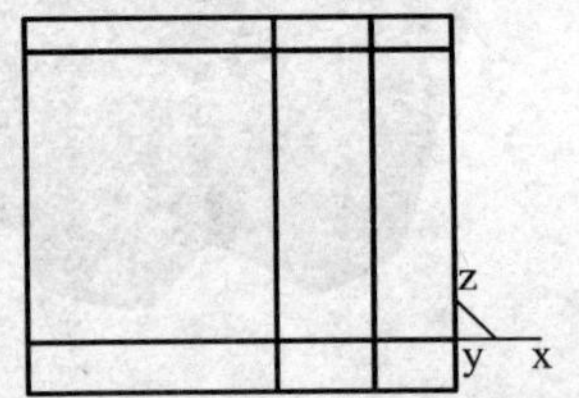

图 3 – 161　完成等距线绘制

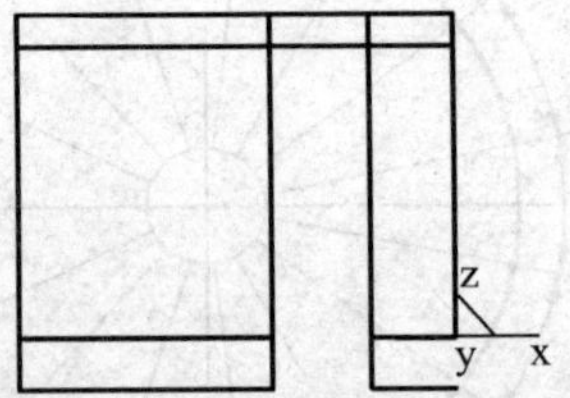

图 3 – 162　曲线裁剪

(5) 单击编辑工具栏中的“删除”图标,提示行提示“请拾取要删除的元素”,单击多余的线条,单击右键,完成图形修剪,如图 3 – 163 所示。

(6) 单击工具栏中的“整圆”图标,在弹出的立即菜单中选择“两点_半径”方式,提示行提示“第一点”,单击点 P1,提示行提示“第二点”,按空格键,选择“T 切点”方式,单击直线 L1,此时,提示行提示“输入圆上一点或半径”,按回车键,在弹出的输入框中输入半径“80”后按回车键,完成 *R*80 圆的绘制。

(7) 单击工具栏中的“曲线裁剪”图标,提示行提示“拾取被裁剪线”,单击 *R*80 圆的多余部分,结果如图 3 – 164 所示。

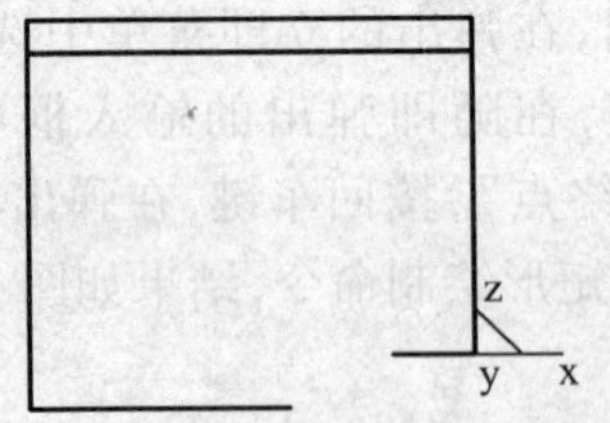

图 3 – 163　完成修剪后的图形

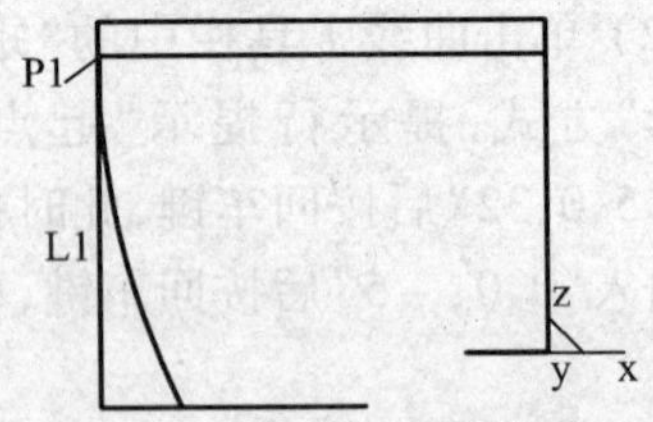

图 3 – 164　绘制 *R*80 圆弧

(8) 用同样的方法,绘制过点 P2、与直线 L2 相切、半径为“6”的圆,如图3 – 165 所示(注意“T 切点”与“S 缺省点”的切换,否则容易出现拾取不到需要点的现象)。

（9）单击曲线工具栏中的“直线”图标，在弹出的立即菜单中选择“两点线”方式，根据提示行的提示，单击点 P3 和 *R*6 圆的切点，生成直线 L4，如图 3－166 所示。

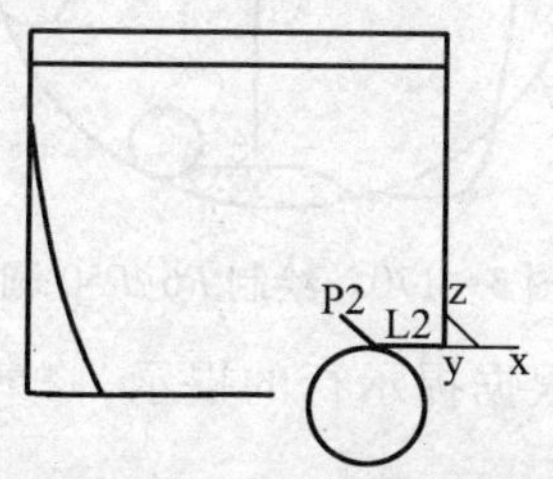

图 3－165　绘制 *R*6 圆弧

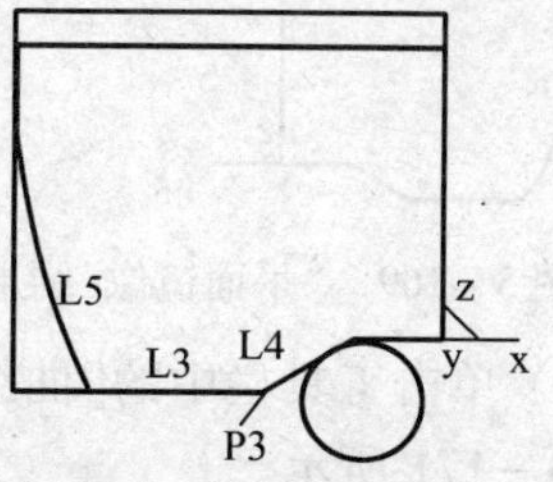

图 3－166　绘制直线

（10）单击编辑工具栏中的“曲线过渡”图标，在弹出的立即菜单中将“半径”改为“6”，按回车键。根据提示行的提示，单击直线 L3 和直线 L4，再单击直线 L3 和曲线 L5，完成曲线过渡，结果如图 3－167 所示。

（11）单击工具栏中的“曲线打断”图标，提示行提示“拾取被打断曲线”，单击 *R*80 圆弧，此时，提示行提示“拾取点”，单击点 P1，完成曲线打断。

（12）单击编辑工具栏中的“曲线裁剪”图标，提示行提示“拾取被裁剪线”，单击直线 L1 和 *R*6 圆；单击工具栏中的“删除”图标，提示行提示“请拾取要删除的元素”，单击直线 L6，单击右键，退出“删除”命令，结果如图 3－168 所示。

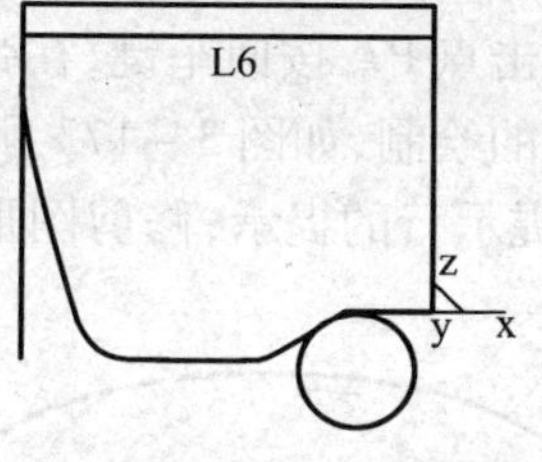

图 3－167　曲线过渡

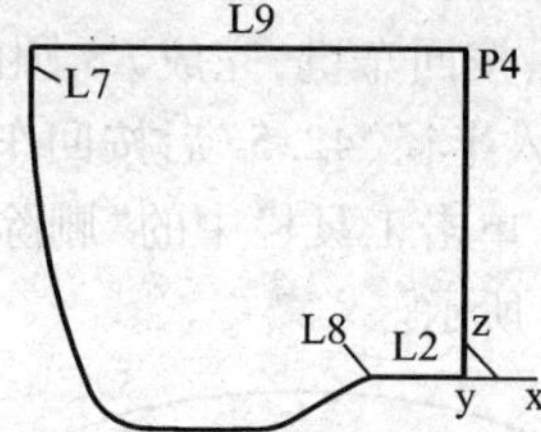

图 3－168　完成后的图形

（13）单击工具栏中的“平面镜像”图标，在弹出的立即菜单中选择“复制”方式，提示行提示“镜像轴首点”，单击坐标原点，提示行提示“镜像轴末点”，单击点 P4，提示行继续提示“拾取元素”，单击图线 L2、L8、L7、L9，单击右键，结果如图 3－169 所示。

（14）单击工具栏中的“整圆”图标，在弹出的立即菜单中选择“两点_半径”方式，提示行提示“第一点”，单击点 P5，提示行提示“第二点”，按空格键，选择“切点”方式，单击圆弧 *R*6，此时，提示行提示“输入圆上一点或半径”，按回车键，在弹出的输入框中输入半径“6”后按回车键，完成 *R*6 圆的绘制。

(15) 用同样的方法,绘制过点 P6、与直线 L10 相切、半径为“6”的圆及与两个 *R*6 圆相切、半径为“50”的圆,如图 3－170 所示。

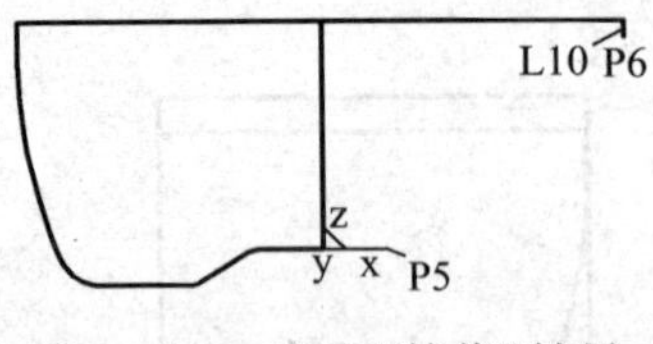

图 3－169　“平面镜像”结果

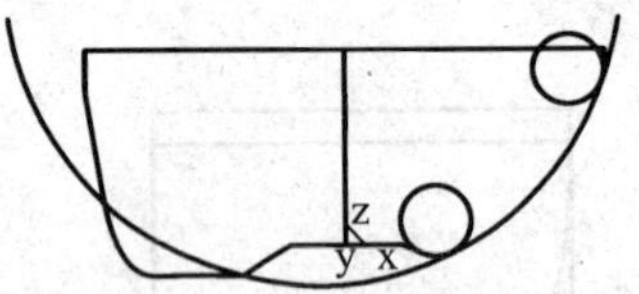

图 3－170　绘制 *R*6、*R*50 圆

(16) 单击工具栏中的“曲线裁剪”图标,根据提示行的提示,修剪图形结果如图 3－171 所示。

(17) 按 F8 键,使绘图区图形呈轴测图显示。按 F9 键,切换到 XY 平面,如图 3－172 所示。

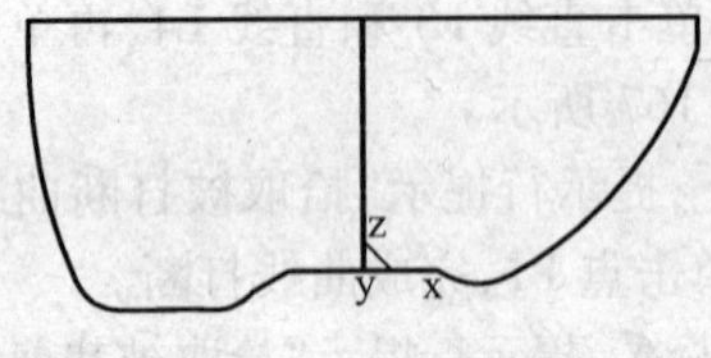

图 3－171　修剪结果

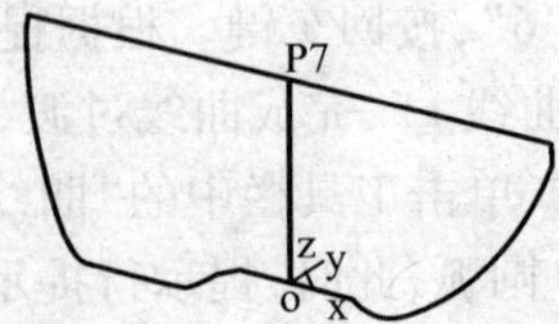

图 3－172　轴测图显示

(18) 单击工具栏中的“整圆”图标,在弹出的立即菜单中选择“圆心_半径”方式,根据提示行的提示,单击坐标原点,按回车键,在弹出的输入框中输入半径“8”后按回车键,完成 *R*8 圆的绘制;同样,单击点 P7,按回车键,在弹出的输入框中输入半径“42.5”后按回车键,完成 *R*85 圆的绘制,如图 3－173 所示。

(19) 单击工具栏中的“删除”图标,根据提示行的提示,修剪图形结果如图 3－174 所示。

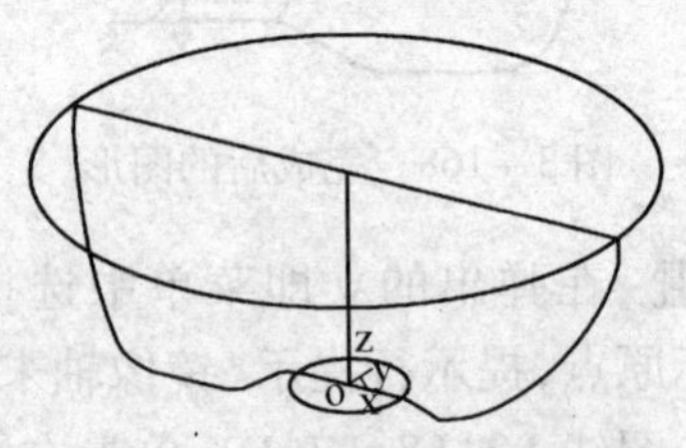

图 3－173　绘制 *R*8、*R*42.5 圆

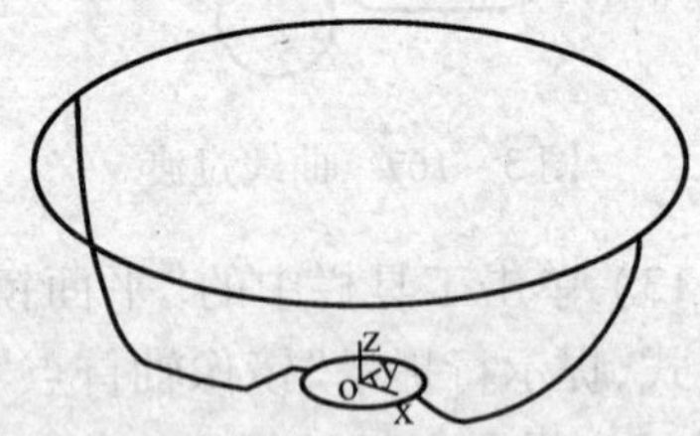

图 3－174　修剪结果

(20) 单击工具栏中的“曲线组合”图标,按空格键,单击“单个拾取”命令,根据提示行提示操作,完成左、右两曲线的曲线组合。

(21) 单击工具栏中的“平面旋转”图标,在弹出的立即菜单中按图 3－175 所示进行参数设置。提示行提示“旋转中心点”,单击坐标原点,提示行提示

“拾取元素”，单击左侧曲线，单击右键确定，生成旋转图线；再将立即菜单中的“拷贝”改为“移动”，“角度”改为“－11.2”，根据提示行提示“旋转中心点”，单击坐标原点，提示行提示“拾取元素”，单击左侧曲线，单击右键确定，生成另一旋转图线，旋转结果如图3－176所示。

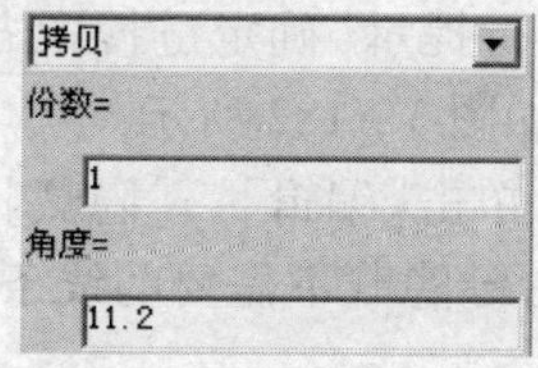

图3－175　“平面旋转”立即菜单

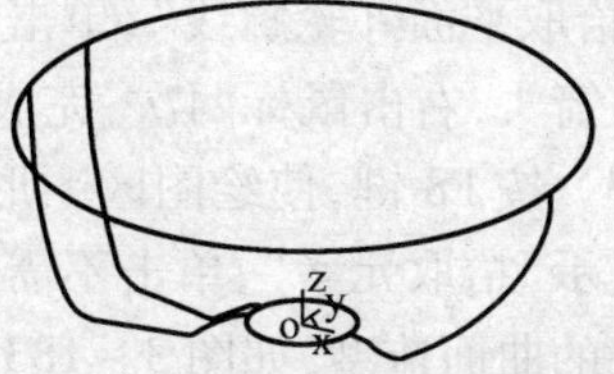

图3－176　“旋转”结果

（22）单击工具栏中的“阵列”图标，在弹出的立即菜单中按图3－177所示进行参数设置。提示行提示“拾取元素”，单击左、右三条曲线，单击右键确定，提示行提示“输入中心点”，单击坐标原点，单击右键确定，阵列结果如图3－178所示。

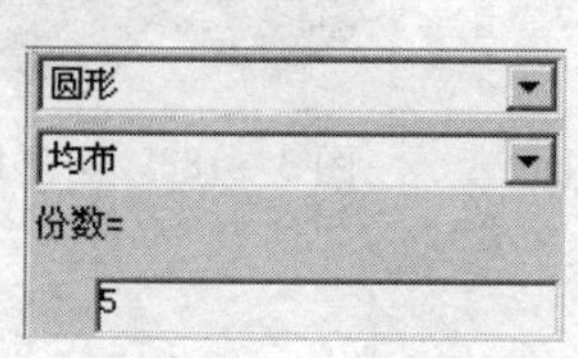

图3－177　“阵列”立即菜单

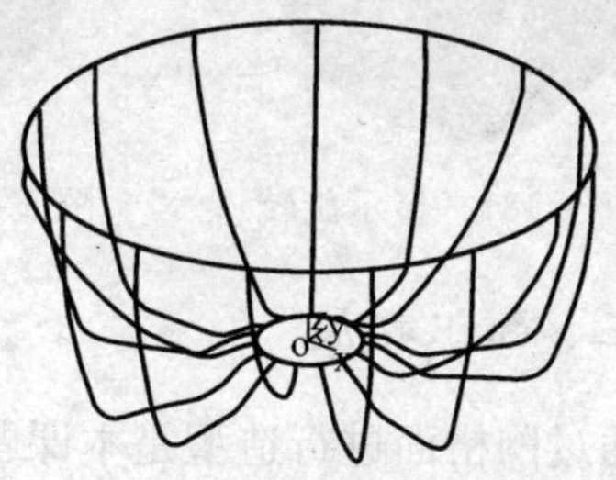

图3－178　“阵列”结果

2. 生成网格面

（1）按F5键，使XY平面呈主视图显示，如图3－179所示。

（2）单击工具栏中的“网格面”图标，提示行提示“拾取U向截面线”（通常，曲面的引导线方向是U向，曲面的截面线方向是V向），依次单击U1、U2、U3、…、U15，单击右键确定，提示行提示“拾取V向截面线”，单击V1、V2，单击右键确定，生成网格面如图3－180所示。

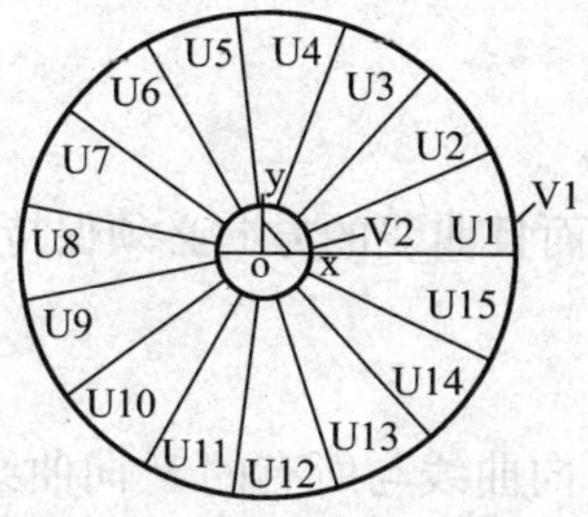

图3－179　拾取顺序及位置

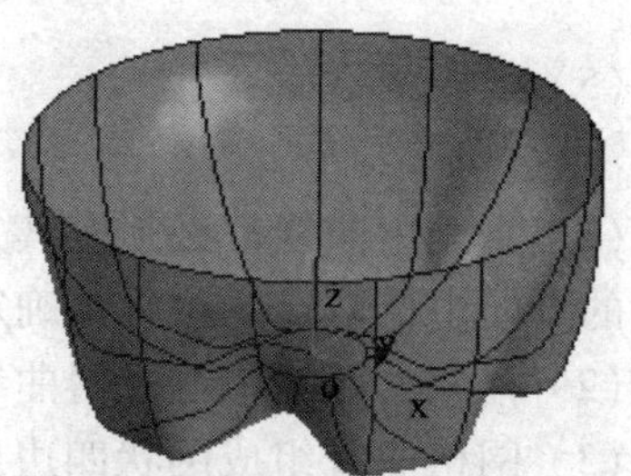

图3－180　生成网格面

3. 生成底平面

(1) 单击工具栏中的“显示旋转”图标，旋转绘图区中的图形至如图 3－181 所示位置。

(2) 单击曲面工具栏中的“平面”图标，选择“裁剪平面”方式。提示行提示“拾取平面外轮廓线”，单击 *R*8 圆，此时提示行提示“确定链搜索方向”，单击任一箭头，右击鼠标两次，完成底平面的生成，如图 3－182 所示。

(3) 按 F8 键，使绘图区图形呈轴测图显示。单击[编辑]→[隐藏]命令，提示行提示“拾取元素”，单击不需要的线条，单击右键隐藏不需要的线条，完成可乐瓶底的曲面造型，如图 3－183 所示。

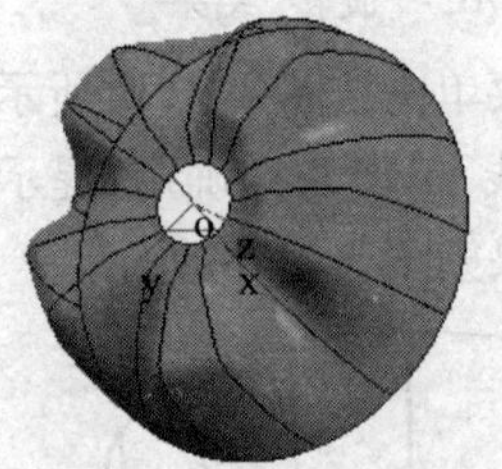

图 3－181　显示旋转

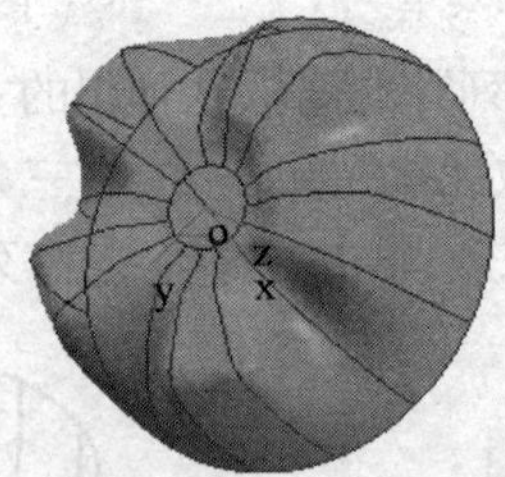

图 3－182　生成底平面

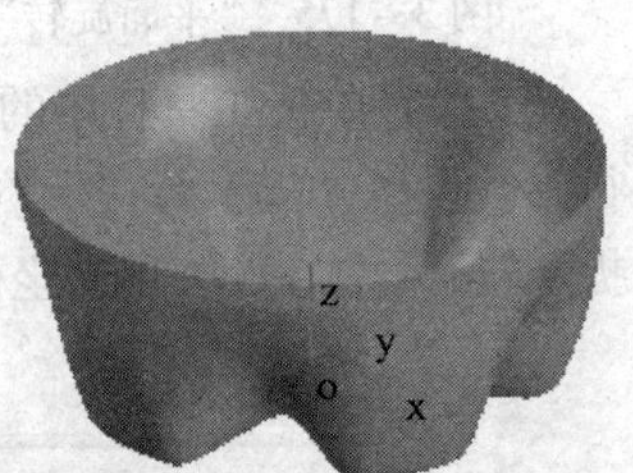

图 3－183　可乐瓶底

三、知识拓展

通过网格面进行造型是本课题的重点，网格面是以横竖相交的网格曲线确定曲面的初始骨架形状，然后用自由曲面插值特征网格线生成曲面。建立网格面的基本步骤如下。

(1) 绘制网格线。

(2) 单击“网格面”命令。

(3) 根据提示行提示拾取空间曲线为 U 向的截面线，拾取结束后单击右键确认。

(4) 根据提示行提示拾取空间曲线为 V 向的截面线，拾取结束后单击右键确认。

(5) 生成网格面。

注意：

(1) 每一组曲线都必须按其方位顺序拾取，而且曲线的方向必须保持一致，曲线的方向由拾取点的位置来确定；

(2) 拾取的曲线应是光滑曲线；

(3) 网格曲线组成网状四边形网格，每条 U 向曲线与所有的 V 向曲线都必须有交点，规则四边网格与不规则四边网格均可。

四、任务拓展

练习一:完成如图 3－184 所示工件的网格曲面造型。

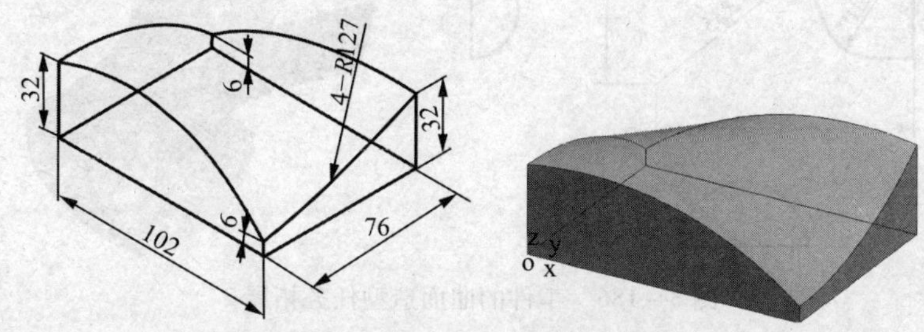

图 3－184　工件的曲面造型任务拓展 1

建模思路:建模过程如图 3－185 所示,说明如下。

(1) 绘制矩形,如图 3－185(a)所示。

(2) 绘制垂直线,如图 3－185(b)所示。

(3) 绘制圆弧,如图 3－185(c)所示。

(4) 生成网格面,如图 3－185(d)所示。

(5) 完成曲面造型,如图 3－185(e)所示。

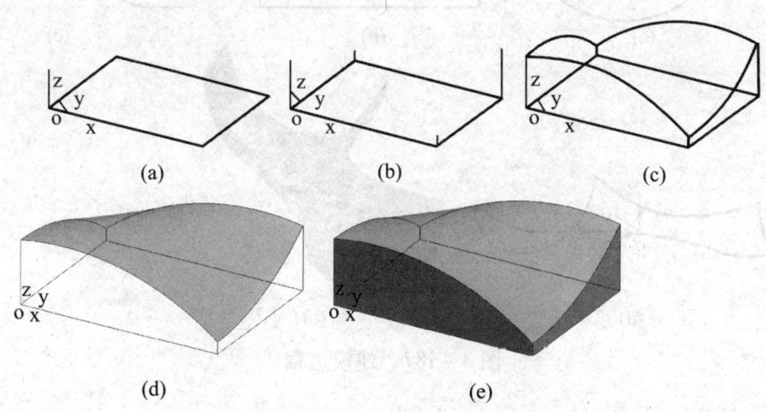

图 3－185　建模过程

练习二:完成如图 3－186 所示工件的网格曲面造型。

建模思路:建模过程如图 3－187 所示,说明如下。

(1) 绘制框架曲线,如图 3－187(a)所示。

(2) 进行曲线过渡,如图 3－187(b)所示。

(3) 删除正方形四边,并对两曲线进行曲线组合,如图 3－187(c)所示。

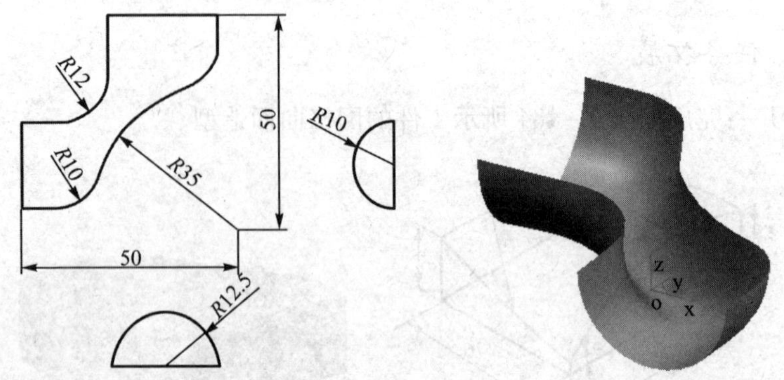

图 3－186　工件的曲面造型任务拓展 2

(4) 绘制空间圆弧 R10 及 R12.5，如图 3－187(d)所示。

(5) 生成网格面，如图 3－187(e)所示。

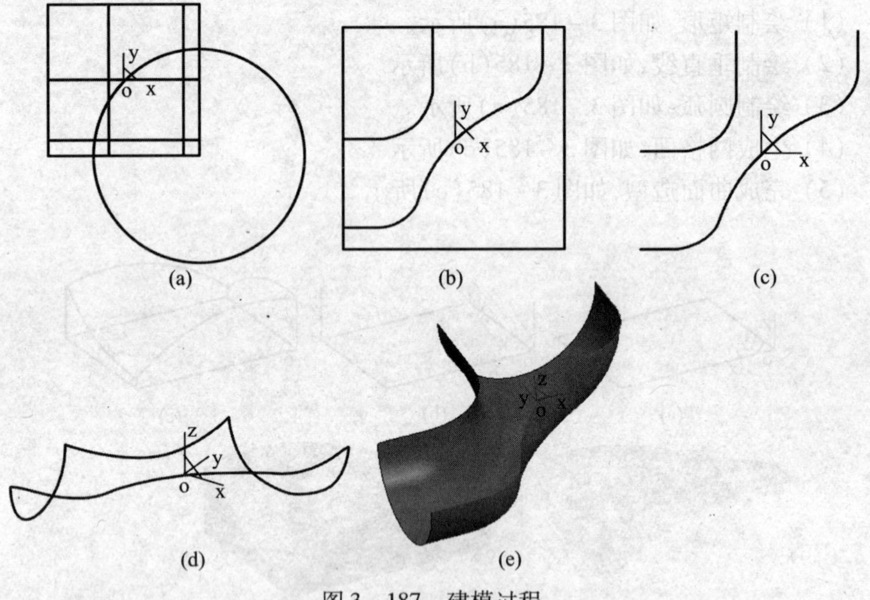

图 3－187　建模过程

课题 8　实 体 表 面

一、任务描述

试完成如图 3－188 所示工件的曲面造型。

知识点与技能点：实体表面、拉伸增料、导动除料。

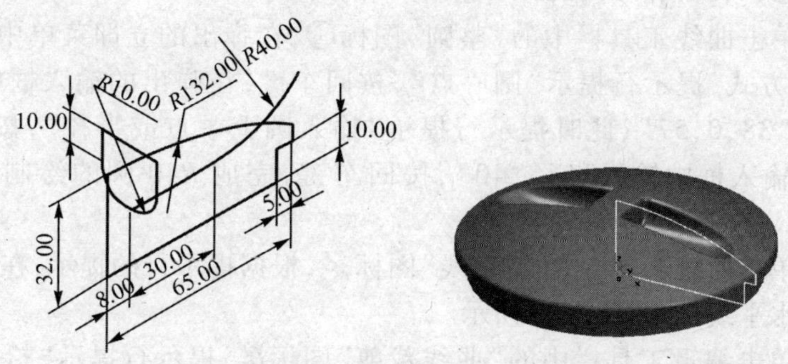

图 3－188　实体表面曲面造型实例

二、任务实施

1. 生成构造曲线

1）绘制旋转截面轮廓

（1）启动 CAXA 2008，按 F7 键，使 XZ 平面呈主视图显示。

（2）单击曲线工具栏中的“整圆”图标，在弹出的立即菜单中选择“圆心_半径”方式，提示行提示“圆心点”，按回车键，在弹出的输入框中输入圆心点坐标“0，0，－100”，此时提示行提示“输入圆上一点或半径”，按回车键，在弹出的输入框中输入半径“132”，按回车键，完成 *R*132 圆的绘制。

（3）单击曲线工具栏中的“直线”图标，在弹出的立即菜单中按图 3－189 所示进行参数设置。根据提示行的提示，按回车键，依次输入点坐标“0，0，0”、“60，0，0”、“60，0，10”、“65，0，10”和“65，0，25”，完成直线绘制，如图 3－190 所示。用同样的方法，输入点坐标“0，0，0”和“0，0，40”，绘制一条过 Z 轴的直线。

（4）单击编辑工具栏中的“曲线裁剪”图标，提示行提示“拾取被裁剪线”，单击多余的线条，生成旋转截面轮廓，如图 3－191 所示。

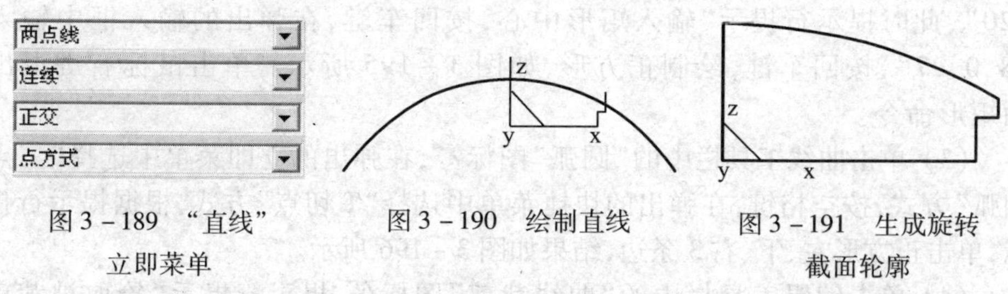

图 3－189　“直线”立即菜单　　图 3－190　绘制直线　　图 3－191　生成旋转截面轮廓

2）绘制导动线

（1）单击曲线工具栏中的“直线”图标，根据提示行的提示，按回车键，输入点坐标“8,0,17”和“38,0,17”,绘制一条水平线。

(2) 单击曲线工具栏中的“整圆”图标,在弹出的立即菜单中选择“圆心_半径”方式,提示行提示“圆心点”,按回车键,在弹出的输入框中输入圆心点坐标“38,0,57”,此时提示行提示“输入圆上一点或半径”,按回车键,在弹出的输入框中输入半径“40”,按回车键,完成 $R40$ 圆的绘制如图 3 - 192 所示。

(3) 单击曲线工具栏中的“直线”图标,根据提示行的提示,在任意位置绘制一条水平线,如图 3 - 193 所示。

(4) 单击编辑工具栏中的“曲线裁剪”图标,提示行提示“拾取被裁剪线”,单击多余的线条,生成导动线,如图 3 - 194 所示。

(5) 单击工具栏中的“曲线组合”图标,按空格键,单击“单个拾取”命令,提示行提示“拾取曲线”,单击水平线,单击向右箭头,再单击 $R40$ 圆弧,完成曲线组合。

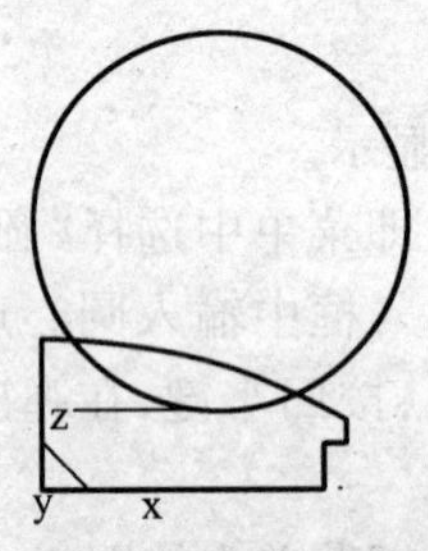
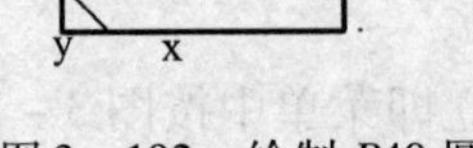

图 3 - 192 绘制 $R40$ 圆

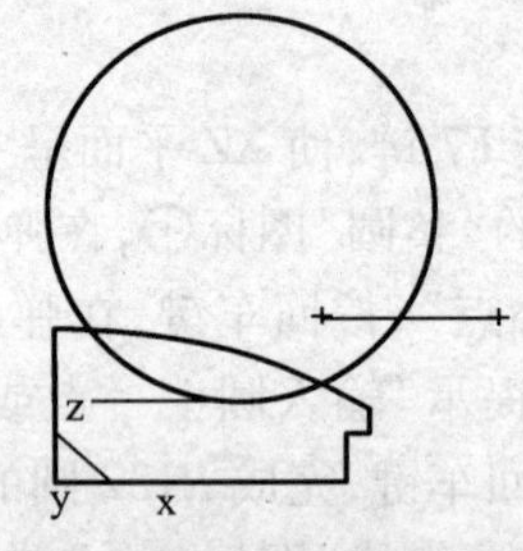

图 3 - 193 绘制一水平线

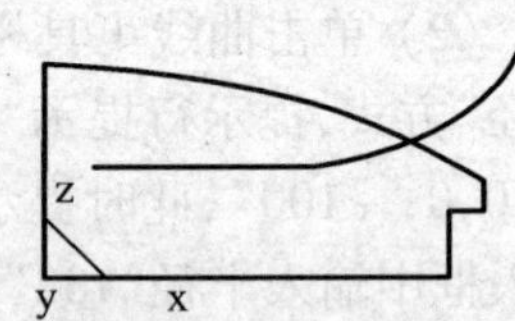

图 3 - 194 生成导动线

3) 绘制导动截面轮廓

(1) 按 F6 键,使 YZ 平面呈主视图显示。

(2) 单击曲线工具栏中的“矩形”图标,在弹出的立即菜单中单击“两点矩形”命令,切换到“中心_长_宽”方式,将“长度”和“宽度”均修改为“20”,此时提示行提示“输入矩形中心,按回车键,在弹出的输入框中输入“8,0,27”,按回车键,绘制正方形,如图 3 - 195 所示。单击鼠标右键退出画矩形命令。

(3) 单击曲线工具栏中的“圆弧”图标,在弹出的立即菜单中选择“三点圆弧”方式,按空格键,在弹出的快捷菜单中选择“T 切点”方式,根据提示行提示,单击正方形左、下、右 3 条边,结果如图 3 - 196 所示。

(4) 单击编辑工具栏中的“曲线裁剪”图标,提示行提示“拾取被裁剪线”,单击多余线条,完成曲线裁剪,如图 3 - 197 所示。

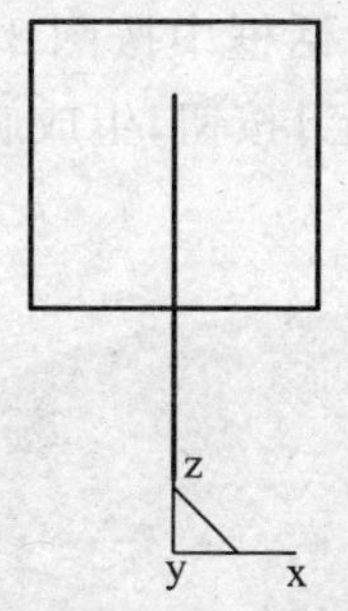

图3－195 绘制正方形

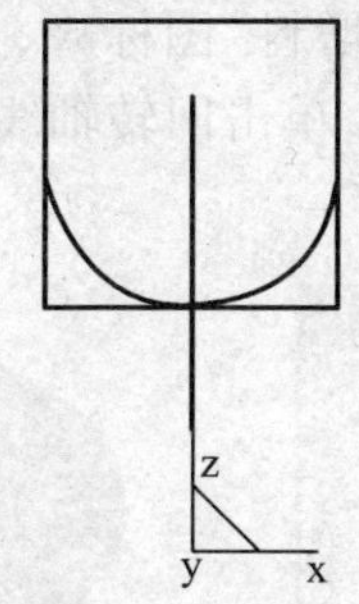

图3－196 “三点圆弧”

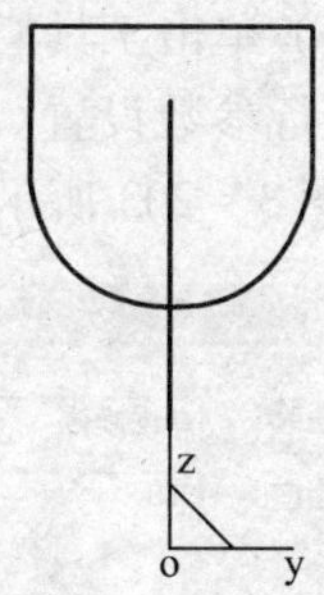

图3－197 曲线裁剪

(5) 按F8键,使绘图区图形呈轴测图显示。单击工具栏中的“旋转”图标,在弹出的立即菜单中按图3－198所示进行参数设置。提示行提示“旋转轴起点”,单击坐标原点,提示行继续提示“旋转轴末点”,单击垂直线末点,此时提示行提示“拾取元素”,单击导动线和导动截面轮廓,单击右键,旋转结果如图3－199所示。

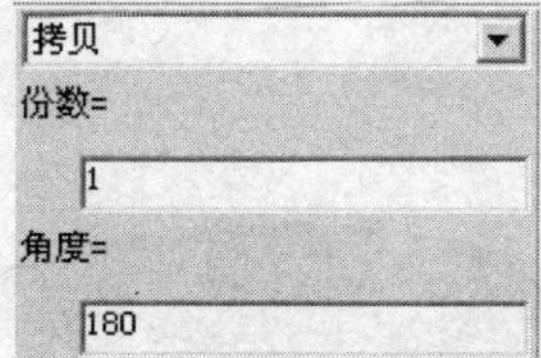

图3－198 “旋转”立即菜单

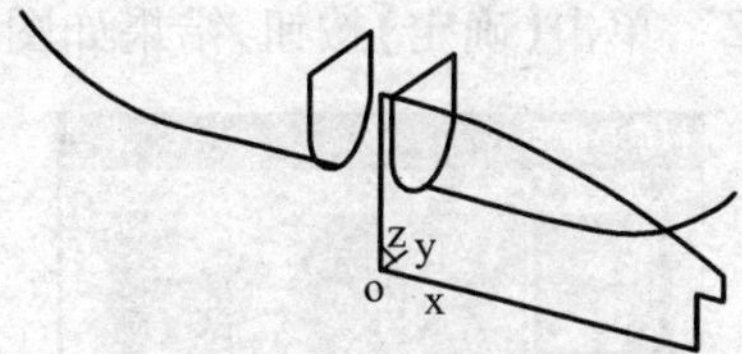

图3－199 “旋转”结果

2. 生成旋转实体

(1) 单击特征树中的“平面XZ”,按F2键,进入草图绘制。

(2) 单击工具栏中的“曲线投影”图标,提示行提示“拾取曲线”,单击旋转截面轮廓,结果如图3－200所示。

(3) 单击状态工具栏中的“绘制草图”图标,退出草图状态。

(4) 单击曲线工具栏中的“直线”图标,根据提示行的提示,按回车键,输入点坐标“0,0,0”和“0,0,40”,绘制如图3－201所示的回转轴线。回转轴线必须是非草图平面内的空间直线。

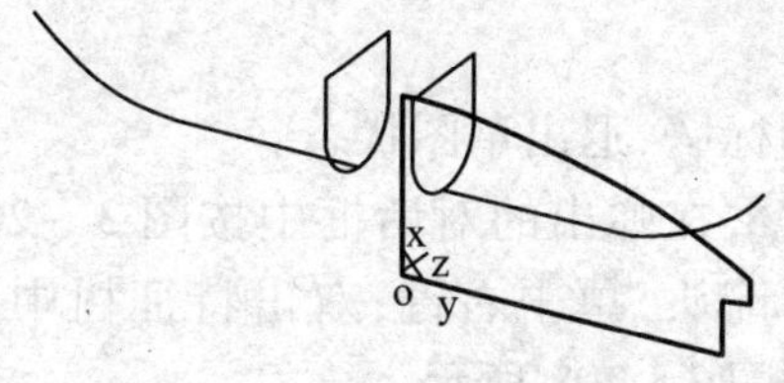

图3－200 曲线投影

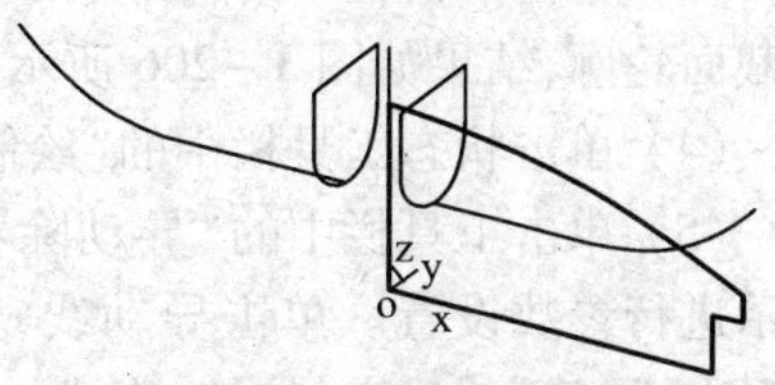

图3－201 绘制回转轴线

(5) 单击工具栏中的"旋转增料"图标，在弹出的对话框中按图 3-202 所示进行参数设置。单击草图 0，单击回转轴线，单击【确定】按钮，生成旋转实体，如图 3-203 所示。

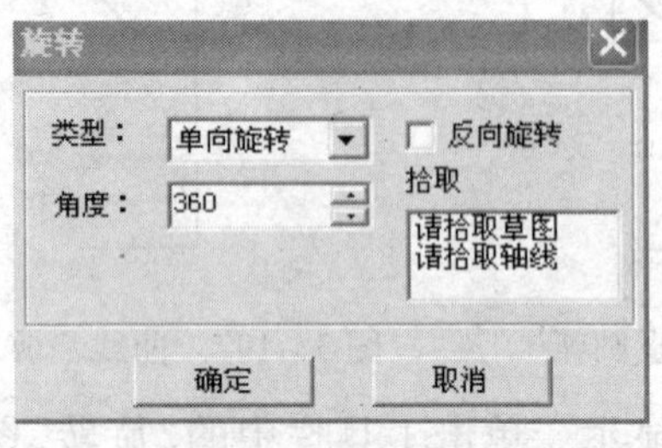

图 3-202 "旋转增料"对话框

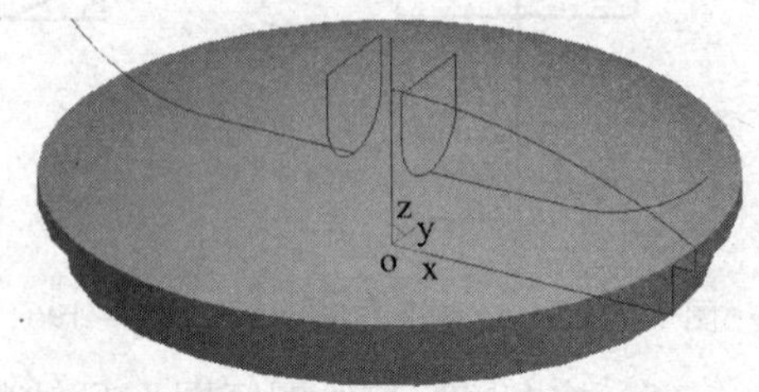

图 3-203 生成旋转实体

3. 导动除料

(1) 单击特征工具栏中的"构造基准面"图标，在弹出的对话框中按图 3-204 所示进行参数设置。提示行提示"拾取一张平面"，单击特征树中的"平面 YZ"，单击【确定】按钮，结果如图 3-205 所示。

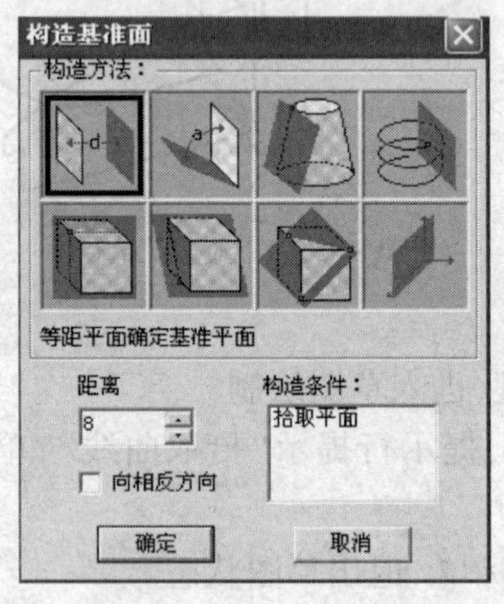

图 3-204 "构造基准面"对话框

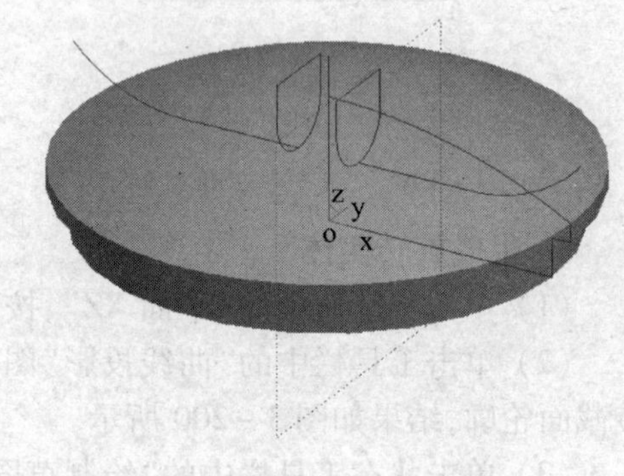

图 3-205 构造基准面

(2) 单击特征树中的"平面 3"，按 F2 键，进入草图绘制。

(3) 单击工具栏中的"曲线投影"图标，提示行提示"拾取曲线"，单击导动截面轮廓，结果如图 3-206 所示。

(4) 单击状态工具栏中的"绘制草图"图标，退出草图状态。

(5) 单击工具栏中的"导动除料"图标，在弹出的对话框中按图 3-207 所示进行参数设置。单击导动线，单击向右箭头，单击右键；双击特征树中的"草图 1"，单击【确定】按钮，生成的导动面如图 3-208 所示。

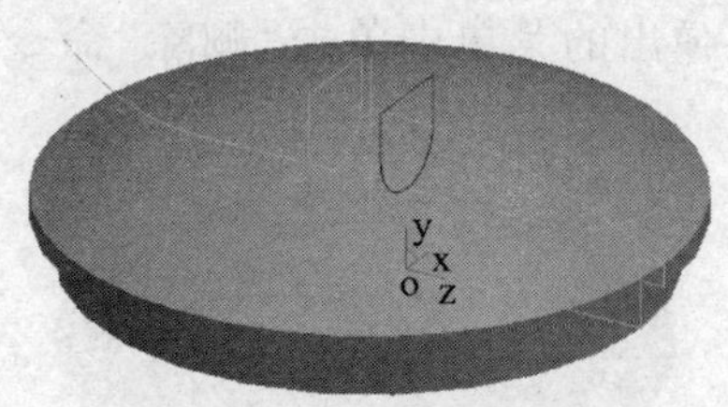

图 3－206 曲线投影

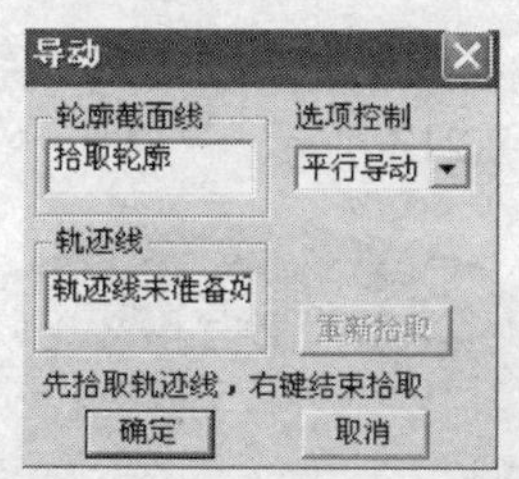

图 3－207 “导动”对话框

（6）用同样的方法，完成左边的导动除料，如图 3－209 所示。

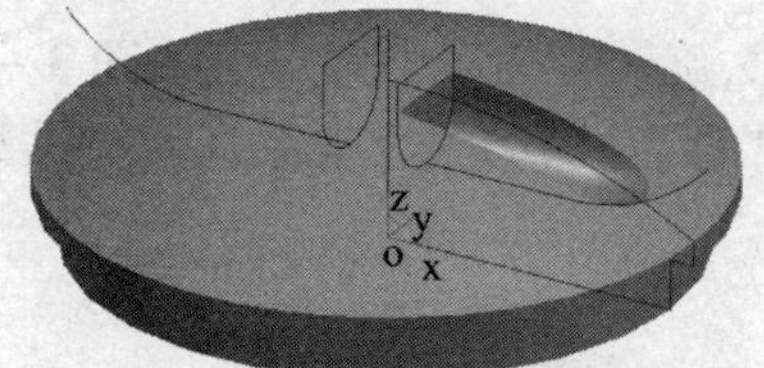

图 3－208 生成导动面

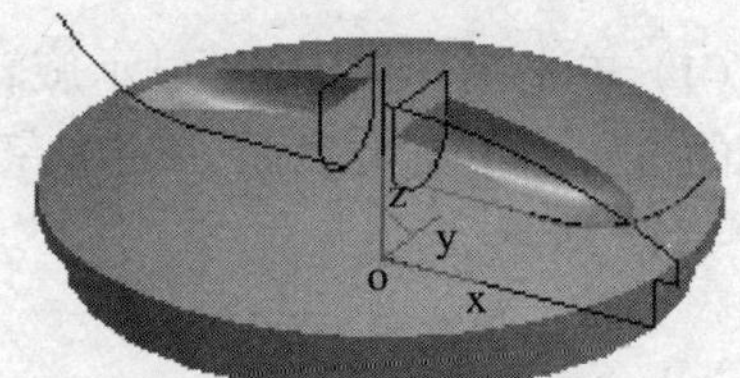

图 3－209 完成导动除料

4. 删除对象

单击工具栏中的“删除”图标，提示行提示“请拾取要删除的元素”，单击构造曲线，单击右键删除不需要的线条，结果如图 3－210 所示。

5. 过渡

（1）单击工具栏中的“过渡”图标，在随即弹出的“过渡”对话框中，将“半径”设置为“2”，在“需过渡的元素”下单击“面”选项。

（2）根据提示行提示“拾取要过渡的边或面”，单击实体上表面（曲面）和导动面的交线，单击【确定】按钮，结果如图 3－211 所示。

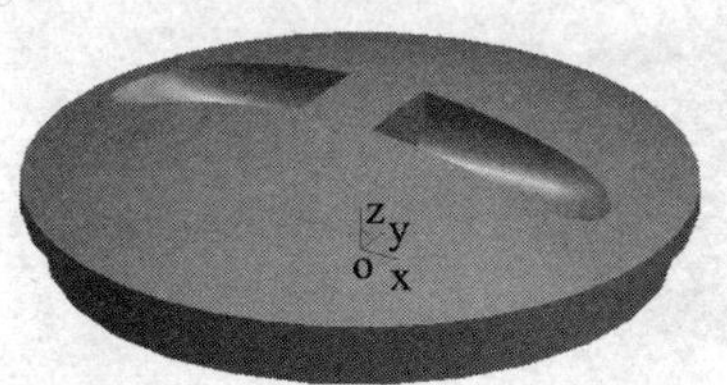

图 3－210 删除不需要的线条

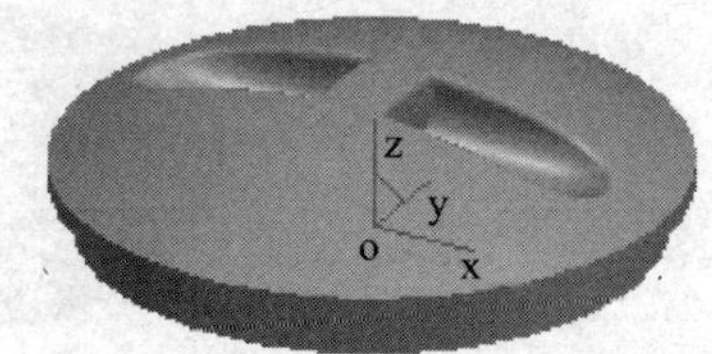

图 3－211 *R*2 过渡

6. 生成实体表面

（1）单击曲面工具栏中的“实体表面”图标，在随即弹出的立即菜单中选择“所有表面”命令。

（2）根据提示行提示“拾取实体表面”，单击绘图区中的实体，系统运算片刻后，完成实体表面的生成，如图 3－212 所示。

（3）右击特征树中的“旋转增料 0”，在弹出的菜单中单击“删除”命令，结果如图 3－213 所示。

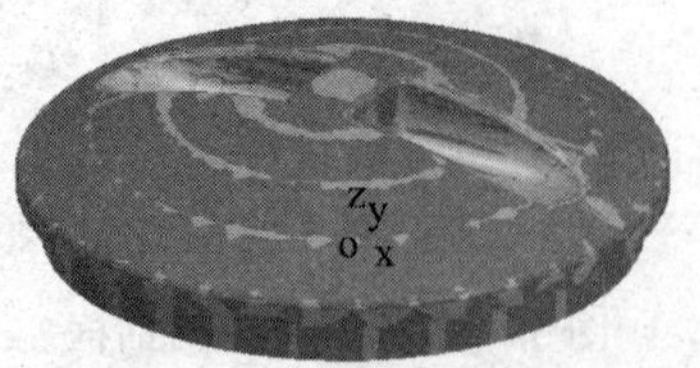

图 3－212 生成实体表面

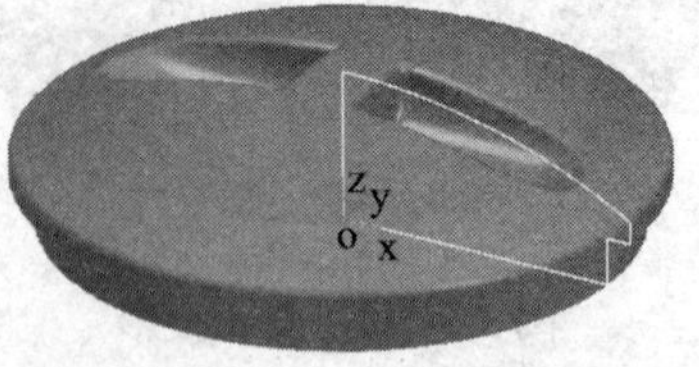

图 3－213 “删除”实体

（4）单击工具栏中的“显示旋转”图标，旋转绘图区中图形至如图 3－214 所示的位置。单击上表面，单击右键，在弹出的菜单中单击“删除”命令，结果如图 3－215 所示。

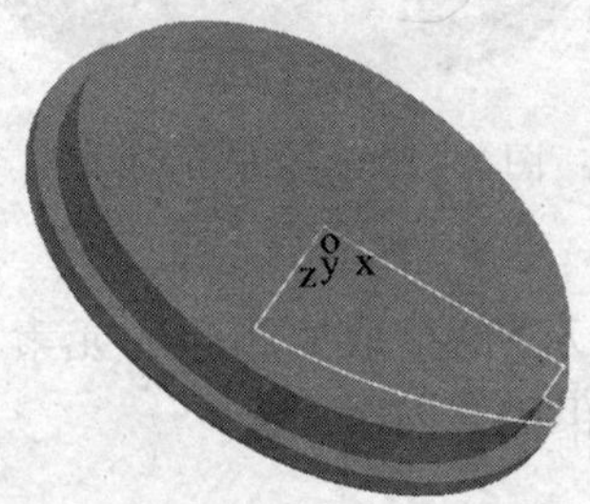

图 3－214 显示旋转

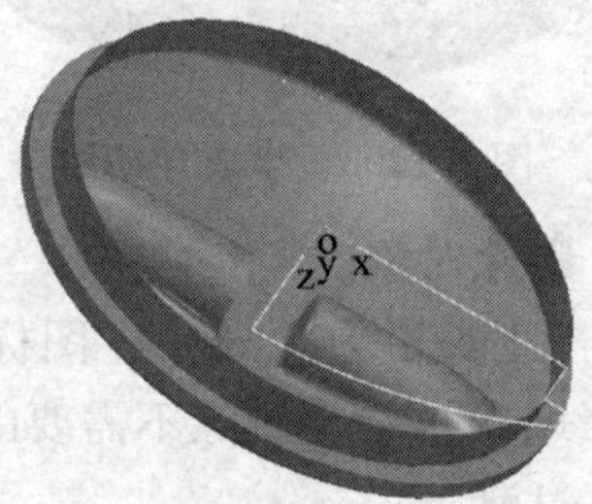

图 3－215 “删除”上表面

（5）按 F8 键，使绘图区图形呈轴测图显示。完成后的实体表面如图 3－216 所示。

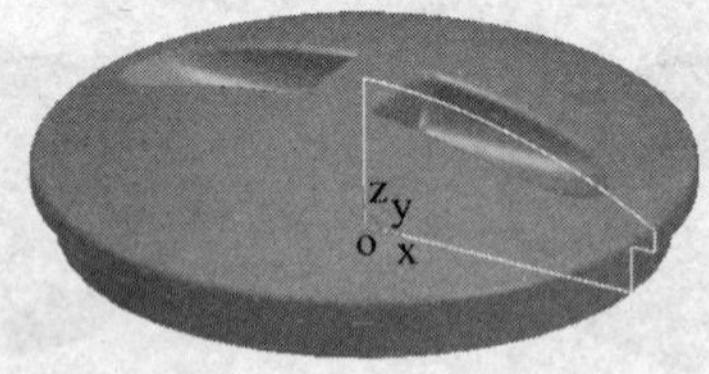

图 3－216 完成后的实体表面

三、知识拓展

通过实体表面进行造型是本课题的重点，实体表面是把通过特征生成的实体表面剥离出来而形成一个独立的面，包括“拾取表面”和“所有表面”两种方式。

建立实体表面的基本步骤如下。

(1) 生成相应的实体。

(2) 单击“实体表面”图标。

(3) 按提示拾取实体表面。拾取结束后单击右键确认。

(4) 删除相应的实体。

注意:

(1) 利用生成的实体生成实体表面的曲面,是生成曲面的一种有效方法,要注意合理灵活运用;

(2) 为了便于选择生成的实体表面,可通过单击[设置]→[拾取过滤装置]命令设置相应的拾取类型。

四、任务拓展

练习一:完成如图3-217所示漏斗的曲面造型。

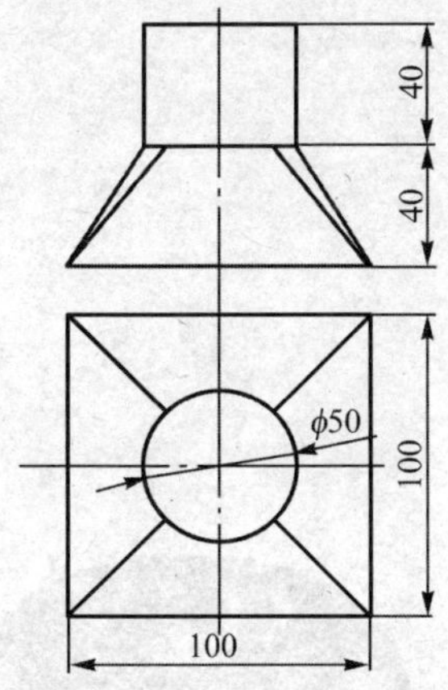

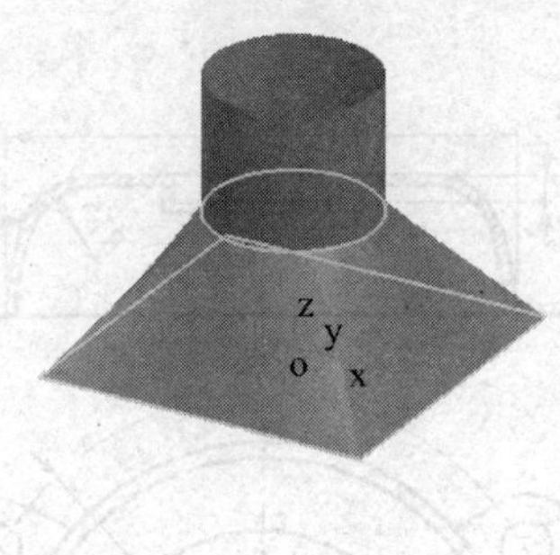

图3-217　漏斗的曲面造型任务拓展

建模思路:建模过程如图3-218所示,说明如下。

(1) 绘制框架曲线,并将φ50圆打断成4段,如图3-218(a)所示。

(2) 将φ50圆向上移动40mm,如图3-218(b)所示。

(3) 放样生成“上圆下方”的实体,如图3-218(c)所示。

(4) 拉伸增料生成φ50×40圆柱体,如图3-218(d)所示。

(5) 通过“实体表面”中的“拾取表面”方式,生成漏斗曲面,如图3-218(e)所示。

练习二:完成如图3-219所示工件的曲面造型。

建模思路:建模过程如图3-220所示,说明如下。

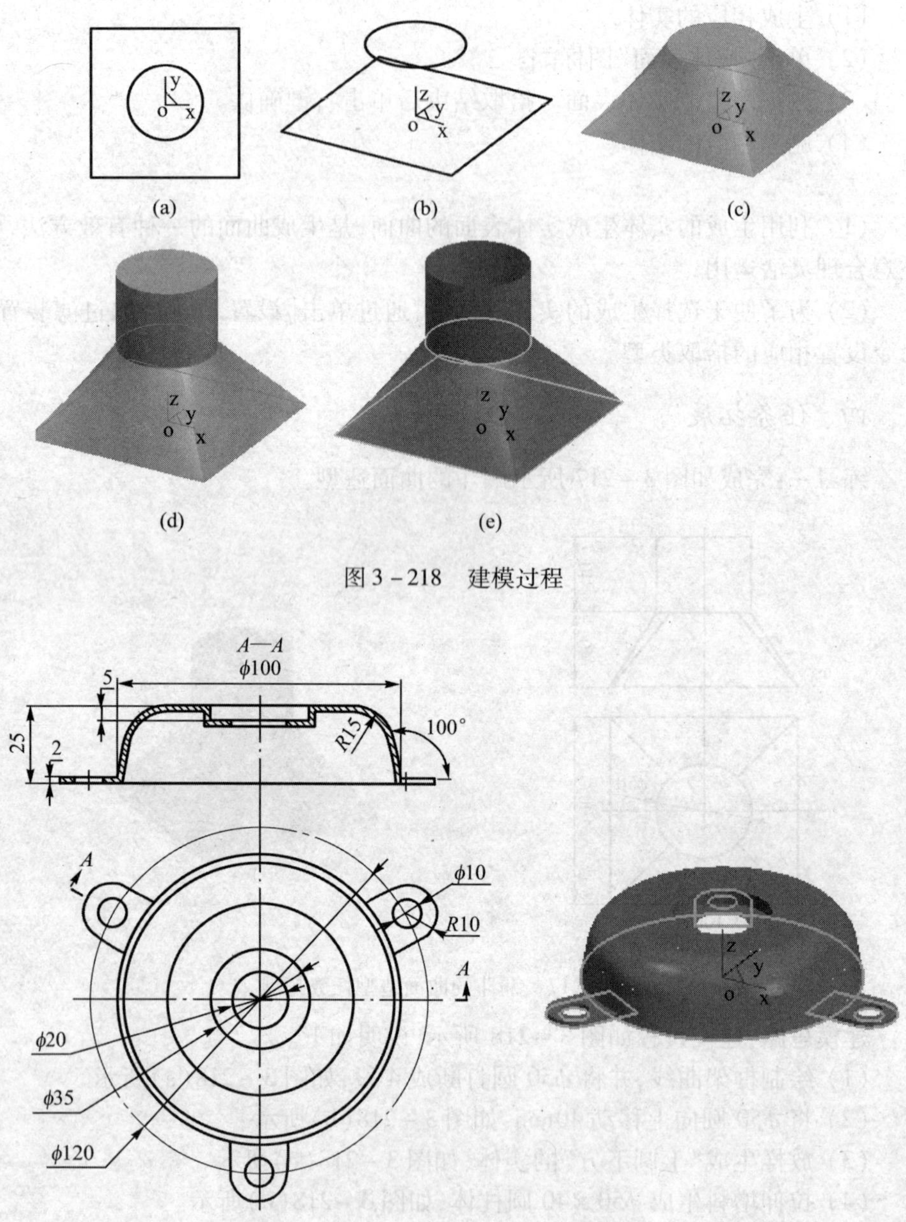

图 3 - 218 建模过程

图 3 - 219 实体表面曲面造型任务拓展

(1) 选择 XY 平面为草图平面，绘制 ϕ100 圆，如图 3 - 220(a)所示。

(2) 拉伸增料生成圆锥体，如图 3 - 220(b)所示。

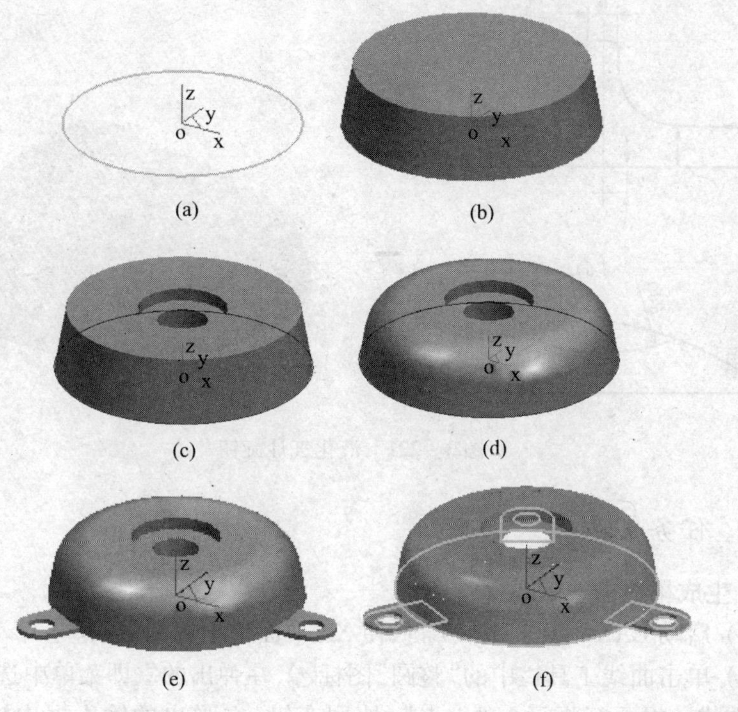

图3－220　建模过程

（3）利用“等距平面”命令构造平行于“XY平面”的基准面，绘制草图 $\phi35$ 圆和 $\phi20$ 圆，拉伸除料，如图3－220（c）所示。

（4）利用“过渡”命令过渡圆锥体，如图3－220（d）所示。

（5）选择XY平面为草图平面，绘制三个凸耳，拉伸增料，如图3－220（e）所示。

（6）通过“实体表面”中的“所有表面”方式，生成实体表面曲面，删除底面，结果如图3－220（f）所示。

课题9　曲面造型综合实例

一、任务描述

试完成如图3－221所示液化气灶旋钮的曲面造型。

知识点与技能点：旋转面、导动面、曲面裁剪、曲面过渡、平面旋转。

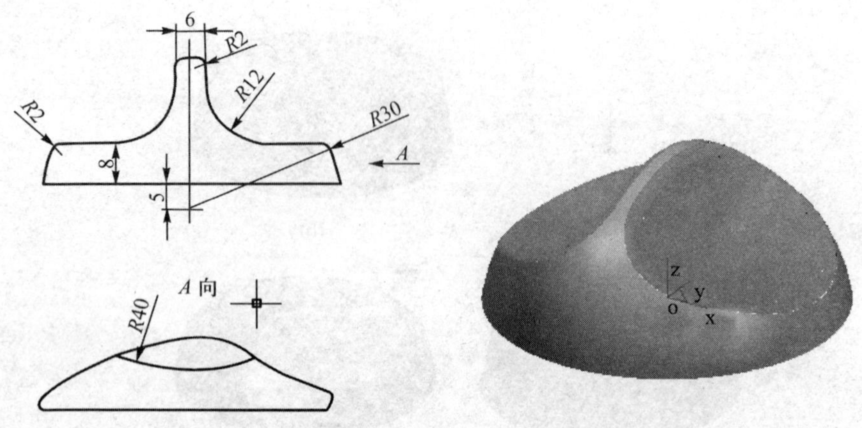

图 3 - 221　液化气灶旋钮

二、任务实施

1. 生成构造曲线

（1）启动 CAXA 2008，按 F7 键，使 XZ 平面呈主视图显示。

（2）单击曲线工具栏中的“整圆”图标，在弹出的立即菜单中选择“圆心_半径”方式。提示行提示“圆心点”，按回车键，在弹出的输入框中输入“0,0，-5”后按回车键，此时，提示行提示“输入圆上一点或半径”，按回车键，在随即弹出的输入框中输入半径“30”，单击右键结束 *R*30 圆的绘制。用同样的方法，输入圆心点坐标“15,0,20”及半径“12”，单击右键结束 *R*12 圆的绘制，结果如图 3 - 222 所示。

（3）单击工具栏中的“直线”图标，在弹出的立即菜单中单击“非正交”命令，切换到“正交”方式，绘制 5 条正交线，如图 3 - 223 所示。

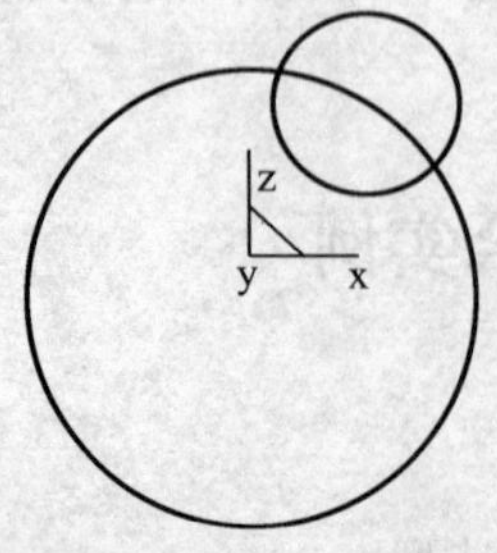

图 3 - 222　圆的绘制

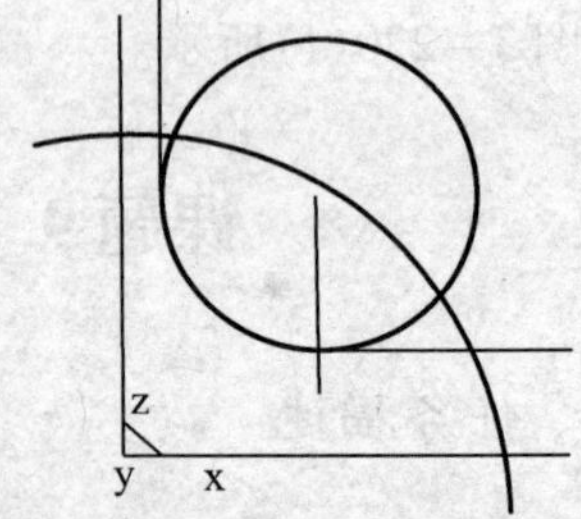

图 3 - 223　绘制 5 条正交线

(4) 单击工具栏中的“曲线裁剪”图标，提示行提示“拾取被裁剪线(选择被剪掉的段)”，分别拾取被剪对象；单击工具栏中的“删除”图标，此时，提示行提示“请拾取要删除的元素”，单击要删除的对象，结果如图3-224所示。

(5) 单击工具栏中的“曲线组合”图标，此时，提示行提示“拾取曲线”，按空格键，在弹出的菜单中选择“链拾取”命令，如图3-225所示。单击如图3-226所示直线1，提示行提示“确定链搜索方向”，单击向左箭头，单击右键完成曲线组合。

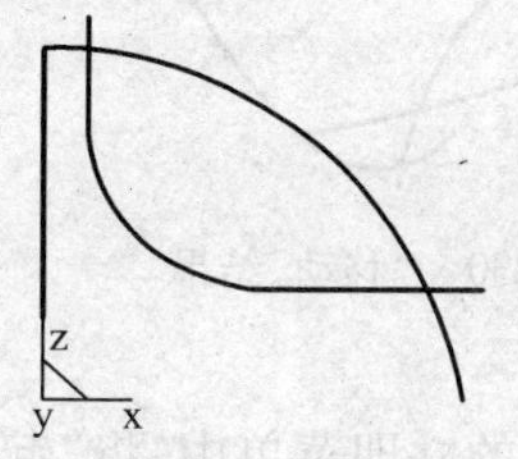

图3-224 编辑结果

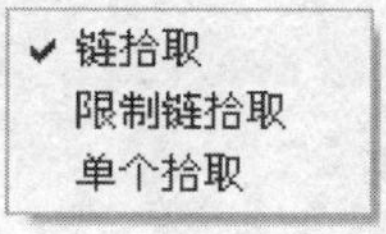

✔ 链拾取
限制链拾取
单个拾取

图3-225 拾取方式选择

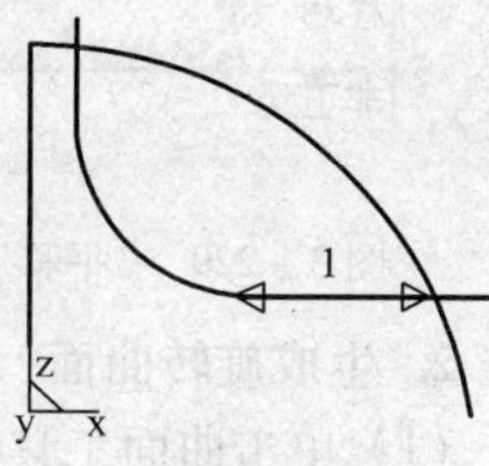

图3-226 曲线组合

(6) 按F6键，使YZ平面呈主视图显示。

(7) 单击曲线工具栏中的“整圆”图标，在弹出的立即菜单中选择“圆心_半径”方式。提示行提示“圆心点”，按回车键，在弹出的输入框中输入“0,0,48”后按回车键，此时，提示行提示“输入圆上一点或半径”，按回车键，在随即弹出的输入框中输入半径“40”，单击右键结束$R40$圆的绘制。

(8) 单击工具栏中的“直线”图标，在弹出的立即菜单中单击“非正交”命令，切换到“正交”方式，绘制一水平线，如图3-227所示。

(9) 单击工具栏中的“曲线裁剪”图标，此时，提示行提示“拾取被裁剪线(选择被剪掉的段)”，拾取上半圆，将其剪去；单击工具栏中的“删除”图标，此时，提示行提示“请拾取要删除的元素”，单击要删除的直线，单击右键，按F8键，使绘图区图形呈轴测图显示，编辑结果如图3-228所示。

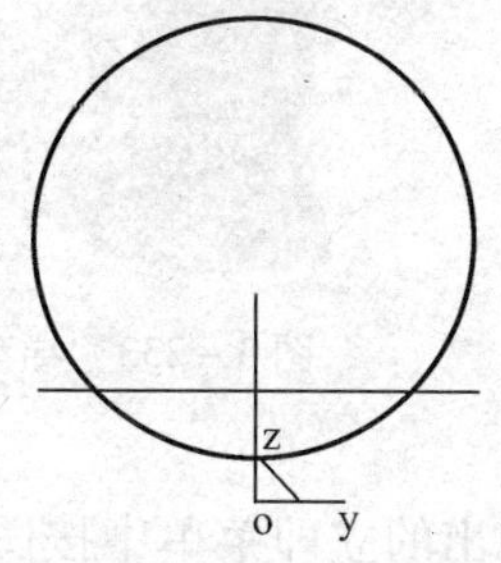

图3-227 绘制圆和直线

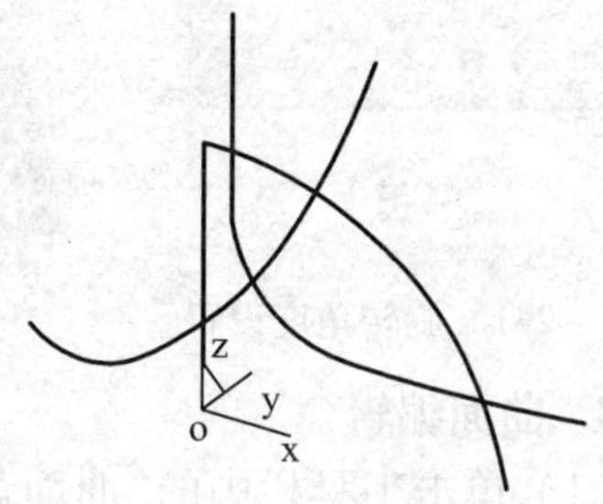

图3-228 编辑结果

（10）单击工具栏中的“平移”图标，在弹出的立即菜单中选择“两点”和“移动”方式，如图3－229所示。此时，提示行提示“拾取元素”，单击R40圆弧，单击右键确定；提示行提示“输入基点”，将鼠标光标移到R40圆弧上，捕捉到其中点后单击该点；提示行继续提示“输入目标点”，拖动光标到组合曲线的端点后单击该点，单击右键结束“平移”命令，移动结果如图3－230所示。

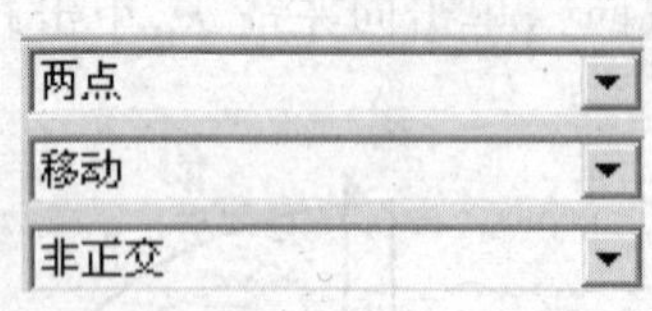

图3－229 “平移”立即菜单

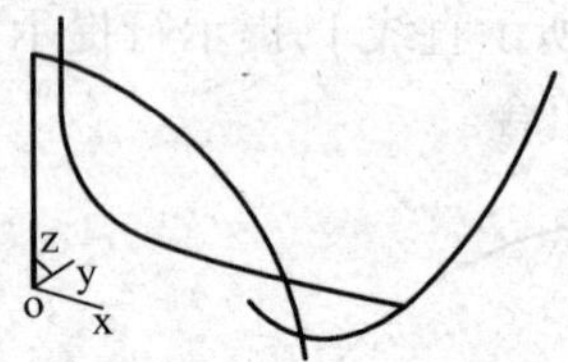

图3－230 “移动”结果

2. 生成旋转曲面

（1）单击曲面工具栏中的“旋转面”图标，在弹出的立即菜单中，将“起始角”和“终止角”分别设置为“－90”和“90”，如图3－231所示。

（2）提示行提示“拾取旋转轴（直线）”，单击通过Z轴的直线，此时提示行提示“选择方向”，单击向上箭头；提示行继续提示“拾取母线”，单击R30圆弧，结果如图3－232所示，单击右键结束旋转面命令。

3. 生成导动面

（1）单击曲面工具栏中的“导动面”图标，选择“平行导动”方式。

（2）提示行提示“拾取导动线”，单击组合曲线作为导动线。

（3）提示行提示“选择方向”，单击左向箭头。

（4）提示行提示“拾取截面曲线”，单击R40圆弧。

（5）单击右键结束导动面命令，其结果如图3－233所示。

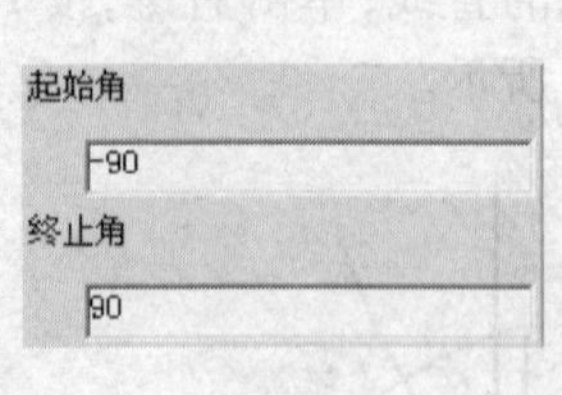

图3－231 旋转角度设置

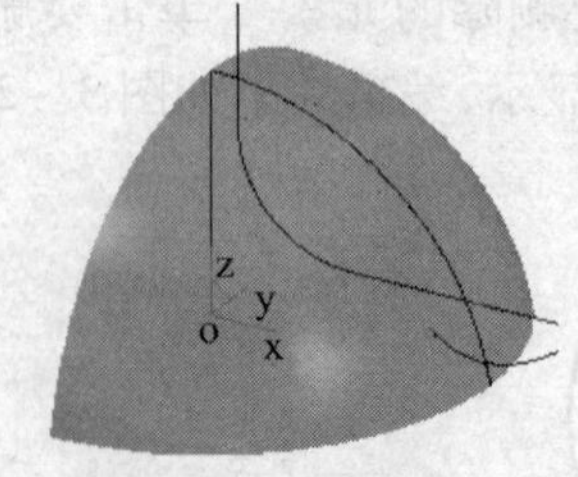

图3－232 旋转

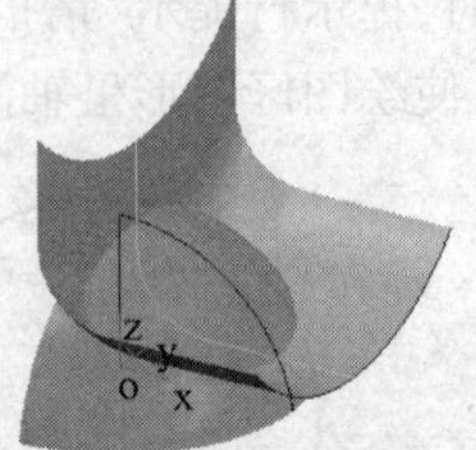

图3－233 导动面

4. 曲面编辑

（1）单击工具栏中的“曲面裁剪”图标，在弹出的立即菜单中按图3－234所示进行参数设置。

(2) 提示行提示“拾取被裁剪曲面(选取需保留的部分)”,单击导动面(进入旋转面的部分)。为了方便拾取,可单击工具栏中的“显示旋转”图标,旋转绘图区中曲面呈如图 3-235 所示状态,单击右键结束显示旋转命令。

(3) 提示行提示“拾取剪刀曲面”,单击旋转面(里面),按 F8 键,完成曲面裁剪,如图 3-236 所示。

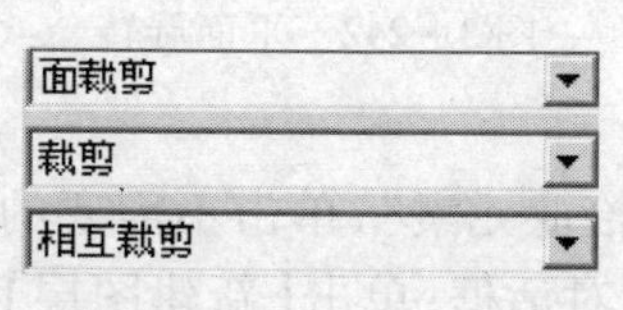

图 3-234　裁剪设置

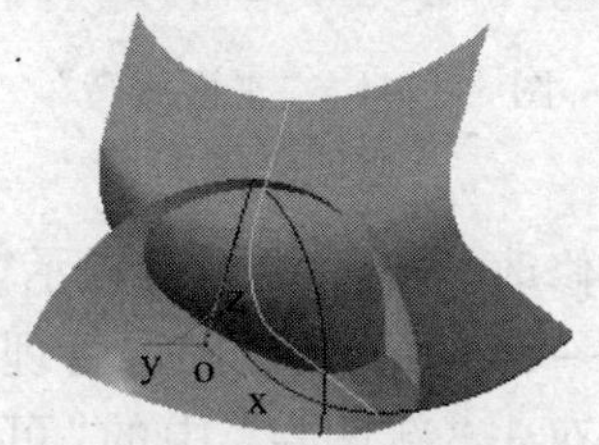

图 3-235　显示旋转 1

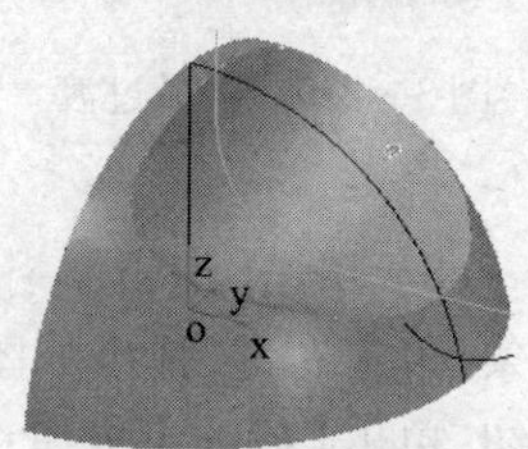

图 3-236　曲面裁剪

(4) 单击工具栏中的“曲面过渡”图标,在弹出的立即菜单中选择默认设置。

(5) 提示行提示“拾取第一张曲面”,单击导动面,出现如图 3-237 所示的双向箭头,提示行提示“选择方向”,单击向下箭头;提示行继续提示“拾取第二张曲面”,先单击工具栏中的“显示旋转”图标,旋转绘图区中曲面呈图 3-238 所示状态,单击右键结束显示旋转命令,再单击旋转面,出现如图 3-239 所示的双向箭头,提示行提示“选择方向”,单击向里箭头,单击右键结束曲面过渡。按 F8 键,其结果如图 3-240 所示。为确保曲面过渡成功,选择方向时,必须保证箭头相交。

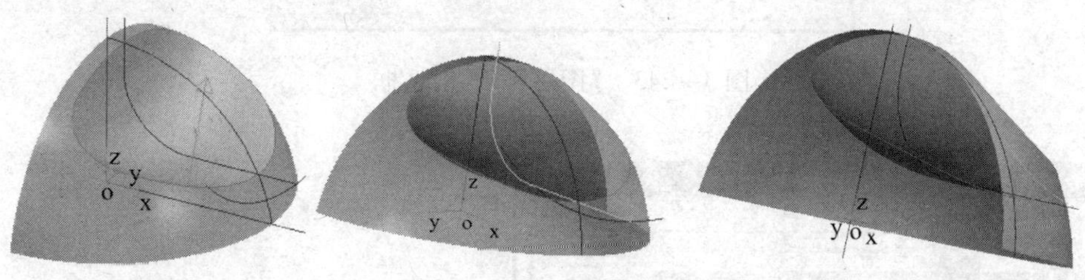

图 3-237　双向箭头(向下)　　图 3-238　显示旋转 2　　图 3-239　双向箭头(向里)

(6) 单击工具栏中的“平面旋转”图标,在弹出的立即菜单中按图 3-241 所示进行参数设置。

(7) 提示行提示“旋转中心点”(此时应注意按 F9 键切换到 XY 平面),单击坐标原点,提示行继续提示“拾取元素”,单击旋转面、过渡曲面、导动面,单击右键结束平面旋转命令,其结果如图 3-242 所示。

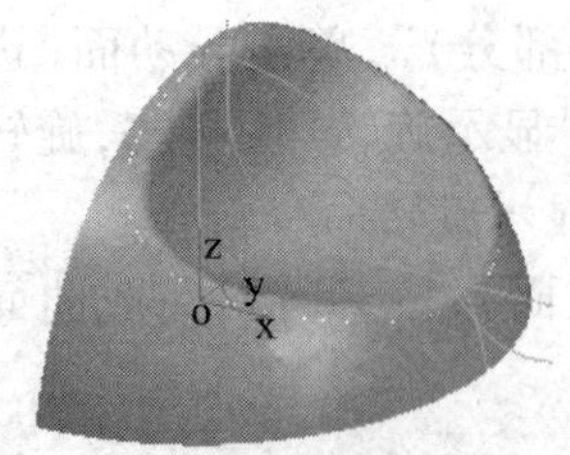

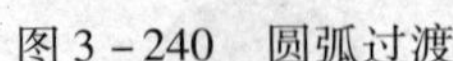
图 3-240　圆弧过渡

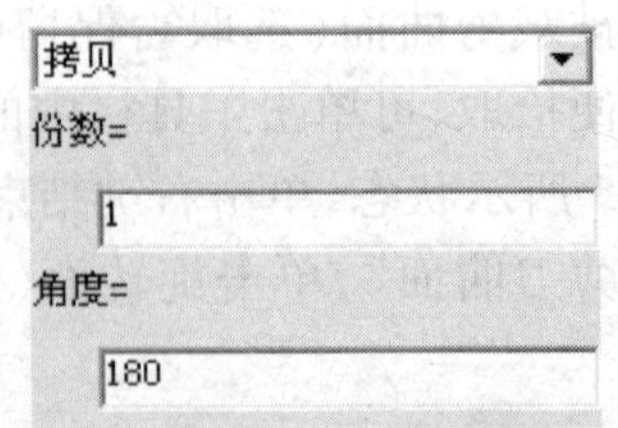

图 3-241　“平面旋转”立即菜单

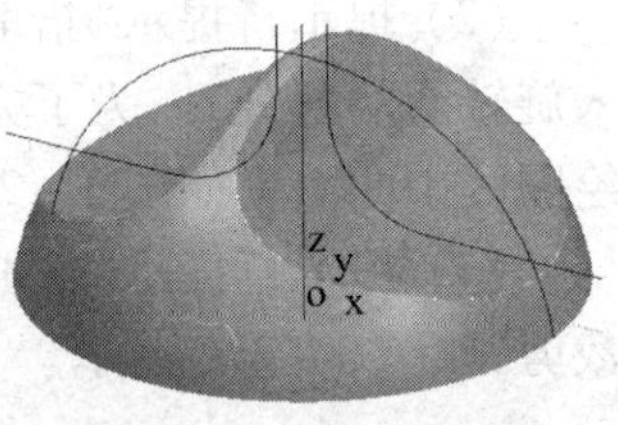

图 3-242　平面旋转

(8) 单击[编辑]→[层修改]命令,提示行提示“拾取元素”,单击不需要的线条,单击右键,弹出如图 3-243 所示的“图层管理”对话框;单击【新建图层】按钮,单击【确定】按钮;再双击“新图层”中的“可见”,使其变为“隐藏”,如图 3-244 所示,单击【确定】按钮,隐藏不需要的线条,完成液化气灶旋钮的曲面造型,如图 3-245 所示。

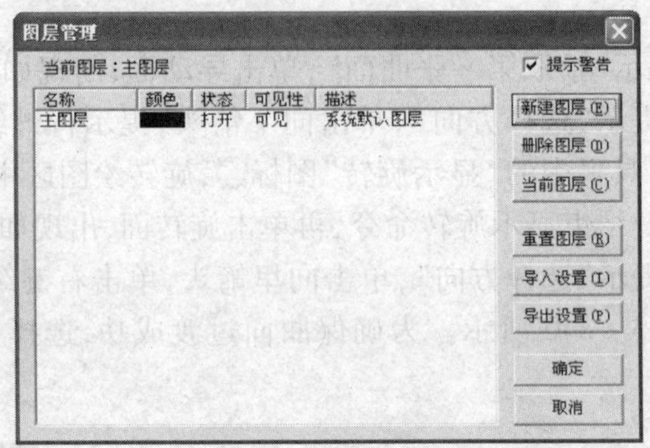

图 3-243　“图层管理”对话框

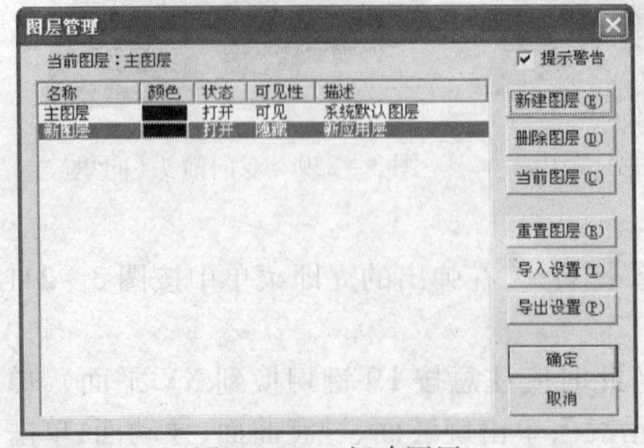

图 3-244　新建图层

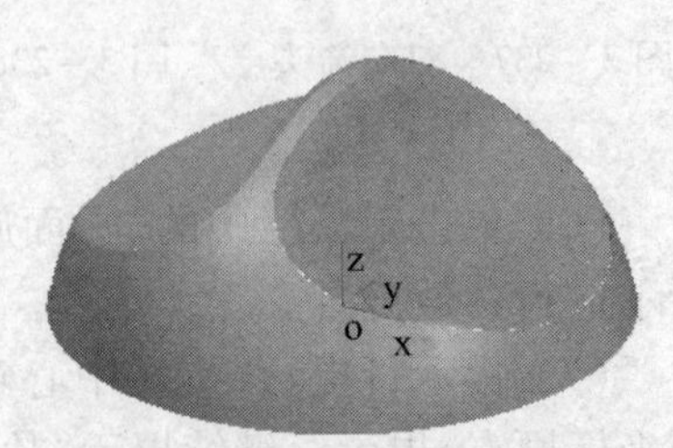

图 3-245　完成后的液化气灶旋钮

三、知识拓展

CAXA 2008 制造工程师的曲面造型包括"曲面生成"和"曲面编辑"。利用曲面编辑工具,可以对生成的简单曲面进行编辑,例如通过剪裁、过渡等操作,使其成为复杂的、符合要求的曲面。因此,掌握好编辑功能对于提高绘图速度及质量是非常必要的。

曲面编辑主要包括曲面剪裁、曲面过渡、曲面缝合、曲面拼接和曲面延伸五大功能。可以通过主菜单[造型]下的[曲面编辑]来启动,也可以直接在曲面编辑工具栏上单击相应的图标,如图 3－246 所示。

图 3－246　曲面编辑工具栏

1）曲面剪裁

曲面剪裁功能就是实现对生成的曲面进行修剪,去掉不需要的部分。在曲面裁剪功能中,可以选用各种曲线和曲面来修理和剪裁目标曲面,获得所需要的曲面形态,当然也可以将被裁剪了的曲面恢复原来的样子。

曲面裁剪包括投影线裁剪、等参数裁剪、线裁剪、面裁剪和裁剪恢复 5 种方式。

(1) 投影线裁剪是将空间曲线沿给定的固定方向投影到曲面上,并用投影面形成剪刀线来裁剪曲面,如图 3－247 所示。这里提醒注意的是,剪刀线与曲面边界线部分或全部重合时,可能会得到不正确的裁剪结果。另外,拾取的裁剪曲线沿指定投影方向向被裁剪曲面投影时必须有投影线,否则无法裁剪曲面。

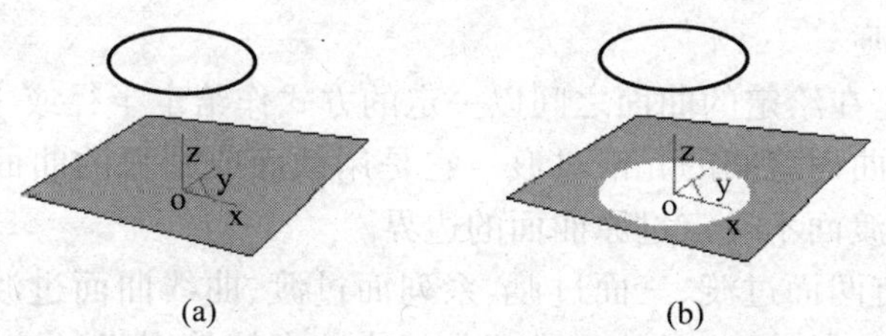

图 3－247　完成投影线裁剪

(a) 裁剪前;(b) 裁剪后。

(2) 等参数线裁剪是以曲面上给定的等参数线为剪刀线来裁剪曲面,包括裁剪和分裂两种方式。参数线的给定可以通过立即菜单选择"过点"或者"指定参数"方式来确定,如图 3－248 所示。

（3）线裁剪是利用曲面上的曲线沿曲面法矢方向投影到曲面上，形成剪刀线来裁剪曲面，如图 3－249 所示。

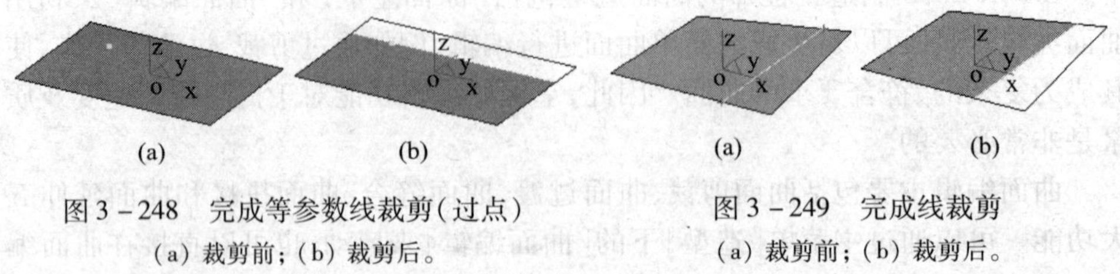

图 3－248　完成等参数线裁剪（过点）
（a）裁剪前；（b）裁剪后。

图 3－249　完成线裁剪
（a）裁剪前；（b）裁剪后。

（4）面裁剪是先利用剪刀曲面和被裁剪曲面求得交线，再用求得的交线作为剪刀线来裁剪曲面，如图 3－250 所示。

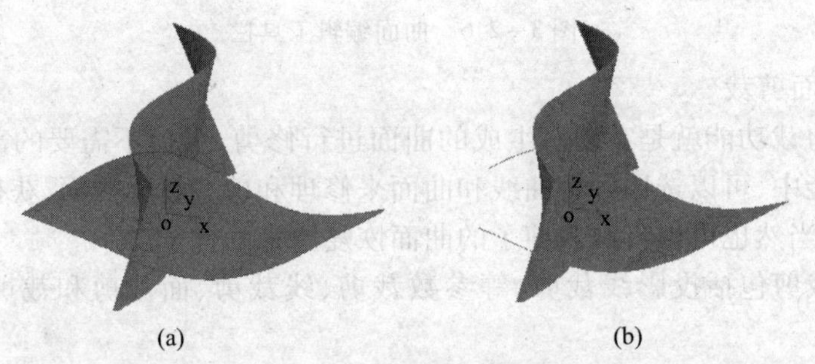

图 3－250　完成面裁剪
（a）裁剪前；（b）裁剪后。

（5）裁剪恢复是将拾取到的曲面裁剪部分恢复到没有裁剪的状态。如果拾取的裁剪边界是内边界，系统将取消对该边界施加的裁剪。如果拾取的是外边界，系统将把外边界回复到原始边界状态。

2）曲面过渡

曲面过渡是在给定的曲面之间以一定的方式作给定半径或半径规律的圆弧过渡面，以实现曲面之间的光滑过渡。它是用截面或圆弧的曲面将两张曲面光滑连接起来，过渡面不一定过原曲面的边界。

曲面过渡有两面过渡、三面过渡、系列面过渡、曲线曲面过渡、参考线过渡、曲面上线过渡和两线过渡 7 种方式。曲面过渡支持等半径过渡和变半径过渡。图 3－251 是以“三面过渡”方式进行曲面过渡；图 3－252 是以“曲面上线过渡”方式进行曲面过渡。

3）曲面缝合

曲面缝合是指将两张曲面光滑连接为一张曲面，包括通过曲面 1 的切矢进行光滑过渡连接和通过两曲面的平均切矢进行光滑过渡连接两种模式。

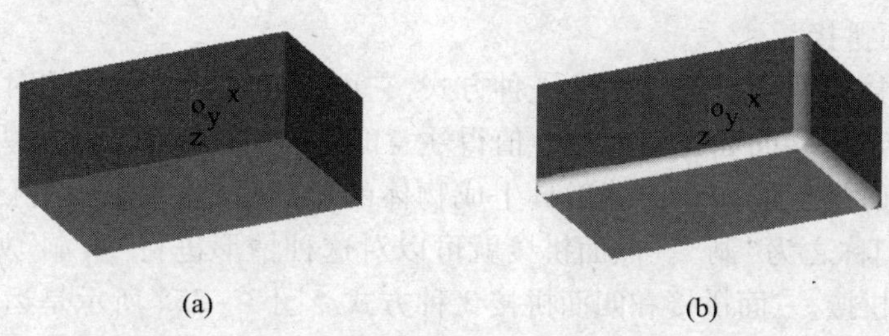

图 3-251　完成等半径三面过渡
（a）过渡前；（b）过渡后。

图 3-252　完成曲面上线过渡
（a）过渡前；（b）过渡后。

（1）曲面切矢 1。曲面切矢 1 方式曲面缝合，即在第一张曲面的连接边界处按曲面 1 的切方向和第二张曲面进行连接，这样，最后生成的曲面仍保持有曲面 1 形状的部分，如图 3-253 所示。

（2）平均切矢。平均切矢方式曲面缝合，即在第一张曲面的连接边界处按两曲面的平均切矢方向进行光滑连接。最后生成的曲面在曲面 1 和曲面 2 处都改变了形状，如图 3-254 所示。

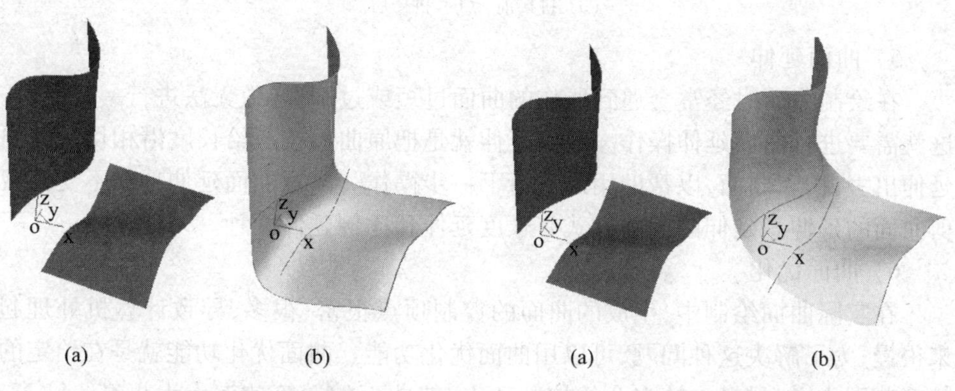

图 3-253　完成曲面缝合
（a）缝合前；（b）缝合后。

图 3-254　平均切矢曲面缝合
（a）缝合前；（b）缝合后。

4）曲面拼接

曲面拼接是曲面光滑连接的一种方式，它可以通过多个曲面的对应边界，生成一张曲面与这些曲面光滑连接。值得注意的是，在许多物体的造型中，通过曲面生成、曲面过渡、曲面裁剪等工具生成物体的型面后，总会在一些区域留下一片空缺，我们称之为“洞”。曲面拼接就可以对这种情形进行“补洞”处理。曲面拼接有两面拼接、三面拼接和四面拼接 3 种方式。图 3－255 所示是运用“三面拼接”方式完成曲面拼接。图 3－256 所示是运用“四面拼接”方式完成曲面拼接。

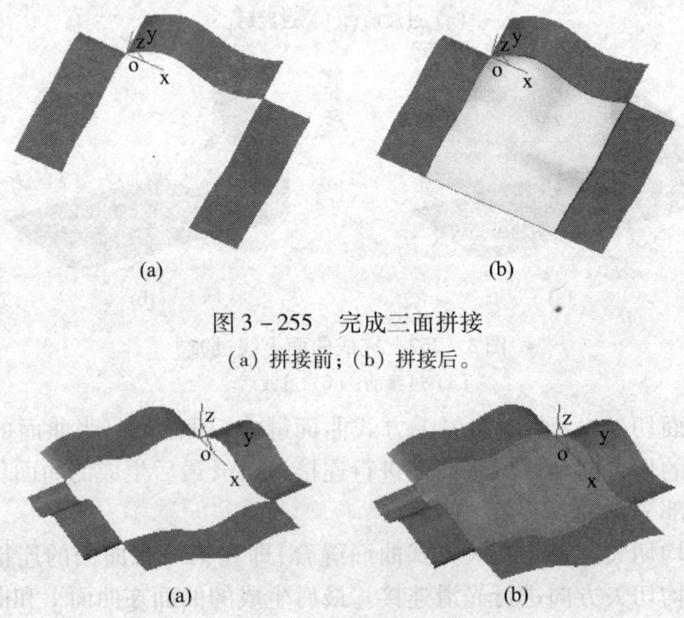

图 3－255　完成三面拼接

（a）拼接前；（b）拼接后。

图 3－256　完成四面拼接

（a）拼接前；（b）拼接后。

5）曲面延伸

在绘制曲面时经常会遇到所作的曲面过短或过窄，导致无法进行一些操作。这就需要进行曲面延伸操作。曲面延伸就是把原曲面按所给长度沿相切的方向延伸出去，扩大曲面，以帮助用户进行下一步操作。注意曲面延伸功能不支持裁剪曲面的延伸。延伸曲面的方式有长度延伸和比例延伸两种。

6）曲面优化

在实际曲面绘制中，生成的曲面的控制顶点很密、很多，导致计算机处理起来很慢，为了解决这种问题，可以用曲面优化功能。曲面优化功能就是在给定的精度范围之内，尽量去掉多余的控制顶点，使曲面的运算速率大大提高。注意，曲面优化功能不支持裁剪曲面。

四、任务拓展

练习:完成如图3－257所示吊钩模型的曲面造型。

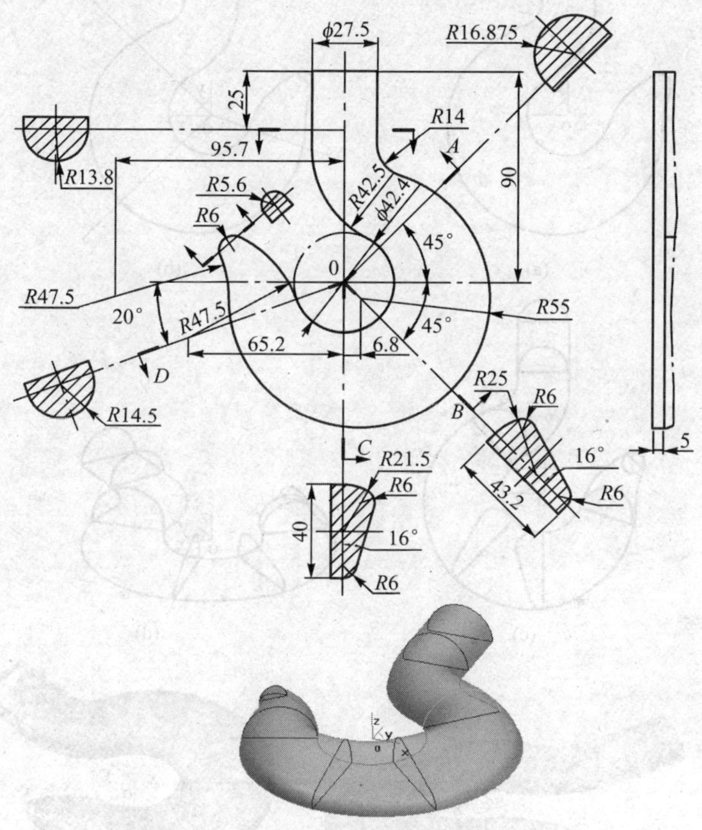

图3－257 吊钩模型的曲面造型任务拓展

建模思路:建模过程如图3－258所示,说明如下。

(1) 选择XY平面为绘图平面,完成二维线架造型,如图3－258(a)所示。

(2) 绘制截面方位线,如图3－258(b)所示。

(3) 绘制截面轮廓线,如图3－258(c)所示。

(4) 利用“旋转”命令旋转各截面轮廓线并按F8键,如图3－258(d)所示。

(5) 利用“网格面”命令生成网格面,如图3－258(e)所示。

(6) 利用“扫描面”命令生成扫描面,如图3－258(f)所示。

(7) 利用“两面拼接”命令生成吊钩鼻部曲面,如图3－258(j)所示。

(8) 利用“直纹面”命令生成吊钩上部半圆形平面,按F8键,结果如图3－258(h)所示。

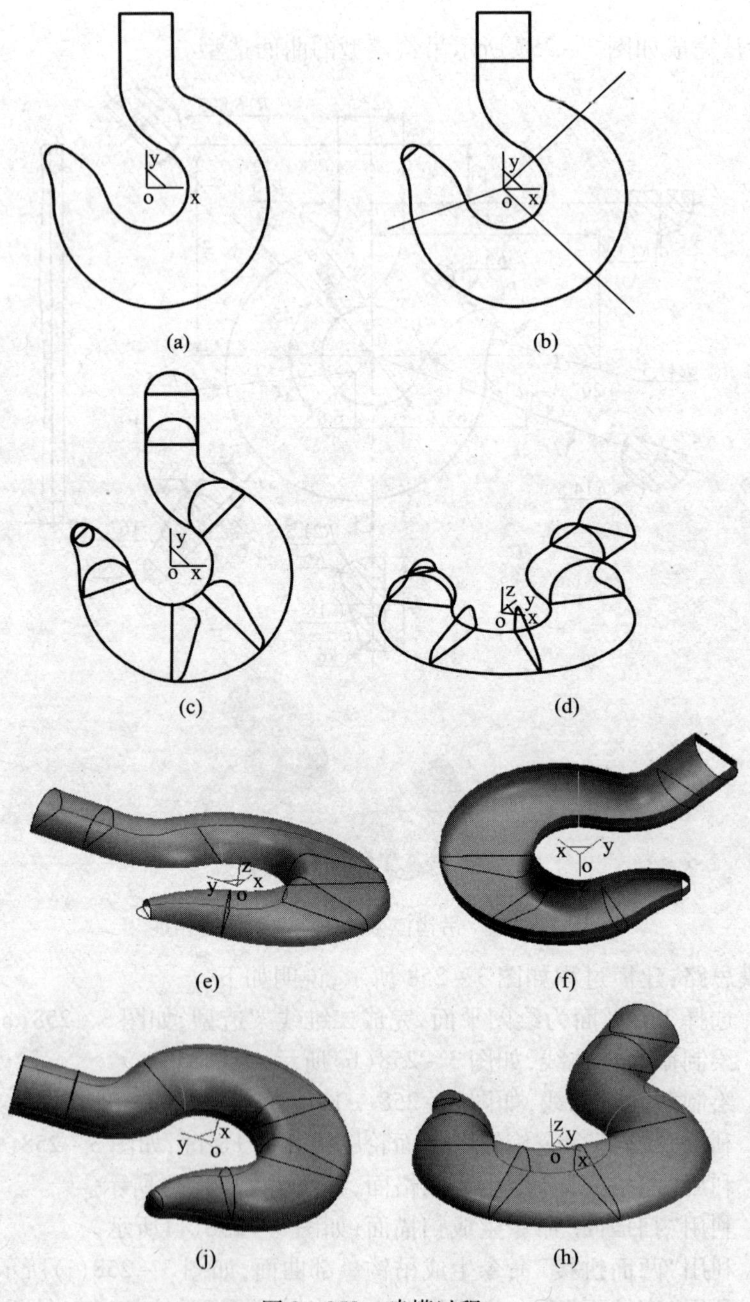

图 3-258 建模过程

模块 4　实体特征造型

课题 1　拉　　伸

一、任务描述

试采用拉伸建模的方法完成如图 4－1 所示工件的实体造型。

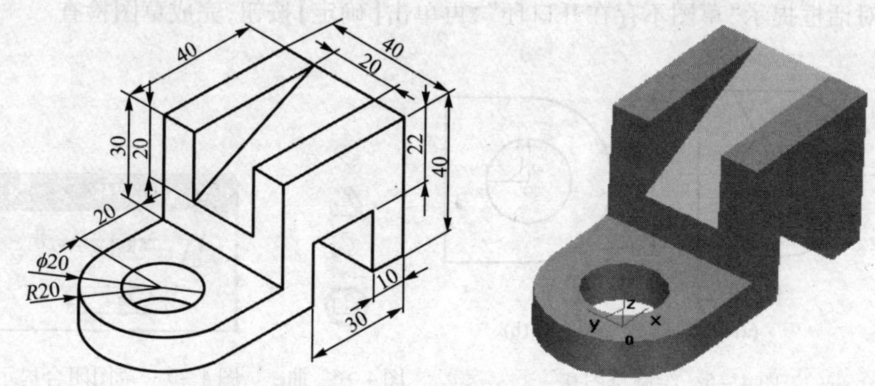

图 4－1　拉伸实例图

知识点与技能点:拉伸增料、拉伸除料、草图、基准平面。

二、任务实施

1. 完成左半部分实体构建

1）绘制底部封闭轮廓草图

（1）单击如图 4－2 所示工具栏中的【零件特征】按钮,该工具栏上方显示基准特征树,单击特征树中的“平面 XY”后单击鼠标右键,弹出如图 4－3 所示的“创建草图”快捷菜单,单击“创建草图”命令,系统自动进入草图 0 绘制状态,创建草图后的特征树如图 4－4 所示。

（2）按 F5 键,使 XY 平面呈主视图显示。

（3）利用曲线生成和曲线编辑等功能完成如图 4－5 所示的封闭曲线草图 0 的绘制。

注意:草图中 $\phi20$ 的圆心为绘图原点,草图以粗实线显示。

图4-2 基准特征树　　图4-3 创建草图　　图4-4 创建草图0

（4）检查所绘草图是否闭合。

单击如图4-6所示曲线工具栏中的图标，弹出如图4-7所示的对话框，对话框提示“草图不存在开口环”，再单击【确定】按钮，完成草图检查。

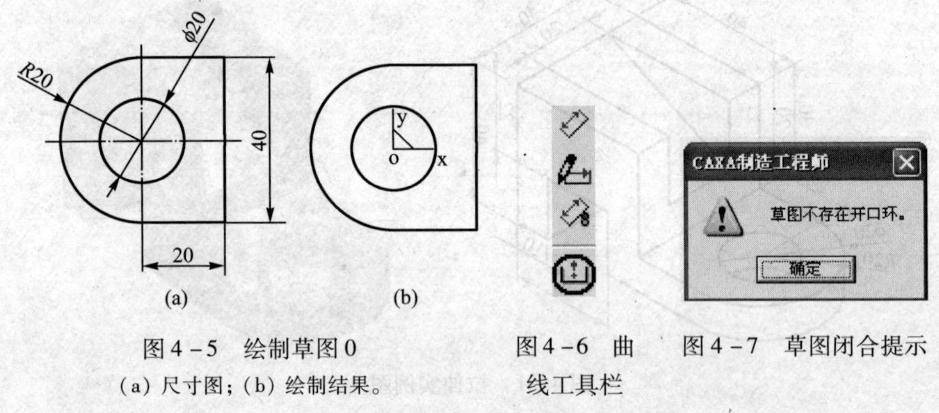

图4-5 绘制草图0
（a）尺寸图；（b）绘制结果。

图4-6 曲线工具栏

图4-7 草图闭合提示

注意：若系统提示“草图在标记处开口或重合”，则需要重新绘制或修改草图，直至系统提示“草图不存在开口环”为止，否则不能进行后面的操作。所以在绘制草图时要避免断点或重合线。检查所绘草图是否闭合，并不是绘图的基本步骤，只是利用它可以快捷方便地检查、修改草图，等熟悉草图绘制后，可以省略。

2）利用已绘制的草图完成拉伸实体

（1）按F8键，使绘图平面呈轴测图显示。

（2）单击[造型]→[特征生成]→[增料]→[拉伸]命令或直接单击特征工具栏如图4-8所示的图标，弹出“拉伸增料”对话框。

图4-8 特征工具栏

（3）设置“拉伸增料”对话框参数。

在弹出的对话框中按图4-9所示设置参数并预览，若与要求一致，则单击

【确定】按钮,完成左半部分实体的构建,如图4－10所示,且系统自动退出草图编辑状态。

若弹出的对话框中的参数设置与图4－9所示不一致,则需重新按要求进行设置。若"拉伸对象"提示"草图未准备好",可直接在特征树中单击"草图0"两次或直接在绘图平面中利用鼠标左键单击构成草图0的任意图素来选择。若在预览时发现实体的拉伸方向与所要求的方向相反,则可选中"反向拉伸"复选框,使实体朝相反方向拉伸。

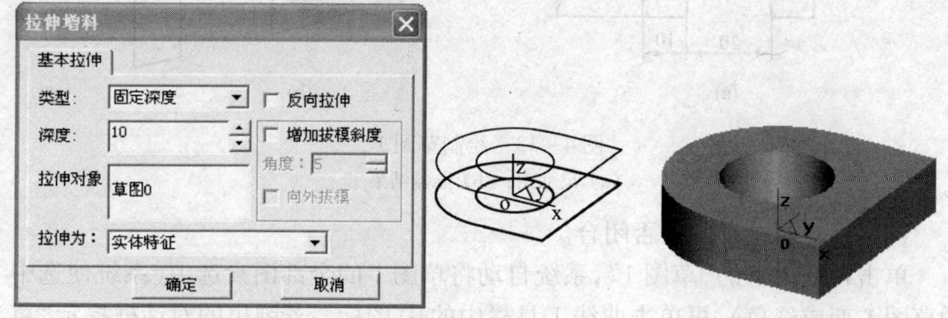

图4－9　"拉伸增料"对话框与预览　　图4－10　生成左半部分实体

2. 完成右半部分主体构建

1）绘制侧面封闭轮廓草图

（1）单击显示工具栏中的图标,将实体放大。

（2）将光标慢慢朝侧平面移动,等出现如图4－11(a)所示的"捕捉面"图标时,单击鼠标左键,选中侧平面,然后单击右键,弹出如图4－11(b)所示的快捷菜单,单击"创建草图"命令,进入草图1绘制状态,此时特征树如图4－12所示。

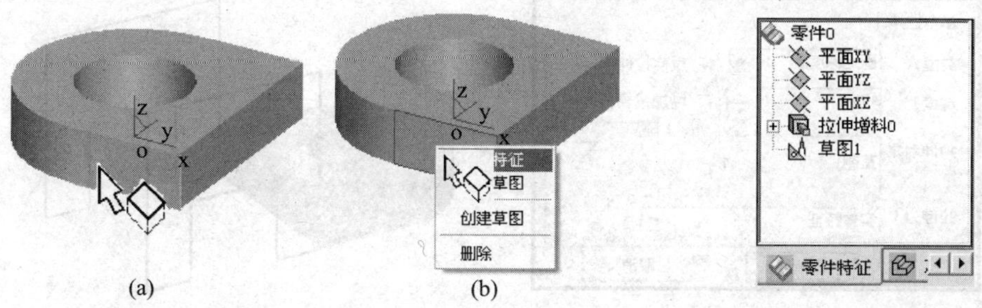

图4－11　实体表面创建草图对话框

（a）捕捉"面"；（b）快捷菜单。

图4－12　创建草图1

(3) 利用曲线生成、曲线编辑、平移等功能完成如图 4 - 13 所示的封闭曲线草图 1 的绘制。

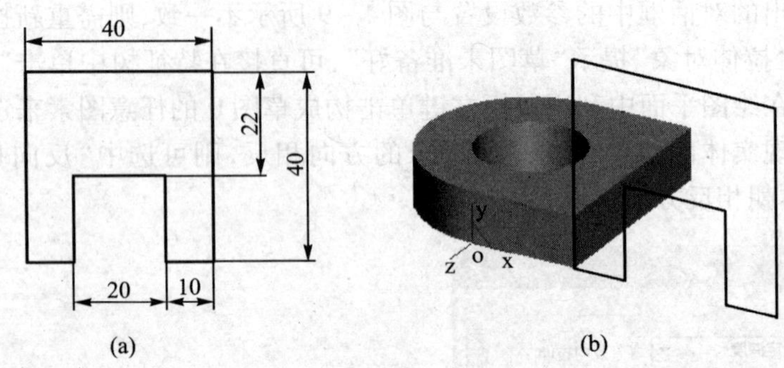

图 4 - 13 绘制草图 1
(a) 尺寸图; (b) 绘制结果。

(4) 检查所绘草图是否闭合。

单击特征树下的“草图 1”,系统自动将草图 1 的全部图素选中(系统使选中的草图 1 变成红色),再单击曲线工具栏中的图标。若弹出的对话框提示“草图不存在开口环”,则单击【确定】按钮,即可完成草图检查。若草图存在开口环,同样需要修改草图后,才可进行后面的操作。

2) 拉伸实体

单击[造型]→[特征生成]→[增料]→[拉伸]或直接单击特征工具栏中的图标,弹出“拉伸增料”对话框,将“深度”设置为“40”,并选中“反向拉伸”复选框,其余选项为默认设置,其结果如图 4 - 14(a)所示。设置完毕后单击绘图区空白处进行预览,如图 4 - 14(b)所示,确认无误后单击【确定】按钮,完成右半部分主体的构建,如图 4 - 15 所示。

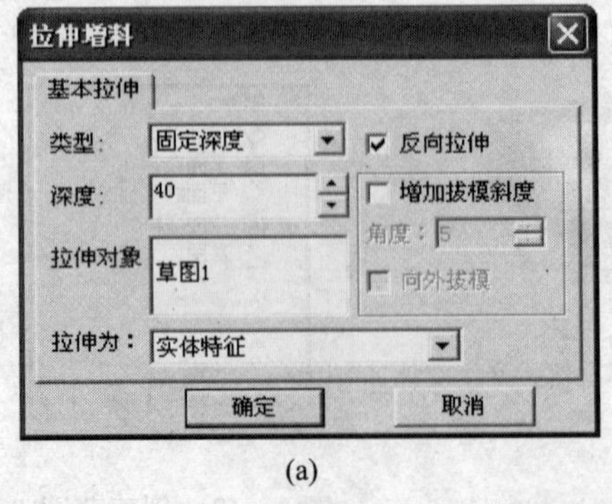

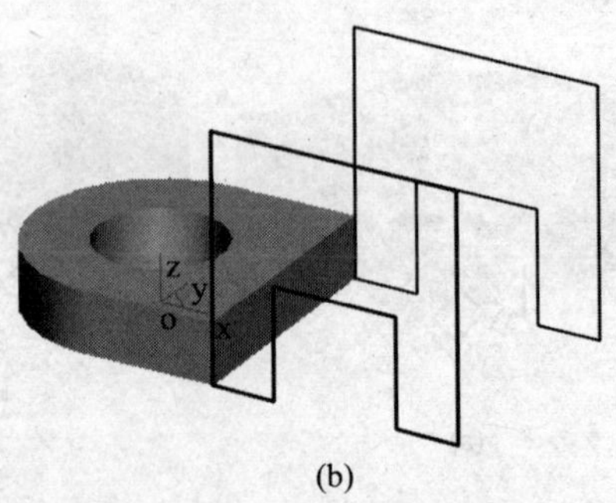

图 4 - 14 拉伸增料参数设置与生成实体预览
(a) 参数设置; (b) 实体预览。

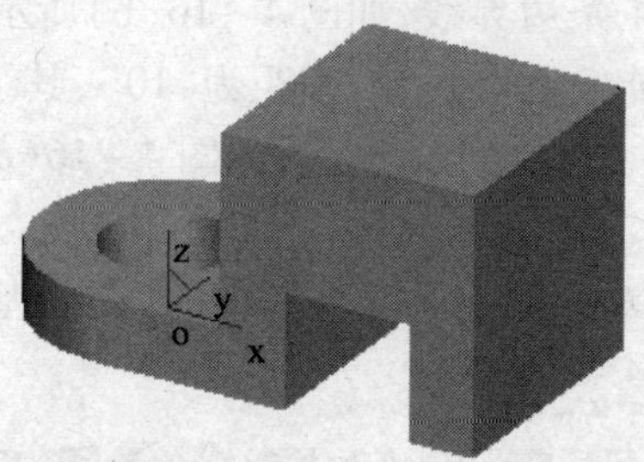

图4－15　生成右半部分主体

3. 完成工件实体造型

1）绘制三维线架

（1）单击工具栏中的“线架显示”图标,使已生成的实体成线架显示。

（2）单击“直线”图标,将光标慢慢朝图4－16(a)中的A点移动,等鼠标附近出现图标且A点呈绿点显示时单击鼠标左键,然后继续移动光标至B点附近,同样待出现图标且B点呈绿点显示时单击鼠标左键,完成AB线的绘制。

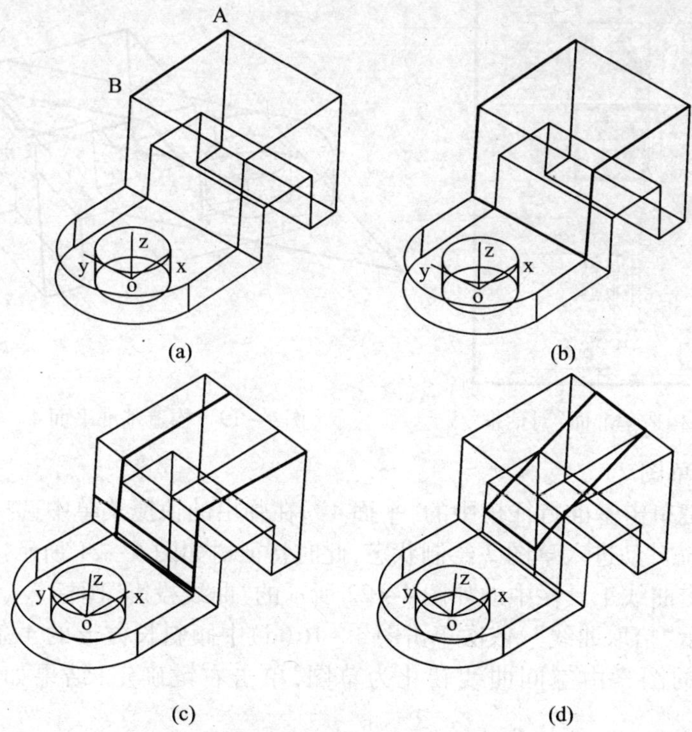

图4－16　绘制三维线架

（a）绘制AB线；（b）绘制基本线架；（c）绘制间距为“10”的等距线；（d）绘制倾斜长方形。

利用这种方法绘制其余 4 条边界线，如图 4－16(b)所示。

(3) 利用等距线功能绘制等距线，间距为“10”，其结果如图 4－16(c)所示。最后绘出倾斜长方形，并将多余线条删除，如图 4－16(d)所示。

2) 构造基准面

(1) 单击如图 4－17 所示特征工具栏中的“构建基准面”图标，弹出“构造基准面”对话框，如图 4－18 所示。

图 4－17 特征工具栏

(2) 单击“构造基准面”对话框中的第 7 个“三点确定基准平面”图标，然后根据提示行的提示“拾取空间上不共线的三个点”，任意选择已绘制的倾斜长方形上的 3 个角点，如图 4－19 所示，单击【确定】按钮，完成基准平面 4 的构造。此时基准特征树显示如图 4－20 所示。

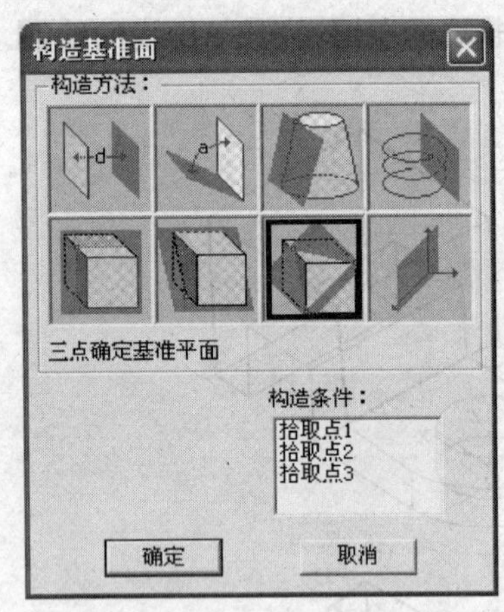

图 4－18 “构造基准面”对话框

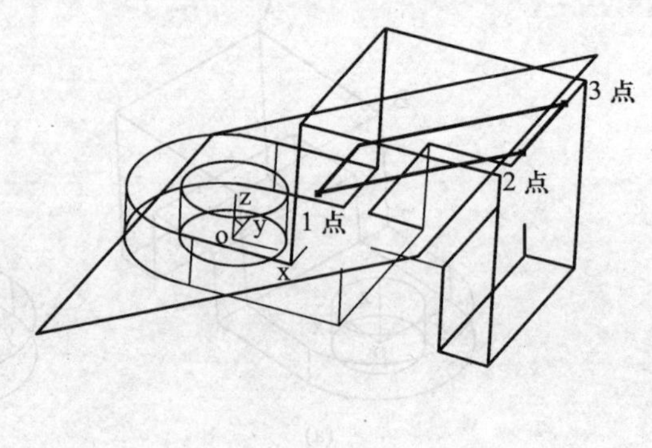

图 4－19 构造基准平面 4

3) 创建草图 2

(1) 右键单击基准特征树中的“平面 4”，在弹出的快捷菜单中选择“创建草图”命令，系统自动进入草图 2 绘制状态，此时特征树如图 4－21 所示。

(2) 单击曲线工具栏中的如图 4－22 所示的“曲线投影”图标，然后根据提示行的提示“拾取曲线”，依次单击图 4－16(d)中倾斜长方形的 4 条边，系统自动将选中的图素由空间曲线转化为草图，单击右键确定，结果如图 4－23 所示。

注意：在拾取曲线时，不能重复拾取。否则会造成草图不封闭，从而不能生成实体特征。

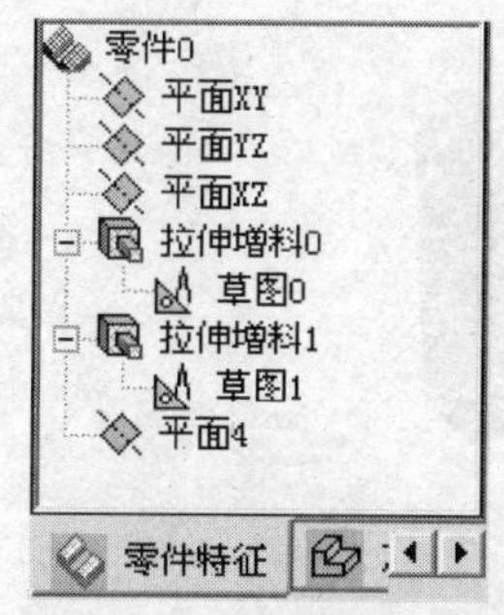

图4－20　生成基准平面4

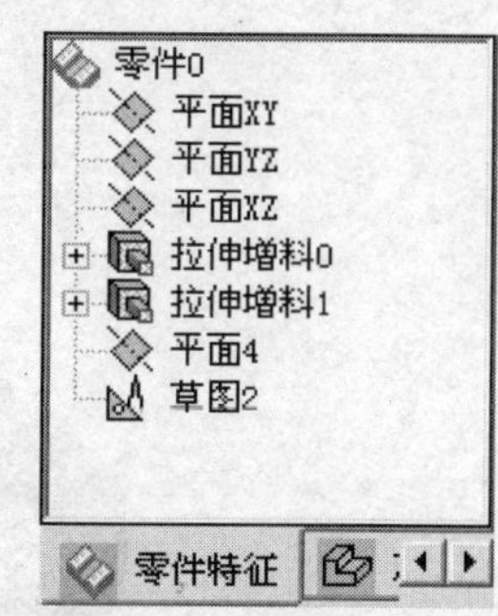

图4－21　创建草图2

图4－22　曲线工具栏

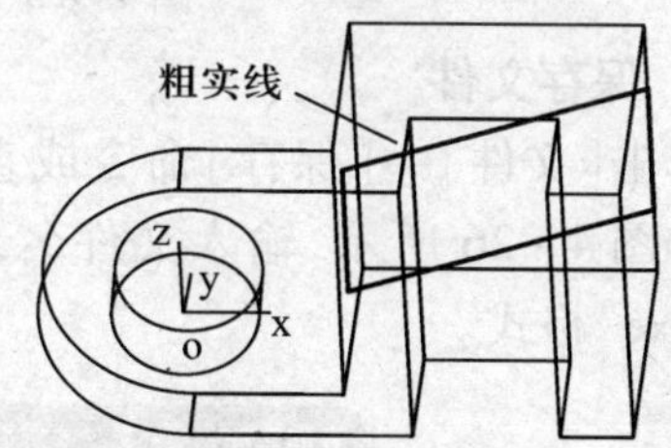

图4－23　生成草图2

4）拉伸除料

（1）单击显示工具栏中的“真实感显示”图标，转换实体显示方式。

（2）单击特征工具栏中的“拉伸除料”图标，弹出“拉伸除料”对话框，将“深度”设置为“32”；选中“反向拉伸”复选框；其余选项为默认设置，其结果如图4－24(a)所示。单击绘图区空白处，进行预览，如图4－24(b)所示，确认无误后单击【确定】按钮，完成工件实体造型，如图4－25所示。

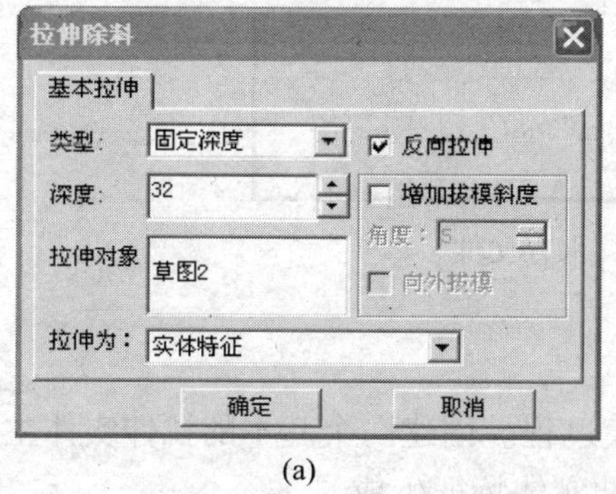

(a)

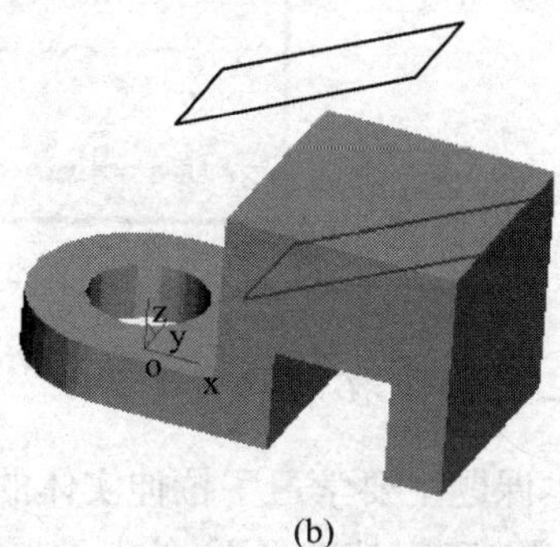

(b)

图4－24　拉伸除料参数设置与生成实体预览

(a) 参数设置；(b) 实体预览。

图 4－25　拉伸除料后的实体

4. 保存文件

单击[文件]→[保存]命令或直接单击标准工具栏中的图标,弹出的对话框如图 4－26 所示,输入文件名,单击【保存】按钮,系统自动将文件保存为"＊.mxe"格式。

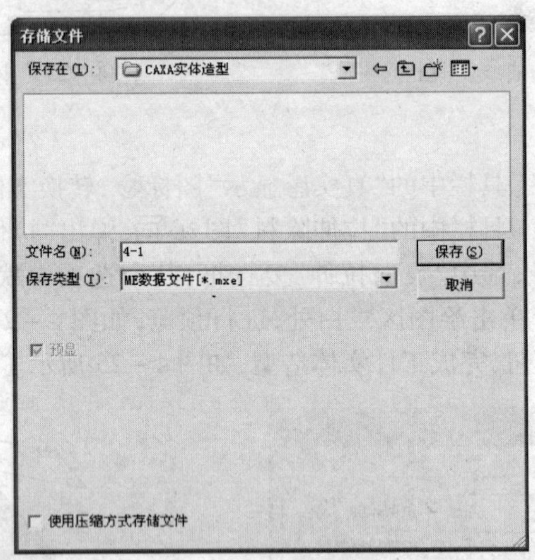

图 4－26　保存文件

三、知识拓展

本课题主要学习了拉伸实体的建模过程。创建一个基本的拉伸实体主要有 3 个步骤:确定基准平面,绘制草图,拉伸实体特征生成。

1. 确定基准平面

确定基准平面是绘制草图的第一步也是最重要的一步,它的作用是确定草图在哪个基准平面上绘制。基准平面可以是特征树中已有的坐标平面,也可以是构造的平面,如图4－27所示,还可以是实体中生成的某个平面,如图4－28所示。在CAXA 2008制造工程师中,提供了8种构造基准面的方法,下面分别予以介绍。

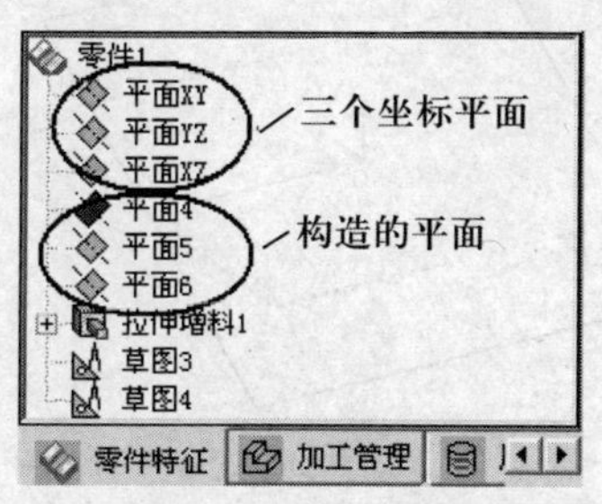

图4－27　坐标平面及构造的平面

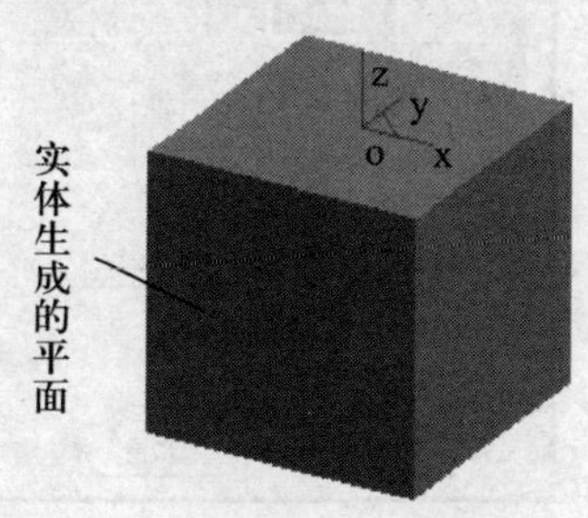

图4－28　实体中生成的平面

1）等距平面确定基准平面

等距平面确定基准平面可构造一个与已有平面在其法向上相距指定距离的基准平面。图4－29为构造一个与XY平面相距100mm的基准平面(在XY平面上方)。

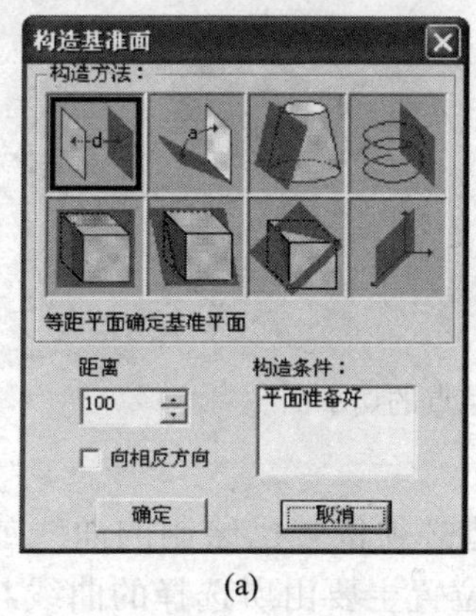

(a)

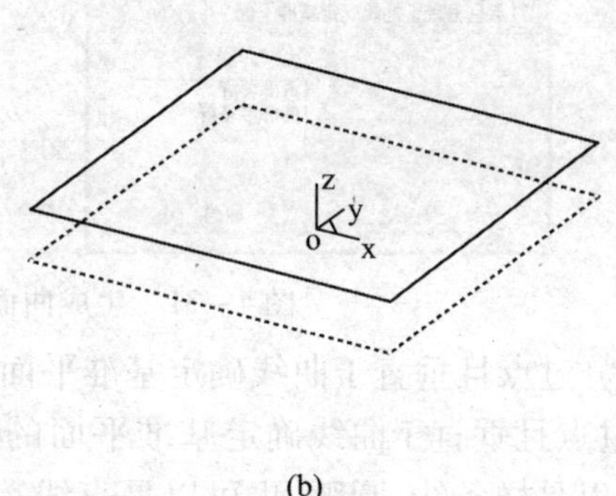

(b)

图4－29　等距平面确定基准平面

2）过直线与平面成夹角确定基准平面

过直线与平面成夹角确定基准平面的构造必须依赖已有的基准平面与平面上的直线,其位置主要由所选择的平面、平面上的直线及所设定的角度决定。图4－30为构造一个过X轴且与XY平面成30°夹角的平面。

3）生成曲面上某点的切平面

生成曲面上某点的切平面的构造必须依赖已生成的曲面或已生成的实体表面(实体表面必须为曲面)。其位置主要由所选择的曲面与所选择的一个点(点

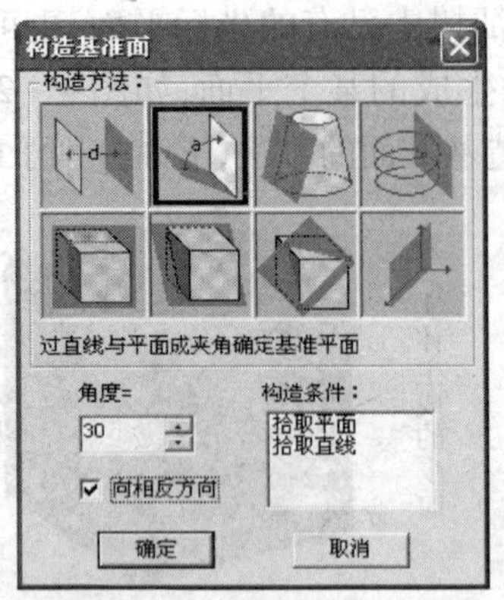

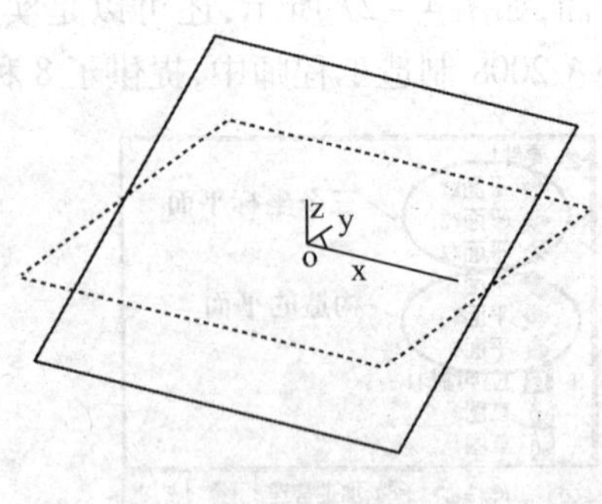

图 4-30　过直线与平面成夹角确定基准平面

必须在所选择的曲面上)决定,如图 4-31 所示。

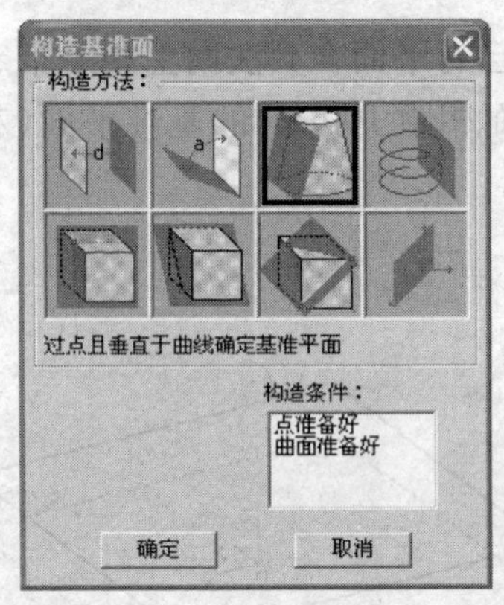

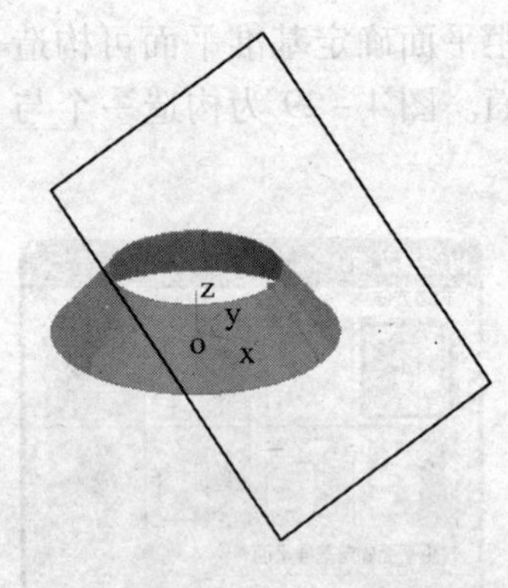

图 4-31　生成曲面上某点的切平面

4）过点且垂直于曲线确定基准平面

过点且垂直于曲线确定基准平面的构造必须依赖已绘制的曲线或实体边界,可以是样条线、圆弧,也可以是直线。其位置主要由所选择的曲线与所选择的一个点(点必须在所选择的曲线上)决定,如图 4-32 所示。

5）过点且平行平面确定基准平面

过点且平行平面确定基准平面的构造必须依赖已有的基准平面与不在平面上的一个点。其位置主要由所选择的平面与所选择的点决定,如图 4-33 所示。

6）过点和直线确定基准平面

过点和直线确定基准平面的构造必须依赖已绘制的直线或实体边界(实体边界必须为直线)。其位置主要由所选择的直线与所选择的一个点(点不能在所选择的直线上)决定,如图 4-34 所示。

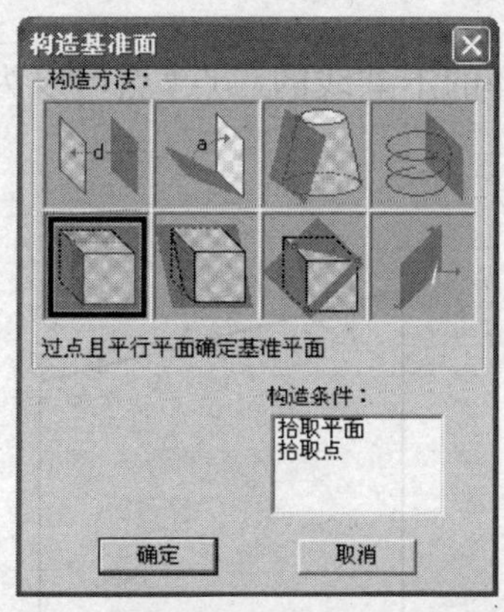

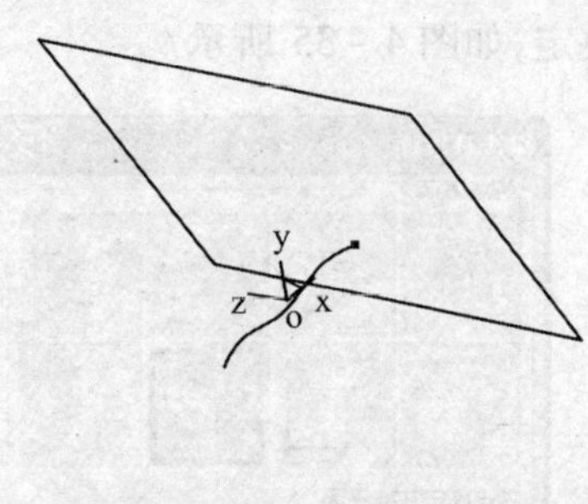

图 4－32　过点且垂直于曲线确定基准平面

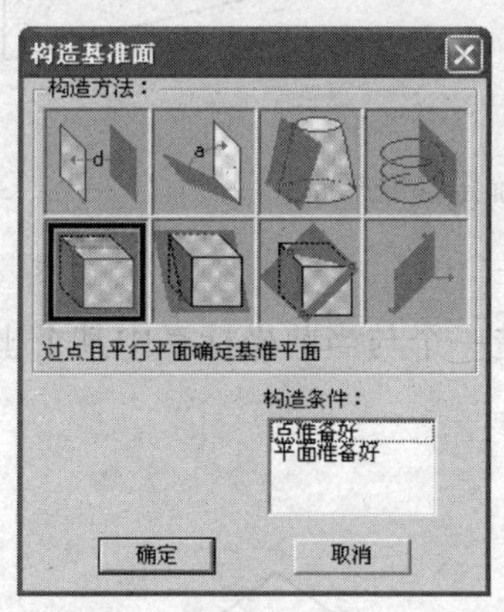

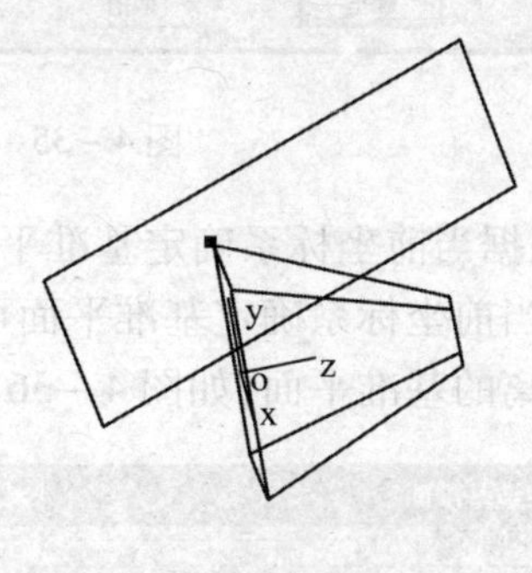

图 4－33　过点且平行平面确定基准平面

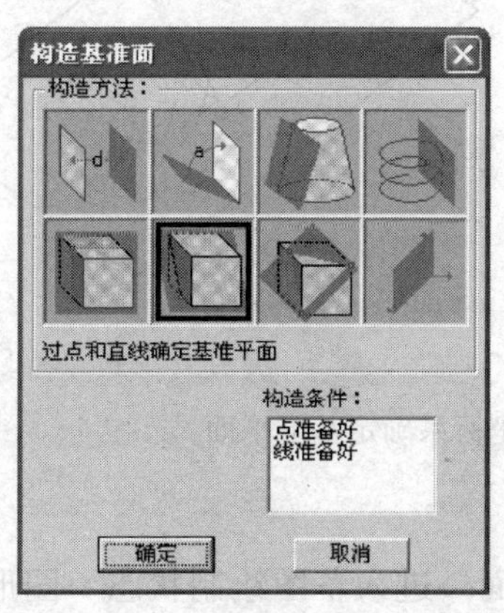

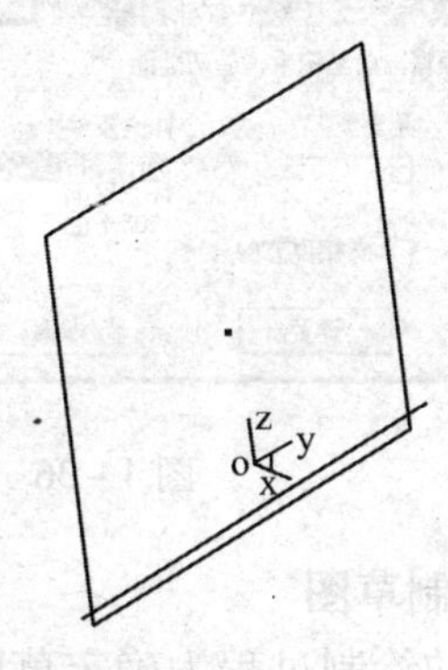

图 4－34　过点和直线确定基准平面

7）三点确定基准平面

三点确定基准平面的位置主要由所选择的不共线的三点(点可以为实体边界点)决定,如图 4－35 所示。

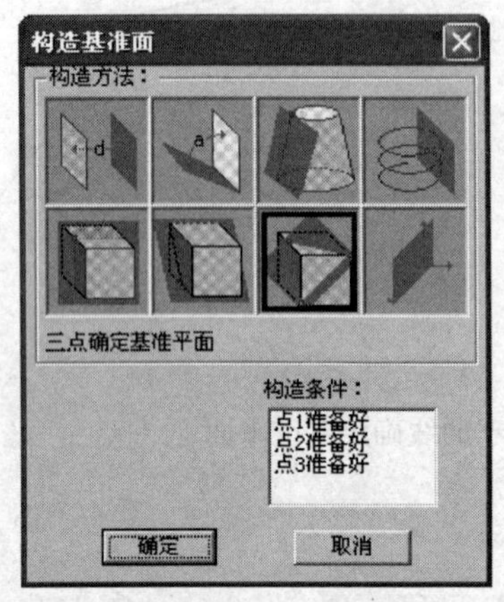

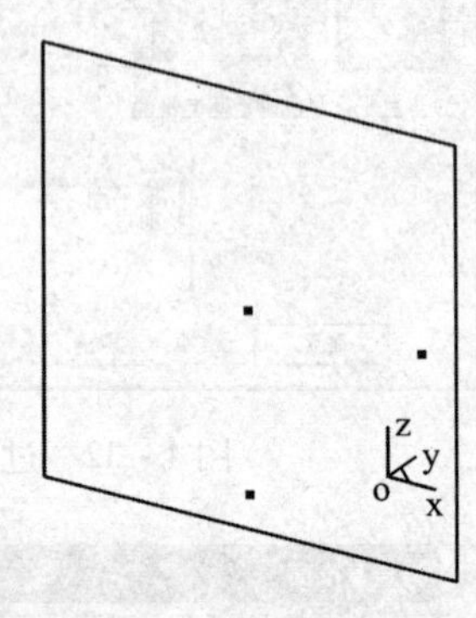

图 4－35 三点确定基准平面

8）根据当前坐标系确定基准平面

根据当前坐标系确定基准平面可构造一个与当前坐标系中某个坐标平面相距指定距离的基准平面,如图 4－36 所示。

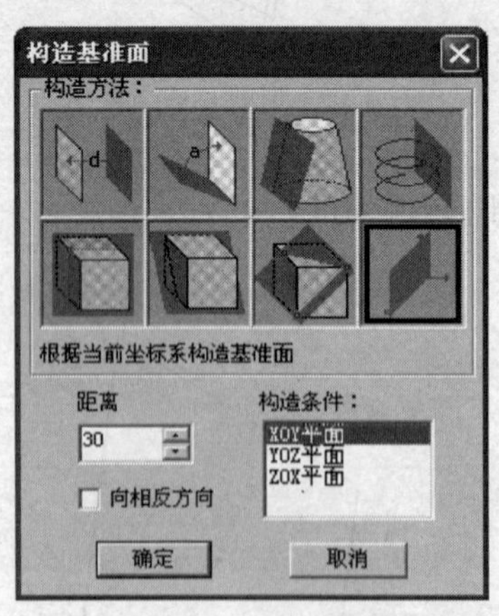

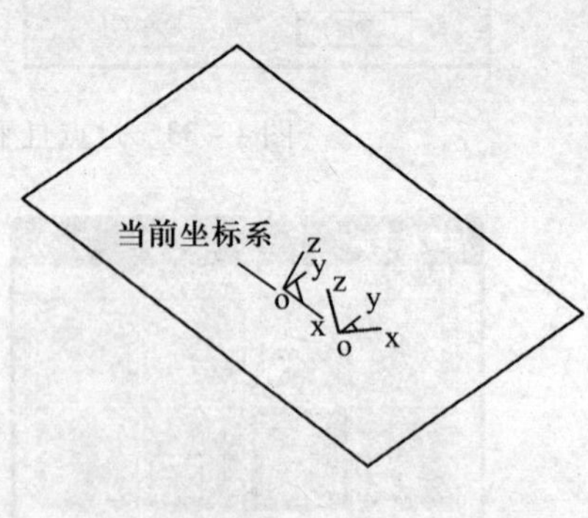

图 4－36 根据当前坐标系确定基准平面

2. 绘制草图

草图的绘制过程为确定草图基准平面→进入草图绘制状态→图形绘制→退出草图绘制状态。下面介绍进入草图绘制状态的方法与图形绘制的方法。

1）进入草图绘制状态的方法

（1）选择一个基准平面后，单击工具栏中的“绘制草图”图标；

（2）选择一个基准平面后，按 F2 功能键；

（3）选择一个基准平面后，单击［造型］→［草图绘制］命令；

（4）单击特征树中所要选择的基准平面，单击右键弹出快捷菜单，选择“创建草图”命令；

（5）选中已生成的实体表面，单击右键弹出快捷菜单，选择“创建草图”命令。

2）图形绘制

进入草图状态后，可以利用第二模块介绍的曲线绘制方法绘制需要的草图。草图绘制一般采用以下3种方法。

（1）可以直接按照给定的尺寸和形状精确作图。

（2）先绘制出图形的大致形状，然后通过草图参数化的功能，对图形进行修改。如图4－37所示完成 $\phi60$ 圆的绘制。

① 选择“平面XY”作为基准平面，绘制任意直径的圆，如图4－37(a)所示。

② 单击［造型］→［尺寸］→［尺寸标注］命令，对所绘制的圆标注尺寸，如图4－37(b)所示。

③ 单击“尺寸驱动”图标，单击标注的尺寸，弹出如图4－37(c)所示的输入框，修改输入框中的数值为“60”，如图4－37(d)所示。

④ 按回车键，完成 $\phi60$ 圆的绘制，如图4－37(e)所示。

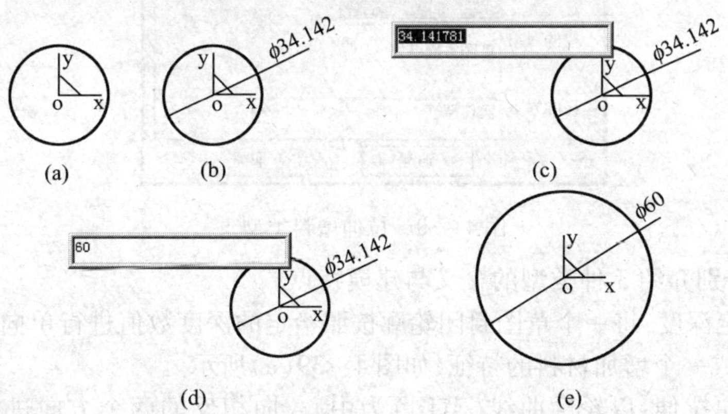

图4－37　草图参数化修改

（a）绘制草图；（b）尺寸标注；（c）尺寸驱动；（d）尺寸修改；（e）完成 $\phi60$ 圆的绘制。

（3）先绘制空间线架，然后利用曲线投影功能将非草图状态下绘制的空间线架投影到草图所在基准平面内形成草图轮廓。

注意：

(1) 在绘制草图的时候，要注意轮廓线段不能重复绘制，否则会导致产生开环。

(2) 每次想进行一个新的草图绘制或对原来绘制的草图进行编辑修改时，必须先保证在非草图状态下，然后再选择基准平面，进入草图绘制状态开始新草图的绘制，或对草图进行编辑。

(3) 一般草图绘制完毕后，需要立即退出草图绘制状态。因为大部分后续的操作需要在退出草图状态后才可以进行。

(4) 在绘图中要注意“绘制草图”图标的状态，若处于按下状态，表示现在处于绘制草图状态，若处于弹出状态，表示现在处于非绘制草图状态。

3. 拉伸实体特征生成

拉伸实体特征生成包括拉伸增料与拉伸除料，是将一个草图封闭轮廓根据指定的方式做拉伸操作，用以生成一个增加材料或减去材料的特征实体。

1) 拉伸增料

(1) 拉伸增料有 3 种类型，包括固定深度、双向拉伸、拉伸到面，如图 4－38 所示。

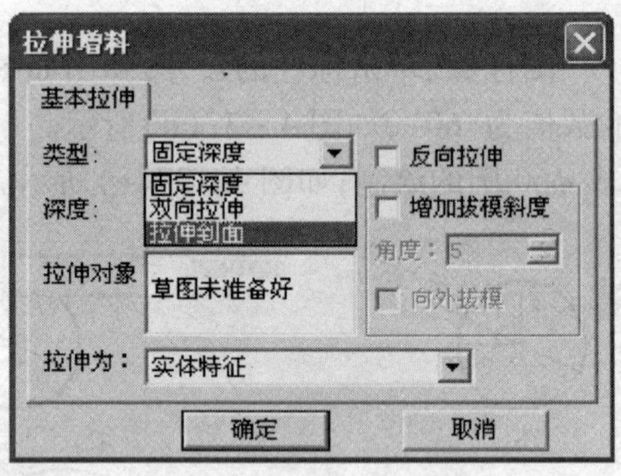

图 4－38　拉伸增料类型

下面分别介绍 3 种类型的含义与建模特点。

① 固定深度：将一个草图封闭轮廓按照给定的深度数值进行单向的拉伸操作，用以生成一个增加材料的特征，如图 4－39(a)所示。

② 双向拉伸：以轮廓曲线(草图)为中心，向相反的两个方向进行拉伸操作，用以生成一个增加材料的特征，深度值以草图为中心平分，如图 4－39(b)所示。

③ 拉伸到面：将一个草图封闭轮廓在草图与指定的曲面之间做拉伸操作，用以生成一个增加材料的特征，如图 4－39(c)所示。

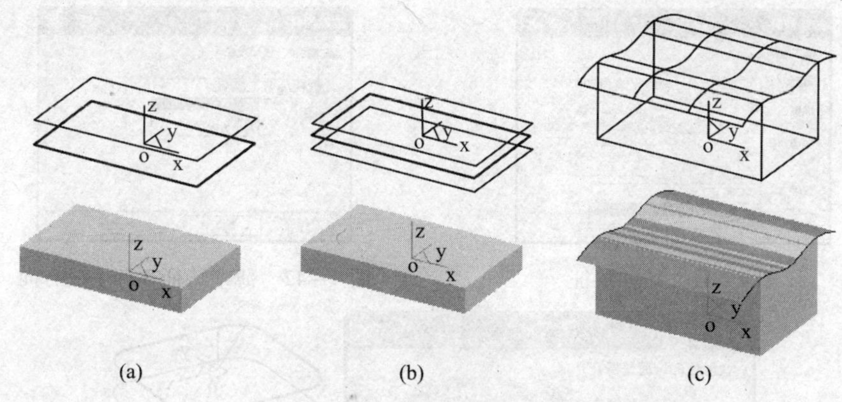

图4-39　3种类型建模特点

（a）固定深度；（b）双向拉伸；（c）拉伸到面。

（2）深度：拉伸的尺寸值，可直接输入所需要的数值，也可以单击按钮来调节。

（3）拉伸对象：需要拉伸的草图。

（4）反向拉伸：与默认方向相反的方向拉伸。

（5）增加拔模斜度：使拉伸的实体带有锥度，如图4-40(a)所示。

（6）角度：拔模时母线与中心线的夹角，其取值范围为0°~90°。

（7）向外拔模：拔模时与默认方向相反的方向进行操作，如图4-40(b)所示。

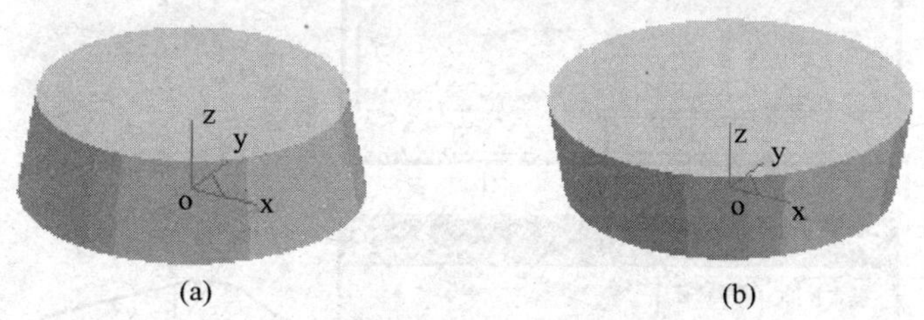

图4-40　增加拔模斜度

（a）增加拔模角度；（b）向外拔模。

（8）拉伸有实体特征与薄壁特征两种，如图4-41所示。若不进行设置，系统默认为实体特征。其中薄壁特征生成有单一方向、中面和两个方向3种类型，如图4-42所示。图4-43分别列举了单一方向、中面和两个方向的建模特点。

2）拉伸除料

拉伸除料有4种类型，包括固定深度、双向拉伸、拉伸到面和贯穿。其中固

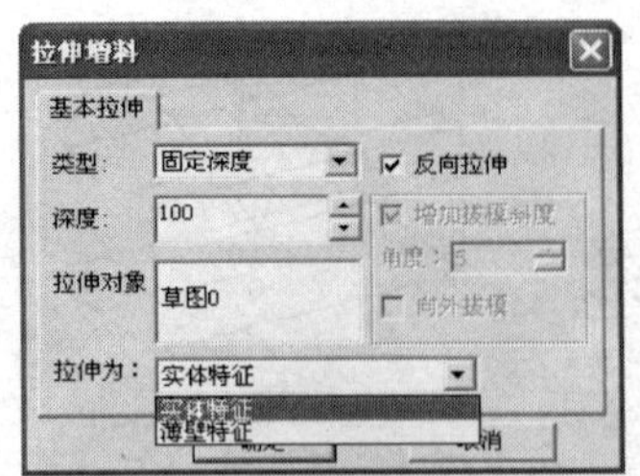

图 4-41　拉伸特征

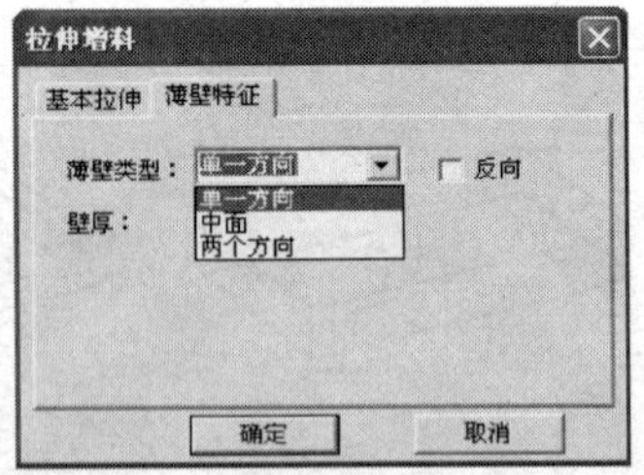

图 4-42　薄壁特征 3 种生成方向

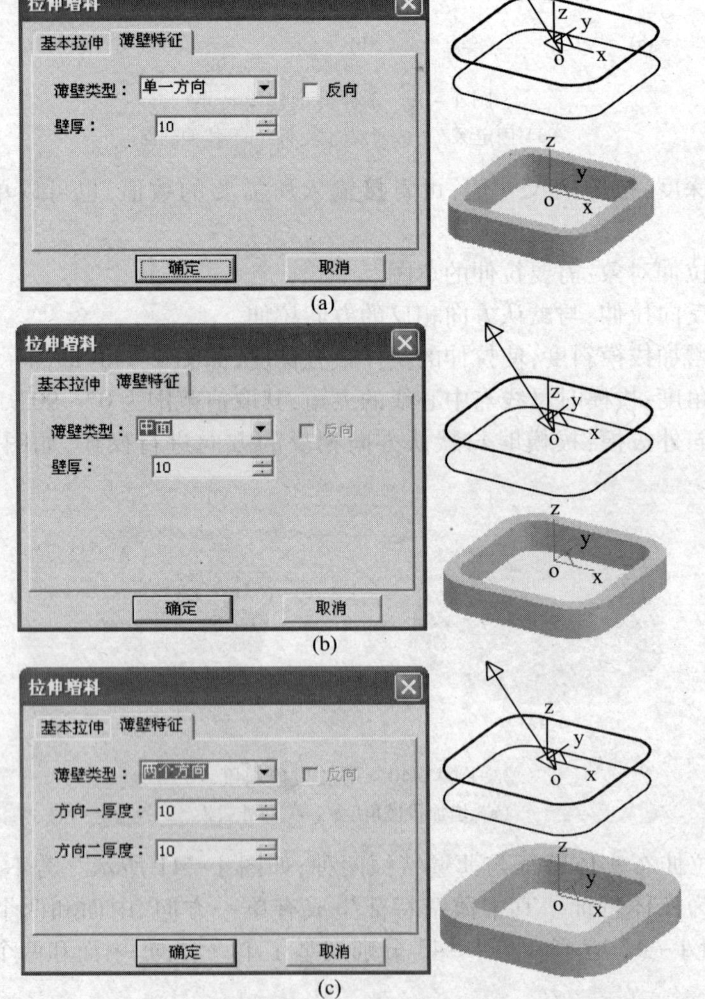

图 4-43　薄壁特征 3 种生成方向的建模特点

（a）单一方向；（b）中面；（c）两个方向。

定深度、双向拉伸、拉伸到面的含义与拉伸增料相同;贯穿是指草图拉伸后将基体整个穿透。其他设置也与拉伸增料相同。下面分别列举了固定深度、贯穿、拉伸到面、增加拔模角度和向外拔模的建模特点,如图 4－44 所示。

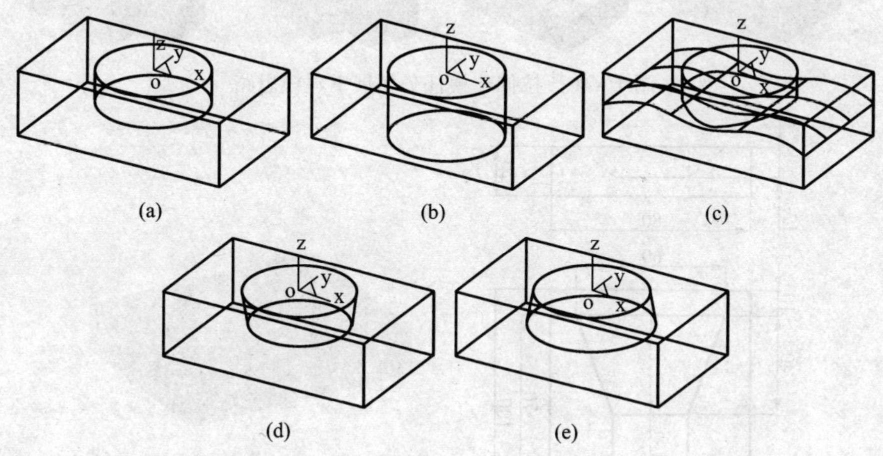

图 4－44　不同类型拉伸除料建模特点

(a) 固定深度;(b) 贯穿;(c) 拉伸到面;(d) 增加拔模角度;(e) 向外拔模。

四、任务拓展

练习一:完成如图 4－45 所示零件的实体建模。

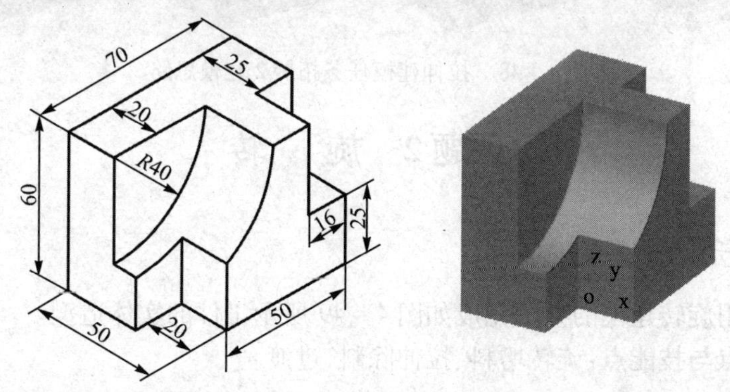

图 4－45　拉伸建模任务拓展 1

建模思路:建模思路如图 4－46 所示。

练习二:完成如图 4－47 所示零件的实体建模。

建模思路:建模思路如图 4－48 所示。

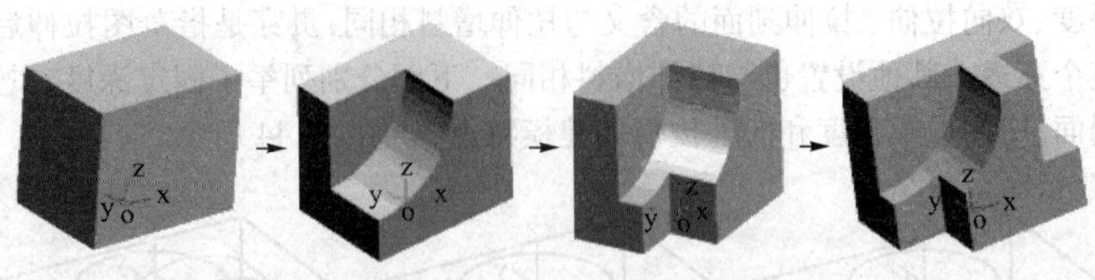

图 4－46 拉伸建模任务拓展 1 建模思路

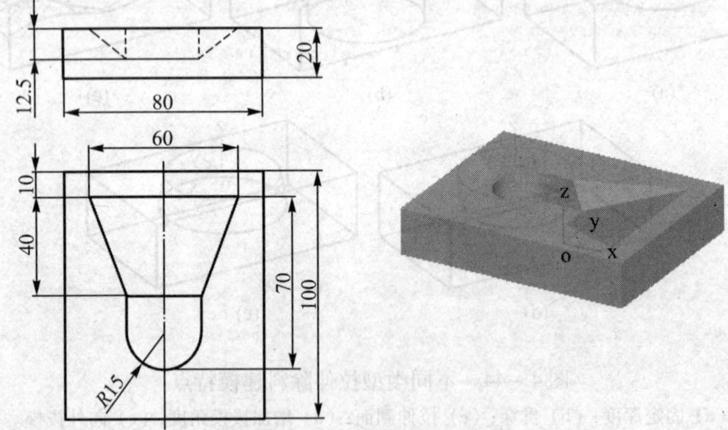

图 4－47 拉伸建模任务拓展 2

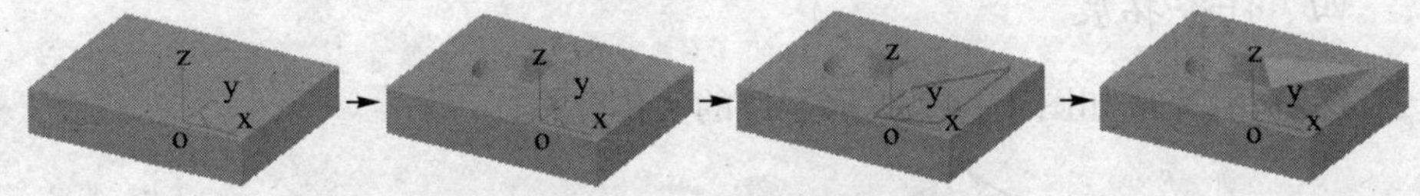

图 4－48 拉伸建模任务拓展 2 建模思路

课题 2 旋 转

一、任务描述

试采用旋转建模的方法完成如图 4－49 所示工件的实体造型。

知识点与技能点：旋转增料、拉伸除料、过渡。

二、任务实施

1. 旋转建模

1）创建旋转封闭轮廓草图

(1) 按 F7 键，根据图 4－50(a)所提供的尺寸在 XZ 平面绘制曲线，如图4－

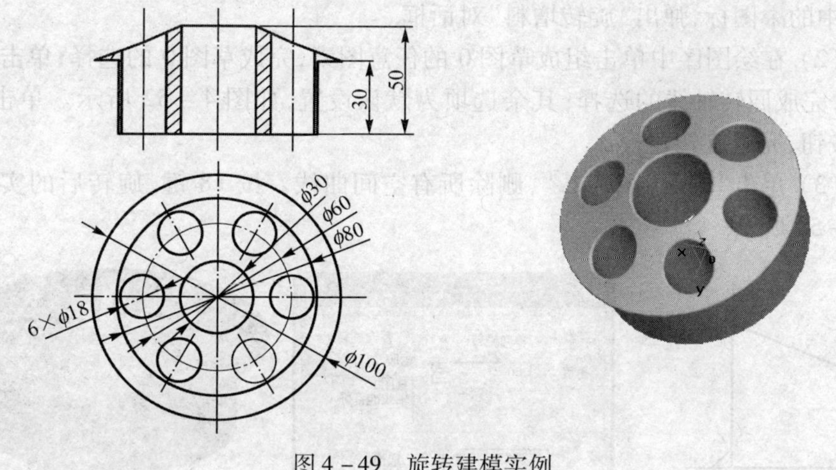

图4-49 旋转建模实例

50(b)所示。

(2) 右键单击特征树中的"平面 XZ",选择"创建草图"命令,系统自动进入草图0绘制状态。

(3) 单击曲线工具栏中的"曲线投影"图标,提示行提示"拾取曲线",利用框选选择图4-50(b)中所有图素,单击右键完成选择,框选中的图素转化为草图。

(4) 按"绘制草图"图标,退出草图绘制状态,生成的草图0如图4-50(c)所示。

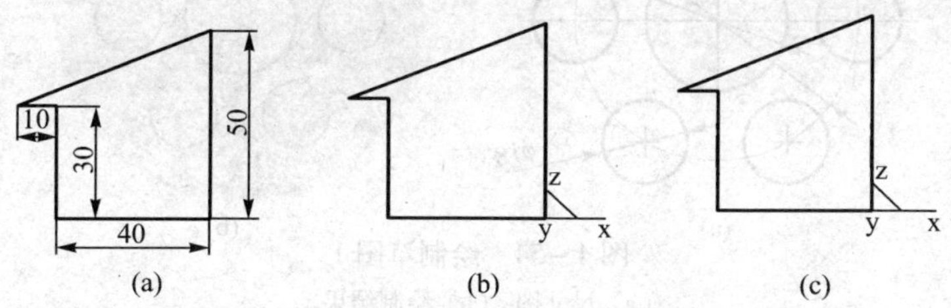

图4-50 绘制旋转增料草图

(a) 尺寸图;(b) 绘制曲线;(c) 生成草图0。

2) 绘制回转轴线

直接在XZ平面内画一条通过Z轴的垂直线作为回转轴线,如图4-51所示。

注意:回转轴线为空间直线,需在非草图状态下绘制。

3) 旋转增料

(1) 单击[造型]→[特征生成]→[增料]→[旋转]命令或直接单击特征工

具栏中的图标,弹出“旋转增料”对话框。

(2) 在绘图区中单击组成草图 0 的任意图素,完成草图 0 的选择;单击回转轴线,完成回转轴线的选择;其余选项为默认设置,如图 4 - 52 所示。单击【确定】按钮,完成旋转建模。

(3) 单击“删除”图标,删除所有空间曲线。按 F8 键,旋转后的实体如图 4 - 53 所示。

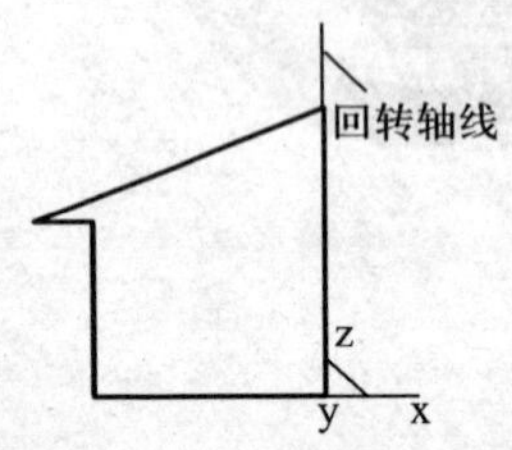

图 4 - 51　绘制回转轴线

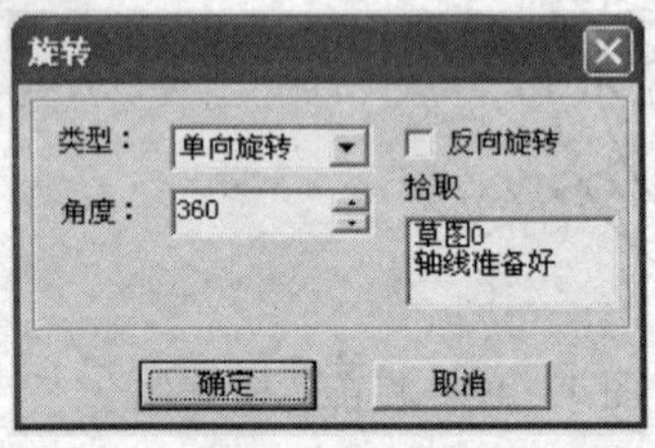

图 4 - 52　旋转增料对话框

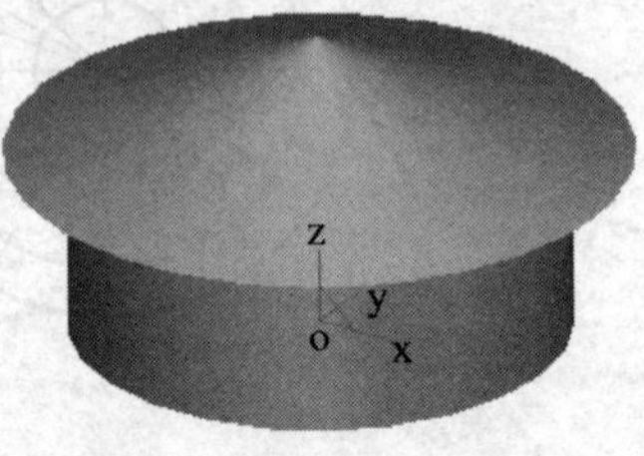

图 4 - 53　旋转后的实体

2. 利用拉伸除料完成孔的建模

(1) 选择基准平面“平面 XY”为草图绘制平面,进入草图 1 绘制状态。

(2) 绘制草图 1,如图 4 - 54 所示。

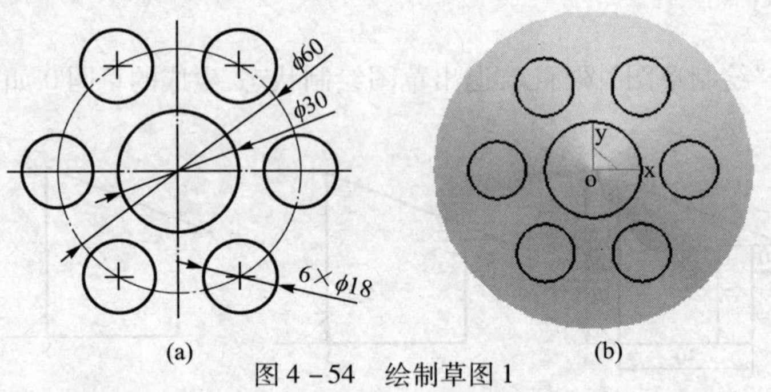

图 4 - 54　绘制草图 1

(a) 尺寸图; (b) 绘制结果。

(3) 单击特征工具栏中的图标,对弹出的“拉伸除料”对话框进行参数设置,如图 4 - 55 所示,单击【确定】按钮,完成孔的构建,如图 4 - 56 所示。

3. 实体圆角过渡

(1) 单击[造型]→[特征生成]→[过渡]命令或直接单击特征工具栏中的图标,弹出如图 4 - 57 所示的“过渡”对话框。

(2) 单击“面”下方的提示方框,再单击如图 4 - 58 所示的上表面;然后利用图标,旋转图形至露出底面,如图 4 - 59 所示,单击底面,此时在“面”提示框中提示“2 张面”。

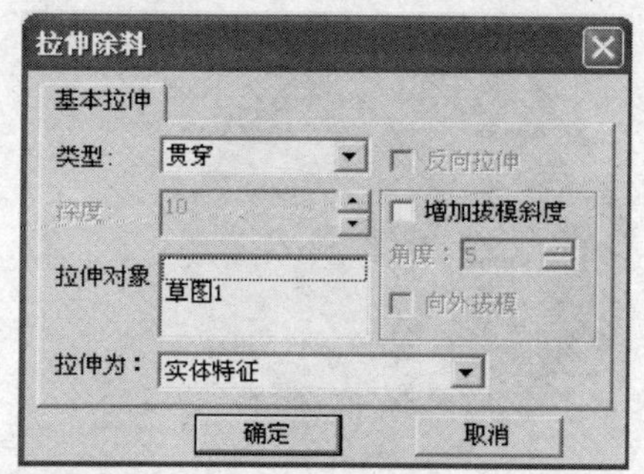

图4－55　“拉伸除料”对话框

图4－56　拉伸除料孔

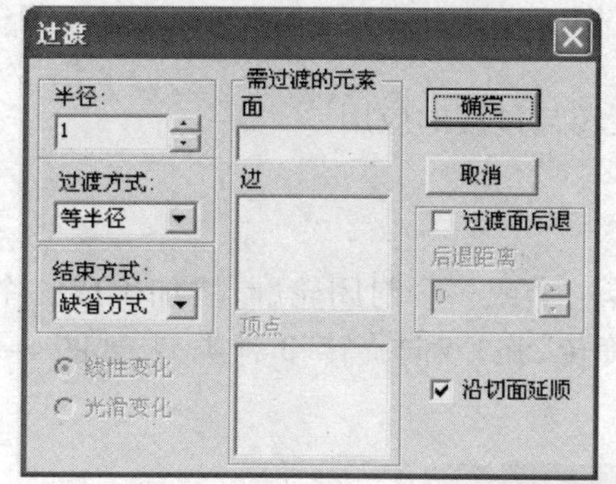

图4－57　圆角过渡对话框

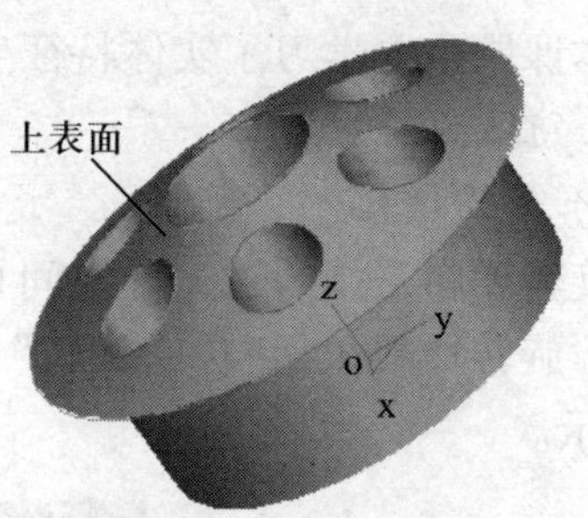

图4－58　选择上表面

（3）单击“边”下方的提示方框，单击如图4－60所示的交线，此时在“边”提示框中提示“边0”，完成圆角过渡参数设置，结果如图4－61所示。

图4－59　选择底面

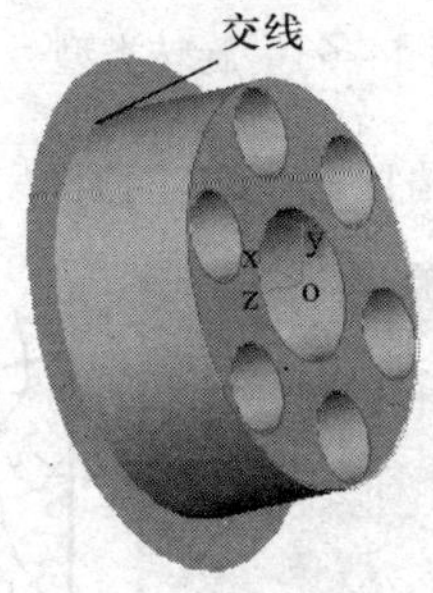

图4－60　选择交线

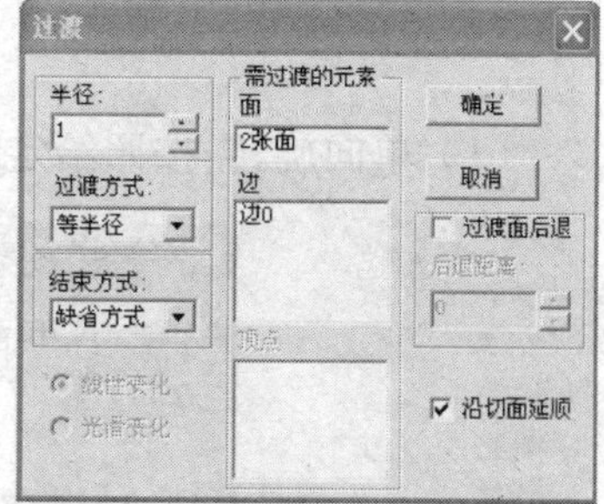

图4－61　圆角过渡参数设置

（4）单击【确定】按钮，完成所有选中面、边的圆角过渡，如图4－62所示。

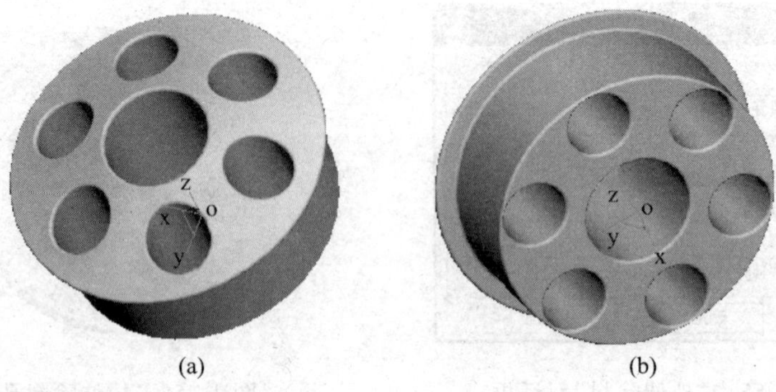

图 4－62　旋转体圆角过渡

三、知识拓展

本课题主要学习了实体特征生成中旋转与过渡的应用。

1. 旋转

1）旋转增料

旋转增料是指通过一条空间直线旋转一个或多个封闭轮廓，增加生成一个特征。旋转增料包括“单向旋转”、“对称旋转”和“双向旋转”3 种类型，如图 4－63 所示。

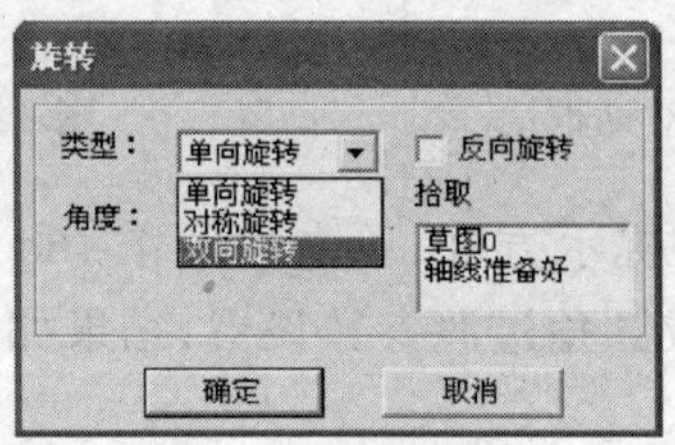

图 4－63　旋转类型

（1）单向旋转：按照给定的角度进行单向旋转，如图 4－64 所示。

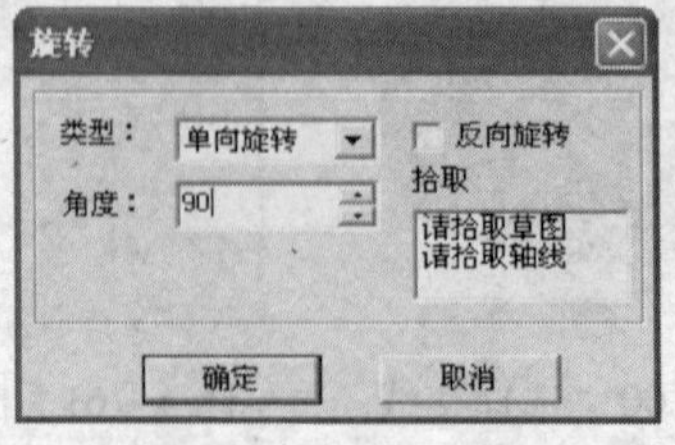

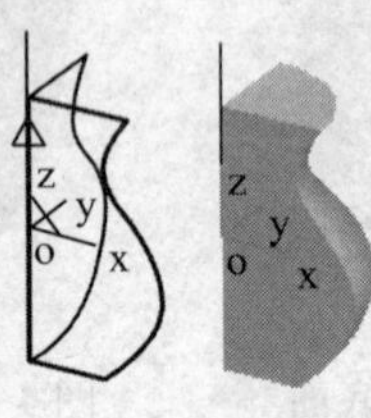

图 4－64　单向旋转

（2）对称旋转：以草图为中心，向相反的两个方向进行旋转，角度值以草图为中心平分，如图 4－65 所示。

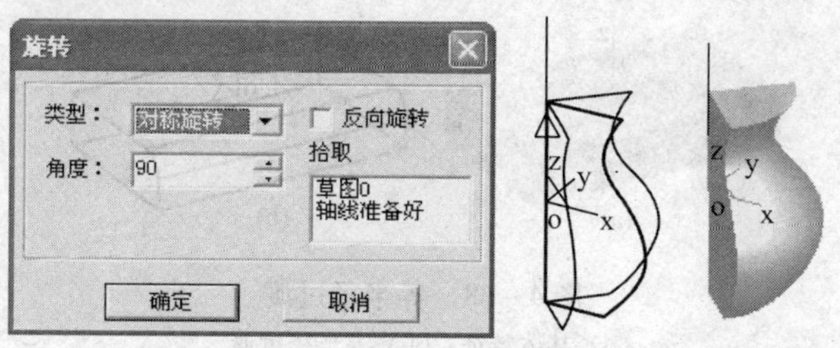

图 4－65　对称旋转

（3）双向旋转，以草图为起点，向两个方向进行旋转，角度值分别输入，如图 4－66 所示。

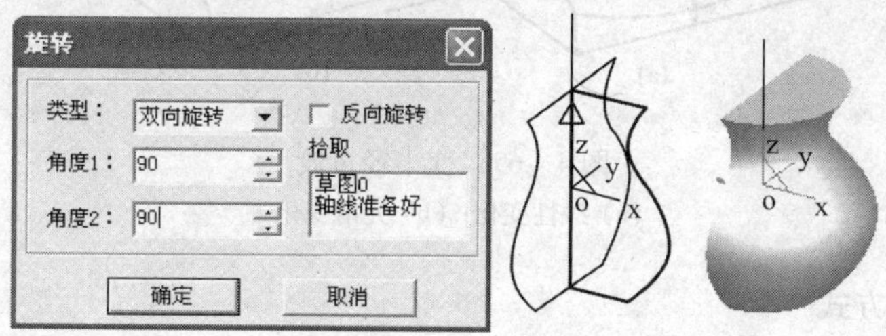

图 4－66　双向旋转

2）旋转除料

旋转除料是指通过一条空间直线旋转一个或多个封闭轮廓，移除生成的一个特征。其类型、参数与旋转增料相同。图 4－67 为单向旋转 360°除料。

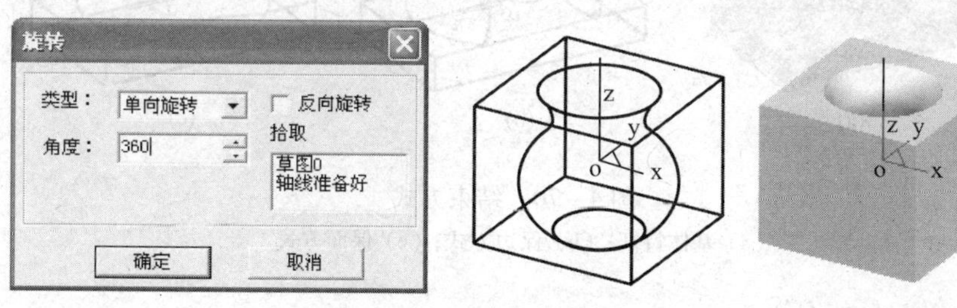

图 4－67　单向旋转 360°除料

2. 过渡

过渡是指以给定半径或半径规律在实体间作光滑过渡。

1）过渡方式

过渡方式有两种：等半径和变半径。等半径是指整条边或面以固定的尺寸值进行过渡，如图 4－68 所示。变半径是指在边或面以渐变的尺寸值进行过渡，需要分别指定各点的半径，如图 4－69 所示。

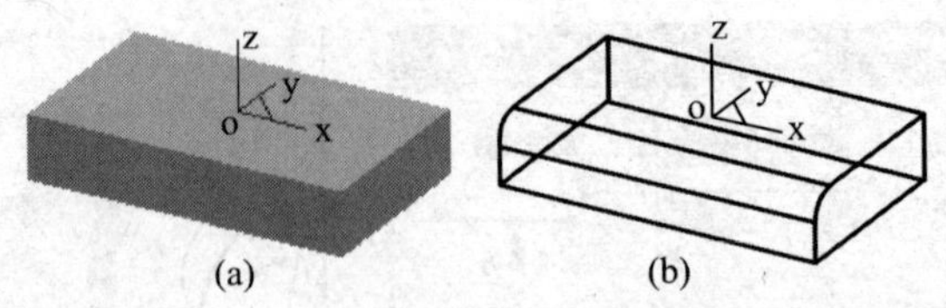

图 4－68 等半径过渡

（a）基体特征；（b）等半径过渡。

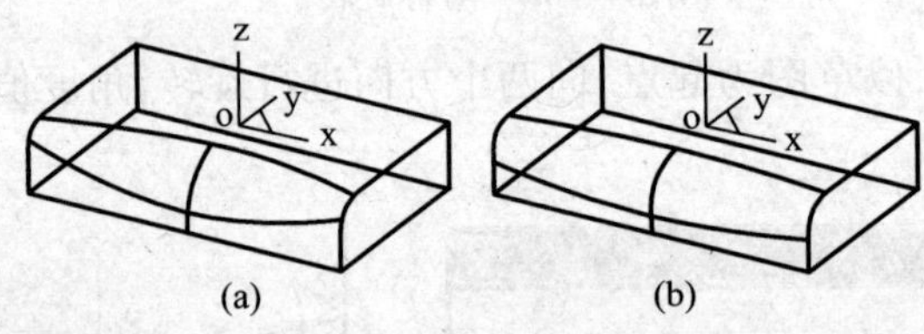

图 4－69 变半径过渡

（a）线性变化；（b）光滑变化。

2）结束方式

结束方式有 3 种：缺省方式、保边方式和保面方式。缺省方式是指以系统默认的保边或保面方式进行过渡。保边方式是指线面过渡，如图 4－70（b）所示。保面方式是指面面过渡，如图 4－70（c）所示。

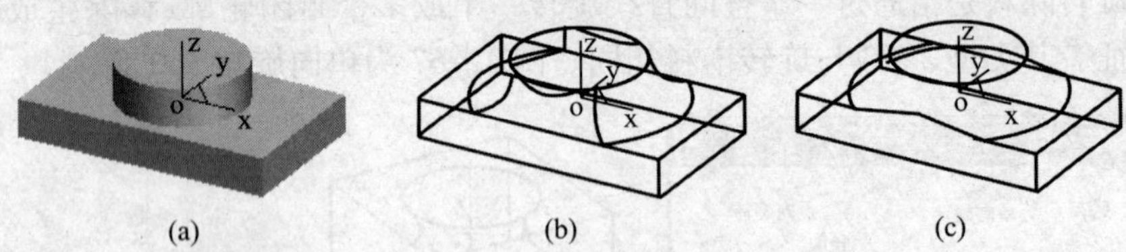

图 4－70 结束方式

（a）基体特征；（b）保边方式；（c）保面方式。

3）过渡变化方式

过渡变化方式有线性变化与光滑变化。线性变化是指在变半径过渡时，过渡边界为直线，如图 4－69（a）所示。光滑变化是指在变半径过渡时，过渡边界为光滑的曲线，如图 4－69（b）所示。

4）需要过渡的元素

需要过渡的元素是指对需要过渡的实体上的边或者面的选取。

5）顶点

顶点是指在变半径过渡时，所拾取的边上的顶点。

6）沿切面顺延

沿切面顺延是指在相切的几个表面的边界上，只拾取一条边时，则与其相连的多条边自动选中，而且一起过渡，如图4－71所示。

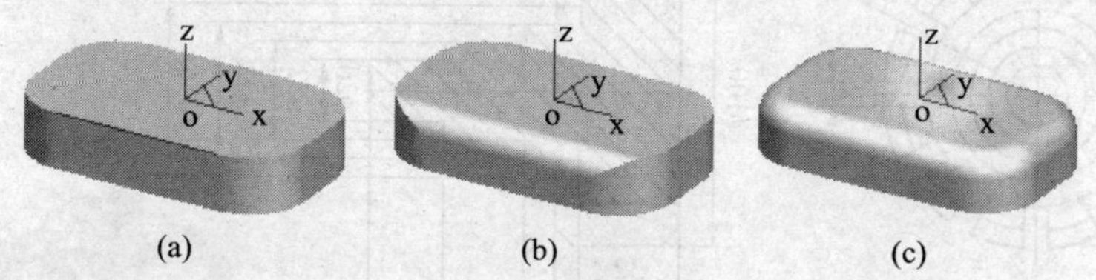

图4－71 沿切面顺延过渡

（a）拾取一条边；（b）不沿切面顺延过渡；（c）沿切面顺延过渡。

7）过渡面后退

零件在使用过渡特征时，可以使用“过渡面后退”使过渡变得缓慢光滑，如图4－72所示。

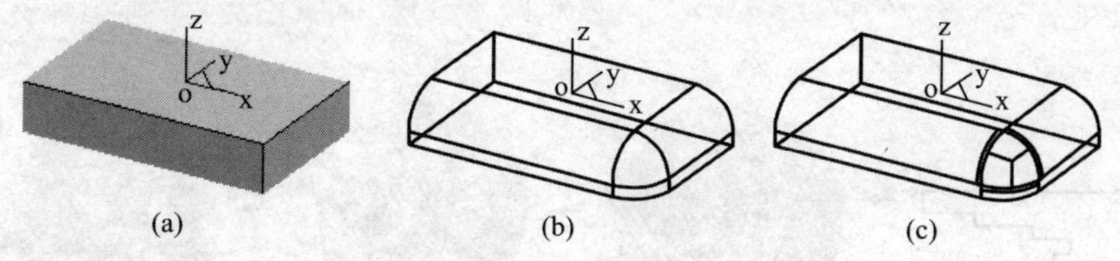

图4－72 过渡面是否后退

（a）选择过渡边；（b）过渡面不后退；（c）过渡面后退。

注意：

（1）在进行变半径过渡时，只能拾取边，不能拾取面。

（2）变半径过渡时，注意控制点的顺序。

（3）沿切面顺延过渡时，相连的多条边不能是尖角连接的。若是尖角连接的，可先用很小的圆角过渡，再使用沿切面顺延过渡功能。

（4）在使用“过渡面后退”功能时，过渡边不能少于3条且有公共点。如果先拾取了过渡边而没有选中“过渡面后退”选项，须选中后重新拾取所有的过渡边才能实现此功能。

（5）多棱边过渡时，过渡棱边的拾取顺序决定了汇集角的形状，应先进行大半径的过渡，再进行小半径的过渡。

四、任务拓展

练习一:完成如图 4－73 所示零件的实体建模。

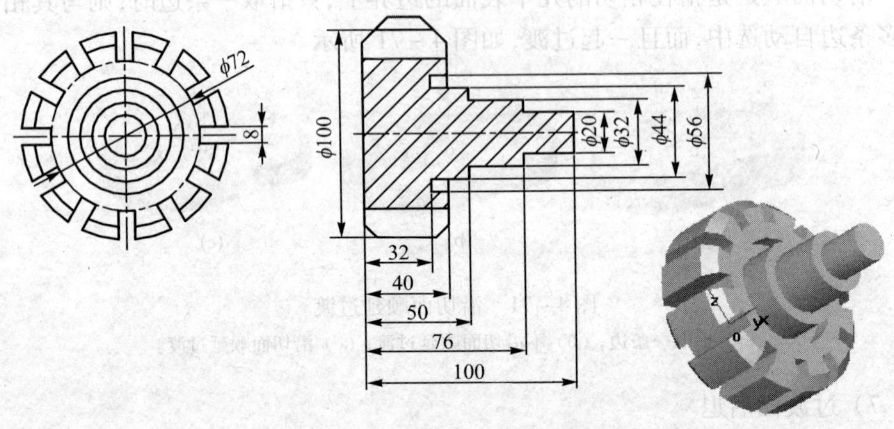

图 4－73　旋转建模任务拓展 1

建模思路:建模思路如图 4－74 所示。旋转截面草图可利用尺寸驱动来绘制。

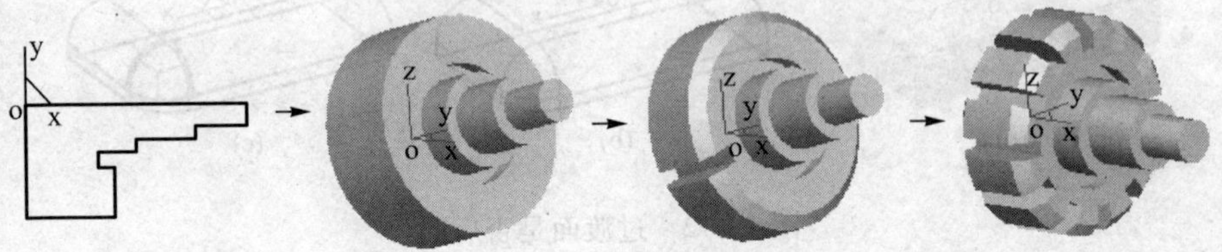

图 4－74　旋转建模任务拓展 1 建模思路

练习二:完成如图 4－75 所示零件的实体建模。

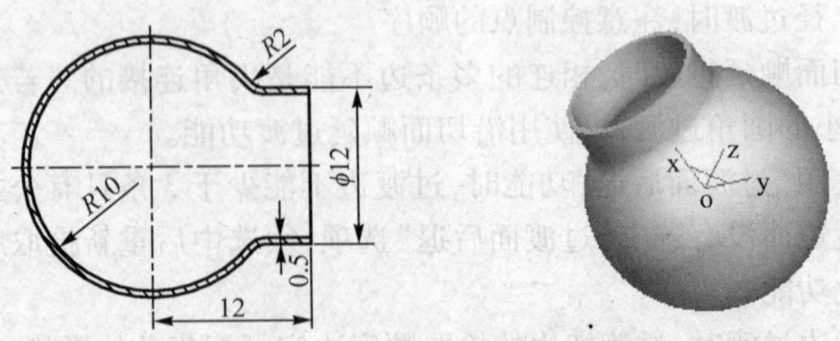

图 4－75　旋转建模任务拓展 2

建模思路：建模思路如图 4－76 所示。

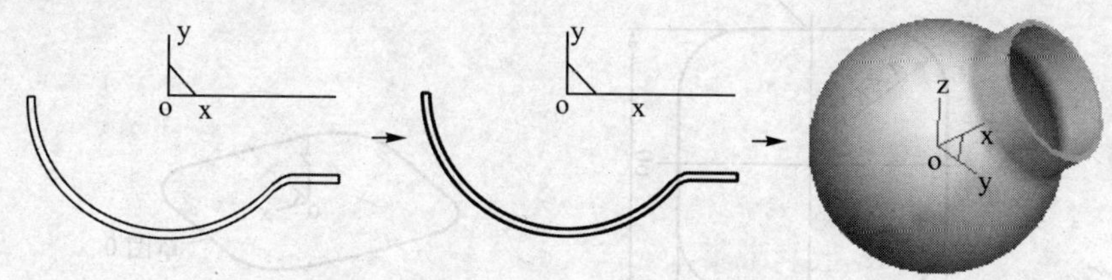

图 4－76　旋转建模任务拓展 2 建模思路

课题 3　放样与抽壳

一、任务描述

试采用放样建模的方法完成如图 4－77 所示工件的实体造型。

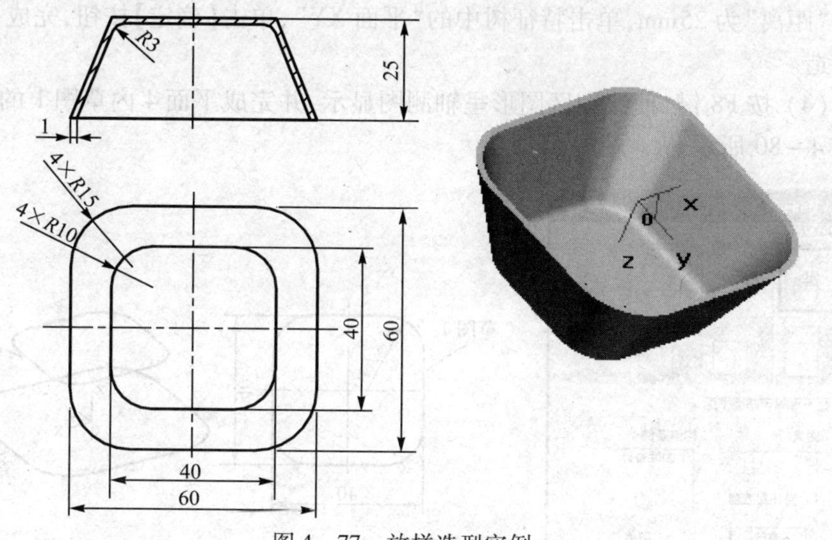

图 4－77　放样造型实例

知识点与技能点：放样增料、抽壳、过渡。

二、任务实施

1. 放样建模

1）绘制放样截面

（1）选择基准平面"平面 XY"为草图绘制平面，进入草图 0 绘制状态，如图 4－78 所示。

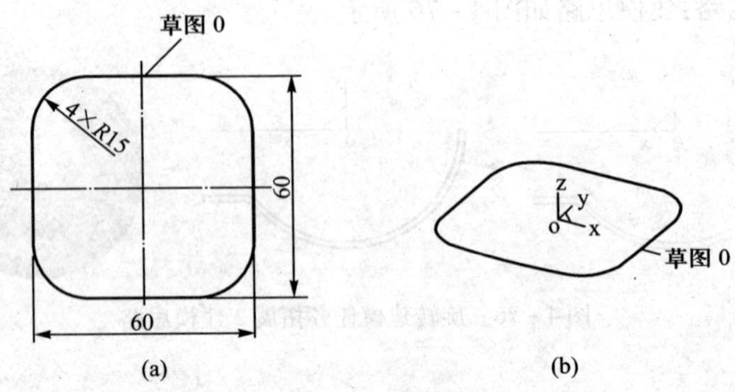

图 4－78　绘制草图 0

(a) 尺寸图；(b) 绘制结果。

(2) 单击图标，退出绘制草图状态。

(3) 单击图标，并选择"等距平面确定基准平面"方式，按图 4－79 所示设定"距离"为 25mm，单击特征树中的"平面 XY"，单击【确定】按钮，完成平面 4 的构造。

(4) 按 F8 键，使绘图区图形呈轴测图显示，并完成平面 4 内草图 1 的绘制，如图 4－80 所示。

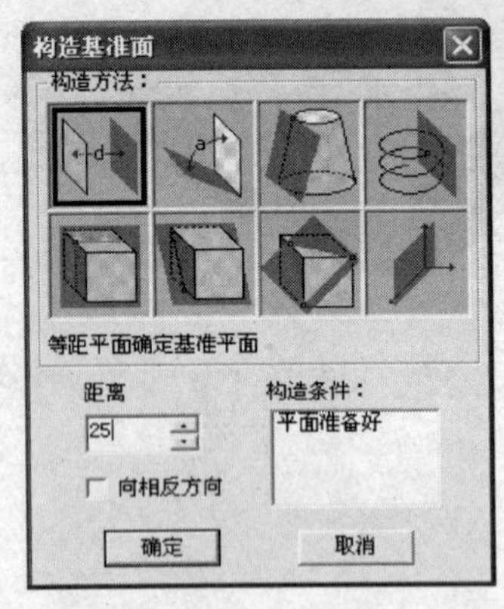

图 4－79　等距平面确定基准平面

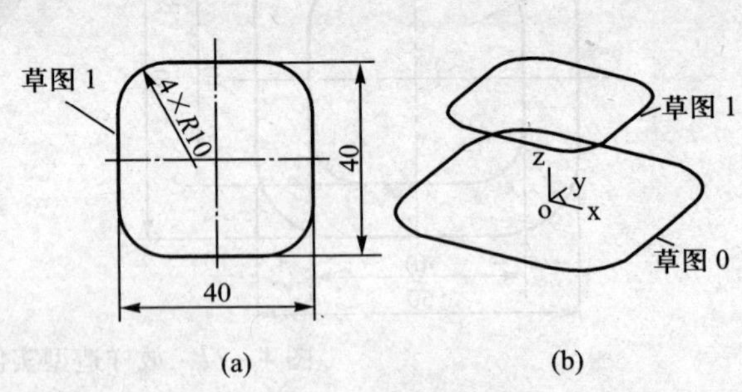

图 4－80　绘制草图 1

(a) 尺寸图；(b) 绘制结果。

2）完成放样建模

(1) 单击［造型］→［特征生成］→［增料］→［放样］命令或直接单击特征工具栏中的图标，弹出如图 4－81 所示的"放样"对话框。

注意：对话框中"轮廓"下的"草图 1"提示系统已自动选取了草图 1 为其中

的一个放样截面。

（2）单击特征树中的“草图1”，取消系统自动选择的草图1，此时“放样”对话框如图4－82所示。

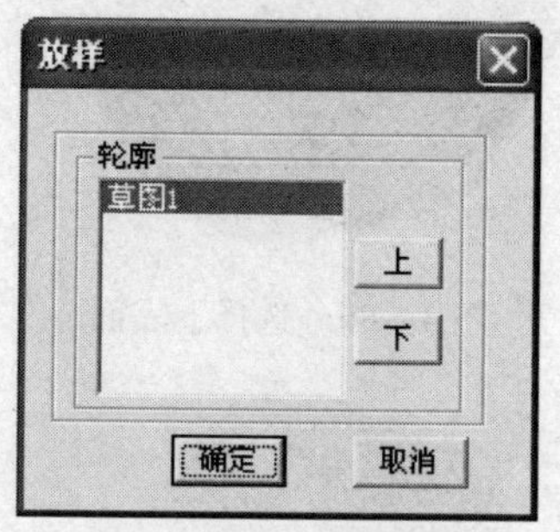

图4－81　“放样”对话框

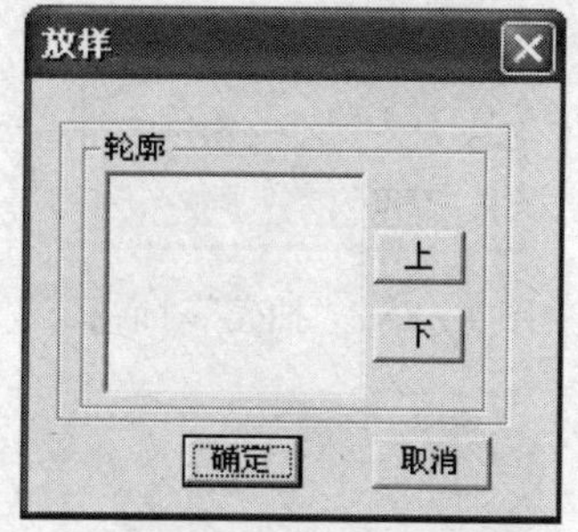

图4－82　取消系统自动选择

（3）单击如图4－83所示草图1中的A点处，选中草图1，再单击草图0中的B点处，选中草图0。

注意：单击的位置不能乱点。为了便于拾取，也可按F5键使XY平面呈主视图显示，然后完成拾取。

（4）单击【确定】按钮，完成放样建模，如图4－84所示。

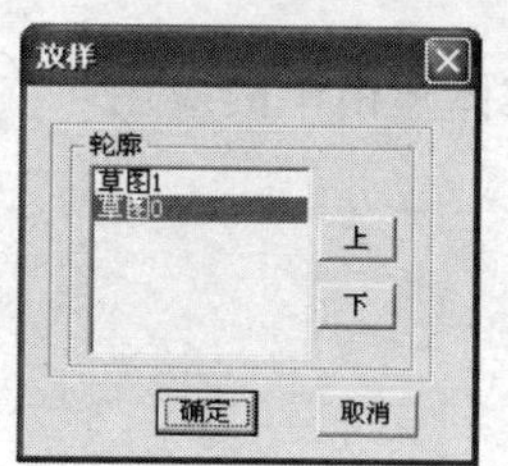

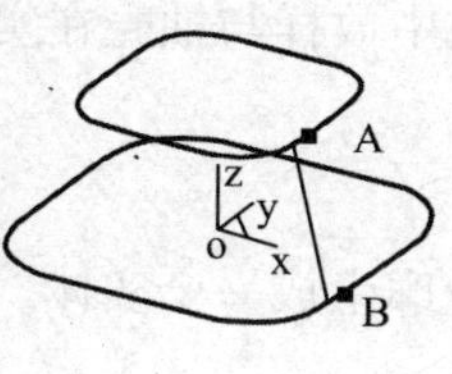

图4－83　轮廓选择

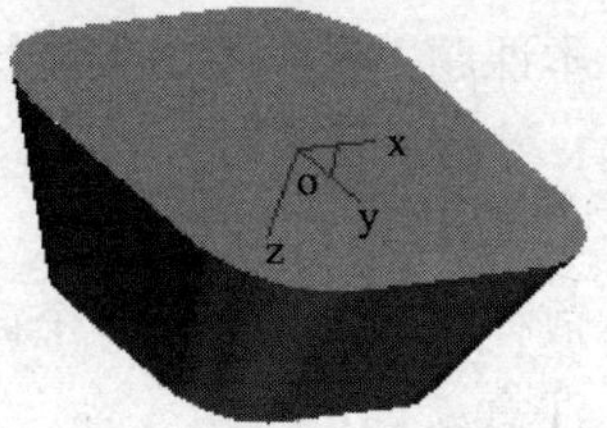

图4－84　放样后的实体

2. 实体抽壳

（1）单击[造型]→[特征生成]→[抽壳]命令或直接单击特征工具栏中的图标，弹出抽壳参数设置对话框，按图4－85所示设置“厚度”为“1.5”。

（2）单击“需抽去的面”下面的框格，再单击图4－86中实体的上表面，系统在“需抽去的面”提示框中提示“面0”，表示完成选择；最后单击【确定】按钮，完成抽壳，如图4－87所示。

3. 圆角过渡

单击特征工具栏中的图标，设置半径为3mm。选择实体的内表底面为过渡面，单击【确定】按钮，完成实体圆角过渡。完成后的实体如图4－88所示。

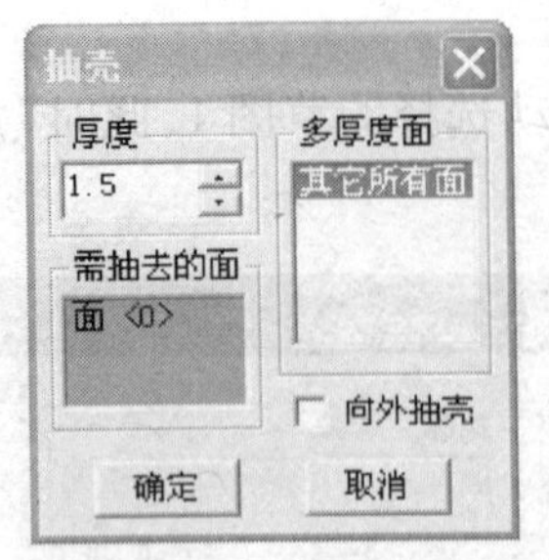

图 4－85　“抽壳”对话框

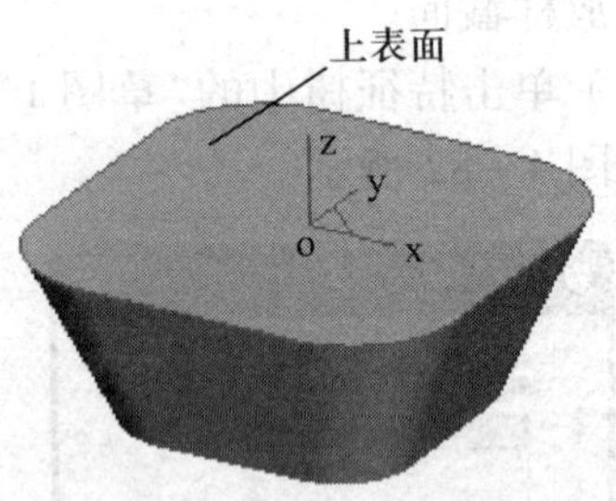

图 4－86　选择上表面

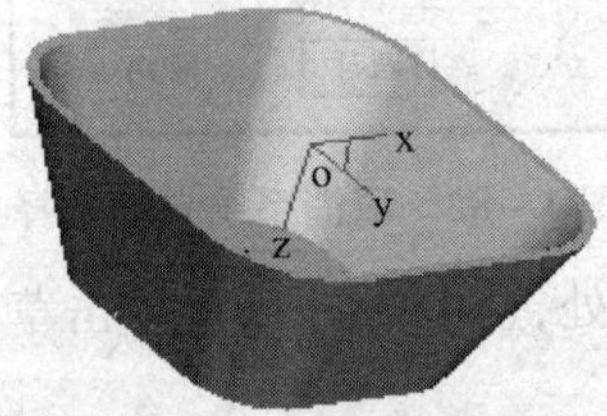

图 4－87　抽壳后的实体

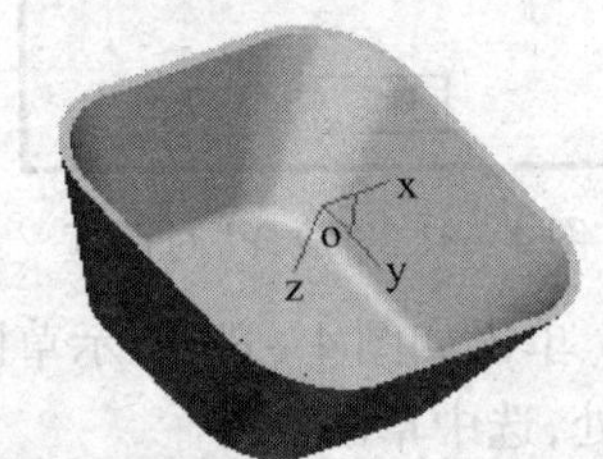

图 4－88　圆角过渡后的实体

三、知识拓展

本课题主要学习了实体特征生成中放样与抽壳在实体建模中的应用。

1. 放样

1）放样增料

放样增料是指根据多个截面线轮廓生成一个实体。

注意：

(1) 放样的截面线应为草图轮廓。参与放样的至少要有两个独立的草图轮廓。

(2) 每个草图轮廓的段数应当相等，最好均匀。如果是样条曲线，其型值点数最好一致，尤其是草图个数超过 3 个的时候。如图 4－89 所示，实体由“草图圆”与“草图四方”两个截面放样构成。由于圆是由一个图素组成而四方由 8 个图素组成，如果不对绘制的图素进行处理，那么生成的实体往往是不光滑的、变形的。所以一般可以先绘制两个草图的空间曲线，如图 4－89(a)所示；利用打断功能将圆在图中所标记的 8 个点处打断(系统一般会将圆弧打成 9 段)，再利用曲线组合功能，将系统自动打断成两小段的圆弧组合成一段圆弧，保证圆由 8 段圆弧组成，如图 4－89(b)所示；依次生成草图，如图 4－89(c)所示；完成放样建模如图 4－89(d)所示。

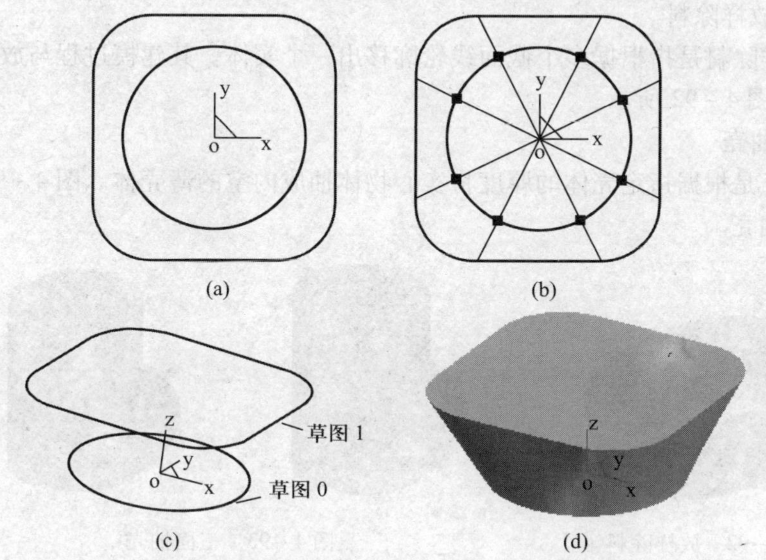

图 4-89　草图轮廓的段数不同的放样建模过程

(a) 绘制空间曲线；(b) 将圆打断、组合成 8 段圆弧；(c) 生成草图；(d) 放样增料。

(3) 在选取多个放样草图平面时，一定要注意草图的拾取顺序，拾取顺序不同，其结果也各不相同，如图 4-90 所示。

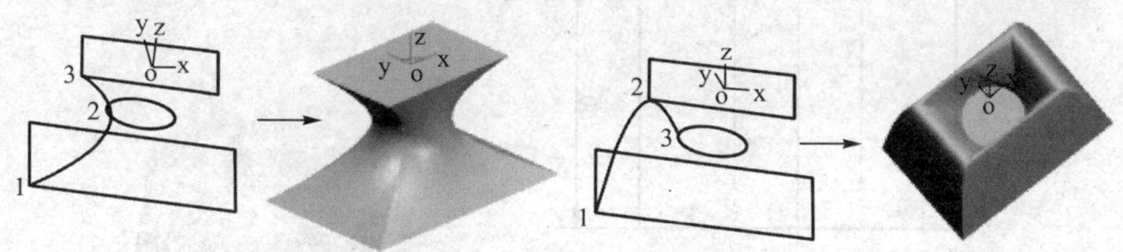

图 4-90　拾取顺序不同产生不同的结果

(4) 拾取轮廓时，要注意拾取不同的边、不同的位置，会产生不同的放样结果，拾取时应注意观察连接各草图放样线的形状，如图 4-91 所示。

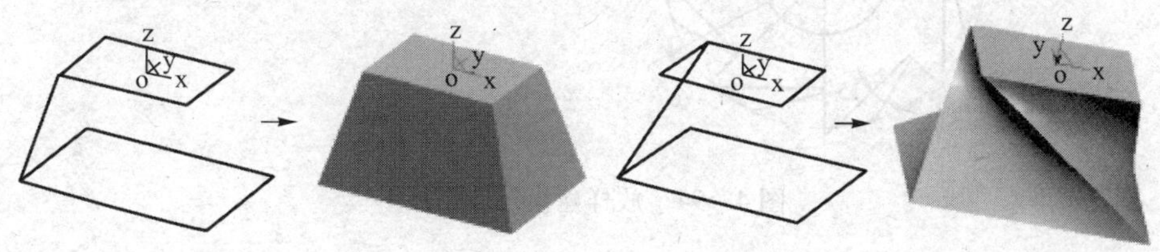

图 4-91　拾取位置不同产生不同的结果

2）放样除料

放样除料是指根据多个截面线轮廓移出一个实体。其建模过程与放样增料类似，如图 4－92 所示。

2. 抽壳

抽壳是根据指定壳体的厚度将实心物体抽成内空的薄壳体。图 4－93 所示为三面抽壳。

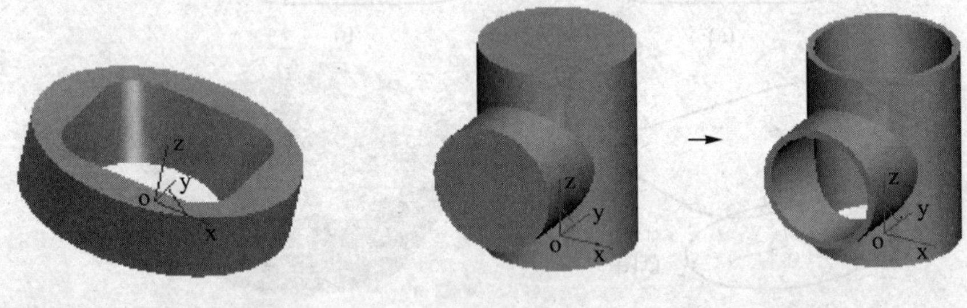

图 4－92　放样除料　　　　图 4－93　三面抽壳

四、任务拓展

练习一：完成如图 4－94 所示零件的实体建模，未注倒圆 $R2$。

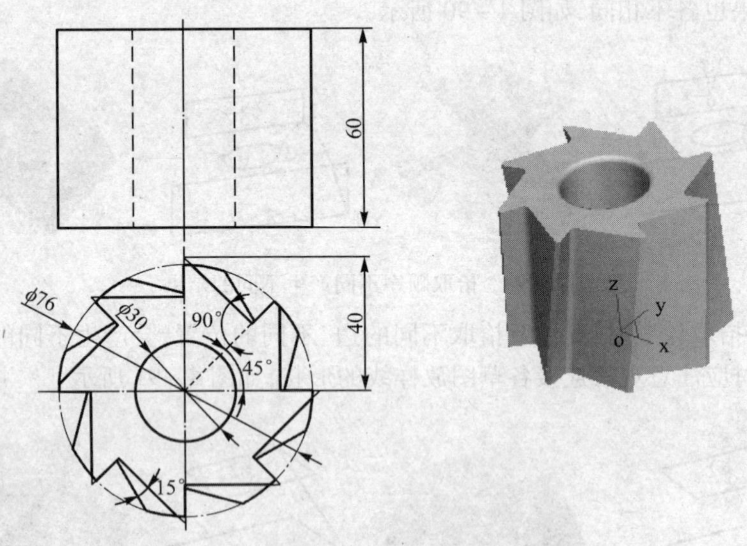

图 4－94　放样建模任务拓展 1

建模思路：建模思路如图 4－95 所示。

练习二：完成如图 4－96 所示零件的实体建模。

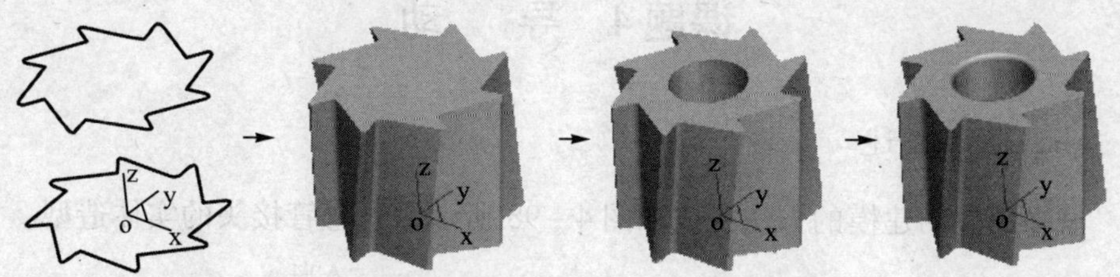

图 4－95　放样建模任务拓展 1 建模思路

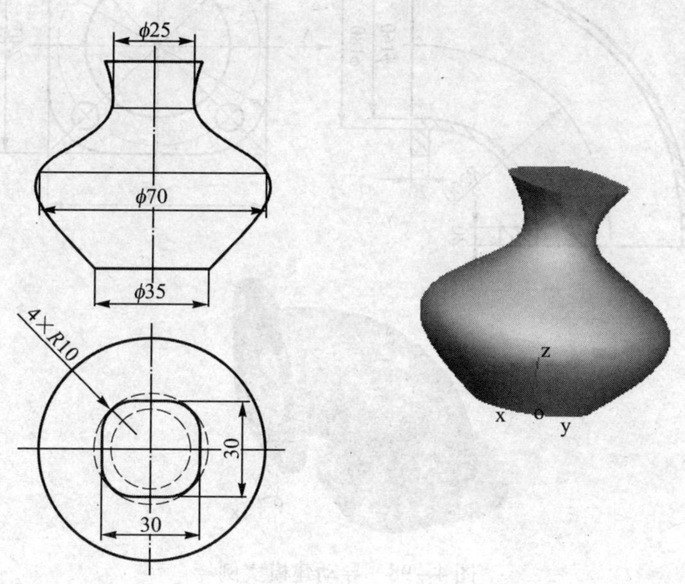

图 4－96　放样建模任务拓展 2

建模思路：建模思路如图 4－97 所示。

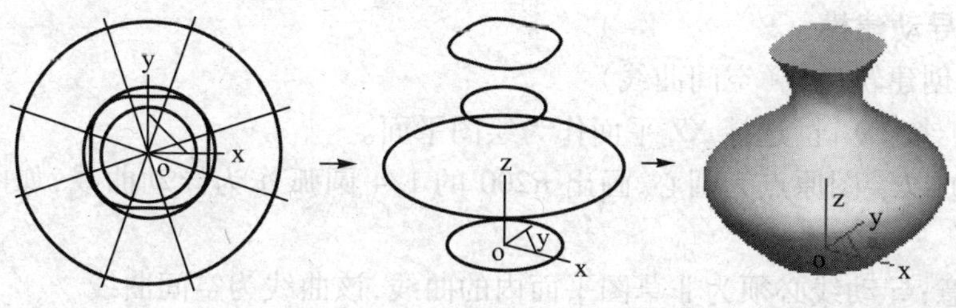

图 4－97　放样建模任务拓展 2 建模思路

课题4 导 动

一、任务描述

试采用导动建模的方法完成如图 4－98 所示水泵弯管接头的实体造型。

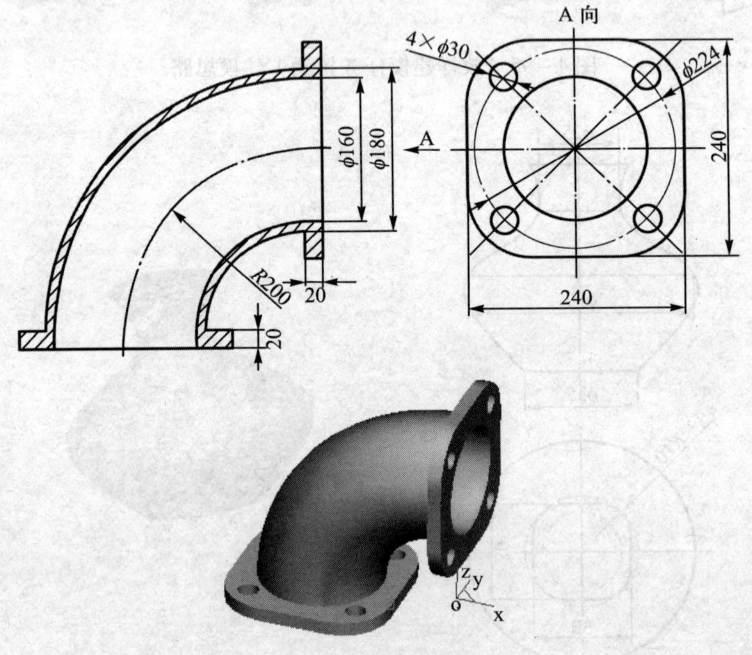

图 4－98 导动建模实例

知识点与技能点：导动、孔、圆周阵列、隐藏。

二、任务实施

1. 导动建模

1）创建轨迹线（空间曲线）

（1）按 F9 键，选择 XZ 平面作为绘图平面。

（2）以绘图原点为圆心，画出 $R200$ 的 1/4 圆弧作为导动曲线，如图 4－99 所示。

注意：导动线必须为非草图平面内的曲线，该曲线为空间曲线。

2）创建截面轮廓

（1）右击特征树中的“平面 YZ”，在弹出的菜单中选择“创建草图”命令。

（2）绘制草图0。以 $R200$ 圆弧与垂直线的交点为圆心，画出 $\phi160$ 和 $\phi180$ 两个圆，如图4－100所示。

（3）单击右键结束当前状态。

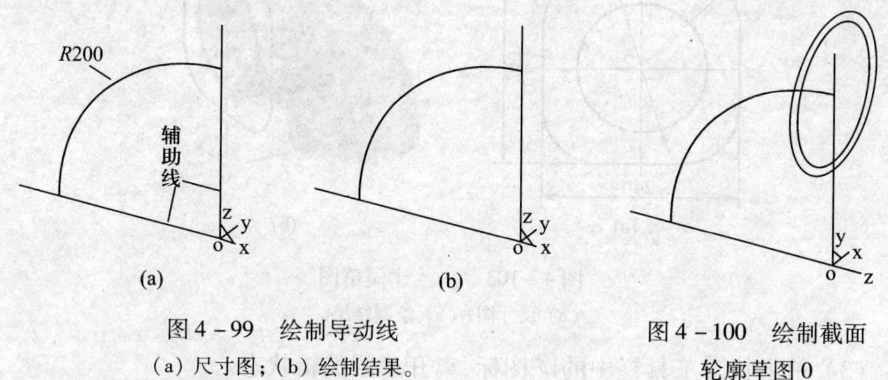

图4－99　绘制导动线

（a）尺寸图；（b）绘制结果。

图4－100　绘制截面轮廓草图0

3）导动增料

（1）单击［造型］→［特征生成］→［增料］→［导动］命令或直接单击特征工具栏中的“导动增料”图标，弹出导动增料对话框。

（2）根据提示行提示“拾取轨迹线”，单击图4－100中绘制的空间圆弧 $R200$，然后提示行提示“确定链搜索方向”，单击向左方向，单击右键完成“轨迹线”设置。

（3）设置“轮廓截面线”，直接采用系统默认的“草图0”，不需要进行选择。

（4）设置“选项控制”为“固接导动”，此时对话框如图4－101所示。

（5）单击【确定】按钮，完成导动增料。导动增料实体如图4－102所示。

注意：在完成导动建模时，必须先进行轨迹线的选择，而且要利用单击右键完成轨迹线的选择，然后再进行轮廓截面线的选择。

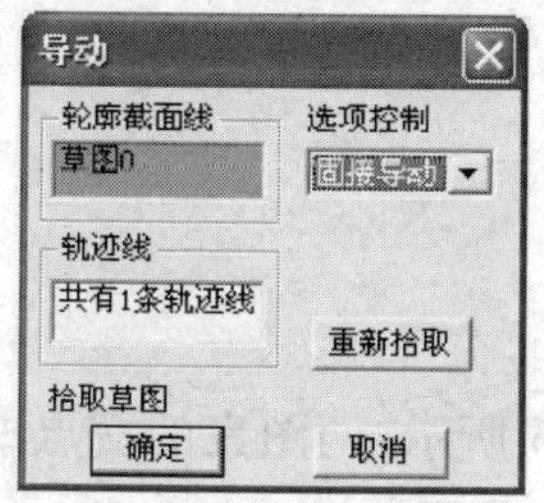

图4－101　导动参数设置对话框

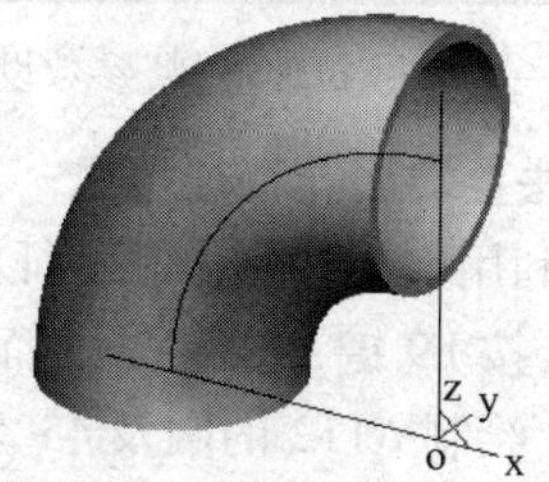

图4－102　导动增料

2. 拉伸法兰实体

（1）右击特征树中的“YZ平面”，在弹出的菜单中选择“创建草图”命令。

(2) 绘制草图 1,具体尺寸与位置如图 4 – 103 所示。

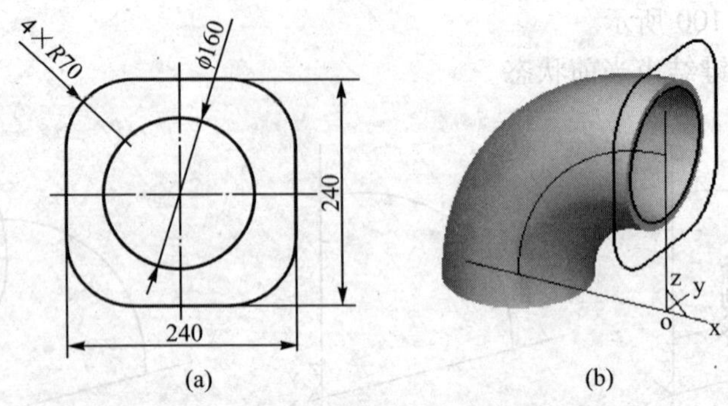

图 4 – 103 法兰建模草图

(a) 尺寸图; (b) 绘制结果。

(3) 单击状态工具栏中的图标,离开草图编辑状态。

(4) 利用拉伸增料完成垂直面法兰的拉伸。"拉伸增料"对话框设置如图 4 – 104 所示。

(5) 用同样的方法绘制另一端法兰的草图并完成法兰的拉伸,完成后的实体如图 4 – 105 所示。

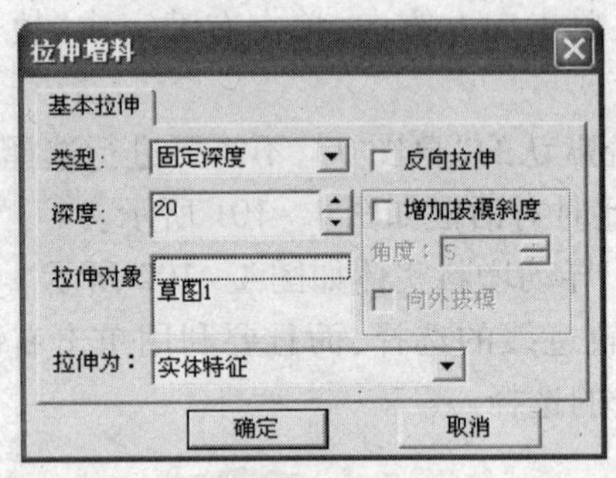

图 4 – 104 "拉伸增料"参数设置

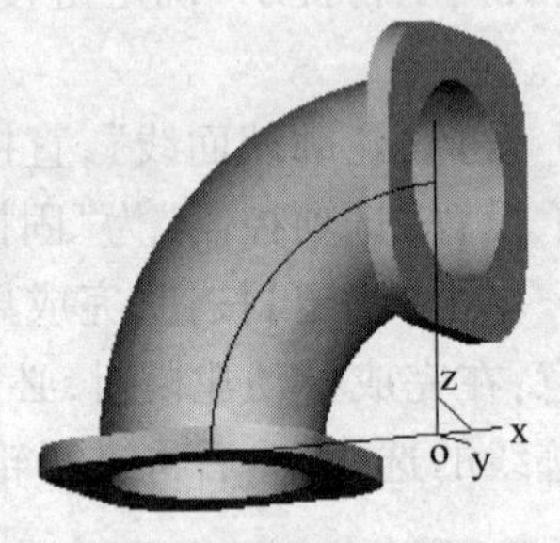

图 4 – 105 法兰建模

3. 法兰端面孔特征生成

1) 利用空间线构出孔特征的位置

(1) 按 F9 键,选择 YZ 平面作为绘图平面。

(2) 绘制 $R112$ 的圆及 45°斜线,如图 4 – 106 所示,两图素的交点即为其中一孔的中心位置(也可通过绘制草图,找准孔中心位置)。

(3) 按 Esc 键,结束当前状态。

2) 孔特征生成

(1) 单击[造型]→[特征生成]→[孔]或直接单击特征工具栏中的图

标，弹出如图 4 – 107 所示“孔的类型”对话框。

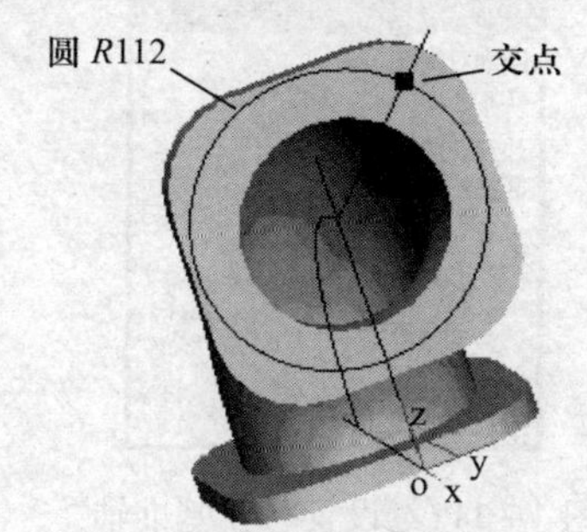

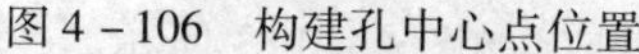

图 4 – 106　构建孔中心点位置

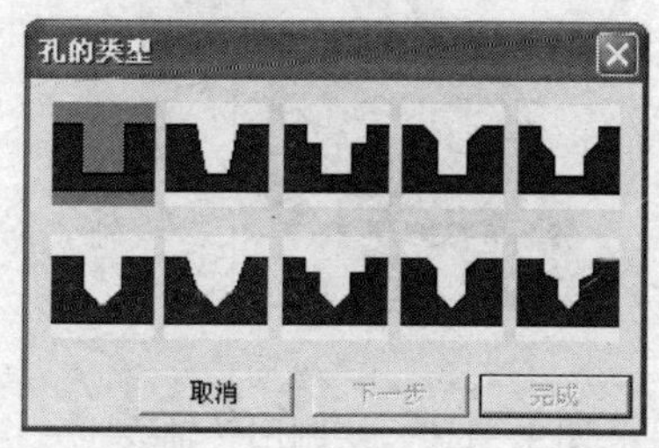

图 4 – 107　孔类型选择对话框

（2）提示行提示“拾取打孔平面”，单击垂直法兰端面完成孔平面的选择。然后提示行提示“选择孔型”，单击“孔的类型”对话框中的第一种直孔方式。提示行继续提示“指定孔的定位点”，单击图 4 – 106 所示的交点。

（3）单击图 4 – 107 中的【下一步】按钮，弹出“孔的参数”对话框，并按图 4 – 108 所示进行孔参数设置。

（4）单击【完成】按钮生成孔特征，如图 4 – 109 所示。

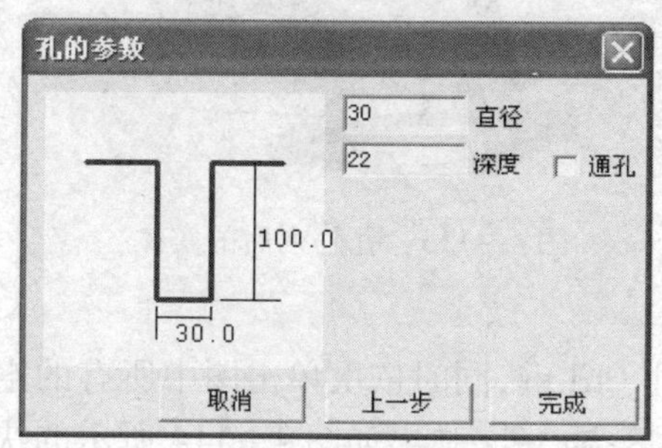

图 4 – 108　孔参数设置

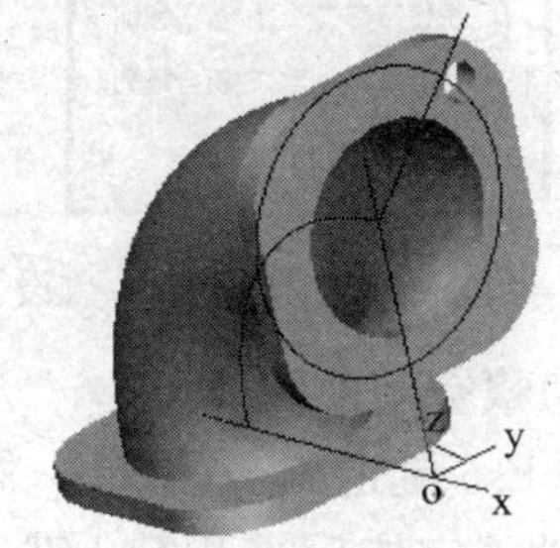

图 4 – 109　生成单个孔特征

3）圆周阵列孔

（1）绘制圆周孔的回转轴线（空间曲线），如图 4 – 110 所示。

（2）单击［造型］→［特征生成］→［环形阵列］命令或直接单击特征工具栏中的图标，弹出“环形阵列”对话框。设置“阵列对象”，直接单击特征树中的“打孔 0”完成设置；设置“边/基准轴”，需要先单击“边/基准轴”下面的“选择旋转轴”，待“选择旋转轴”反色如图 4 – 111 所示时，表示可以进行选择了，再单击图 4 – 110 中绘制的回转轴线，完成旋转轴的选择；设置“角度”为“90”，设置“数目”为“4”，其余选项为默认设置，结果如图 4 – 112 所示。

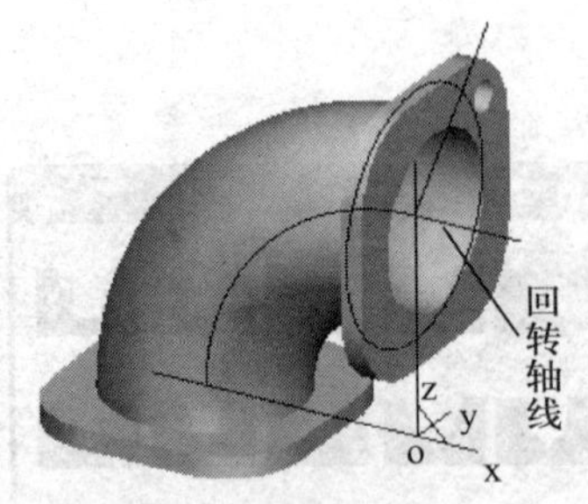

图 4 – 110 绘制回转轴线

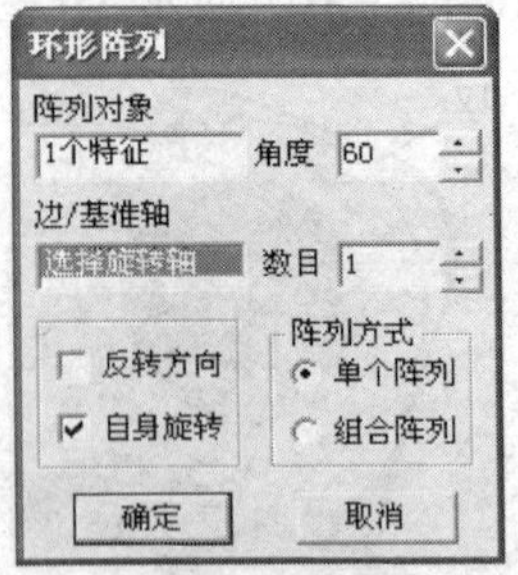

图 4 – 111 设置“边/基准轴”

(3) 单击【确定】按钮,完成端面其余孔的生成,如图 4 – 113 所示。

(4) 完成另一端法兰孔的生成。(需要按照前面的步骤,先完成一个孔的建模,然后利用圆周阵列完成其他孔的建模。)

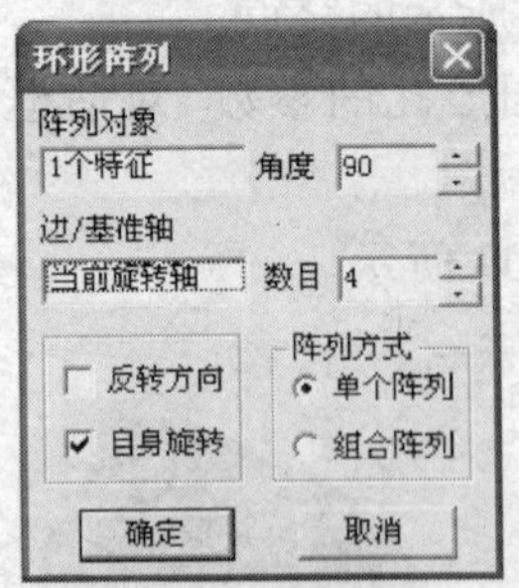

图 4 – 112 “环形阵列”参数设置

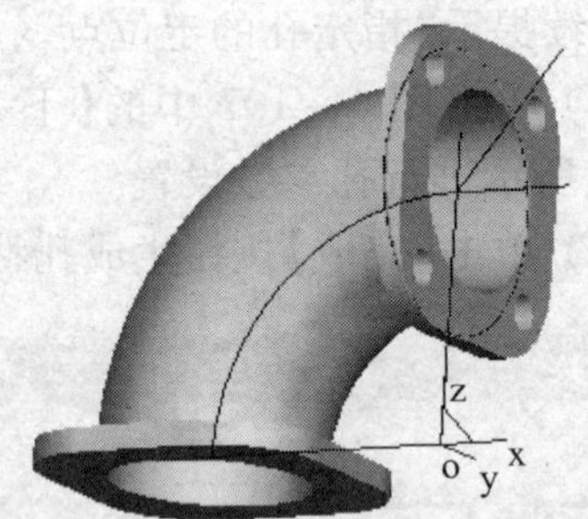

图 4 – 113 孔阵列后的实体

4. 隐藏空间曲线

先按 Esc 键退出当前操作,然后再按住 Ctrl 键,同时依次单击图中所有的空间曲线,选择完毕后松开 Ctrl 键,右击绘图区空白处,弹出如图 4 – 114 所示的快捷菜单,单击“隐藏”命令,隐藏所选中的图素,完成后的实体如图 4 – 115 所示。若需要使隐藏的图素重新显示,则只需单击[编辑]→[可见]命令即可。

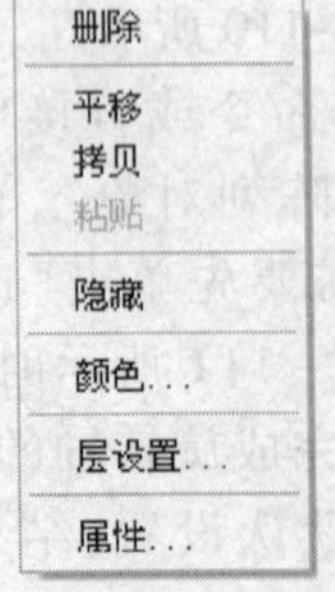

图 4 – 114 快捷菜单

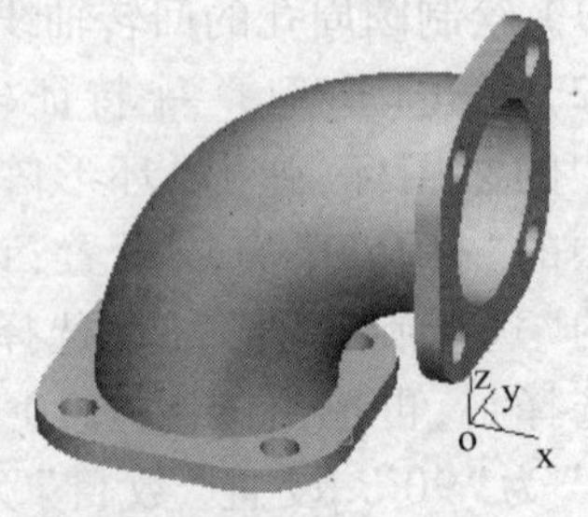

图 4 – 115 完成后的实体

三、知识拓展

本课题主要学习了实体特征生成中导动、打孔、环形阵列在实体建模中的应用。

1. 导动

1）导动增料

导动增料是指将某一截面曲线或轮廓线沿着另外一条轨迹线运动，生成一个特征实体。

在导动过程中，“导动控制”选项有“平行导动”和“固接导动”两种形式。本课题中采用的是“固接导动”。所谓“固接导动”，是在导动过程中，截面线和导动线保持固接关系，即让截面线平面与导动线的切矢方向保持相对角度不变，而且截面线在自身相对坐标系中的位置关系保持不变，截面线沿导动线变化的趋势导动，生成特征实体。“平行导动”是指截面线沿导动线趋势，始终平行于其自身的移动而生成的特征实体，截面线在运动过程中没有任何旋转，如图 4－116 所示。

注意：

（1）截面线应为封闭的草图轮廓，轨迹线应为非草图曲线。

（2）轨迹线的起始点必须在截面线所在的草图平面上。

（3）在实体导动过程中，只能采用单截面线和单导动线的导动形式，不像导动曲面那样有多种形式。

2）导动除料

导动除料是指将某一截面曲线或轮廓线沿着另外一条轨迹线运动移出一个特征实体。

导动除料的建模与导动增料类似，图 4－117 所示为平行导动除料。

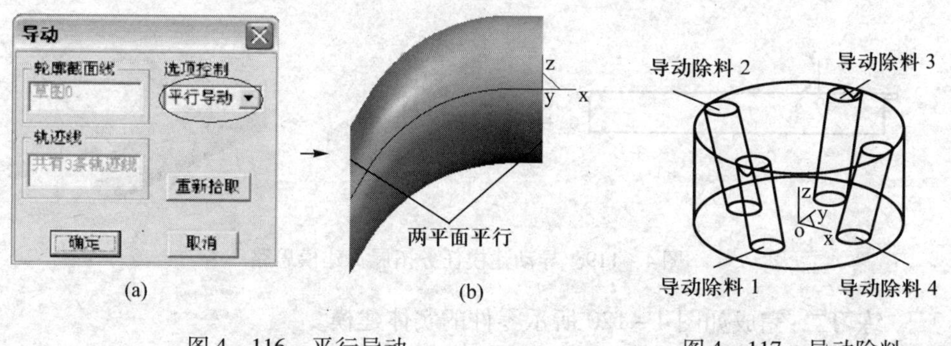

图 4－116　平行导动　　　　图 4－117　导动除料

2. 孔

特征生成中的孔是指在平面上直接去除材料生成各种类型的孔。

注意：拾取的打孔平面，必须是特征实体的平面，不能是曲面，也不能是基准面。

3. 环形阵列

环形阵列是指绕某基准轴旋转将特征阵列为多个特征。

注意：基准轴应为空间直线。

四、任务拓展

练习一：完成如图 4－118 所示零件的实体建模。

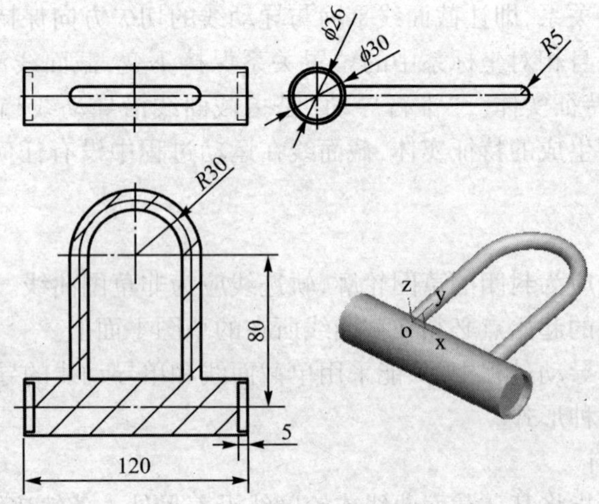

图 4－118　导动建模任务拓展 1

建模思路：建模思路如图 4－119 所示。

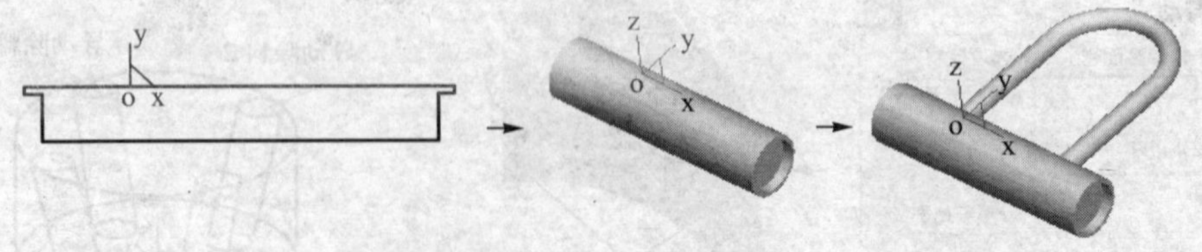

图 4－119　导动建模任务拓展 1 建模思路

练习二：完成如图 4－120 所示零件的实体建模。

建模思路：建模思路如图 4－121 所示。

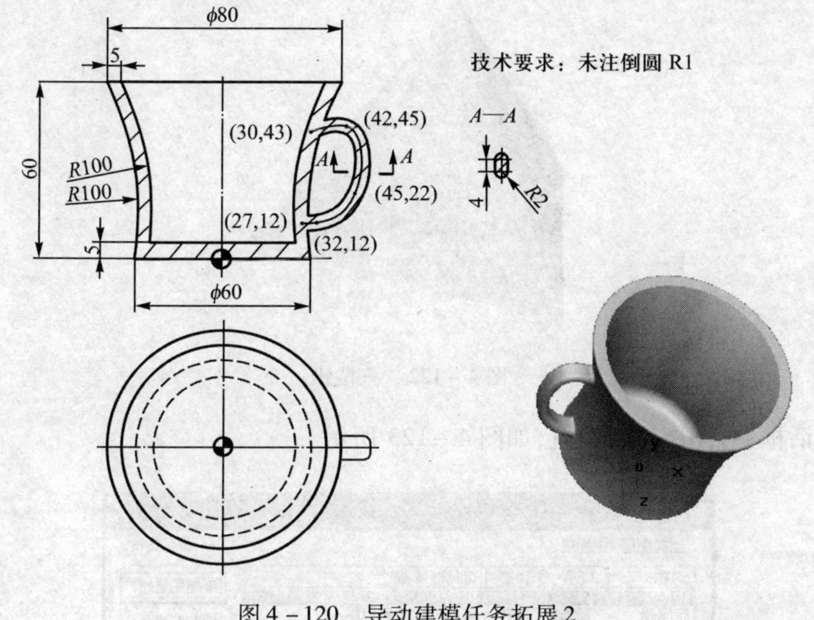

图 4－120　导动建模任务拓展 2

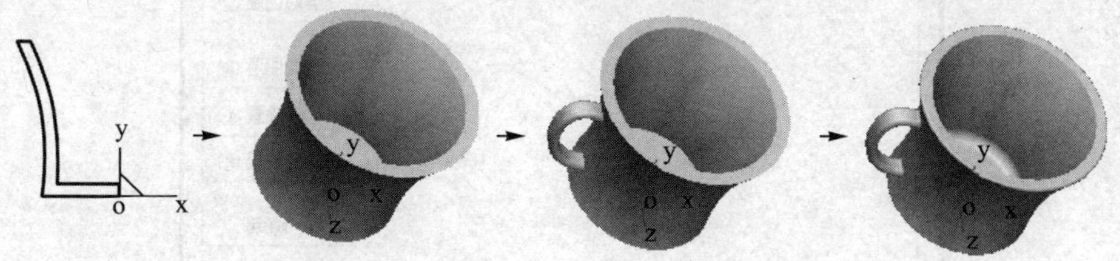

图 4－121　导动建模任务拓展 2 建模思路

课题 5　曲 面 加 厚

一、任务描述

利用曲面加厚完成棱边为 100mm 的三棱锥的实体建模，如图 4－122 所示。

知识点与技能点：图层应用、直纹面、曲面加厚。

二、任务实施

1. 层设置

单击［设置］→［层设置］命令或单击“层设置”图标，系统弹出“图层管

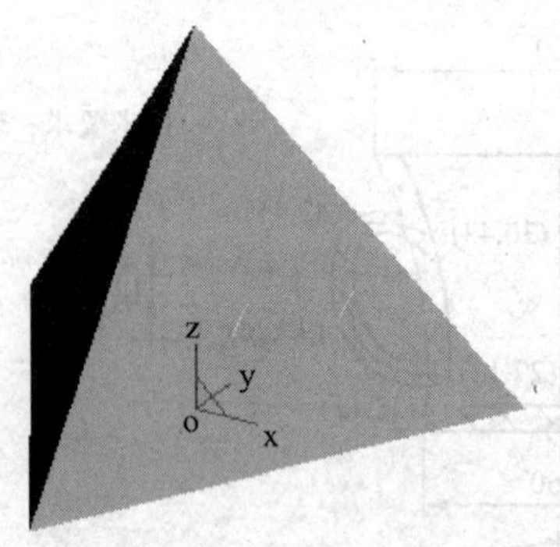

图 4－122　三棱锥

理”对话框,对图层进行设置,如图 4－123 所示。

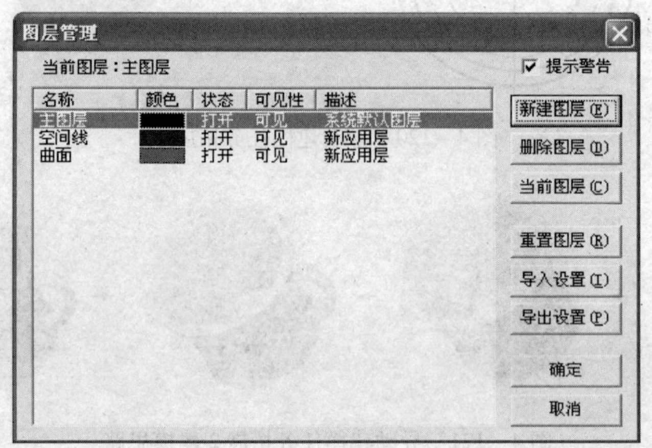

图 4－123　“图层管理”对话框

2. 绘制空间曲线

(1) 图层设置,将“空间线”设置为当前图层。

(2) 绘制空间线架三棱锥,如图 4－124 所示。

(3) 按 F8 键,使绘图区呈轴测图显示。

3. 生成空间曲面

(1) 图层设置,将“曲面”设置为当前图层。

(2) 单击“直纹面”图标,选择“点＋曲线”直纹面,在绘图区依次单击图 4－125 所示的点 1、边 1,生成如图 4－126 所示的直纹面。

(3) 按照上面的方法分别生成其余 3 个直纹面,并使视图呈线架显示,如图 4－127 所示。

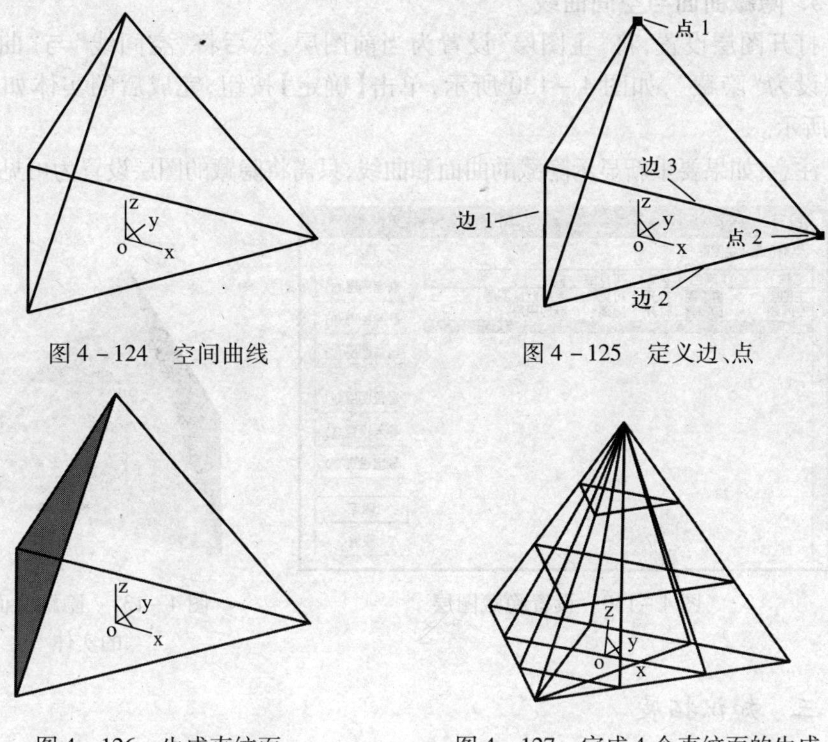

图4－124 空间曲线　　图4－125 定义边、点

图4－126 生成直纹面　　图4－127 完成4个直纹面的生成

4．曲面加厚增料

（1）单击［造型］→［特征生成］→［增料］→［曲面加厚］命令或直接单击特征工具栏中的图标，弹出“曲面加厚”对话框。

（2）选中“闭合曲面填充”，然后在绘图区框选所有图素，此时在“加厚曲面”下的方框中显示“4张曲面”，表示“加厚曲面”选择完毕，如图4－128所示。

（3）单击【确定】按钮，完成曲面加厚增料，并使视图呈真实感显示，如图4－129所示。

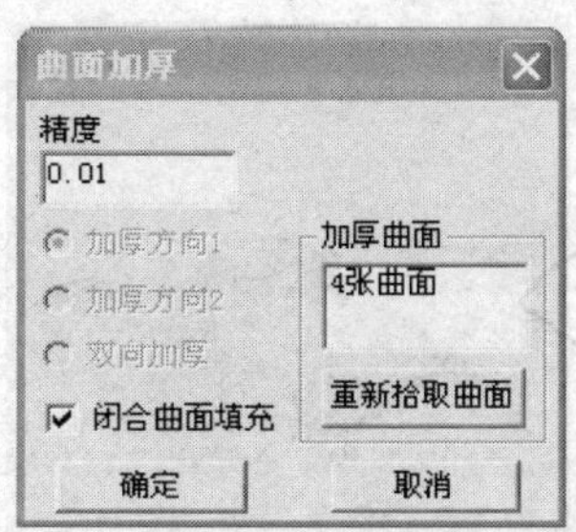

图4－128 “曲面加厚”对话框参数设置

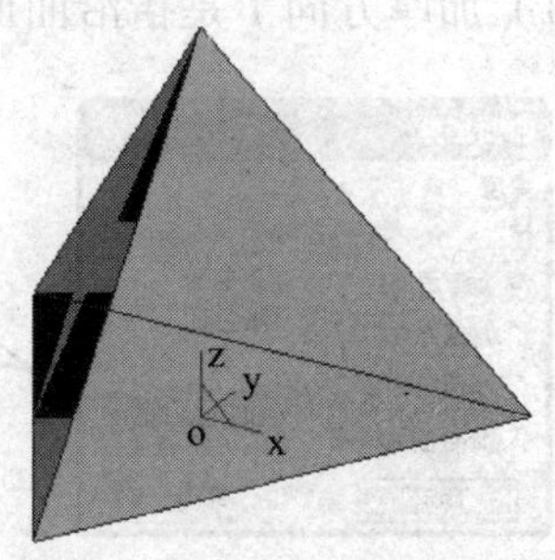

图4－129 完成实体生成

5. 隐藏曲面与空间曲线

打开图层设置,将"主图层"设置为当前图层,然后将"空间线"与"曲面"这两层设为"隐藏",如图 4-130 所示,单击【确定】按钮,完成后的实体如图 4-131 所示。

注意:如果要重新显示隐藏的曲面和曲线,只需将隐藏的图层设置为可见即可。

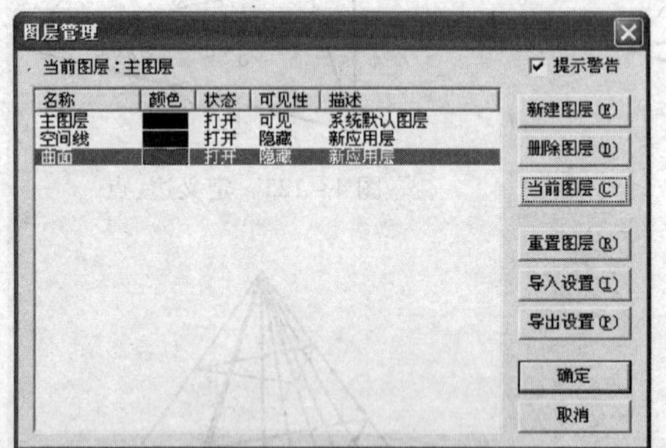

图 4-130 设置隐藏图层

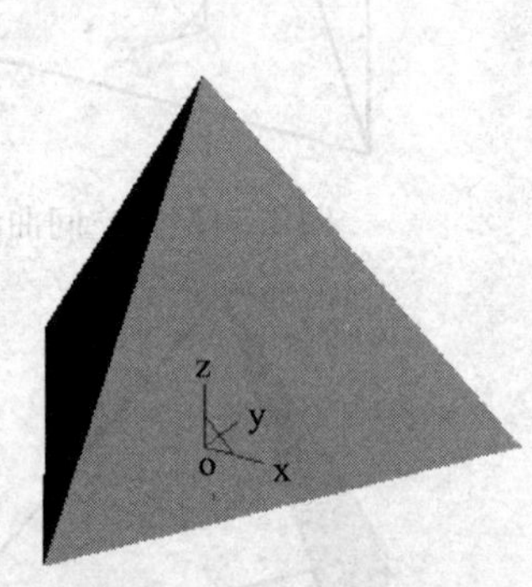

图 4-131 隐藏曲面后的实体

三、知识拓展

本课题主要学习实体特征生成中曲面加厚的应用。曲面加厚包括曲面加厚增料与曲面加厚除料。

1. 曲面加厚增料

曲面加厚增料是指对指定的曲面按照给定的厚度和方向进行实体生成。本课题采用的是"闭合曲面填充"进行曲面加厚。下面介绍曲面加厚其他几种方式与加厚曲面的特点。

1) 加厚方式

(1) 加厚方向 1 是指沿曲面的法线方向生成实体,如图 4-132 所示。

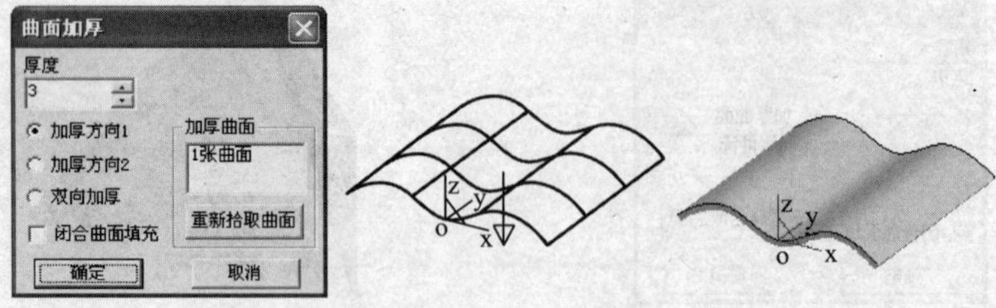

图 4-132 加厚方向 1

(2) 加厚方向 2 是指沿与曲面法线相反的方向生成实体,如图 4－133 所示。

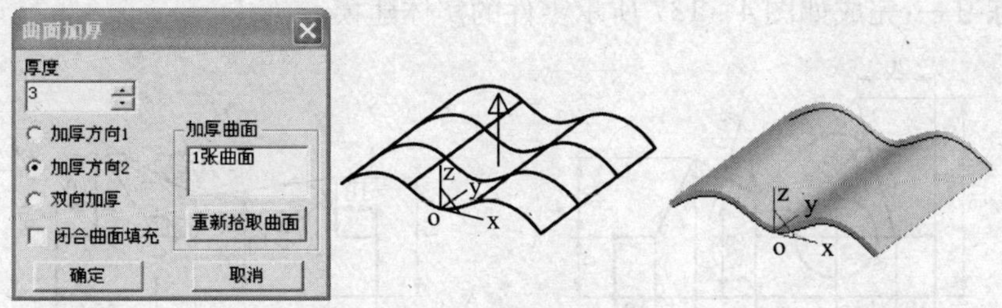

图 4－133　加厚方向 2

(3) 双向加厚:是指从两个方向对曲面进行加厚生成实体,如图 4－134 所示。

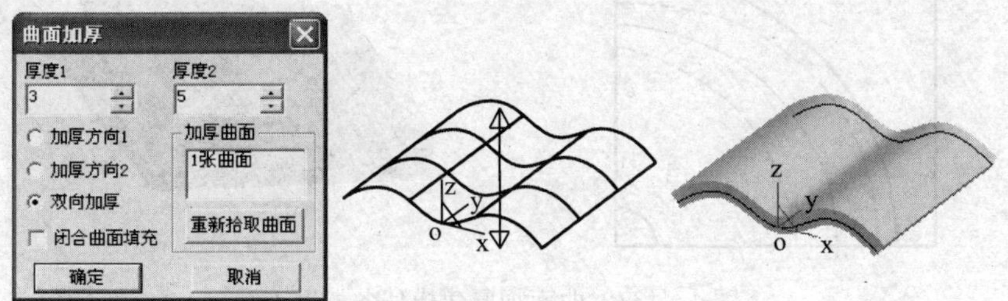

图 4－134　双向加厚

2) 加厚曲面

加厚曲面可以是单一的曲面也可以是边界相连的几个曲面,如图 4－135 所示。如果曲面的曲率变化大,加厚的厚度应当小,一般厚度小于最小曲率半径。

2. 曲面加厚除料

曲面加厚除料是指对指定的曲面按照给定的厚度和方向进行移出的特征修改,如图 4－136 所示。

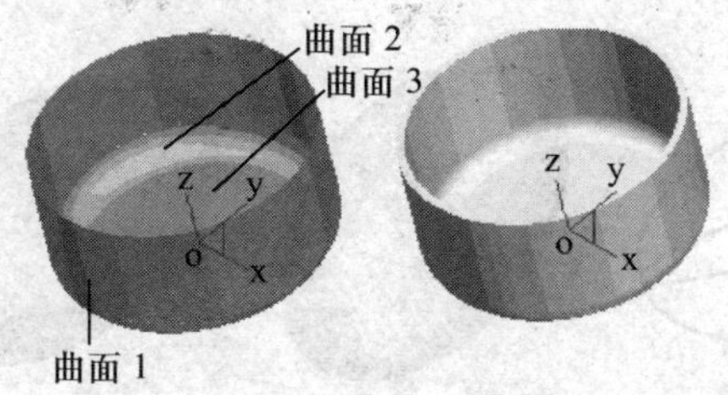

图 4－135　3 个曲面加厚

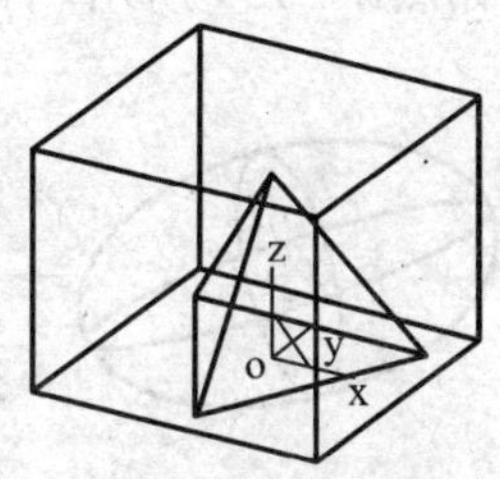

图 4－136　曲面加厚除料

四、任务拓展

练习一:完成如图 4－137 所示零件的实体建模。

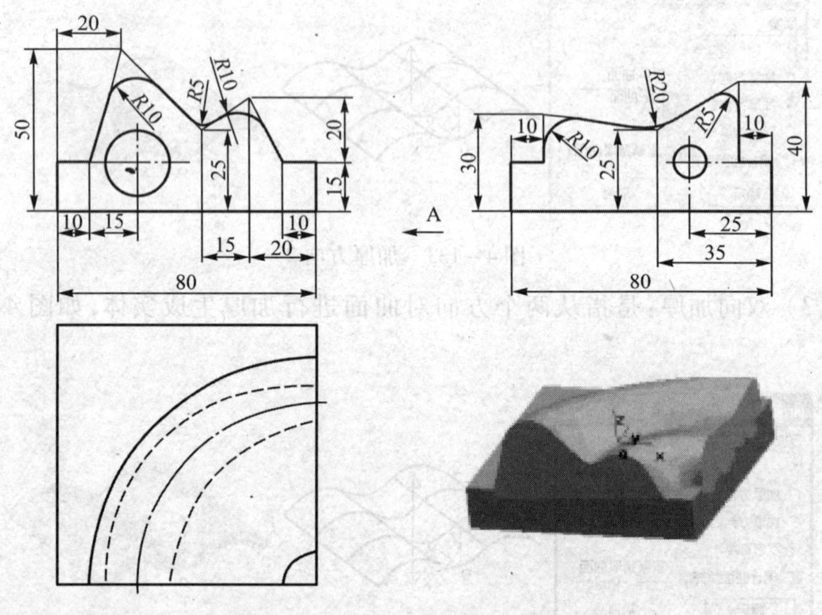

图 4－137　曲面加厚建模任务拓展 1

建模思路:建模思路如图 4－138 所示。

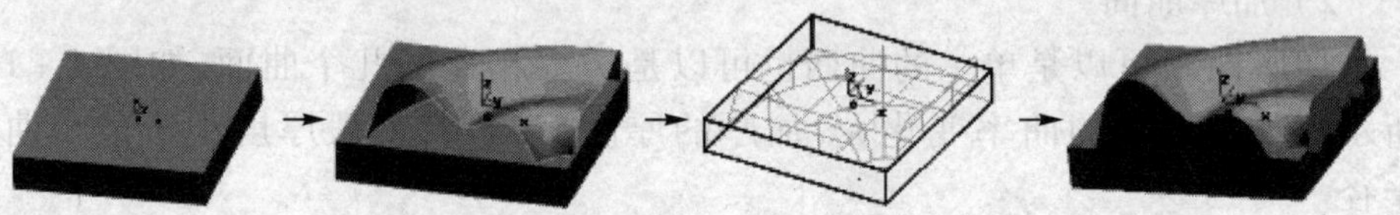

图 4－138　曲面加厚建模任务拓展 1 建模思路

练习二:完成椭球的实体建模,椭球的 3 根半轴分别为 50、40、30。建模思路如图 4－139 所示。

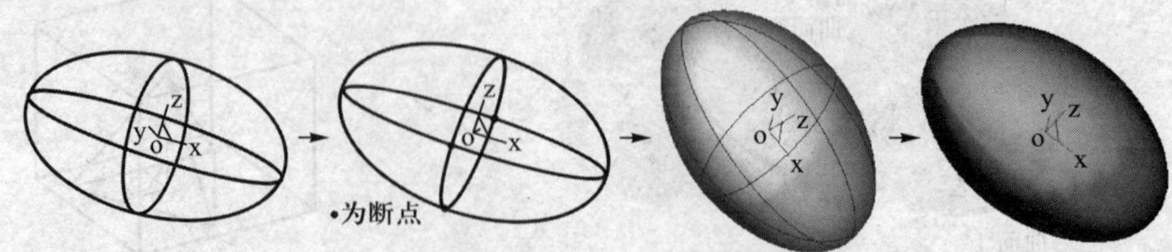

图 4－139　曲面加厚建模任务拓展 2 建模思路

课题6　曲面裁剪

一、任务描述

试采用曲面裁剪的建模方法完成如图4－140所示零件的实体建模。

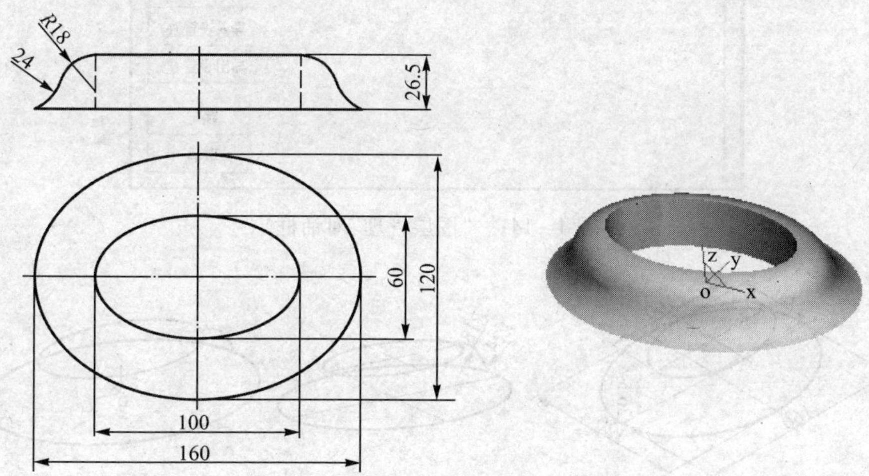

图4－140　曲面裁剪建模实例

知识点与技能点：图层应用、曲面裁剪、拉伸增料、导动面。

二、任务实施

1. 层设置

单击［设置］→［层设置］命令或单击“层设置”图标，系统弹出“图层管理”对话框，对图层进行设置，如图4－141所示。

2. 绘制空间曲线

（1）将“空间线”设置为当前图层。

（2）绘制空间线架，如图4－142所示。

（3）按F8键，使绘图区呈轴测图显示。

3. 生成空间曲面

（1）将“曲面”设置为当前图层。

（2）单击线面编辑工具栏中的“曲线组合”图标，选择“删除原曲线”方式，然后单击*R*18圆弧，单击朝向*R*24圆弧方向的箭头作为链选取方向，单击右键确定。系统自动把两段圆弧组合成一条样条线，并将原来的圆弧自动删除。

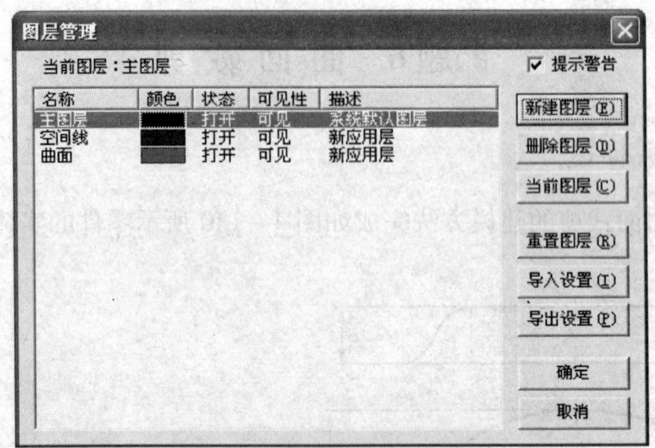

图 4－141 “图层管理”对话框

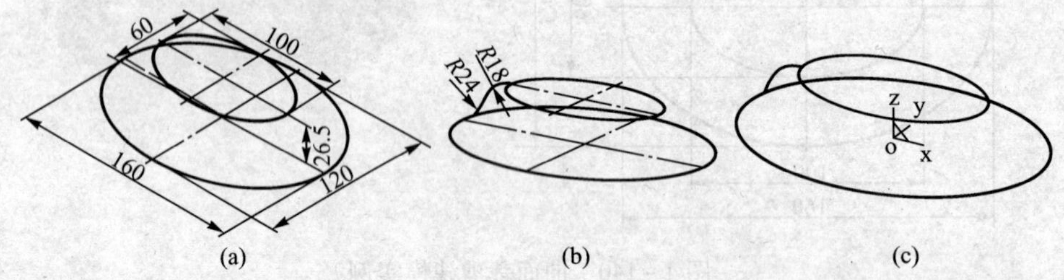

图 4－142 绘制空间曲线

(a) 绘制椭圆；(b) 绘制圆弧；(c) 绘制结果。

(3) 单击线面编辑工具栏中的“曲线打断”图标，然后单击大椭圆，单击图 4－143 中大椭圆与 R24 圆弧的交点，单击右键结束当前状态。系统自动把大椭圆打断成两段，如图 4－144 所示。完成导动线 1、导动线 2 的创建。

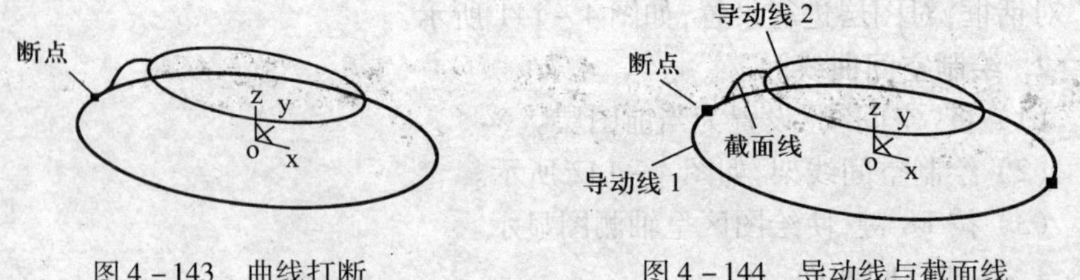

图 4－143 曲线打断　　图 4－144 导动线与截面线

(4) 单击曲面工具栏的“导动面”图标，选择单截面的固接导动方式。

(5) 单击如图 4－144 所示的导动线 1，然后单击逆时针方向的箭头为导动方向。

(6) 单击如图 4－144 所示的截面线，生成如图 4－145 所示的导动曲面。

（7）参照前面的步骤，完成另外一半导动曲面的生成，完成后如图4－146所示。

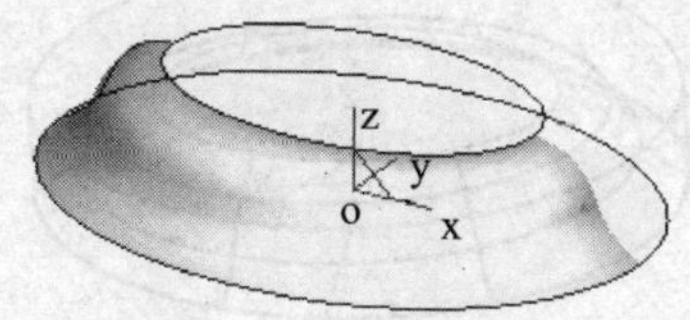

图4－145　导动曲面

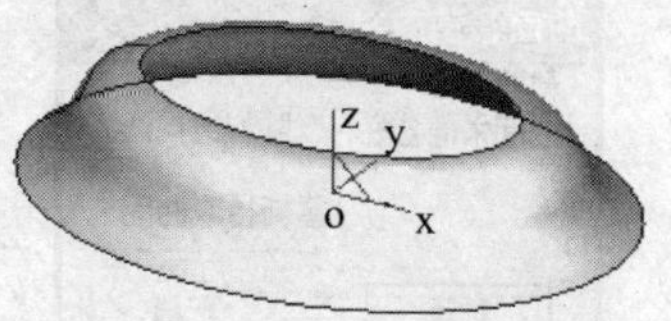

图4－146　两个导动曲面

4. 拉伸建模

（1）选择基准平面"平面XY"为草图绘制平面，进入草图0绘制状态。

（2）单击曲线工具栏中的"曲线投影"图标，拾取组成大椭圆的两段曲线（导动线1、导动线2）和组成小椭圆的曲线，单击右键结束选择，完成草图0的创建。

（3）单击特征工具栏中的图标，弹出"拉伸增料"对话框，按图4－147所示进行参数设置。

（4）单击【确定】按钮，完成拉伸增料，如图4－148所示。

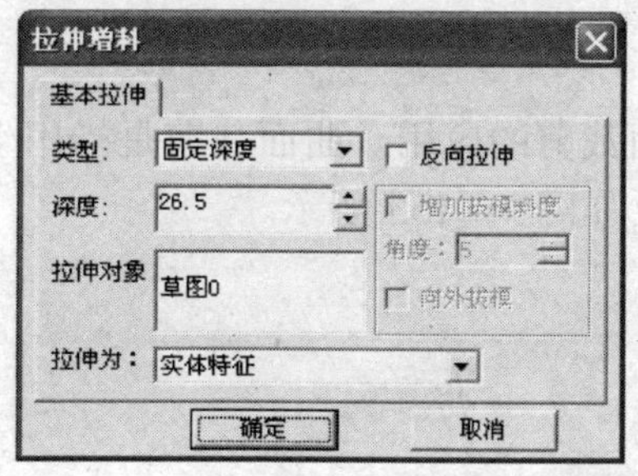

图4－147　"拉伸增料"参数设置

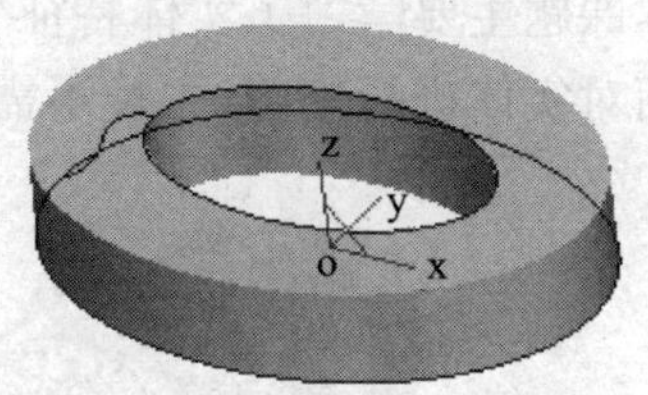

图4－148　完成拉伸增料

5. 曲面裁剪实体

（1）使视图呈空间线架显示。

（2）单击［造型］→［特征生成］→［除料］→［曲面裁剪］命令或直接单击特征工具栏中的图标，弹出如图4－149所示"曲面裁剪除料"对话框。

（3）将光标移至绘图区，单击前面生成的两个导动曲面，出现如图4－150所示除料方向箭头（若箭头方向相反，则需选中对话框中的"除料方向选择"复选框改变除料方向），单击【确定】按钮，完成曲面裁剪除料。使视图呈真实感显示，结果如图4－151所示。

6. 隐藏曲面与空间曲线

打开图层设置，将"主图层"设置为当前图层，然后将"空间线"与"曲面"这两层设为“隐藏”,单击【确定】按钮,完成后的实体如图 4 - 152 所示。

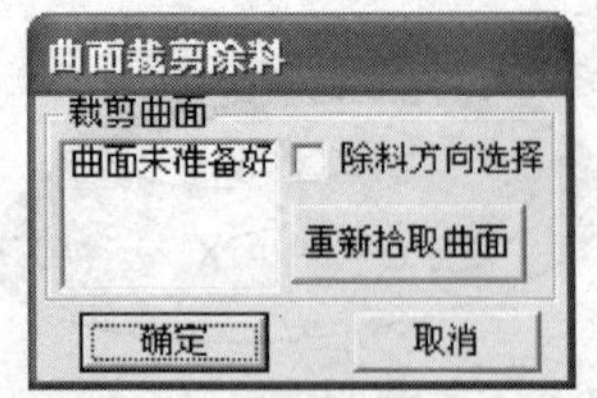

图 4 - 149 “曲面裁剪除料”对话框

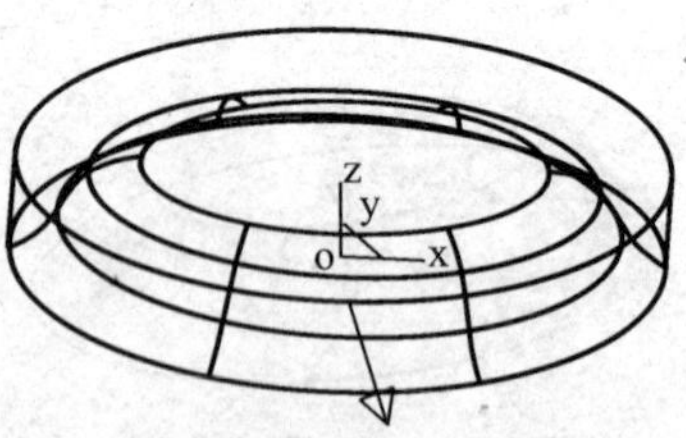

图 4 - 150 除料方向箭头

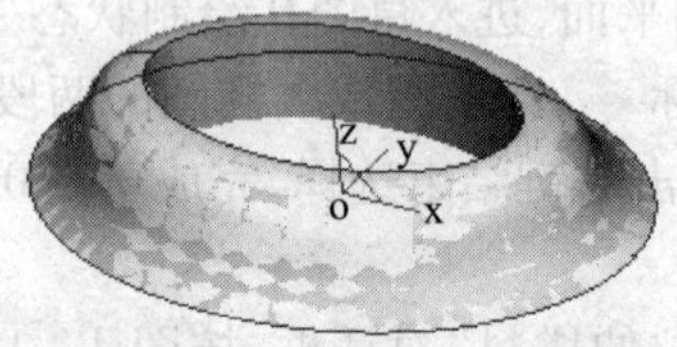

图 4 - 151 完成曲面裁剪除料

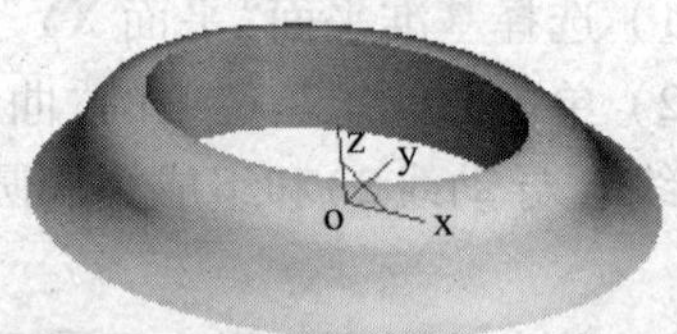

图 4 - 152 隐藏曲面后的实体

三、知识拓展

本课题主要学习了实体特征生成中曲面裁剪的应用。曲面裁剪是指用生成的曲面对实体进行修剪,去掉不需要的部分,如图 4 - 153 所示。

图 4 - 153 曲面裁剪举例

四、任务拓展

练习一:完成如图 4 - 154 所示零件的实体建模。

建模思路:建模思路如图 4 - 155 所示。

练习二:完成如图 4 - 156 所示零件的实体建模。

建模思路:建模思路如图 4 - 157 所示。

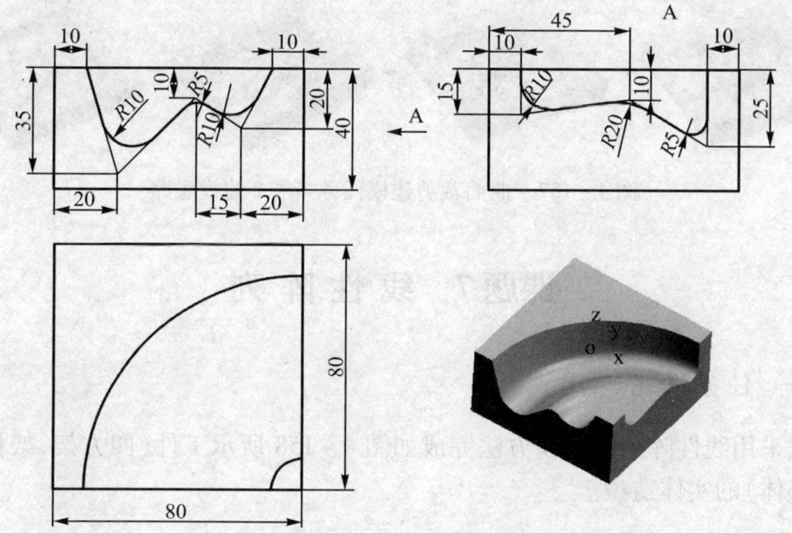

图4－154　曲面裁剪建模任务拓展1

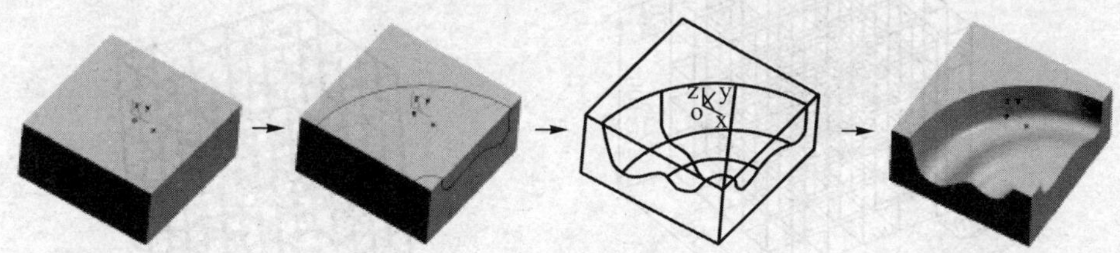

图4－155　曲面裁剪建模任务拓展1建模思路

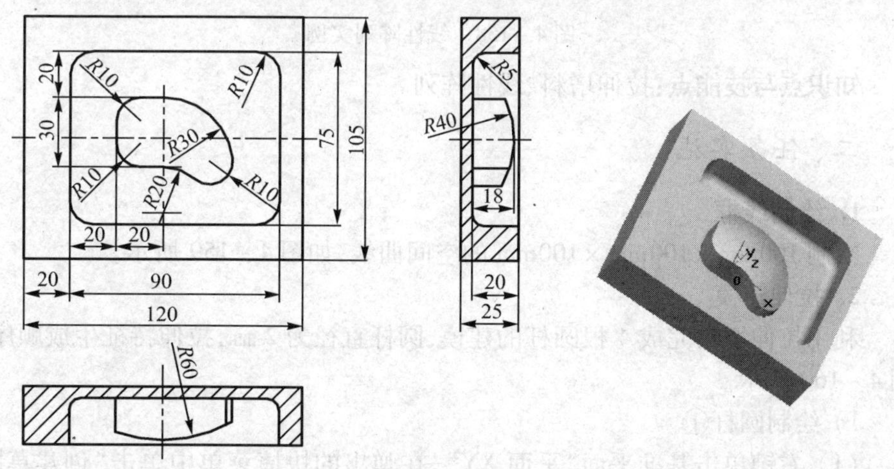

图4－156　曲面裁剪建模任务拓展2

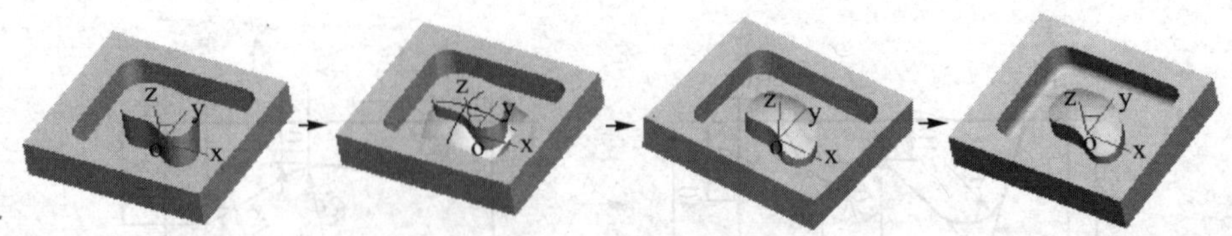

图 4－157　曲面裁剪建模任务拓展 2 建模思路

课题 7　线 性 阵 列

一、任务描述

试采用线性阵列的建模方法完成如图 4－158 所示工件（四方架，架杆为 $\phi2$ 的实心体）的实体造型。

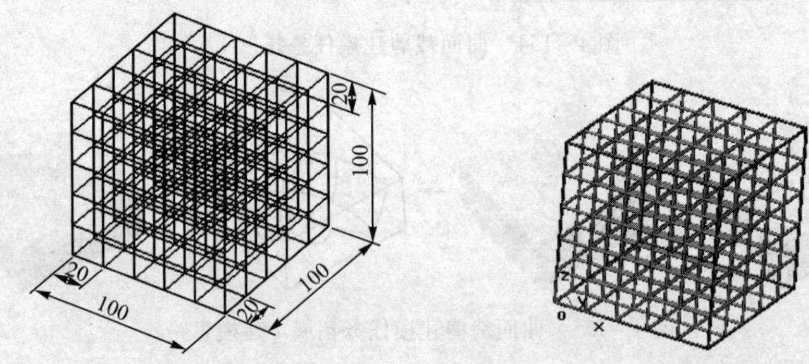

图 4－158　线性阵列实例

知识点与技能点：拉伸增料、线性阵列。

二、任务实施

1. 绘制线框

绘制 100mm × 100mm × 100mm 的空间曲线，如图 4－159 所示。

2. 拉伸建模

利用拉伸增料完成 4 根圆杆的建模，圆杆直径为 2 ㎜，拉伸特征生成顺序如图 4－160 所示。

1）绘制圆杆①

（1）右键单击基准平面“平面 XY”，在弹出的快捷菜单中单击“创建草图”命令，创建草图 0。

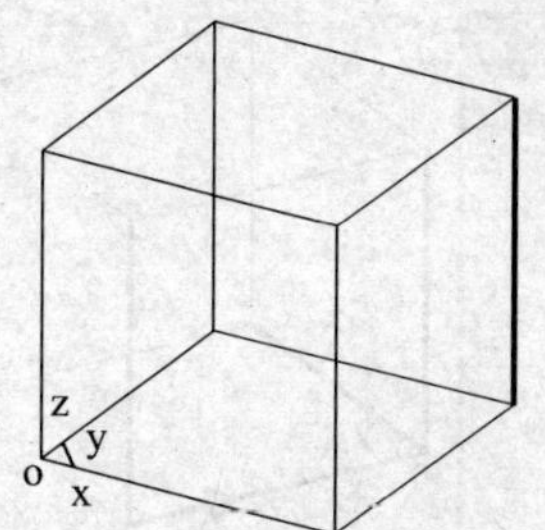

图 4－159　绘制 100mm × 100mm × 100mm 的空间曲线

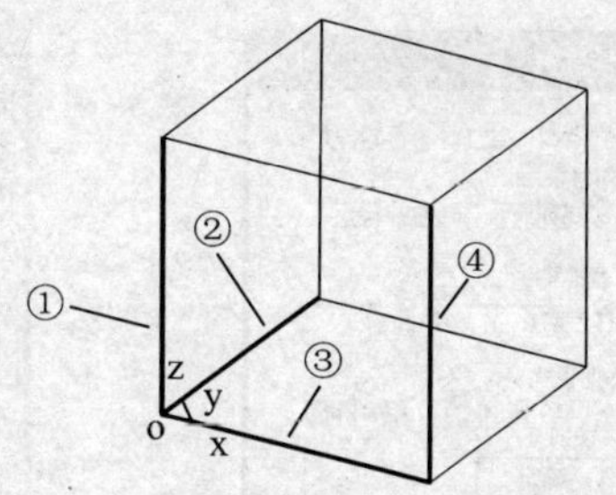

图 4－160　拉伸顺序

(2) 绘制 $\phi2$ 的圆。

(3) 利用拉伸增料完成圆杆的生成。

2) 绘制圆杆②

(1) 右键单击基准平面“平面 XZ”,在弹出的快捷菜单中单击“创建草图”命令,创建草图 0。

(2) 绘制 $\phi2$ 的圆。

(3) 利用拉伸增料完成圆杆的生成。

3) 参照前面的步骤生成圆杆③和圆杆④

3. 线性阵列垂直杆④

(1) 单击[造型]→[特征生成]→[线性阵列]命令或直接单击特征工具栏中的图标,弹出“线性阵列”对话框,如图 4－161 所示。

(2) 设置参数方法如下。

① 设置第一方向参数。

设置“阵列对象”,单击对话框中的“拾取阵列对象”,再选择如图 4－160 所示的圆杆④;

设置“距离”为“20”,“数目”为“5”,如图 4－162(a)所示;

设置“边/基准轴”,先单击对话框中的“选择方向 1”,再单击圆杆③的轴线,若系统自动生成的方向与图 4－162(b)中的方向一致,则可进行下一步操作,若不一致,则应选中对话框中的“反转方向”复选框;

其余选项为默认设置。

② 设置第二方向参数。

单击 第一方向 右侧按钮,在弹出的下拉列表中选择“第二方向”选项,如图 4－163 所示。

设置“阵列对象”,系统默认在设置第一方向时所选中的特征对象。

设置“边/基准轴”,单击对话框中的“选择方向2”,再单击圆杆①的轴线

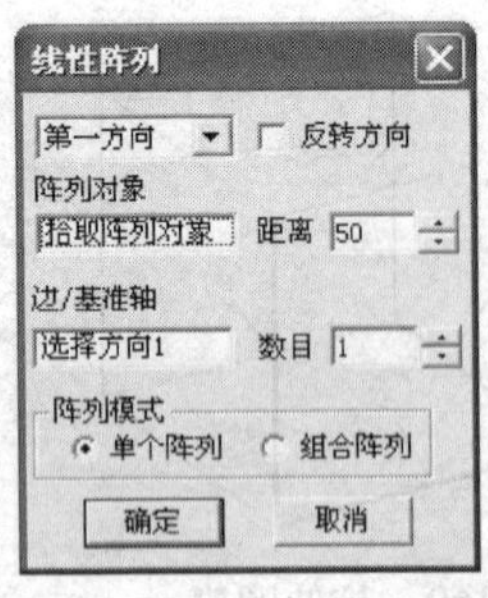

图 4－161　“线性阵列”对话框

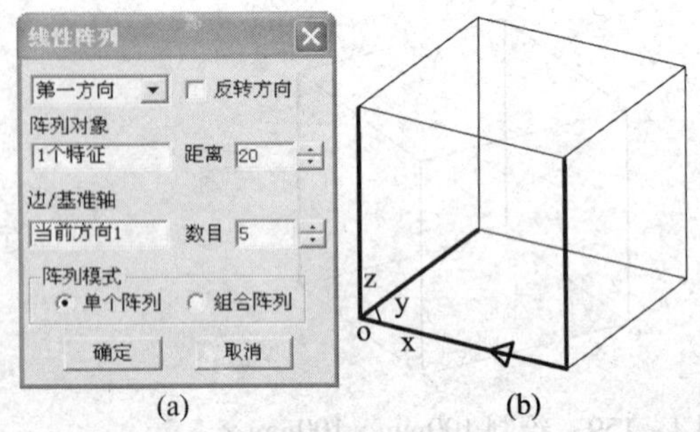

图 4－162　阵列圆杆①方向一参数设置

(或单击圆杆②的轴线,不影响结果)。

设置“距离”,可直接采用系统默认的参数,不影响结果。

设置“数目”为“1”,其余选项为默认设置,如图 4－164 所示。

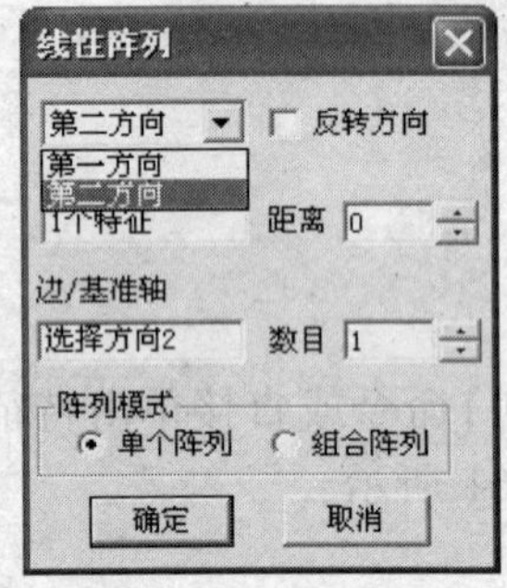

图 4－163　选择第二方向

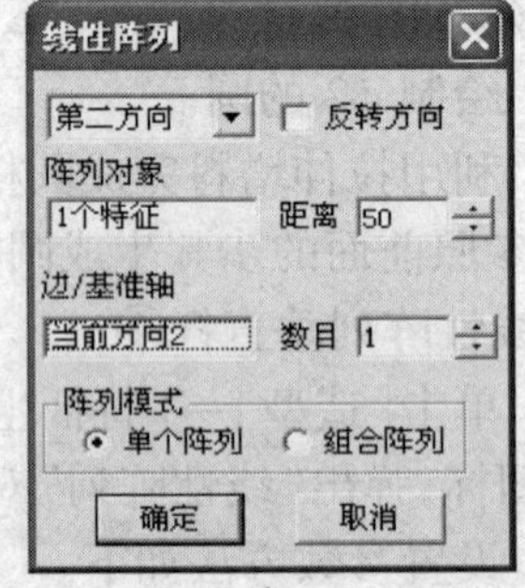

图 4－164　阵列圆杆①方向二参数设置

(3) 单击【确定】按钮完成线性阵列,完成后的实体如图 4－165 所示。

4. 线性阵列水平杆②

(1) 单击特征工具栏中的▦图标,弹出“线性阵列”对话框。阵列对象为图 4－160 中的圆杆②。其余参数设置与方向选择如图 4－166 和图 4－167 所示。

(2) 单击【确定】按钮完成线性阵列,完成后的实体如图 4－168 所示。

5. 线性阵列水平杆③

(1) 单击特征工具栏中的▦图标,弹出“线性阵列”对话框。阵列对象为图 4－160 中的圆杆③,其余参数设置与方向选择如图 4－169 和图 4－170 所示。

(2) 单击【确定】按钮完成线性阵列,完成后的实体如图 4－171 所示。

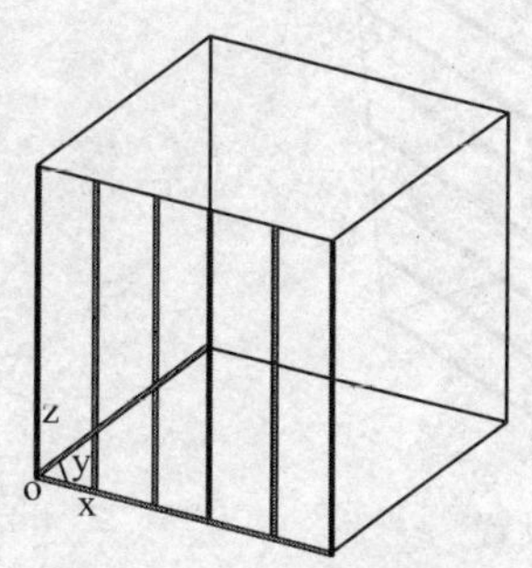

图 4－165　完成圆杆④线性阵列后的实体

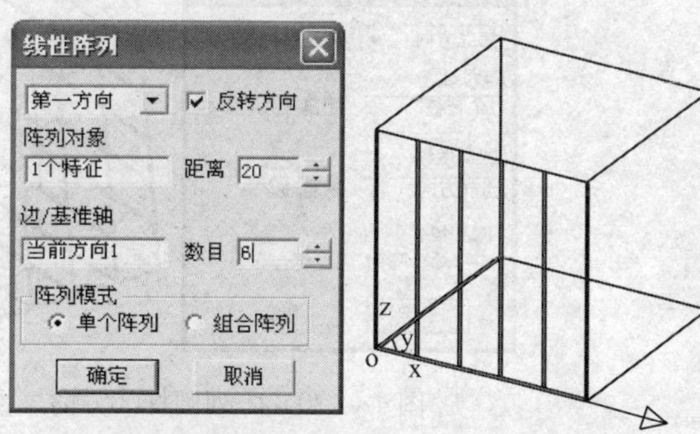

图 4－166　阵列圆杆②方向一参数设置

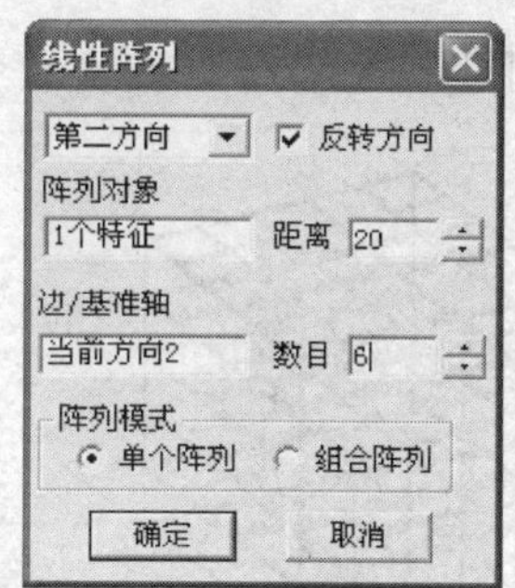

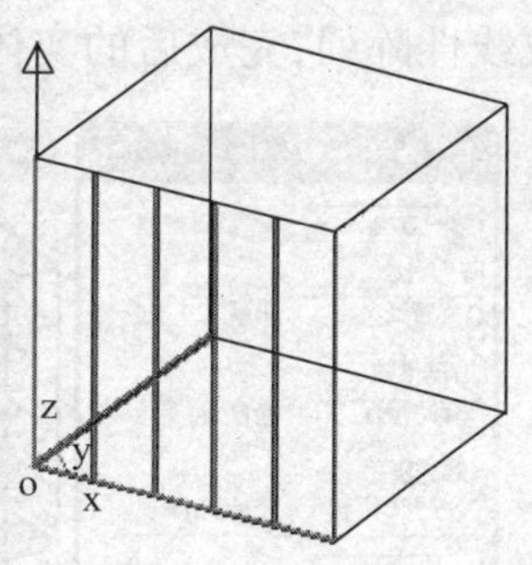

图 4－167　阵列圆杆②方向二参数设置

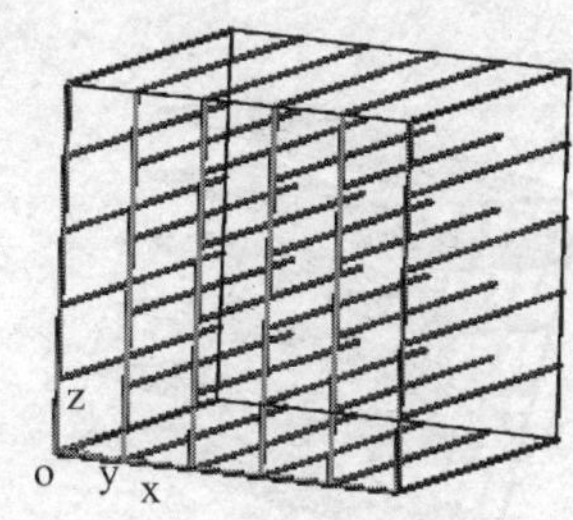

图 4－168　完成圆杆②线性阵列后的实体

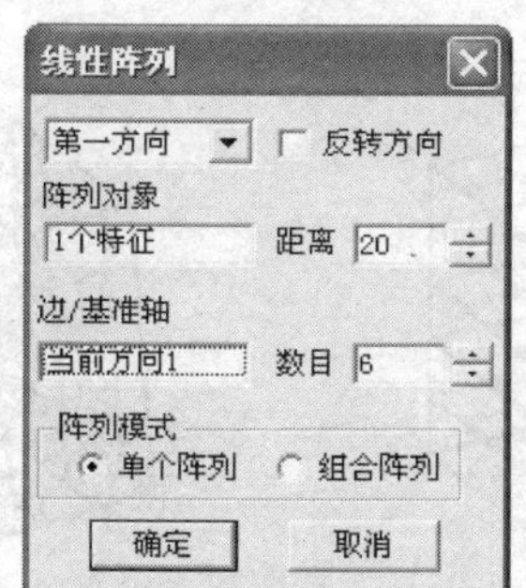

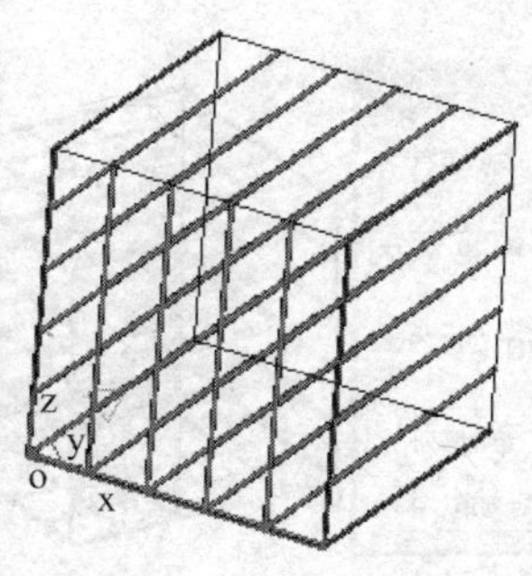

图 4－169　阵列圆杆③方向一参数设置

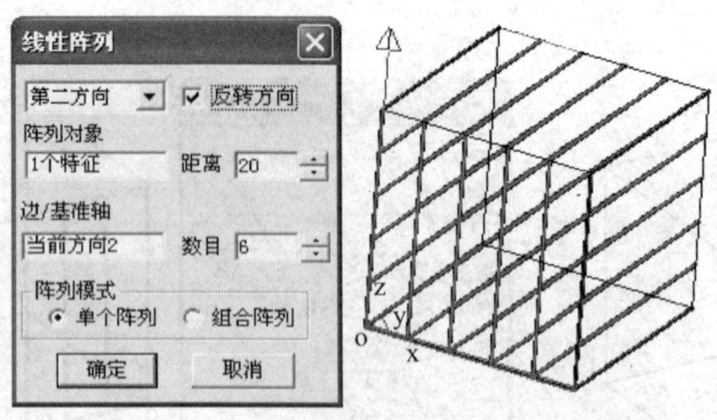

图 4－170　阵列圆杆③方向二参数设置

6. 线性阵列垂直杆④

(1)单击特征工具栏中的图标,弹出“线性阵列”对话框。阵列对象为图 4－160 中的圆杆④,其余参数设置与方向选择如图 4－172 和图 4－173 所示。

(2) 单击【确定】按钮完成线性阵列,完成后的实体如图4－174所示。

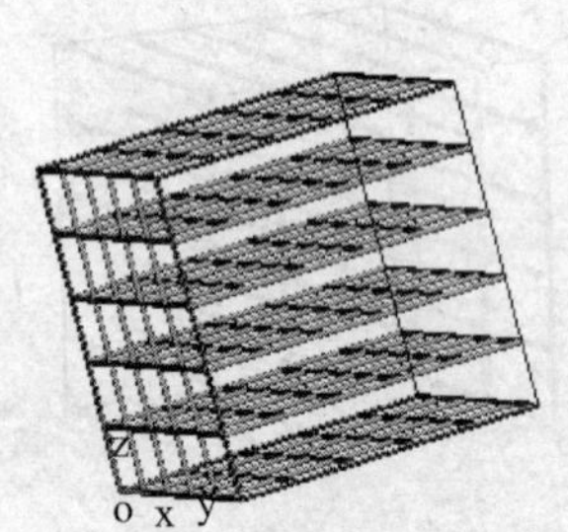

图 4－171　完成圆杆③线性阵列后的实体

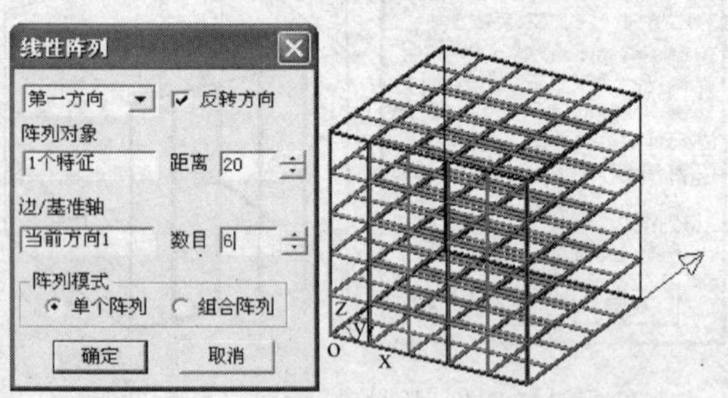

图 4－172　阵列圆杆④方向一参数设置

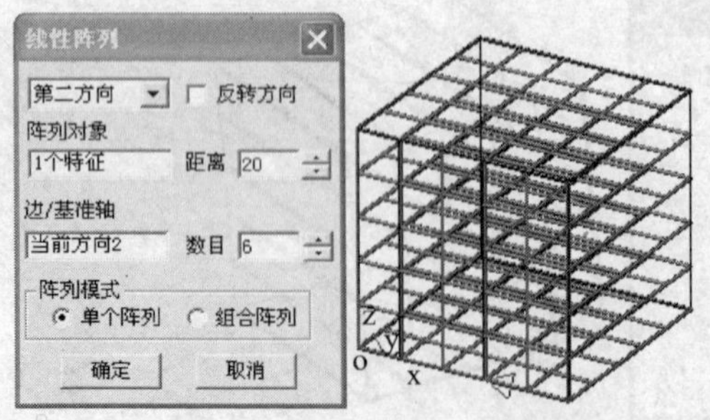

图 4－173　阵列圆杆④方向二参数设置

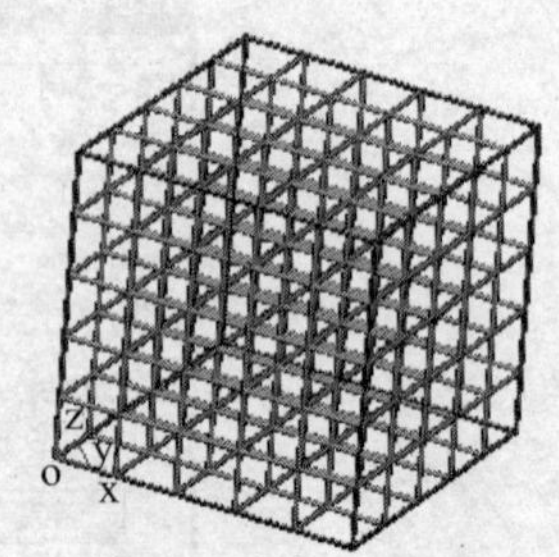

图 4－174　完成圆杆④线性阵列后的实体

三、知识拓展

本课题主要学习了实体特征生成中线性阵列的应用。通过线性阵列可以沿一个方向或多个方向快速进行特征的复制,从而简化建模过程。

线性阵列时需注意:

(1) 线性阵列操作只能对实体进行;

(2) 如果特征 A(如圆角、倒角等)附着于特征 B,则当阵列特征 B 时,特征 A 将不会被阵列;

(3) 无论是单向阵列还是双向阵列,阵列的两个方向均需进行选择并设置,否则在阵列过程中会出现操作错误对话框;

(4) 需阵列多个特征时,则需采用组合阵列模式,如图 4-175 所示的零件;

(5) 阵列方向线也可以选择实体的边界线。

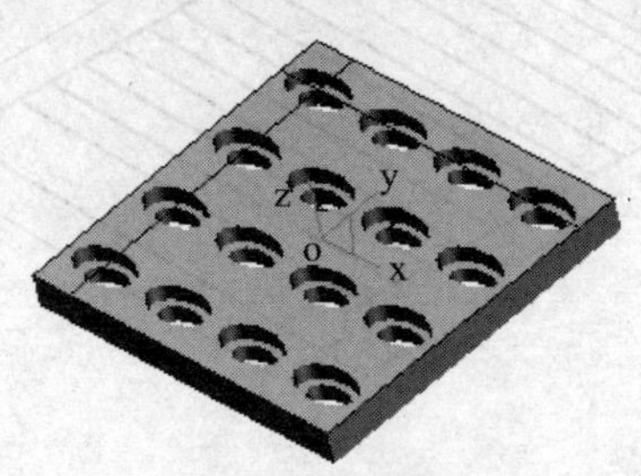

图 4-175　组合阵列

四、任务拓展

练习一:完成如图 4-176 所示零件(架子、杆子的直径为 5mm)的实体建模。

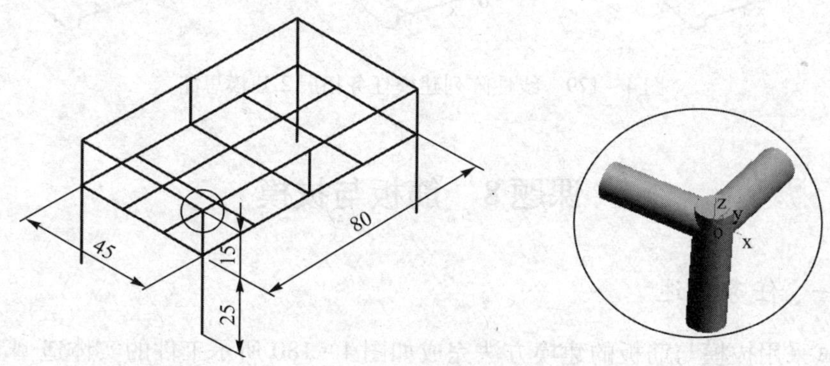

图 4-176　线性阵列建模任务拓展 1

建模思路:建模思路如图 4－177 所示。

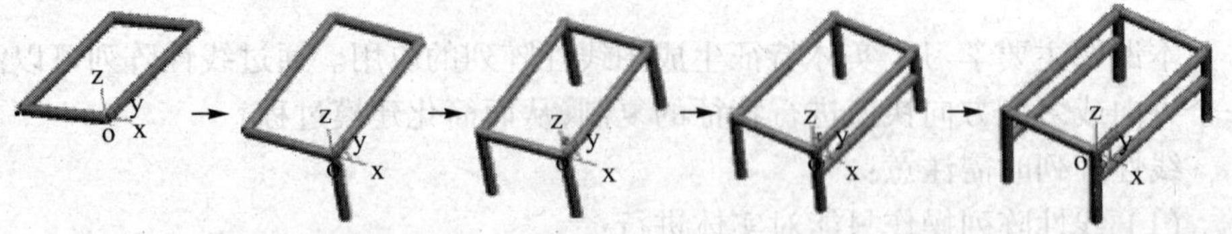

图 4－177　线性阵列建模任务拓展 1 建模思路

练习二:完成如图 4－178 所示零件(架子、杆子的直径为 5mm)的实体建模。

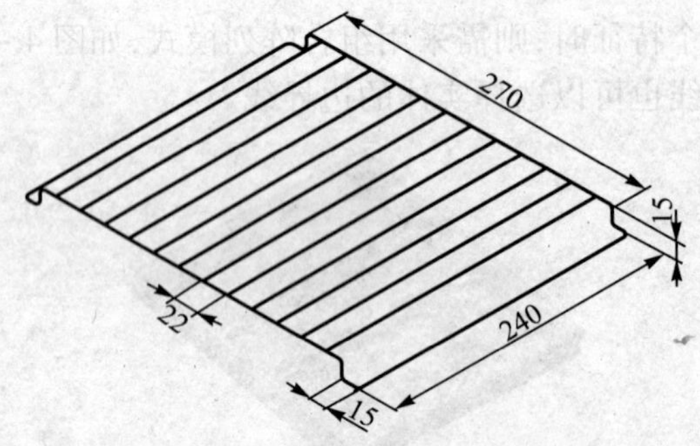

图 4－178　线性阵列建模任务拓展 2

建模思路:建模思路如图 4－179 所示。

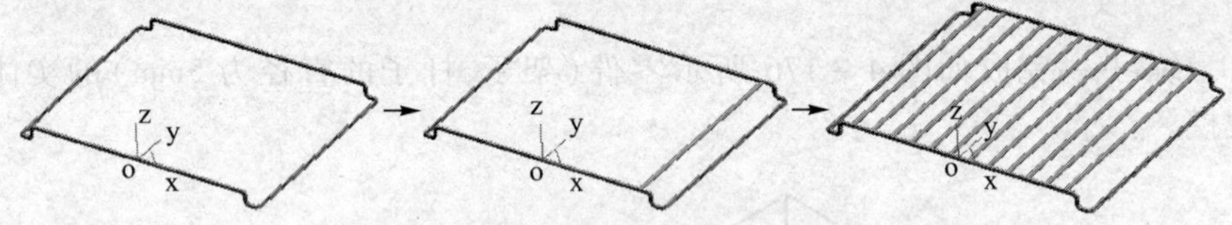

图 4－179　线性阵列建模任务拓展 2 建模思路

课题 8　筋板与拔模

一、任务描述

试采用拔模与筋板的建模方法完成如图 4－180 所示工件的实体造型。

知识点与技能点:拉伸增料、拉伸除料、拔模、过渡、筋板。

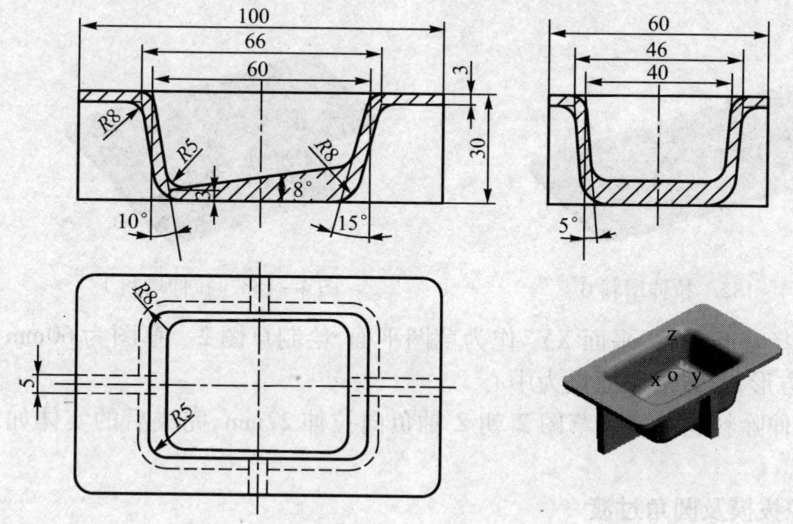

图 4－180　筋板与拔模建模实例

二、任务实施

1. 拉伸建模

(1) 选择基准平面"平面 XY"作为草图平面,绘制草图 0,如图 4－181 所示。

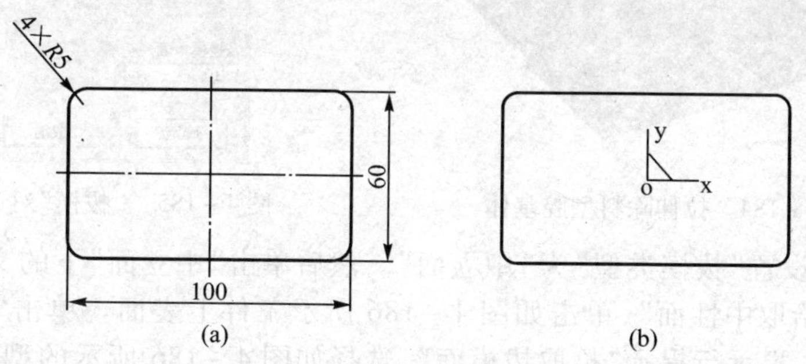

图 4－181　绘制草图 0

(a) 尺寸图; (b) 绘制结果。

(2) 拉伸增料建模。将草图 0 朝 Z 轴负向拉伸 3mm,完成后的实体如图 4－182所示。

(3) 选择基准平面"平面 XY"作为草图平面,绘制草图 1。草图为 66mm × 46mm 的长方形,长方形以原点为中心。

(4) 拉伸增料建模。将草图 1 朝 Z 轴负向拉伸 30mm,完成后的实体如图

4－183 所示。

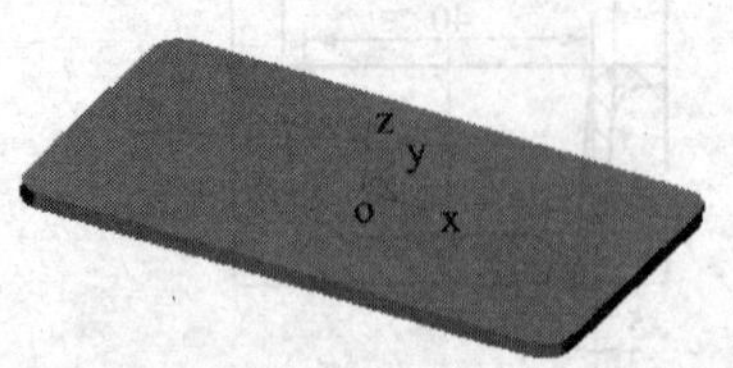

图 4－182　拉伸增料 0

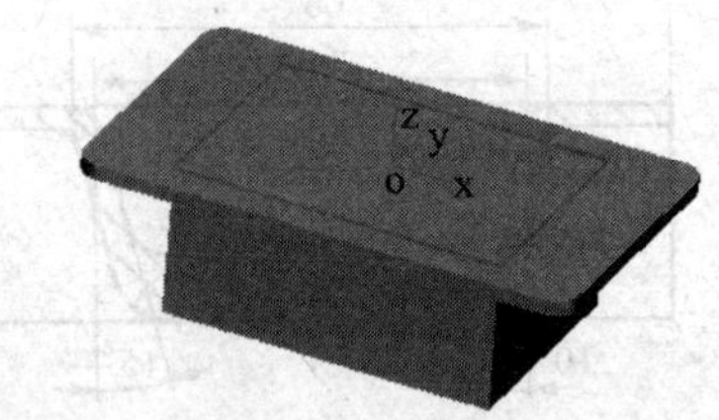

图 4－183　拉伸增料 1

(5) 选择基准平面“平面 XY”作为草图平面，绘制草图 2。草图为 60mm × 40mm 的长方形，长方形以原点为中心。

(6) 拉伸除料建模。将草图 2 朝 Z 轴负向拉伸 27mm，完成后的实体如图 4－184所示。

2. 型腔拔模及圆角过渡

1) 型腔左侧面拔模 10°

(1) 单击[造型]→[特征生成]→[拔模]命令或直接单击特征工具栏中的图标，弹出如图 4－185 所示“拔模”对话框。

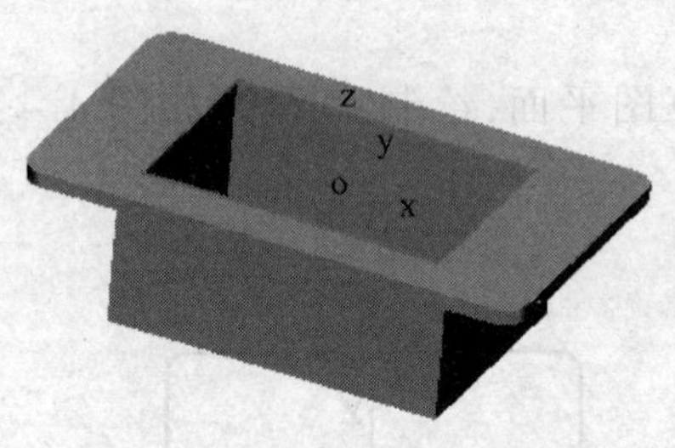

图 4－184　拉伸除料型腔基体

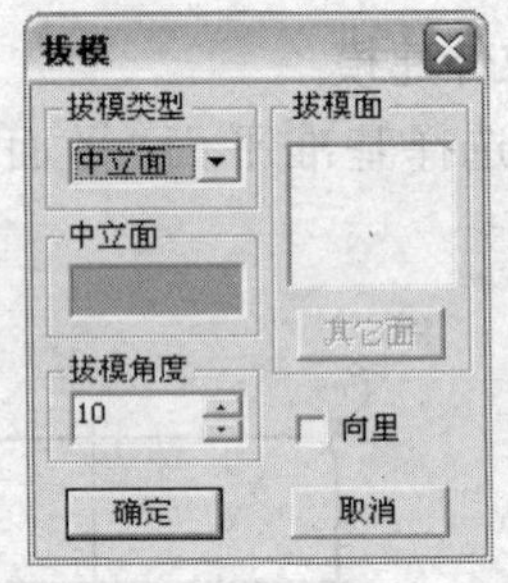

图 4－185　“拔模”对话框

(2) 设置“拔模类型”为“中立面”。然后单击“中立面”下的文本框，提示行提示“拾取中性面”，单击如图 4－186 所示工件上表面。单击“拔模面”下的文本框，提示行提示“拾取拔模面”，选择如图 4－186 所示的型腔左内侧面作为拔模面，出现如图 4－186 所示拔模方向箭头。若箭头方向与图中的不一致，则不能进行后面的操作，应选中对话框中的“向里”复选框，才能进行后面的操作。

注意：中性面是指拔模开始的表面，中性面与拔模面的交线即为拔模的旋转轴。拔模面是指需要拔模的表面。

(3) 设置“拔模角度”为“10”，单击【确定】按钮完成侧面的拔模，完成后的实体如图 4－187 所示。

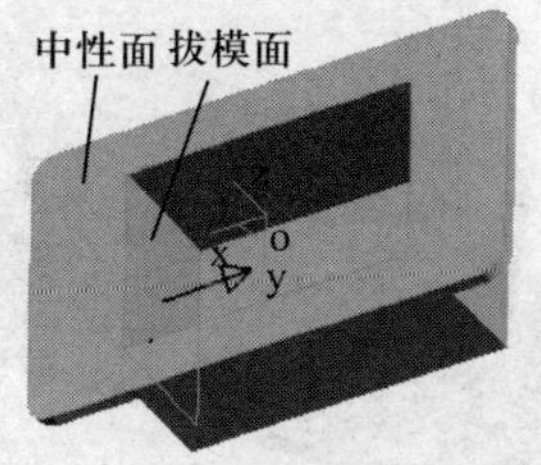

图 4-186　中性面与拔模面

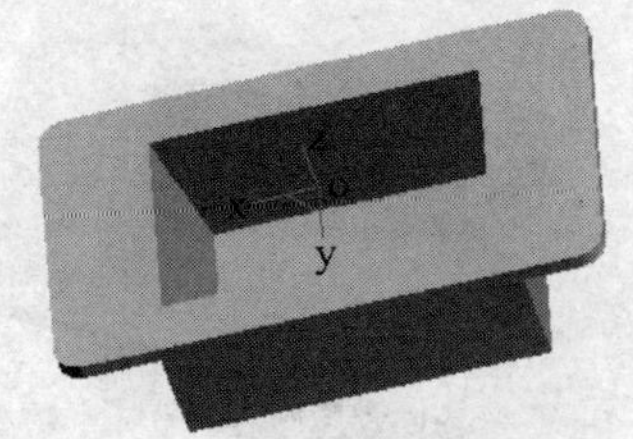

图 4-187　完成型腔左侧面拔模

注意:拔模角度是指拔模面法线与中性面的夹角。

2）其余型腔表面的拔模

（1）单击特征工具栏中的图标,选择完成拔模的左内侧面作为中性面,型腔底平面作为拔模面,“拔模角度”改为“2”,单击【确定】按钮完成型腔底平面的拔模,完成后的实体如图 4-188 所示。

（2）其他 3 个型腔拔模时,均选择工件上表面作为中性面,拔模角度分别取“5”、“5”和“15”。所有型腔表面拔模完成后的实体如图 4-189 所示。

图 4-188　完成型腔底平面拔模

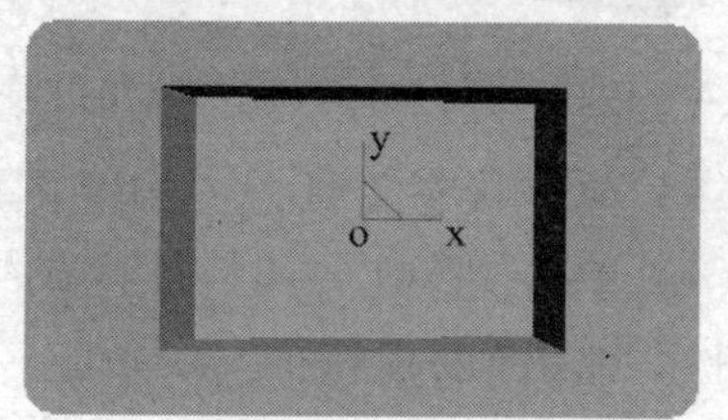

图 4-189　完成型腔所有平面拔模后的实体

3）圆角过渡

单击特征工具栏中的“圆角过渡”图标,设置“半径”为“5”,选择型腔与上表面的交线及相互间的交线共 12 条后单击【确定】按钮,完成圆角过渡,完成后的实体如图 4-190 所示。

3. 零件底面拔模及圆角过渡

（1）单击特征工具栏中的图标,选择如图 4-191 所示的表面作为中性面,完成底面侧面的拔模。

（2）单击特征工具栏中的“圆角过渡”图标,设置“半径”为“8”,选择底面拔模的各表面的棱边,完成圆角过渡后的实体如图 4-192 所示。

图 4－190　型腔棱边圆角过渡

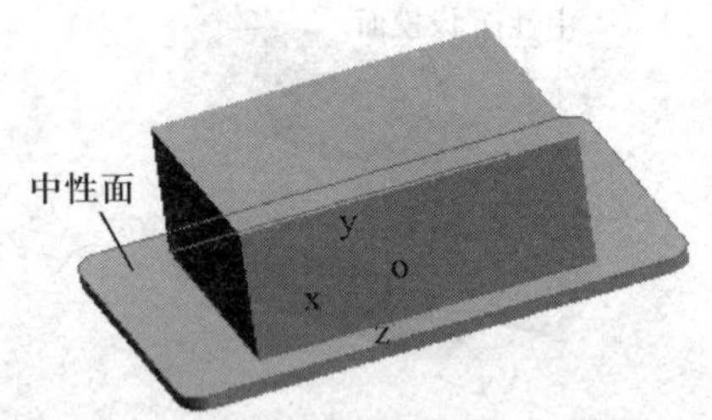

图 4－191　拔模中性面

4. 筋板

(1) 选择基准平面"平面 XZ"作为草图平面。

(2) 在草图平面内画出筋板的轮廓线，如图 4－193 所示。

图 4－192　零件底面拔模及圆角过渡

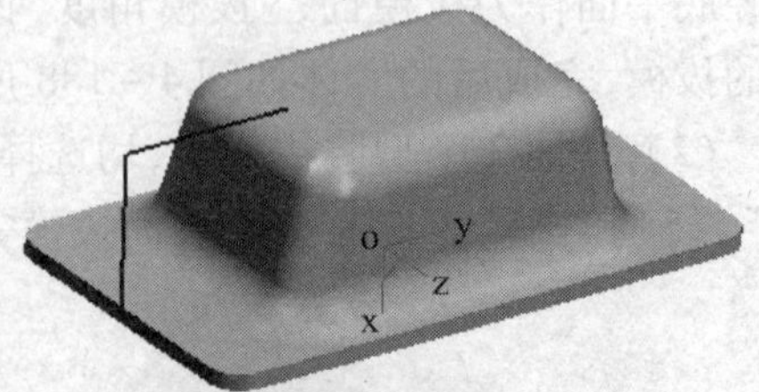

图 4－193　筋板草图轮廓线

(3) 单击状态工具栏中的图标，退出草图编辑状态。

(4) 单击［造型］→［特征生成］→［筋板］命令或直接单击特征工具栏中的图标，弹出"筋板特征"对话框。按图 4－194 所示设置"筋板厚度"为"双向加厚"，设置"厚度"为"5"，然后单击绘图区中构成草图的任意图素，出现如图 4－195 所示加固方向箭头。若箭头方向与图中的不一致，则不能进行后面的操作，应选中对话框中的"加固方向反向"复选框，才能进行后面的操作。

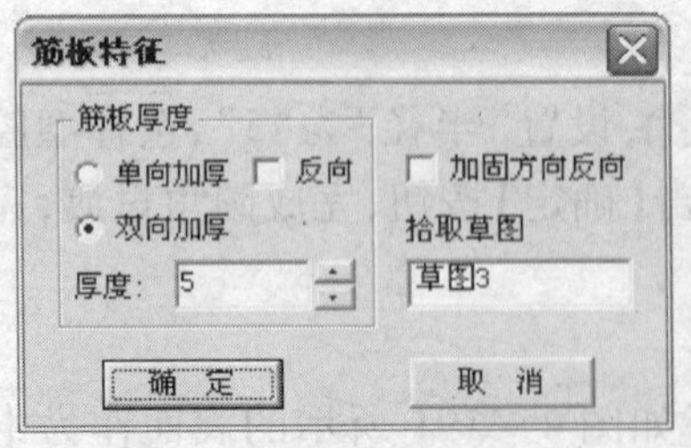

图 4－194　"筋板特征"对话框

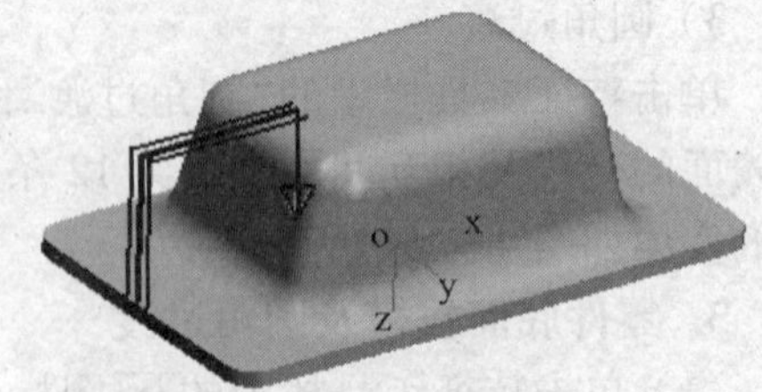

图 4－195　加固方向

(5) 单击"确定"按钮，完成筋板建模。

(6) 重复以上步骤，完成其他筋板的建模，完成后如图 4－196 所示。

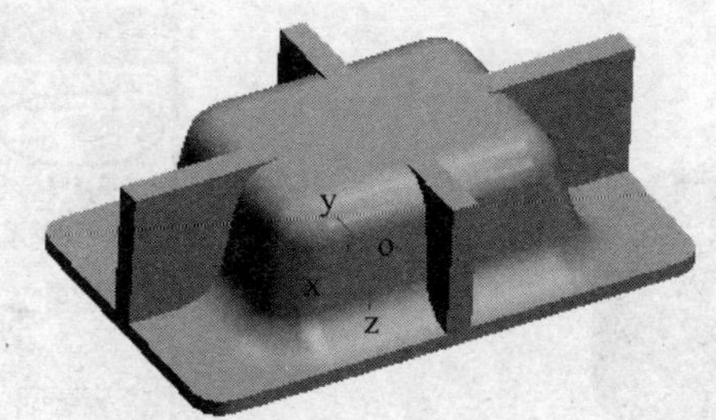

图4－196　完成筋板建模

三、知识拓展

本课题主要学习了实体特征生成中拔模、筋板的应用。

1. 拔模

拔模是指保持中性面与拔模面的交轴不变(即以此交轴为旋转轴),对拔模面进行相应拔模角度的旋转操作。

在拔模时,除采用中立面拔模外,还可用分型线来进行拔模。图4－197(a)所示为直接由图4－197(b)利用分型线拔模完成的。

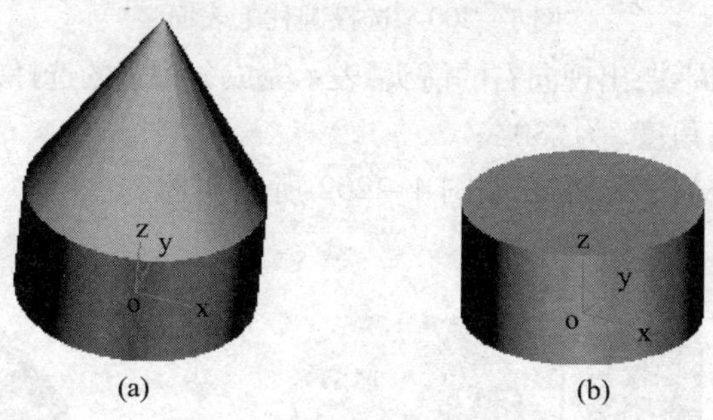

图4－197　分型线拔模

(a) 拔模后的实体;(b) 拔模前的实体。

具体操作如下。

(1) 绘制圆柱 ϕ100mm×50mm,如图4－198所示。

(2) 利用分型线进行拔模:

① 设置"拔模类型"为"分型线",如图4－199所示;

② 设置"拔模方向",单击"拔模方向"下方的空白处,提示行提示"拾取拔模方向(面,边或者空间曲线)",单击圆柱上表面,出现向上的箭头,表示完成拔模方向的选择,如图4－200所示;

③ 设置"分型边",单击"分型边"下方的空白处,提示行提示"拾取分型边",

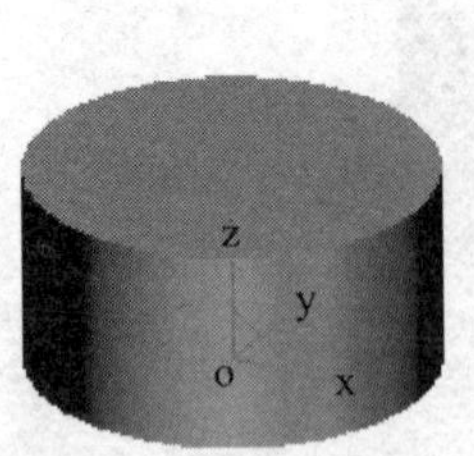

图 4－198　绘制圆柱 ϕ100mm×50mm

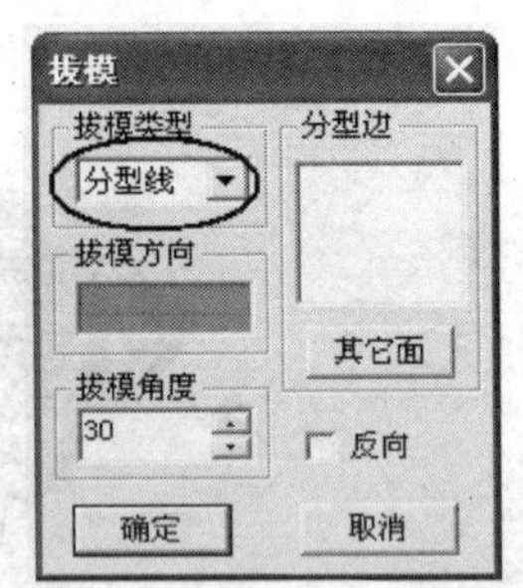

图 4－199　设置拔模类型

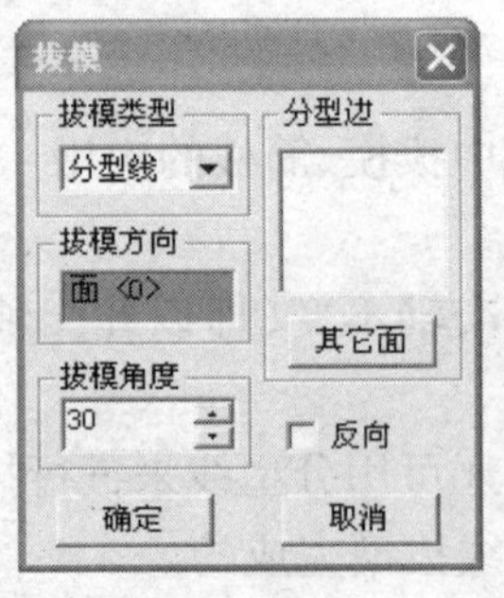

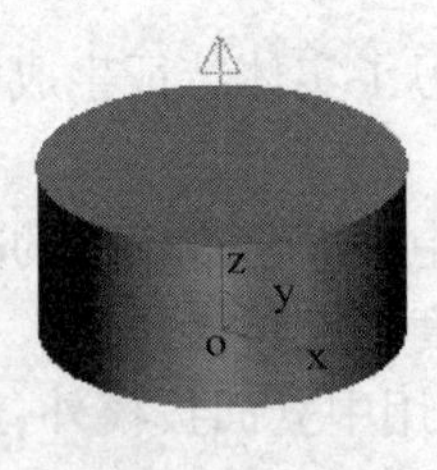

图 4－200　选择圆柱上表面

单击圆柱上表面圆周线,出现向右的箭头,表示完成分型边的选择,如图4－201 所示;

④ 设置“拔模角度”为“30”;

⑤ 单击【确定】按钮,生成如图 4－202 所示实体。

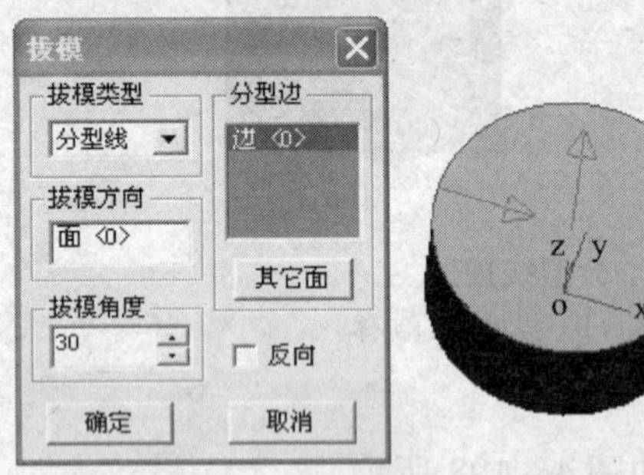

图 4－201　选择圆柱上表面圆周线

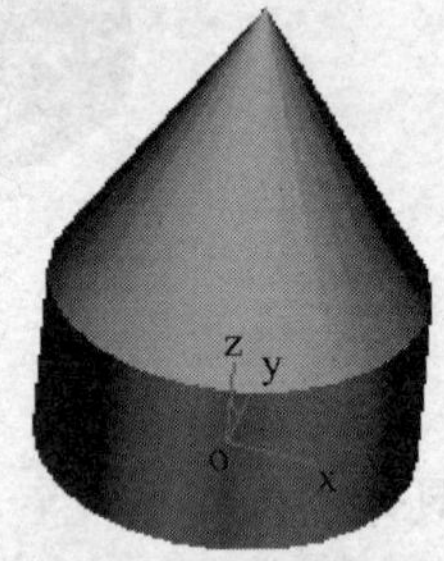

图 4－202　完成拔模后的实体

2. 筋板

筋板是指在指定位置增加加强筋。

注意:

(1) 在使用筋板时,加固方向应指向实体,否则操作失败;

(2) 生成筋板的草图,其形状可以不封闭。

四、任务拓展

练习一：完成如图 4－203 所示零件（拔模角度为 3°）的实体建模。

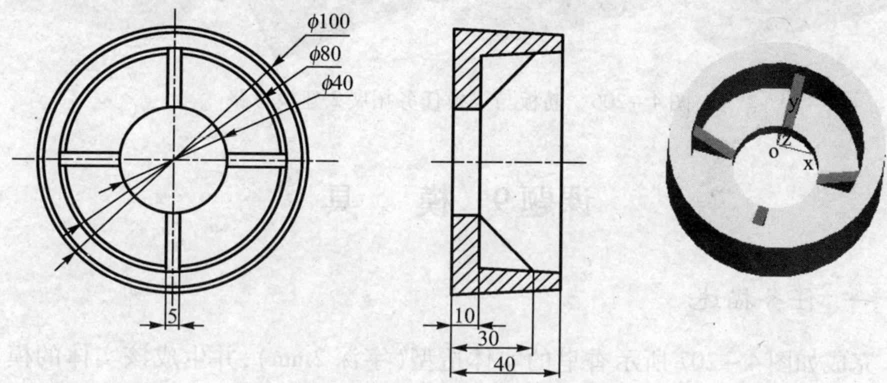

图 4－203　筋板与拔模任务拓展 1

建模思路：建模思路如图 4－204 所示。

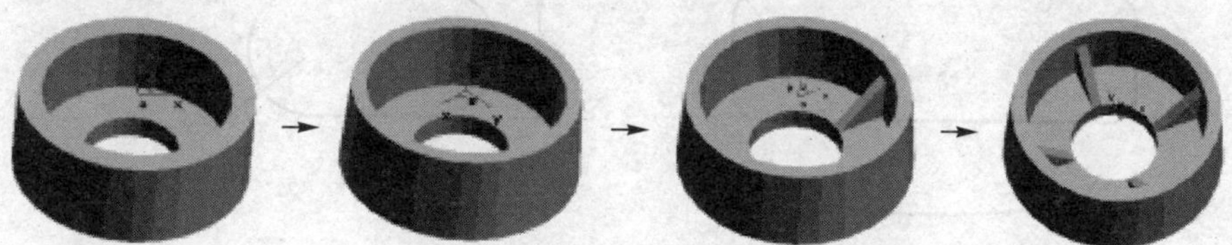

图 4－204　筋板与拔模任务拓展 1 建模思路

练习二：完成如图 4－205 所示零件的实体建模。

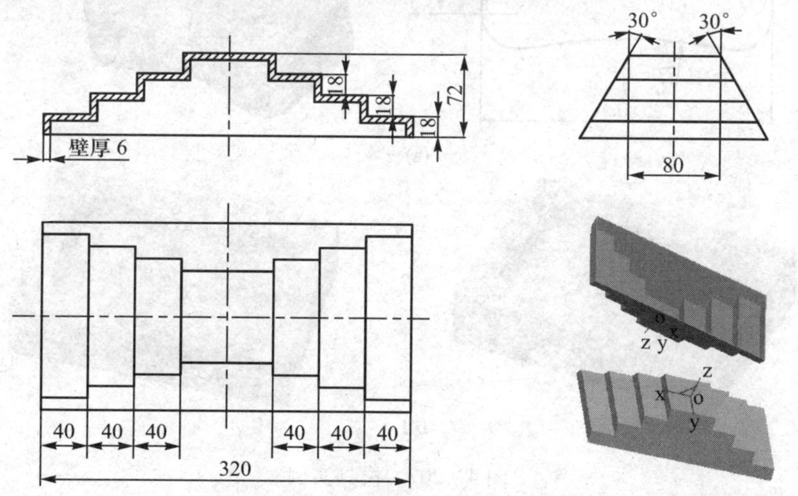

图 4－205　筋板与拔模任务拓展 2

建模思路:建模思路如图 4－206 所示。

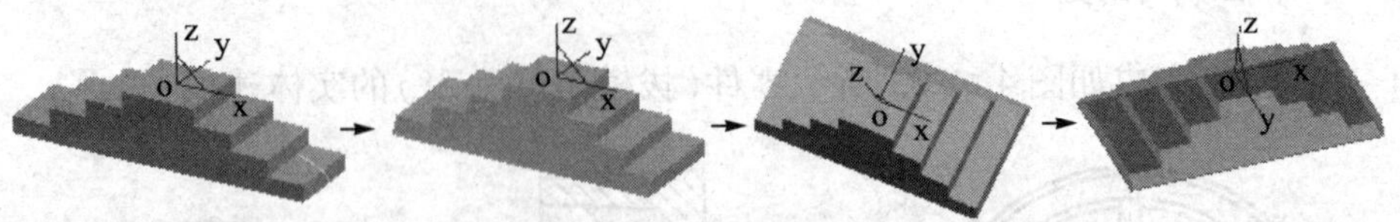

图 4－206　筋板与拔模任务拓展 2 建模思路

课题 9　模　　具

一、任务描述

完成如图 4－207 所示香皂的实体造型(字深 2mm),并生成该实体的模具型腔。

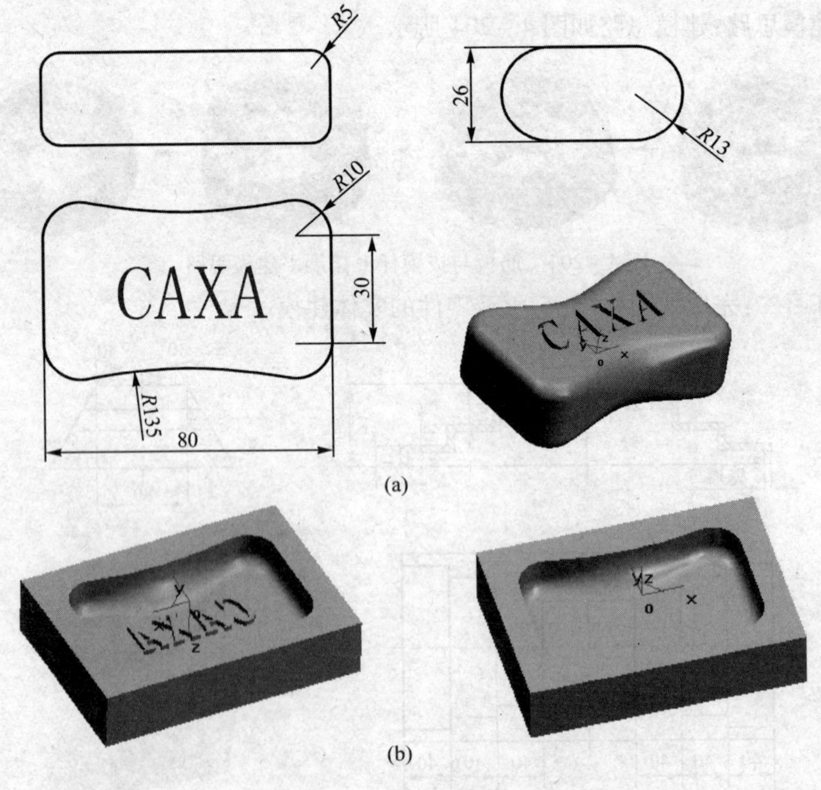

图 4－207　模具实例

(a) 实体造型;(b) 模具型腔。

知识点与技能点:缩放、型腔、分模。

二、任务实施

1. 香皂的实体造型

1) 拉伸香皂基体

(1) 选择基准平面"平面 XY"作为草图平面。

(2) 完成拉伸建模的草图绘制,完成后如图 4-208(a)所示。

(3) 单击线面编辑工具栏中的"曲线打断"图标,分别选择 R135 圆弧,如图 4-208(b)所示,在圆弧中点(A 点和 B 点)处打断。

(4) 拉伸香皂基体,采用"双向拉伸"方式,拉伸总高为"26",完成后的实体如图 4-209 所示。

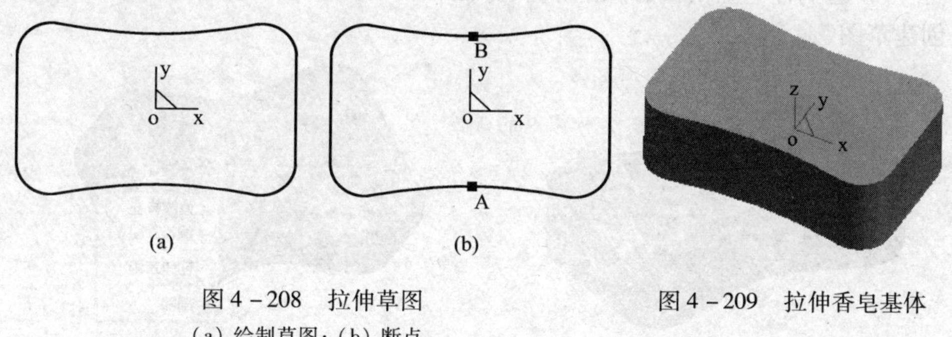

图 4-208　拉伸草图
(a) 绘制草图; (b) 断点。

图 4-209　拉伸香皂基体

2) 变半径圆角过渡

(1) 单击特征工具栏中的"圆角过渡"图标,弹出"过渡"对话框,按图 4-210所示进行参数设置。然后依次选中上表面轮廓交线共计 10 条(R135 圆弧打断后变成了两条曲线),注意不要选错面。

(2) 修改"顶点"对应的半径。单击"相关顶点"中的"顶点 0"选项,此时实体上的顶点 0 呈高亮显示,并且对话框中"半径"下的数值呈可修改状态,只需采用直接输入数字即可完成数值修改。然后单击【相关顶点】中的"顶点 1",进行半径值修改。按照上面的方法分别将图 4-211 中的顶点"2"、"3"、"5"、"6"、"7"和"8"相对应的半径值修改为"5",并将"顶点 4"和"顶点 9"相对应的半径修改为"13",全部修改完毕后单击【确定】按钮,完成变半径圆角过渡。

(3) 用同样的方法完成实体另一面的变半径圆角过渡,完成后的实体如图 4-212 所示。

注意:选择边、点时可将实体呈线架显示,便于选中。

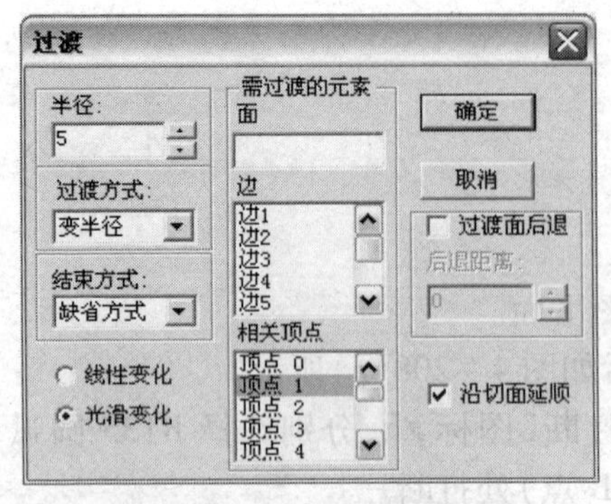

图 4－210 圆角过渡对话框

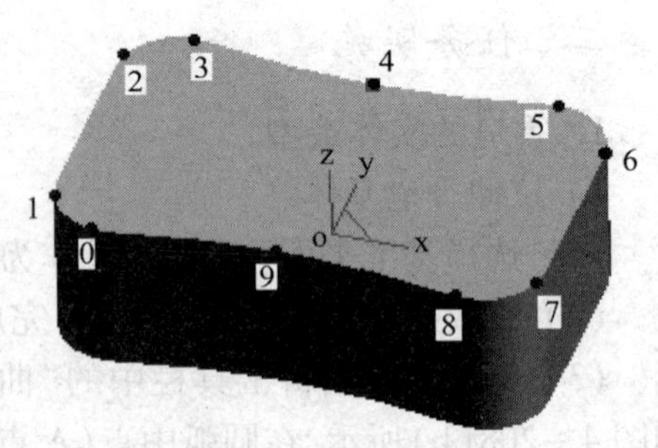

图 4－211 相关顶点

3）拉伸文字

（1）选中香皂上平面，单击右键，弹出如图 4－213 所示的快捷菜单，单击“创建草图”命令。

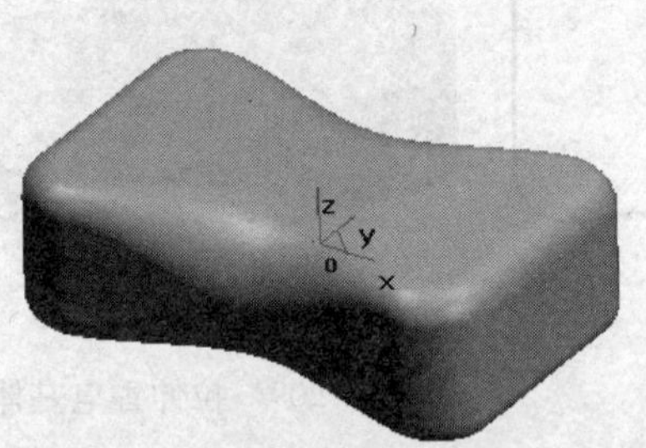

图 4－212 变半径圆角过渡

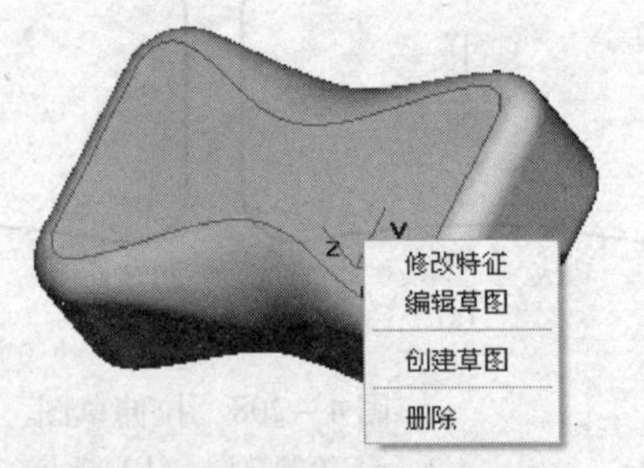

图 4－213 创建草图

（2）按 F5 键，使草图平面呈主视图显示。

（3）单击曲线工具栏中的**A**图标，此时在左下角提示行提示“请指定文字插入点”，单击绘图原点，弹出如图 4－214 所示的“文字输入”对话框。

（4）单击“文字输入”对话框中的【设置】按钮，弹出如图 4－215 所示的“字

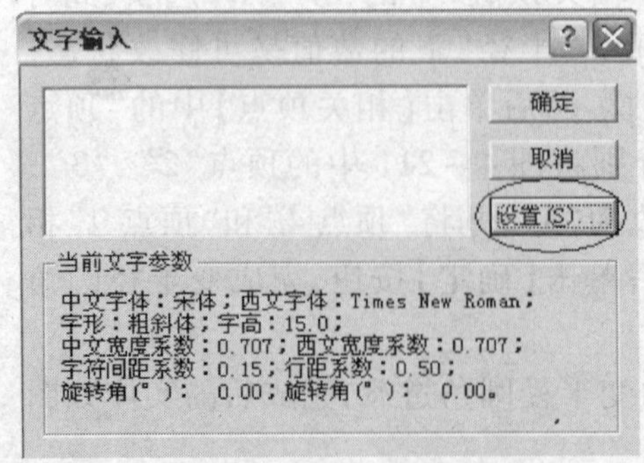

图 4－214 “文字输入”对话框

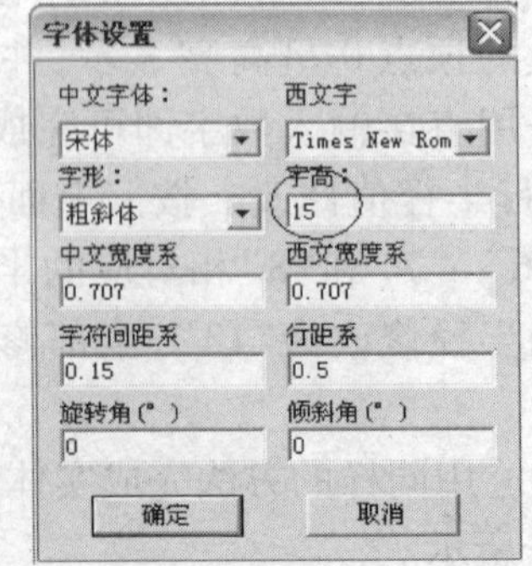

图 4－215 “文字设置”对话框

体设置”对话框。在该对话框的“字高”文本框中输入“15”，单击【确定】按钮，返回如图 4－214 所示对话框。

（5）在“文字输入”对话框中输入文字“CAXA”后单击【确定】按钮，绘图区如图 4－216 所示。

（6）利用工具栏中的“平移”图标，平移文字，使文字位于实体上表面中心，完成后如图 4－217 所示。

（7）单击特征工具栏中的图标，拉伸除料文字，拉伸高度为 2mm，完成后的实体如图 4－218 所示。

图 4－216　绘制文字　　图 4－217　平移文字　　图 4－218　香皂实体

2. 缩放

（1）单击[造型]→[特征生成]→[缩放]命令或直接单击特征工具栏中的图标，弹出如图 4－219 所示的“缩放”对话框。设置“基点”为“拾取基准点”，然后单击坐标系原点；设置“收缩率”为“0.5”；单击【确定】按钮，完成对工件的放大。

（2）利用查询功能检查尺寸。将实体图呈线架显示，并使 XY 平面呈主视图显示。单击工具栏中的“查询距离”图标，提示行提示“拾取第一点”，单击如图 4－220 所示的 A 点，提示行提示“拾取第二点”，单击 B 点，弹出属性栏，如图 4－221 所示，提示“长度”为“80.4”，由此可判断，设置收缩率为“0.5”后，缩

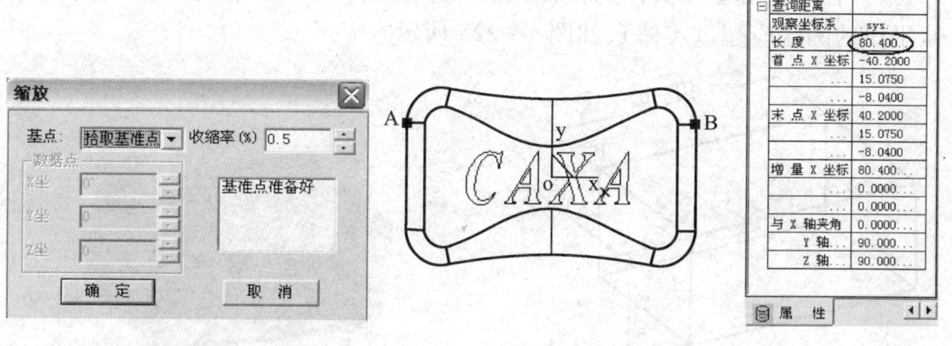

图 4－219　“缩放”对话框　　图 4－220　查询尺寸　　图 4－221　属性栏

放功能直接将工件放大 0.5%。

3. 生成型腔

(1) 单击[造型]→[特征生成]→[型腔(分模预处理)]命令或直接单击特征工具栏中的图标,弹出如图 4-222 所示的"型腔"对话框,直接采用系统默认参数,单击【确定】按钮,生成模具型腔。

(2) 单击显示工具栏中的图标,将生成的型腔旋转一定角度观察,如图 4-223 所示。

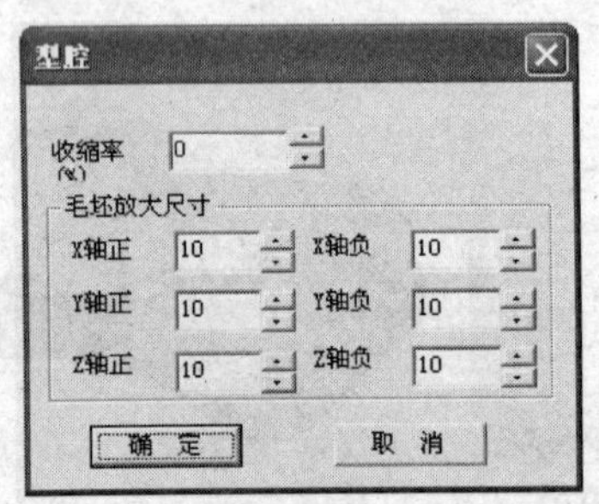

图 4-222　"型腔"对话框

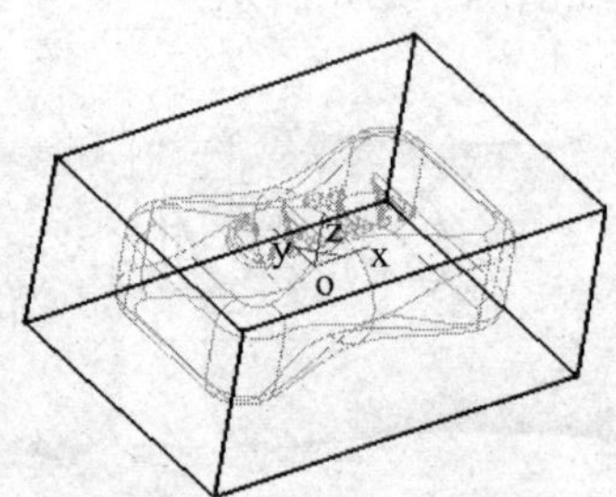

图 4-223　生成型腔

(3) 标注三维尺寸。

单击工具栏中的"标注三维尺寸"图标,提示行提示"请拾取标注尺寸的平面",单击型腔实体的上平面,提示行提示"拾取尺寸标注元素",分别拾取如图 4-224 所示的 A 点、B 点与 A 点、C 点生成上平面的尺寸,单击右键确定。重新单击型腔实体的上平面,选择 A 点、D 点生成高度尺寸。由此可判断,型腔模具是在原有的实体基础上朝六个方向各自延伸了 10mm,延伸数值正是"型腔"对话框中系统默认数值。单击工具栏中的"隐藏/显示三维尺寸"图标,隐藏标注尺寸。

4. 分模

(1) 右键单击型腔实体的侧面,选择该平面作为草图平面,画一条水平线(水平线的两端应超过实体),如图 4-225 所示。

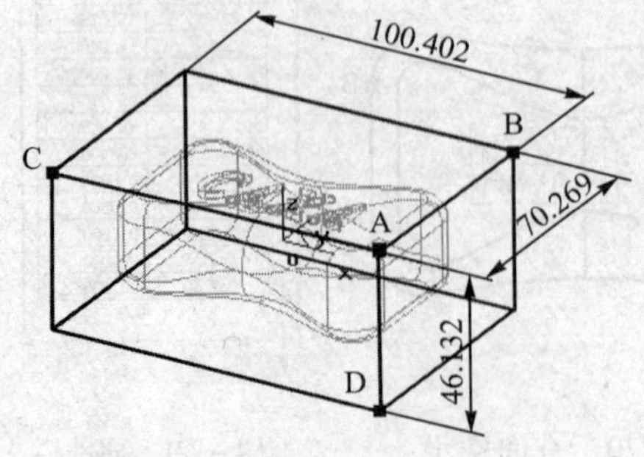

图 4-224　标注三维尺寸

图 4-225　画分模线

(2) 单击状态工具栏中的图标,退出草图编辑状态。

(3) 单击[造型]→[特征生成]→[分模]命令或直接单击特征工具栏中的图标,弹出如图4-226所示的"分模"对话框。

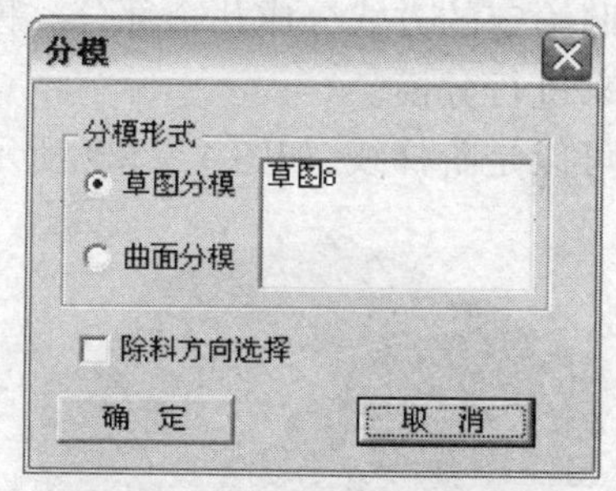

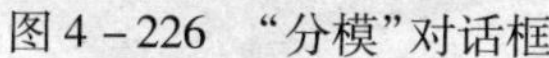
图4-226 "分模"对话框

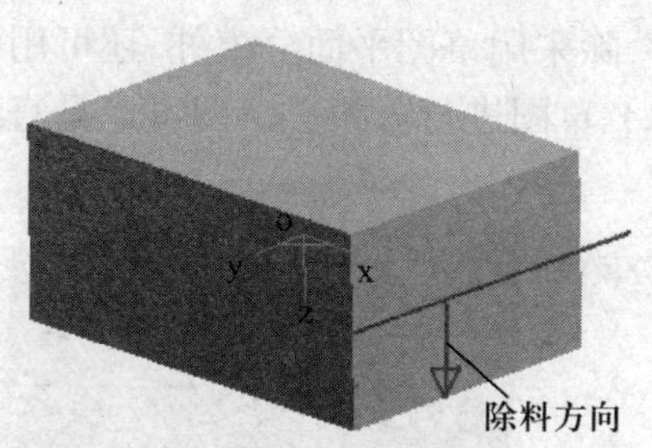

图4-227 选择除料方向

(4) 设置"分模形式"为"草图分模",然后单击图4-225中的分模线,此时出现如图4-227所示的除料方向箭头。单击【确定】按钮,生成分模后的实体,如图4-228(a)所示。若设置的除料方向相反,则生成的实体如图4-228(b)所示。

图4-228 分模后的实体
(a) 下模;(b) 上模。

三、知识拓展

本课题主要学习了实体特征生成中缩放、型腔、分模的应用。

1. 缩放

缩放是指按给定基准点对零件进行放大或缩小。一般在生成模具型腔时,都需要先对按实际尺寸设计的模具进行放大。因为在模具制造过程中,由于工件在浇注冷却过程中会产生收缩。因此,实际的模具型腔要比模具的轮廓稍大。一般设定实体的收缩率介于-20%~20%,当其值为负值时,实体缩小,反之则实体放大。本例将实体放大0.5%。

实体缩放的基点有3种选择,"零件质心"、"拾取基准点"和"给定数据点",可根据具体情况拾取。

2. 型腔

型腔是指以零件为型腔生成包围此零件的模具。

3. 分模

在型腔生成后,可以通过分模,使模具按照给定的方式分成几个部分。模具分模时,除采用草图平面分模外,还可用曲面来进行分模。

(1) 草图进行分模。草图可以是直线也可以是阶梯线,如图 4-229 所示。

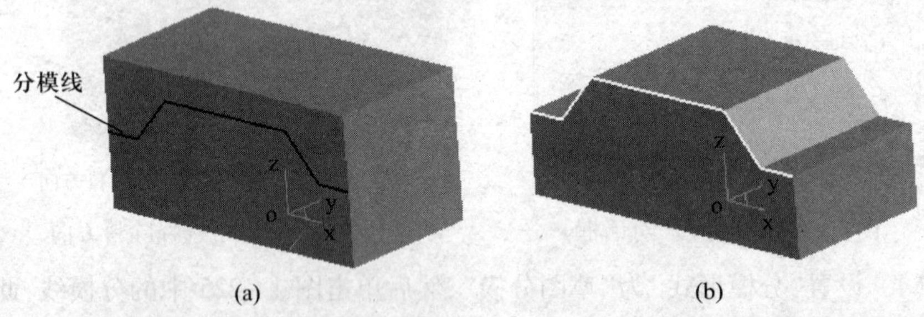

图 4-229 草图分模

(a) 阶梯线分模;(b) 下模。

(2) 曲面进行分模,如图 4-230 所示。

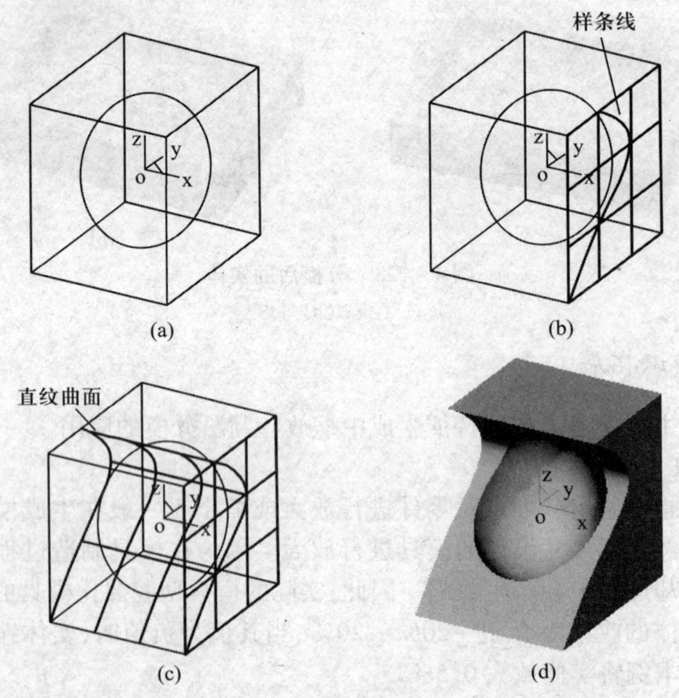

图 4-230 曲面分模

(a) 型腔;(b) 绘制样条线;(c) 绘制直纹曲面;(d) 分模效果。

四、任务拓展

练习一：完成如图 4－231 所示零件（奖牌）的实体建模并生成模具上、下模，文字分别采用 8 号与 15 号宋体。

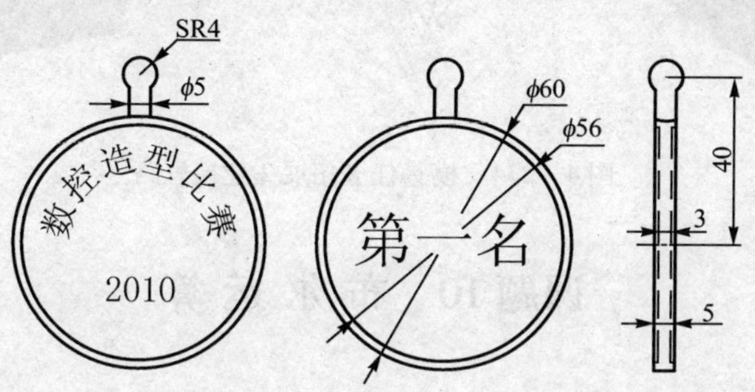

图 4－231　模具任务拓展 1

建模思路：本例建模思路如图 4－232 所示。

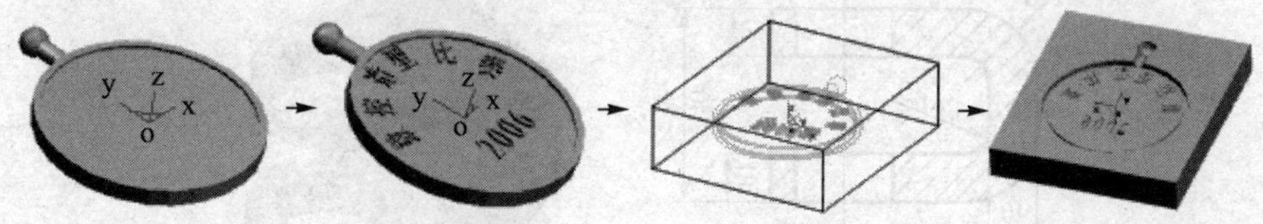

图 4－232　模具任务拓展 1 建模思路

练习二：完成如图 4－233 所示零件的实体建模并生成模具上、下模。

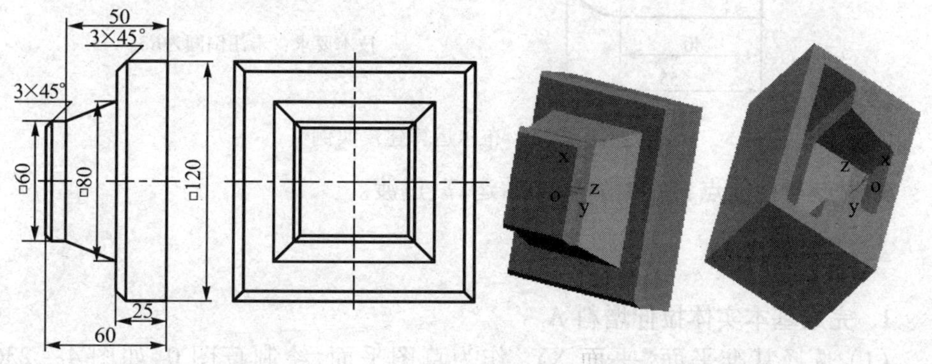

图 4－233　模具任务拓展 2

建模思路：建模思路如图 4－234 所示。

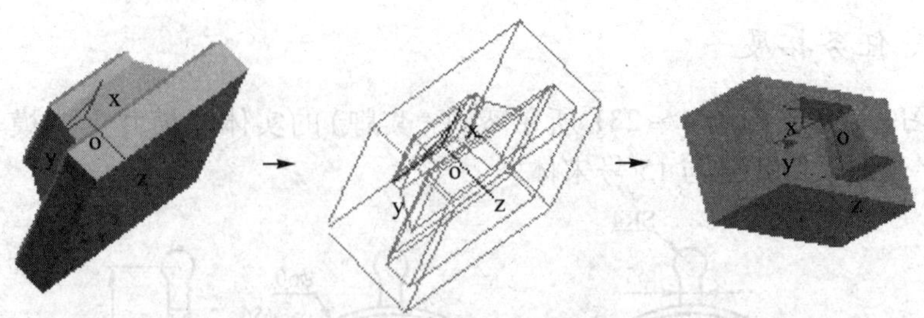

图 4－234　模具任务拓展 2 建模思路

课题 10　布 尔 运 算

一、任务描述

试采用布尔运算的建模方法完成如图 4－235 所示零件的实体建模。

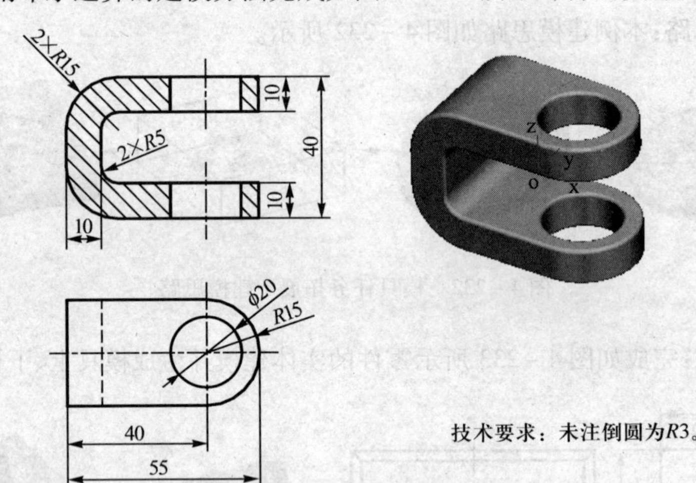

图 4－235　布尔运算建模实例

知识点与技能点：拉伸增料、布尔运算、过渡。

二、任务实施

1. 完成基本实体拉伸增料 A

(1) 选择基准平面“平面 XY”作为草图平面，绘制草图 0，如图 4－236 所示。

(2) 单击特征工具栏中的图标，弹出“拉伸增料”对话框，按图 4－237 所

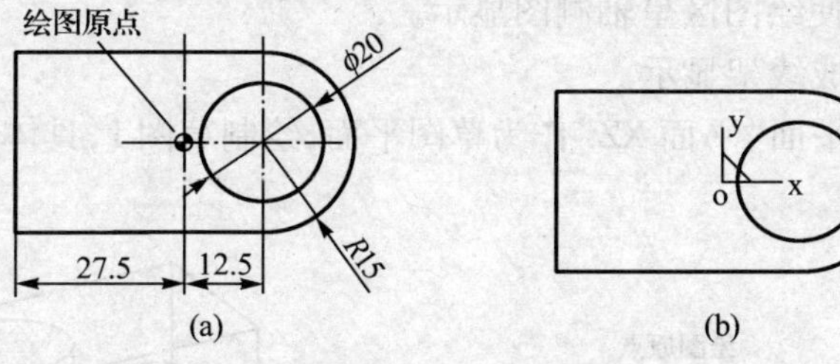

图4－236　绘制草图0

(a) 尺寸图；(b) 绘制结果。

示进行参数设置。

(3) 单击【确定】按钮，完成拉伸增料，如图4－238所示。

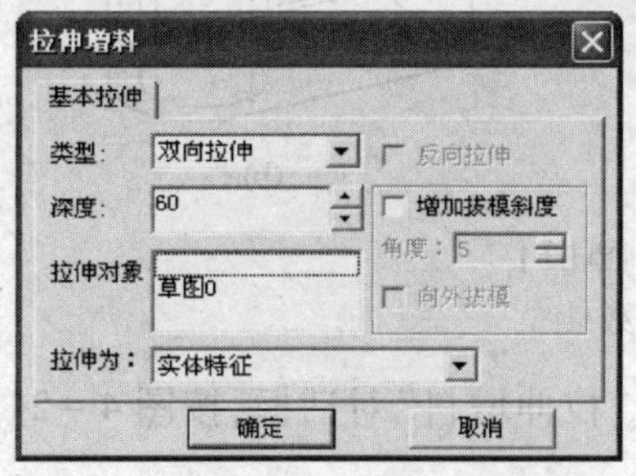

图4－237　“拉伸增料”参数设置

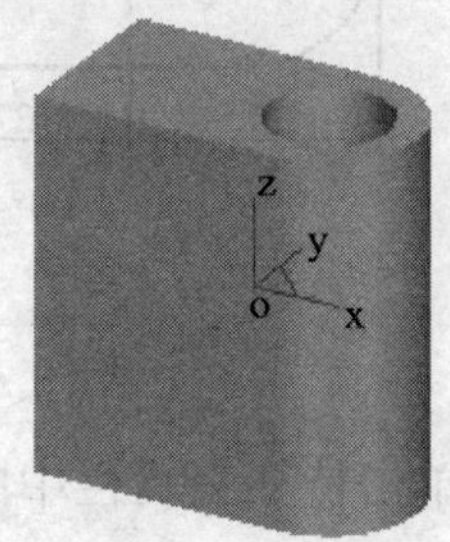

图4－238　拉伸增料A

(4) 将完成的拉伸增料保存为“A. mxe”文件。在保存时，只需输入文件名“A”即可，系统会自动生成后缀名“. mxe”。

2. 完成输入实体拉伸增料B

(1) 将A文件另存为“B. mxe”文件，如图4－239所示。

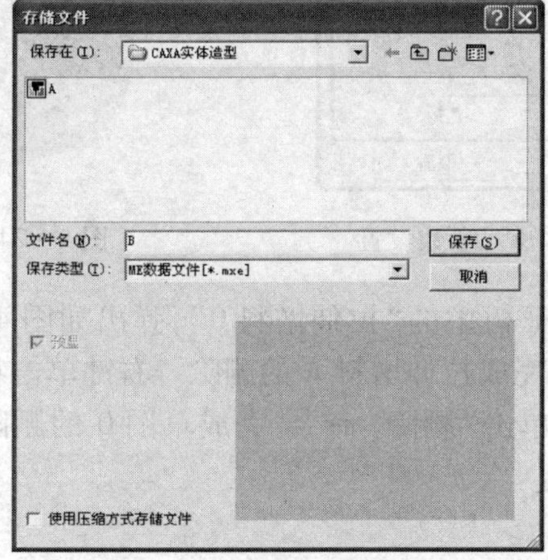

图4－239　保存文件“B. mxe”

（2）按 F8 键，使绘图区呈轴测图显示。

（3）使实体图成线架显示。

（4）选择基准平面“平面 XZ”作为草图平面，绘制草图 1，具体尺寸如图 4－240 所示。

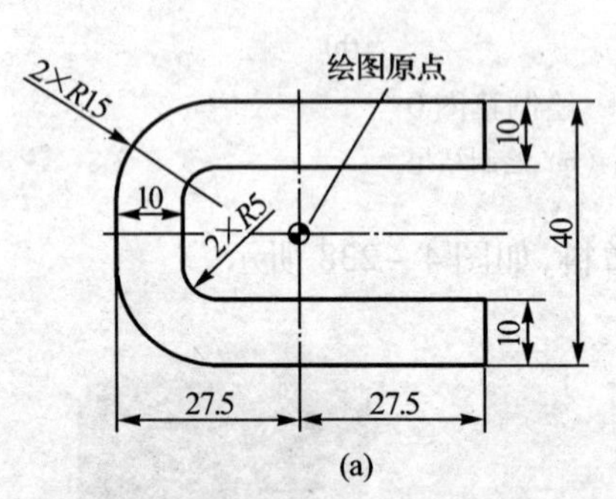

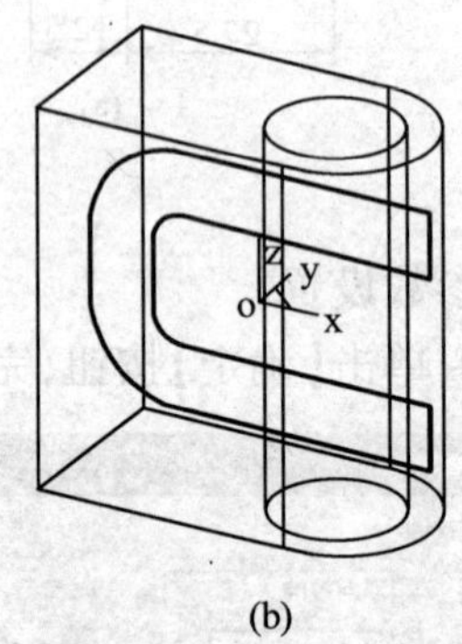

图 4－240　绘制草图 1

（a）尺寸图；（b）效果图。

（5）单击特征工具栏中的图标，弹出“拉伸增料”对话框，按图 4－241 所示进行参数设置。

（6）单击【确定】按钮，完成拉伸增料，如图 4－242 所示。

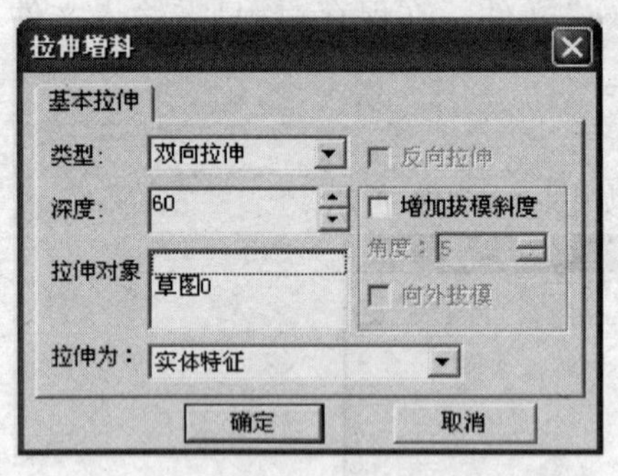

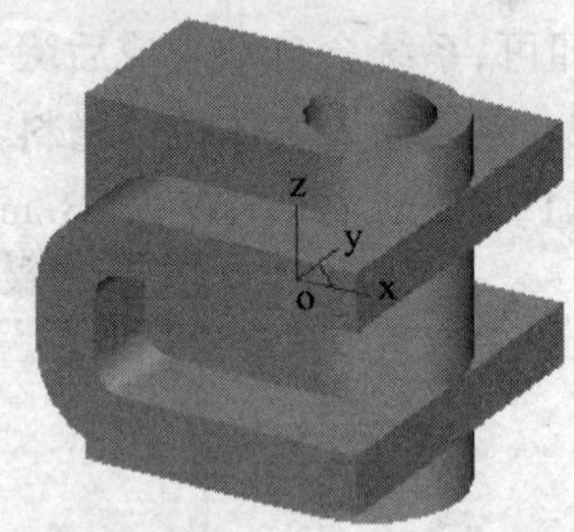

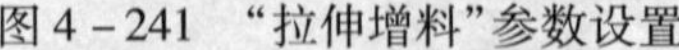
图 4－241　“拉伸增料”参数设置

图 4－242　拉伸增料 B

（7）右键单击特征树中的“拉伸增料 0”，弹出如图 4－243 所示的快捷菜单，单击“删除”命令，完成拉伸增料 A 的删除。右键单击特征树中的“草图 0”，在弹出的快捷菜单中单击“删除”命令，完成草图 0 的删除，此时实体如图 4－244 所示。

（8）单击保存。

（9）再次另存文件，弹出另存文件对话框。先选择保存文件的目录，再选择

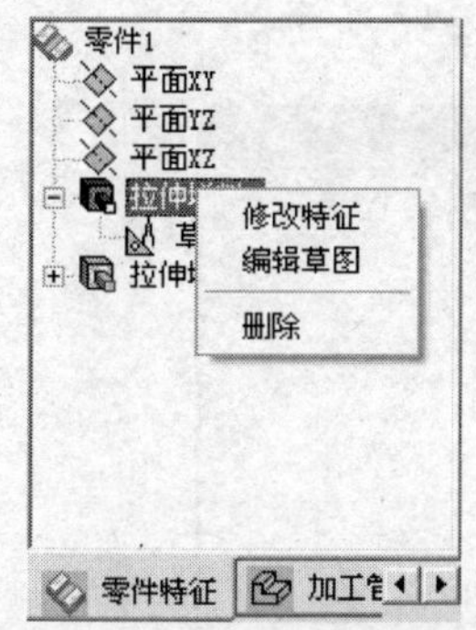

图 4-243　删除拉伸增料 1

图 4-244　删除拉伸增料后的实体

保存类型为“ * . x_t”的后缀名,输入文件名为“B”,如图 4-245 所示,单击【保存】按钮,系统将会自动生成“b. X_T”文件来保存。

注意:另存文件很重要,否则将不能进行布尔运算。另存文件的后缀名有“ * . x_t”或“ * . x_b”,一般选用“ * . x_t”。

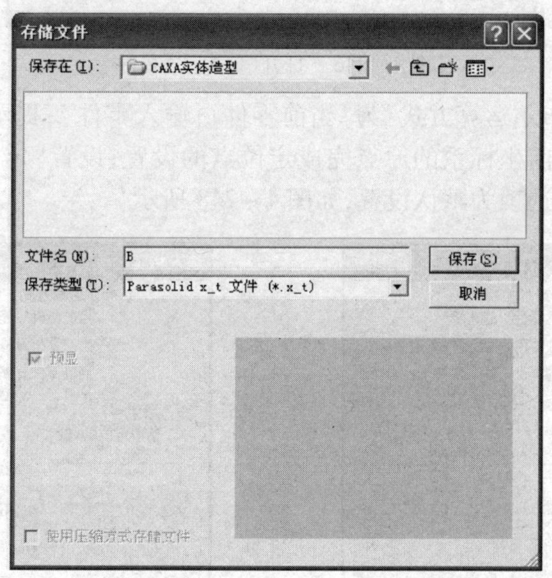

图 4-245　另存文件为“B. x_t”文件

3. 实体布尔运算

(1) 打开基本实体文件“A. mxe”文件。

(2) 单击[造型]→[特征生成]→[实体布尔运算]命令或直接单击特征工具栏中的图标,利用弹出的对话框找到“b. X_T”文件并打开,如图 4-246 所示。同时系统自动弹出输入特征对话框,如图 4－247 所示。

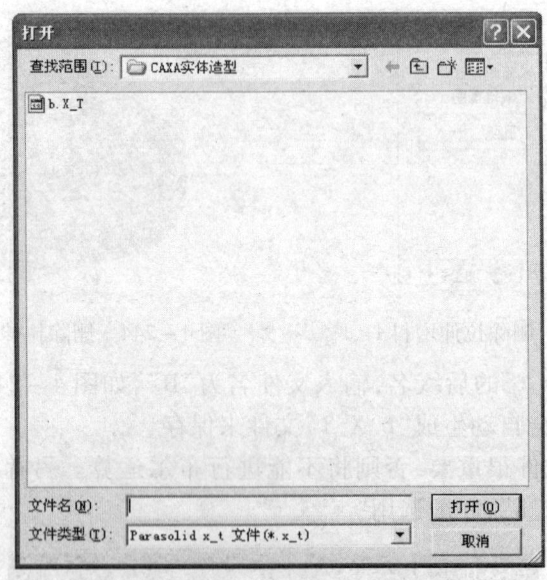

图 4－246　打开“b. X_T”文件

(3) 设置“布尔运算方式”为“当前零件∩输入零件”;提示行提示“请给出定位点”,单击当前坐标系的原点完成定位点的设置;设置“定位方式”为“给定旋转角度”,其余选项为默认设置,如图 4－248 所示。

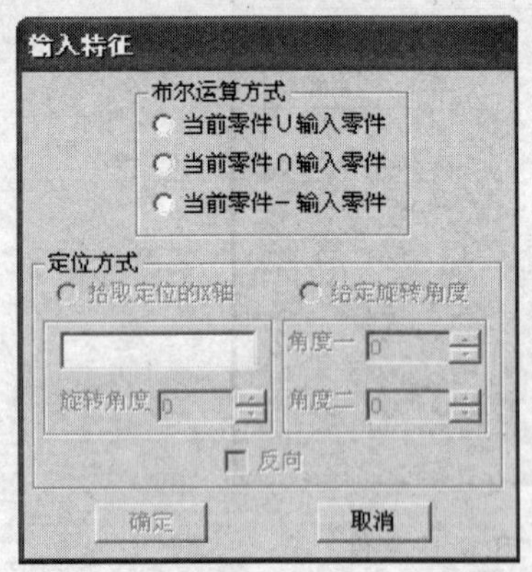

图 4－247　“输入特征”对话框

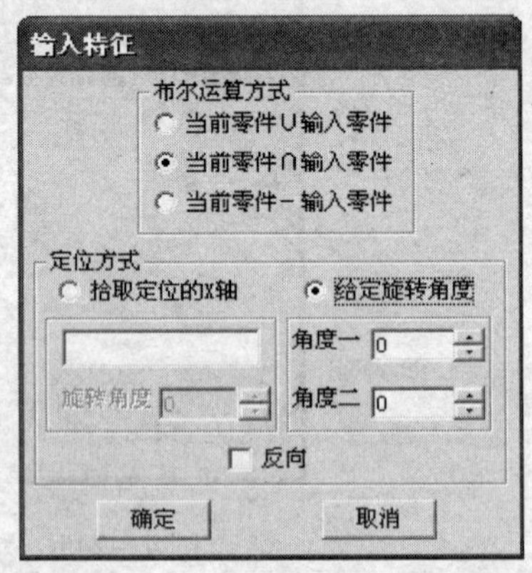

图 4－248　“输入特征”参数设置

(4) 单击【确定】按钮,完成布尔运算,生成新的实体,如图 4－249 所示。

4. 圆角过渡

(1) 单击特征工具栏中的图标,在弹出的“过渡”对话框中设置“半径”

为 1mm。

（2）选中构成实体的所有边界线，单击【确定】按钮完成实体的圆角过渡，如图 4－250 所示。

5．保存实体文件，文件名为“C. mxe”。

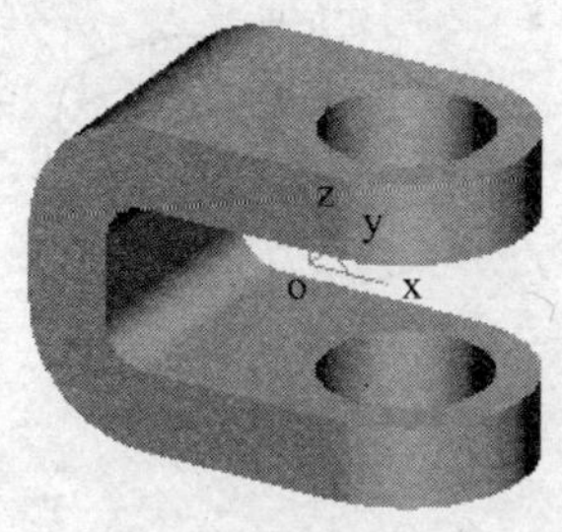

图 4－249　完成布尔运算后的实体

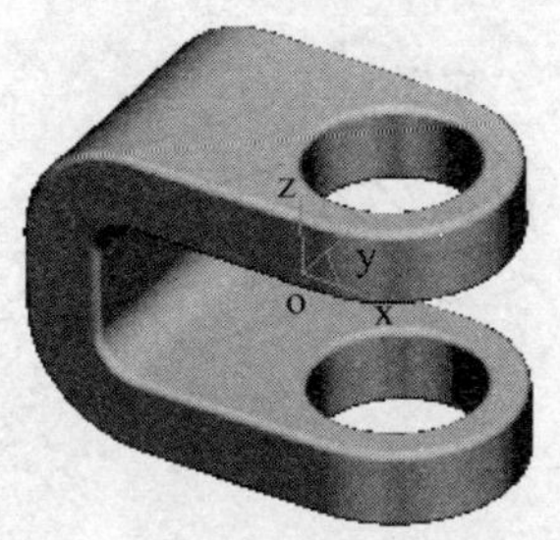

图 4－250　倒圆后的实体

三、知识拓展

本课题主要学习了实体特征生成中实体布尔运算的应用。

实体布尔运算是指将另一个实体并入，与当前零件实现交、并、差的运算，从而形成一个新的实体。

1）运算方式

布尔运算方式包括如下 3 种。

（1）当前零件∪输入零件，是指当前零件与输入零件实现并集，如图 4－251(b)所示。

（2）当前零件∩输入零件，是指当前零件与输入零件实现交集，如图 4－251(c)所示。

（3）当前零件－输入零件，是指当前零件与输入零件实现差集，如图 4－

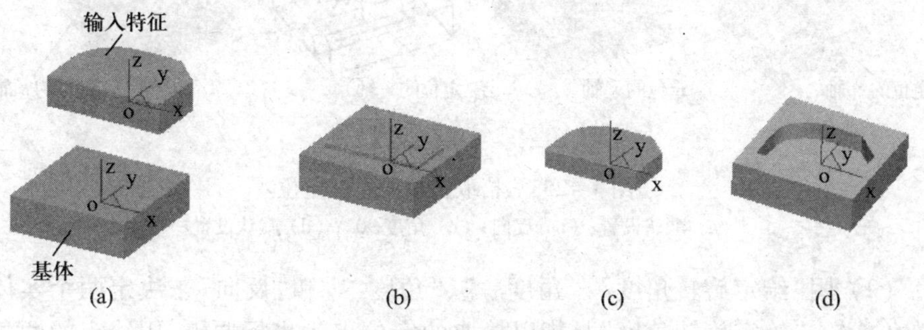

图 4－251　布尔运算 3 种运算方式

（a）参与布尔运算两零件；（b）并集；（c）交集；（d）差集。

251(d)所示。

2）定位点

布尔运算在计算时，是分别以输入特征的绘图原点与定位点决定输入特征的基本位置的，如图 4－252 所示。定位点可以根据建模需要进行设定。

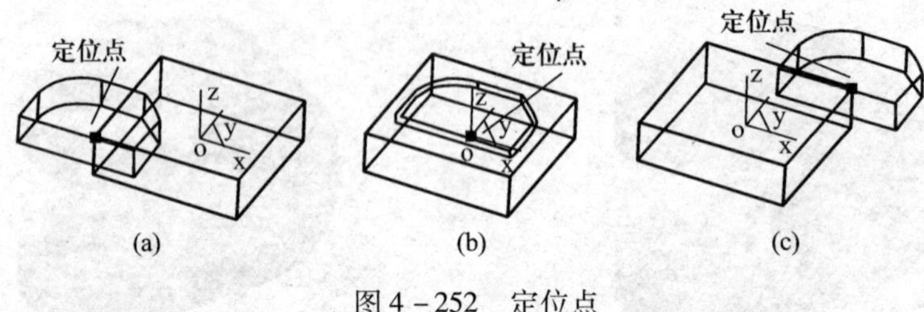

图 4－252　定位点

3）定位方式

定位方式是用来确定输入零件的具体位置，包括以下两种方式。

(1) 用“拾取定位的 x 轴”、“旋转角度”和“反向”来决定两个实体的具体位置。“拾取定位的 x 轴”是指以拾取的定位点为坐标原点，以空间直线作为输入零件自身坐标架 x 轴的基本方向。“旋转角度”是用来对 x 轴进行旋转以确定 x 轴的具体方向。“反向”是指将输入零件自身坐标架的 x 轴的方向反向，然后重新构造坐标架进行布尔运算，如图 4－253 所示。图 4－253(a)为选择水平线为 x 轴，其余选项为默认设置，进行布尔运算并集后的实体。图 4－253(b)为选择水平线为 x 轴，选中反向后进行布尔运算并集后的实体。图 4－253(c)为选择水平线为 x 轴，角度为 90°，进行布尔运算并集后的实体。图 4－253(d)为选择垂直线为 x 轴，其余选项为默认设置，进行布尔运算并集后的实体。

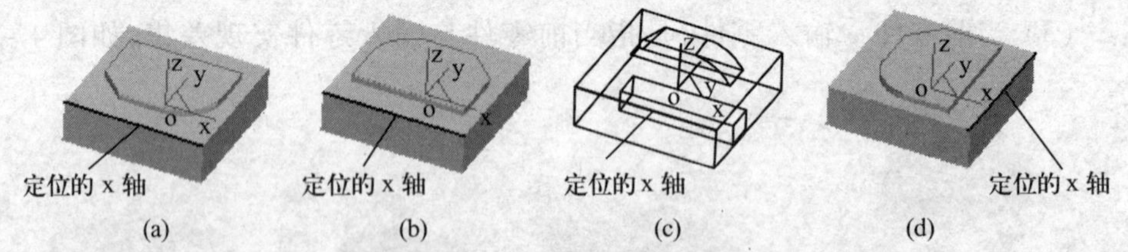

图 4－253　拾取定位的 x 轴定位

(a) 默认设置；(b) 反向；(c) 角度 90°；(d) 默认设置。

(2) 用“给定旋转角度”，“角度一”、“角度二”和“反向”来决定两个实体的具体位置。“给定旋转角度”是指以拾取的定位点为坐标原点，用给定的两角度来确定输入零件的自身坐标架的 x 轴，包括角度一和角度二。“角度一”设定 x

轴与当前世界坐标系的 x 轴的夹角，如图 4－254(a)所示。“角度二”设定 x 轴与当前世界坐标系的 z 轴的夹角，如图 4－254(b)所示。

图 4－254　给定旋转角度定位

(a) 角度一 30°，角度二 0°；(b) 角度一 30°，角度二 90°。

注意：

(1) 采用“拾取定位的 x 轴”方式时，轴线为空间直线；

(2) 选择文件时，注意文件的类型，先将零件存成“ *. x_t”文件，然后进行布尔运算；

(3) 进行布尔运算时，基体尺寸应比输入的零件稍大。

四、任务拓展

练习一：完成如图 4－255 所示零件的实体建模。

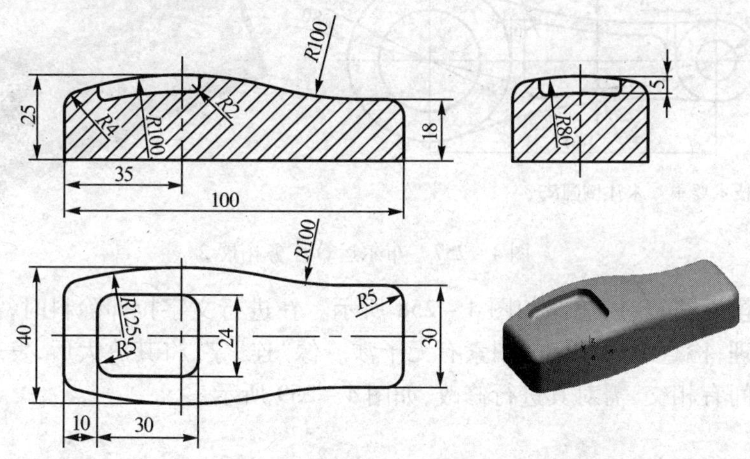

图 4－255　布尔运算任务拓展 1

建模思路：建模思路如图 4－256 所示。

练习二：完成零件的凸件与凹件的实体建模。凸件尺寸如图 4－257 所示，凹件的基体尺寸为 220mm×100mm×30mm。

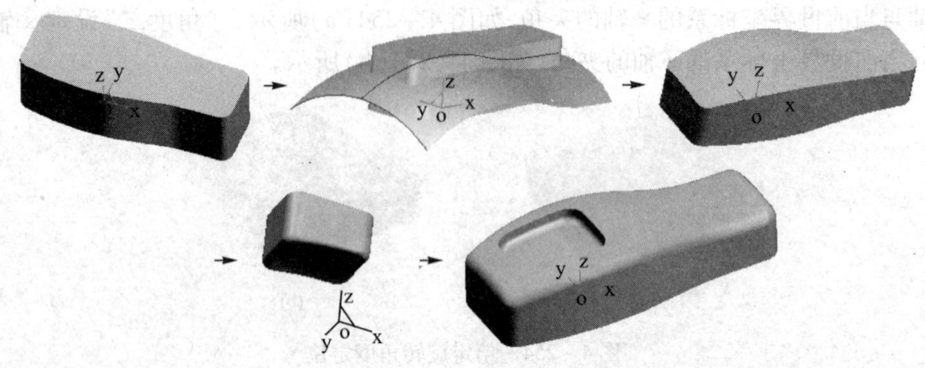

图 4－256　布尔运算任务拓展 1 建模思路

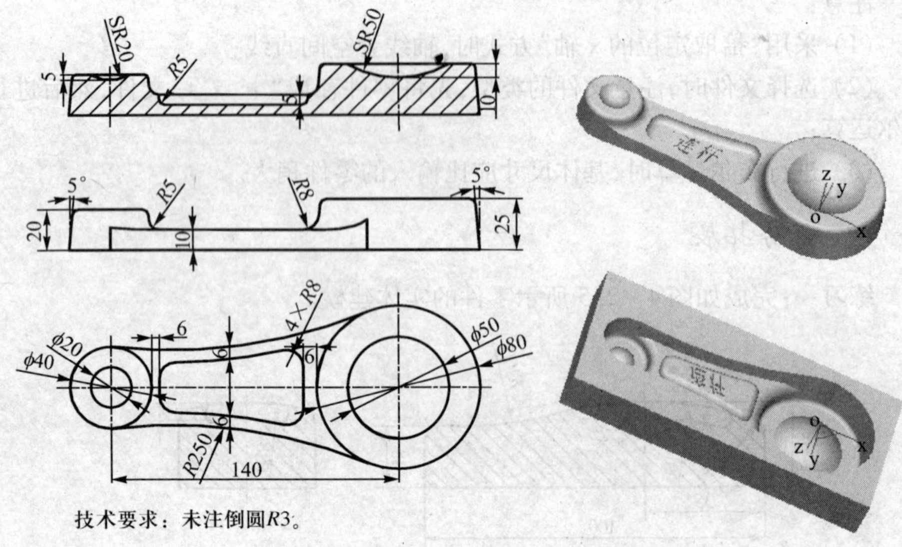

图 4－257　布尔运算任务拓展 2

建模思路：建模思路如图 4－258 所示。在进行文字拉伸除料时，需对文字进行处理，检查组成文字的图素有无干涉。像“连”字，将其放大后，发现组成字的图素间有相交，需对其进行修改，如图 4－259 所示。

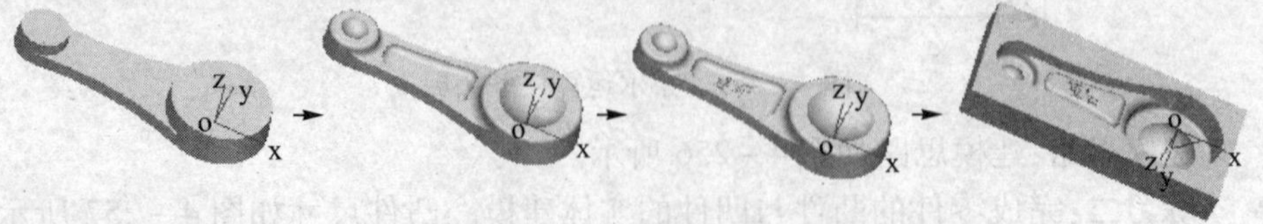

图 4－258　布尔运算任务拓展 2 建模思路

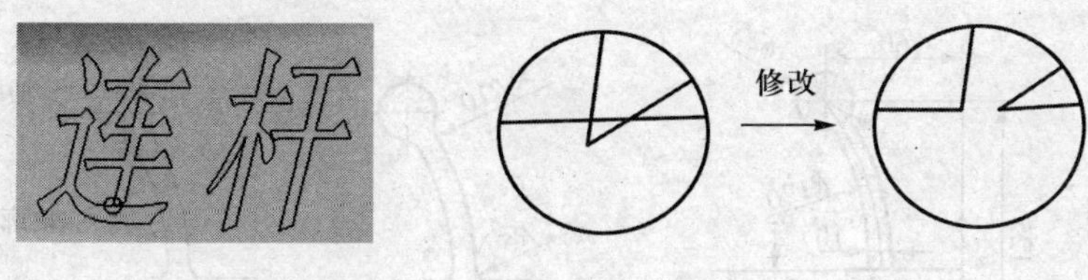

图 4－259　文字处理

课题 11　综 合 练 习

一、任务描述

完成如图 4－260 所示工件的实体造型。

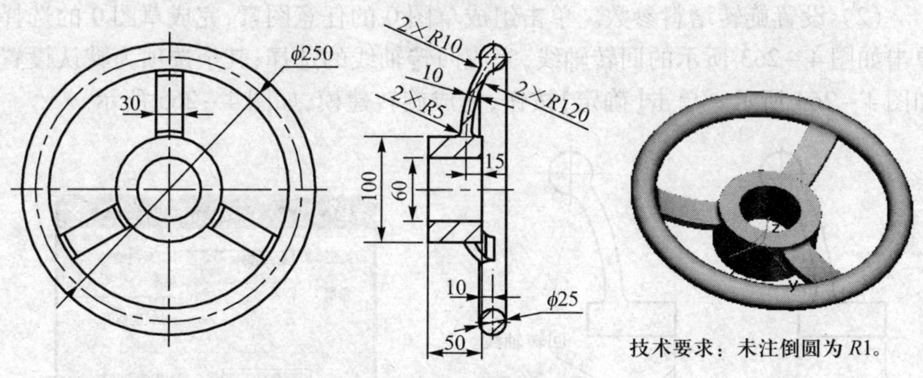

图 4－260　综合练习

知识点与技能点：灵活运用各种特征生成完成复杂实体的建模。

二、任务实施

1. 旋转建模

1）绘制草图 0

（1）按 F5 键，使 XY 平面呈主视图显示。

（2）利用曲线生成、曲线编辑、平移等功能完成如图 4－261 所示的空间曲线的绘制。

（3）单击基准平面“平面 XY”，然后单击“绘制草图”图标，创建草图 0，并进入草图 0 绘制状态。利用曲线投影将轮廓线生成草图 0，如图 4－262 所示。

（4）单击“绘制草图”图标，退出草图绘制状态。

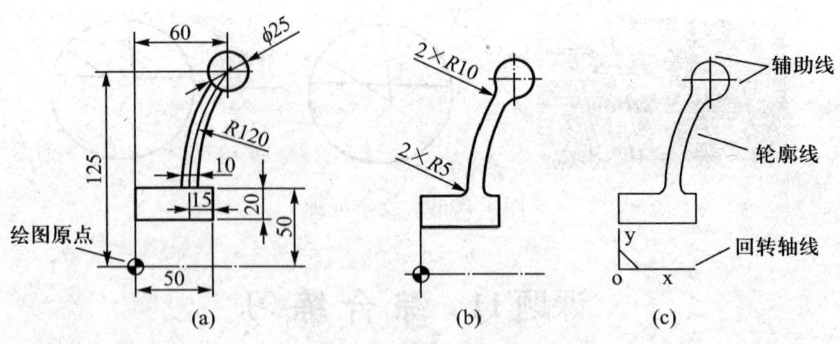

图 4-261 绘制空间曲线

2）旋转增料

（1）单击特征工具栏中的图标，弹出“旋转增料”对话框。

（2）设置旋转增料参数。单击组成草图 0 的任意图素，完成草图 0 的选择；单击如图 4-263 所示的回转轴线，完成回转轴线的选择；其余选项为默认设置，如图 4-264 所示。单击【确定】按钮，完成旋转建模，如图 4-265 所示。

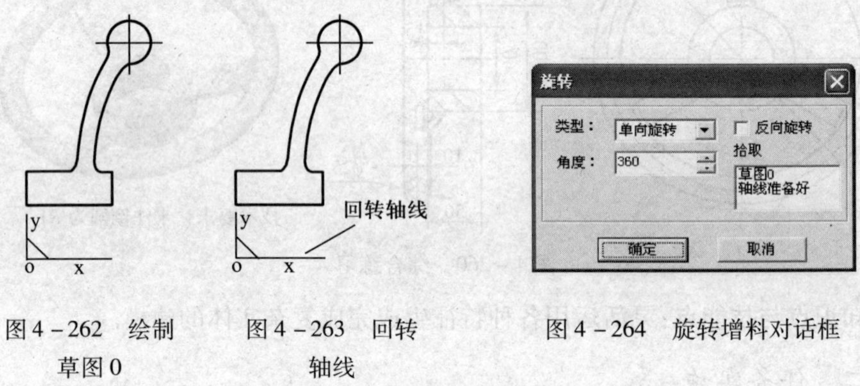

图 4-262 绘制草图 0　　图 4-263 回转轴线　　图 4-264 旋转增料对话框

2. 拉伸除料

1）绘制草图 1

（1）按 F8 键，使绘图平面呈正等侧图显示。

（2）单击“线架显示”图标，使视图呈线架显示。

（3）单击基准平面“平面 YZ”，然后单击“绘制草图”图标，创建草图 1，并进入草图 1 绘制状态。

（4）利用曲线生成、曲线编辑、平移等功能完成如图 4-266 所示的封闭曲线草图 1 的绘制。

2）拉伸除料

单击特征工具栏中的图标，弹出“拉伸除料”对话框。按图 4-267 所示

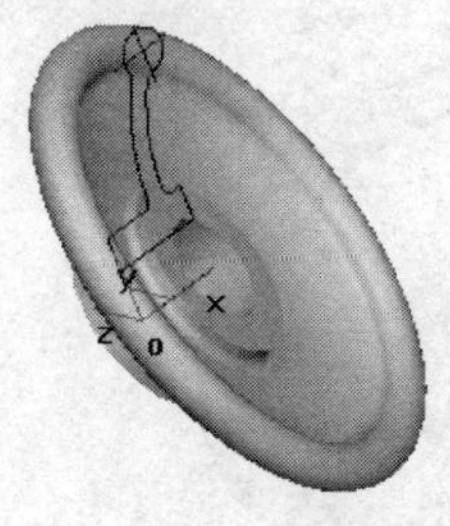

图 4－265　旋转增料 0

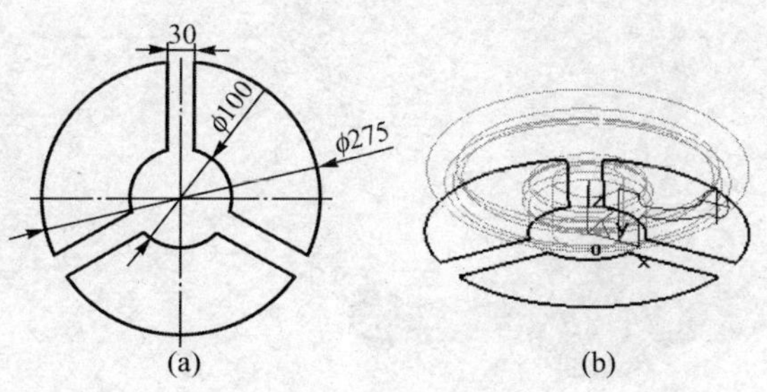

图 4－266　绘制草图 1

进行参数设置。单击【确定】按钮，完成拉伸除料，如图 4－268 所示。

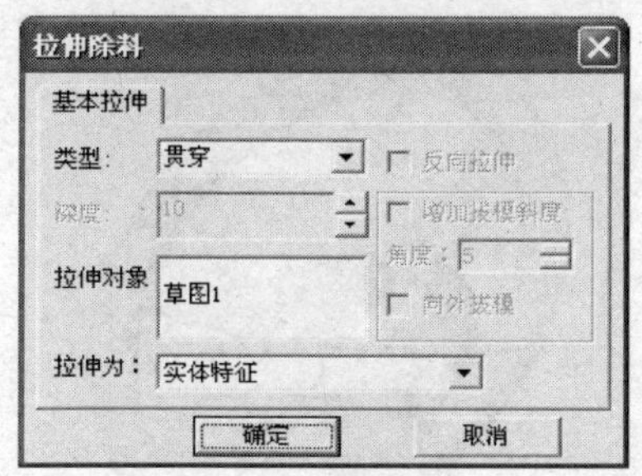

图 4－267　“拉伸除料”参数设置

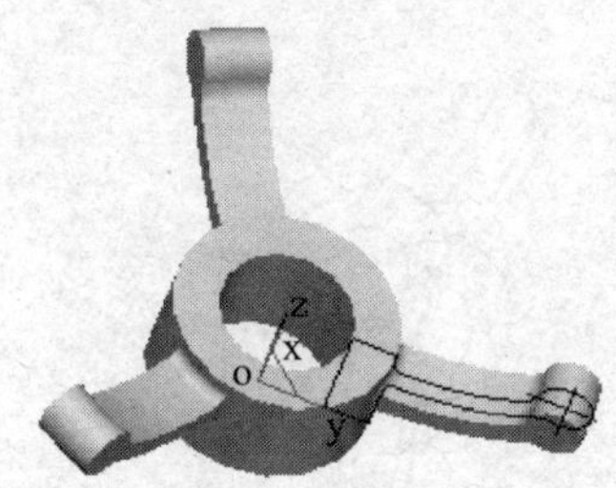

图 4－268　拉伸除料

3. 旋转增料

1）绘制草图 2

（1）单击基准平面“平面 XY”，然后单击“绘制草图”图标，创建草图 2，并进入草图 2 绘制状态。

（2）如图 4－269 所示，利用图中辅助线的交点为圆心绘制 $\phi25$ 的圆。

2）旋转增料

（1）单击特征工具栏中的图标，弹出“旋转增料”对话框。

（2）单击 $\phi25$ 圆，完成草图 2 的选择；单击回转轴线，单击【确定】按钮，完成旋转建模，如图 4－270 所示。

（3）利用隐藏功能，将空间线隐藏。

4. 实体圆角过渡

（1）单击“线架显示”图标，使视图呈线架显示。

（2）单击特征工具栏中的图标，弹出“过渡”对话框。

（3）设置“半径”为“1”，单击图 4－271 中的边界线为过渡边，其余选项为默认设置。

（4）单击【确定】按钮，完成圆角过渡。

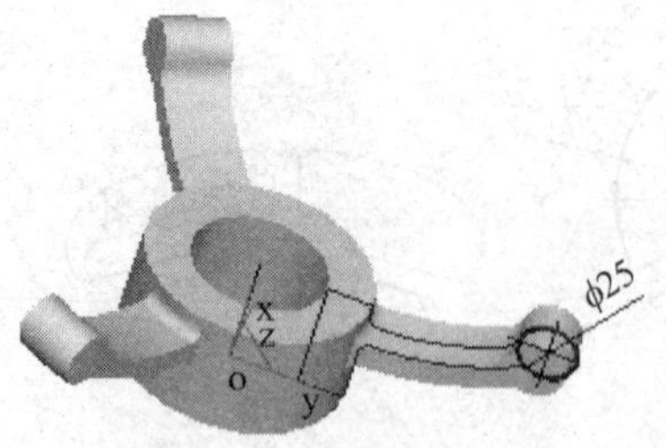

图 4－269　绘制草图 2

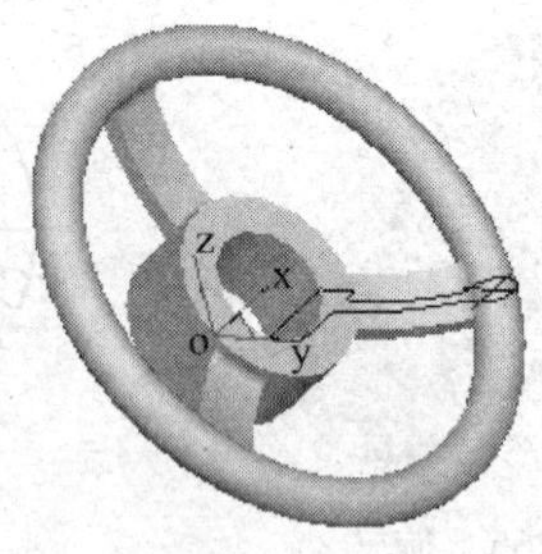

图 4－270　旋转增料 1

（5）单击“实体显示”图标，使视图呈实体显示，如图 4－272 所示。

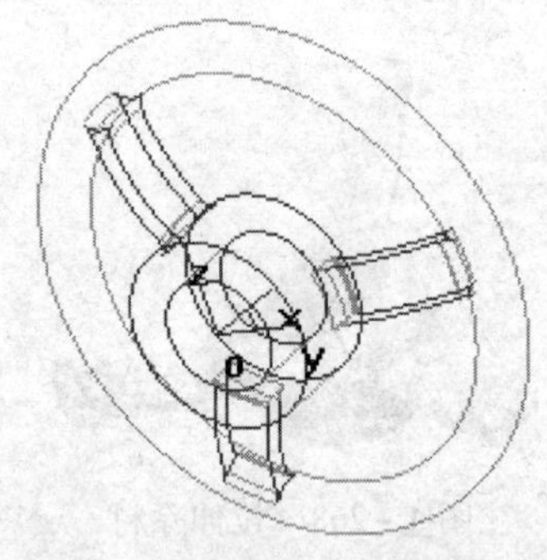

图 4－271　圆角过渡边选择

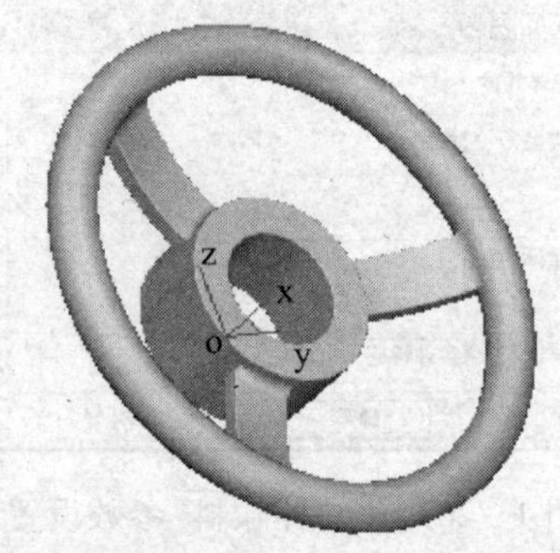

图 4－272　圆角过渡后的实体

三、知识拓展

CAXA 制造工程师提供了草图和特征编辑功能，不仅可以通过修改草图和特征参数来解决模型构建过程中出现的错误及调整设计中的零件参数，而且可以用来进行系列产品的建模设计，极大地提高了设计效率和准确性。

例如利用拉伸增料绘制如图 4－273 所示的零件，然后利用草图和特征编辑功能修改尺寸，重新生成如图 4－274 所示的零件。

下面简单介绍一下操作步骤。

1）完成如图 4－273 所示零件的拉伸建模

2）修改草图参数

（1）退出草图编辑状态。单击图 4－275 中的“＋”，此时特征树如图 4－276 所示，右键单击特征树中的“草图 0”，弹出快捷菜单，选择“编辑草图”命令，此时绘图区如图 4－277 所示。

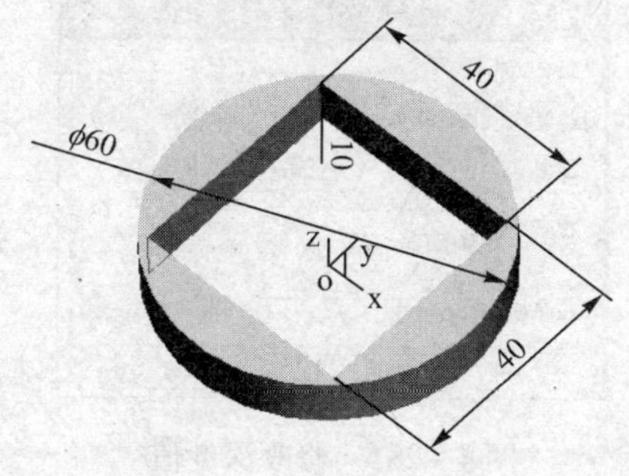

图4-273 拉伸实体

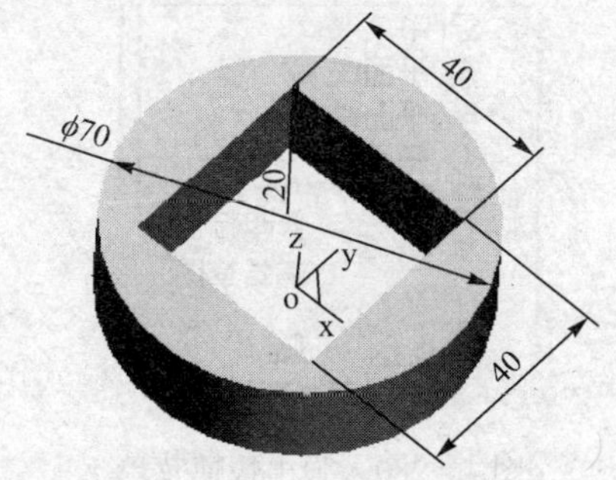

图4-274 修改尺寸后的拉伸实体

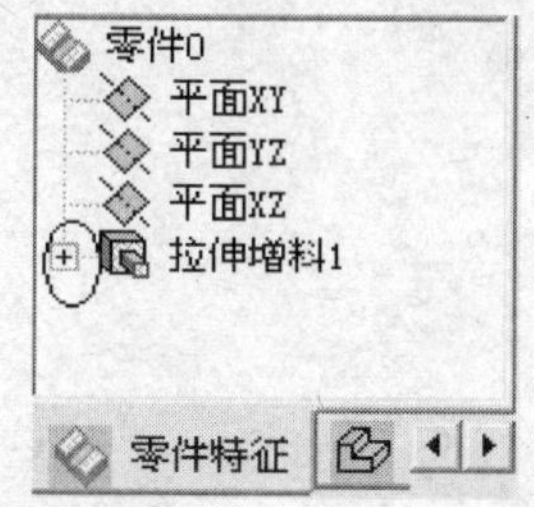

图4-275 零件特征树

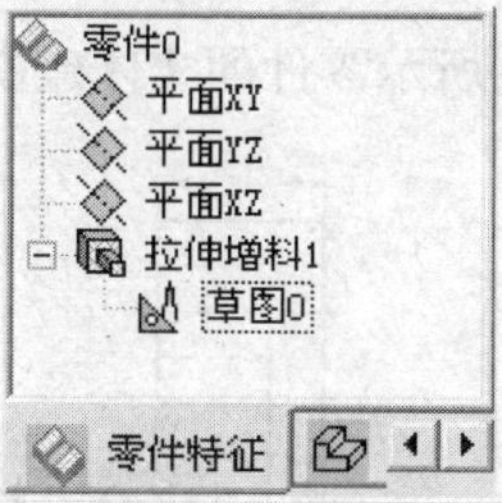

图4-276 弹出下拉菜单

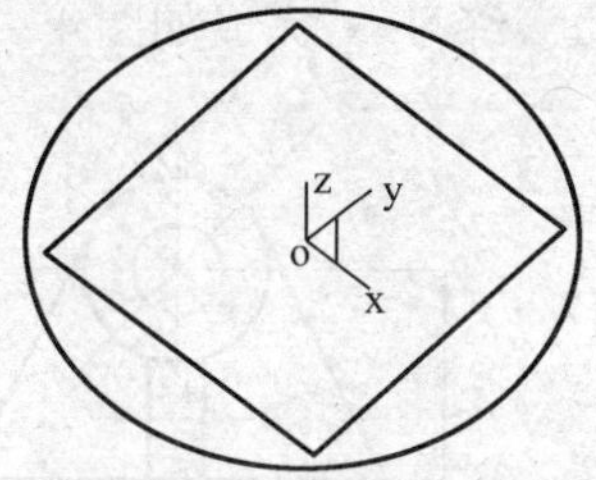

图4-277 原始草图

（2）修改草图。利用尺寸驱动功能将 $\phi60$ 的圆修改至 $\phi70$，如图4-278所示。

（3）退出草图编辑状态，绘图区的视图由原来的草图转换为实体，如图4-279所示。

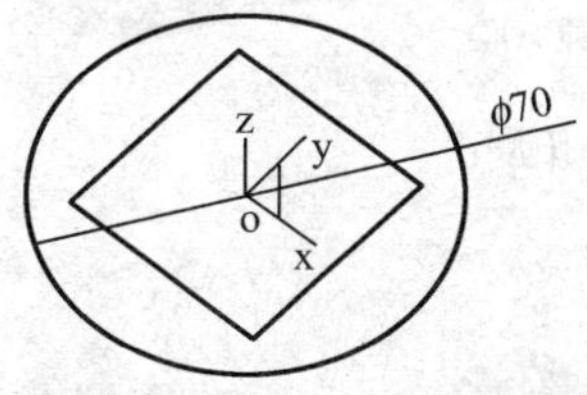

图4-278 绘制 $\phi70$ 圆

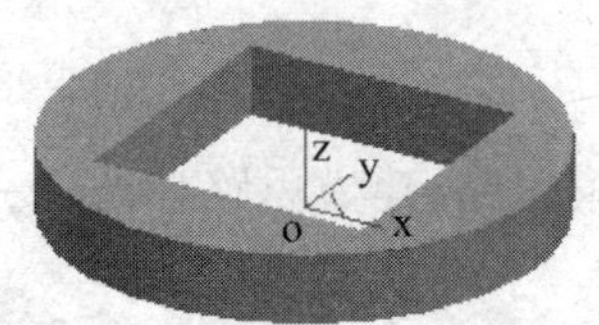

图4-279 修改草图后的实体

3）修改拉伸增料参数设置

（1）右键单击特征树中的"拉伸增料1"，弹出快捷菜单如图4-280所示，单击"修改特征"命令。

（2）在弹出的参数设置对话框中将"深度"修改为"20"，如图4-281所示，单击【确定】按钮，完成参数的修改及整个零件的修改。

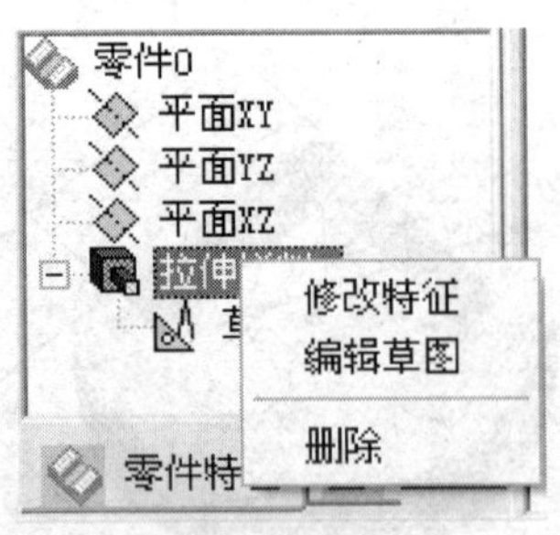

图 4-280　弹出快捷菜单

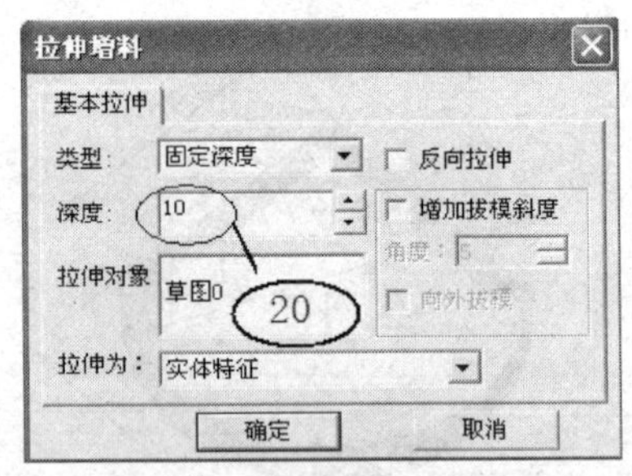

图 4-281　修改深度值

四、任务拓展

练习一：完成如图 4-282 所示零件的实体建模。

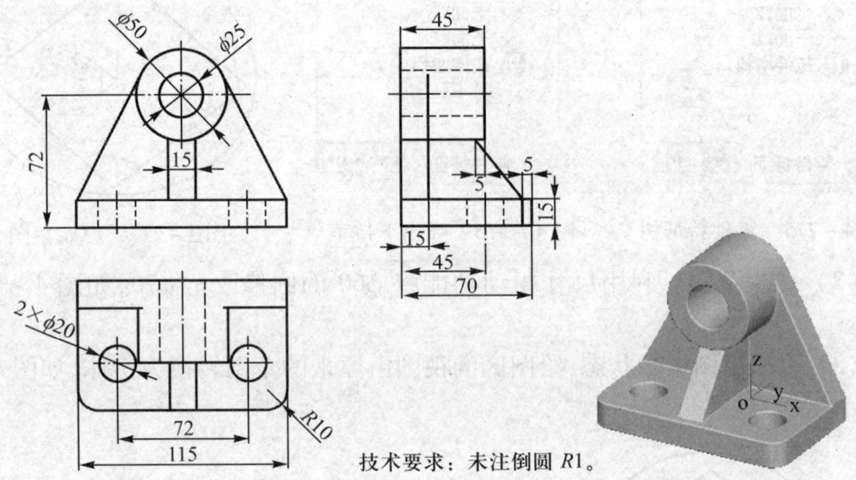

图 4-282　综合练习任务拓展 1

建模思路：建模思路如图 4-283 所示。

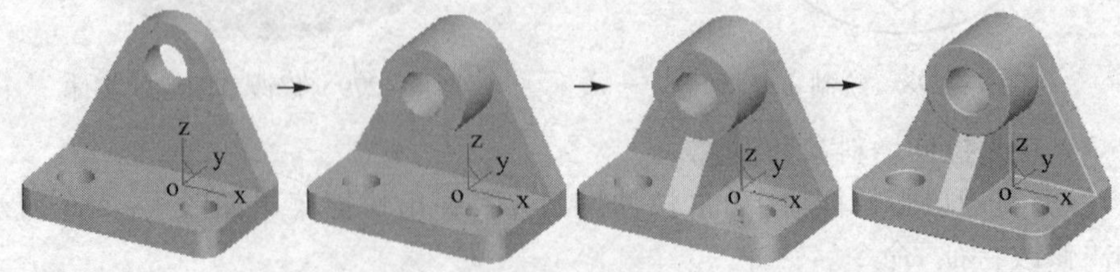

图 4-283　综合练习任务拓展 1 建模思路

练习二：完成如图 4-284 所示零件(图章)的实体建模。

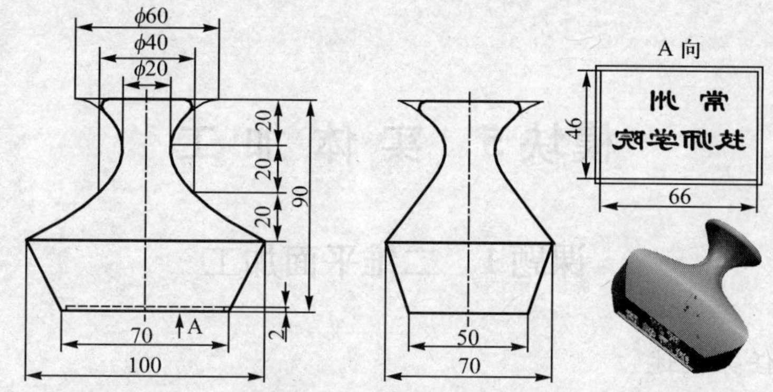

图 4－284　综合练习任务拓展 2

建模思路：建模思路如图 4－285 所示。

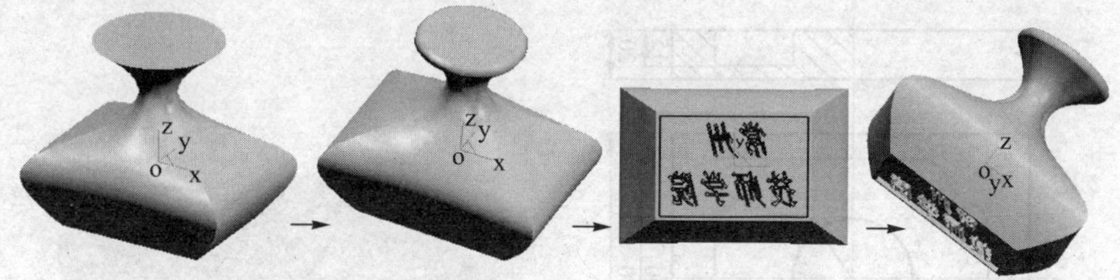

图 4－285　综合练习任务拓展 2 建模思路

模块5 实体加工

课题1 二维平面加工

一、任务描述

试采用区域式粗加工和轮廓线精加工方式完成如图5－1所示型腔的加工。

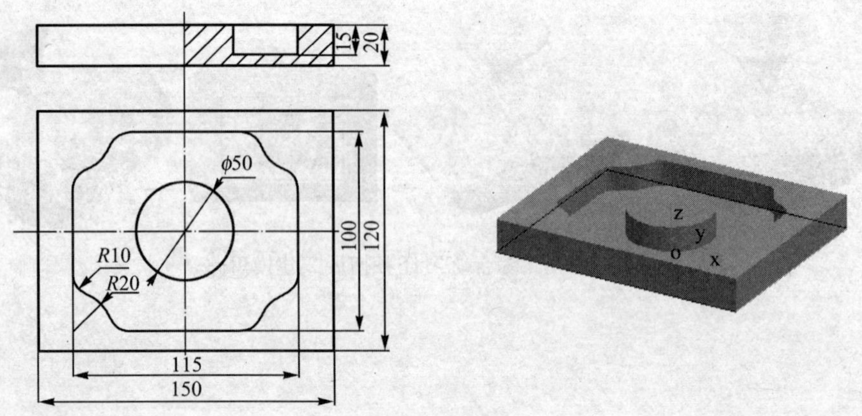

图5－1 二维平面加工

知识点与技能点：加工特征树、区域式粗加工、轮廓线精加工。

二、任务实施

1. 进入加工管理界面

（1）进入CAXA 2008，完成如图5－2所示二维线框的绘制。

对于平面加工来说，在生成加工轨迹时并不需要作出零件的实体造型，只要利用零件的轮廓线就可以生成加工轨迹。但作出零件的实体造型仍有许多优点，如可直观地观察到加工轨迹和零件的位置关系、快速地查找到错误、方便建立工件坐标系等。

（2）单击屏幕左下方的【加工管理】按钮，进入如图5－3所示的加工管理界面。（加工管理特征树中一共包含“模型”等6个子特征。）

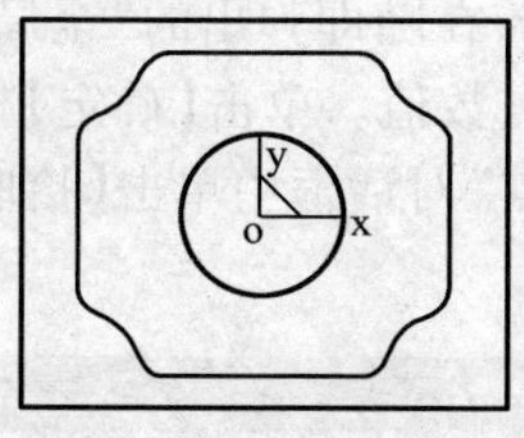

图5-2　二维线框

图5-3　加工管理界面

2. 加工特征树项目设置

(1) 双击加工特征树中的"毛坯"子特征图标，或者单击"毛坯"子特征图标后单击右键，弹出如图5-4所示的快捷菜单，单击"定义毛坯"命令，弹出如图5-5所示的"定义毛坯"对话框。

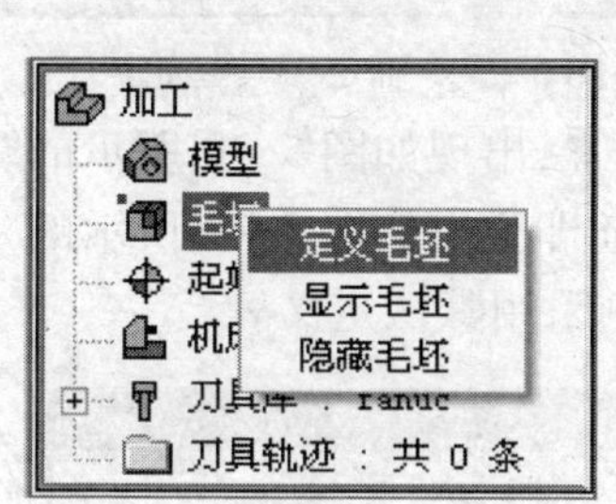

图5-4　"毛坯"快捷菜单

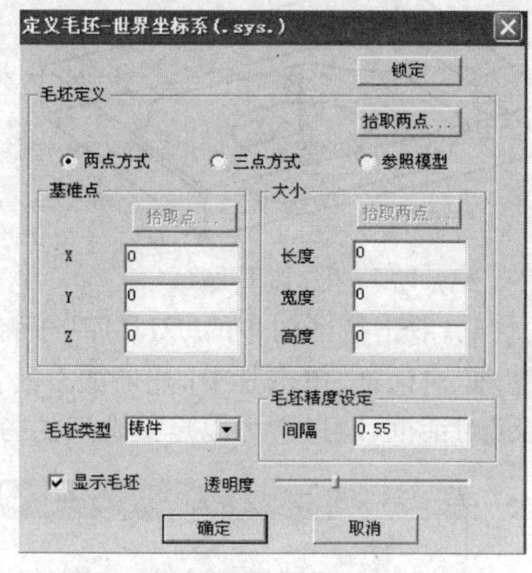

图5-5　"定义毛坯"对话框

零件加工前，首先要设定加工用的毛坯。系统提供的毛坯类型有铸件、精铸件、锻件、精锻件、棒料、冷作件、冲压件等。这里接受默认的"铸件"。

(2) 在"定义毛坯"对话框中接受默认的"两点方式"来定义毛坯，单击【拾取两点】按钮，根据提示行提示，分别单击图5-2中矩形线框的任意两对角点，并将"高度"修改为"20"，单击【确定】按钮，完成毛坯的定义，结果如图5-6所示。

注意："CAXA制造工程师2008"还提供了毛坯设定的另外两种方式，即"三点方式"和"参照模型"方式。"参照模型"方式用于依靠实体模型来生成加工轨迹的场合；采用"三点方式"设定毛坯时，应根据提示行提示分别拾取能反映毛坯长度、宽度和高度的3个点。

（3）双击特征树中的“起始点”子特征图标，在随即弹出的“全局轨迹起始点”对话框中，直接输入如图 5－7 所示的起始点数值。单击【确定】按钮，完成刀具起始点的设定。也可以在“全局轨迹起始点”对话框中单击【拾取点】按钮后，在绘图区捕捉并拾取预先确定的目标点。

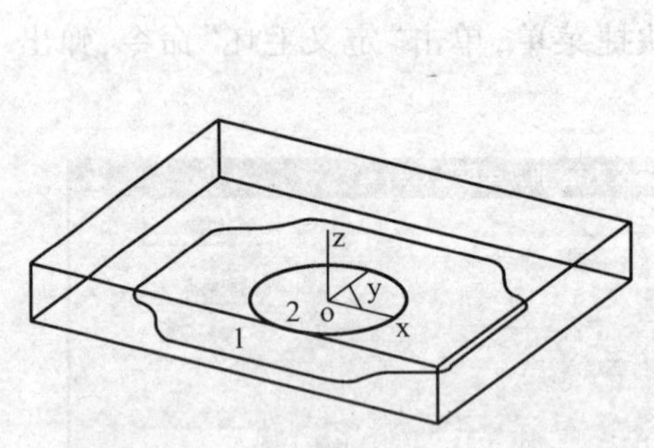

图 5－6 加工毛坯

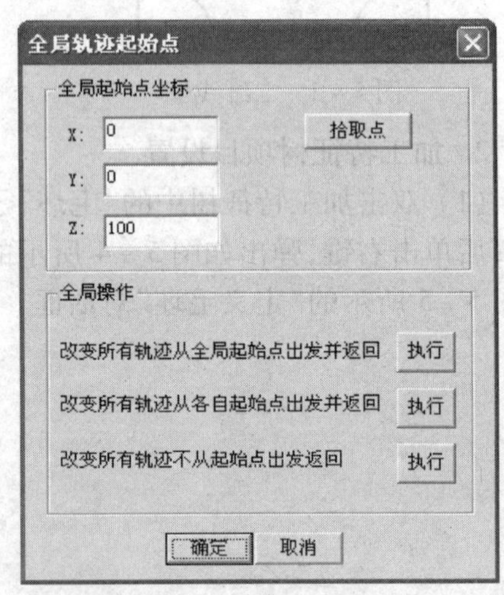

图 5－7 确定刀具起始点

（4）双击特征树中的“刀具库”子特征图标，出现如图 5－8 所示的“刀具库管理”对话框，单击其中的【增加刀具】按钮，随即弹出如图 5－9 所示的“刀具定义”对话框，通过它可以定义合适的刀具，本例采用默认定义。

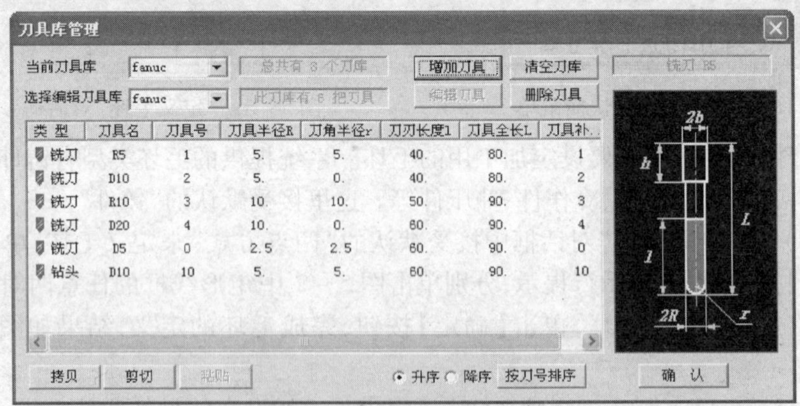

图 5－8 “刀具库管理”对话框

（5）双击特征树中的“机床后置”子特征图标，弹出如图 5－10 所示的“机床后置”对话框，根据机床、刀具、工件设定后置参数，本例中采用默认设置。编程人员可根据不同机床系统及参数情况设定程序格式。

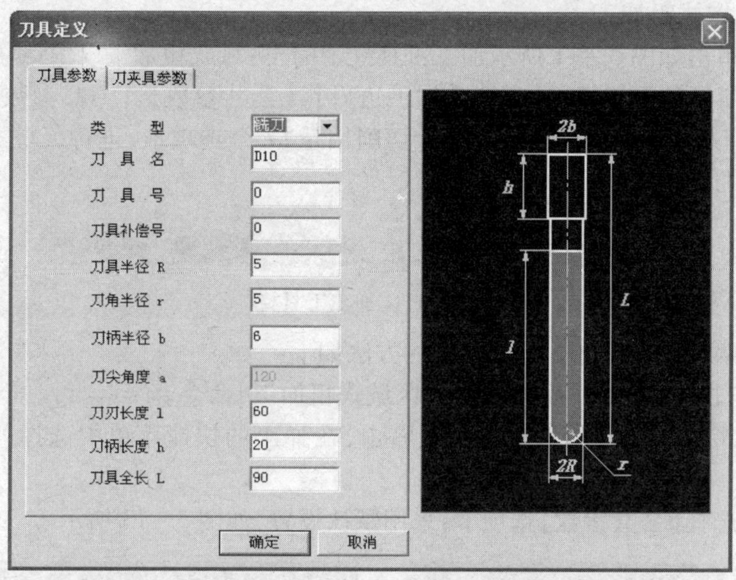

图 5－9　“刀具定义”对话框

机床后置

机床信息 | 后置设置

当前机床 fanuc

增加机床　　删除当前机床

行号地址	N	行结束符		速度指令	F		
快速移动	G00	直线插补	G01	顺时针圆弧插补	G02	逆时针圆弧插补	G03
主轴转速	S	主轴正转	M03	主轴反转	M04	主轴停	M05
冷却液开	M07	冷却液关	M09	绝对指令	G90	相对指令	G91
半径左补偿	G41	半径右补偿	G42	半径补偿关闭	G40	长度补偿	G43
坐标系设置	G54	程序停止	M30				
程序起始符				程序结束符			

说　明　($POST_NAME , $POST_DATE , $POST_TIME)

程序头　$G90 $WCOORD $G0 $COORD_Z@$SPN_F $SPN_SPEED $SPN_CW

换　刀　$SPN_OFF@$SPN_F $SPN_SPEED $SPN_CW@T $TOOL_NO M06

程序尾　$SPN_OFF@$PRO_STOP

快速移动速度 (G00)	3000	快速移动的加速度	0.3
最大移动速度	3000	通常切削的加速度	0.5

确定　取消

图 5－10　“机床后置”对话框

3. 区域式粗加工

(1) 单击如图 5－11 所示加工工具栏中的“区域式粗加工”图标 ,进入如图 5－12 所示的加工界面。通过【加工边界】、【公共参数】、【刀具参数】、【加工参数】、【切入切出】、【下刀方式】和【切削用量】7 个选项卡,进行区域式粗加工相关内容的设置。

图 5－11　加工工具栏

另外两种进入该加工方式界面的方法如下:

① 单击[加工]→[粗加工]→[区域式粗加工]命令。

② 在特征树加工管理区空白处右击,在弹出的快捷菜单中选择[加工]→[粗加工]→[区域式粗加工]命令。

(2) 选择【公共参数】选项卡,采用默认设置,如图 5－13 所示。

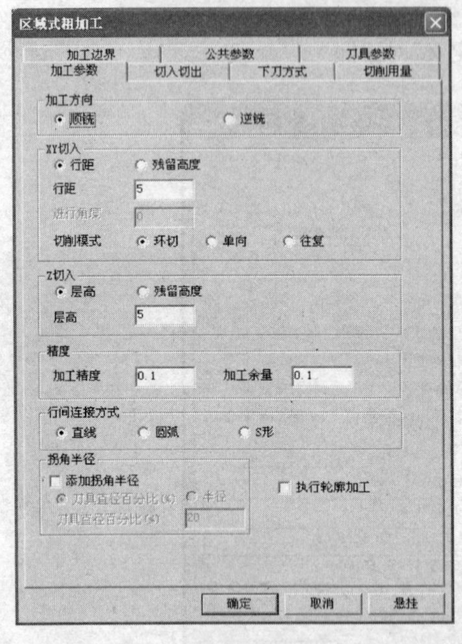

图 5－12　区域式粗加工界面

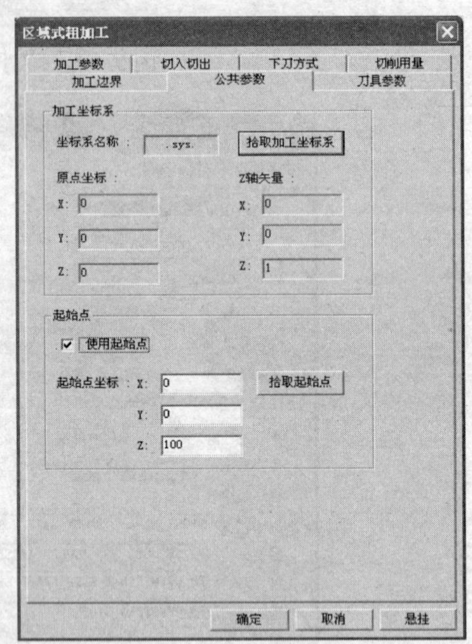

图 5－13　【公共参数】选项卡

(3) 选择【切入切出】选项卡,在弹出的对话框中按图 5－14 所示进行参数设置,单击【确定】按钮。

(4) 选择【切削用量】选项卡,在弹出的对话框中采用默认设置,如图 5－15 所示,单击【确定】按钮。

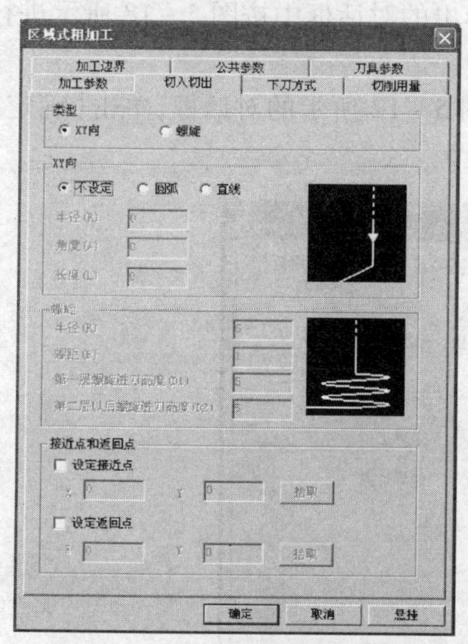

图5－14　【切入切出】选项卡

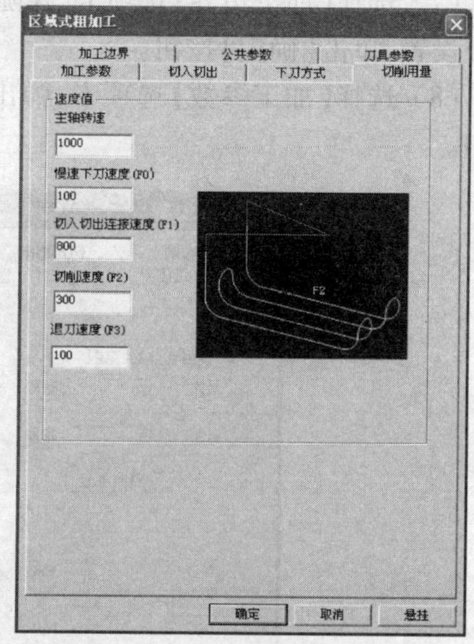

图5－15　【切削用量】选项卡

（5）选择【下刀方式】选项卡，在弹出的对话框中采用默认设置，如图5－16所示，单击【确定】按钮。

（6）选择【刀具参数】选项卡，并按图5－17所示进行参数设置，单击【确定】按钮。（刀具参数的设置也可在加工特征树项目设置中进行。）

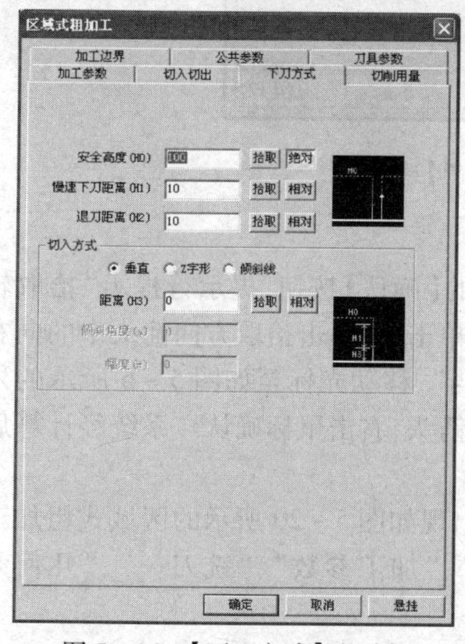

图5－16　【下刀方式】选项卡

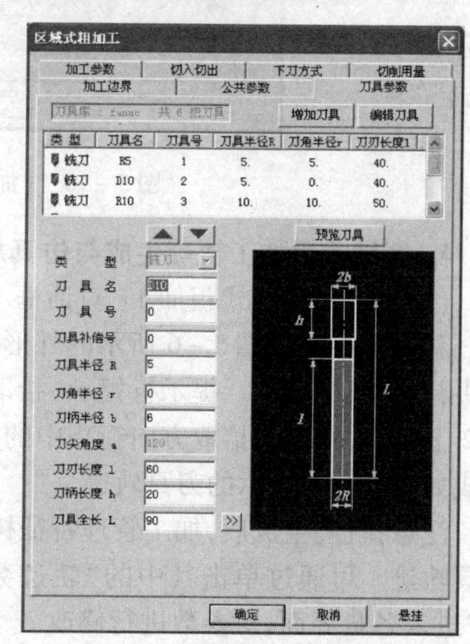

图5－17　【刀具参数】选项卡

(7) 选择【加工边界】选项卡,在随即弹出的对话框中按图 5－18 所示进行参数设置,单击【确定】按钮。

(8) 选择【加工参数】选项卡,弹出如图 5－12 所示的对话框,单击【确定】按钮。

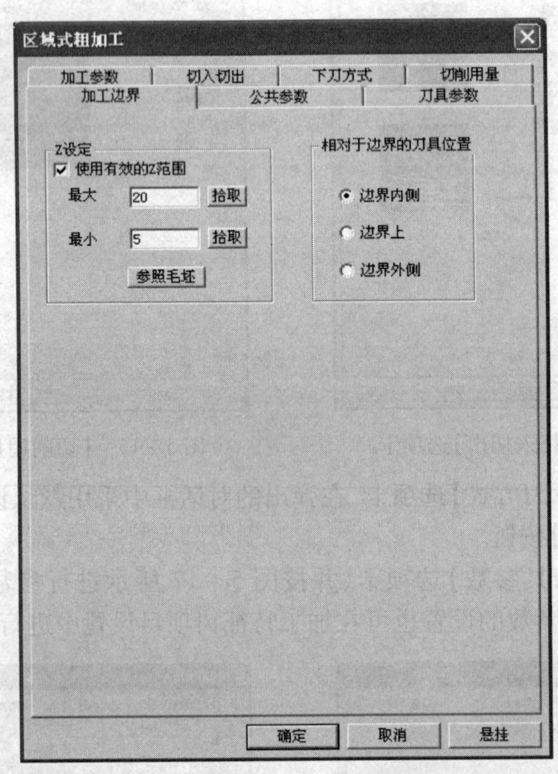

图 5－18　【加工边界】选项卡

4. 区域式粗加工轨迹生成与仿真加工

(1) 单击"区域式粗加工"对话框下方的【确认】按钮,提示行提示"拾取轮廓",移动光标至如图 5－6 所示的外形 1 上单击,并单击拾取方向箭头中的向右箭头,右击鼠标确认。提示行提示"拾取岛屿",移动光标至如图 5－6 所示的外形 2 上单击,并单击拾取方向箭头中的向左箭头,右击鼠标确认。系统经计算后生成如图 5－19 所示的刀具轨迹。

注意:轨迹生成后,加工管理特征树中出现如图 5－20 所示的区域式粗加工刀具轨迹。可通过单击其中的"轨迹数据"、"加工参数"、"铣刀…"、"几何元素"进入各自界面,对参数进行修改。

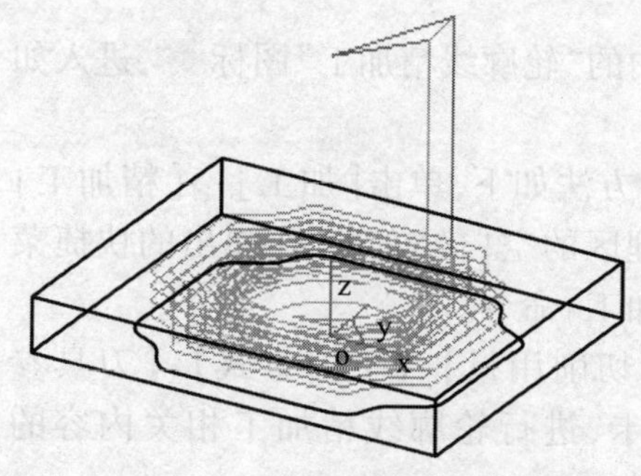

图5－19 区域式粗加工刀具轨迹

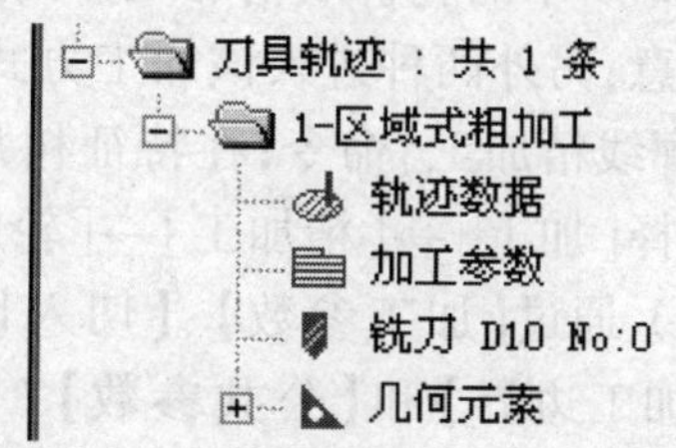

图5－20 区域式粗加工轨迹树

（2）在加工管理特征树中右击鼠标，出现如图5－21所示的快捷菜单，选取“实体仿真”命令，然后单击加工管理特征树中的“区域式粗加工”，单击鼠标右键确定，进入如图5－22所示的加工界面。

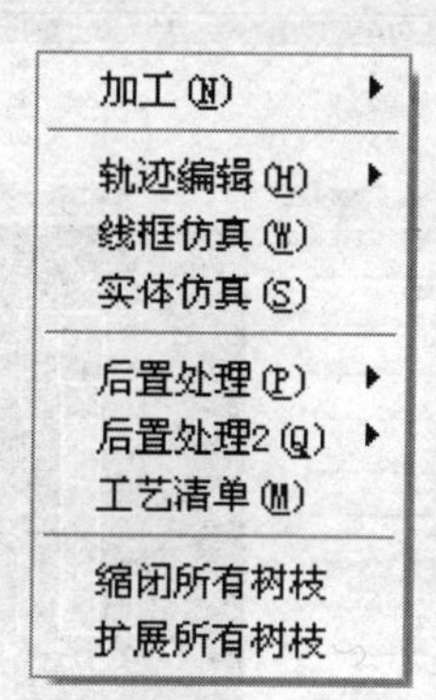

图5－21 快捷菜单

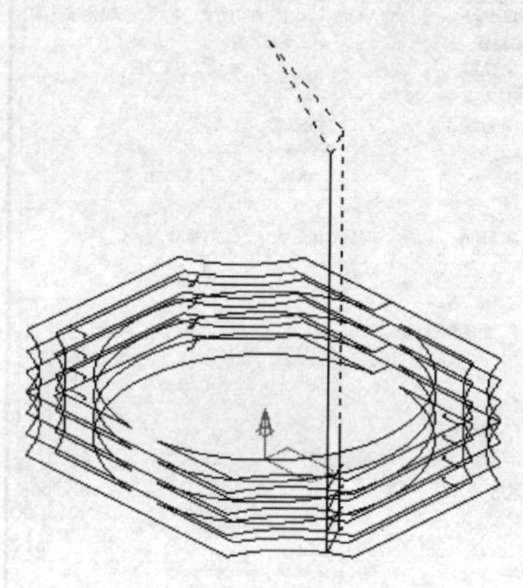

图5－22 加工界面

（3）单击如图5－23所示“仿真加工”操作界面中的图标即可进行实体仿真。单击▶按钮进行仿真切削，实体加工效果如图5－24所示。为了增强实体仿真效果，可单击如图5－23所示的按钮。

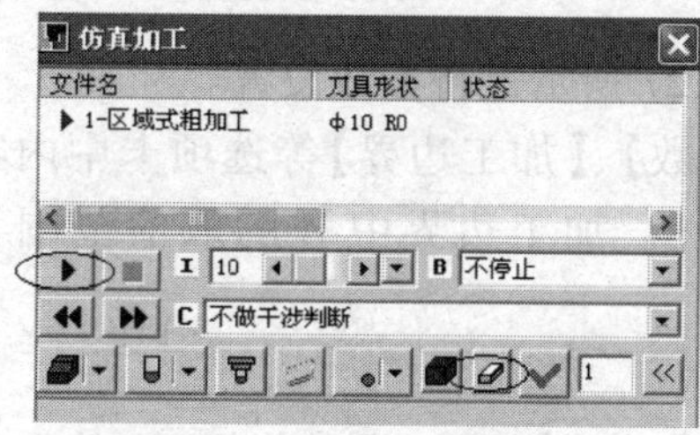

图5－23 具体仿真操作

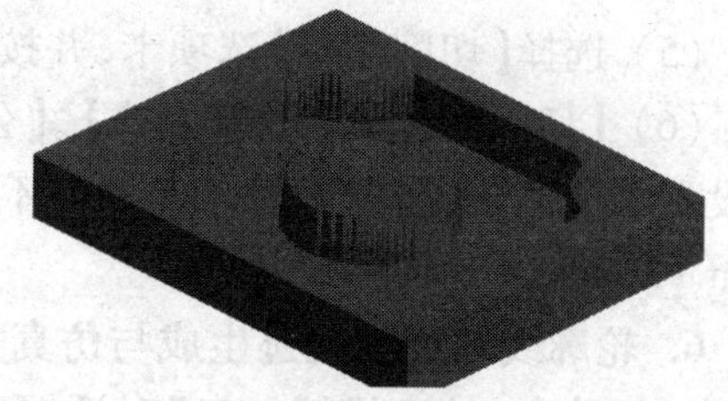

图5－24 区域式粗加工实体仿真效果图

5. 轮廓线精加工

(1) 单击如图 5－11 所示加工工具栏中的“轮廓线精加工”图标，进入如图 5－25 所示的轮廓线精加工界面。

注意：另外两种进入该加工方式界面的方法如下，单击[加工]→[精加工]→[轮廓线精加工]命令；在特征树加工管理区的空白处右击，在弹出的快捷菜单中选择[加工]→[精加工]→[轮廓线精加工]命令。

(2) 通过【加工参数】、【切入切出】、【切削用量】、【下刀方式】、【刀具参数】、【加工边界】和【公共参数】7 个选项卡，进行轮廓线精加工相关内容的设定。

(3) 选择【加工参数】选项卡，并按图 5－25 所示进行参数设置。

(4) 选择【刀具参数】选项卡，并按图 5－26 所示进行参数设置。

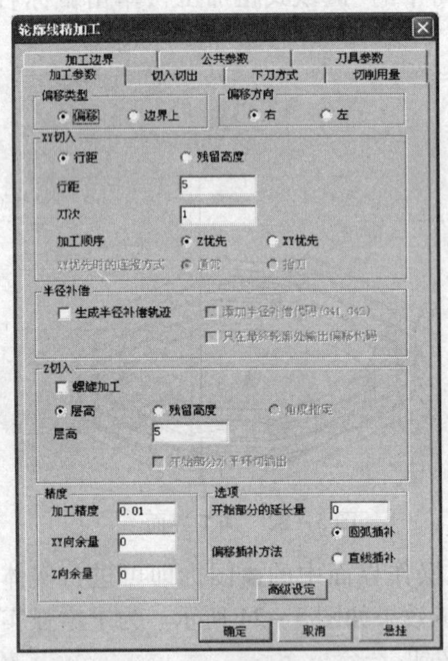

图 5－25　“轮廓线精加工”界面

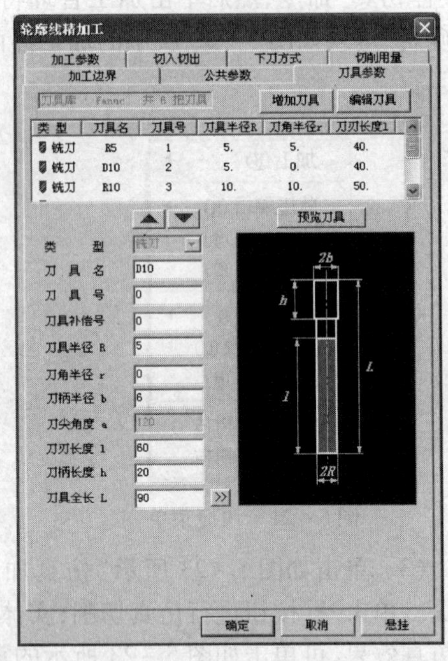

图 5－26　刀具参数的确定

(5) 选择【切削用量】选项卡，并按图 5－27 所示进行参数设置。

(6)【切入切出】、【下刀方式】、【公共参数】、【加工边界】等选项卡中内容的设置类似于区域式粗加工，这里不再赘述。加工边界中 Z 的取值范围为 5mm～20mm。

6. 轮廓线精加工轨迹生成与仿真加工

(1) 单击“轮廓线精加工”对话框下方的【确认】按钮，提示行提示“拾取轮

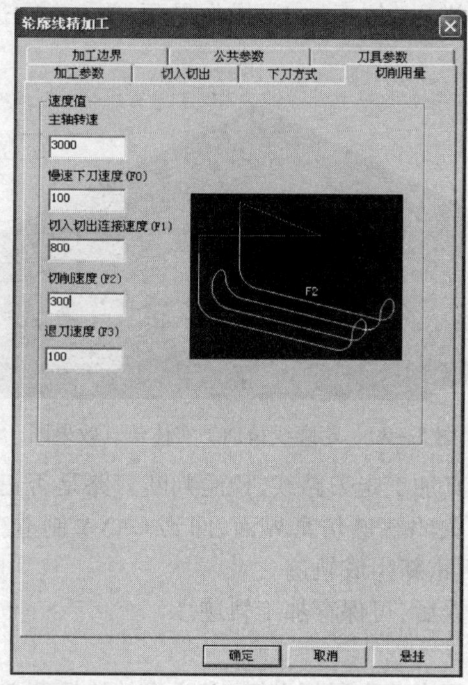

图 5－27　切削用量的确定

廓”，拾取图 5－6 中的轮廓 2，单击拾取方向箭头中的向右箭头，右击鼠标确认，生成如图 5－28 所示刀具轨迹。

（2）在加工管理特征树中右击鼠标，在随即弹出的快捷菜单中单击“实体仿真”命令，提示行提示“拾取刀具轨迹”，单击加工管理特征树中的“区域式粗加工”，按住 Shift 键，再单击“轮廓线精加工”，进入如图 5－29 所示的粗、精加工界面。

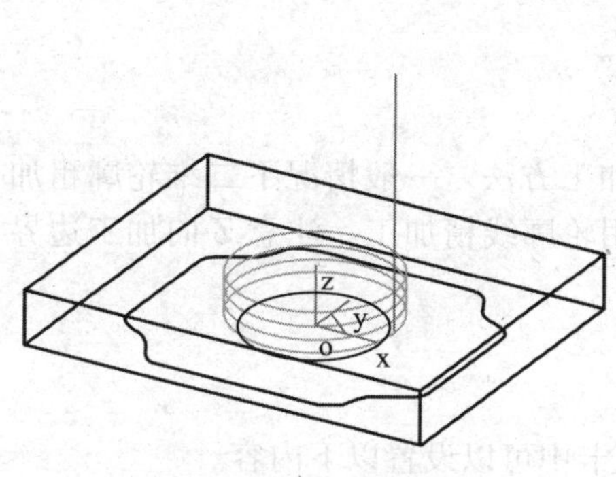

图 5－28　轮廓线精加工轨迹图

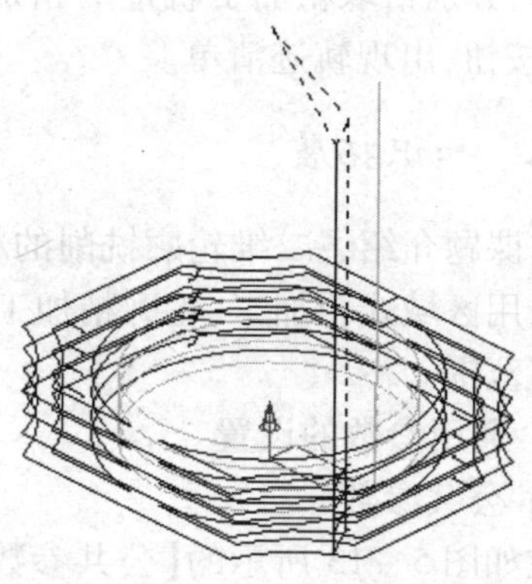

图 5－29　粗、精加工界面

（3）单击图标进入“仿真加工”操作界面，单击 ▶ 进行仿真切削，仿真效果如图 5－30 所示。

图 5－30　轮廓线精加工实体仿真效果图

（4）注意观察仿真加工走刀路线，检验判断刀路是否正确、合理（有无过切等错误）。如需修改，关闭轨迹仿真界面，回到 CAXA 制造工程师界面，在轨迹树中修改相应参数，再重新生成轨迹。

（5）仿真检验无误后，可保存加工轨迹。

7. 生成 G 代码

在加工管理空白区内单击鼠标右键，在弹出的快捷菜单中选择[后置处理]→[生成 G 代码]命令，分别拾取粗加工轨迹与精加工轨迹，单击鼠标右键确定，即可在指定的文件夹中生成加工 G 代码。后置处理也可根据实际需要设定相应的机床系统、加工参数及程序格式。

8. 生成工艺清单

在加工管理空白区内单击鼠标右键，在弹出的快捷菜单中选择“工艺清单”命令，在弹出的对话框中指定路径，可输入相应的零件名称等，单击【拾取轨迹】按钮后，分别拾取粗加工轨迹与精加工轨迹，单击鼠标右键确定，再单击【生成清单】按钮，出现轨迹清单。

三、知识拓展

本课题介绍了二维轮廓铣削的粗、精加工方法。一般情况下二维轮廓粗加工可采用区域式粗加工，轮廓精加工可采用轮廓线精加工。注意 Z 向加工边界的取值范围。

1. 通用参数的设置

1）公共参数

在如图 5－13 所示的【公共参数】选项卡中可以设置以下内容。

（1）加工坐标系：生成轨迹所在的局部坐标系。单击【拾取加工坐标系】按钮可以从工作区中拾取。

(2) 起始点:刀具的初始位置和沿某轨迹走刀结束后的停留位置。单击【拾取起始点】按钮可以从工作区中拾取或直接输入。

2) 切入切出

在如图5-14所示的【切入切出】选项卡中可以设置以下内容。

(1) "类型"选项区域组的介绍。

① XY向:刀具切入时,沿Z方向垂直切入。

② 螺旋:刀具切入时,在Z方向以螺旋状切入,这种方式适合于高速加工。选用"螺旋"时,可输入螺旋半径、螺距、第一层螺旋进刀高度、第二层螺旋进刀高度等参数。

(2) "XY向"选项区域组的介绍。

① 不设定:不设定水平内的接近方式。

② 圆弧:刀具接近工件时,以圆弧方式切线切入工件(在轮廓加工和等高线加工时用)。设定圆弧后,可在对话框中输入半径和角度。

③ 直线:以直线方式直接切入工件。

(3) "接近点和返回点"选项区域组的介绍。

接近方式为"XY向"时设定。选择是否设定"接近点和返回点"。X、Y坐标值既可直接输入也可通过鼠标拾取。

3) 切削用量

在如图5-15所示的【切削用量】选项卡中可以设置以下内容。

(1) 主轴转速:切削时机床主轴的转动速度(r/min)。

(2) 慢速下刀速度(F0):从慢速下刀高度切入工件前刀具行进的速度(mm/min)。

(3) 切入切出连接速度(F1):刀具在两个刀具行连接处的行进的速度(mm/min)。用于有往复加工的加工方式中。避免在顺、逆铣的变换过程中,机床的进给方向产生急剧变化,而对机床、刀具及工件造成损坏。此速度一般应小于进给速度。

(4) 切削速度(F2):是指正常切削时刀具行进的速度,即进给速度(mm/min)。注意与通常所说的主运动的线速度含义有所不同。

(5) 退刀速度(F3):刀具离开工件回到安全高度时刀具行进的速度(mm/min)。

注意:切削用量的选用与机床性能、工件的材质、刀具的材质、工件的加工精度和表面粗糙度要求等密切相关,在不同的情况下会有很大的差异,要注意根据具体加工情况合理选用。

4）下刀方式

在如图 5－16 所示的【下刀方式】选项卡中可以设置以下内容。

（1）安全高度：刀具快速移动而不会与毛坯或模型发生干涉的高度，有相对和绝对两种模式（单击“绝对”和“相对”按钮可实现两者的相互转换）。

① 相对：以切入或切出位置的刀位点为参考点来定义安全高度的数值。

② 绝对：以当前加工坐标系的 XOY 平面为参考平面来定义安全高度的数值。

（2）慢速下刀距离：在切入工件时，在开始的一段距离中，以慢速下刀速度垂直进入。

（3）退刀距离：指定刀具在结束切削时退出工件后的一段垂直向上的距离。

（4）切入方式：有 3 种通用的切入方式，几乎适用于所有的铣削加工。如果在【切入切出】选项卡设定了特殊的切入切出方式后，此处通用的切入方式将不会起作用。

① 垂直：刀具沿垂直方向切入。

② Z 字形：刀具以 Z 字形方式切入。

③ 倾斜线：刀具以与切削方向相反的倾斜线方向切入。

5）刀具参数

在如图 5－17 所示的【刀具参数】选项卡中可以根据加工工艺设置刀具参数，以实现预定的工艺要求。刀具主要由刀刃、刀杆、刀柄 3 部分组成。

（1）单击 ▼ 图标可将选中的刀具库中的刀具作为当前刀具。

（2）单击 ▲ 图标可将当前刀具加入到刀具库中。

（3）单击 >> 图标可弹出如图 5－9 所示的“刀具定义”对话框，详细编辑刀具。

6）加工边界

在如图 5－18 所示的【加工边界】选项卡中可以设置以下内容。

（1）Z 设定：设定毛坯 Z 向的加工范围。选中“使用有效的 Z 范围”复选框，可直接输入或直接拾取 Z 的最大最小加工范围。

（2）相对于边界的刀具位置：刀具相对于边界的位置，有边界内侧、边界上和边界外侧 3 种，如图 5－31 所示（粗实线表示工件边界，细实线表示刀具轨迹，圆表示刀具）。

以上介绍了【公共参数】、【切入切出】、【切削用量】、【下刀方式】、【刀具参数】和【加工边界】等 6 个选项卡的设置，这些参数的含义在不同的加工方法中基本相同，所以在后述介绍中不再重复，而【加工参数】将在后面结合加工方式来讲解。

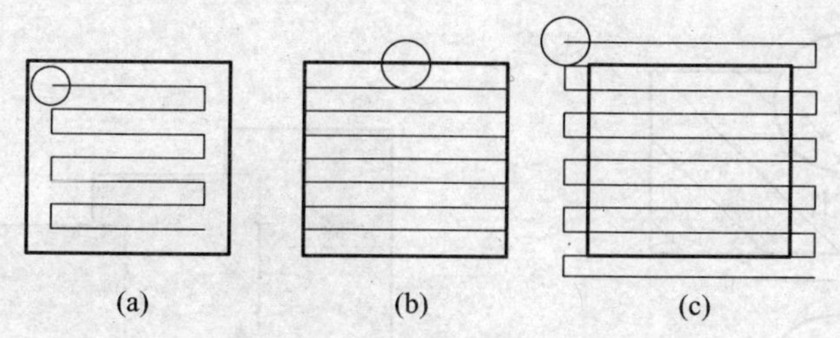

图5－31　刀具相对于边界的位置

(a) 边界内侧；(b) 边界上；(c) 边界外侧。

2. 区域式粗加工

区域式粗加工是根据给定的轮廓和岛屿,生成分层的加工轨迹。

单击加工工具栏中的"区域式粗加工"图标,弹出如图5－12所示的"区域式粗加工"设置对话框,可进行相关内容的设定。

(1) 加工方向:在区域式粗加工中有顺铣和逆铣两项。

在铣削加工中,要注意顺铣和逆铣两种方式的选择。逆铣时,刀具与工件切削点上的切削速度方向与工件的进给方向相反,如图5－32所示,切削厚度由薄到厚,工件被加工表面的加工硬化现象严重,影响表面质量。但逆铣有利于消除丝杠与螺母的间隙、不易产生振动。顺铣时,刀具与工件切削点上的切削速度方向与工件的进给方向一致,切削厚度由厚到薄,铣刀切入比较容易,铣刀磨损较小,也能获得较好的表面质量。

切削铸件、锻件等表面有硬皮层的工件,使用顺铣将会导致刀具破裂、工件损坏等情况,因此一般都使用逆铣的方式来加工。如果需要比较好的表面质量,一般使用顺铣方式来加工。

(2) "XY切入"选项区域组的介绍。

① 行距:指刀具在XY方向相邻轨迹间的间距,当用球头刀铣削时,可通过"残留高度"来指定行距。

② 切削模式:切削模式中的"环切"是指刀具轨迹成环形,"单向"是指只生成单方向的加工轨迹,遇到加工边界就抬刀,"往复"是指即使经过加工边界也不进行抬刀,继续往复加工。

(3) Z切入:"层高"指加工时每层的Z向切削深度,当用球头刀铣削时,可通过"残留高度"来指定层高,如图5－33所示。

(4) 加工精度:加工精度值越大,模型形状的误差越大,模型表面越粗糙;反之,加工精度值越小,模型表面越光滑,产生的刀具轨迹数越多,生成的程序段越长。

(5) 拐角半径:定义是否在拐角处自动增加圆角。

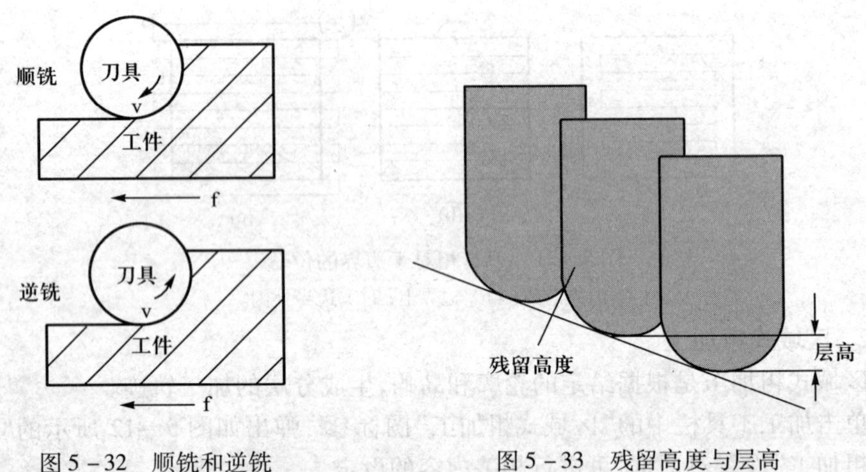

图 5－32　顺铣和逆铣　　　　图 5－33　残留高度与层高

(6) 执行轮廓加工:这是个可选项,选择该复选框,则在区域式粗加工轨迹生成后,再沿工件轮廓生成类似半精加工的刀具轨迹。

注意:

(1) 区域式粗加工可生成多个区域的分层轨迹,但不能指定拔模斜度。

(2) 要尽可能安排刀具从切向进入轮廓进行加工;当轮廓加工完毕后,也要安排一段沿切线方向继续运动的距离退刀,从而避免刀具在工件上的切入和退出点处留下接刀痕迹,并尽可能将进、退刀安排在不太重要的位置。

(3) 在每种加工方式的对话框中都有【确定】、【取消】和【悬挂】按钮。单击【确定】按钮确认加工参数,开始随后的交互过程;单击【取消】按钮取消当前的命令操作;单击【悬挂】按钮表示加工轨迹并不立即生成,即交互结束后并不计算加工轨迹,而是在接到轨迹批处理命令时才开始计算,这样就可以将很多计算复杂、耗时的轨迹生成任务准备好,直到空闲的时间才开始真正的计算,从而大大提高了工作效率。

3. 轮廓线精加工

轮廓线精加工用于生成沿轮廓线切削的刀具轨迹,可适用于外形和开槽等凹凸模的加工。需要注意的是,这种加工方式在毛坯和零件形状几乎一致时最能体现优势;当毛坯形状和零件不一致时,使用这种加工方式将出现很多空行程,反而影响加工效率,因此需要使用别的方法。实际上,为了达到更好的加工效果,可以先用等高线或其他加工方法加工出轮廓,然后用该加工方式继续加工,达到高效高速的效果。

单击加工工具栏中的“轮廓线精加工”图标，弹出如图5－25所示的“轮廓线精加工”设置对话框，可进行相关内容的设定。

(1) 偏移类型：偏移类型有“偏移”和“边界上”两种方式，根据偏移类型的选择，后面的参数可以在“偏移方向”或“接近方法”间切换。

① 偏移：相对于加工方向，生成加工边界右侧还是左侧的轨迹，偏移则由“偏移方向”决定。

② 边界上：在加工边界上生成轨迹，在接近方法中指定刀具接近侧。

(2) 偏移方向：“偏移类型”选择为“偏移”时设定；对于加工方向，相对加工范围偏移在哪一侧，有以下两种选择；不指定加工范围时，以毛坯形状的顺时针方向作为基准。

① 右：在右侧生成偏移轨迹。

② 左：在左侧生成偏移轨迹。

(3) 接近方法：偏移类型选择为边界上时设定；对于加工方向，相对加工范围偏移在哪一侧，有以下两种选择；不指定加工边界时，以毛坯形状的顺时针方向作为基准。

① 右：生成相对于基准方向偏移在右侧的轨迹。

② 左：生成相对于基准方向偏移在左侧的轨迹。

(4) XY切入：XY切入的设定有以下两种选择。

① 行距：输入XY方向的切削量，刀次为1时设置无意义。

② 残留高度：由球刀铣削时，输入铣削通过时的残余量(残留高度)。当指定残留高度时，会提示XY方向的切削量。

③ 刀次：输入加工次数。

(5) 加工顺序：Z方向切削和XY方向切削都设定复数次加工时，加工的顺序有以下两种选择。

① Z优先：生成Z方向优先加工的轨迹。

② XY优先：生成XY方向优先加工的轨迹。

(6) 半径补偿：选择是否生成半径补偿轨迹；不生成半径补偿轨迹时，在偏移位置生成轨迹；生成半径补偿轨迹时，对于偏移的形状再进行一次偏移。这次轨迹的生成在加工边界位置上，在拐角部附加圆弧。圆弧半径为所设定的刀具的半径。

添加半径补偿代码G41、G42，选择在NC数据中是否输出G41、G42代码。该参数在“切入切出”中“XY向”设定为“圆弧”或者“直线”时有效。而且，必须设定刀具参数相应的补偿号。

(7) Z切入：Z切入量的设定有以下两种选择，Z的范围参照加工边界的Z

设定。

① 层高:用于输入 Z 方向的切削量。切削量为 0 时,在加工边界的 Z 最小位置生成轨迹。

② 残留高度:由球刀铣削时,输入铣削通过时的残余量(残留高度)。指定残留高度时,Z 切入量将动态提示。

(8) 选项:开始部分的延伸长量,在设定领域是开放形状时,在切削截面的开始和结束位置,增加相切方向的接近部轨迹和返回部轨迹。没有考虑到对切削截面的干涉,请设定不发生干涉的值。

(9) 偏移插补方法:在偏移类型选择为"偏移"时设定。在生成偏移加工边界轨迹时有两种插补功能。

① 圆弧插补:生成圆弧插补轨迹。

② 直线插补:生成直线插补轨迹。

四、任务拓展

练习一:试完成如图 5-34 所示零件的自动编程。

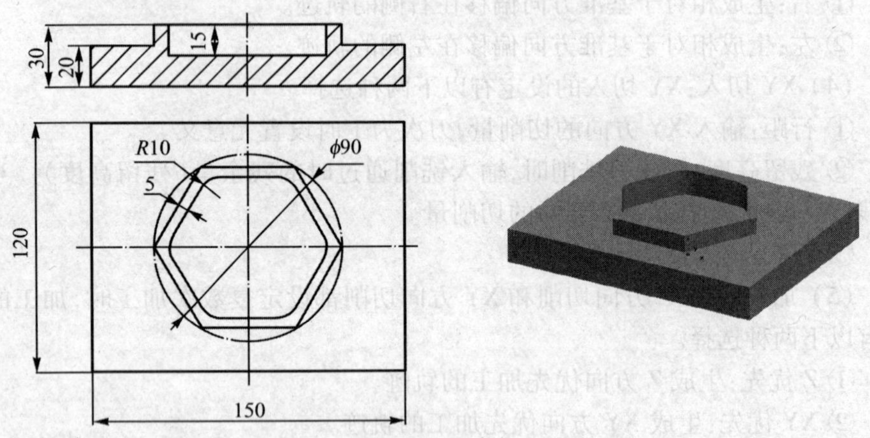

图 5-34 二维平面加工任务拓展 1

解题思路:绘制二维线框→定义毛坯→提取加工边界及岛屿轮廓线(长方形轮廓线及正六边形内、外轮廓)→采用区域粗加工去除大部分余量→采用轮廓线精加工精铣外轮廓及型腔。

练习二:试完成如图 5-35 所示零件的自动编程。

解题思路:绘制二维线框→定义毛坯→提取加工边界及岛屿轮廓线→采用区域式粗加工去除大部分余量→采用轮廓线精加工精铣型腔。

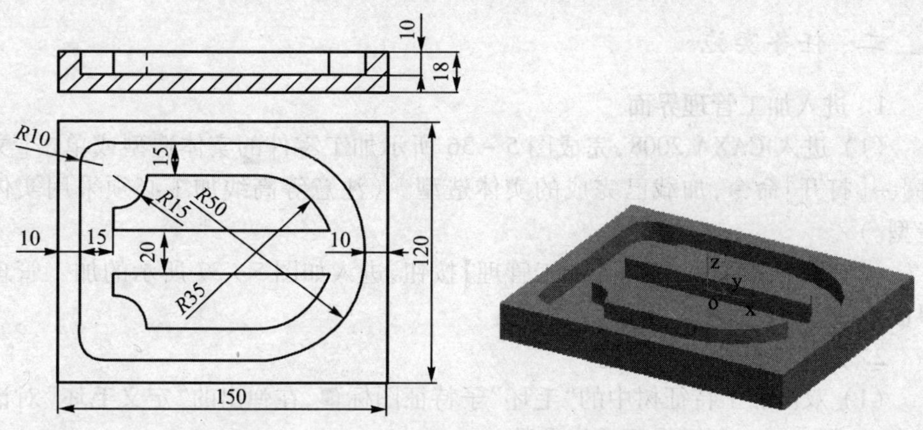

图5－35　二维平面加工任务拓展2

课题2　等高线加工

一、任务描述

试用等高线粗、精加工方式完成如图5－36所示工件的加工。

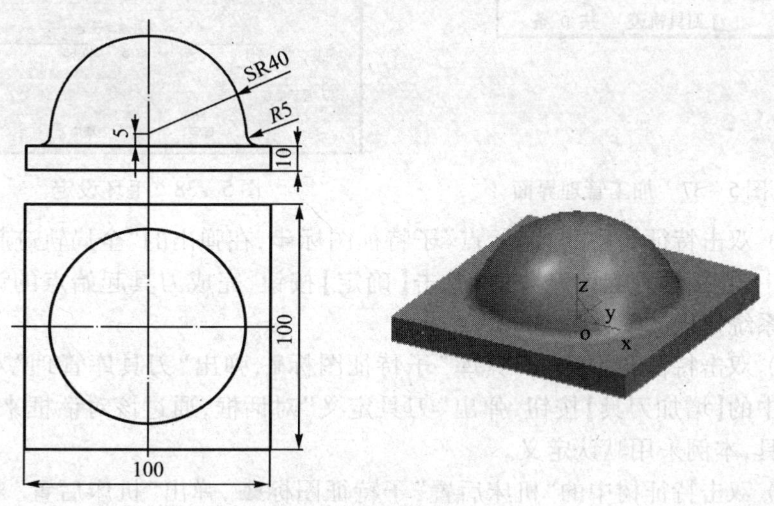

图5－36　等高线加工

知识点与技能点：等高线粗加工、等高线精加工。

二、任务实施

1. 进入加工管理界面

（1）进入 CAXA 2008，完成图 5 – 36 所示加工零件的实体造型或单击[文件]→[打开]命令，加载已完成的实体造型。（注意等高线加工必须采用实体造型。）

（2）单击屏幕左下方的【加工管理】按钮，进入如图 5 – 37 所示的加工管理界面。

2. 加工特征树项目设置

（1）双击加工特征树中的“毛坯”子特征图标，在弹出的“定义毛坯”对话框中，按图 5 – 38 所示设置毛坯参数。

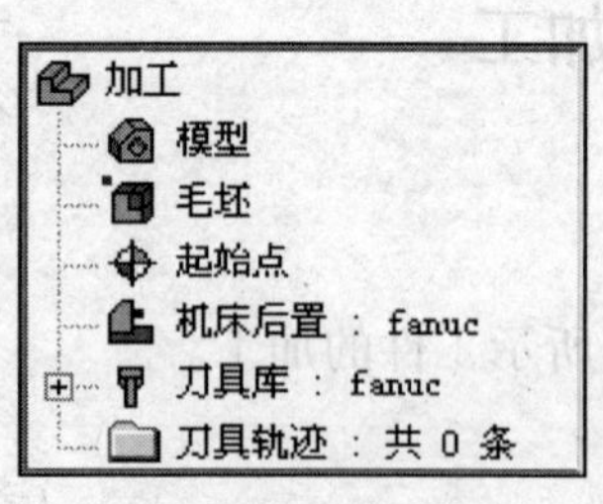

图 5 – 37　加工管理界面

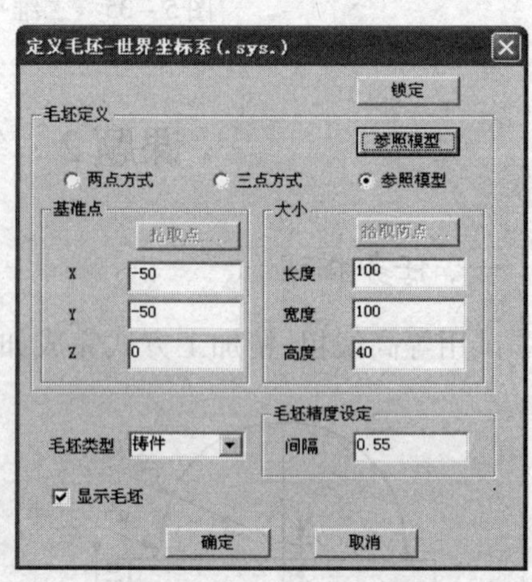

图 5 – 38　毛坯设定

（2）双击特征树中的“起始点”子特征图标，在弹出的“全局轨迹起始点”对话框中，直接输入起始点数值，单击【确定】按钮，完成刀具起始点的设定，本例采用系统提供的默认值。

（3）双击特征树中的“刀具库”子特征图标，弹出“刀具库管理”对话框，单击其中的【增加刀具】按钮，弹出“刀具定义”对话框，通过该对话框来定义合适的刀具，本例采用默认定义。

（4）双击特征树中的“机床后置”子特征图标，弹出“机床后置”对话框，本例采用默认设置。

3. 等高线粗加工

（1）单击加工工具栏中的“等高线粗加工”图标，弹出“等高线粗加工”

界面，通过【加工参数 1】、【加工参数 2】、【切入切出】、【下刀方式】、【刀具参数】、【加工边界】、【切削余量】、【公共参数】8 个选项卡，进行等高线粗加工相关内容的设定。

另外两种进入该加工方式界面的方法为：单击[加工]→[粗加工]→[等高线粗加工]命令；在特征树加工管理区空白处右击，在弹出的快捷菜单中选择[加工]→[粗加工]→[等高线粗加工]命令。

① 选择【加工参数 1】选项卡，在弹出的对话框中进行【加工参数 1】的设置，如图 5 - 39 所示。

② 选择【加工参数 2】选项卡，在弹出的对话框中进行【加工参数 2】的设置，如图 5 - 40 所示。

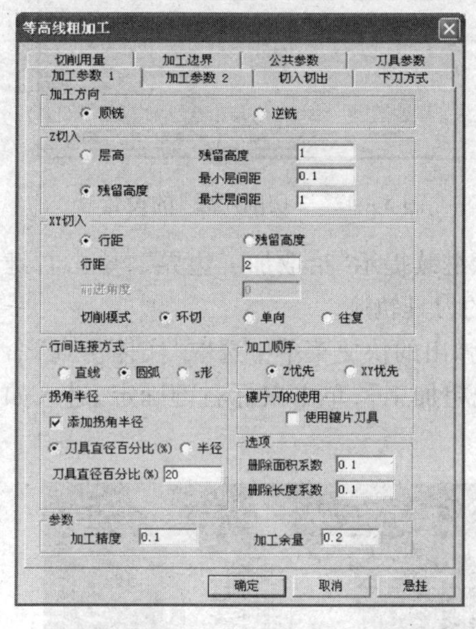

图 5 - 39　【加工参数 1】的设置

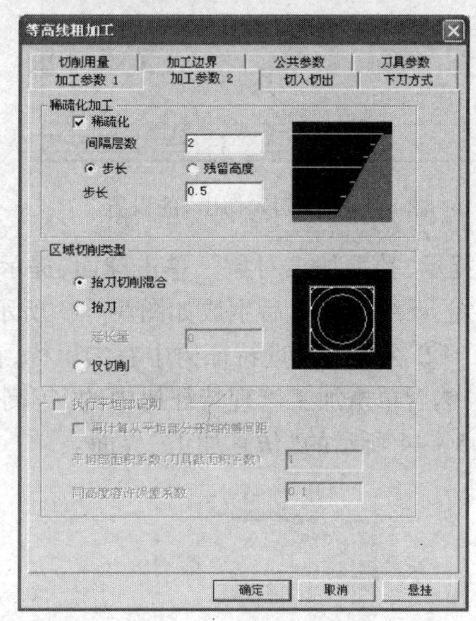

图 5 - 40　【加工参数 2】的设置

③ 选择【切入切出】选项卡，在弹出的对话框中进行【切入切出】的设置，如图 5 - 41 所示。

④ 选择【切削用量】选项卡，在弹出的对话框中进行【切削用量】的设置，如图 5 - 42 所示。（等高线粗加工最好采用端面立铣刀，并且最好用往复切削方式。）

其他选项卡的设置内容与课题 1 中相关内容相同，这里不再重复。

（2）生成刀具轨迹与实体仿真。

① 设置好所有参数后，单击“等高线粗加工”对话框中的【确定】按钮，提示

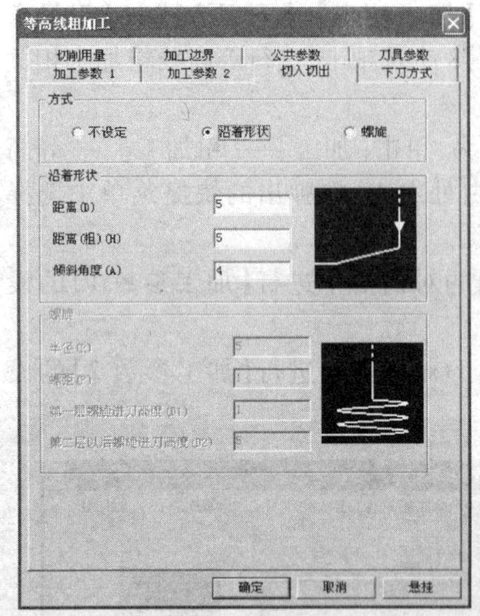

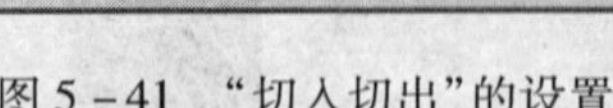
图 5-41 “切入切出”的设置

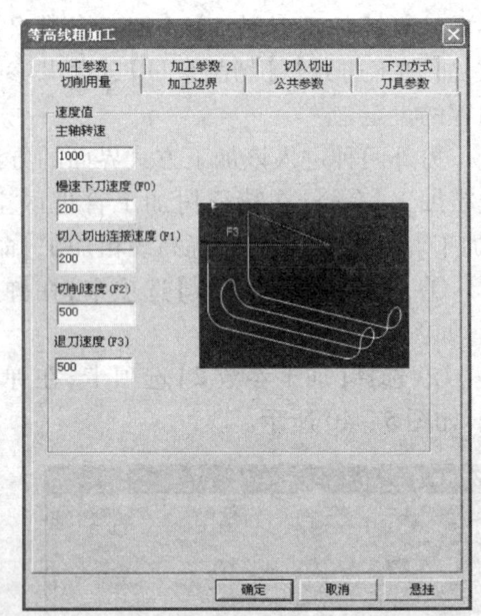

图 5-42 “切削用量”的设置

行提示“拾取加工对象”,单击球面,提示行继续提示“拾取加工边界”,单击右键确定,系统经计算后生成如图 5-43 所示的刀具轨迹。

② 在加工管理特征树中右击鼠标,在弹出的快捷菜单中选取“实体仿真”命令,然后单击加工管理特征树中的“等高线粗加工”,单击鼠标右键确定,进入如图 5-44 所示的“仿真加工”界面。

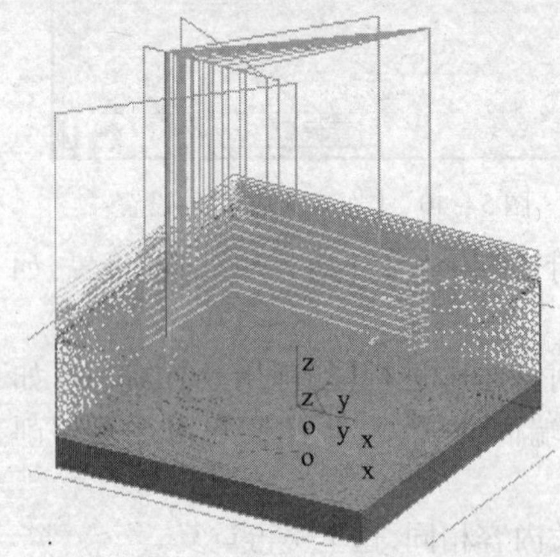

图 5-43 “等高线粗加工”刀具轨迹

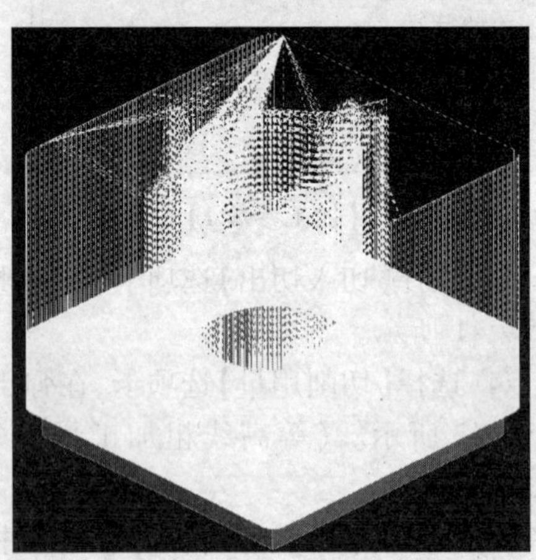

图 5-44 “仿真加工”界面

③ 单击“仿真加工操作”界面中的图标即可进行实体仿真。单击按钮进行仿真切削，实体加工效果如图5－45所示。（为了增强实体仿真效果，仿真结束后可单击“仿真加工”界面中的按钮。）

图5－45　“等高线粗加工”实体仿真效果图

4. 等高线精加工

（1）单击［编辑］→［隐藏］命令，单击加工管理特征树中的“等高线粗加工”，隐藏“等高线粗加工”轨迹线。

（2）单击加工工具栏中的“等高线精加工”图标，进入等高线精加工界面。通过【加工参数1】、【加工参数2】、【切入切出】、【下刀方式】、【刀具参数】、【加工边界】、【公共参数】和【切削余量】8个选项卡，进行等高线精加工相关内容的设定。

由于与等高线粗加工内容大部分相同，此处只介绍新增内容。

① 选择【加工参数1】选项卡，在弹出的对话框中进行【加工参数1】的设置，如图5－46所示。

② 选择【加工参数2】选项卡，在弹出的对话框中进行【加工参数2】的设置，如图5－47所示。

③ 选择【切削用量】选项卡，在弹出的对话框中进行【切削用量】的设置，如图5－48所示。（等高线精加工一般选用球头刀。）

（3）生成刀具轨迹与实体仿真。

① 设置好所有参数后，单击“等高线精加工”对话框中的【确定】按钮，提示行提示“拾取加工对象”，单击球面，提示行继续提示“拾取加工边界”，单击右键确定，系统经计算后生成如图5－49所示的刀具轨迹。

② 单击［编辑］→［可见］命令，单击加工管理特征树中的“等高线粗加工”，重新显示“等高线粗加工”轨迹线。

③ 在加工管理特征树中右击鼠标，在弹出的快捷菜单中选取“实体仿真”命令，然后单击加工管理特征树中的“刀具轨迹”（共两条轨迹），单击鼠标右键确

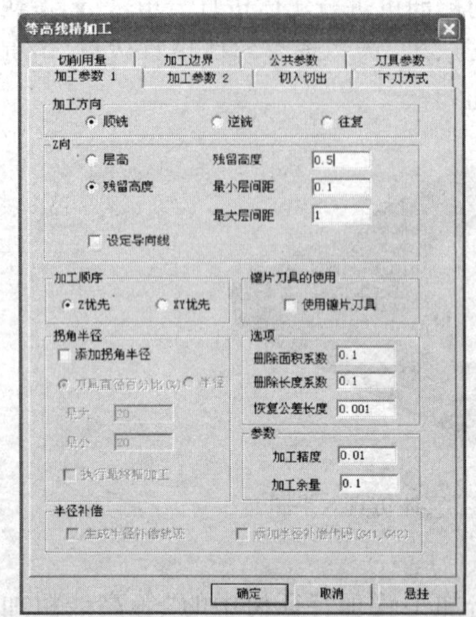

图 5－46 【加工参数 1】的设置

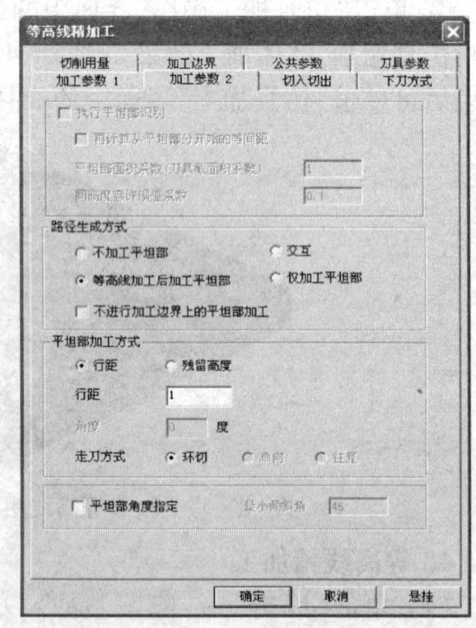

图 5－47 【加工参数 2】的设置

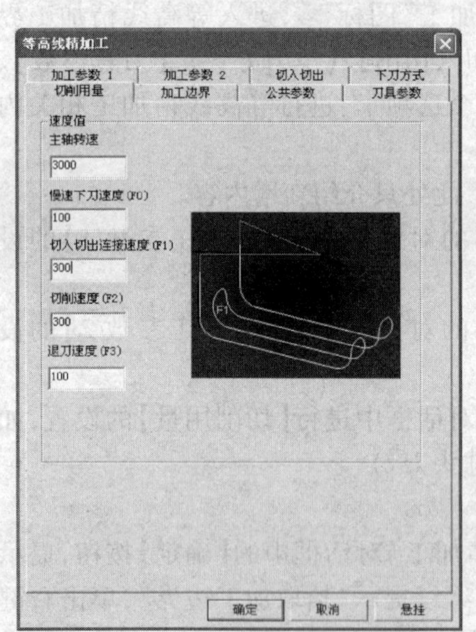

图 5－48 【切削用量】的设置

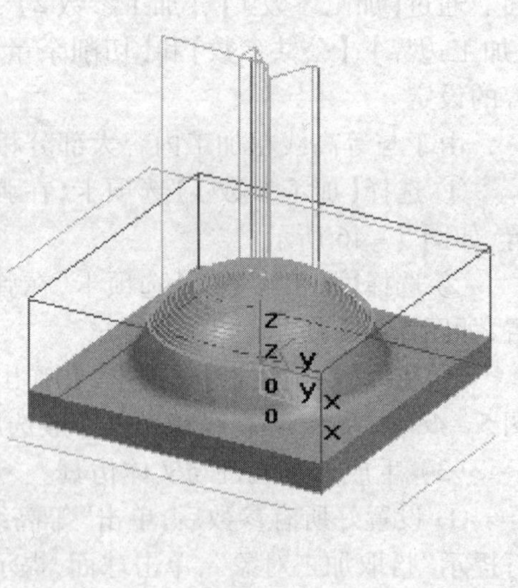

图 5－49 “等高线精加工”刀具轨迹

定，进入“仿真加工”界面。

④ 单击“仿真加工”操作界面中的■图标即可进行实体仿真。单击▶按钮进行仿真切削，实体加工效果如图 5－50 所示。（为了增强实体仿真效果，仿真

结束后可单击仿真加工界面中的按钮。)

⑤ 注意观察仿真加工走刀路线,检验判断刀路是否正确、合理(有无过切等错误)。如需修改,关闭轨迹仿真界面,回到 CAXA 制造工程师界面,在轨迹树中修改相应参数,再重新生成轨迹。

⑥ 仿真检验无误后,可保存加工轨迹。

图5-50　"等高线精加工"实体仿真效果图

5. 生成G代码

在加工管理空白区内单击鼠标右键,在弹出的快捷菜单中选择[后置处理]→[生成G代码]命令,分别拾取粗加工轨迹与精加工轨迹,单击鼠标右键确定,即可在指定的文件夹中生成加工G代码。

6. 生成工艺清单

在加工管理空白区内单击鼠标右键,在弹出的快捷菜单中选择"工艺清单"命令,在弹出的对话框中指定路径,可输入相应的零件名称等,单击【拾取轨迹】按钮后,分别拾取粗加工轨迹与精加工轨迹,单击鼠标右键确定,再单击【生成清单】按钮,出现轨迹清单。

三、知识拓展

1. 等高线粗加工

等高线粗加工可以大量去除毛坯材料,生成分层等高式粗加工轨迹。每一层相当于一个平面区域加工,适用范围广,是较常用的粗加工方式。

单击加工工具栏中的"等高线粗加工"图标,弹出如图5-39所示的"等高线粗加工"加工参数设置对话框。

1) 加工参数1

(1)【加工参数1】中"加工方向"、"Z切入"、"XY切入"参数、"拐角半径"与"区域式粗加工"相同,这里不再重复。

(2)"行间连接方式"用于设定每层切削时的接刀方式。有如图5-51所

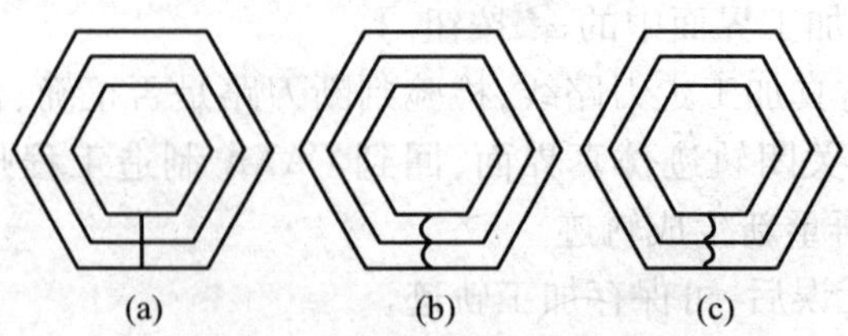

图 5-51　行间连接方式

(a) 直线；(b) 圆弧；(c) S形。

示的“直线”、“圆弧”和“S 形”3 种方式。

(3) “加工顺序”用于设定加工顺序的优先原则，即选择“Z 向优先”或“XY 优先”。

如图 5-52 所示，当加工工件中有多个“山”或“谷”形状时，选择 Z 向优先时，系统逐个对每个“山”或“谷”进行加工；当选择 XY 优先时，在每层同高度上对所有“山”或“谷”同时加工。

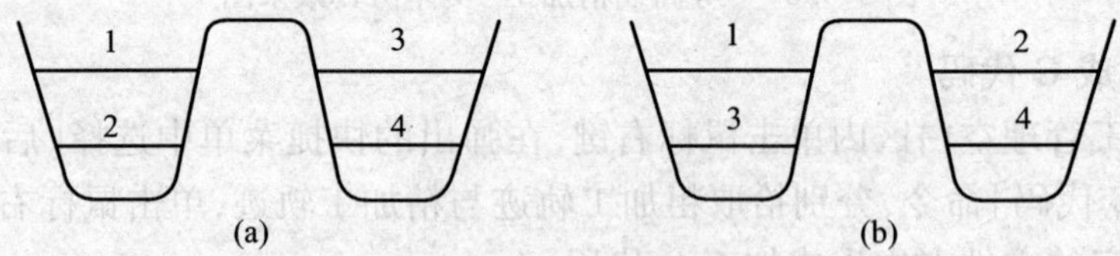

图 5-52　加工顺序

(a) Z 向优先；(b) XY 向优先。

(4) “镶片刀的使用”主要是考虑到底部的加工形状，选中本复选框可生成最合适的加工轨迹。

(5) “删除面积系数和删除长度系数”用于是否生成微小的轨迹。当等高线截面积 < (刀具截面积 × 删除面积系数)或当等高线截面线长度 < (刀具直径 × 删除长度系数)时删除这类微小轨迹。

2) 加工参数 2

此选项卡由“稀疏化加工”、“区域切削类型”和“执行平坦部识别”3 部分组成。

(1) “稀疏化”是指刀具在完成粗加工后，对工件从下往上进行半精加工。此功能用于减少精加工余量，一般应用于切削深度大、轮廓斜度大的工件外形。

选中“稀疏化”复选框后，“间隔层数”、“步长”等子功能可修改。“间隔层数”指定从下向上的加工层数。“步长”指定 XY 方向的切削余量。当粗加工刀具是球头刀时，可通过输入“残留高度”指定 XY 方向的残留量。

(2) “区域切削类型”用来指定刀具在加工边界上的切削方式。

“抬刀切削混合”是指在加工对象范围中没有开放形状时,在加工边界上以切削移动进行加工;有开放形状时,回避全部的段。“抬刀”是指刀具移动到加工边界上时,快速往上移动到安全高度,再快速移动到下一个待加工部分。“仅切削”是指在加工边界上以切削速度进行加工。

(3)“执行平坦部识别”功能可以自动识别模型的平坦区域,选择是否根据所在高度生成刀具轨迹。

2. 等高线精加工

等高线精加工可以生成等高线精加工轨迹。等高线加工方法可以用加工范围和高度限定进行局部等高加工;可以自动在轨迹尖角拐角处增加圆弧过渡,保证轨迹的光滑,使生成的加工轨迹适用于高速加工;还可以通过输入角度控制对平坦区域的识别,并可以控制平坦区域的加工先后次序。基于等高线加工的诸多优点,使用者在使用时,应该优先考虑这种加工方式。

单击加工工具栏中的“等高线精加工”图标,弹出如图 5-46 所示的“等高线精加工”加工参数设置对话框。

1) 加工参数 1

(1)“执行最终精加工”用于设定是否对内拐角部位进行精加工。

(2)“半径补偿”功能可选择是否生成半径补偿轨迹和在程序中是否输出 G41 或 G42 代码。只有在【切入切出】选项卡中“XY 向”选用“圆弧”切入切出才有效。

2) 加工参数 2

此选项卡由“执行平坦部识别”、“路径生成方式”、“平坦部加工方式”和“平坦角度指定”4 个部分组成。

(1)“路径生成方式”有 4 种:“不加工平坦部”仅仅生成等高线路径;“交互”将等高线断面和平坦部分交互进行加工,这种方式可以减少刀具的磨损;“等高线加工后加工平坦部”是将生成等高线路径和平坦部路径连接起来的加工路径;“仅加工平坦部”仅仅生成平坦部分的路径。

(2)“平坦角度指定”通过角度设定,指定在该角度值以下的部位为平坦部分。

四、任务拓展

练习一:试用等高线加工方式完成如图 5-53 所示工件的加工。

解题思路:加载实体→定义毛坯→等高线粗加工→等高线精加工(Z 向每层切削深度为 0.1mm)。

练习二:试用等高线加工方式完成如图 5-54 所示工件的加工。

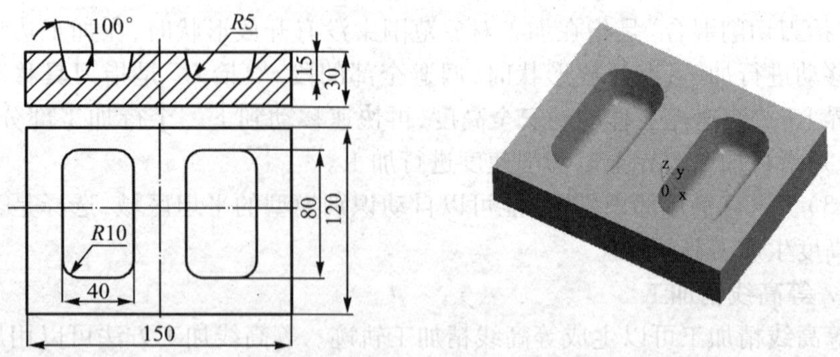

图 5－53　等高线加工任务拓展 1

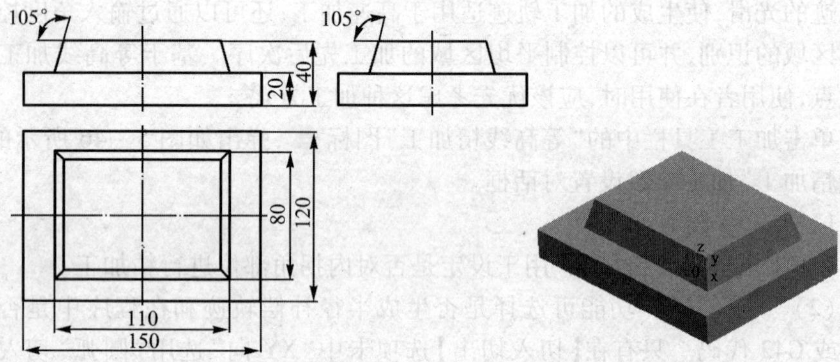

图 5－54　等高线加工任务拓展 2

课题 3　扫描线加工

一、任务描述

试用扫描线粗、精加工方式完成如图 5－55 所示鼠标模型的加工。

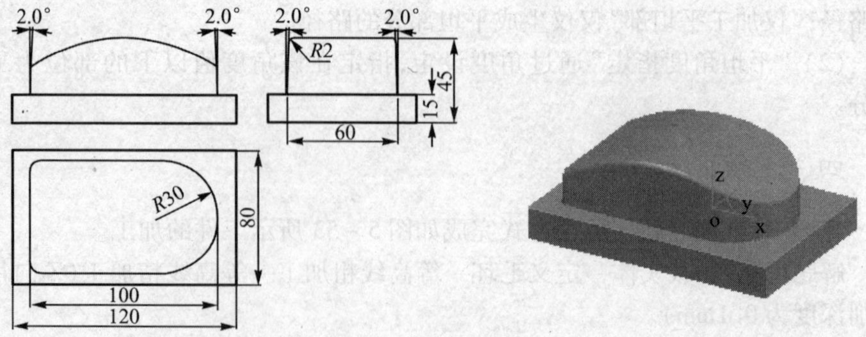

图 5－55　扫描线加工

已知 $R30$ 圆心坐标为(10,0,0),鼠标样条线坐标点为:(-60,0,15),(-40,0,25),(0,0,30),(20,0,25),(40,0,15)。

知识点与技能点:扫描线粗加工、扫描线精加工。

二、任务实施

1. 进入加工管理界面

(1) 进入 CAXA 2008,完成图 5 - 55 所示鼠标模型的实体造型或单击[文件]→[打开]命令加载已完成的实体造型。

(2) 单击屏幕左下方的【加工管理】按钮,进入如图 5 - 56 所示的加工管理界面。

2. 加工特征树项目设置

(1) 双击加工特征树中的"毛坯"子特征图标,在弹出的"定义毛坯"对话框中,按图 5 - 57 所示进行参数设置。

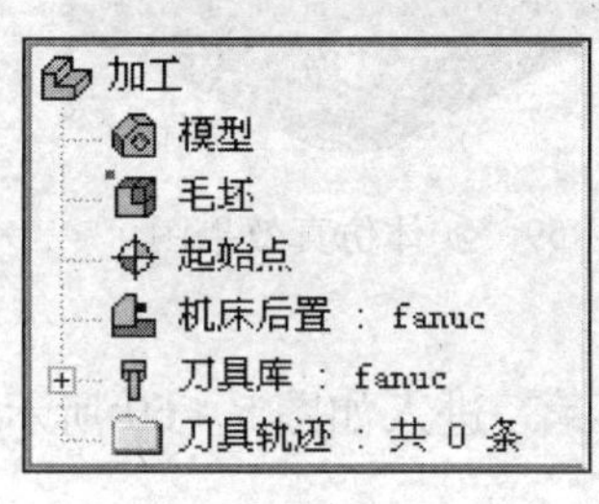

图 5 - 56　加工管理界面

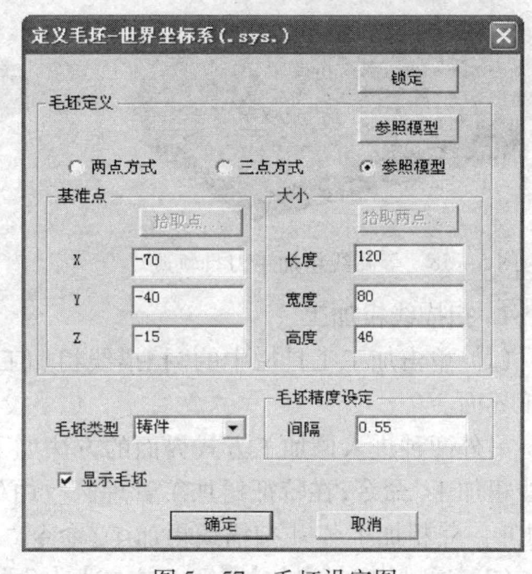

图 5 - 57　毛坯设定图

(2) 双击特征树中的"起始点"子特征图标,在随即弹出的"全局轨迹起始点"对话框中,直接输入起始点数值,单击【确定】按钮,完成刀具起始点的设定,本例采用系统提供的默认值。

(3) 双击特征树中的"刀具库"子特征图标,弹出"刀具库管理"对话框,单击其中的【增加刀具】按钮,随即弹出"刀具定义"对话框,通过该对话框定义合适的刀具,本例采用默认定义。

(4) 双击特征树中的"机床后置"子特征图标,弹出"机床后置"对话框,本例中采用默认设置。

3. 等高线粗加工

先用等高线粗加工切除鼠标模型四周的余量,再进行扫描线粗、精加工。

(1) 单击加工工具栏中的“等高线粗加工”图标 ,进入“等高线粗加工”界面。

(2) 按课题2相同的方法设定参数,生成等高线粗加工刀具轨迹,如图5-58所示。

(3) 实体仿真效果如图5-59所示。

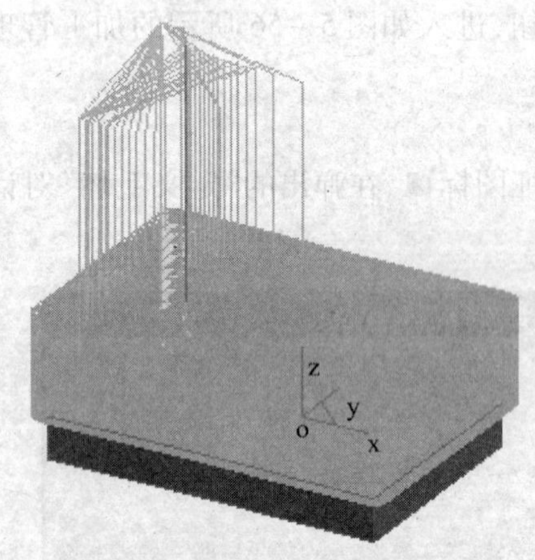

图5-58　等高线粗加工刀具轨迹

图5-59　实体仿真效果图

4. 扫描线粗加工

(1) 单击加工工具栏中的“扫描线粗加工”图标,进入如图5-60所示的加工界面。

另外两种进入该加工方式界面的方法如下:单击[加工]→[粗加工]→[扫描线粗加工]命令;在特征树加工管理区空白处右击,在弹出的快捷菜单中选择[加工]→[粗加工]→[扫描线粗加工]命令。

(2) 通过【加工参数】、【下刀方式】、【公共参数】、【刀具参数】、【加工边界】和【切削用量】6个选项卡,进行扫描线粗加工相关内容的设定。本例只介绍新参数的设置,其他参数设定同前。

① 选择【加工参数】选项卡,进行加工参数的设置,如图5-60所示。

② 选择【刀具参数】选项卡,进行刀具参数的设置,如图5-61所示。

(3) 生成扫描线粗加工刀具轨迹与仿真加工。

单击“扫描线粗加工”对话框中的【确定】按钮,提示行提示“拾取加工对象”,鼠标移至实体上单击左键,再单击鼠标右键。提示行提示“拾取加工边界”,

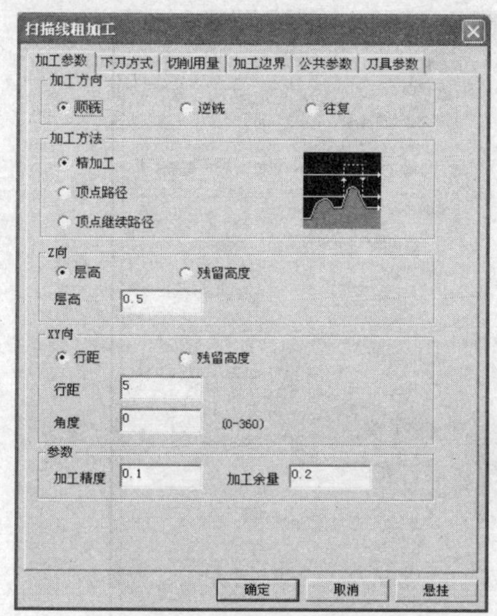

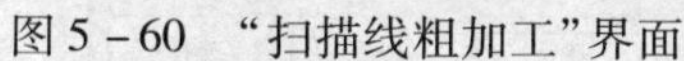
图 5－60 “扫描线粗加工”界面

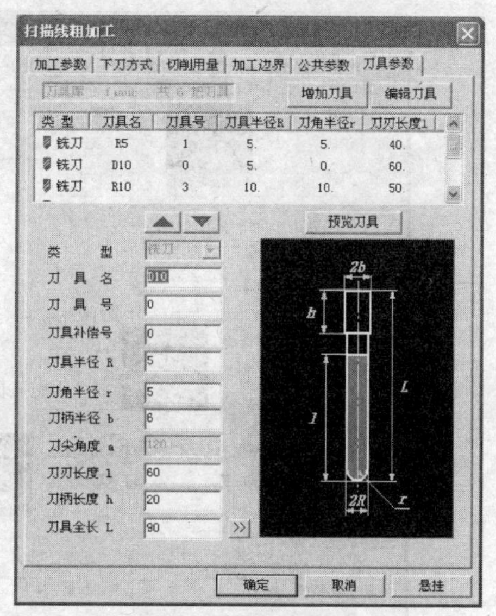

图 5－61 刀具参数的设置

单击鼠标右键选用默认的边界即可。系统经计算后生成刀具轨迹，如图 5－62 所示。实体仿真后效果如图 5－63 所示。

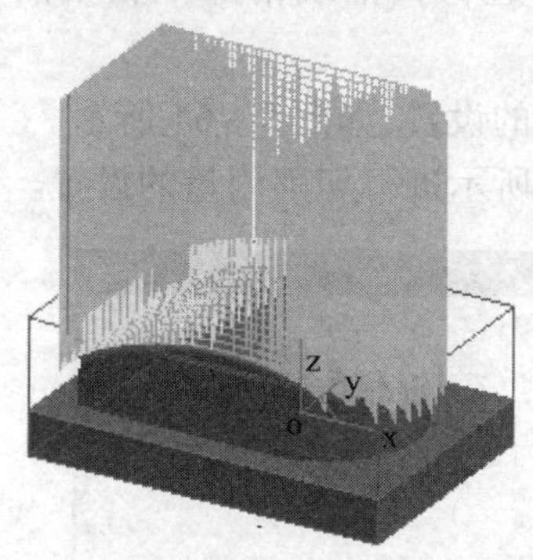

图 5－62 扫描线粗加工刀具轨迹

图 5－63 扫描线粗加工仿真效果图

5. 扫描线精加工

（1）单击加工工具栏中的“扫描线精加工”图标，进入如图 5－64 所示的加工界面。

另外两种进入该加工方式界面的方法如下：单击[加工]→[精加工]→[扫描线精加工]命令；在特征树加工管理区空白处右击，在弹出的快捷菜单中选择[加工]→[精加工]→[扫描线精加工]命令。

（2）通过【加工参数】、【切入切出】、【下刀方式】、【刀具参数】、【公共参

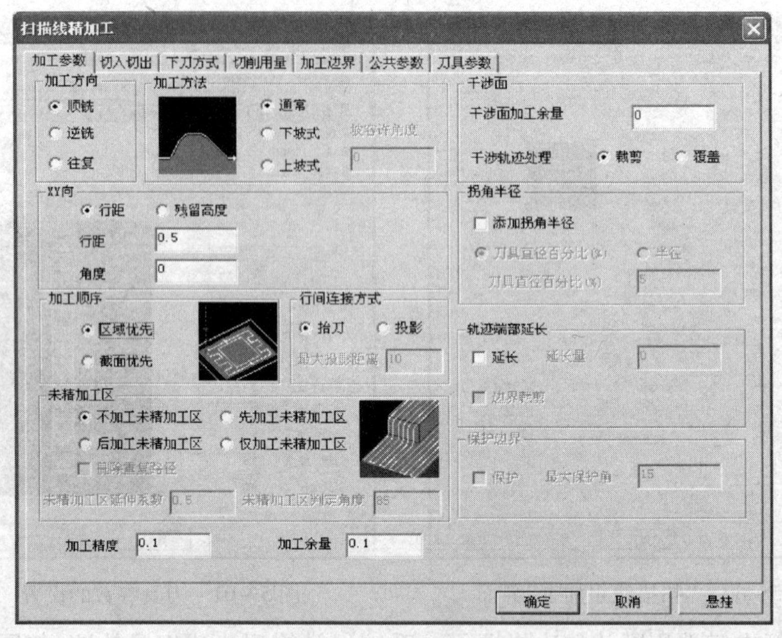

图 5-64 "扫描线精加工"参数界面

数】、【加工边界】、和【切削用量】7 个选项卡，进行扫描线精加工相关内容的设定。

① 选择【加工参数】选项卡，进行加工参数的设置，如图 5-64 所示。

② 选择【切削用量】选项卡，并按图 5-65 所示进行切削用量的设置。

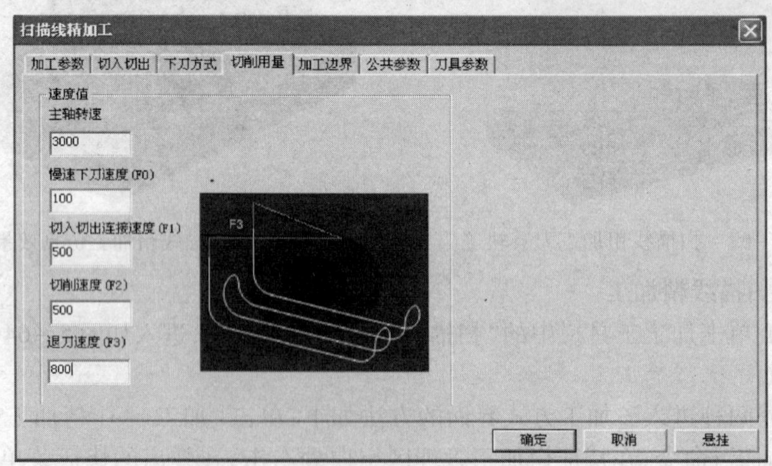

图 5-65 "扫描线精加工"切削用量设定

（3）生成扫描线精加工刀具轨迹与仿真加工。

单击“扫描线精加工”对话框中的【确定】按钮，在提示区出现“拾取加工对象”，鼠标移至实体上单击鼠标左键，再单击右键。在提示区出现“拾取加工边界”单击鼠标右键选用默认的边界即可。系统经计算后生成刀具轨迹，如图5－66所示。实体仿真后效果如图5－67所示。

（4）仿真检验无误后，可保存加工轨迹。

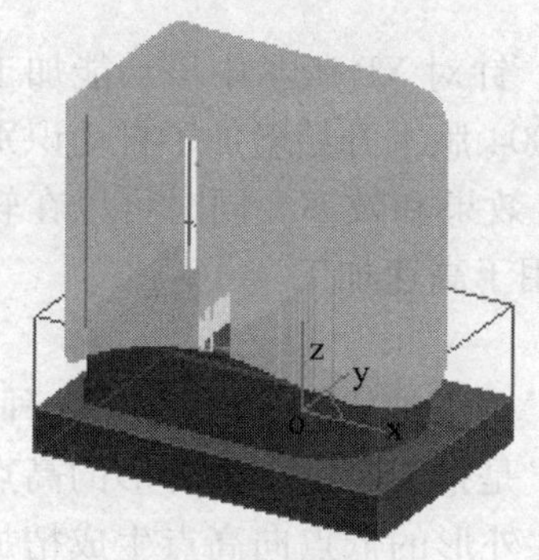

图5－66　等高线精加工刀具轨迹

图5－67　等高线精加工实体仿真效果图

6. 生成G代码

在加工管理空白区内单击鼠标右键，在弹出的快捷菜单中选择[后置处理]→[生成G代码]命令，分别拾取粗加工轨迹与精加工轨迹，单击鼠标右键确定，即可在指定的文件夹中生成加工G代码。

7. 生成工艺清单

在加工管理空白区内单击鼠标右键，在弹出的快捷菜单中选择“工艺清单”命令，在弹出的对话框中指定路径，可输入相应的零件名称等，单击【拾取轨迹】按钮后，分别拾取粗加工轨迹与精加工轨迹，单击鼠标右键确定，再单击【生成清单】按钮，生成轨迹清单。

三、知识拓展

1. 扫描线粗加工

扫描线粗加工可生成扫描线粗加工轨迹。用平行层切的方法进行粗加工，保证在未切削区域不向下走刀。适用于加工那些毛坯形状与零件形状相似的情况，例如铸造与锻造毛坯。常用于使用端铣刀进行对称凸模粗加工。

加工参数的确定：

（1）“加工方法”的确定：扫描线粗加工有3种不同的加工方法，即“精加工”、“顶点路径”和“顶点继续路径”。“精加工”生成的刀具路径与模型表面形状一致;“顶点路径”当刀具遇到顶点就快速抬刀至安全高度;“顶点继续路径”在已完成的轨迹中,生成含有最高顶点的轨迹,即达到顶点后继续走刀直到刀具过上一层轨迹位置后快速抬刀至安全高度。

(2)“XY 向”的确定:“行距”指层中扫描线之间的间隔距离;“角度”指扫描线与 X 轴的夹角。

2. 扫描线精加工

扫描线精加工可生成沿扫描线精加工的轨迹。针对 XP 版本中该功能加工平行于加工方向的竖直面加工效果差的问题,从 2004 版本开始增加了自动识别竖直面并进行补加工的功能,提高了该功能的加工效果和效率。同时可以在轨迹尖角处增加圆弧过渡,保证生成的轨迹光滑,可用于高速加工。

加工参数的确定:

(1)“加工方法”的确定:加工方法包括“通常”、“下坡式”和“上坡式”3 种。“通常”是指沿工件外形生成精加工轨迹;“下坡式”是指刀具由工件外形的高点向低点生成精加工轨迹;“上坡式”是指刀具从工件外形的低点向高点生成精加工轨迹,如图 5-68 所示。

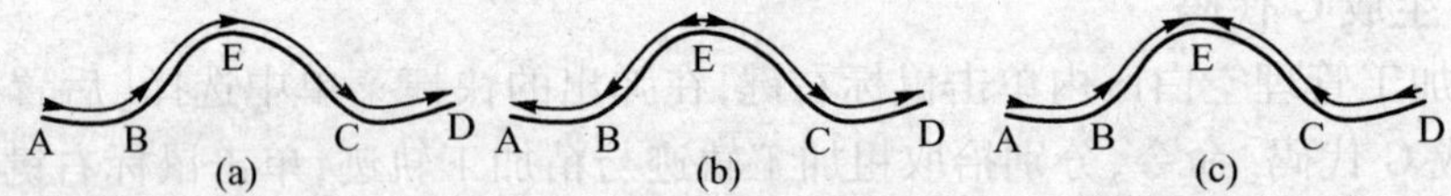

图 5-68　加工方法

(a) 通常;(b) 下坡式;(c) 上坡式。

(2)“加工顺序”的确定:加工顺序有“区域优先”和“截面优先”两种方式。图 5-69 所示(细实线表示刀具轨迹)的“区域优先”是指当工件待加工部分由几个区域组成时,先完成一个区域的加工后再进入下一个区域加工;图 5-70 所示的“截面优先”是指完成所有区域的同一截面加工后再进入下一个截面进行加工。

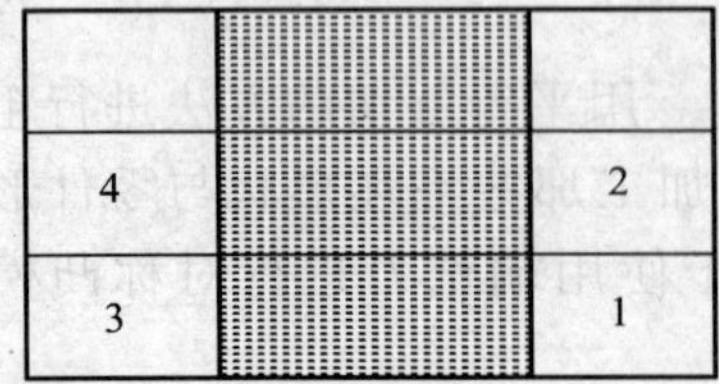

图 5-69　区域优先加工顺序

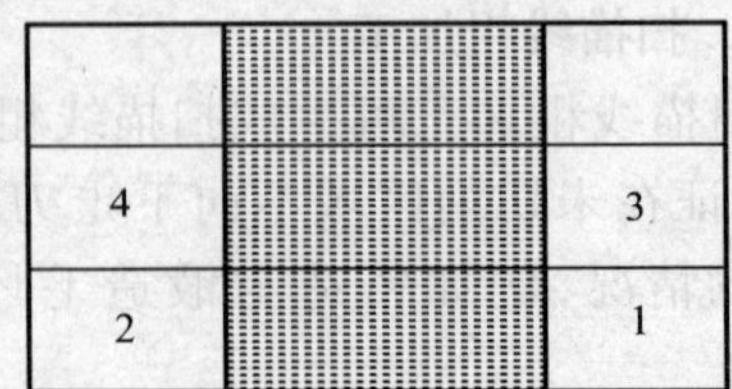

图 5-70　截面优先加工顺序

(3)“行间连接方式”的确定:有两种行间连接方式。“抬刀”是指通过抬刀,快速移动,下刀完成相邻切削行间的连接。“投影”是指在需要连接的相邻切削行间生成切削轨迹,通过切削移动来完成连接。

(4)“未精加工区”的确定:当加工时的行距较大或工件的坡度较大时,容易产生较大的残余量,这些区域被视为“未精加工区”。加工未精加工区有“不加工未精加工区”和“先加工未精加工区”、“后加工未精加工区”和“仅加工未精加工区”几种选择。“不加工未精加工区”是指只生成扫描线轨迹,忽略未精加工区;“先加工未精加工区”是指先生成未精加工区轨迹后再生成扫描线轨迹;“后加工未精加工区”是指先生成扫描线轨迹再生成未精加工区的轨迹;是指“仅加工未精加工区”仅仅生成未精加工区域的轨迹,不生成扫描线轨迹。

“删除重复路径”被选中后,将删除未精加工区域轨迹和扫描线线轨迹的重复路径。“未精加工延伸系数”通过设定延长量达到去除未精加工轨迹和扫描轨迹相接部分的毛刺和余量。“未精加工区判定角度”通过角度的设定来确定未精加工区。

四、任务拓展

练习一:试采用扫描线加工方式完成如图5-71所示工件的加工。

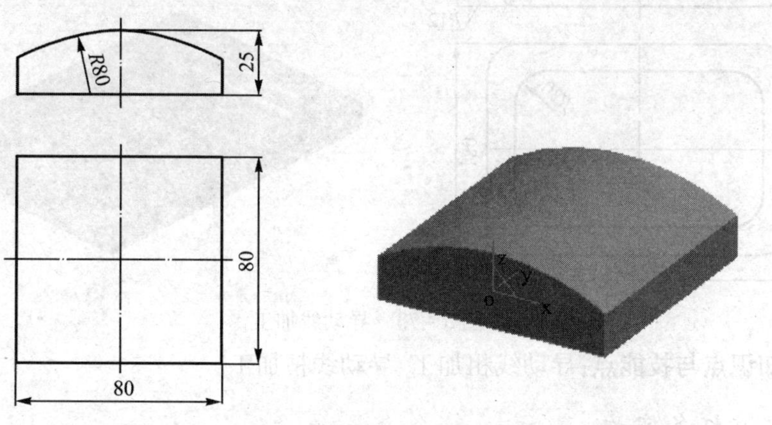

图5-71　扫描线加工任务拓展1

练习二:试采用扫描线加工方式完成如图5-72所示工件的加工。

解题思路:加载实体(本例中实体造型可采用放样方式)→定义毛坯→扫描线粗加工→扫描线精加工。

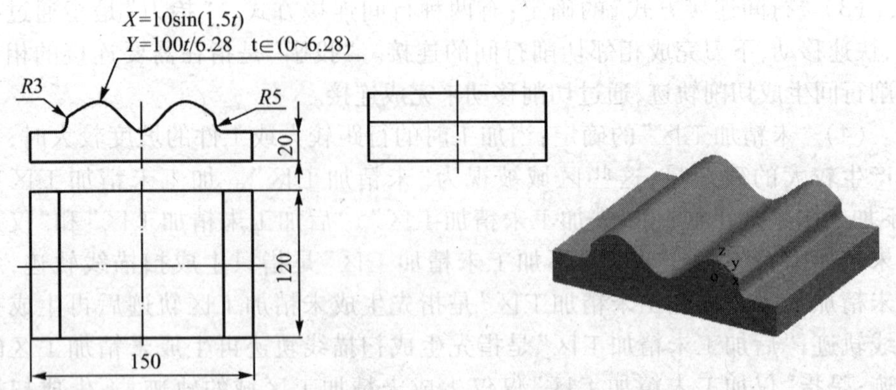

图 5-72 扫描线加工任务拓展 2

课题 4 导动线加工

一、任务描述

试采用导动线粗、精加工方式完成如图 5-73 所示果物盘型腔的加工。

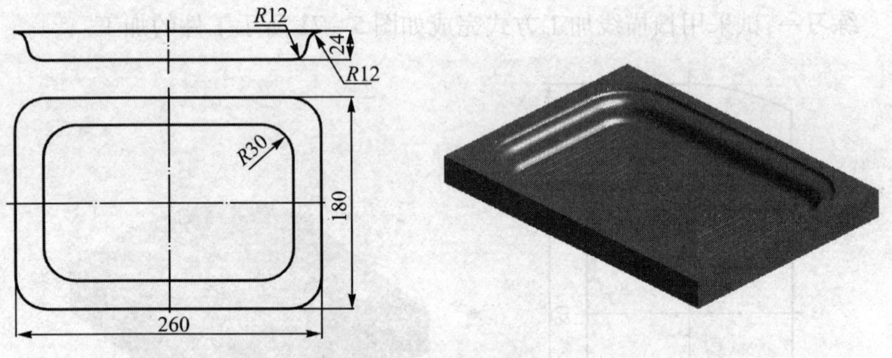

图 5-73 导动线加工

知识点与技能点:导动线粗加工、导动线精加工。

二、任务实施

1. 进入加工管理界面

(1)进入 CAXA 2008,画出所要加工果物盘型腔的部分线架造型,完成后如图 5-74 所示。(注意:加工前,只需进行线架造型。)

(2)单击屏幕左下方的【加工管理】按钮,进入加工管理界面。加工管理特征树中一共包含“模型”等 6 个子特征。

2. 加工特征树项目设置

(1) 双击加工特征树中的“毛坯”子特征图标，在弹出的“定义毛坯”对话框中，按图5－75所示的参数设定毛坯。

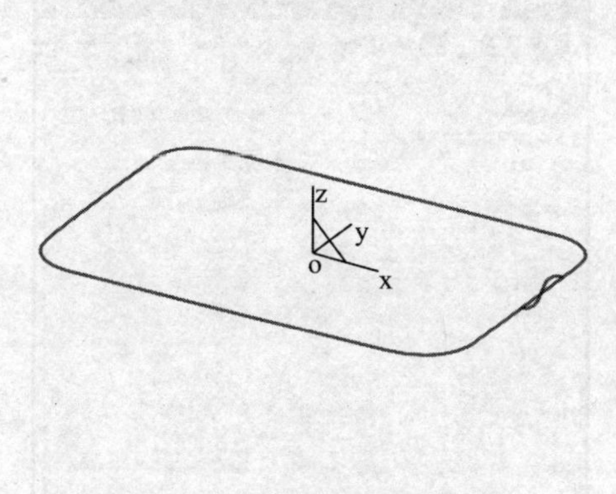

图5－74　线架结构

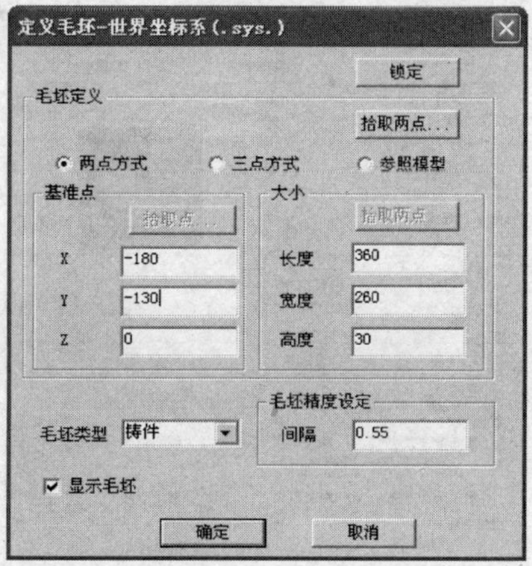

定义毛坯-世界坐标系(.sys.)
锁定
毛坯定义
拾取两点...
两点方式　三点方式　参照模型
基准点　大小
拾取点...　拾取两点
X　-180　长度　360
Y　-130　宽度　260
Z　0　高度　30
毛坯精度设定
毛坯类型　铸件　间隔　0.55
显示毛坯
确定　取消

图5－75　毛坯设定

(2) 双击特征树中的“起始点”子特征图标，在随即弹出的“全局轨迹起始点”对话框中，直接输入起始点数值，单击【确定】按钮，完成刀具起始点的设定，本例采用系统提供的默认值。

(3) 双击特征树中的“刀具库”子特征图标，弹出“刀具库管理”对话框，单击其中的【增加刀具】按钮，随即又弹出“刀具定义”对话框，通过该对话框来定义合适的刀具，本例采用默认定义。

(4) 双击特征树中的机床后置子特征图标，弹出“机床后置”对话框，本例中采用默认设置。

3. 导动线粗加工

(1) 单击加工工具栏中的“导动线粗加工”图标，进入如图5－76所示的加工界面。

另外两种进入该加工方式界面的方法为：单击[加工]→[粗加工]→[导动线粗加工]命令；在特征树加工管理区空白处右击，在弹出的快捷菜单中选择[加工]→[粗加工]→[导动线粗加工]命令。

(2) 通过【加工参数】、【切入切出】、【下刀方式】、【刀具参数】、【公共参数】、【加工边界】和【切削用量】7个选项卡，进行导动线粗加工相关内容的设定。

① 选择【加工参数】选项卡，进行加工参数的设置。加工参数中已学内容的

设置在此不再重复。

② 选择【加工边界】选项卡，进行加工边界的设置如图 5－77 所示。

其他选项卡的设置内容与其他课题中相关内容相同，这里不再重复。

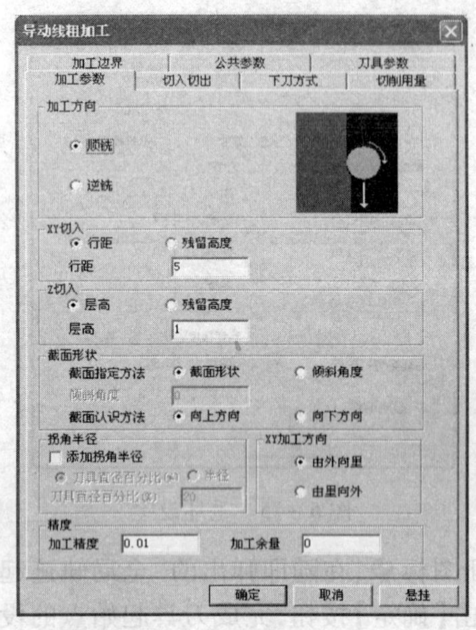

图 5－76　导动线粗加工界面

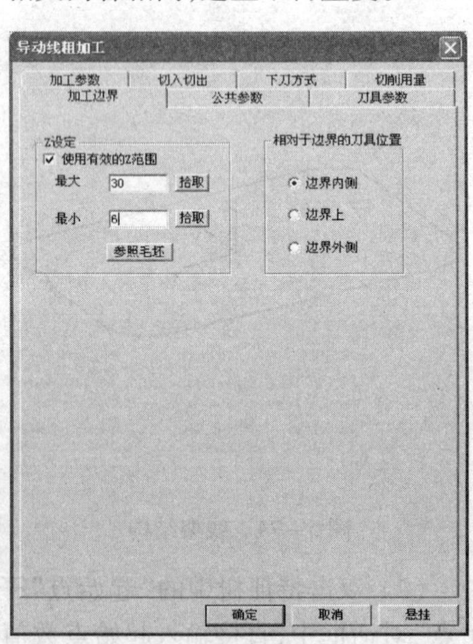

图 5－77　导动线粗加工加工边界设置

(3) 生成轨迹与仿真加工。

单击“导动线粗加工”对话框中的【确定】按钮，根据提示行提示先后在图 5－74 上拾取轮廓线和加工方向，确定轮廓线链的搜索方向，确定截面线链搜索方向，并单击鼠标右键结束链拾取操作，拾取箭头方向并确定加工内侧或外侧。单击鼠标右键生成刀具轨迹如图 5－78 所示，实体仿真效果如图 5－79 所示。

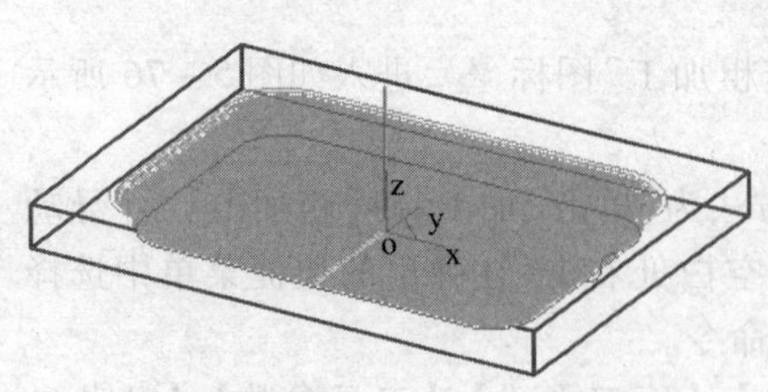

图 5－78　导动线粗加工刀具轨迹

图 5－79　导动线粗加工实体仿真效果图

4. 导动线精加工

(1) 单击加工工具栏中的“导动线精加工”图标，进入如图 5－80 所示的导动线精加工界面。

另外两种进入该加工方式界面的方法如下：单击［加工］→［精加工］→［导动线精加工］命令；在特征树加工管理区空白处右击，在弹出的快捷菜单中选择［加工］→［精加工］→［导动线精加工］命令。

（2）通过【加工参数】、【切入切出】、【下刀方式】、【刀具参数】、【公共参数】、【加工边界】和【切削用量】7 个选项卡，进行导动线精加工相关内容的设定。

由于大部分内容与其他加工方法相同，此处只介绍新增内容。

① 选择【加工参数】选项卡，进行加工参数的设置。

② 选择【切削用量】选项卡，进行切削用量的设置，如图 5－81 所示。

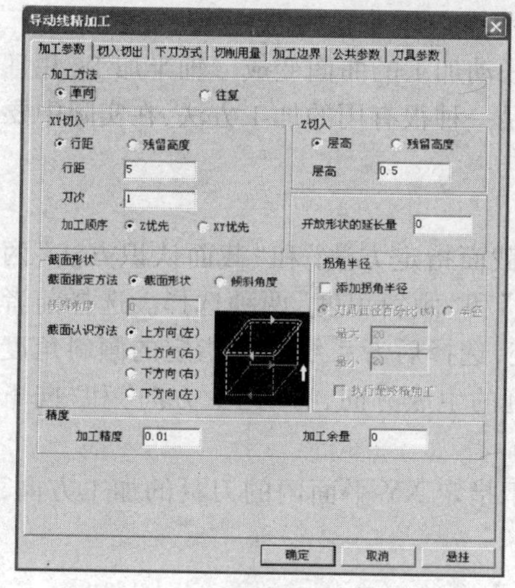

图 5－80　导动线精加工界面

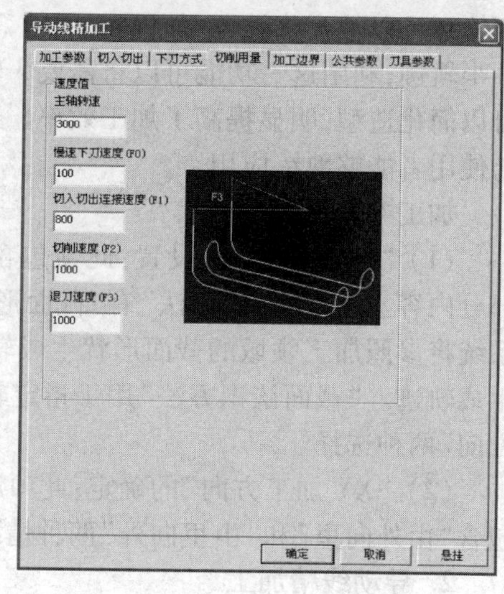

图 5－81　导动线精加工切削用量设置

（3）生成轨迹与仿真加工。

单击“导动线精加工”对话框中的【确定】按钮，根据提示行提示先后在图 5－74 上拾取轮廓线和加工方向，确定轮廓线链的搜索方向，确定截面线链搜索方向，并单击鼠标右键结束链拾取操作，拾取箭头方向并确定加工内侧或外侧。单击【确定】按钮，生成刀具轨迹如图 5－82 所示，实体仿真效果如图 5－83 所示。

三、知识拓展

1. 导动线粗加工

导动线粗加工可生成导动线粗加工轨迹。导动加工是二维加工的扩展，也

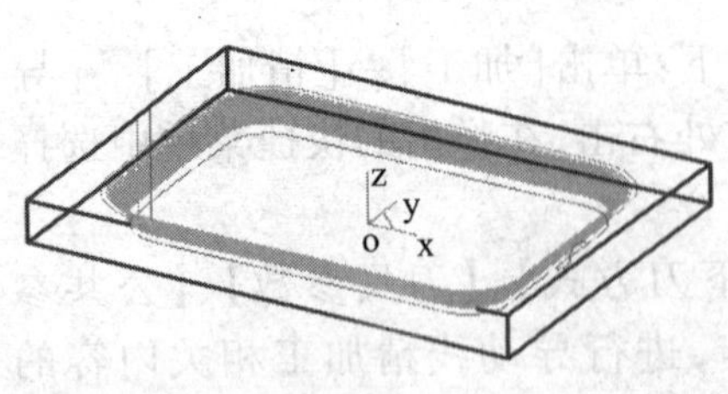

图 5－82　导动线精加工刀具轨迹

图 5－83　导动线精加工实体仿真效果图

可以理解为平面轮廓的等截面加工，是用轮廓线沿导动线平行运动生成轨迹的方法。它相当于平行导动曲面的算法，只不过生成的不是曲面而是轨迹。其截面轮廓可以是开放的也可以是封闭的，导动线必须是开放的。其加工轨迹是二轴半轨迹，利用这一功能可以将需要 3 轴联动加工的曲面变成二轴半加工，并且可以简化造型，明显提高了加工效率。这是一种很有用的加工方法，在实际中要求使用者能够熟练应用。

加工参数：

(1)“截面形状”的设置：此项包含“截面指定方法”和“截面认识方法”两部分内容。“截面指定方法”有“截面形状”和“倾斜角度”两种选择。选择前者系统将参照加工领域的截面形状生成轨迹，选择后者系统将以指定的倾斜角度生成轨迹。“截面认识方法”用于指定轨迹的生成方向，有“向上方向”和“向下方向”两种选择。

(2)“XY 加工方向”的确定：此项用于指定 XY 平面内的刀具的加工方向，包含“由外向里”和“由里向外”两种情况。

2. 导动线精加工

导动线精加工根据基本形状与截面形状，作出沿等高线的轨迹。

加工参数：

(1)“开放形状的延长量”的确定：当加工区域设定为开放形状时，在切削的断面的开始和结束位置指定一小段切线切入、切出，以便于改善工件表面质量。

(2)“截面认识方法”的确定：截面认识方法有“上方向(左)”、“上方向(右)”、“下方向(右)”、“下方向(左)”4 种。精加工时此 4 种方法与加工区域方向共同决定刀具轨迹的方向。

四、任务拓展

练习一：用导动线加工方式完成如图 5－84 所示工件的加工。已知毛坯尺寸为 150mm × 120mm × 30mm。

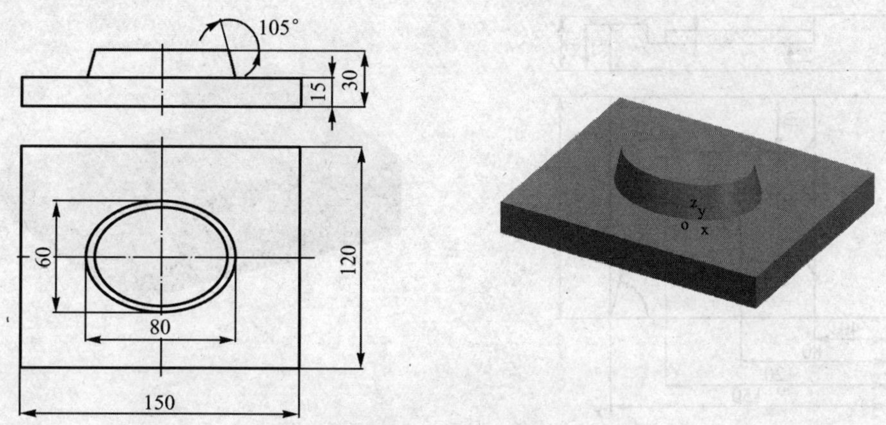

图5－84　导动线加工任务拓展1

解题思路：绘制或提取椭圆外形和导动线→导动线粗加工→导动线精加工。

练习二：用导动线加工方式完成如图5－85所示工件的加工。已知毛坯尺寸为150mm×120mm×30mm。

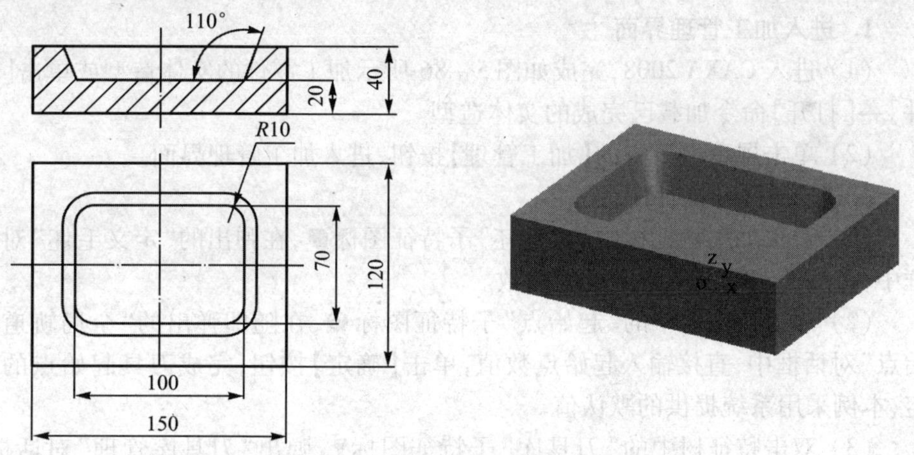

图5－85　导动线加工任务拓展2

课题5　摆线式和插铣式粗加工

一、任务描述

试采用摆线式粗加工和插铣式粗加工方式完成如图5－86所示工件的加工。

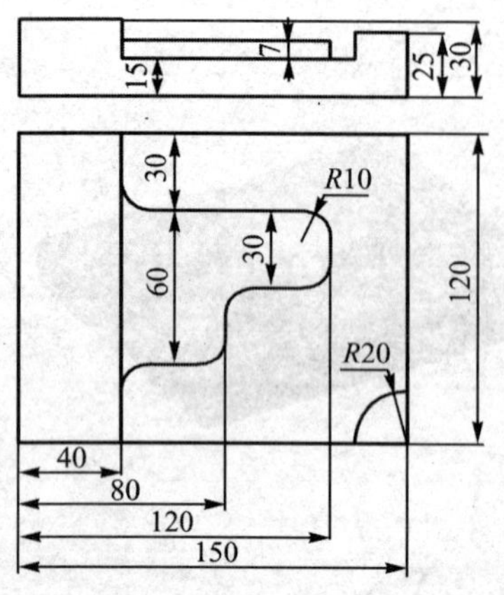

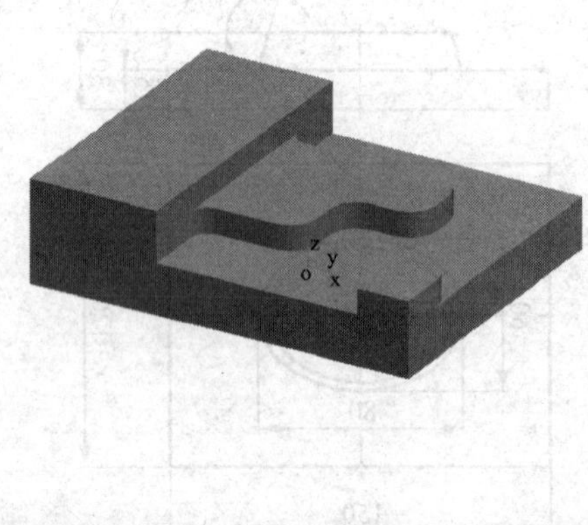

图 5 - 86 摆线式和插铣式粗加工

知识点与技能点：摆线式粗加工、插铣式粗加工。

二、任务实施

1. 进入加工管理界面

(1) 进入 CAXA 2008，完成如图 5 - 86 所示加工零件的实体造型或单击[文件]→[打开]命令加载已完成的实体造型。

(2) 单击屏幕左下方的【加工管理】按钮，进入加工管理界面。

2. 加工特征树项目设置

(1) 双击加工特征树中的“毛坯”子特征图标，在弹出的“定义毛坯”对话框中，按图 5 - 87 所示设定毛坯参数。

(2) 双击特征树中的“起始点”子特征图标，在随即弹出的“全局轨道起始点”对话框中，直接输入起始点数值，单击【确定】按钮，完成刀具起始点的设定，本例采用系统提供的默认值。

(3) 双击特征树中的“刀具库”子特征图标，弹出“刀具库管理”对话框，单击其中的【增加刀具】按钮，随即又弹出“刀具定义”对话框，通过该对话框来定义合适的刀具，本例采用默认定义。

(4) 双击特征树中的“机床后置”子特征图标，弹出“机床后置”对话框，本例中采用默认设置。

3. 摆线式粗加工

(1) 单击加工工具栏中的“摆线式粗加工”图标，进入如图 5 - 88 所示的加工界面。

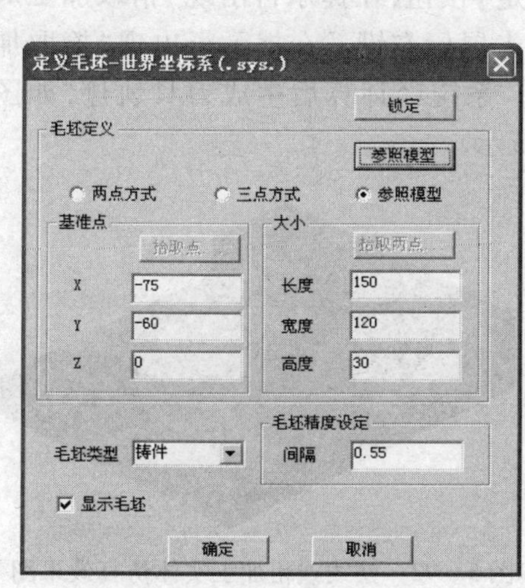

图5－87　毛坯设定

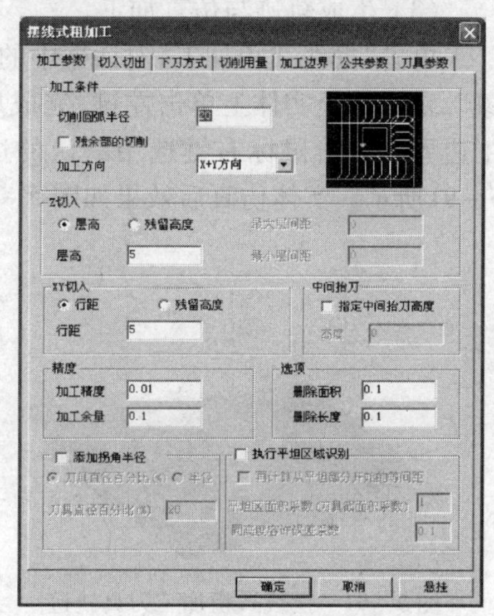

图5－88　摆线式粗加工界面

另外两种进入该加工方式界面的方法如下：单击［加工］→［粗加工］→［摆线式粗加工］命令；在特征树加工管理区空白处右击，在弹出的快捷菜单中选择［加工］→［粗加工］→［摆线式粗加工］命令。

（2）通过【加工参数】、【切入切出】、【下刀方式】、【刀具参数】、【公共参数】、【加工边界】和【切削用量】7个选项卡，进行摆线式粗加工相关内容的设定。此处只介绍新内容的设置。

① 选择【加工参数】选项卡，进行加工参数的设置（如图5－88所示）。

② 选择【切削用量】选项卡，并按图5－89所示进行设置。

③ 选择【加工边界】选项卡，并按图5－90所示进行设置。

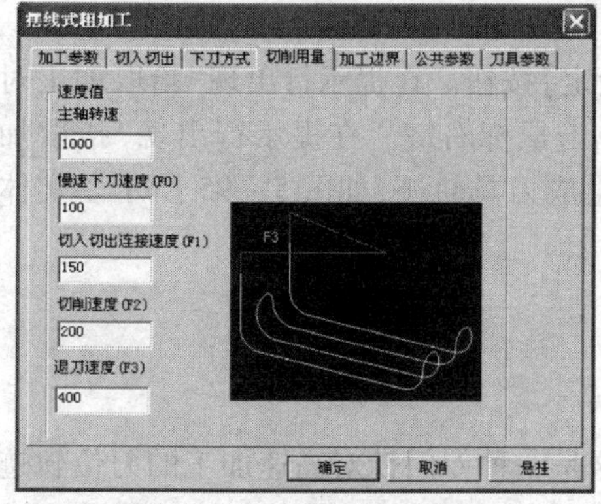

图5－89　摆线式粗加工切削用量选择

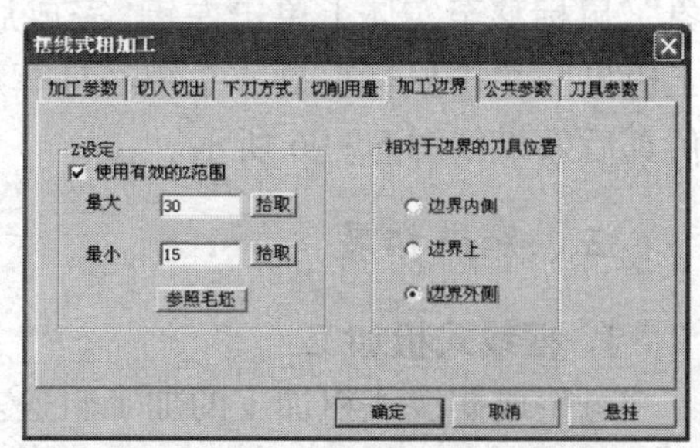

图5－90　摆线式粗加工加工边界设置

(3) 生成轨迹与仿真加工。

单击“摆线式粗加工”对话框中的【确定】按钮,在提示行出现“拾取加工对象”,鼠标移至实体上单击左键,完成后单击鼠标右键。在提示行出现“拾取加工边界”,单击鼠标右键选用默认的边界。系统经计算后生成刀具轨迹,如图5－91所示。实体仿真后效果如图 5－92 所示。

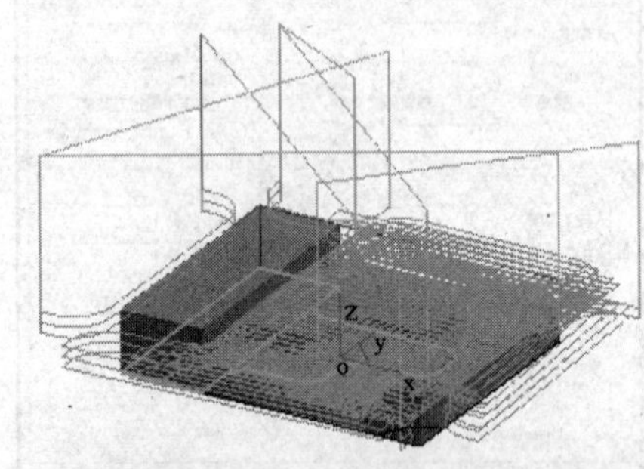

图 5－91 摆线式粗加工刀具轨迹

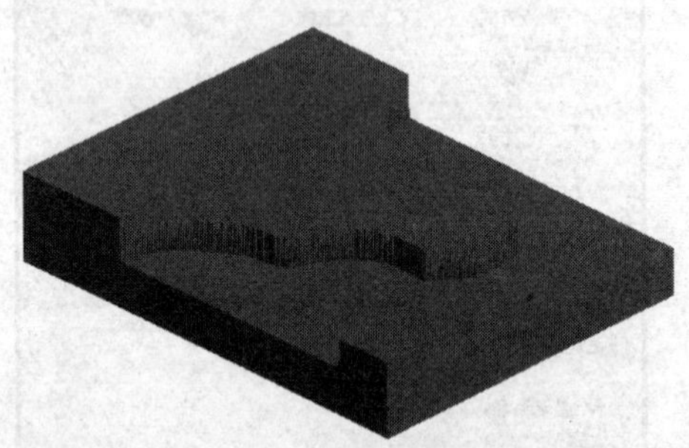

图 5－92 摆线式粗加工实体仿真效果图

4. 插铣式粗加工

(1) 单击加工工具栏中的“插铣式粗加工”图标,进入如图 5－93 所示的“插铣式粗加工”界面。

另外两种进入该加工方式界面的方法如下:单击[加工]→[粗加工]→[插铣式粗加工]命令;在特征树加工管理区空白处右击,在弹出的快捷菜单中选择[加工]→[粗加工]→[插铣式粗加工]命令。

(2) 通过【加工参数】、【下刀方式】、【刀具参数】、【公共参数】、【加工边界】和【切削用量】6 个选项卡,进行插铣式粗加工相关内容的设定。

① 选择【加工参数】选项卡,进行加工参数的设置,如图 5－93 所示。

② 选择【加工边界】选项卡,并按图 5－94 所示进行设置。

(3) 生成轨迹与仿真加工。

单击“插铣式粗加工”对话框中的【确定】按钮。在提示行出现“拾取加工对象”,鼠标移至实体上单击左键,完成后单击鼠标右键。在提示行出现“拾取加工边界”,单击鼠标右键。系统经计算后生成刀具轨迹,如图 5－95 所示。实体仿真后效果如图 5－96 所示。

三、知识拓展

1. 摆线式粗加工

可生成摆线式粗加工的加工轨迹。这是一种专门针对高速加工的刀位轨迹策略。所谓“摆线式加工”描述了这样的曲线加工:圆上一固定点随着圆沿曲线

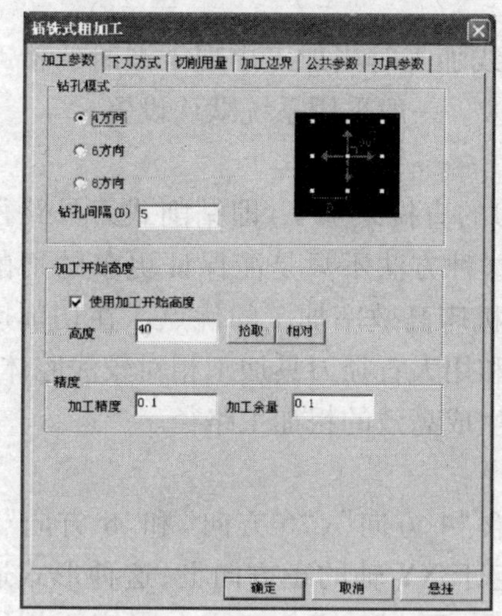

图5-93　“插铣式粗加工”界面

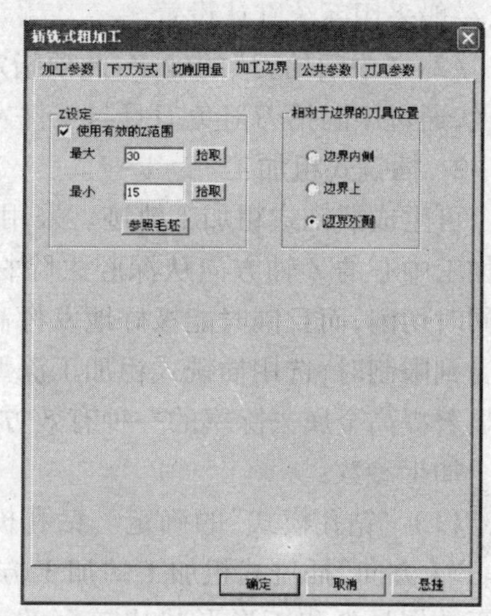

图5-94　“插铣式粗加工”加工边界设置

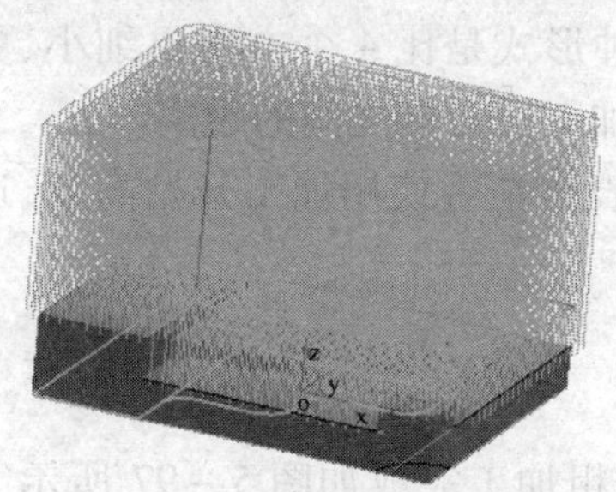

图5-95　插铣式粗加工刀具轨迹

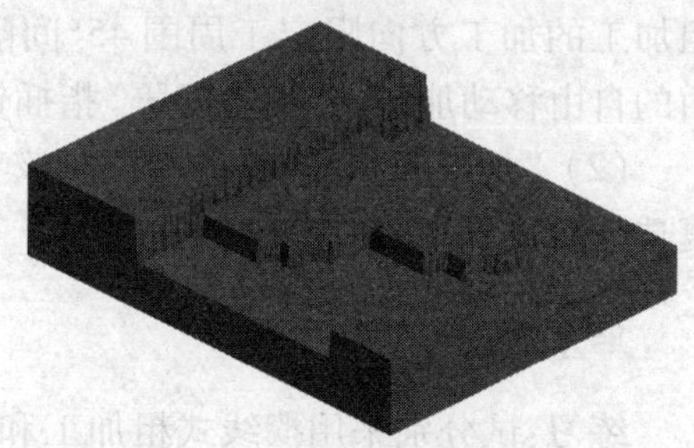

图5-96　插铣式粗加工实体仿真效果图

滚动时生成的轨迹，由于切削的过程中总是沿一条具有固定曲率的曲线运动，使得刀具运动总能保持一致的进给率，所以对高速铣削比较适合；而且是刀具在负荷一定的情况下进行区域加工的加工方式；加工中刀具始终沿着具有连续半径的曲线运动，采用圆弧运动方式逐次去除材料，对零件表面进行高速小切深加工，有效地避免了刀具以全宽度切入工件生成刀具路径；可提高模具型腔部分粗加工效率和延长刀具使用寿命，适用于高速加工。

加工参数：

(1)“加工条件”的确定：此选项包含“切削圆弧半径”、“残余部的切削”和“加工方向”3部分内容。在“切削圆弧半径”中输入切削圆弧的半径；选择“残余部的切削”时，将切除未被加工掉的残留部分，只有当加工方向选择X+Y时，该选项才可选；“加工方向”有“X方向(+)”、“X方向(-)”、“Y方向(+)”、“Y方向(-)”和“X+Y方向”5个选项。该选项用来设定刀位轨迹的生成方向,一般采用系统默认设置。

(2)“中间抬刀”的确定:此项指定在摆线加工时当加工出现干涉时的抬刀高度,通过中间抬刀避免刀具与工件发生干涉。一般采用系统默认设置。

2. 插铣式粗加工

可生成插铣式粗加工轨迹。采用端铣刀的直捣式加工,即钻削式刀具路径沿加工中心的Z轴方向从深腔去除材料。这种方法不只是能保证更多的切削刃同时切削,而且同时能极好地发挥高刚性机床高效率加工的优点。在切削速度受到限制时,选用插铣式粗加工深型腔件和用大直径刀具加工相对较浅腔体,是显著提高金属去除率的一种有效方法,可生成高效的粗加工路径。

加工参数:

(1)“钻孔模式”的确定。钻孔模式包含“4方向”、“6方向”和“8方向”3种。“4方向”插铣式粗加工的加工方向限定于XY轴的正方向上,这种形式适用于数据量少和矩形形状比较多的工件外形;“6方向”加工方向限定于周围60°间隔,这种形式适用于倾斜60°或120°的较多的工件外形;“8方向”插铣式粗加工的加工方向限定于周围45°间隔。这种形式是比4个方向更细小、更自由的自由移动加工。“钻孔间隔”指插铣式粗加工时刀具之间的距离。

(2)“加工开始高度”的确定。该项用于设定是否使用加工开始高度,选中复选框后可设置相应参数。

四、任务拓展

练习:试分别采用摆线式粗加工和插铣式粗加工完成如图5-97所示工件的加工。已知工件毛坯尺寸为150mm×150mm×30mm。

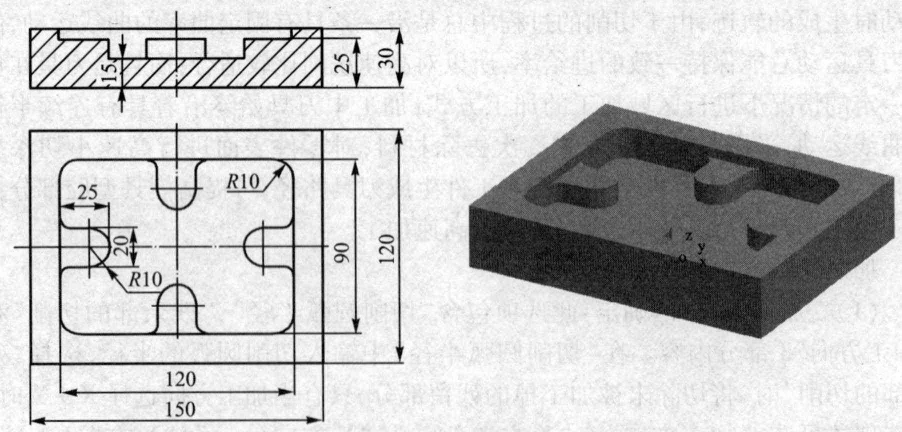

图5-97 摆线式和插铣式粗加工任务拓展

解题思路如下。

（1）摆线式粗加工：加载实体→定义毛坯→设定参数（切削半径小于10）→实体加工。

（2）插铣式粗加工：加载实体→定义毛坯→钻孔模式（8）→实体加工。

课题6　曲面精加工

一、任务描述

分别采用参数线、限制线精加工方式加工如图5-98所示工件中的圆弧形槽，而采用浅平面精加工方式完成图5-98所示工件中底平面的精加工。

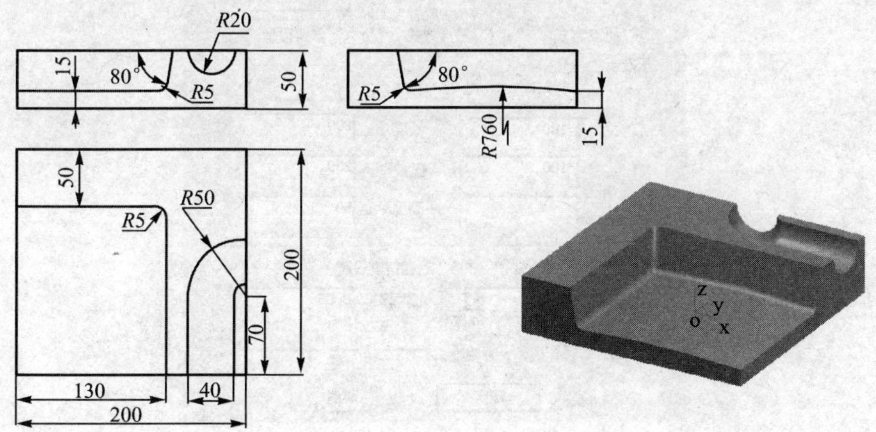

图5-98　精加工编程加工实例

知识点与技能点：参数线精加工、限制线精加工、浅平面精加工。

二、任务实施

1．进入加工管理界面

（1）进入CAXA 2008，完成如图5-98所示加工零件的实体造型或单击［文件］→［打开］命令加载已完成的实体造型。

（2）单击屏幕左下方的【加工管理】按钮，进入加工管理界面。

2．加工特征树项目设置

（1）双击加工特征树中的“毛坯”子特征图标，弹出的“定义毛坯”对话框，按图5-99所示对话框中的参数设置毛坯。本例也可通过参照模型方式来定义毛坯。

（2）双击特征树中的“起始点”子特征图标，在随即弹出的“全局轨迹起始点”对话框中，直接输入起始点数值，单击【确定】按钮，完成刀具起始点的设定。本例采用系统提供的默认值。

（3）双击特征树中的“刀具库”子特征图标，出现“刀具库管理”对话框，单击其中的【增加刀具】按钮，弹出“刀具定义”对话框，通过该对框来定义合适的刀具，本例采用默认定义。

（4）双击特征树中的“机床后置”子特征图标，弹出“机床后置”对话框，本例中采用默认设置。

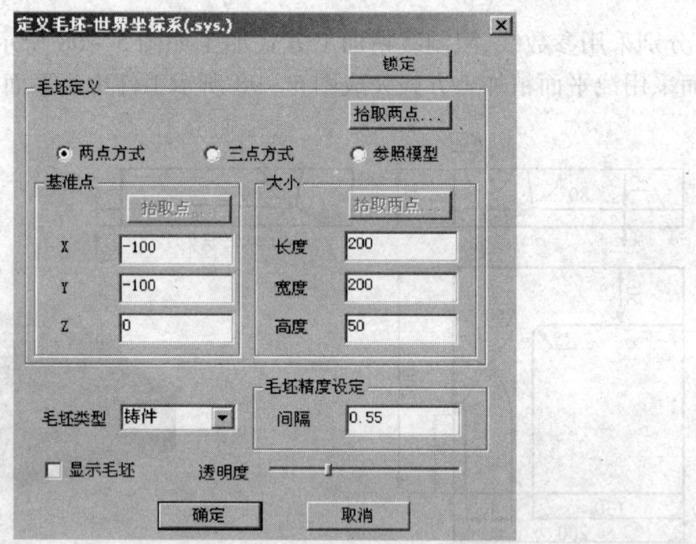

图 5－99　毛坯设置

3. 等高线粗加工

用等高线粗加工先切削余量，加工后的工件如图 5－100 所示。采用默认值进行加工参数的设定。

4. 参数线精加工

（1）单击加工工具栏中的“参数线精加工”图标，进入如图 5－101 所示的加工界面。

另外两种进入该加工方式界面的方法如下：单击［加工］→［精加工］→［参数线精加工］命令；在特征树加工管理区空白处右击，在弹出的快捷菜单中选择［加工］→［精加工］→［参数线精加工］命令。

（2）通过【加工参数】、【接近返回】、【下刀方式】、【刀具参数】、【公共参数】和【切削用量】6 个选项卡，进行参数线精加工相关内容的设定。

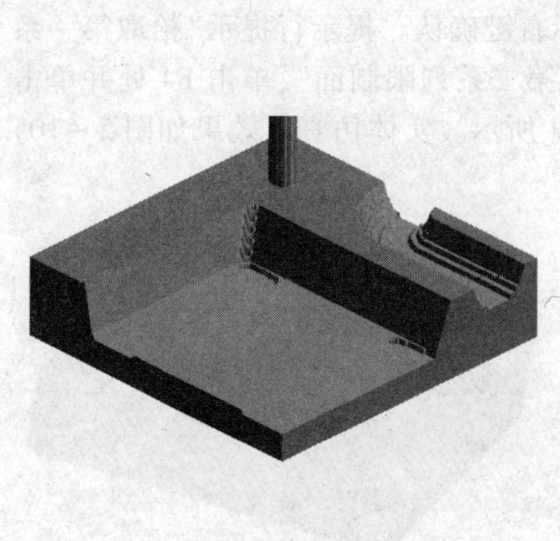

图 5－100　等高线粗加工结果

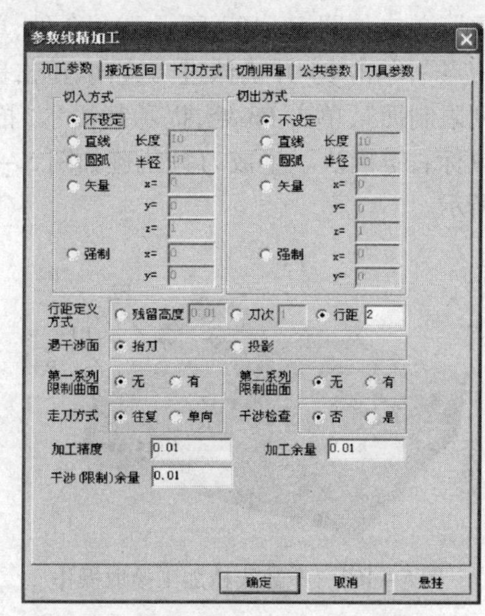

图 5－101　“参数线精加工”界面

① 选择【加工参数】选项卡，进行加工参数的设置。

② 选择【接近返回】选项卡，出现如图 5－102 所示界面，并进行接近返回的设置。

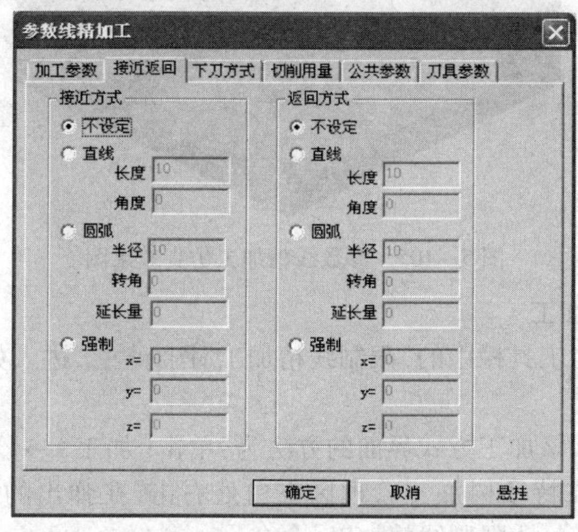

图 5－102　【接近返回】界面

(3) 生成轨迹与仿真加工。

单击“参数线精加工”对话框中的【确定】按钮。提示行提示“拾取加工对象”,单击如图 5－103 所示 P1、P2 处,单击鼠标右键确认。提示行提示“拾取进刀点”,单击 P5 并确认进刀方向,单击鼠标右键确认。提示行提示“拾取第一系列限制面”,单击 P3 处,提示行提示“拾取第二系列限制面”,单击 P4 处并单击鼠标右键确认。生成刀具轨迹如图 5－104 所示。实体仿真后效果如图 5－105 所示。

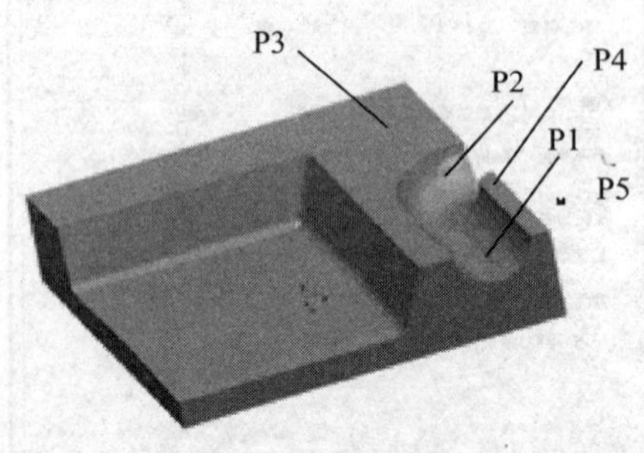

图 5－103　参数线精加工拾取操作

图 5－104　参数线精加工刀具轨迹

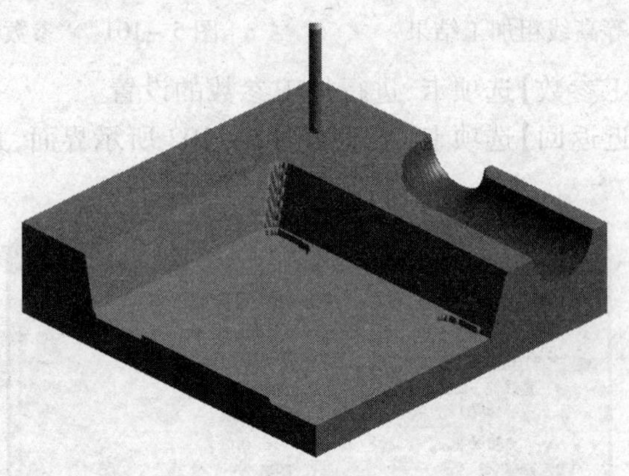

图 5－105　参数线精加工仿真效果图

5. 限制线精加工

(1) 单击加工工具栏中的“限制线精加工”图标 ,进入如图 5－106 所示的加工界面。

另外两种进入该加工方式界面的方法为:单击[加工]→[精加工]→[限制线精加工]命令;在特征树加工管理区空白处右击,在弹出的快捷菜单中选择[加工]→[精加工]→[限制线精加工]命令。

(2) 通过【加工参数】、【下刀方式】、【刀具参数】、【公共参数】、【加工边界】和【切削用量】6 个选项卡,进行限制线精加工相关内容的设定。

① 选择【加工参数】选项卡,进行加工参数的设置。

② 选择【切削用量】选项卡，并按图5－107所示进行参数设置。

其他选项卡的设置内容这里不再重复。

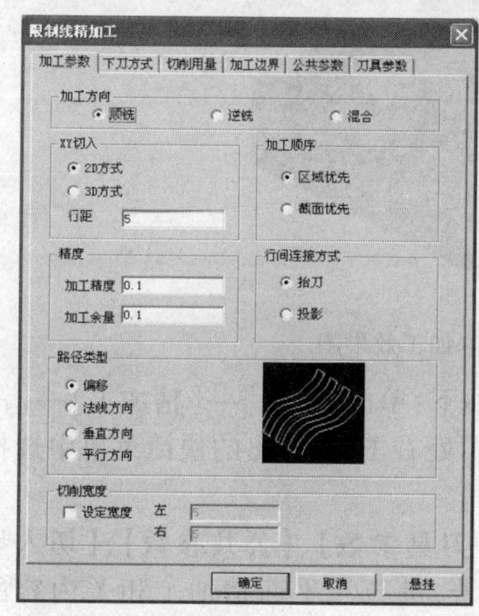

图5－106 “限制线精加工”界面

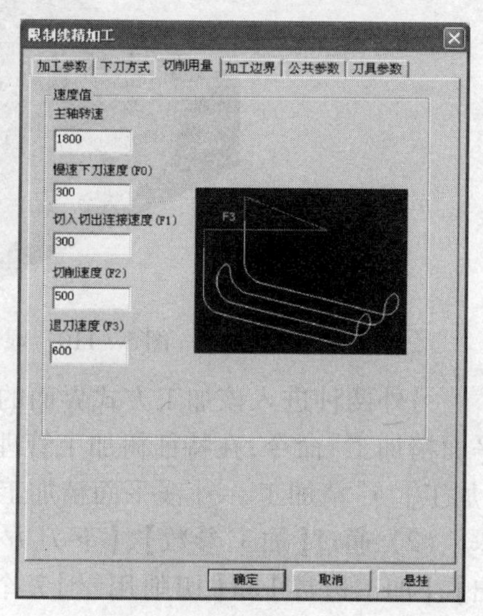

图5－107 限制线精加工切削用量确定

（3）生成轨迹与仿真加工。

单击“限制线精加工”对话框中的【确定】按钮。提示行提示“拾取加工对象”，单击工件实体并确认。提示行提示“拾取第一条限制线”，单击图5－108中的曲线L1（该曲线可在加工前提取），选取方向并单击鼠标右键确认。用同样方法拾取第二条限制线单击曲线L2并确认。生成的刀具轨迹如图5－109所示。实体仿真加工效果如图5－110所示。

图5－108 限制线

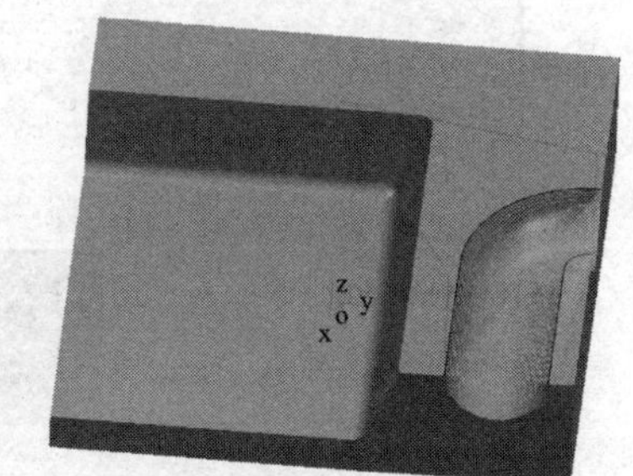

图5－109 限制线精加工刀具轨迹

6. 浅平面精加工

（1）单击加工工具栏中的“浅平面精加工”图标，进入如图5－111所示的加工界面。

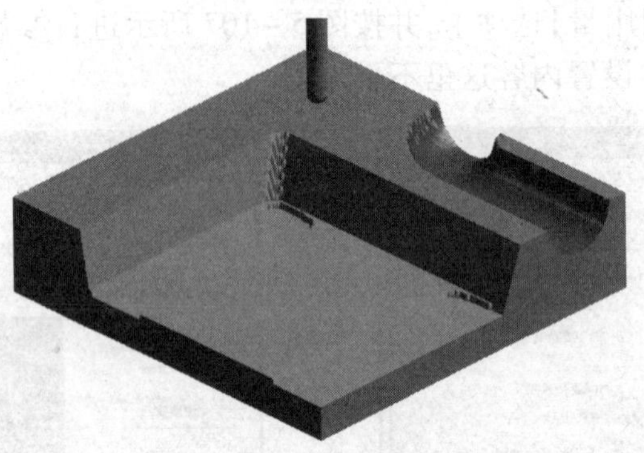

图 5-110　限制线仿真加工效果图

另外两种进入该加工方式界面的方法如下：单击[加工]→[精加工]→[浅平面精加工]命令；在特征树加工管理区空白处右击，在弹出的快捷菜单中选择[加工]→[精加工]→[浅平面精加工]命令。

(2) 通过【加工参数】、【下刀方式】、【刀具参数】、【公共参数】、【切入切出】、【加工边界】和【切削用量】7 个选项卡，进行浅平面精加工相关内容的设定。

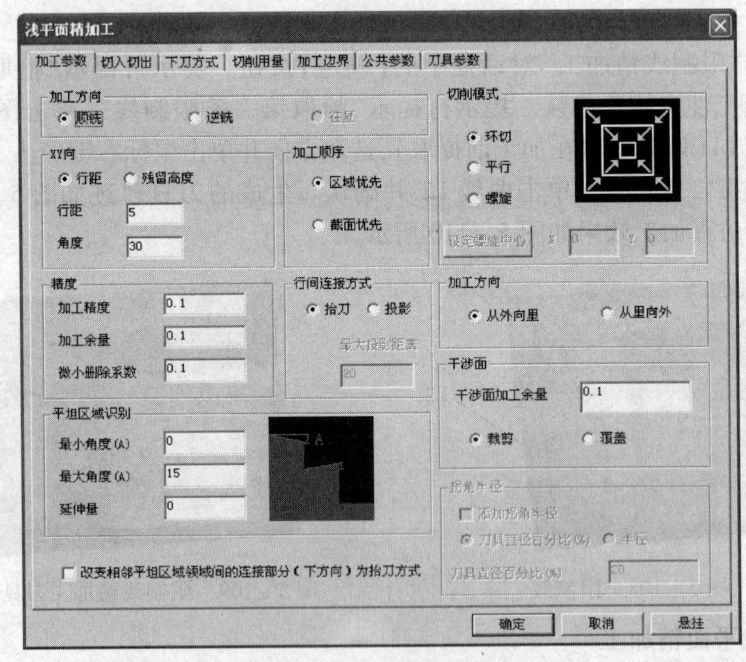

图 5-111　“浅平面精加工”界面

① 选择【加工参数】选项卡,进行加工参数的设置。

② 选择【切削用量】选项卡,并按图5－112所示进行参数设置。

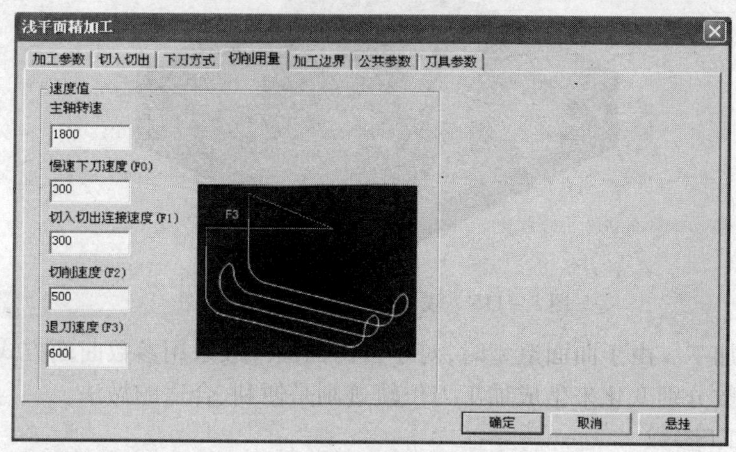

图5－112　切削用量的设置

(3) 生成轨迹与仿真加工。

单击“浅平面精加工”对话框中的【确定】按钮,提示行提示“拾取加工对象”,单击工件实体并确认。提示行提示“拾取边界线”,单击图5－113中的曲线L1(该曲线可在加工前提取),选取方向使4条线串连并单击鼠标右键确认。生成的刀具轨迹如图5－114所示。实体仿真加工效果如图5－115所示。

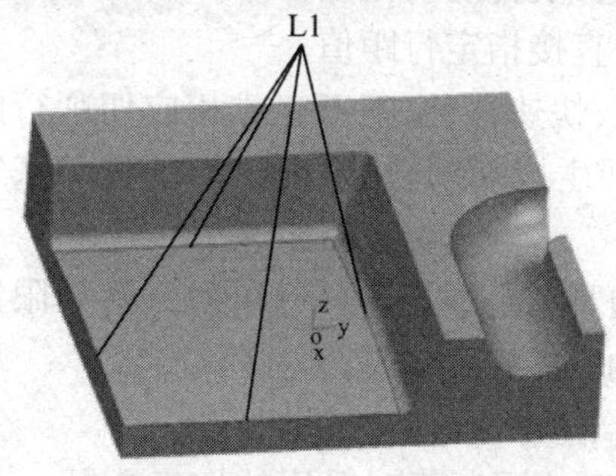

图5－113　拾取边界线

图5－114　浅平面精加工刀具轨迹

三、知识拓展

1. 参数线精加工

能生成沿曲面的参数线方向走刀行进的三轴加工轨迹,可以对单个或多个

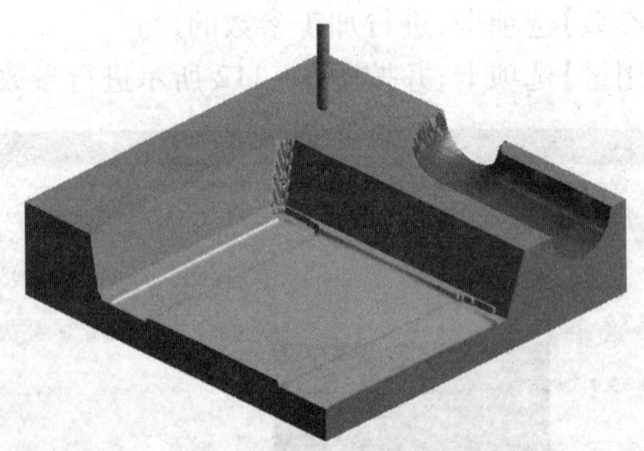

图 5－115　浅平面精加工仿真效果图

曲面进行加工。由于曲面造型时，对于自由曲面一般采用参数曲面方式来表达，因此按参数分别变化来生成加工刀位轨迹则是便利、合适的做法。

1）加工参数

“切入、切出方式”的确定：该选项用来指定刀具切入切出工件的方式。“不设定”指不使用切入切出；“直线”指沿直线垂直切入切出，可设定直线段的长度；“圆弧”指沿圆弧切入切出，“半径”是指切入切出的轨迹半径；“矢量”指沿用户设定的方向和长度指定切入、切出方式；“X”、“Y”、“Z”指定矢量的 3 个分量；“强制”指强制从指定点直线水平切入到切削点，或强制从切削点直线水平切出到指定点；“X”、“Y”指在与切削点相同高度的指定点的水平面位置值。

“等距定义方式”的确定：“残留高度”指切削行间残留量距加工曲面的最大距离；“刀次”指切削行的数目。“行距”用来直接指定行距值。

“遇干涉面”的确定：“抬刀”指通过抬刀，快速移动，下刀完成相应切削行间的连接。“投影”是指在需要连接的相邻行间生成切削轨迹，通过切削移动来完成连接。

“限制面”的确定：限制面类似于加工边界，通过定义第一和第二系列限制面可以将加工轨迹限制在一定的加工区域内。

“干涉检查”的确定：此项定义是否使用干涉检查，防止过切。

“干涉余量”的确定：用于指定处理干涉面或限制面时采用的加工余量。

2）接近返回

“接近方式”的确定：接近方式是指从刀具起始点快速移动后以切入方式逼近切削点的那段切入轨迹。

“返回方式”的确定：返回方式是指从切削点以切出方式离开切削点的那段切出轨迹。其中“不设定”指对接近或返回的切入、切出方式不进行设定；“直线”是指刀具按给定长度，以直线方式向切削点平滑切入或从切削点平滑切出；“长度”是指直线切入切出的长度；“圆弧”是指以1/4圆弧向切削点平滑切入或从切削点平滑切出；“半径”是指圆弧切入切出的半径，“转角”指切入与切出圆弧的圆心角；“强制”是指强制从指定点直线切入到切削点，或强制从切削点直线切出到指点定。

2. 限制线精加工

能生成多个曲面的三轴精加工刀具轨迹，刀具轨迹限制在两系列限制线内，适用于多曲面的整体加工和局部加工。若大刀完成加工后，则要用小刀加工局部区域残留量过多的部分，用限制线加工就很方便。

加工参数的确定：

（1）“XY切入”的确定：该选项中“2D方式”指刀具轨迹在XOY投影面上，保持一定的切宽；“3D方式”指刀具轨迹在实体模型上，保持一定的切宽。通过该选项的设定可以使切削更加平衡可靠。

（2）“路径类型”的确定：“偏移”是指使用一条限制线，形成平行于限制线的刀具轨迹；“法线方向”是指使用一条限制线，形成垂直于限制线方向的刀具轨迹；“垂直方向”是指使用两条限制线，形成垂直于限制线方向的刀具轨迹，加工区域由两条限制线确定；“平行方向”是指使用两条限制线，形成平行于限制线方向的刀具轨迹，加工区域由两条限制线确定。

3. 浅平面精加工

浅平面精加工的作用是在平坦部生成扫描线加工轨迹。浅平面精加工方式能自动识别零件模型中平坦的区域，针对这些区域生成精加工刀具轨迹，大大提高了零件平坦部分的精加工效率。

加工参数的确定：

（1）“平坦区域识别”的确定：该选项中“最小角度”和“最大角度”以水平方向作为0°方向，其输入值为0°～90°，系统自动判定平面夹角在输入的“最大角度”与“最小角度”之间的平面为平坦面；“延伸量”是指从设定的平坦区域向外的延伸量。

（2）“改变相邻平坦部区域邻域间的连接部分为抬刀方式”的确定：该选项用以确定相邻平坦面间刀具的抬刀方式。

四、任务拓展

练习：试完成如图5－116所示零件的曲面精加工。

解题思路：等高粗加工去除余量→轮廓线精加工方式精加工外形→浅平面精加工加工曲面。

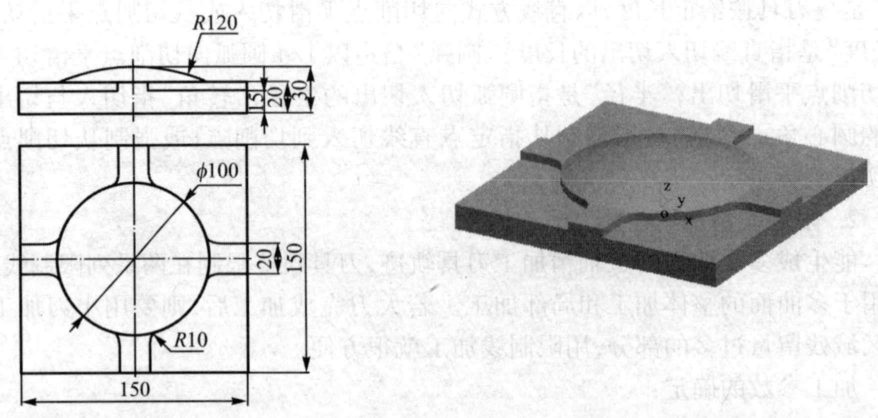

图 5－116　曲面精加工任务拓展

课题 7　其他加工方式介绍

一、任务描述

介绍 CAXA 制造工程师 2008 软件中的其他几种加工方式。

二、任务实施

1. 补加工

CAXA 制造工程师 2008 提供了 5 种补加工方法，适合不同特性的零件加工。补加工在常规加工中主要用于精加工后的清根加工，在高速加工中主要用于半精加工。但要注意的是，补加工容易出现刀痕，如果零件对表面质量要求较高，则需要将其应用于半精加工中，最后再用精加工来完成加工。

1）等高线补加工

等高线补加工可生成等高线补加工轨迹。该加工方式能自动识别零件粗加工后的残余部分，生成针对残余部分的中间加工轨迹，这样可以避免已加工部分的空走刀，有效提高加工效率，是一种最常用的补加工方式，适合高速加工。

（1）进入界面。可通过以下 3 种方式进入等高线补加工：单击加工工具栏中的“等高线补加工”图标；单击［加工］→［补加工］→［等高线补加工］命令；在特征树加工管理区空白处右击，在弹出的快捷菜单中选择［加工］→［补加工］→［等高线补加工］命令。“等高线补加工”界面如图 5－117 所示。

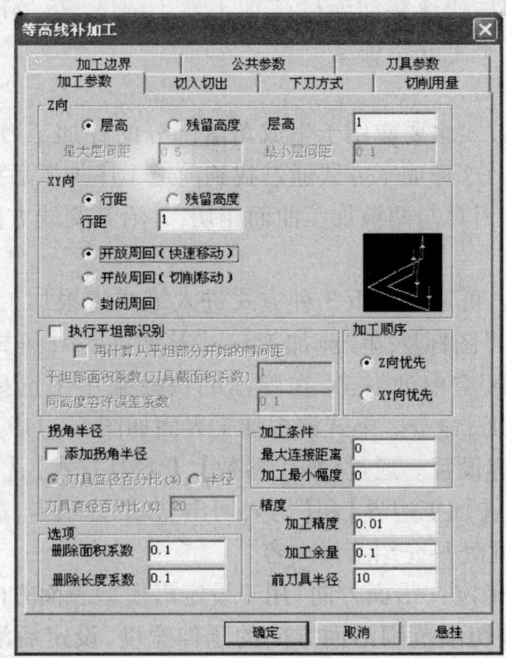

图5－117　“等高线补加工”界面

（2）选项卡内容设置。通过【加工参数】、【切入切出】、【下刀方式】、【刀具参数】、【公共参数】、【切削用量】和【加工边界】7个选项卡，进行等高线补加工相关内容的设定。只介绍新增内容。

“XY向”的确定：单选按钮“行距”用于指定XY方向的相邻扫描行的距离；单选按钮“残留高度”用于指定相邻切削行轨迹间残留量的高度；“开放周回（快速移动）”指在开放形状中，以快速移动进行抬刀；“开放周回（切削移动）”指在开放形状中，生成切削移动轨迹；“封闭周回”指在开放形状中，生成封闭的周回轨迹。3种方法的生成轨迹如图5－118所示（粗实线表示工件外形，细实线表示刀具轨迹）。

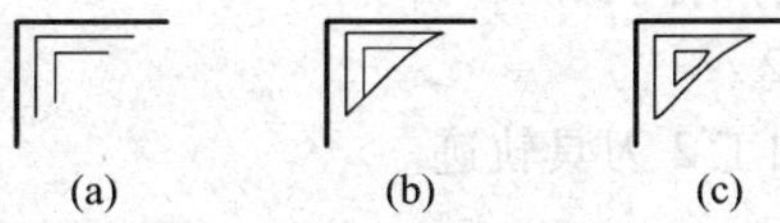

图5－118　轨迹生成

（a）开放周回（快速移动）；（b）开放周回（切削移动）；（c）封闭周回。

“加工条件”的确定：“最大连接距离”指多个补加工区域通过正常切削移动速度连接的距离，当最大连接距离大于加工区域切削间隔时，以切削移动连接，当情况相反时，抬刀后快速移动连接；“加工最小幅度”指当补加工区域宽度小于加工最小幅度时，不生成轨迹。

2）笔式清根加工

笔式清根加工方式主要应用于生成角落部分的补加工刀具轨迹，常用于半精加工的清根操作。这种加工方式通过找到前道工序加工后残留部分的所有拐角和凹槽，自动驱动刀具与两被加工曲面相切，并沿其交线方向运动来加工这些拐角。

（1）进入界面。可通过以下 3 种方式进入笔式清根加工：单击加工工具栏中的“笔式清根加工”图标；单击[加工]→[补加工]→[笔式清根加工]命令；在特征树加工管理区空白处右击，在弹出的快捷菜单中选择[加工]→[补加工]→[笔式清根加工]命令。笔式清根加工界面如图 5－119 所示。

（2）选项卡内容设置。通过【加工参数】、【下刀方式】、【刀具参数】、【公共参数】、【切削用量】、【加工边界】和【切入切出】7 个选项卡，进行笔式清根加工相关内容的设定。此处只介绍新增内容。

“沿面方向”的确定：“沿面方向”用于设定沿模型表面方向多行切削；“切削宽度”指未加工区域切削范围沿面方向的延伸宽度，设定后沿未加工区域会生成多条轨迹；“行距”指切削宽度方向进行多行切削时相邻行间的间隔；“加工方向”指生成沿模型表面方向多行切削，分为“由外到里的两侧”、“由外到里的单侧”和“由里到外”3 种方法。

“计算类型”的确定：“深模型”指生成具有深沟的模型的加工轨迹；“浅模型”指生成冲压用的大型模型的加工轨迹。

“选项”的确定：“面面夹角”用于定义两平面之间的夹角，如果实际工件两面之间的夹角大于该值，不进行补加工；“凹棱形状分界角”用于定义补加工区域为平坦区或垂直区；“近似系数”用来调整计算加工精度的系数；“删除长度系数”用来设定是否生成微小轨迹。

“调整计算网格因子”的确定：设定轨迹光滑的计算间隔因子，因子越小生成的轨迹越光滑，但计算时间长。

3）笔式清根加工 2

可生成笔式清根加工 2 刀具轨迹。

4）区域式补加工

区域式补加工方式可根据前道工序加工后的残留量区域进行补加工，并生成区域补加工轨迹。

（1）进入界面。可通过以下 3 种方式进入区域式补加工：单击加工工具栏中的“区域式补加工”图标；单击[加工]→[补加工]→[区域式补加工]命令;在特征树加工管理区空白处右击,在弹出的快捷菜单中选择[加工]→[补加工]→[区域式补加工]命令。“区域式补加工”加工界面如图5－120所示。

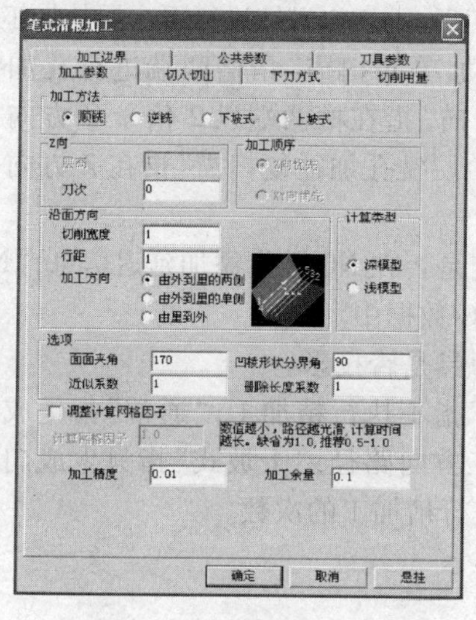

图5－119　“笔式清根加工”界面

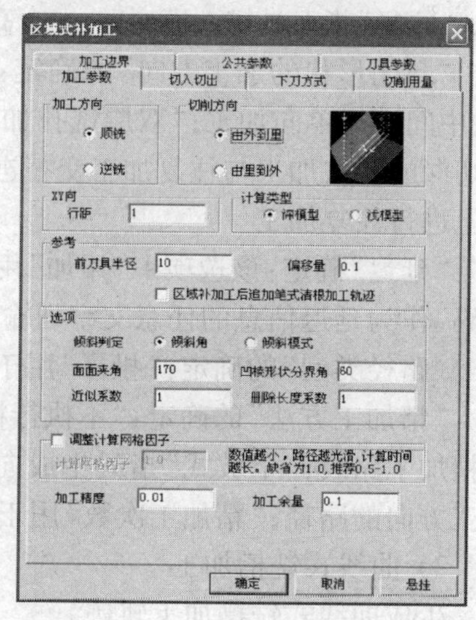

图5－120　“区域式补加工”界面

(2) 选项卡内容设置。通过【加工参数】、【下刀方式】、【刀具参数】、【公共参数】、【切削用量】、【加工边界】和【切入切出】7 个选项卡,进行区域式补加工相关内容的设定。只介绍新增内容。

“参考”的确定:此项中“前刀具半径”即前一道工序加工采用的刀具直径。“偏移量”指通过加大前一把刀具的半径,来扩大未加工区域的范围,通过这种方法可以有效去除前刀加工后的残留部分。

5) 区域式补加工 2

可生成区域式补加工 2 刀具轨迹。

2. 槽加工

1) 扫描式铣槽加工

以扫描式铣加工方式对槽进行加工。

(1) 进入界面。可通过以下 3 种方式进入扫描式铣槽加工:单击加工工具栏中的“扫描式铣槽加工”图标;单击[加工]→[槽加工]→[扫描式铣槽加工]命令;在特征树加工管理区空白处右击,在弹出的快捷菜单中选择[加工]→[槽加工]→[扫描式铣槽加工]命令。“扫描式铣槽加工”界面如图 5－121 所示。

(2) 选项卡内容设置。通过【加工参数】、【下刀方式】、【刀具参数】、【公共参数】、【切削用量】和【切入切出】6 个选项卡,进行扫描式铣槽加工相关内容的设定。只介绍新增内容。

“开放形状的加工方向”的确定:“从外侧进入”指刀具水平切入模型,接触到轮廓线则垂直切出。“从内侧进入”指刀具垂直切入模型,接触到轮廓线则水平切出。“往复”指刀具切入模型后,一个高度加工后,不切出继续进行下一层的加工。

“封闭形状的加工方向”的确定:“铣孔加单向扫描”指槽两端进行孔加工后,中间进行单向加工;“双层铣孔加往复扫描”指在槽两端以 2 倍于 Z 方向指定切深的孔穴加工与往复加工交替进行;“单层铣孔加往复扫描”指在 Z 方向每层上进行往复加工。

“延迟”确定:该选项中“添加”用于设定是否在 NC 数据添加延迟信息;“NC 代码”作为延迟信息的任意文字列输出到 NC 数据中。

“路径类型”的确定:“投影”用于选择刀具是否投影。

“精加工方法”的确定:“不执行精加工”指不执行精加工;“通常”指生成普通精加工路线;“下坡式”指只生成向下加工方向路径;“上坡式”指只生成向上加工方向的路径;“精加工次数”用于输入进行精加工的次数。

2）曲线式铣槽加工

生成曲线式铣槽加工轨迹。

(1) 进入界面。可通过以下 3 种方式进入曲线式铣槽加工;单击加工工具栏中的“曲线式铣槽加工”图标;单击[加工]→[槽加工]→[曲线式铣槽加工]命令;在特征树加工管理区空白处右击,在弹出的快捷菜单中选择[加工]→[槽加工]→[曲线式铣槽加工]命令。曲线式铣槽加工的加工界面如图 5-122 所示。

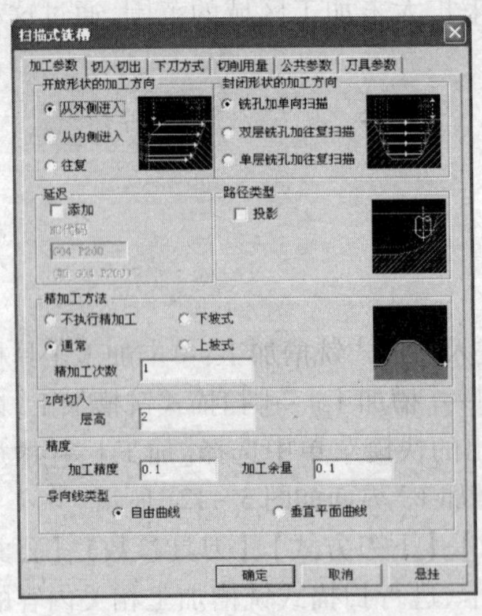

图 5-121 “扫描式铣槽”加工

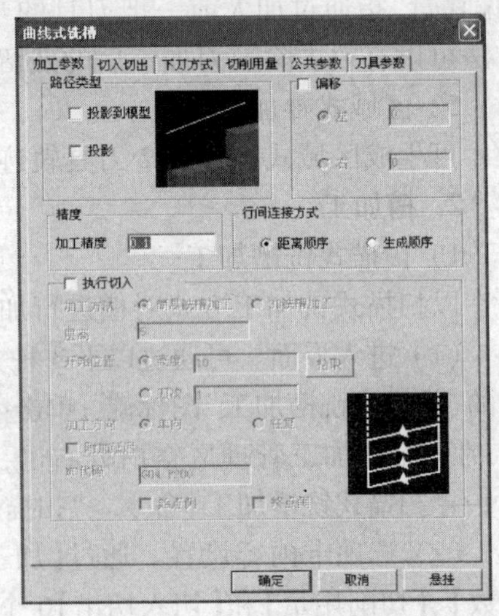

图 5-122 “曲线式铣槽”加工

(2) 选项卡内容设置。通过【加工参数】、【公共参数】、【切入切出】、【下刀方式】、【刀具参数】和【切削用量】6 个选项卡，进行曲线式铣槽加工相关内容的设定。此处只介绍新增内容。

“行间连接方式”的确定：“距离顺序”指依据各条曲线间起点与终点距离和的最优值来确定刀具轨迹连接顺序；“生成顺序”指依据曲线选择左右方向来确定加工路径连接顺序。

“执行切入”的确定：该选项中“加工方法”包括“简易铣槽加工”（在 Z 方向上，复制指定数条导向曲线，形成轨道，然后按照这些轨道生成刀具轨迹）和“3D 铣槽加工”（在 Z 方向上，按照指定数条导向曲线，形成轨道，然后按照这些轨道生成加工路径）两种选择。

3. 孔加工

可生成钻孔等孔加工轨迹，是在数控铣床与加工中心上使用钻头等对零件孔进行加工的方式。

1）进入界面

可通过以下 3 种方式进入孔加工：单击加工工具栏中的“孔加工”图标；单击主菜单中的[加工]→[其它加工]→[孔加工]命令；在特征树加工管理区空白处右击，在弹出的快捷菜单中选择[加工]→[其它加工]→[孔加工]命令。“孔加工”界面如图 5－123 所示。

2）选项卡内容设置

通过【加工参数】、【刀具参数】、【公共参数】和【用户自定义参数】4 个选项卡，进行孔加工相关内容的设定。

在【加工参数】选项卡中单击下三角按钮，出现 12 种钻孔模式，如图 5－124 所示，用户可根据实际情况选择钻孔模式（本软件的钻孔指令格式只适用于 FANUC 系统和与 FANUC 系统相近的系统）。

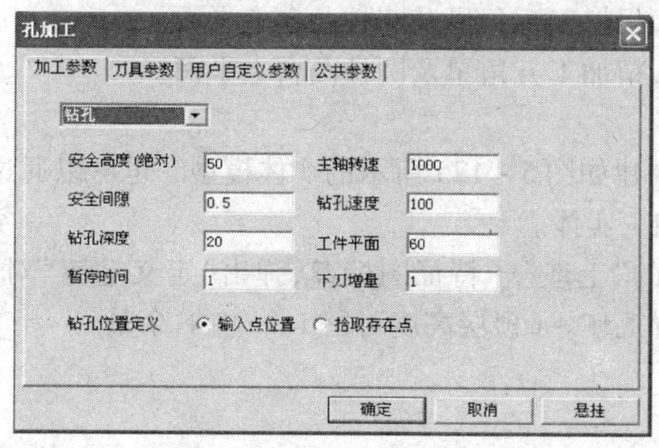

图 5－123　“孔加工”界面

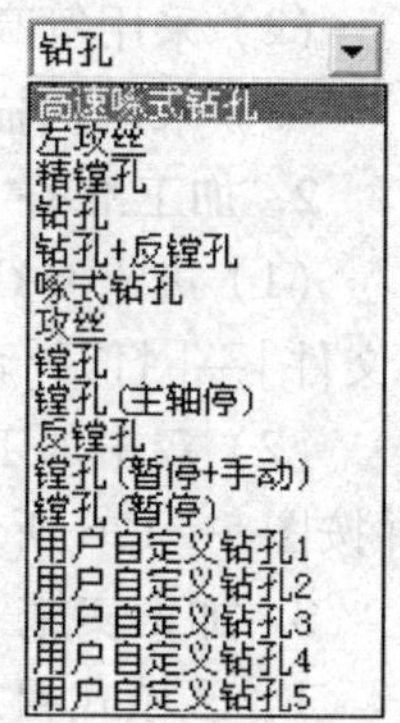

图 5－124　钻孔模式

课题8　综 合 加 工

一、任务描述

试完成如图 5－125 所示五角星的加工。已知毛坯尺寸为 260mm × 260mm × 48mm。

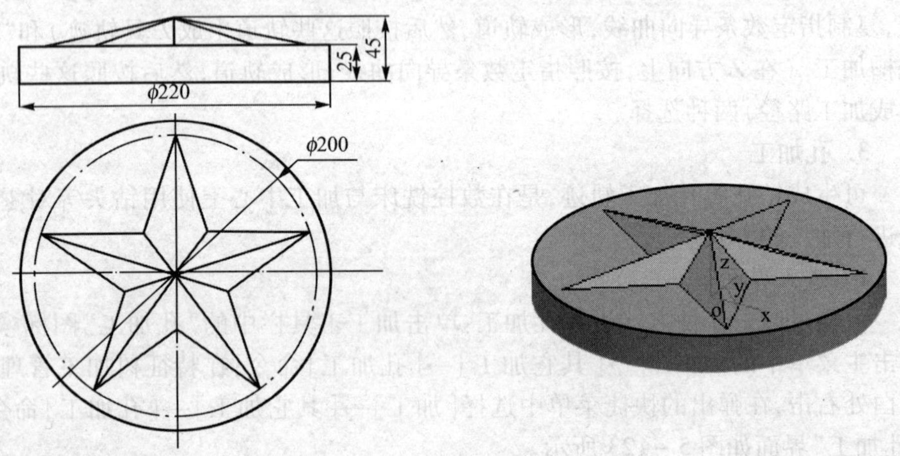

图 5－125　综合加工

知识点与技能点：综合运用各类加工方法。

二、任务实施

1. 加工步骤

(1) 采用区域式粗加工，粗加工 220mm × 46mm 的圆柱凸台。

(2) 采用等高线粗加工，粗加工五角星及圆柱凸台上平面。

(3) 采用扫描线精加工，精加工五角星及圆柱凸台上平面。

2. 加工准备

(1) 进入 CAXA 2008，创建如图 5－125 所示的实体模型。也可以通过单击[文件]→[打开]命令加载加工实体。

(2) 双击加工特征树中的“毛坯”子特征图标，弹出“定义毛坯”对话框，并按图 5－126 所示尺寸设置毛坯。（顶层高度可留 1mm 左右余量。）

3. 加工实施

1) 区域式粗加工

(1) 绘制加工边界。采用长、宽方式绘制矩形 260mm × 260mm；采用圆心、半径方式绘制圆,直径为220mm,如图5-127所示,作为区域式粗加工加工边界。

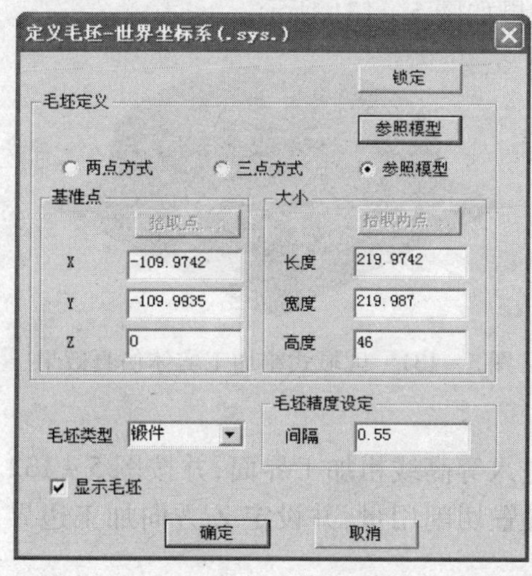

图5-126 毛坯设定

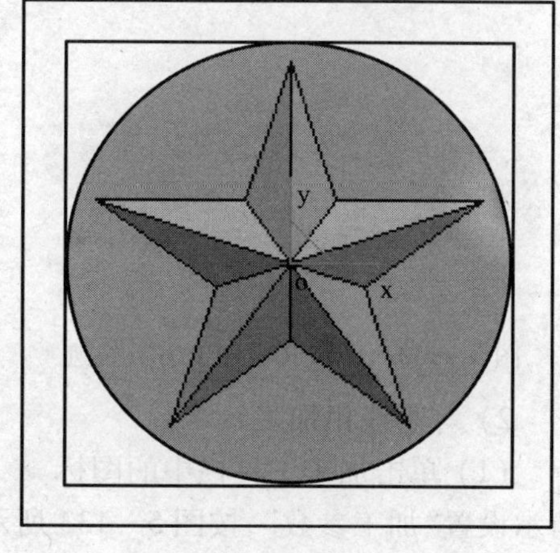

图5-127 区域式粗加工加工边界

(2)单击加工工具栏中的图标,进入区域式粗加工界面,并按图5-128所示设置“加工参数”,按图5-129所示设置“切削用量”,并设定Z方向加工边界为2mm~46mm,单击【确定】按钮。

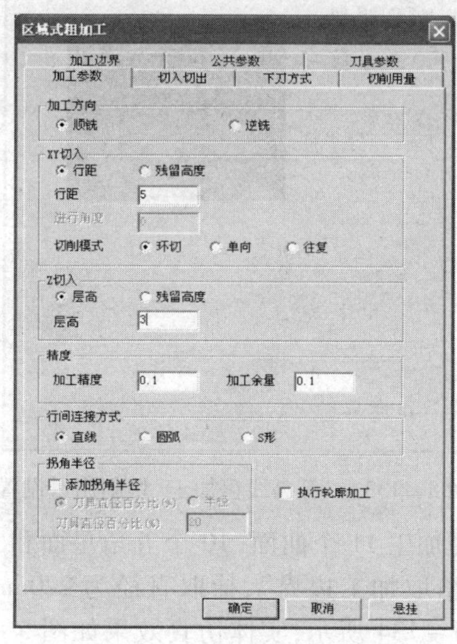

图5-128 “区域式粗加工”参数设置

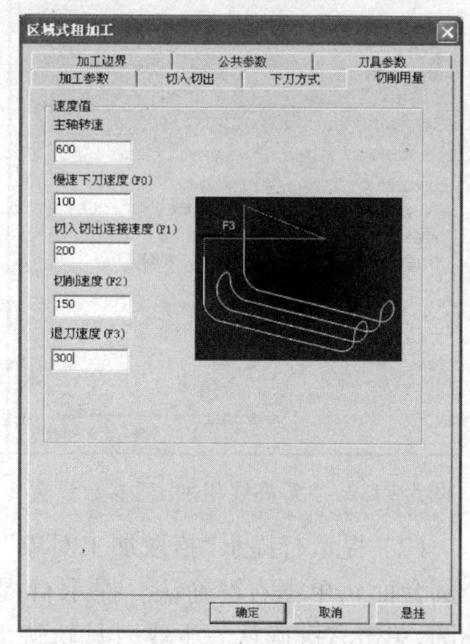

图5-129 “区域式粗加工”切削用量设置

（3）提示行提示“拾取轮廓”，选择如图 5－127 所示矩形边界，单击右键确认。提示行提示“拾取岛屿”，选择如图 5－127 所示圆边界，单击右键确认。生成刀具轨迹如图 5－130 所示，实体仿真效果如图 5－131 所示。

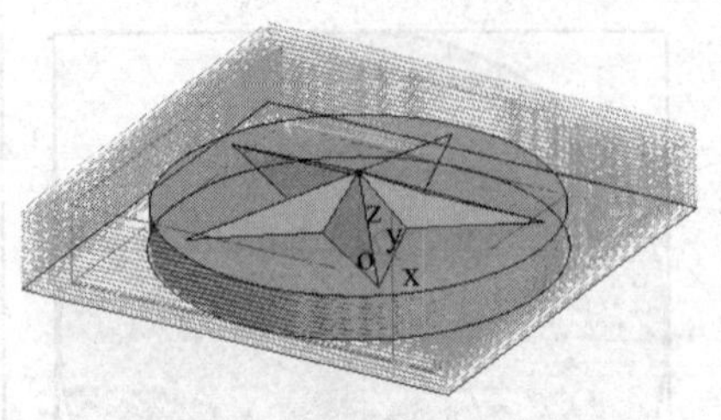

图 5－130　区域式粗加工刀具轨迹

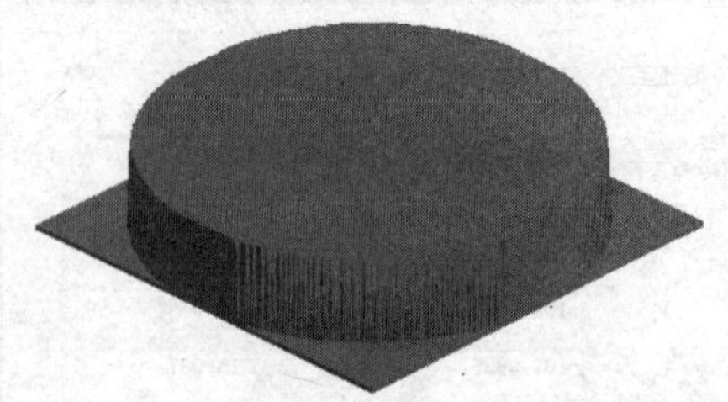

图 5－131　区域式粗加工实体仿真效果

2）等高线粗加工

（1）单击加工工具栏中的图标，进入等高线粗加工界面，并按图 5－132 所示设置“加工参数”，按图 5－133 所示设置切削用量，并设定 Z 方向加工边界为 25mm～46mm，单击【确定】按钮。

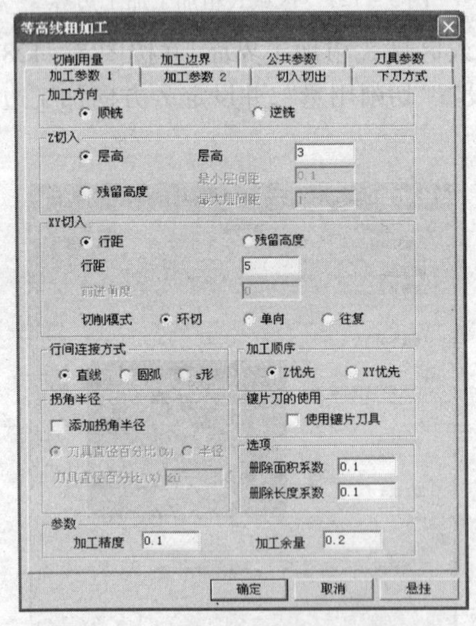

图 5－132　“等高线粗加工”参数设置

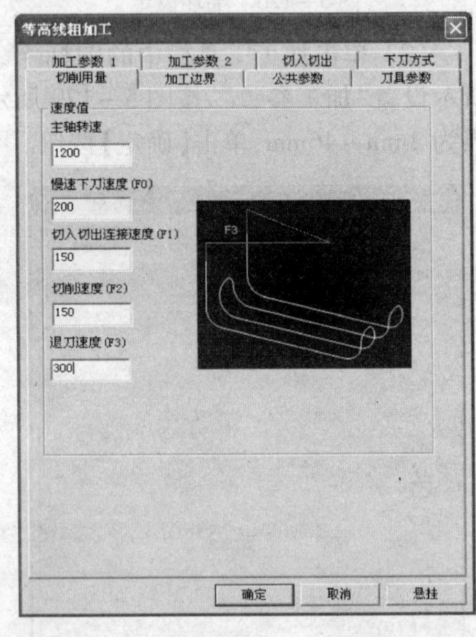

图 5－133　“等高线粗加工”切削用量设置

（2）提示行提示“拾取加工对象”，选择加工 11 个曲面（10 个五角星面和 1 个圆台面），单击右键确认。提示行提示“拾取加工边界”，拾取直径为 220mm 的圆，单击右键确认。生成刀具轨迹如图 5－134 所示，实体仿真效果如图 5－135 所示。

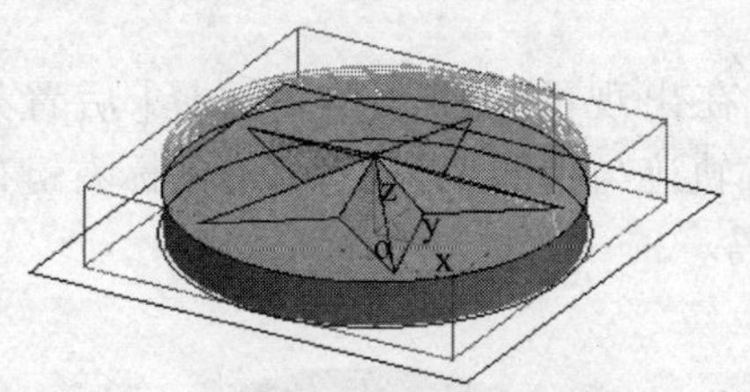

图5－134　等高线粗加工刀具轨迹

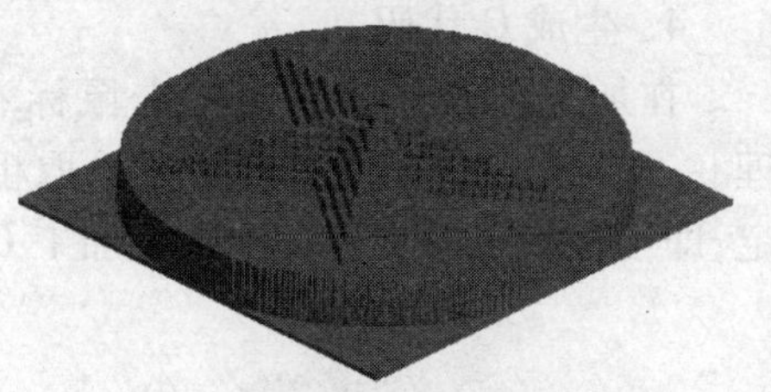

图5－135　等高线粗加工实体仿真效果图

3）扫描线精加工

（1）单击加工工具栏中的图标，进入扫描线精加工界面，并按图5－136所示设置"加工参数"，按图5－137所示设置"切削用量"，并设定Z方向加工边界为25mm～46mm，单击【确定】按钮。

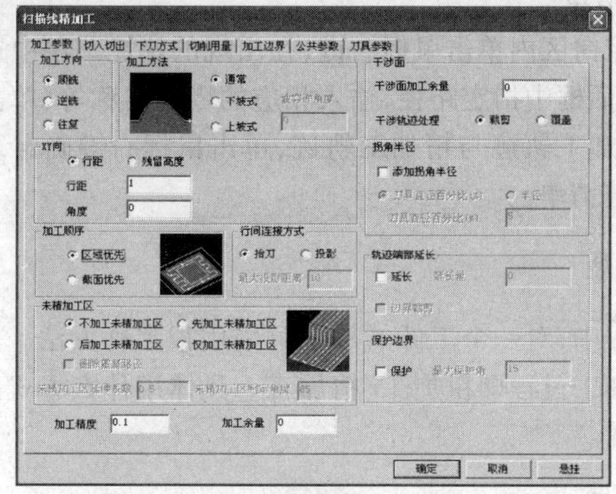

图5－136　"扫描线精加工"参数设置

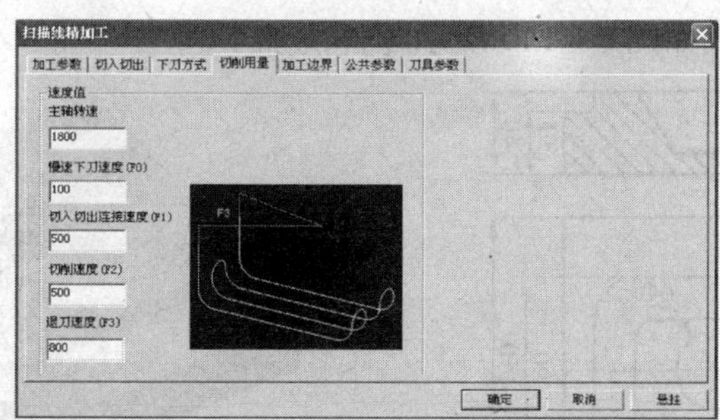

图5－137　"扫描线精加工"切削用量设置

（2）提示行提示"拾取加工对象"，选择加工11个曲面（10个五角星面和1个圆台面），单击右键确认。提示行提示"拾取加工边界"，拾取ϕ220圆，单击右键确认。生成刀具轨迹如图5－138所示，实体仿真效果如图5－139所示。

4. 生成 G 代码

在加工管理空白区内单击鼠标右键，在出现的快捷菜单中选择[后置处理]→[生成 G 代码]命令，分别拾取粗加工轨迹与精加工轨迹，单击鼠标右键确定，即可在指定的文件夹中生成加工 G 代码。

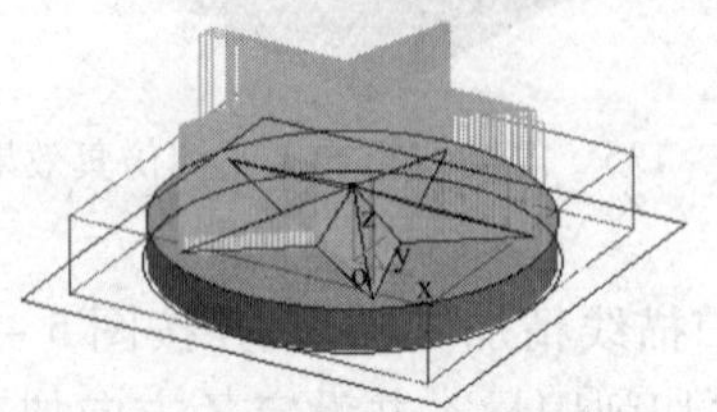

图 5－138 扫描线精加工刀具轨迹

图 5－139 扫描线精加工实体仿真效果图

5. 生成工艺清单

在加工管理空白区内单击鼠标右键，在出现的快捷菜单中选择“工艺清单”命令，在弹出的对话框中指定路径，输入相应的零件名称等，单击【拾取轨迹】按钮后，分别拾取粗加工轨迹与精加工轨迹，单击鼠标右键确定，再单击【生成清单】按钮，出现轨迹清单。

三、知识拓展

实际加工过程中，对一个工件的加工可采用很多种方法。本例向大家介绍了一个最基本的加工过程即粗加工/精加工。具体用什么方式来加工需根据零件特征来合理选择。

四、任务拓展

练习一：试完成如图 5－140 所示零件的加工。

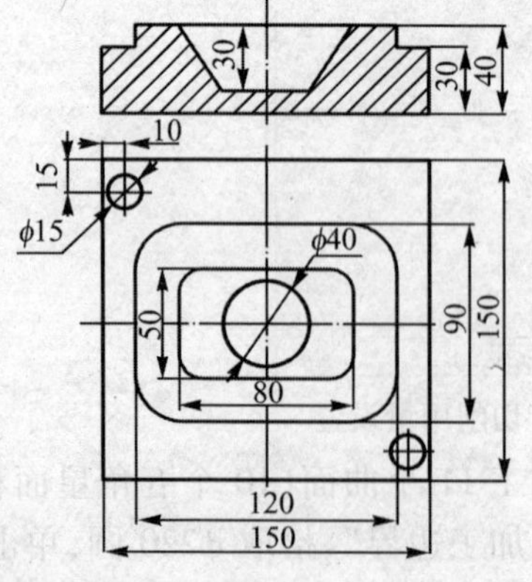

图 5－140 综合加工任务拓展 1

解题思路:区域式粗加工加工凸台→等高线粗、精加工内型腔→笔式清根补加工内型腔中残留部分→轮廓线精加工凸台→钻孔。

练习二:试完成如图 5－141 所示手机模型的加工。

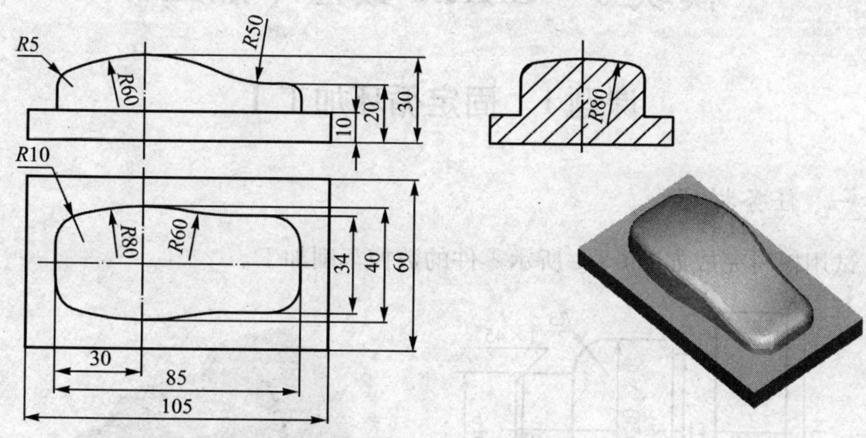

图 5－141　综合加工任务拓展 2

模块6　CAXA数控车加工

课题1　固定循环加工Ⅰ

一、任务描述

试用棒料完成如图6－1所示零件的数控车削加工。

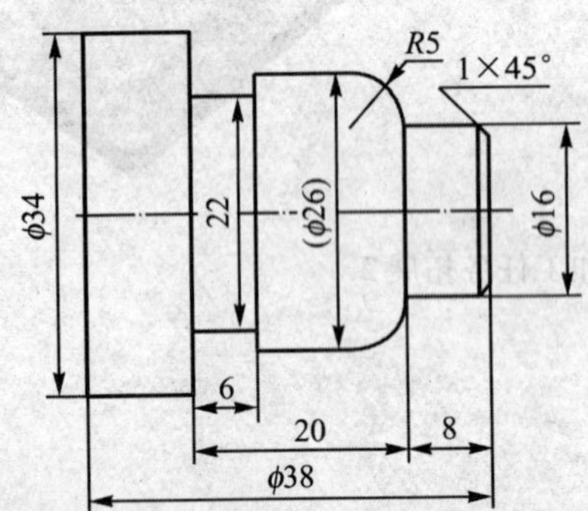

图6－1　零件图

知识点与技能点：轮廓粗车、精车；切槽；轨迹仿真；NC代码生成。

二、任务实施

1．建立加工模型

启动CAXA数控车，完成如图6－2所示造型。

注意：只需绘制工件上半部分的被加工轮廓和毛坯轮廓构成的一个封闭区域(被切除部分)即可，其余线条不用画出，且被加工轮廓和毛坯轮廓不能单独闭合或自交。

2．刀具路径规划

(1) 单击[加工]→[轮廓粗车]命令如图6－3所示，或直接单击数控车工具栏中的图标，系统弹出"粗车参数表"对话框，填写参数表。

(2) 选择【加工参数】选项卡，在对话框中确定各加工参数，如图6－4所示。

(3) 选择【进退刀方式】选项卡，按图6－5所示进行参数设置。

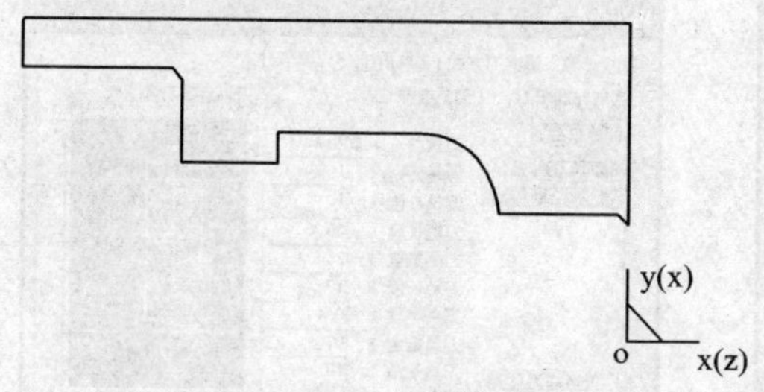

图 6－2　被加工轮廓和毛坯轮廓

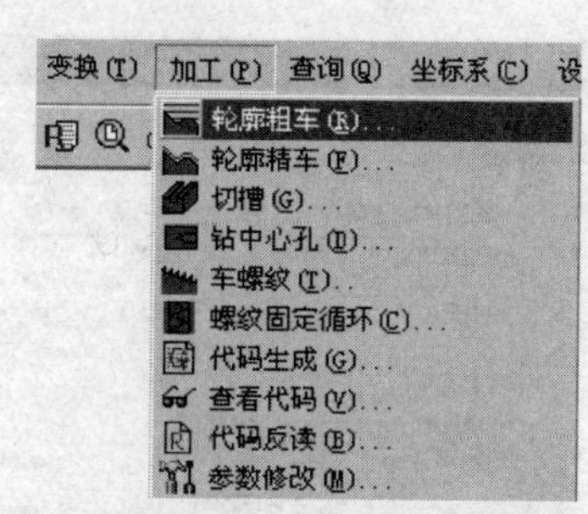

图 6－3　选择轮廓粗车

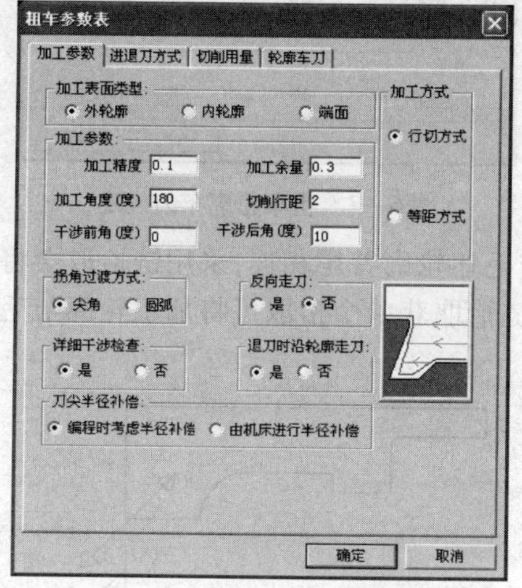

图 6－4　粗车加工参数设定

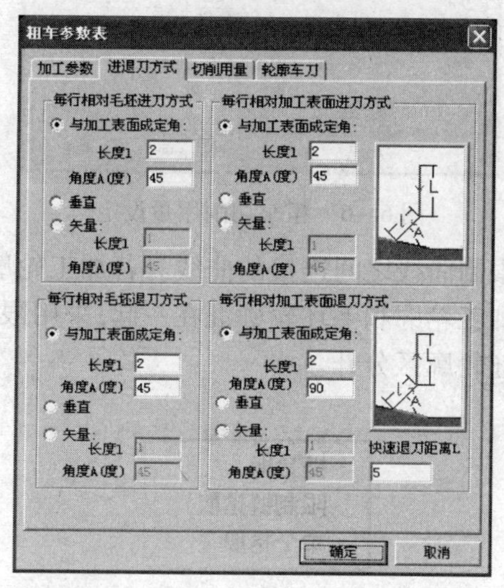

图 6－5　粗车进退刀方式设定

（4）选择【切削用量】选项卡，在对话框中确定各加工参数，如图 6－6 所示。

（5）选择【轮廓车刀】选项卡，按图 6－7 所示进行设置，单击【确定】按钮。

（6）拾取被加工轮廓。系统提示“拾取被加工工件表面轮廓”，按空格键，弹出“拾取方式”快捷菜单，如图 6－8 所示选择“单个拾取”命令，拾取第一条轮廓线后，此轮廓线变成红色虚线并出现方向箭头，如图 6－9 所示，同时系统提示“选择轮廓走向”，单击向左箭头，系统继续提示“拾取曲线”，依次向左拾取其余轮廓线，单击右键结束被加工轮廓拾取。

注意：快捷菜单提供 3 种拾取方式，即单个拾取、链拾取和限制链拾取。如果采用链拾取方式，则系统自动拾取首尾连接的轮廓线；如果采用单个拾取，则系统提示“继续拾取轮廓线”；如果采用限制链拾取，则系统自动拾取该曲线与

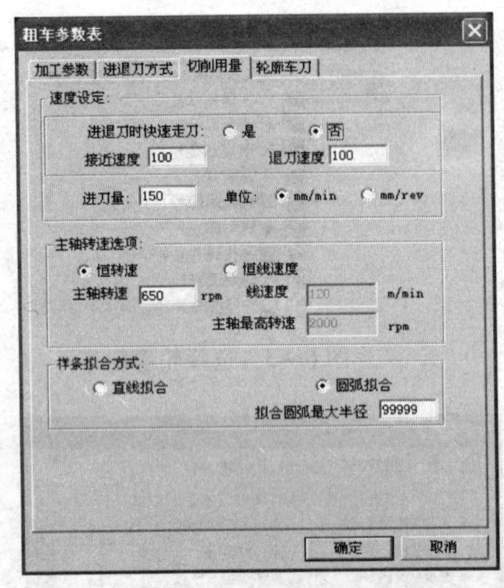

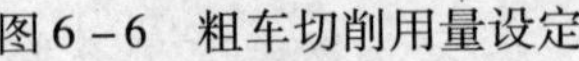

图 6－6 粗车切削用量设定

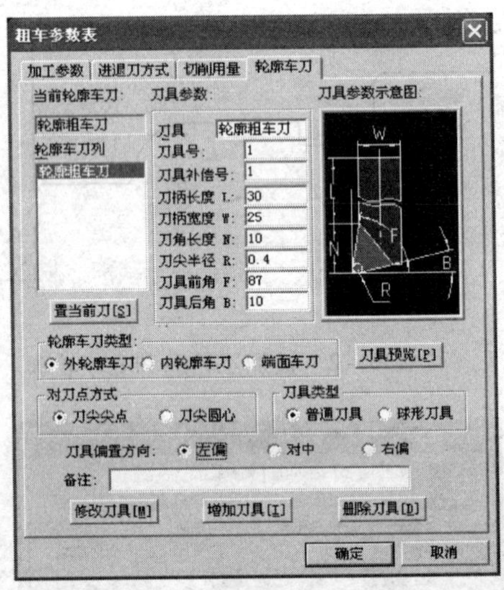

图 6－7 粗车轮廓车刀设定

限制曲线之间连接的曲线。若加工轮廓与毛坯轮廓首尾相连，采用链拾取会将加工轮廓和毛坯轮廓混在一起；采用限制链拾取获单个拾取可将加工轮廓与毛坯轮廓区分开。

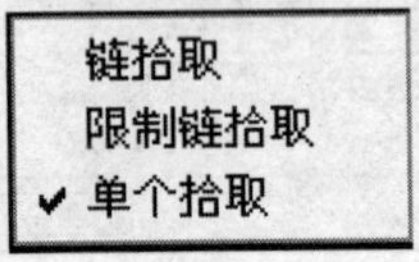

链拾取
限制链拾取
✔ 单个拾取

图 6－8 “拾取方式”快捷菜单

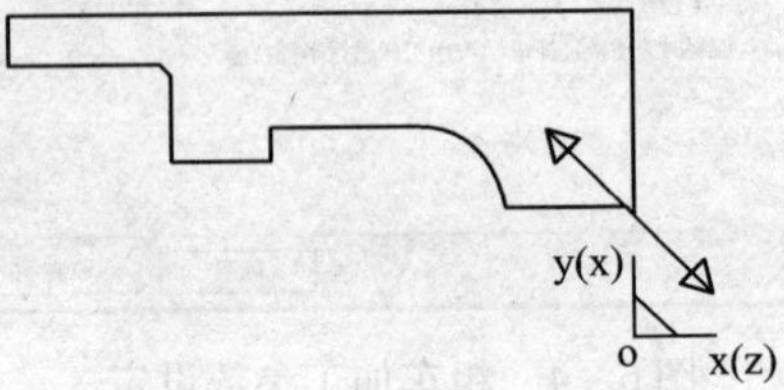

y(x)
o x(z)

图 6－9 轮廓拾取方向示意

（7）拾取毛坯轮廓。拾取方法与拾取被加工轮廓方法相同。

（8）确定进退刀点。指定一点为刀具加工前和加工后所在的位置。若单击鼠标右键确定可忽略该点的输入。

（9）生成刀具轨迹。当确定进退刀点后，系统生成绿色的刀具轨迹，如图 6－10所示。

（10）单击［加工］→［轮廓精车］命令，如图 6－11 所示，或直接单击数控车工具栏中的图标，弹出“精车参数表”对话框，填写参数表。

（11）选择【加工参数】选项卡，在对话框中确定各加工参数，如图 6－12 所示。

（12）选择【进退刀方式】选项卡，按图 6－13 所示进行参数设置。

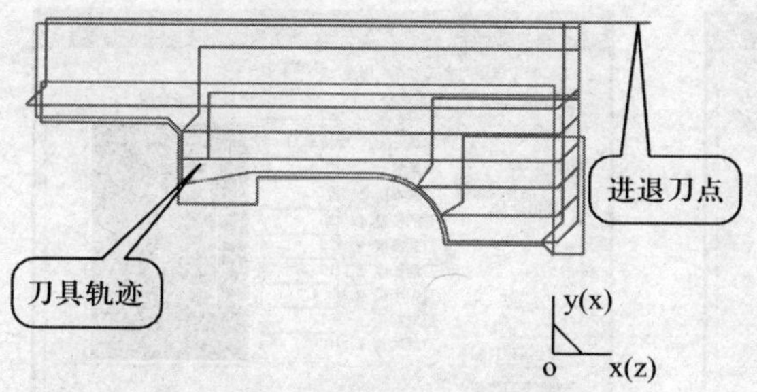

图 6－10　生成的粗车加工轨迹

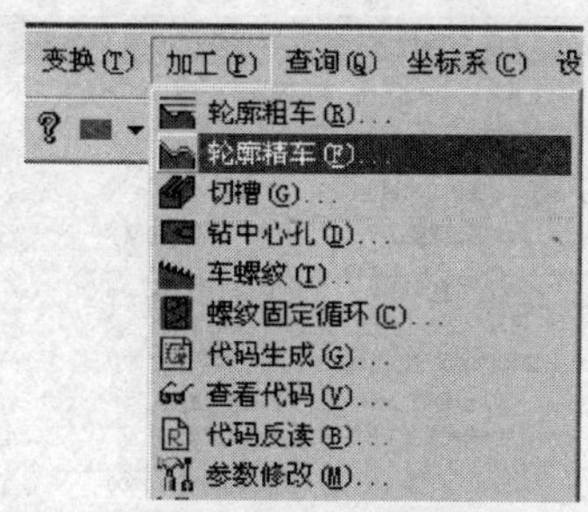

图 6－11　选择轮廓精车

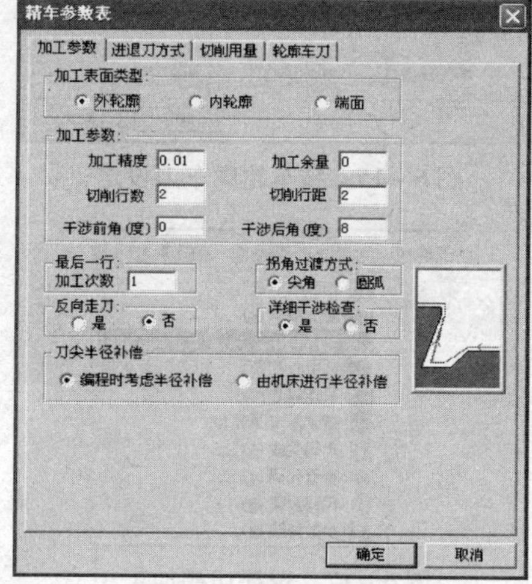

图 6－12　精车加工参数设定

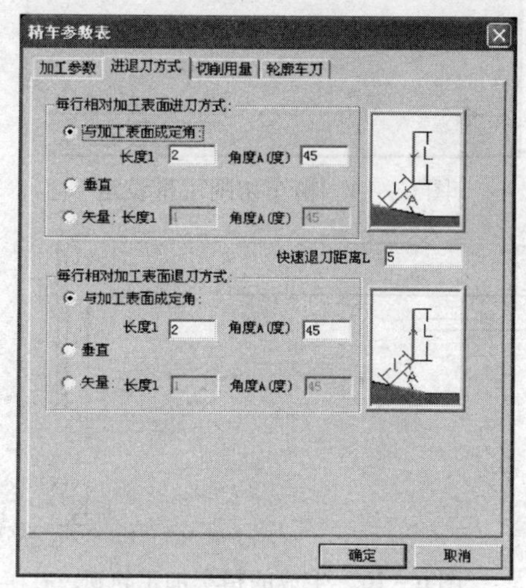

图 6－13　精车进退刀方式设定

(13) 选择【切削用量】选项卡，在对话框中确定各加工参数，如图 6－14 所示。

(14) 选择【轮廓车刀】选项卡，按图 6－15 所示进行参数设置，单击【确定】按钮。

(15) 拾取被加工轮廓。与粗车加工相同。

(16) 确定进退刀点，生成刀具轨迹，如图 6－16 所示。

(17) 单击[加工]→[切槽]命令，如图 6－17 所示，或直接单击数控车工具栏中的图标，系统弹出“切槽参数表”对话框，填写参数表。

(18) 选择【加工参数】选项卡，在对话框中确定各加工参数，如图 6－18 所示。

(19) 选择【切削用量】选项卡，在对话框中确定各加工参数，如图 6－19 所示。

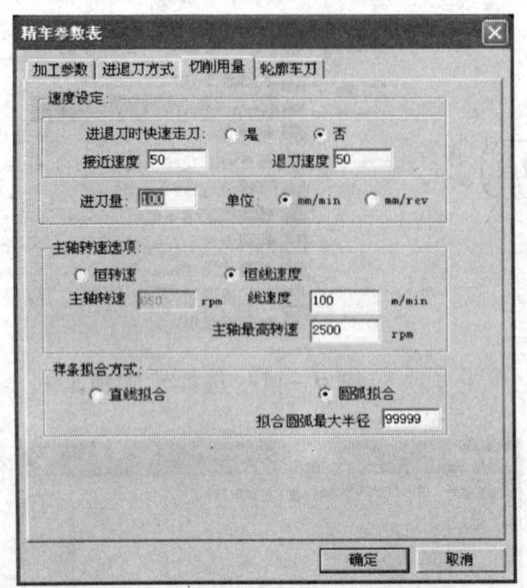

图 6－14　精车切削用量设定

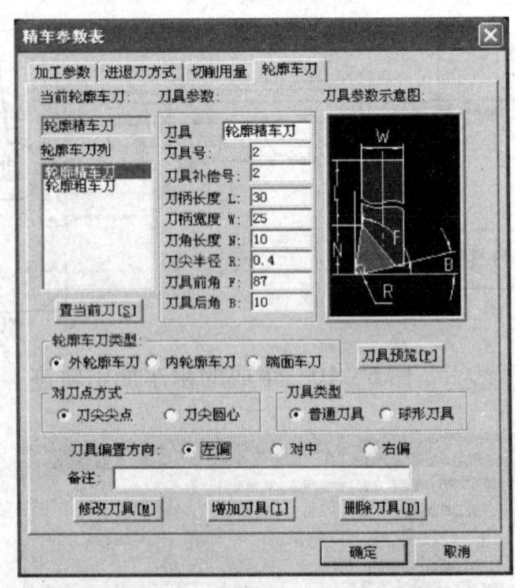

图 6－15　精车轮廓车刀设定

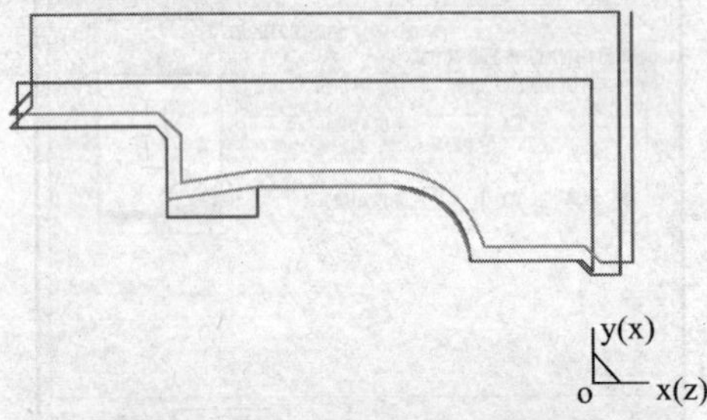

图 6－16　生成的精车加工轨迹

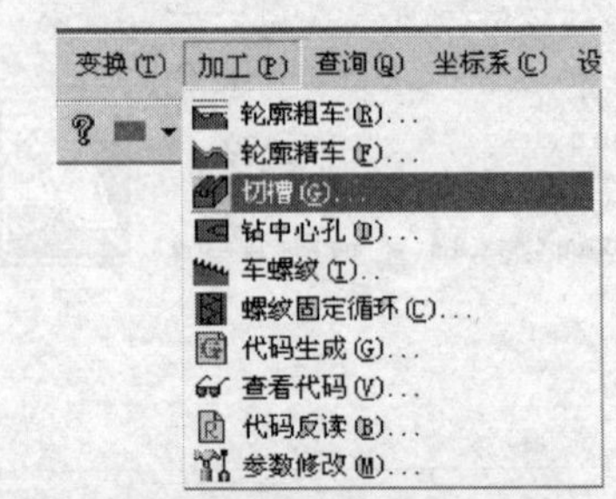

图 6－17　选择切槽加工

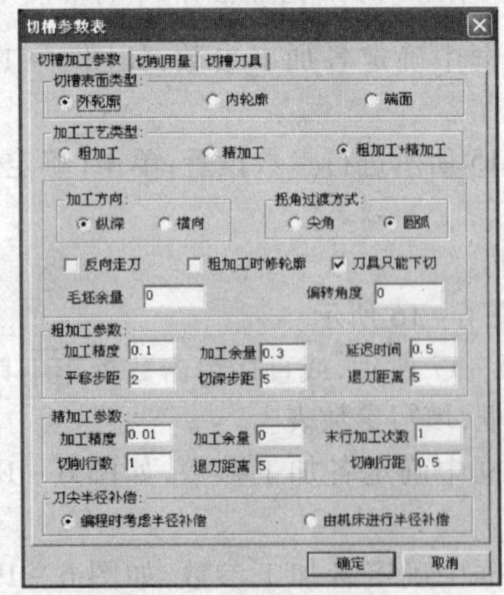

图 6－18　切槽加工参数设定

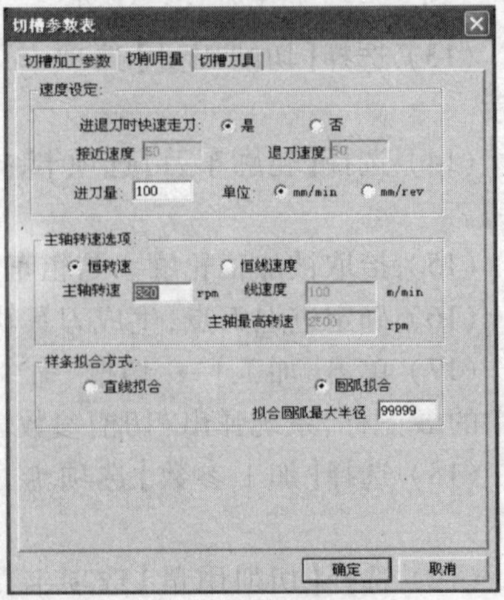

图 6－19　切槽切削用量设定

(20) 选择【轮廓车刀】选项卡,按图 6－20 所示进行参数设置,单击【确定】按钮。

(21) 拾取被加工轮廓,如图 6－21 所示。

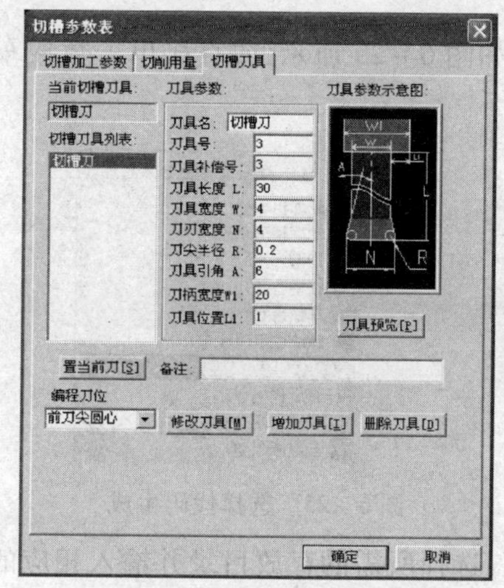

图 6－20　切槽车刀设定

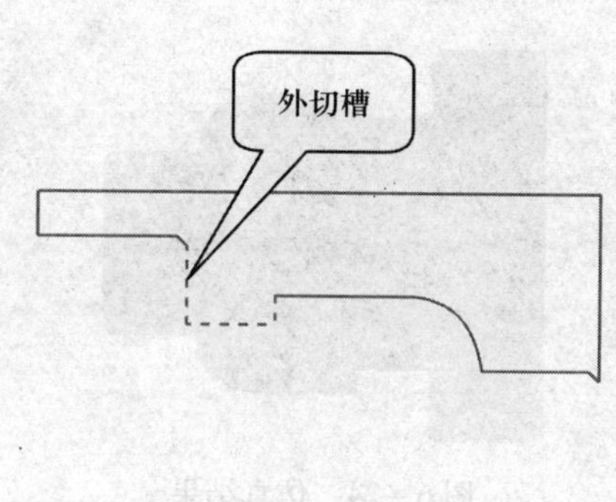

图 6－21　轮廓拾取示意图

(22) 确定进退刀点,生成刀具轨迹,如图 6－22 所示。

3. 轨迹仿真

(1) 单击[加工]→[轨迹仿真]命令,如图 6－23 所示,或直接单击数控车工具栏中的图标。轨迹仿真分为动态、静态和二维实体仿真。选择“二维实体”、“缺省毛坯轮廓”方式。

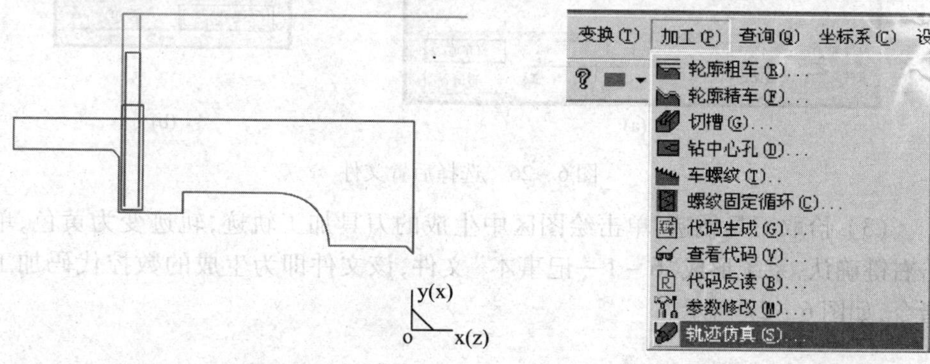

图 6－22　生成的切槽加工轨迹　　　　图 6－23　选择轨迹仿真

(2) 拾取要仿真的加工轨迹,拾取已生成的粗加工、精加工和切槽刀具轨迹。

(3) 单击右键结束拾取,系统开始进行仿真。通过轨迹仿真,观察刀具走刀路线以及是否存在干涉及过切现象,仿真过程中可按 Esc 键终止仿真。图 6-24 所示为仿真结果。

4. NC 代码生成

(1) 单击[加工]→[代码生成]命令,如图 6-25 所示,或直接单击数控车工具栏中的图图标。

图 6-24 仿真结果

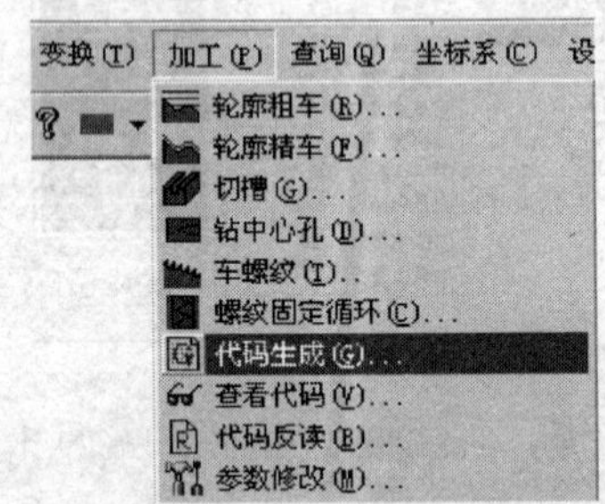

图 6-25 选择代码生成

(2) 系统弹出"选择后置文件"对话框,选择所需的存放目录并输入相应的文件名,如图 6-26(a)所示,单击【打开】按钮。出现如图 6-26(b)所示的对话框,单击【是】按钮。

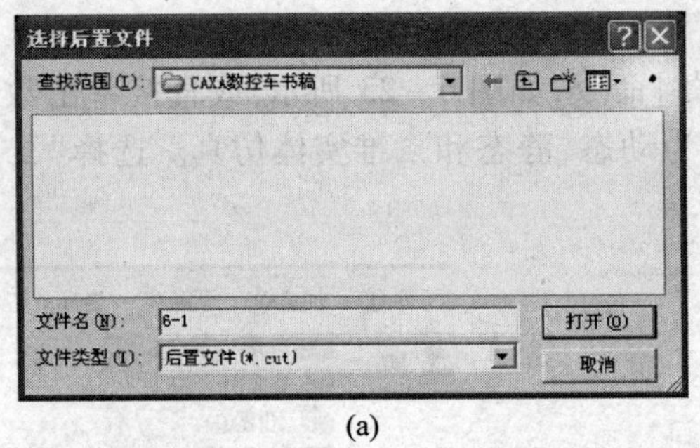

(a)

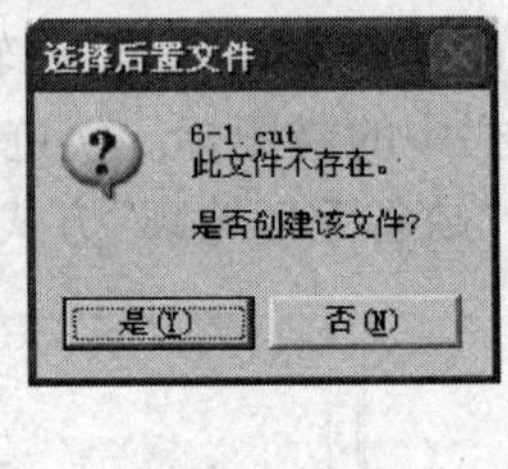

(b)

图 6-26 选择后置文件

(3) 拾取刀具轨迹,单击绘图区中生成的刀具加工轨迹,轨迹变为黄色,单击右键确认,系统形成"6-1—记事本"文件,该文件即为生成的数控代码加工指令,如图 6-27 所示。

三、知识拓展

轮廓粗车功能主要对工件外轮廓表面、内轮廓表面和端面的粗车加工,用于快速去除毛坯多余部分加工轨迹的生成、轨迹仿真以及数控代码的拾取。

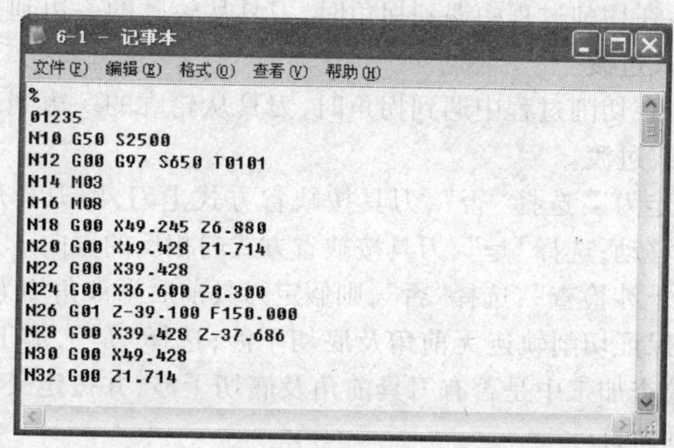
6-1 - 记事本
文件(F) 编辑(E) 格式(O) 查看(V) 帮助(H)

```
%
01235
N10 G50 S2500
N12 G00 G97 S650 T0101
N14 M03
N16 M08
N18 G00 X49.245 Z6.880
N20 G00 X49.428 Z1.714
N22 G00 X39.428
N24 G00 X36.600 Z0.300
N26 G01 Z-39.100 F150.000
N28 G00 X39.428 Z-37.686
N30 G00 X49.428
N32 G00 Z1.714
```

图6-27　数控代码

轮廓精车实现对工件外轮廓表面、内轮廓表面和端面的精车加工,切槽功能用于在工件外轮廓表面、内轮廓表面和端面切槽。加工时要确定被加工轮廓,被加工轮廓就是加工结束后的工件表面轮廓,被加工轮廓不能闭合或自相交。

1. 轮廓粗车参数

包括加工参数、进退刀方式和切削用量。

1) 加工参数

轮廓粗车的加工参数,设置界面如图6-28所示。

主要用于限定粗车加工中的各种工艺条件和加工方式,其中包括以下内容。

(1)“加工表面类型”包括“外轮廓”、“内轮廓”和“端面”3种,应根据加工内容进行选择。

(2)“加工参数”的设置有以下几个部分。

① 干涉后角:做底切干涉检查时,确定干涉检查的角度。

② 干涉前角:做前角干涉检查时,确定干涉检查的角度。

③ 加工角度:刀具切削方向与机床Z轴(软件系统X)正方向的夹角。如切外轮廓,刀具由右向左运动,与机床Z轴相反,加工角度取180°;如切端面,刀具从上到下运动,与机床Z轴正向成-90°或270°,加工角度取-90°或270°。

④ 切削行距:两相邻切削行之间的距离。

⑤ 加工余量:加工结束后,被加工表面没有加工的部分的剩余量(与最终加工结果比较)。

⑥ 加工精度:用户可按需要控制加工的精度。对轮廓中的直线和圆弧,机床可以精确地加工;对于样条曲线组成的轮廓,系统将按给定的精度把样条转化成直线段来满足用户所需的加工精度。

(3)“拐角过渡方式”有以下两种形式。

①“圆弧”：在切削过程中遇到拐角时，刀具从轮廓的一边到另一边的过程中，以圆弧的方式过渡。

②“尖角”：在切削过程中遇到拐角时，刀具从轮廓的一边到另一边的过程中，以尖角的方式过渡。

(4)“反向走刀”：选择“否”，刀具按缺省方式走刀，即刀具从机床 Z 轴正向，向 Z 轴负向移动；选择“是”，刀具按缺省方式向相反的方向走刀。

(5)“详细干涉检查”：选择“否”，则假定刀具前后干涉角均为0°，对凹槽部分不做加工，以保证切削轨迹无前角及底切干涉；选择“是”，加工凹槽时，用定义的干涉角度检查加工中是否有刀具前角及底切干涉，并按定义的干涉角度生成无干涉的切削轨迹。

(6)“退刀时沿轮廓走刀”：选择“否”，刀具在首行、末行直接进退刀，对行与行之间的轮廓不加工；选择“是”，两刀位行之间如果有一段轮廓，在后一刀位行之前、之后增加对行间轮廓的加工。

(7)“刀尖半径补偿”分两种情况。

①“编程时考虑半径补偿”：在生成加工轨迹时，系统根据当前所用刀具的刀尖半径进行补偿计算（按假想刀尖点编程），生成已考虑半径补偿的代码，无须机床再进行刀尖半径补偿。

②“由机床进行半径补偿”：在生成加工轨迹时，假设刀尖半径为0，按轮廓编程，不进行刀尖半径补偿计算。所生成代码用于实际加工时，应根据实际刀尖半径由机床指定补偿值。

2）进退刀方式

轮廓粗车的“进退刀方式”的设置界面如图 6-29 所示。

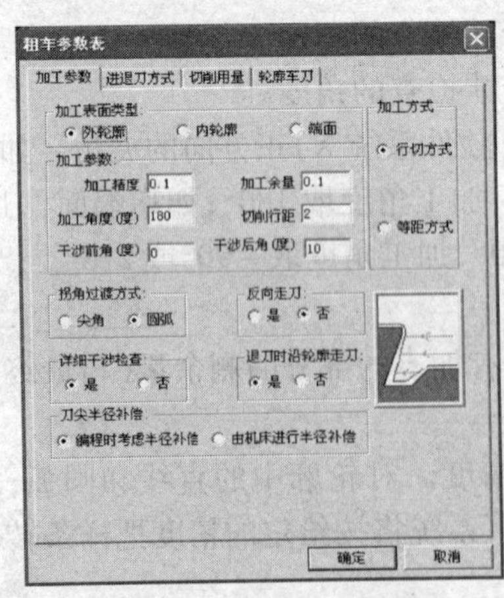

图 6-28 粗车加工参数表

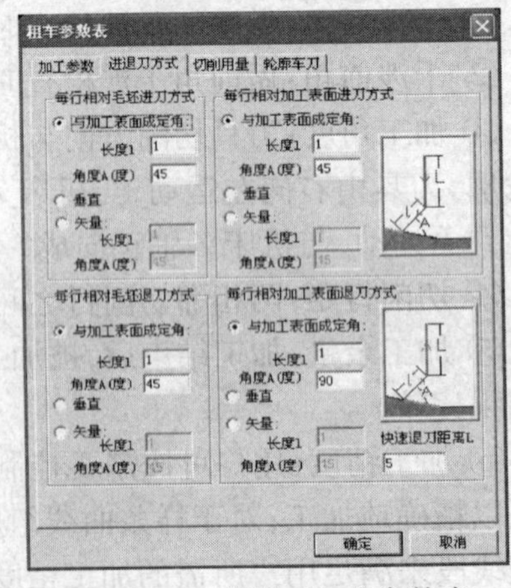

图 6-29 进退刀方式参数表

（1）“进刀方式”主要包括以下几种形式。

①“每行相对毛坯进刀方式”：用于对毛坯部分进行切削时的进刀方式。

②“每行相对加工表面进刀方式”：用于对加工表面部分进行切削时的进刀方式。

其中：

a. “与加工表面成定角”：指在每一切削行前加入一段与轨迹切削方向夹角成一定角度的进刀段，刀具垂直进刀到该进刀段的起点，再沿该进刀段进刀至切削行。“角度”定义该进刀段与轨迹切削方向的夹角；“长度”定义该进刀段的长度。

b. “垂直”：指刀具直接进刀到每一切削行的起始点。

c. “矢量”：指在每一切削行前加入一段与系统 X 轴（机床 Z 轴）正方向成一定夹角的进刀段。刀具进刀到该进刀段的起点，再沿该进刀段进刀至切削行。“角度”定义矢量（进刀段）与系统 X 轴正方向的夹角；“长度”定义矢量（进刀段）的长度。

（2）“退刀方式”主要包括以下几种形式。

①“每行相对毛坯退刀方式”：用于对毛坯部分进行切削时的退刀方式。

②“每行相对加工表面退刀方式”：用于对加工表面部分进行切削时的退刀方式。

其中：

a. “与加工表面成定角”：指在每一切削行后加入一段与轨迹切削方向夹角成一定角度的退刀段，刀具先沿该退刀段退刀，再从该退刀段的末点开始垂直退刀。“角度”定义该退刀段与轨迹切削方向的夹角；“长度”定义该退刀段的长度。

b. “垂直”：指刀具直接退刀到每一切削行的起始点。

c. “矢量”：指在每一切削行后加入一段与系统 X 轴（机床 Z 轴）正方向成一定夹角的退刀段。刀具先沿该退刀段退刀，再从该退刀段的末点开始垂直退刀。“角度”定义矢量（退刀段）与系统 X 轴正方向的夹角；“长度”定义矢量（退刀段）的快速退刀距离，即以给定的退刀速度回退的距离（相对值），在此距离上以机床允许的最大进给速度退刀。

3）切削用量

在每种刀具生成轨迹时，都要设置一些与切削用量及机床加工相关的参数。选择【切削用量】选项卡可进入切削用量参数设置界面，如图 6－30 所示，各选项具体含义如下。

（1）“速度设定”包括以下内容。

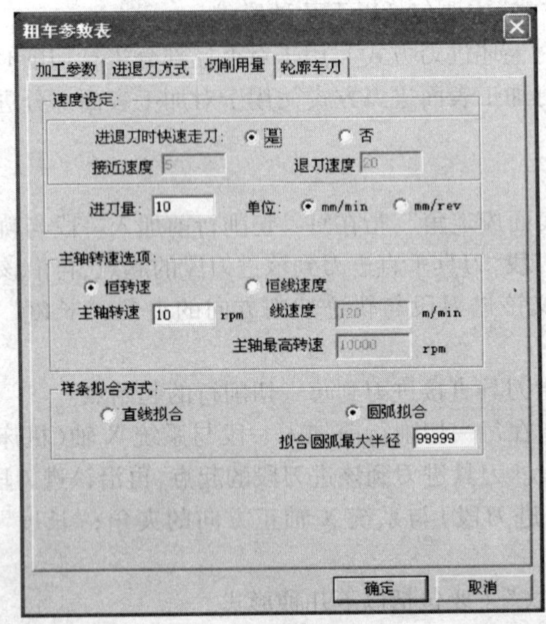

图 6－30 切削用量参数表

①“接近速度”:刀具接近工件的进给速度。

②“退刀速度”:刀具离开工件的进给速度。

③“进刀量”:刀具切削工件时的进给速度,单位 mm/min 或 mm/r。

(2)“主轴转速选项”分“恒转速”和“恒线速度”两种。

①“主轴转速”:机床主轴旋转的速度,单位为 r/min。

②“恒转速”:切削过程中按指定的主轴转速保持主轴转速恒定,直到下一指令指定该转速。

③“恒线速度”:切削过程中按指定的线速度值保持线速度恒定。

(3)“样条拟合方式”分直线和圆弧两种。“直线拟合”指对加工轮廓中的样条曲线根据给定的加工精度用直线进行拟合;“圆弧拟合”指对加工轮廓中的样条曲线根据给定的加工精度用圆弧进行拟合。

2. 轮廓精车参数

精车与粗车的参数基本相同,不再详细说明。

3. 切槽加工参数

如图 6－31 所示,各选项具体含义如下。

1) 加工工艺类型

(1) 粗加工:对槽只进行粗加工。

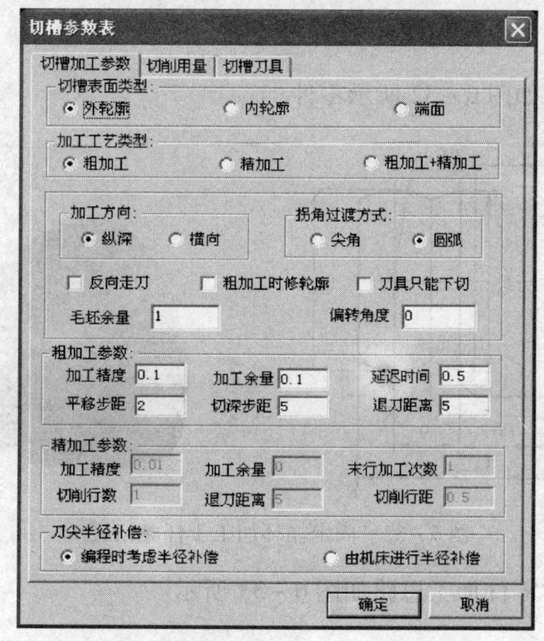

图6－31　切槽参数表

(2) 精加工:对槽只进行精加工。

(3) 粗加工＋精加工:对槽进行粗加工之后再进行精加工。

2) 粗加工参数

(1) 延迟时间:粗车槽时,刀具在槽的底部停留的时间。

(2) 切深步距:粗车槽时,刀具每一次纵向切槽的切入量(机床X向)。

(3) 平移步距:粗车槽时,刀具切到指定的切深后进行下一次切削前的水平平移量(机床Z向)。

(4) 退刀距离:粗车槽中进行下一行切削前退刀到槽外的距离。

(5) 加工余量:粗加工时,被加工表面未加工部分的预留量。

3) 精加工参数

(1) 切削行距:精加工行与行之间的距离。

(2) 切削行数:精加工刀位轨迹的加工行数,不包括最后一行的重复次数。

(3) 退刀距离:精加工中切削完一行之后,进行下一行切削前退刀的距离。

(4) 加工余量:精加工时,被加工表面未加工部分的预留量。

(5) 末行加工次数:精车槽时,为提高加工的表面质量,最后一行常常在相同进给量的情况下进行多次车削。可在该处定义多次切削的次数。

四、任务拓展

练习一：车削如图 6－32 所示零件。

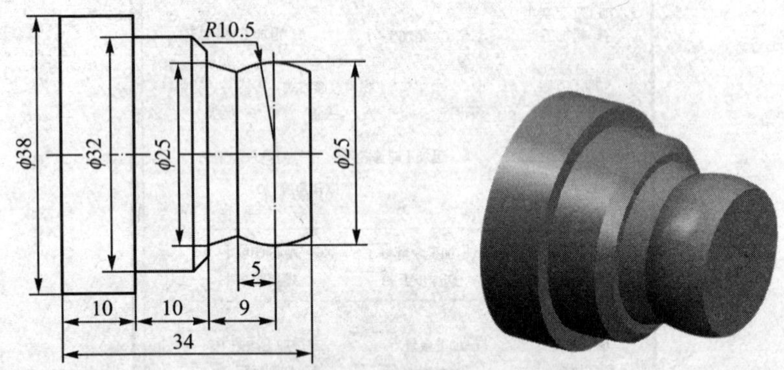

图 6－32　固定循环加工 Ⅰ 任务拓展 1

加工思路：本零件加工思路如图 6－33 所示。

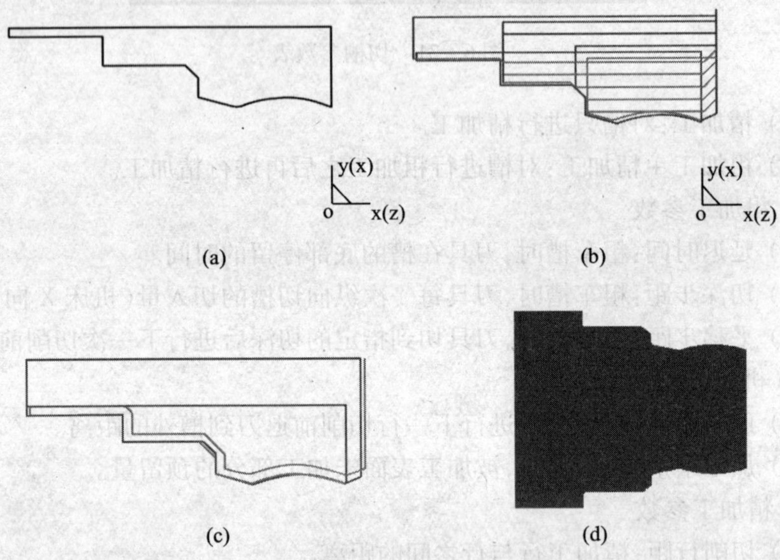

图 6－33　固定循环加工 Ⅰ 任务拓展 1 加工思路

(a) 建模；(b) 粗车加工轨迹；(c) 精车加工轨迹；(d) 仿真结果。

练习二：车削如图 6－34 所示零件。

加工思路：参考练习一。

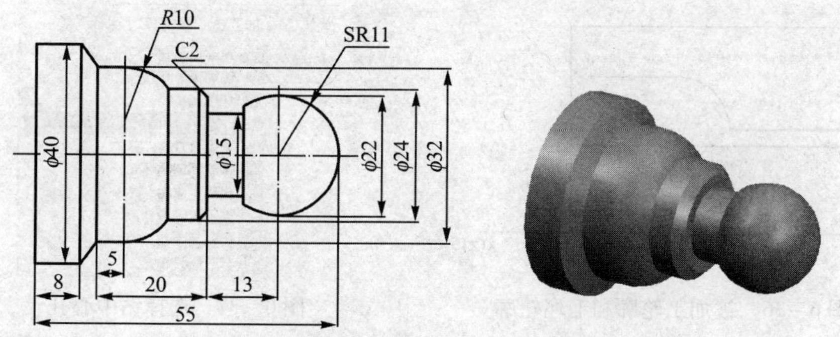

图6－34　固定循环加工Ⅰ任务拓展2

课题2　固定循环加工Ⅱ

一、任务描述

试完成如图6－35所示零件的数控车削加工，并生成加工程序。

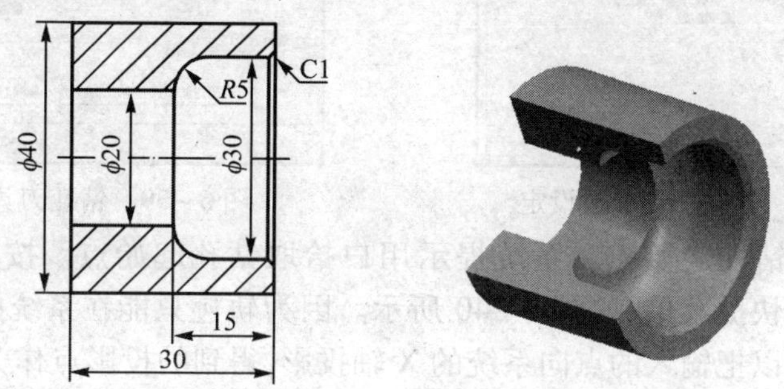

图6－35　零件图

知识点与技能点：钻孔；内轮廓粗车、精车；实体加工模拟。

二、任务实施

1．建立加工模型

启动CAXA数控车，完成如图6－36所示造型。

2．刀具路径规划

（1）单击［加工］→［钻中心孔］命令，如图6－37所示，或直接单击数控车工具栏中的图标，系统弹出"钻孔参数表"对话框，填写参数表。

（2）选择【加工参数】选项卡，在对话框中确定各加工参数，如图6－38所示。

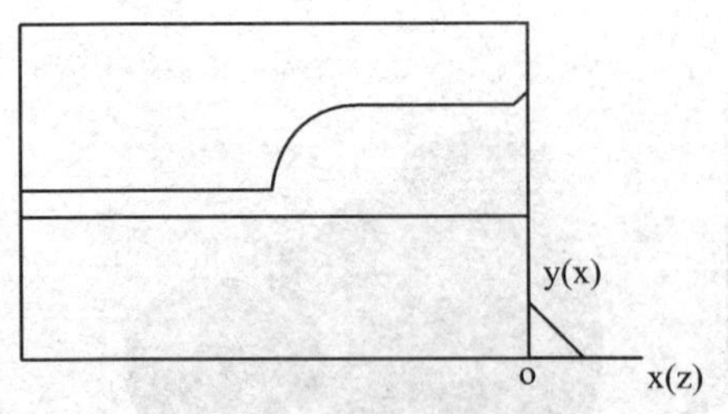

图 6-36 被加工轮廓和毛坯轮廓

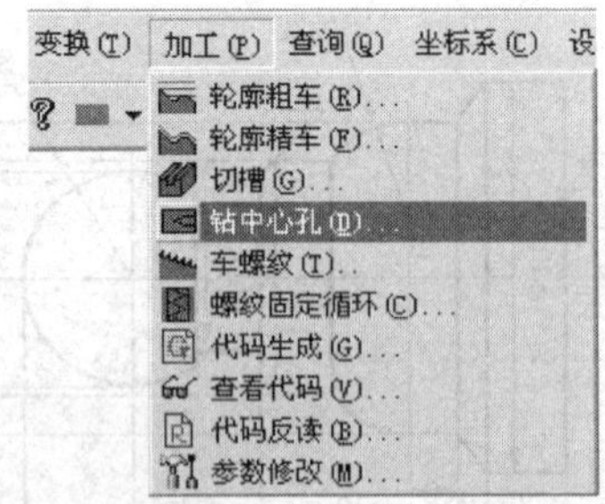

图 6-37 选择钻中心孔

（3）选择【钻孔刀具】选项卡，按图 6-39 所示进行参数设置，单击【确定】按钮。

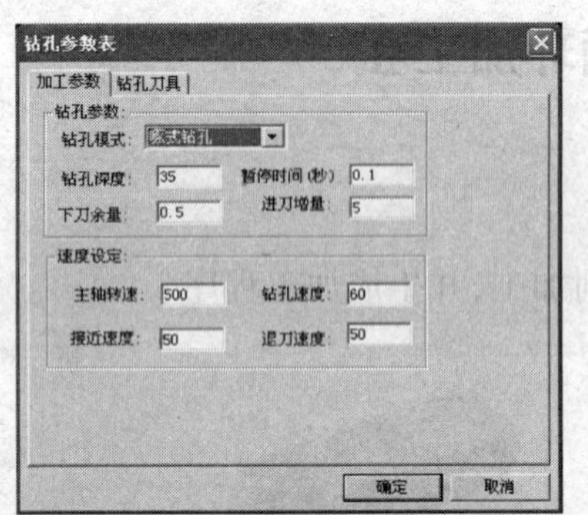

图 6-38 钻孔加工参数设定

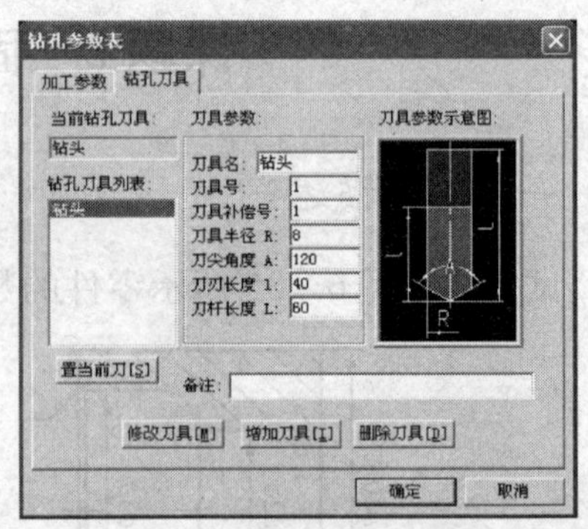

图 6-39 钻孔刀具设定

（4）拾取钻孔起始点。系统提示用户拾取钻孔起始点。按空格键，弹出“点拾取方式”快捷菜单，如图 6-40 所示。因为轨迹只能在系统的 X 轴（机床的 Z 轴）上，所以把输入的点向系统的 X 轴投影，得到的投影点作为钻孔的起始点，然后生成钻孔加工轨迹。拾取钻孔点后，即生成加工轨迹，如图 6-41 所示。

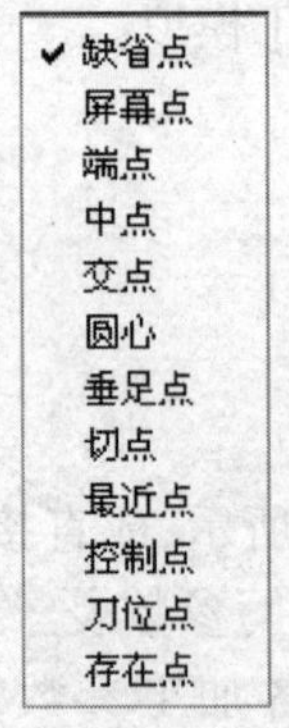

图 6-40 点拾取快捷菜单

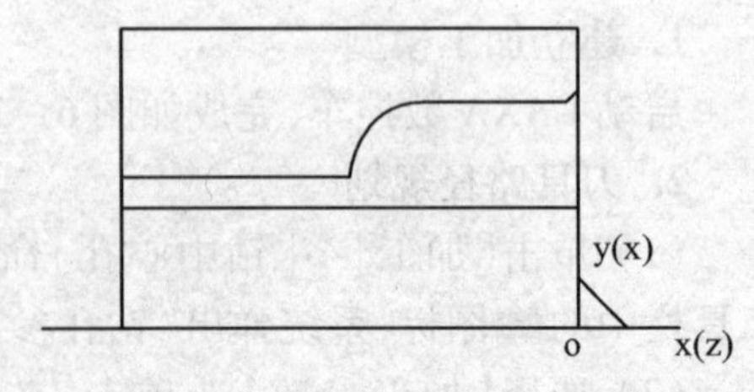

图 6-41 生成的钻孔加工轨迹

(5) 单击[加工]→[轮廓粗车]或直接单击数控车工具栏中的图标,系统弹出“粗车参数表”对话框,填写参数表。

(6) 选择【加工参数】选项卡,在对话框中确定各加工参数,如图 6-42 所示。

(7) 选择【进退刀方式】选项卡,按图 6-43 所示进行参数设置。

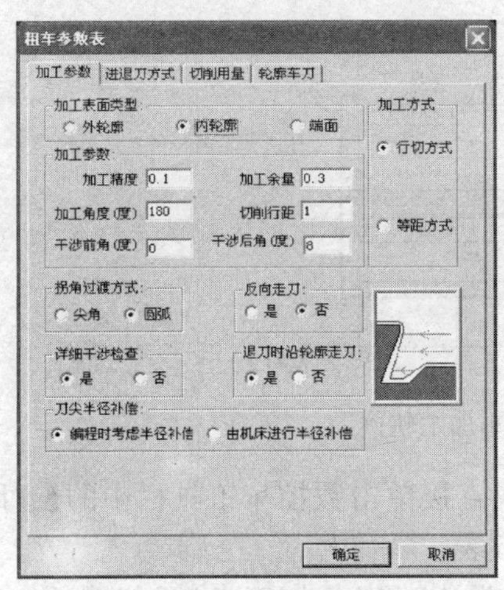

图 6-42　粗车加工参数设定

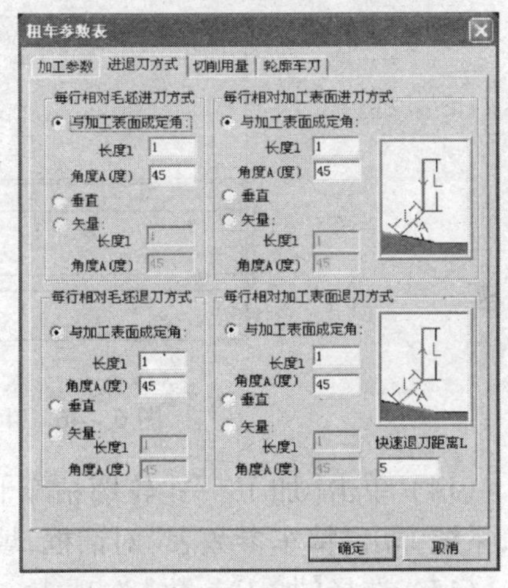

图 6-43　粗车进退刀方式设定

(8) 选择【切削用量】选项卡,在对话框中确定各加工参数,如图 6-44 所示。

(9) 选择【轮廓车刀】选项卡,按图 6-45 所示进行参数设置,单击【确定】按钮。

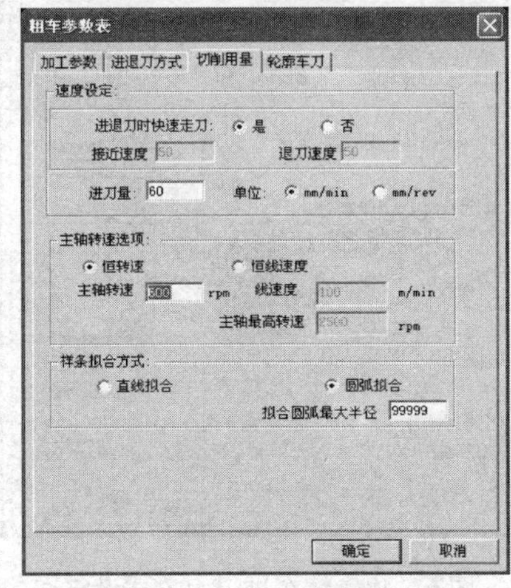

图 6-44　粗车切削用量设定

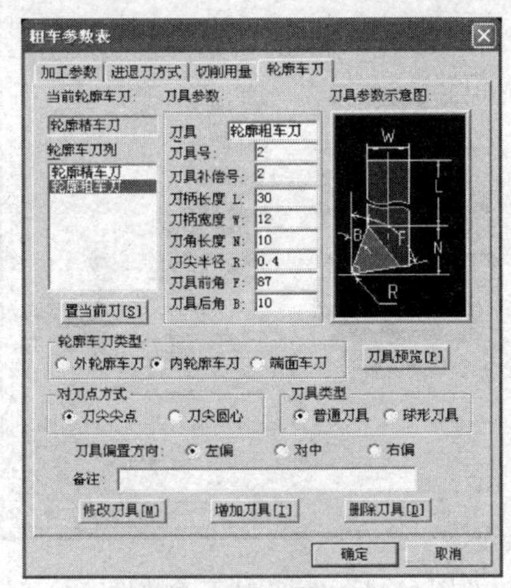

图 6-45　粗车轮廓车刀设定

(10) 拾取被加工轮廓。系统提示用户选取轮廓线,采用单个拾取。

(11) 拾取毛坯轮廓。拾取方法与拾取被加工轮廓方法相同。

(12) 确定进退刀点。单击鼠标右键确定可忽略改点的输入。

(13) 生成刀具轨迹。确定进退刀点后,生成绿色的刀具轨迹,如图 6-46 所示。

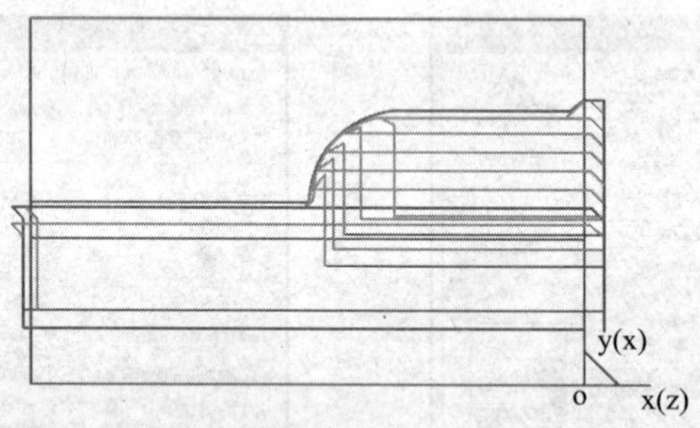

图 6-46　生成的粗车加工轨迹

(14) 单击[加工]→[轮廓精车]命令或直接单击数控车工具栏中的图标,系统弹出“精车参数表”对话框,填写参数表。

(15) 选择【加工参数】选项卡,在对话框中确定各加工参数,如图 6-47 所示。

(16) 选择【进退刀方式】选项卡,按图 6-48 所示进行参数设置。

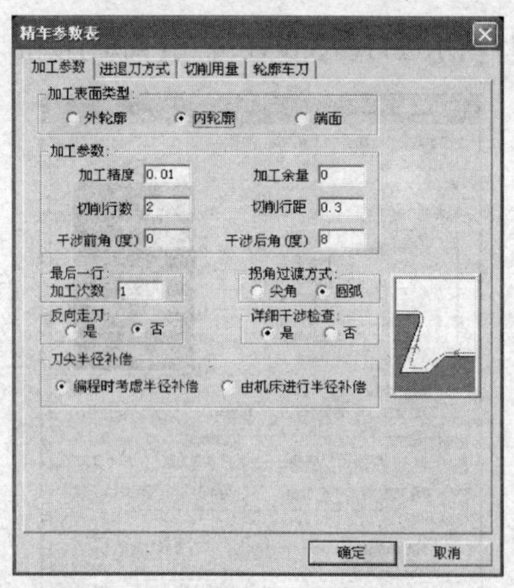

图 6-47　精车加工参数设定

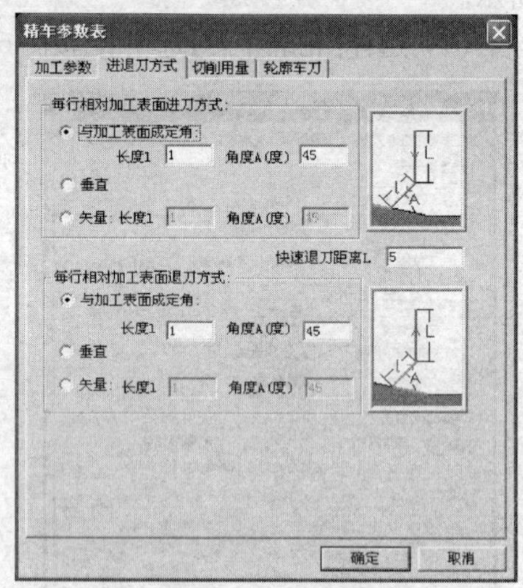

图 6-48　精车进退刀方式设定

(17) 选择【切削用量】选项卡,在对话框中确定各加工参数,如图 6-49 所示。

(18) 选择【轮廓车刀】选项卡,按图 6-50 所示进行参数设置,单击【确定】按钮。

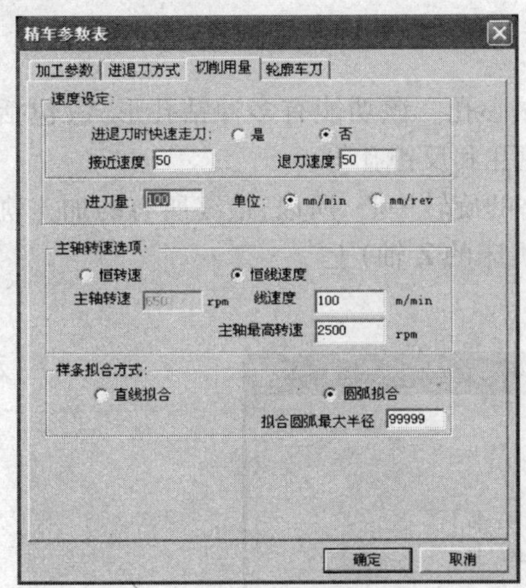

图 6-49　精车切削用量设定

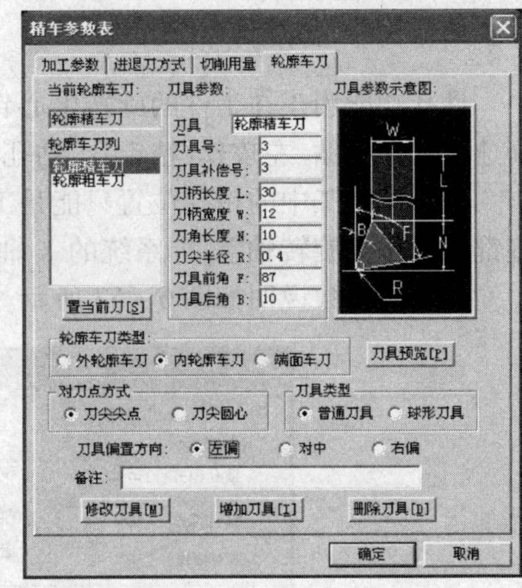

图 6-50　精车轮廓车刀设定

(19) 拾取被加工轮廓。与粗车加工相同。

(20) 确定进退刀点,生成刀具轨迹,如图 6-51 所示。

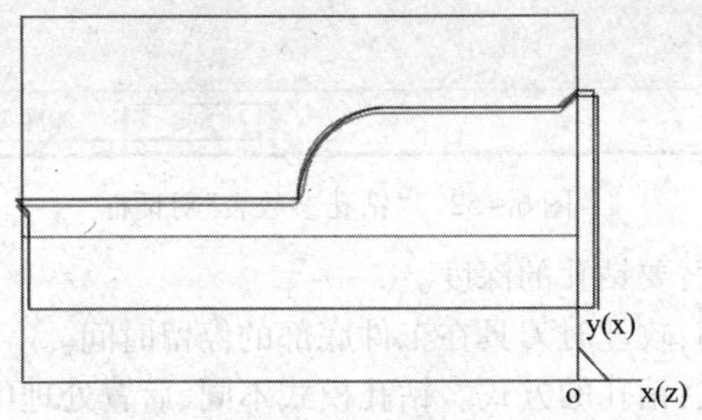

图 6-51　生成的精车加工轨迹

3. 轨迹仿真

(1) 单击[加工]→[轨迹仿真]命令或直接单击数控车工具栏中的图标。选择“二维实体”、“缺省毛坯轮廓”方式。

(2) 拾取要仿真的加工轨迹,拾取已生成的钻孔加工轨迹、轮廓粗加工和精加工轨迹。

（3）单击右键结束拾取，系统开始进行仿真。通过轨迹仿真，观察刀具走刀路线以及是否存在干涉及过切现象。

4. NC 代码生成

拾取刀具轨迹，生成加工程序。

三、知识拓展

钻孔功能用于在工件的旋转中心钻中心孔。该功能有多种钻孔形式，包括高速啄式深孔钻、左攻丝、精镗孔、钻孔、镗孔和反镗孔等。

因为车加工中的钻孔位置只能是工件的旋转中心，所以，最终所有的加工轨迹都在工件的旋转轴上，即系统的 X 轴（机床的 Z 轴）上。

孔加工参数说明如图 6－52 所示。

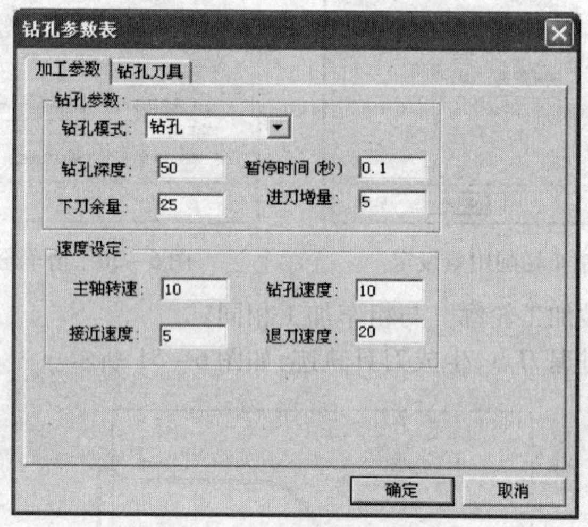

图 6－52 “钻孔参数表”对话框

（1）钻孔深度：要钻孔的深度。

（2）暂停时间：攻丝时刀具在工件底部的停留时间。

（3）钻孔模式：钻孔的方式。钻孔模式不同，后置处理中用到的机床固定循环指令也不同。

（4）进刀增量：钻深孔时每次进刀量或镗孔时每次侧进量。

（5）下刀余量：当钻下一个孔时，刀具从前一个孔顶端的抬起量。

（6）接近速度：刀具接近工件的进给速度。

（7）钻孔速度：钻孔时的进给速度。

（8）主轴转速：机床主轴的旋转速度。计量单位是机床默认的单位。

(9) 退刀速度:刀具离开工件的速度。

四、任务拓展

练习一:车削(镗孔)如图 6－53 所示零件。

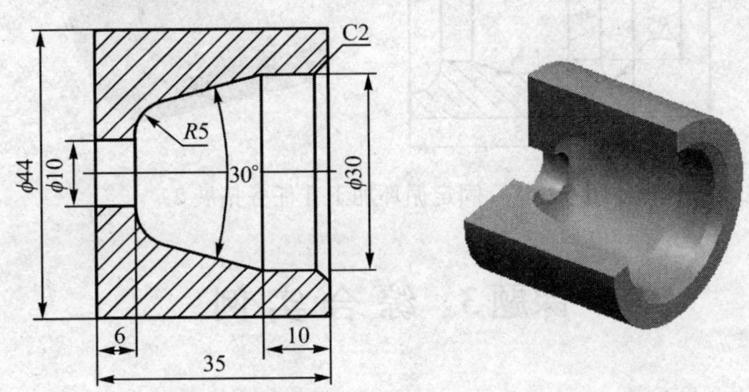

图 6－53　固定循环加工Ⅱ任务拓展 1

加工思路:本零件加工思路如图 6－54 所示。

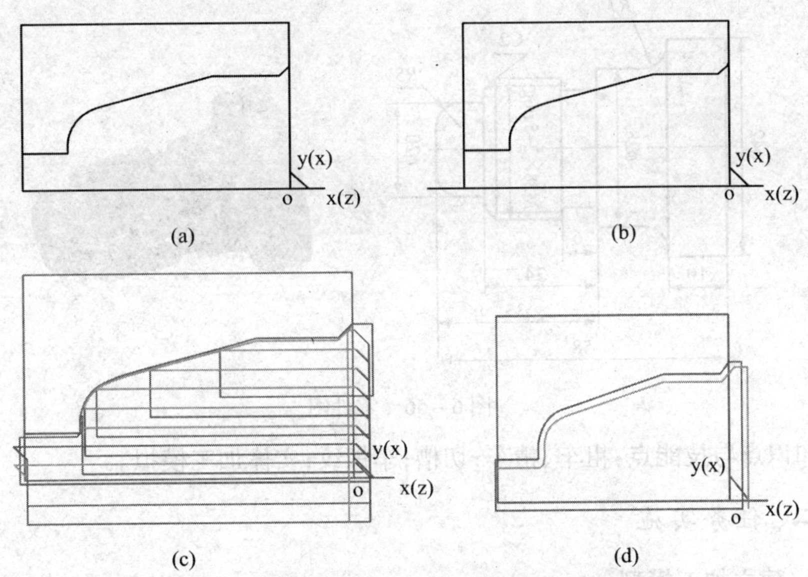

图 6－54　固定循环加工Ⅱ任务拓展 1 加工思路
(a) 建模;(b) 钻孔;(c) 粗车;(d) 精车。

练习二:车削(镗孔)如图 6－55 所示零件。

加工思路:参考练习一。

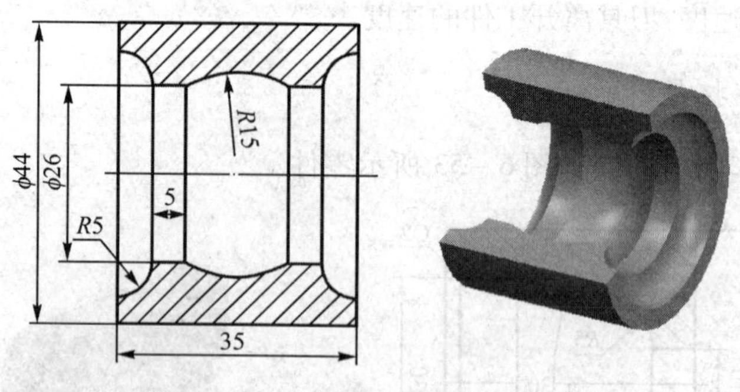

图 6－55　固定循环加工Ⅱ任务拓展 2

课题 3　综合实例

一、任务描述

试完成如图 6－56 所示零件的数控车削加工，并生成加工程序。

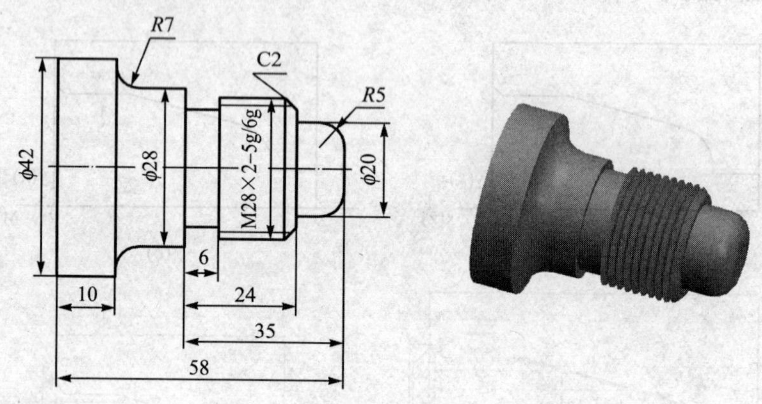

图 6－56　零件图

知识点与技能点：粗车、精车；切槽；车螺纹；实体加工模拟。

二、任务实施

1. 建立加工模型

启动 CAXA 数控车，完成如图 6－57 所示造型。

2. 刀具路径规划

（1）单击［加工］→［轮廓粗车］命令或直接单击数控车工具栏中的图标，系统弹出“粗车参数表”对话框，填写参数表。

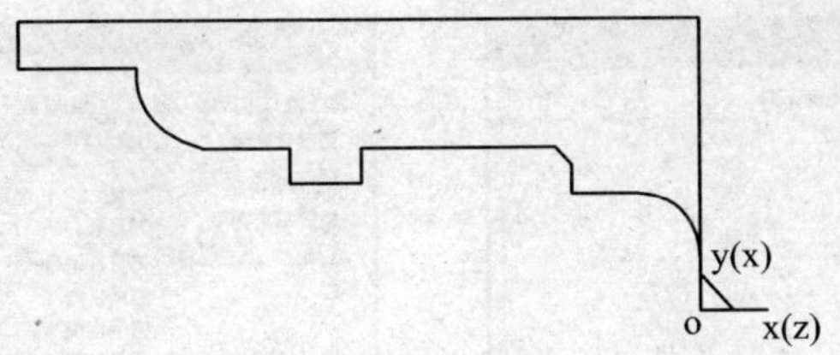

图 6－57　被加工轮廓和毛坯轮廓

(2) 选择【加工参数】选项卡，在对话框中确定各加工参数，如图 6－58 所示。

(3) 选择【进退刀方式】选项卡，按图 6－59 所示进行参数设置。

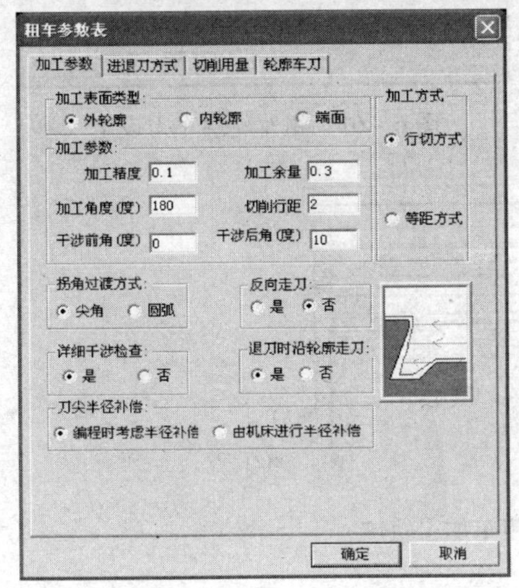

图 6－58　粗车加工参数设定

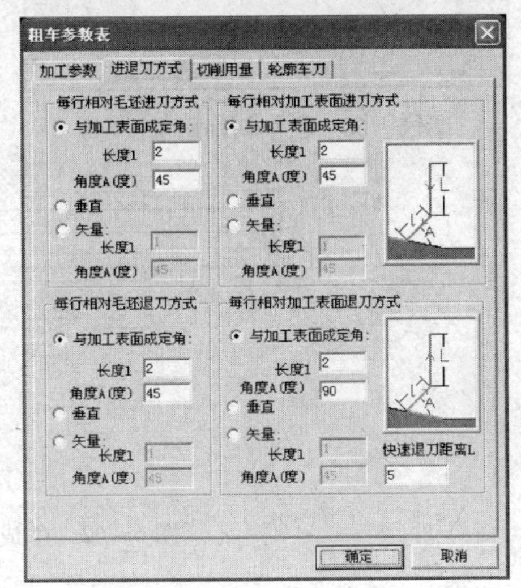

图 6－59　粗车进退刀方式设定

(4) 选择【切削用量】选项卡，在对话框中确定各加工参数，如图 6－60 所示。

(5) 选择【轮廓车刀】选项卡，按图 6－61 所示进行参数设置，单击【确定】按钮。

(6) 拾取被加工轮廓。

(7) 拾取毛坯轮廓。

(8) 确定进退刀点。若单击鼠标右键确定可忽略该点的输入。

(9) 生成刀具轨迹。当确定进退刀点后，系统生成绿色的刀具轨迹，如图 6－62所示。

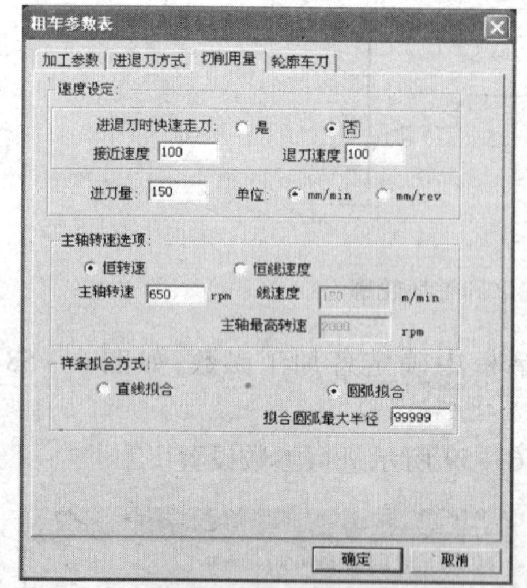

图 6－60　粗车切削用量设定

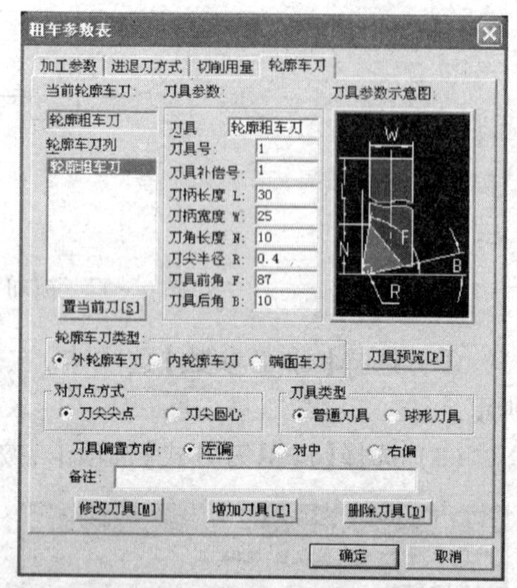

图 6－61　粗车轮廓车刀设定

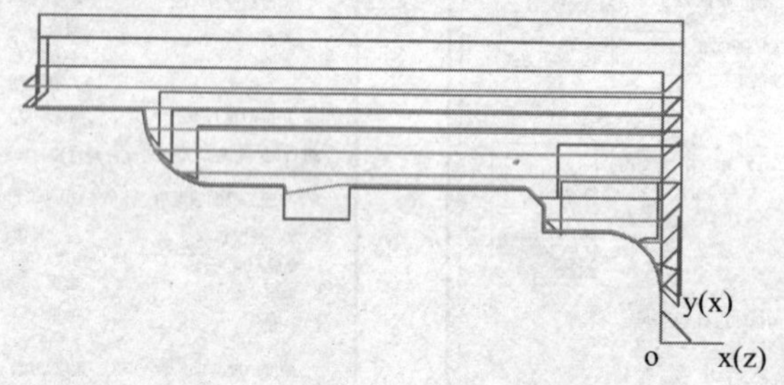

图 6－62　生成的粗车加工轨迹

(10) 单击[加工]→[轮廓精车]命令或直接单击数控车工具栏中的图标,系统弹出“精车参数表”对话框,填写参数表。

(11) 选择【加工参数】选项卡,在对话框中确定各加工参数,如图 6－63 所示。

(12) 选择【进退刀方式】选项卡,按图 6－64 所示进行参数设置。

(13) 选择【切削用量】选项卡,在对话框中确定各加工参数,如图 6－65 所示。

(14) 选择【轮廓车刀】选项卡,按图 6－66 所示进行参数设置,单击【确定】按钮。

(15) 拾取被加工轮廓。

(16) 确定进退刀点,生成刀具轨迹,如图 6－67 所示。

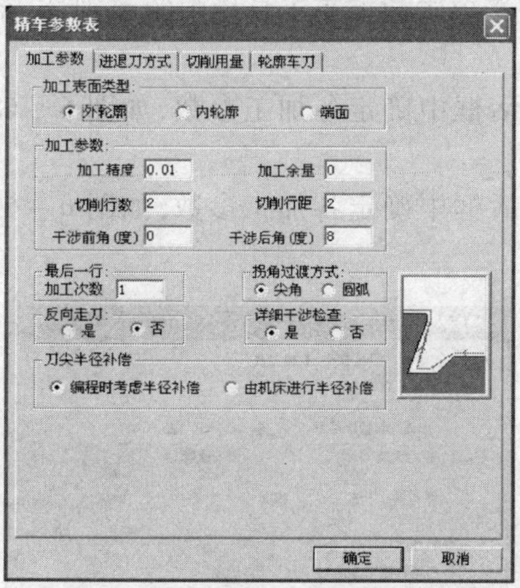

图 6－63　精车加工参数设定

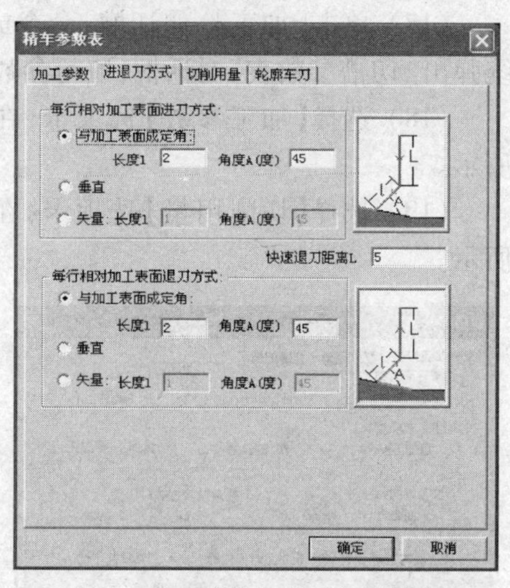

图 6－64　精车进退刀方式设定

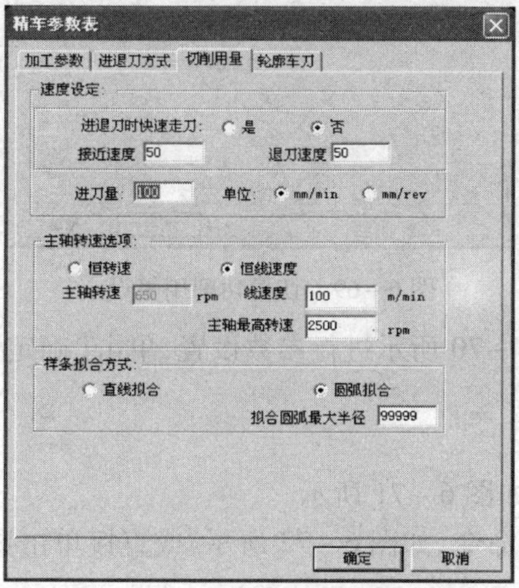

图 6－65　精车切削用量设定

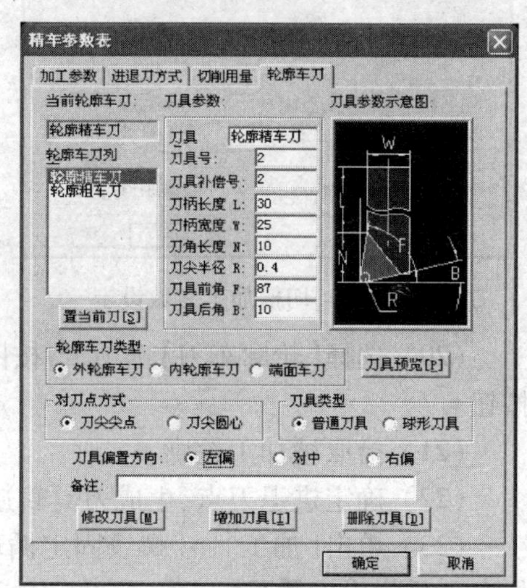

图 6－66　精车轮廓车刀设定

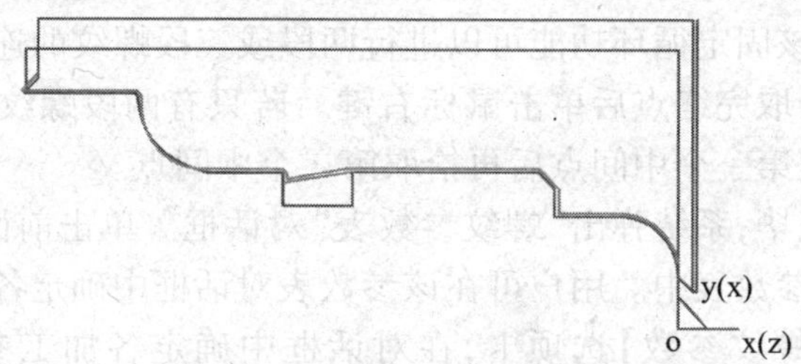

图 6－67　生成的精车加工轨迹

(17) 单击[加工]→[切槽]命令或直接单击数控车工具栏中的图标,系统弹出“切槽参数表”对话框,填写参数表。

(18) 选择【加工参数】选项卡,在对话框中确定各加工参数,如图6-68所示。

(19) 选择【切削用量】选项卡,在对话框中确定各加工参数,如图6-69所示。

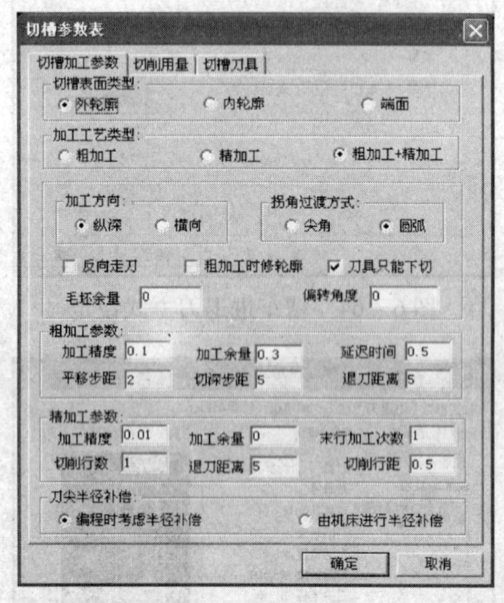

图6-68 切槽加工参数设定

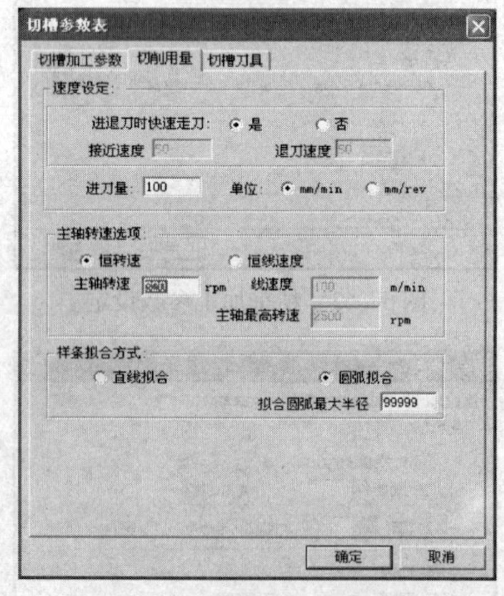

图6-69 切槽切削用量设定

(20) 选择【轮廓车刀】选项卡,按图6-70所示进行参数设置,单击【确定】按钮。

(21) 拾取被加工轮廓。

(22) 确定进退刀点,生成刀具轨迹,如图6-71所示。

(23) 单击[加工]→[螺纹固定循环]命令,如图6-72所示,或直接单击数控车工具栏中的图标。

(24) 拾取螺纹起点。根据系统提示,依次拾取螺纹起点、终点、第一中间点和第二中间点。该固定循环功能可以进行两段或三段螺纹的连接加工。若只有一段螺纹,则在拾取完终点后单击鼠标右键。若只有两段螺纹又不在同一圆柱面上,则在拾取完第一个中间点后再拾取第二个中间点。

(25) 拾取完毕,系统弹出“螺纹参数表”对话框。单击前面拾取的各点,其坐标也将显示在参数表中。用户可在该参数表对话框中确定各加工参数。

(26) 选择【螺纹参数】选项卡,在对话框中确定各加工参数,如图6-73所示。

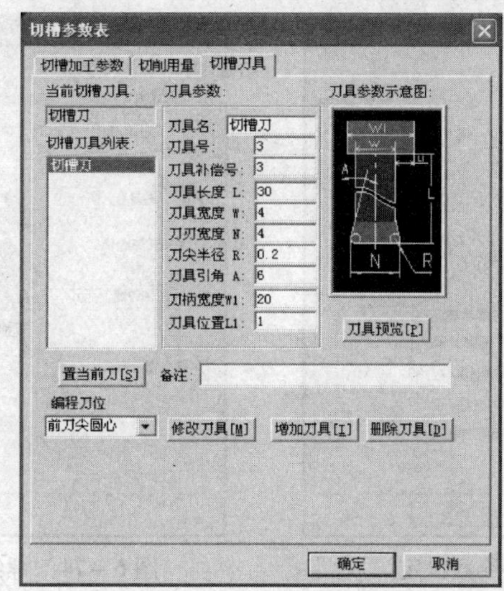

图6－70　切槽车刀设定

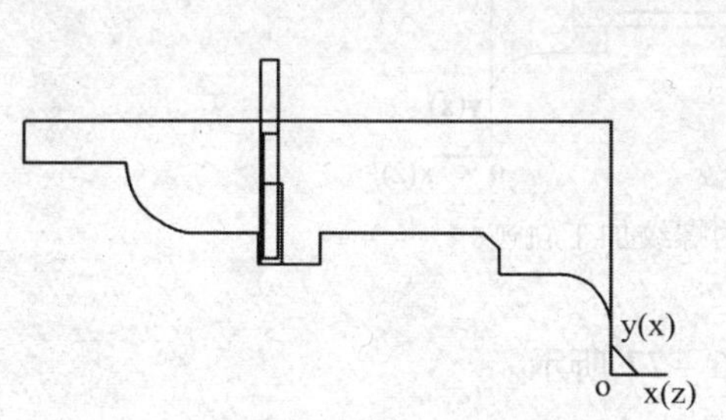

图6－71　生成的切槽加工轨迹

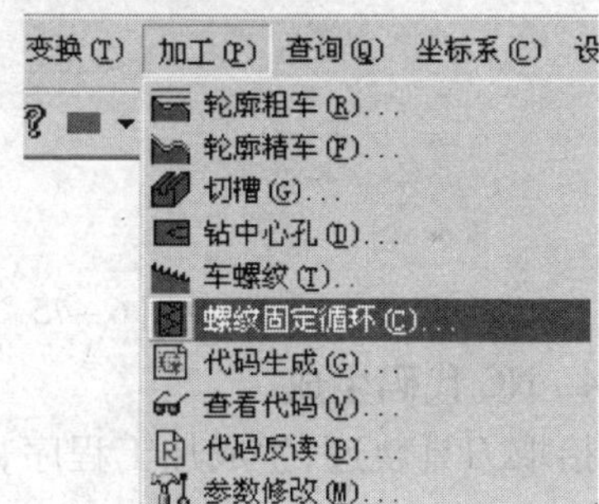

图6－72　选择螺纹固定循环

（27）选择【切削用量】选项卡，按图6－74所示进行参数设置，单击【确定】按钮。

（28）生成刀具轨迹，如图6－75所示。该刀具轨迹仅为一个示意性的轨迹，不能进行轨迹仿真，只可用于生成固定循环加工指令。

3. 轨迹仿真

（1）单击[加工]→[轨迹仿真]命令或直接单击数控车工具栏中的图标。选择“二维实体”、“缺省毛坯轮廓”方式。

（2）拾取要仿真的加工轨迹，拾取已生成的钻孔加工轨迹、轮廓粗加工和精加工轨迹。

（3）单击右键结束拾取，系统开始进行仿真，如图6－76所示。通过轨迹仿真，观察刀具走刀路线以及是否存在干涉及过切现象。

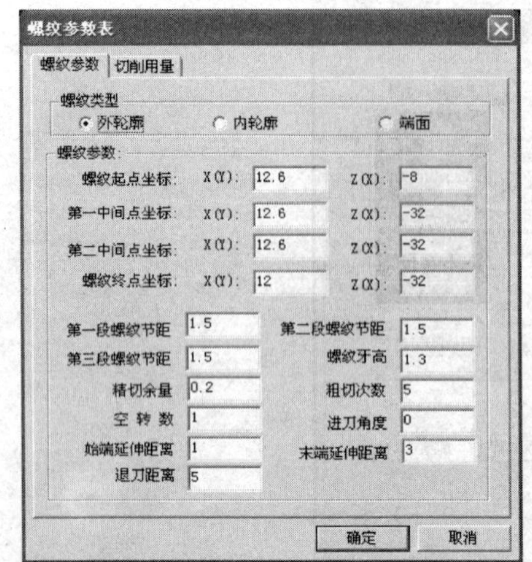

图 6－73　螺纹参数设定

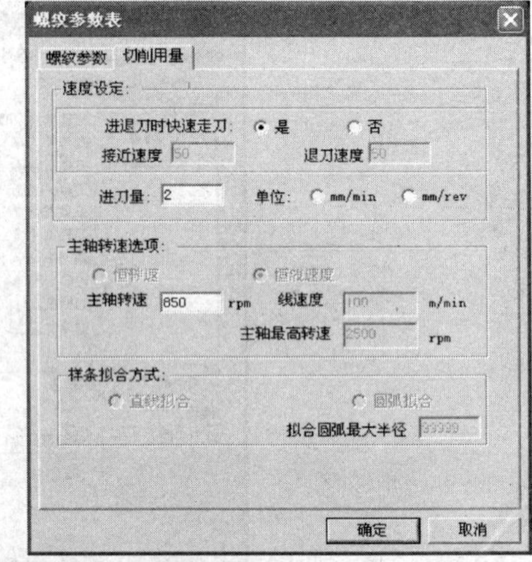

图 6－74　螺纹切削用量设定

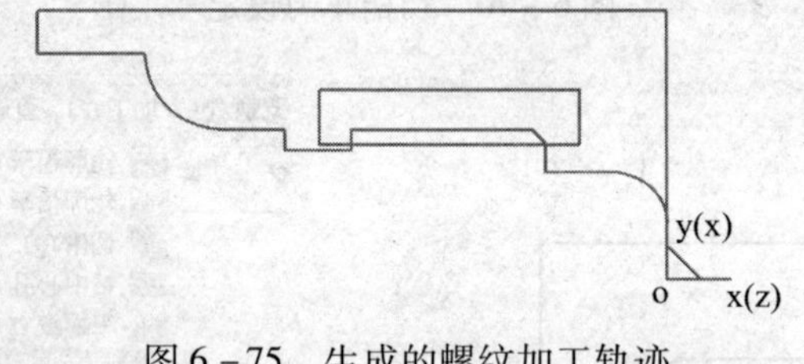

图 6－75　生成的螺纹加工轨迹

4. NC 代码生成

拾取刀具轨迹，生成加工程序，如图 6－77 所示。

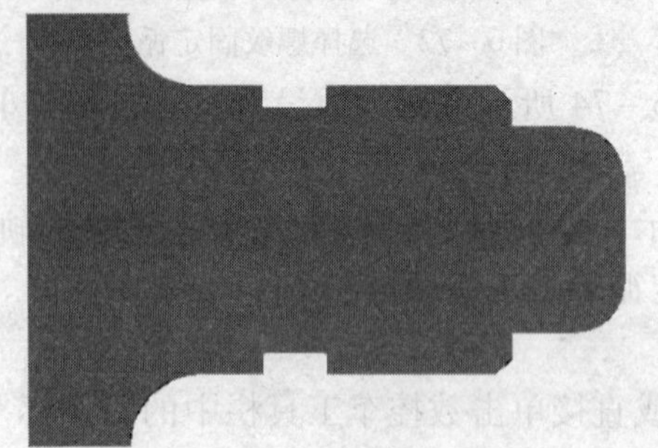

图 6－76　仿真结果

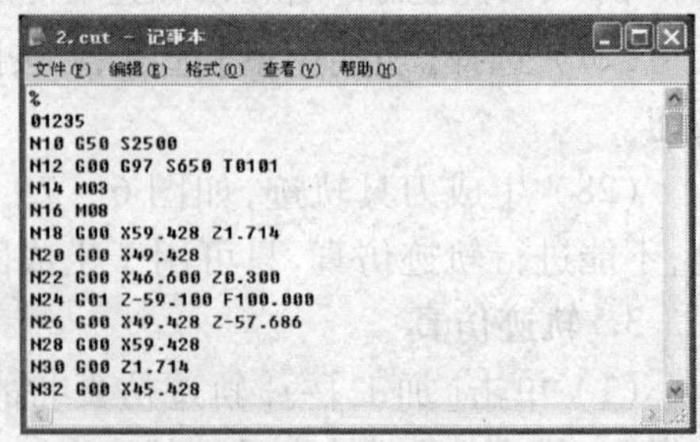

图 6－77　数控代码

三、知识拓展

螺纹加工可分为非固定循环和固定循环两种方式。非固定循环方式可适应螺纹加工中的各种工艺条件，便于更为灵活的控制；而固定循环方式加工螺纹，输出的代码适用于西门子 840C/840 控制器。

1. 螺纹非固定循环方式

【螺纹参数】选项卡主要包含了与螺纹性质相关的参数，如螺纹深度、节距、头数等。螺纹起点和终点坐标来自前一步的拾取结果，用户也可根据实际进行修改。

非固定循环方式下的螺纹加工参数说明如图 6－78 所示。

(1) 粗加工：指直接采用粗切的方式加工螺纹。

(2) 粗加工＋精加工：指根据指定的粗加工深度进行粗切后，再采用精切方式（如采用更小的行距）切除剩余余量（精加工深度）。

(3) 粗加工深度：螺纹粗加工的切深量。

(4) 精加工深度：螺纹精加工的切深量。

(5) 恒定行距：每一切削行的间距保持恒定。

(6) 恒定切削面积：为保证每次切削的切削面积恒定，各次切削深度将逐步减少，直至等于最小行距。用户需指定第一刀行距及最小行距。吃刀深度规定 n 刀的吃刀深度为第一刀的吃刀深度的 $\sqrt{n}$ 倍。

(7) 末行走刀次数：为提高加工质量，最后一个切削行有时要重复走刀多次，此时要指定重复走刀次数。

(8) 每行切入方式：指刀具在螺纹始端切入时的方式。刀具在螺纹末端的退出方式与切入方式相同。

2. 螺纹固定循环方式

参数说明如图 6－79 所示。

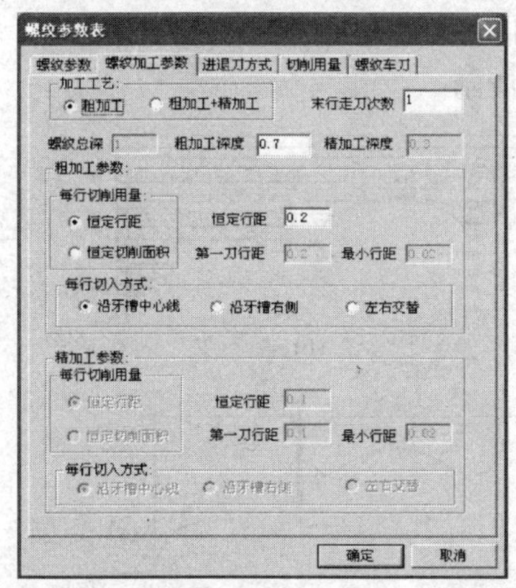

图 6－78　非固定循环方式螺纹加工参数表

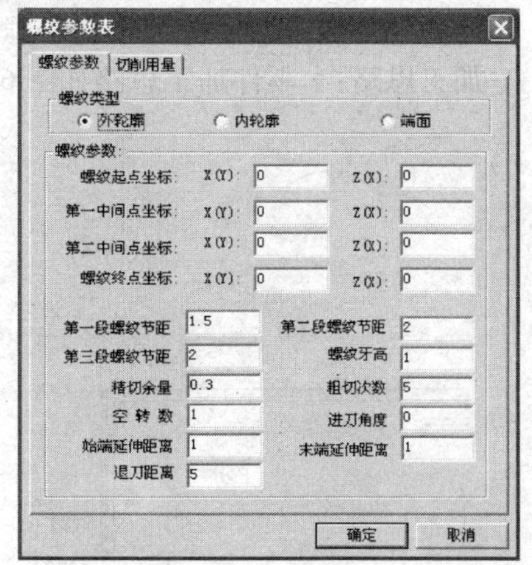

图 6－79　固定循环方式螺纹参数表

螺纹参数表中的螺纹起点、螺纹终点、第一中间点、第二中间点坐标来自前一步的拾取结果，用户也可根据实际进行修改。

（1）粗切次数：螺纹粗切的次数。控制系统自动计算保持固定的切削截面时各次进刀的深度。

（2）进刀角度：刀具可以垂直于切削的方向进刀也可以沿着侧面进刀。角度无符号，并且不能超过螺纹角的一半。

（3）空转数：指末行走刀次数。

（4）精切余量：螺纹深度减去粗切深度为精切余量。粗切完成后进行一次精切后运行指定的空转数。

（5）始端延伸距离：刀具切入点与螺纹始端的距离。

（6）末端延伸距离：刀具退刀点与螺纹末端的距离。

四、任务拓展

练习一：车削如图 6－80 所示零件。

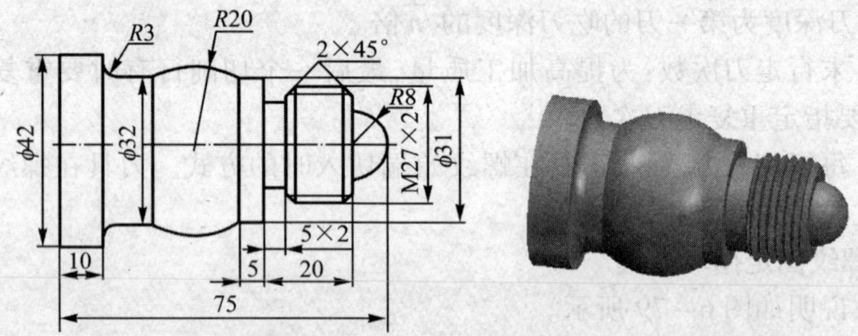

图 6－80 综合实例任务拓展 1

加工思路：本零件加工思路如图 6－81 所示。

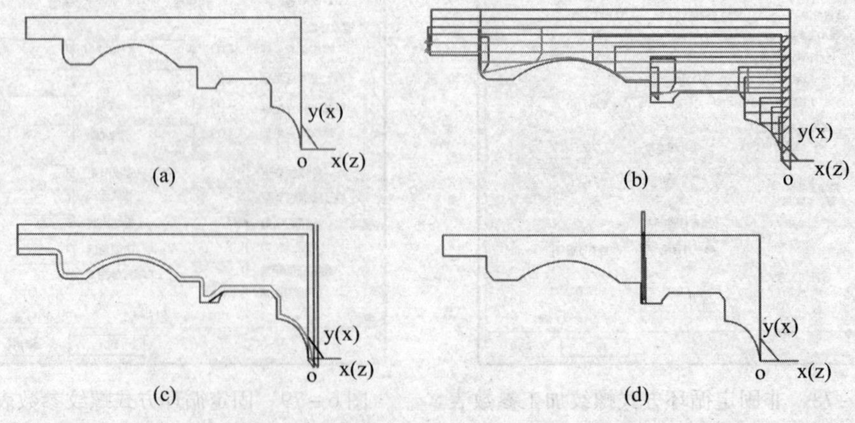

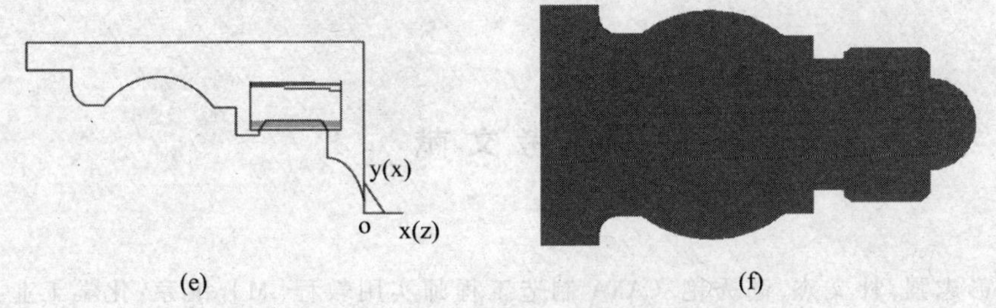

图 6－81　综合实例任务拓展 1 加工思路
（a）建模；（b）粗车加工轨迹；（c）精车加工轨迹；
（d）切槽加工轨迹；（e）螺纹加工轨迹；（f）仿真结果。

练习二：车削如图 6－82 所示零件。

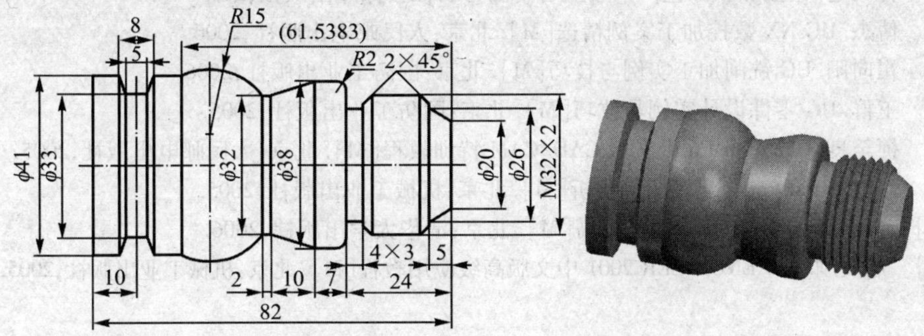

图 6－82　综合实例任务拓展 2

加工思路：参考练习一。

参考文献

[1] 彭志强,杜文杰,高秀艳. CAXA 制造工程师实用教程[M]. 北京:化学工业出版社,2005.

[2] 宋卫科,等. CAXA 制造工程师 XP——数控加工编程标准教程[M]. 北京:北京航空航天出版社,2003.

[3] 何满才. 数控编程与加工——Mastercam 9.0 实例详解[M]. 北京:人民邮电出版社,2004.

[4] 韩鸿鸾. 数控加工工艺[M]. 北京:中国劳动社会保障出版社,2005.

[5] 傅杰. UG NX 数控加工案例精选[M]. 北京:人民邮电出版社,2006.

[6] 崔向阳. UG 铣削加工实例与技巧[M]. 北京:国防工业出版社,2006.

[7] 王群. UG 零件设计实例与技巧[M]. 北京:国防工业出版社,2005.

[8] 柯至良. Cimatron E6 中文版 CAD/CAM 特训教程[M]. 北京:人民邮电出版社,2005.

[9] 江洪. SolidWorks 建模实例解析[M]. 北京:机械工业出版社,2005.

[10] 吕宁. UG NX 3.0 入门与提高[M]. 北京:清华大学出版社,2006.

[11] 詹友刚. Pro/ENGINEER 2001 中文版高级应用教程[M]. 北京:机械工业出版社,2005.